U0754707

$$\alpha x^2 + \ldots y^2 + 2\beta z + \gamma = 0$$

$$\frac{1}{n} = \sqrt{\left(\frac{\partial T}{\partial x}\right)^2 + \left(\frac{\partial T}{\partial y}\right)^2 + \ldots}$$

$$\cos r = n\,\frac{\partial T}{\partial x}$$

$$\sin r \cos \varphi = n\,\frac{\partial T}{\partial y}$$

$$\sin r \sin \varphi = n\,\frac{\partial T}{\partial z}$$

$$\frac{\partial (\sin r \cos \varphi)}{\partial y} + \frac{\partial (\sin r \sin \varphi)}{\partial z} = 0$$

BERNHARD RIEMANN'S GESAMMELTE MATHEMATISCHE
WERKE UND WISSENSCHAFTLICHER NACHLASS

黎曼全集（第二卷）

附季理真、丘成桐长篇序言

○ [德] Bernhard Riemann　著

○ 李培廉　译

高等教育出版社·北京　　**IP** International Press

Copyright © 2018 by

Higher Education Press

4 Dewai Dajie, Beijing 100120, P. R. China, and

International Press

387 Somerville Ave, Somerville, MA, U. S. A.

All rights reserved. No part of this book may be reproduced or transmitted in any form or by any means, electronic or mechanical, including photocopying, recording or by any information storage and retrieval system, without permission.

图书在版编目（ＣＩＰ）数据

黎曼全集. 第 2 卷 /（德）黎曼著；李培廉译. －－
北京 ： 高等教育出版社，2018. 8 (2020.11 重印)
ISBN 978−7−04−049594−2

Ⅰ. ①黎… Ⅱ. ①黎… ②李… Ⅲ. ①数学－文集
Ⅳ. ① O1−53

中国版本图书馆 CIP 数据核字（2018）第 068071 号

策划编辑　李　鹏　　　责任编辑　李　鹏　　　封面设计　姜　磊　　　版式设计　徐艳妮
责任校对　高　歌　　　责任印制　赵义民

出版发行	高等教育出版社	咨询电话	400−810−0598
社　　址	北京市西城区德外大街4号	网　　址	http://www.hep.edu.cn
邮政编码	100120		http://www.hep.com.cn
印　　刷	北京中科印刷有限公司	网上订购	http://www.landraco.com
开　　本	787mm×1092mm　1/16		http://www.landraco.com.cn
印　　张	34		
字　　数	620千字	版　　次	2018 年 8 月第 1 版
插　　页	10	印　　次	2020 年 11 月第 2 次印刷
购书热线	010−58581118	定　　价	138.00 元

本书如有缺页、倒页、脱页等质量问题，请到所购图书销售部门联系调换
版权所有　侵权必究
物 料 号　49594−00

黎曼
Georg Friedrich Bernhard Riemann
(1826—1866)

I

学生时代的 Bernhard Riemann

Bernhard Riemann 在 Göttingen 的故居 (1854—1857)

HIER RUHET IN GOTT
GEORG FRIEDRICH BERNHARD RIEMANN
PROFESSOR ZU GOETTINGEN
GEBOREN IN BRESELENZ DEN 17. SEPTEMBER 1826.
GESTORBEN IN SELASCA DEN 20. JULI 1866

—

DENEN DIE GOTT LIEBEN MUESSEN
ALLE DINGE ZUM BESTEN DIENEN.

Bernhard Riemann 的墓碑

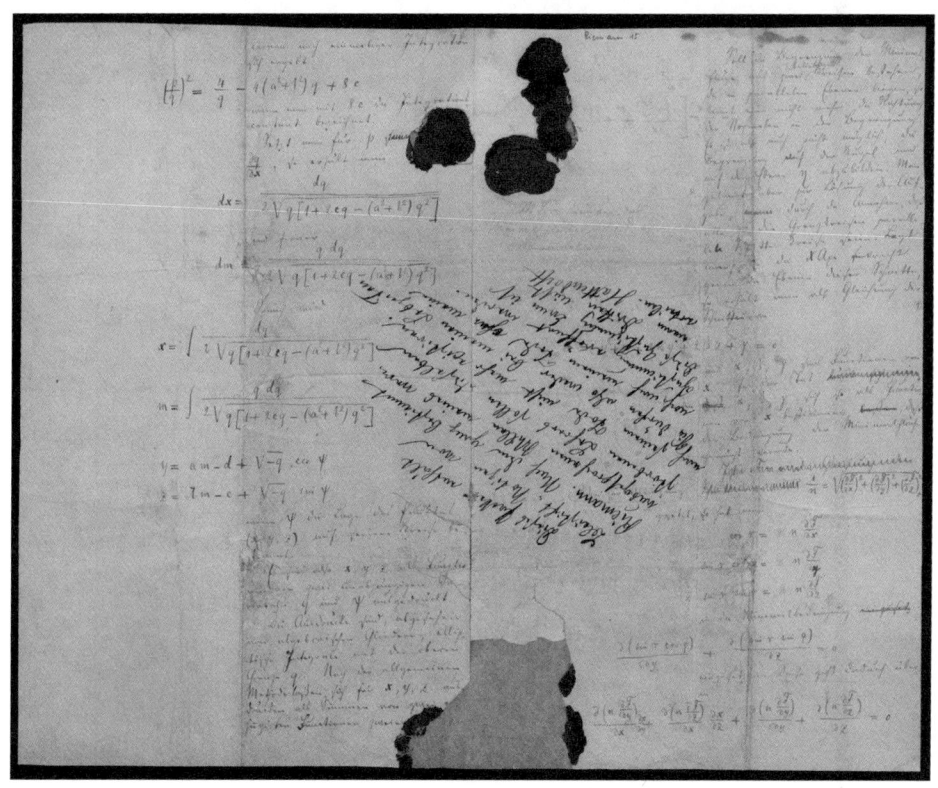

Über die Fläche vom kleinsten Inhalt bei gegebener Begrenzung（论在给定边界下面积最小的曲面）/
Bernhard Riemann, Richard Dedekind, Heinrich Weber, Karl Hattendorff
(SUB Göttingen, Cod. Ms. B. Riemann 15 Cim., Fol. 1r and 23v)

藏于德国下萨克森州州立暨哥廷根大学图书馆 (Niedersächsische Staats- und Universitäts-bibliothek Göttingen) 的 Riemann 手稿，经该图书馆授权允许使用．感谢季理真教授对资料的搜集工作．在这包手稿的外封上，Hattendorff 声明：" 本卷包含 Riemann 用铅笔做的注释．按照我已经去世的老师生前完全明确地说出的意愿，这些在他去世后不要再保留．因此无论在我生前或死后，没有我的授权不得发表．这一授权我没有转让给第三者．"

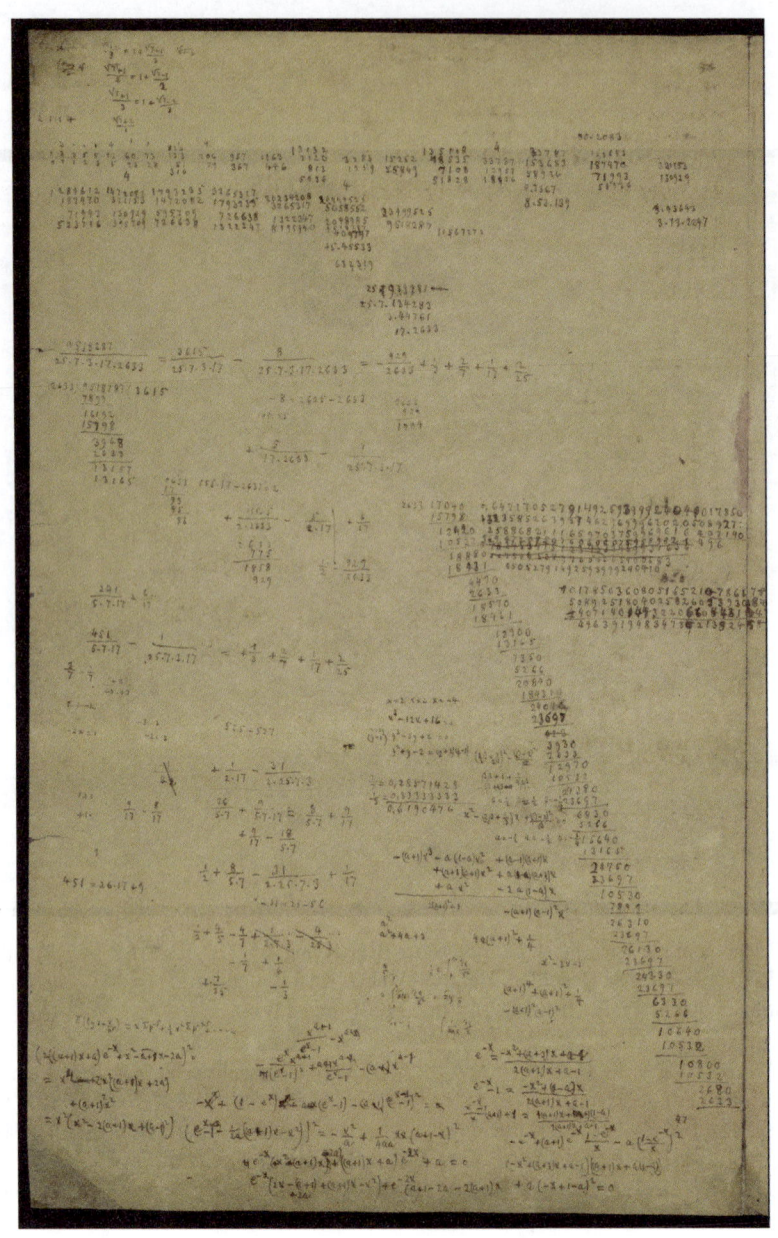

Über die Anzahl der Primzahlen unter einer gegebenen Grösse; Monatsberichte der Berliner,
Akademie, November 1859（论小于给定数值的素数个数）/ Bernhard Riemann
(SUB Göttingen, Cod. Ms. B. Riemann 3 Cim., Fol. 3r, 63r and 37v)（第 VI–VIII 页）

藏于德国下萨克森州州立暨哥廷根大学图书馆 (Niedersächsische Staats- und Universitäts-
bibliothek Göttingen) 的 Riemann 手稿，经该图书馆授权允许使用．感谢季理真教授对资料的
搜集工作．

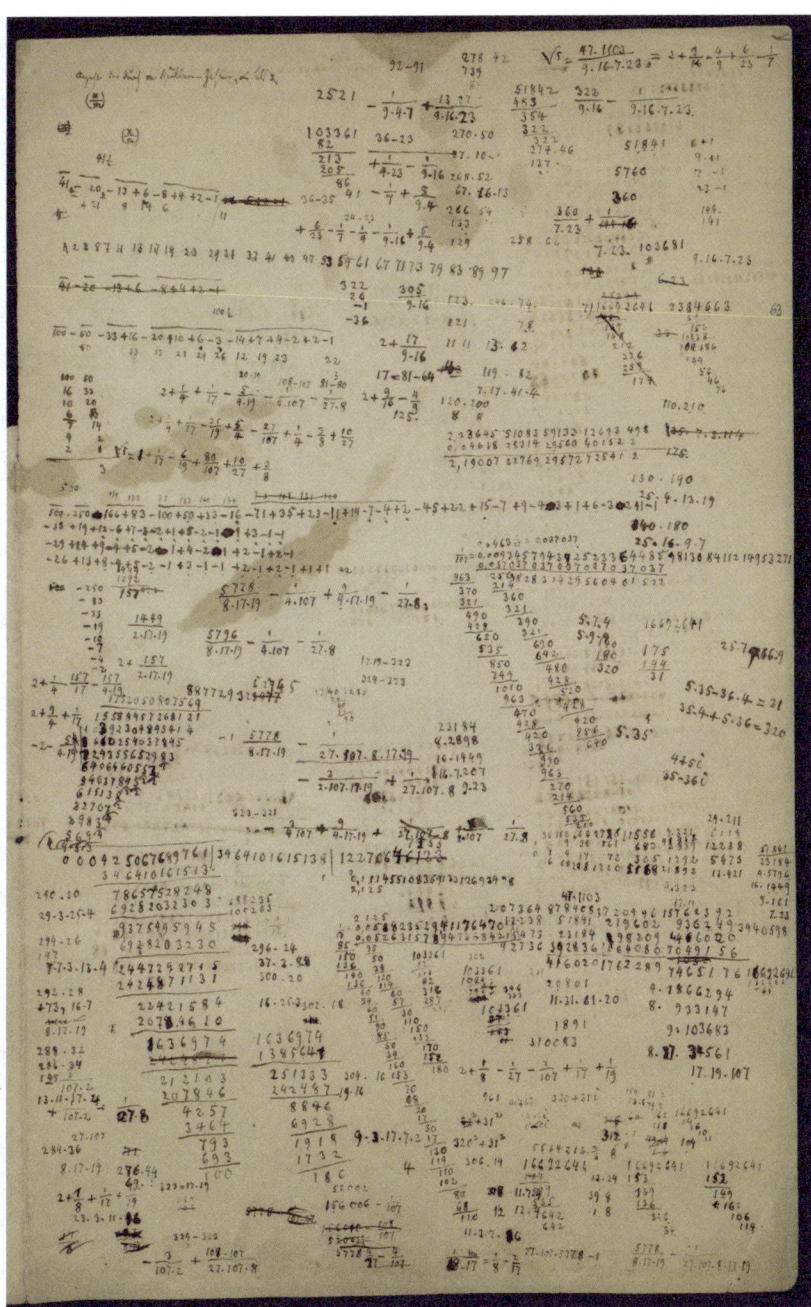

VII

VIII

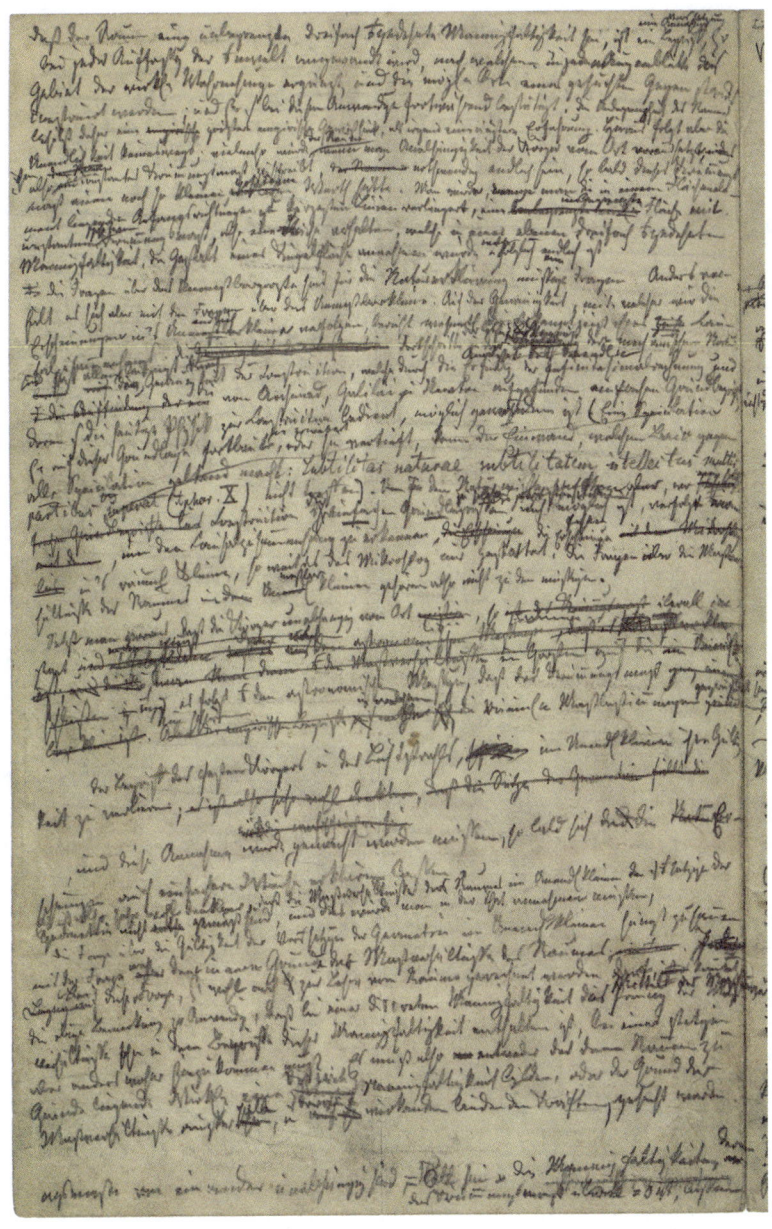

Über die Hypothesen, welche der Geometrie zu Grunde liegen: Habilitationschrift von 1854（论奠定几何学基础的假设）/ Bernhard Riemann

(SUB Göttingen, Cod. Ms. B. Riemann 16 Cim., Fol. 22v, 23r, 31r and 42r)（第 IX-X 页）

藏于德国下萨克森州州立暨哥廷根大学图书馆 (Niedersächsische Staats- und Universitätsbibliothek Göttingen) 的 Riemann 手稿，经该图书馆授权允许使用．感谢季理真教授对资料的搜集工作．

IX

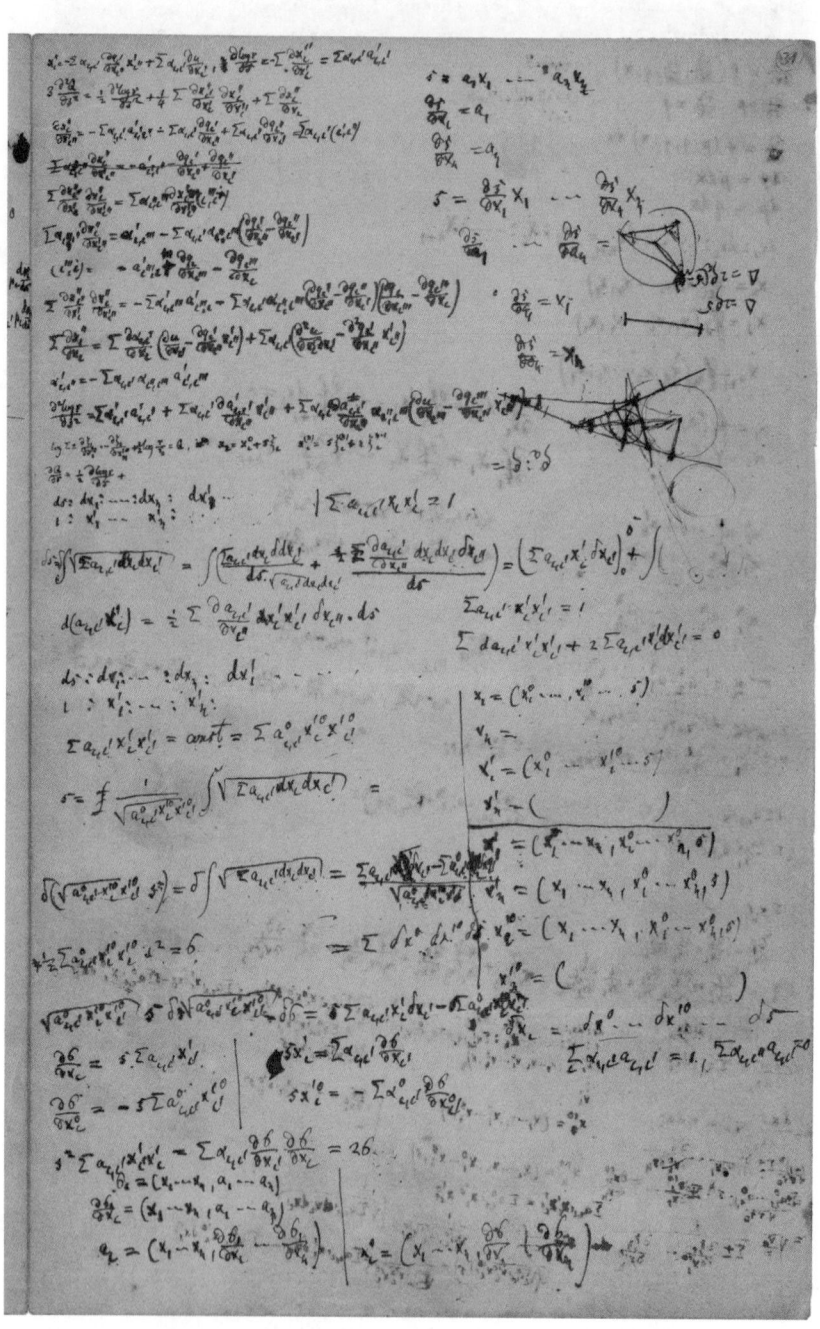

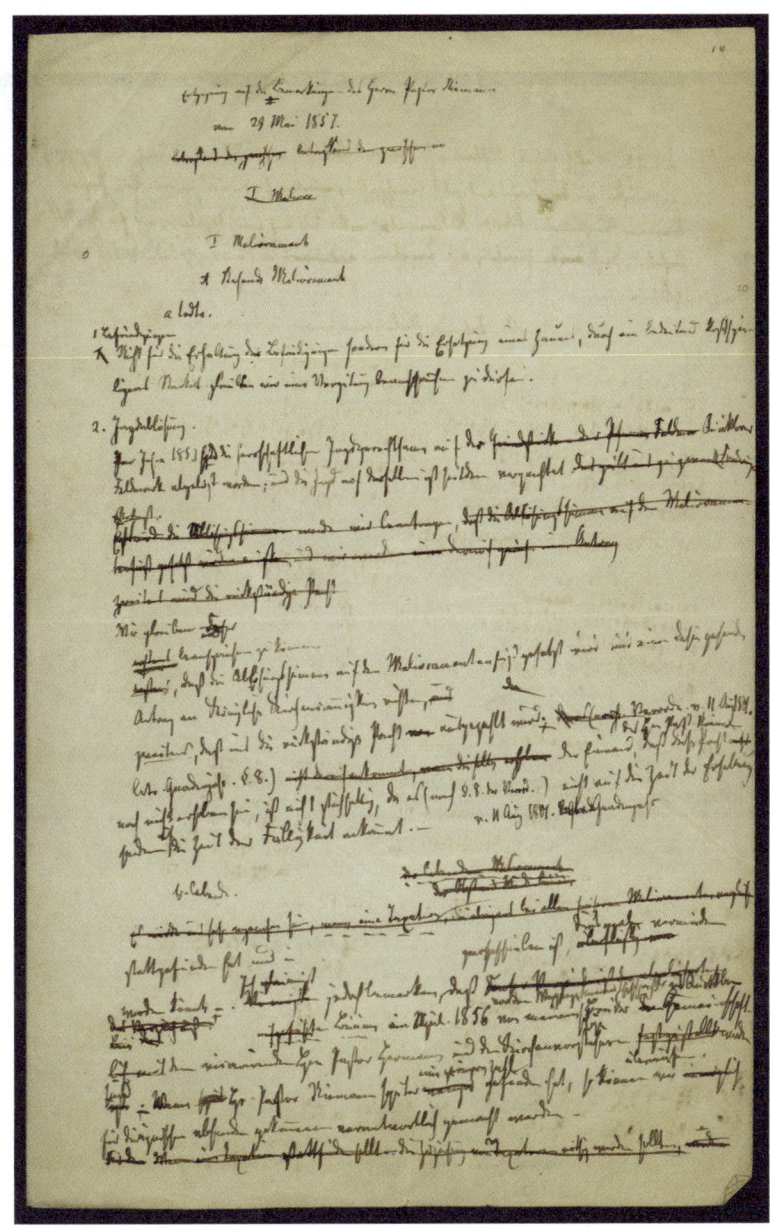

Theorie der Abel'schen Functionen (Abel 函数理论)/Bernhard Riemann, Richard Dedekind [Schreiber], Heinrich Weber [Schreiber], Karl Weierstraß [Schreiber]
(SUB Göttingen, Cod. Ms. B. Riemann 19 Cim., Fol. 14) (第 XI–XII 页)

藏于德国下萨克森州州立暨哥廷根大学图书馆 (Niedersächsische Staats- und Universitätsbibliothek Göttingen) 的 Riemann 手稿 , 经该图书馆授权允许使用 . 感谢季理真教授对资料的搜集工作 .

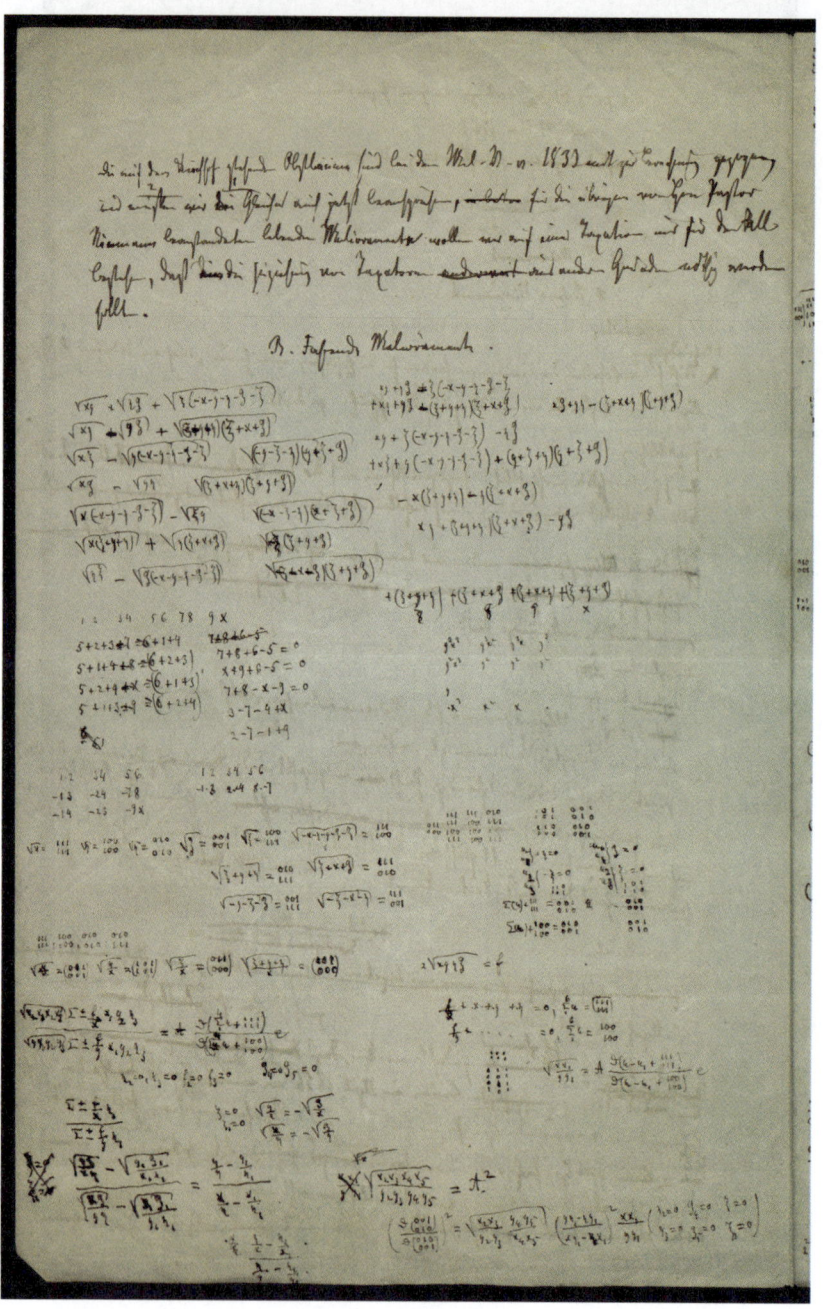

XII

BERNHARD RIEMANN'S

GESAMMELTE

MATHEMATISCHE WERKE

UND

WISSENSCHAFTLICHER NACHLASS.

———

HERAUSGEGEBEN

UNTER MITWIRKUNG VON R. DEDEKIND

VON

H. WEBER.

LEIPZIG,

DRUCK UND VERLAG VON B. G. TEUBNER.

1876.

BERNHARD RIEMANN'S

GESAMMELTE

MATHEMATISCHE WERKE

UND

WISSENSCHAFTLICHER NACHLASS.

HERAUSGEGEBEN

UNTER MITWIRKUNG VON RICHARD DEDEKIND

VON

HEINRICH WEBER.

ZWEITE AUFLAGE

BEARBEITET VON

HEINRICH WEBER.

MIT EINEM BILDNISS RIEMANN'S.

LEIPZIG,

DRUCK UND VERLAG VON B. G. TEUBNER.

1892.

1892 年德文版第二版扉页

ŒUVRES MATHÉMATIQUES

DE

RIEMANN

TRADUITES

Par L. LAUGEL

AVEC UNE

PRÉFACE
DE M. HERMITE

ET UN

DISCOURS
DE M. FÉLIX KLEIN

PARIS

GAUTHIER-VILLARS ET FILS, IMPRIMEURS-LIBRAIRES

DU BUREAU DES LONGITUDES, DE L'ÉCOLE POLYTECHNIQUE

Quai des Grands-Augustins, 55

—

1898

1898 年法文版扉页

XV

БЕРНГАРД
РИМАН

СОЧИНЕНИЯ

✳

ПЕРЕВОД С НЕМЕЦКОГО
ПОД РЕДАКЦИЕЙ, С ПРЕДИСЛОВИЕМ,
ОБЗОРНОЙ СТАТЬЁЙ И ПРИМЕЧАНИЯМИ
проф. В. Л. ГОНЧАРОВА

ОГИЗ
ГОСУДАРСТВЕННОЕ ИЗДАТЕЛЬСТВО
ТЕХНИКО-ТЕОРЕТИЧЕСКОЙ ЛИТЕРАТУРЫ
МОСКВА 1948 ЛЕНИНГРАД

1948 年俄文版扉页

The Collected Works of

BERNHARD RIEMANN

Edited by Heinrich Weber

WITH THE ASSISTANCE OF RICHARD DEDEKIND

With a Supplement

Edited by M. Noether and W. Wirtinger

A New Introduction
By Professor Hans Lewy

SECOND EDITION
EDITED BY HEINRICH WEBER

DOVER PUBLICATIONS, INC.
New York

1953 年 Dover 重印版扉页

BERNHARD RIEMANN

GESAMMELTE MATHEMATISCHE WERKE, WISSENSCHAFTLICHER NACHLASS UND NACHTRÄGE

COLLECTED PAPERS

Nach der Ausgabe von
Heinrich Weber und Richard Dedekind
neu herausgegeben von Raghavan Narasimhan

SPRINGER-VERLAG
BERLIN HEIDELBERG NEW YORK
LONDON PARIS TOKYO

LEIPZIG

BSB B. G. TEUBNER VERLAGSGESELLSCHAFT. LEIPZIG

B. Riemann
Über die Hypothesen, welche der Geometrie zu Grunde liegen

Neu herausgegeben und erläutert von

H. Weyl

Dritte Auflage

Berlin
Verlag von Julius Springer
1923

1923 年《论奠定几何学基础的假设》德文版单行本扉页

BERNHARD RIEMANN'S

GESAMMELTE

MATHEMATISCHE WERKE.

NACHTRÄGE

HERAUSGEGEBEN VON

M. NOETHER UND W. WIRTINGER.

MIT 9 FIGUREN IM TEXT.

LEIPZIG,

DRUCK UND VERLAG VON B. G. TEUBNER.

1902.

1902 年"补遗篇"德文版扉页

XX

目录

第三部分　遗　　作

第四部分　　哲学内容断篇

第五部分　　补　遗　篇

第六部分 Riemann 家书选辑

附 录

大道至简*
——讲述一个我们应知而未知的黎曼

季理真, 丘成桐, 译者: 徐浩, 楼筱静

---

* 大道至简源自老子的道家思想. 道, 即理论. 大道至简的含义就是最高深的理论其实是最朴素的道理. 繁华落尽, 唯有至简方能久远. 就如读书, 初读从简到繁, 再读从繁到简, 直至了然于胸. 虽然黎曼的贡献遍及几乎所有数学领域, 但在他短暂的一生中未来得及系统地发展他的所有理论. 他的文章中看似简单的概念和哲学, 背后却是深刻的思考和厚重的计算. 这也解释了为何他的思想能够历经百年而弥新, 跨越学科影响不减. 大道至简是黎曼的写照, 无论是他的数学, 还是他的一生. —— 译者注

1　导　　引

黎曼是有史以来最伟大的数学家之一. 他英年早逝 (1826—1866), 一生中只发表了 9 篇论文. 但是自他的博士论文 "单复变量函数一般理论基础" 起, 他的工作对许多数学分支产生了巨大的影响.

大多数数学家, 特别是读过《黎曼全集》的学者们, 会同意一个看法. 那就是在伟大的数学家中, 黎曼的洞察力、原创性和深度都独树一帜. 他的名字命名了数学中的许多重要概念和定理. 比如, 学过微积分的学生都知道黎曼积分, 几何学家和物理学家大都熟悉黎曼几何. 对大众而言, 最著名的莫过于关于黎曼 zeta 函数零点的黎曼猜想. 黎曼还有许多并不为人熟知的故事. 我们出版这本包含黎曼的文章及相关评述的全集的目的是, 全景式地展现他的工作和对数学发展的影响. 特别地, 正如文章标题所述, 我们希望回答: 什么是我们应知而未知的黎曼. 也许本文的另一个标题可以是: 不朽的数学家黎曼的那些被忘却的故事.

当然, 我们出版《黎曼全集》的中文版一个更重要的原因是, 黎曼工作中所蕴含的丰富思想即使历经一个多世纪的挖掘, 仍未枯竭, 给人以新的启迪和挑战. 事实上, 人类历史上涌现出许多伟大的数学家. 但是很少有人的工作能够像黎曼那样在 150 多年后, 仍然为后来者提供灵感源泉, 并被不断地加以研究. 在 1990 年出版的《黎曼全集》的前言中, Narasimhan 写道:

黎曼的数学具有惊人的永恒魅力. 他的工作在许多领域中, 被人们从各种角度加以分析、加强和推广, 但是他的大部分成果经受住了岁月的洗礼和新观点的审视. 这不是说, 人们没有发现新的观点, 而只是说黎曼原创的方式方法从未被完全替代.

一个自然的问题是: 与许多历史上早已湮灭或被淡忘的数学工作相比, 为何有的数学可以代代流传. 许多学者撰文探讨过什么是好的数学应该具有的品质. 这些文章对于正在规划自己未来的青年数学人是很有价值的参考. 选择正确的研究方向和好问题的品位非常重要. 看待众多学者有关好的数学的演讲或文章, 很重要也很有意义的一点是, 将他们的准则付诸那些数学中公认的杰出成果来加以检验. 也许很少有人做过这方面的实践. 不过大多数人会同意黎曼也许是最佳的选择之一. 放眼整个数学史, 黎曼也许是最值得系统研究的数学家.

我们首先总结几位著名数学家对于什么是好的数学和好的研究的观点和看法, 接下来讨论黎曼和他的工作, 以此为例检验这些观点. 我们希望了解黎曼如何成为黎曼, 希望读者能够从黎曼的生平, 特别是他的论文中收获启示. 正如 Abel 的名言: "向大师们而不是他们的学生学习."

值得注意的是, 黎曼的文章往往很简练, 要理解每处细节和体会其深刻思想并不容易. 所以, 后人的解释和评论会有助于更好理解黎曼的工作. 我们收录了各个版本的《黎曼全集》的序言和关于黎曼工作的多方评论. 由此可以比较不同时期人们对于黎曼工作的认识.

2　数学是什么

在我们理解和回答前文中提到关于黎曼的问题前, 可能需要先理解什么是好的或伟大的数学. 就像定义 "美" 一样, 很难具体去定义伟大的数学, 但是只要一见到它人们就能认出它来. 另一方面来说, 每一个数学家都有自己的观点和标准, 有些勇于将他们的想法明确地写下来. 在这一节里, 我们将引用一些著名数学家关于什么是好的数学的论述.

可能会让读者惊讶的是 "什么是数学?" 这个更基础的问题也不是那么容易回答. 标准的回答, 举例来说,《牛津词典》对数学的定义是: 关于数、量、空间的抽象科学或抽象定义 (纯数学), 或者其在其他学科的应用 (应用数学). 这个定义没错, 但是它并没有完全表达数学的精神.

实际上, 如 Atiyah [At1, p. 25] 所写的那样:

数学的第一特性就是很难去描述或定义它的主体或内容 ⋯⋯

一个可能的答案是, 数学是一种用来解决 "问题" 的想法和知识技术的集合. 这个回答可能不够理想, 因为它引出了另一个问题, "什么样的问题?" 尽管如此, 数学的本质是数学问题的雏形可能出现在任何领域里: 不是内容, 而是形式很重要. 在任何情况下, 无论这是否是一个令人信服的答案, 不可否认的是, 解决问题的方法一直在数学史上扮演着基本的角色 ⋯⋯

一个问题本身可能就具有根本的重要性, 是学科领域进一步发展必须克服的障碍. 一个 "好" 问题的真正标准是人们在解决它的过程中能够产生具有广泛用途的强有力的新技术.

Shafarevich 在《代数基本概念》[Sha] 一书的前言中写道:

对于 "数学研究的是什么?" 这个问题的回答, "结构" 或是 "特定关系的集合" 很难让人满意. 在无数的可以想象的结构或特定关系的集合中, 数学家只对其中很小部分的离散子集感兴趣, 问题的关键是理解散布在无穷大块中的这一小部分的特殊价值.

Borel 在《数学: 艺术与科学》[Bo] 一文中写道:

首先, 对于一个数学家来说, 很自然地更愿意做纯粹的数学报告, 而非空谈数学哲理······

各位在场的数学家造成的困难, 是让我意识到, 甚至是痛苦地意识到, 实际上我讨论的所有课题都已经被提到过, 所有的论证都已经被提出并讨论. 数学只是一门艺术, 或者一门科学, 科学的皇后, 仅仅是科学的仆人, 或者是艺术与科学的结合······

数学家往往致力于寻找一般性的解. 他们喜欢用一般的公式来解决很多特殊问题. 这可以被称为经济的想法或懒惰······

通常人们关于数学的概念可以总结如下: 一方面, 它是一门科学, 因为它的主要目标是服务于自然科学和技术. 这实际上是数学的起源, 也是数学问题永不枯竭的源泉. 另一方面, 它又是一门艺术, 因为它主要是思想创造的产物, 它的进步是人类智慧的胜利, 来自人类思想的深入发展, 审美原则是最终的评价标准. 但这种在纯思想世界中的智力活动也需受制于其在自然科学中的应用.

不过这种观点实在太狭隘了, 尤其是最终的这句限制太大, 许多数学家坚持数学研究应毫无拘束······

数学在很大程度上, 是一项集体的事业. 简化和统一保持了无止境的发展和扩张之间的平衡; 它们一次又一次地展现出精彩绝伦的统一, 即使庞大的数学难以为个体所驾驭······

在本文标题中 "科学" 这个词有着更广泛的含义: 它不仅指自然科学, 在更大的范围内, 数学的概念是一门实验和理论的科学. 我想要大胆地说, 作为一门思想的自然科学, 作为一门关于智慧的自然科学, 它的研究对象和模式都是思想的产物······

如果不想将在自然科学中的应用作为一个评价标准, 那也不能够仅仅回到知识的优雅上. 实践性的准则依然存在, 即数学本身的实用性. 考虑到数学的这个现实性, 公开问题, 结构, 在不同领域中的需要和联系, 已经表现出了卓有成效的、具有价值的方向, 让数学家来自己定位, 并将相关的价值附加到问题及理论上. 通常测试一个新理论是否有价值的方法就是看它是否能够解决经典的问题······

数学家的天赋之一就是能够自然地被好的问题所吸引. 也就是那些后来显示出重要性的问题, 即使当时不受重视. 数学家被这些问题吸引, 部分是由于理性和科学的观察, 部分由于纯粹的好奇心, 本能, 直觉, 或纯粹的审美方面的考虑. 我要讲的最后的主题, 正是数学的审美感受······

我相信我们的审美观并不总是很纯粹和深奥, 也会包含一些世俗的尺度, 比如 (在数学中的) 意义, 结果, 实用性等. 我们对于定理、理论和证明的判断总是受此影响, 虽然经常简单地等同于审美.

我用 Galois 理论为例来做一解释. 这个理论通常被认为是数学上最漂亮的一页. 为何? 首先, 它解决了一个非常古老, 也是当时关于多项式方程最重要的问题. 第二, 这一广博的理论早已超越了根号求解方程的初始问题. 第三, 它只基于很少的几条优雅而简洁的原理, 其全新的框架和概念体现了伟大的原创性. 第四, 这些新的观点和概念, 特别是群的概念, 为整个数学发展开辟了新的道路, 产生了深远的影响 ……

数学是一门复杂的创造, 许多重要特征与艺术、实验和理论科学相似. 所以它同时具有这三种属性, 也与任何之一不同.

在这篇文章中, Borel 用 Galois 的结果来检验他对于数学美的标准. 在我们的文章中, 我们希望通过黎曼的工作来检验什么是好的和伟大的数学. 读者们将会看到并且同意黎曼的工作符合上述的标准.

Atiyah 曾说 [At1, p. 29]:

对于数学工作者而言, 数学既是艺术也是科学, 美与真理受到同等尊重 ……

大多数数学家, 特别是那些 "纯粹" 数学家, 所从事的研究工作都远离应用. 但是他们很清楚什么是漂亮的证明. 这代表了优雅的风格、经济的论证、清晰的思想、完备的细节和平衡的形态, 综合起来让人确信无疑. 自然地, 很少有人能完全达到这些高度, 但是他们代表了努力的目标, 有着强烈的影响. 数学家经常被某个, 而非另一个领域所吸引, 这是因为他们发现这个领域更漂亮, 用到更优雅的方法. 相反地, 他们也努力避开那些冗长丑陋的论证.

数学家头脑中的这些审美标准的主观重要性很难被高估. 它们提供了数学家前进的内在动力, 和如何看待其他人的工作.

Atiyah 在文章 [At2, pp. 233–234] 中写道:

数学的精髓在很大程度上是一门将非常零散的事物拼接起来的艺术. 毕竟数学是科学领域的终极抽象, 能够应用于解释诸多现象. 也许我可以引用 Poincaré 的一段话, 它与我提到的这些事实有关. 他说: "数学值得研究之处在于, 通过它们与其他事实的联系, 可以导致数学定理的认知, 如同实验结果导致物理定律. 它们向我们揭示其中意想不到的密切联系, 特别是那些人们熟知的却以为毫无关联的事实." 这些来自于实验科学和数学内部的事实需要结合起来. 我们需要从事联系不同的数学分支的学者, 同时也需要那些专注于某个领域, 并且深入研究的学者 ……

我接下来比较冷门与主流数学 …… 真正的先驱是那些特立独行、相信自己不需要追随前人的工作的人. 他们全新启航, 秉持完全创新的观点. 数学中真正全新的发现和新创的领域大都来自于这些先驱的工作 ……

最后, 我希望比较一下 "强有力" 和 "优雅" 的数学证明. 强有力的证明不一定优雅, 它可以是完全的蛮力, 推土机般的技巧, 套用整页的公式. 虽然看起来丑陋, 但是确实奏效. 而优雅的证明, 看似毫不费力, 挥洒笔墨, 一个精彩的结果出人意料地跃然纸上 …… 如果你希望数学继续前行, 那么优雅是一个重要的标准. 如果想让别人理解证明的主旨, 那么就必须做到简单而优雅. 这些品质在数学上很容易理解. 事实上, Poincaré 认为简洁是数学理论的向导, 是我们选择研究方向的标准.

除了讨论数学的本质, 上述引用也讨论了好的和漂亮的数学的重要特征.

在一次采访中 [Mi, p. 11], 面对提问 "你是否认为数学中存在主流课题? 是否这些课题比其他的更重要?", Atiyah 回答道:

是的, 我认为这是对的. 我强烈反对那种认为数学只是一些分散课题的组合, 人们可以通过写下公理 1, 2, 3 来发明一个新的数学分支并独自研究. 数学更多的是一个有机的发展体. 它与过去和其他学科有着长久的联系. 从某种意义上来说, 核心的数学总是不变的. 也就是那些来自于现实物理世界和数学自身与数和解方程相关的问题. 这总是数学的主要部分. 任何能够有助于解决这些问题的进展都是数学的重要部分. 反之, 与这些核心数学问题无甚关联或无益于理解数学精髓的方向, 通常不重要. 一个新的分支发展起来, 最后对其他分支产生影响, 但是如果它太偏离主流, 那么从数学角度而言, 不会太重要. 确实有的原创思想开启了新领域, 但是仍然与其他重要的数学分支有联系和交叉. 数学分支的重要性很大程度上取决于它是否与许多其他分支有关联. 这可看作 "重要性" 的自洽的定义.

对于提问 "有没有可能一个问题很长一段时间没有任何影响, 但是许多年后突然受到重视?", Atiyah 回答道:

我想确实有的人会有很超前的数学想法. 比如有人提了一个巧妙的建议, 但是很长一段时间人们都没有注意到它的重要性. 确实这经常发生. 我并不太关注这些. 我更多思考的是当今人们趋向于自己用非常抽象的方式发展一个数学领域. 他们只是埋头苦干. 如果要问他们原因, 有什么重要性或者联系, 你会发现他们也无从回答.

现代数学的各个分支都有一些例子, 比如抽象代数, 泛函分析, 一般拓扑学的某些部分. 特别是那些公理化方法泛滥的部分. 引入公理的目的是将问题暂时分离出来, 并发展求解的技巧. 有人认为公理化可以用来定义一个自洽的数学领域. 我认为这是错误的. 公理越狭隘, 会显得越孤立. 当人们抽象化数学的概念, 这是为了将你希望专注的部分和你认为无关的部分区别开来. 这样更加方便于集中精力. 但是, 你也去除了许多你不感兴趣的部分, 久而久之, 就脱离了原本的根基. 如果你发展公理化体系, 那么在某个阶段, 你应该回到它的本源, 促进融合与交流. 这才是健康的. 你会发现 von Neumann 和 Hermann Weyl 在 30 年前也表达过类似的观点. 他们担心如果数学的发展道路偏离了它的本源, 就会失去生机. 我认为这基本正确.

在一篇题为 "关于数学的证明与进展" 的文章中 [Th, p. 162], Thurston 写道:

数学家一般认为他们明白数学的含义, 但是却很难给出一个直接的定义. 这是个有趣的问题. 在我看来, "关于形式化格局的理论" 也许最为贴切, 但是要讨论它的话, 可以写一长篇文章.

追求真理, 这是数学最显著的特征. 但是数学并不仅仅关心某个命题是否正确. Borel [Bo, p. 11] 写道:

当然并不是所有的概念和定理都同等重要. 如 G. Orwell 的《动物农场》那样, 其中一些肯定会更重要. 是否有内在的标准可以客观地给出排序? 你会意识到同样的问题也存在于绘画、音乐和艺术. 所以这是审美问题. 事实上, 一个通常的回答是, 数学很大程度上是一门艺术, 它的发展受到美学标准的推动、引导和审视.

3　什么是好的和伟大的数学

我们对数学的本质作了一些描述. 接下来, 我们将考虑如何描述和判断好的和伟大的数学和数学家.

一个简单和最直接的判断数学和数学家的方式是接受时间的检验. 这也是最可靠和最终极的检验, 如同阳光下的一切.

如 Grothendieck 在他写给瑞典皇家科学院的拒绝 Crafoord 奖的信中所说: "我确信时间是检验新思想和新观点所带来的成果的唯一途径. 成就应该由它的影响力, 而不是荣誉来衡量."

Atiyah [At1, p. 36] 也曾写道:

当然任何领域中的研究的价值最终都应该由后人来评判 ……

我一直主张另一个观点, 即评价应该基于对于整个数学的影响. 这不容易, 因为需要估算影响到底有多大, 但这至少是一种可行的方案. 而且, 这一原则也能够加强数学的统一, 避免各自为政. 我相信, 在现实中, 人们更看重的是与好几个数学领域都有关的工作.

许多时候, 人们无法等待太久, 所以时间的检验不太可行. 需要寻找其他的方法. 评价好的或伟大的数学和数学家总是很困难的, 但数学家们又时刻需要这些评价. 他们在评价他人的同时, 也接受他人的评价. 最明显的是各种颁奖的场合.

除了 Atiyah 上面提到的方法, 我们看看其他数学家的点子. Hardy [Har, p. 13] 有一句名言:

如同画家和诗人, 数学家也是 "模式" 创造者. 如果数学家创造的 "模式" 更加久远, 那是因为它们是思想的发明.

那么自然地就会考虑如何评价思想的价值. 在一次演讲 "作为一门适当语言的数学" [ERS] 中, Gelfand 讲道:

许多人认为数学是枯燥和形式的科学. 但是, 真正好的数学工作其实总是充满漂亮、简洁、精确和疯狂的思想. 这是奇怪的组合. 我知道这种组合在古典音乐和诗歌中非常重要. 但是它也常见于数学中. 所以也不难理解许多数学家都喜欢严肃的音乐.

在文章 "数学的健康" [Mac2] 中, Mac Lane 写道:

目前, 我们大多数人只在讨论班和会议上和我们的同领域的学者交谈 ······

同时, 出版很少. 从范畴理论到双曲理论这些领域, 许多重要数学家并非通过发表文章来积累声望. 当然, 证明一个定理比写下详细的证明更有趣, 但是 (也许除了 Weierstrass) 从未有过如此普遍的倾向, 仅仅通过口头交流结果. 这种通过草略的文章和研究公告交流有时候是不够的 (比如, 在几何拓扑中). 有时候发表的不是一个证明, 而是暗示和宣布优先权. 如今的天才们不拘泥于细节, 但是如果我们鼓励这种通过伪出版物获取声望的方式, 将会导致更多的来自非天才模仿者的声明 ······

一个问题最重要的是它的相关性. 或许困难在于专业化效应. 当一个领域失去了目标和展望, 很难转换领域, 也许只能简单地继续在一个非自然的问题上无目的前行 ······

在每一个这些数学中说明的例子, 专家们看到了一个困扰着我的目的. 但我仍然认为太多这种不带说明的阐述, 这正是持续专业化的代价 ······

过去至少有一些数学家了解整个学科的概貌, 能够对未来走向提出展望. 他们不局限于自己工作的领域. 今天很少有人能有这种大局观. 这也许是因为我们总是奖励某个领域的专家, 而非那些了解全局的人 ······

希望可以有更多来自不同领域的专家交流他们的想法, 更多人能够转换研究领域. 希望有更多关于数学形态和方向的讨论, 更强调目的而非技巧. 希望有更多关注新的数学概念的起源和发展, 因为它们可能来自数学、理论物理等其他学科. 希望有更多努力整理和理解数学最近的主要进展 ······

他与我正在讨论如何做数学. 我采用标准的方法, 即指定一个感兴趣的课题, 建立所需的公理, 然后定义名词. Atiyah 很赞赏理论物理学家的风格. 对他们而言, 每当有新的想法, 并不是立刻去定义它, 因为这会造成有害的局限性. 他们会到处谈论这个想法, 发展各种联系, 最后达到更加普适和丰富的概念. Atiyah 指出 Dirac 的 δ 函数是一个很好的例子, 最后它被看作一种分布. 其他例子包括量子场论中的重整化和 Feynman 路径积分. 不过, 我坚持认为作为数学家, 我们应该清楚我们所谈论的, 无论是同伦群还是伴随函子.

他总结道: "数学的进步应该由所理解的新思想来衡量, 而不是出版物的数量."

在一篇呼应 Mac Lane 的文章 "数学的判断" [Br] 中, Browder 写道:

数学是科学的一部分, 秉承科学研究的方法. 但是我们的学科决定了我们所用的技巧, 与其他科学区别开来. 如果科学是为了发现 "自然定律", 那么数学也完全是为了探索思想和概念的 "自然" 王国.

只有通过深刻理解我们所研究的专业领域, 才能发现一般的理论和我们所探寻的关联. 我们需要深入与细致的挖掘, 也要时刻准备当灵感出现的那一刻.

Mac Lane 提到的专业化与 Browder 给出的特例完全不同. 在文章 "多元数学: 数学是单一科学还是艺术的集合?" [Ar, p. 403] 中, Arnold 写道:

数学最惊人和振奋人心的特征是它的各个不同的领域之间往往存在着神秘的联系.

过去一个世纪的经验表明, 数学的发展并非由于技术上的进步 (占据了数学家们大部分的精力), 而是由于通过这些努力发现了不同领域间意想不到的联系. 关于数学各个领域当前进展的珍贵的综述报告, 类似于阵地战. 前线的阵形和每日的变化, 对于战士们很重要. 但是思想的发散模式造成了有害的一面 (由于数学的专业化和其更细致的划分所导致), 特别当人们希望了解数学过去发展的曲折历史, 这变得越发明显.

他继续说道 [Ar, p. 408, p. 415]:

错误是数学重要和具有启发性的一部分, 也许和证明同等重要. (数学中的证明就如同诗人的书写.) 数学工作由证明构成, 正如诗歌由文字写就 ……

Hilbert 试图预测数学未来的发展, 并提出自己的问题来影响之. 20 世纪数学的发展却走了不同的道路 …… Poincaré 和 Weyl 对 20 世纪科学的影响更加深远.

Atiyah [At1, p. 28] 写道:

毫无疑问, 创新在数学发展中至关重要, 这是最高的原则 ……

创新有许多形式. 最普遍的是发明解决问题的新技巧. 创新的程度当然也有不同, 可以是如同大多数数学家几乎每天都取得的小步的进展, 也可以是巨大的全新方法的飞跃. 后者往往由于引入了全新的概念, 导致完全不同的观点 ……

巨大创新通常出现在解决一个非常困难问题的过程中. 还有另一种同样关键的创新, 也就是提出新的重要的问题. 如前所述, 一个问题的重要性在它被解决之前一般很难估量, 所以选择合适的研究问题需要卓越的洞察力 ……

我们可以说, 数学的进展是通过不断应用标准的方法, 并时而由于新概念和新问题的突然出现引发飞跃.

Atiyah [At1, p. 29] 写道:

在如同数学这样组织精细和结构复杂的学科中, 有许多的路标和明灯来指引观光者. 但是行之久矣, 笔直的道路令人生厌, 数学家们期待意料不到的转折. 如果有人说一个结果出乎意料, 可视作是高度的赞扬.

Atiyah [At1, p. 31] 写道:

一定程度的专业化是不可避免的, 也许也是我们期望的. 但是行之过度会带来灾难. 数学的使命是把思想从一个领域通过抽象化传递到另一个领域. 进一步, 数学研究的终极意义在于它的整体统一性……

能够保持数学整体性和统一性的主要平衡力, 是发展复杂和抽象的概念. 这可以促进产生总体融合, 使得许多特殊结果成为某个大统一原理的特殊情形. 这在许多领域都取得了成功. 19 世纪数学的很大一部分, 在没有造成巨大损失的情况下, 已经被 20 世纪数学的抽象和提升的观点所吸收. 这解释了当今一些关键领域的统治地位, 比如群论 (研究对称性)、拓扑 (研究连续性) 和概率 (研究随机事件).

Atiyah [At1, p. 32] 写道:

新概念可以帮助统一过去的工作并为未来发展扫清障碍. 所以它们是数学发展必不可少的组成部分. 从长远来看, 它们与解决难题或者发展新的技巧同等重要. 现实中, 真正有用概念的出现需要很长的积累, 往往与具体的工作相结合. 它们只在很少的情况下会横空出世.

在书 [Go2] 中有一节 "给年轻数学家的建议", Connes 在其中一篇文章中写道:

真正有趣的事情是, 好几代数学家发展起来的非常不同的领域之间出现了意想不到的联系.

Gowers 在他的文章 "数学的两种文化" [Go] 中写道:

C. P. Snow 认为人文与自然科学之间缺少交流是非常有害的. 他特别批评了那些人文学者缺少科学素养……

我认为类似的社会现象也可以在纯数学中见到. 这并不是完全健康的. 我希望讨论的 "两种文化" 所有数学家应该都不会陌生. 粗略地说, 我是指两类不同的数学家, 一类将解决问题视为中心的目标, 另一类更关注建立和理解理论……

并不是所有问题都同样有趣, 检验哪些是更有趣的问题的方法之一是看它们是否有助于我们对于数学整体的理解. 同样地, 如果有人付出多年努力钻研一个很困难的数学领域, 但是却并未增进对数学整体的理解, 那么也不会引起太多关注.

所以我所说的数学家可以分为理论型和解题型, 我是指他们的侧重点, 而并非说他们完全只从事这一类数学工作. 显然这两类数学家都是我们需要的 (如同 Atiyah 在 [At2] 的文末所说的那样). 同样显然的是, 不同领域的数学家需要不同类型的才能.

Atiyah [At2, p. 232] 写道:

我希望提到的第一点是解决问题与创立理论的关系. 当然两者可以有许多话题, 如果一个理论不能够解决问题, 它有何用? 如果提出许多问题却无法系统地建立关联, 又有何益? 即使它们单个来看都很有意思 ⋯⋯

我们需要将过去的研究经验凝聚成一种容易理解的形式, 这也即理论的初衷. 也许我还可以引用 Poincaré 的名言: "科学由事实构成, 如同房屋建自于石料. 但是事实的堆砌并不是科学, 就如同一堆石头并不是房子."

在书 [Go2] 中有一节 "给年轻数学家的建议", Atiyah 在其中一篇文章中写道:

数学家有时候可以分类为 "解题者" 和 "理论家". 确实在一些极端情形这种区分非常明显, 比如 Erdös 和 Grothendieck. 但是大多数数学家介于两者之间, 因为他们的工作既有解决问题, 也同时发展理论. 事实上, 如果一个理论不能够解决具体和有趣的问题, 那就不值得探究. 相反地, 对于真正深刻的问题, 在求解它的过程中应该能够激发理论的发展 (比如 Fermat 大定理).

在本文提及的数学家中, 也许 Halmos 的观点是最著名的. 在文章 "作为创新艺术的数学" [Hal] 中, 他写道:

数学是抽象的思想、纯粹的逻辑和创新的艺术. 所有这些都是错误的, 但是又有些道理, 毕竟它们比 "数学就是数" 或者 "数学是几何形状" 之类的观点好多了. 对纯粹数学家而言, 数学是一些稀疏假设的集合通过漂亮证明的逻辑衔接. 简洁又不失复杂, 至高的逻辑分析, 这些是数学的特点.

数学家青睐最优的情形, 如同工业实验者打碎灯泡, 扯破衬衣, 将车在坑地里颠簸. 他希望知道一种推导应用有多广, 如果推导不成立会发生什么. 当减弱一项假设会有什么效果? 在什么条件下可以加强某个结论? 这些无穷无尽的问题导致了更广泛的理解、更强大的技巧和未来问题更大的弹性 ⋯⋯

对于数学成果质量的评判, 所基于的原则远高于正确性, 但是又很难描述. 数学上好的工作往往与许多领域相联系, 它必须是全新的 (想象一下如果一部 "新" 电影只是更换了名字和服装, 却保留了相同的情节). 它具有不可言喻但不可阻挡的深刻性. 比如 Johann Sabastian 是深刻的而 Carl Philip Emmanuel 不是. 数学工作崇尚美妙, 复杂, 简洁, 优雅, 追求满足感和相称性, 看起来都很主观, 但都被广为认可.

Halmos 在他的自传《我要做数学家》[Hal2] 中写道:

数学不是如通常认为的那样仅仅是关于推导的科学. 当我们试图证明一个

定理, 我们不是简单地罗列假设, 然后开始论证. 我们需要不断在错误中尝试和猜测. 我们试图找出事实, 这一点类似于实验室的技术员, 但是在精度和信息方面有所不同. 也许哲学家对数学家的看法, 就如同我们对技术员的看法……

要成为数学家, 我们需要有天赋、洞察力、专注度、品位、运气、动力和想象力. 对于教学, 我们还需要理解学生可能遇到的困难, 与听众产生共鸣, 无私分享, 再加上演讲的才能, 明快的风格和展示的技巧. 最后如果你做一些文书和行政工作, 那么你还需要责任感, 道德心, 细致而有序. 领导才能和个人魅力是锦上添花……

要成为数学家, 你必须热爱数学, 胜过家庭、宗教、金钱、享福、安逸和荣耀. 我不是说完全放弃家庭、宗教和其他, 也不是说如果你热爱数学, 就不会有疑惑, 不会遇到挫折, 不会放弃而宁可打理花园. 疑惑与挫折是生活的一部分. 伟大的数学家也会遇到疑惑与挫折, 但是他们不会停下数学工作, 因为离开数学, 反而他们会更加想念.

在文章 "鸟与青蛙" [Dy, p. 212] 中, Dyson 写道:

一些数学家是鸟, 而另一些是青蛙. 鸟在蓝天翱翔, 概览数学的全貌直至天际. 他们创造统一思考的概念, 把不同领域的问题统一起来. 青蛙生活在泥地中, 只看到周围的花草. 他们专注于特定课题的细节, 解决一个又一个的问题. 我曾经是青蛙, 但是我的很多朋友是鸟. 这是我今晚演讲的主题. 数学同时需要鸟和青蛙. 数学既是伟大的艺术也是重要的科学, 因为它融合了概念的广泛与结构的深度. 认为鸟看得远而比青蛙高贵, 或者认为青蛙比鸟看得更深刻, 都是不明智的观点. 数学同时需要广泛与深度, 所以我们需要鸟和青蛙的携手探索……

20 世纪数学的发展有两个决定性的事件, 一个属于 Baconian 传统, 另一个属于 Cartesian 传统. 第一个大事件是 Hilbert 在 1900 年巴黎国际数学家大会上的主旨报告中, 提出了 23 个著名难题为未来数学指明了方向. Hilbert 是鸟, 俯瞰整个数学界, 但是他向青蛙提出并希望他们解决这些问题. 第二个大事件是法国 20 世纪 30 年代的 Bourbaki 学派. 他们出版了一系列教科书, 希望为所有数学建立统一的框架. Hilbert 的问题引发了数学的丰硕发展. 无论是已经解决还是悬而未决的问题, 都激发了新思想和新领域的诞生. Bourbaki 的工程也产生了巨大的影响, 改变了接下来 50 年数学的风格. 前所未有地强调了逻辑的连贯性, 把重点由具体的例子转移到抽象的概括. 在 Bourbaki 的构想中, 数学是 Bourbaki 教科书中的抽象结构. 不包含在教科书中的内容不是数学. 具体的例子, 因为它们没有出现在教科书学中, 所以不算数学. 这是 Cartesian 风格的极端表达. 它限制了数学的视野, 抛弃了 Baconian 旅行者采集的美丽花朵……

数学中最深刻的概念能够将一个领域与另一个领域联系起来. 在 17 世纪, Descartes 通过他的坐标系将代数与几何相联系. 牛顿通过他的微积分将几何与动力学相联系. 在 19 世纪, Boole 通过符号逻辑将逻辑学和代数联系起来. 黎曼通过他引入的黎曼曲面将几何与分析联系起来. 坐标、微积分、符号逻辑和黎曼曲面都是比喻, 从熟悉延伸到不熟悉的语境 ……

Baconian 传统认为 Hilbert 在 1900 年巴黎国际数学家大会提出的 23 个问题为 20 世纪数学拟定了方向. Manin 不同意这种看法, 他认为 Hilbert 的问题偏离了数学的主题. 他认为数学的重要进展来自于纲领, 而非问题. 人们常常通过翻新旧的想法来解决问题. 研究纲领是新思想的温床. 他认为 Bourbaki 纲领将数学重写为更抽象的语言, 从而导致了 20 世纪许多新思想的诞生. 他将统一数论与几何的 Langlands 纲领视作 21 世纪新思想的源泉. 解决难题可以让你获奖, 但是开启了新纲领的人物才是真正的先驱.

在文章 "数学家心理之刻画" [De, p. 19] 中, Dehn 写道:

思想的起源经常很难厘清, 特别是那些年代久远的想法的发现过程很难还原. 但是它的最终形式往往属于某个特定的人. 所以在我看来, 当我们评价一项贡献, 不要太追求优先权. 在某项工作中最初出现的想法往往并不重要 ……

另一方面, 最美的花环应该属于那个将思想从黑暗中提炼出来、并加以完善的人. 即使由于环境的局限, 他无法继续推进他的影响.

这里我们应该注意, 有一种自然的倾向使得我们夸大对于历史的评价. 对历史学家而言, 最开心的莫过于品味历史发展的意图、联系、决裂和变迁, 置身于创造者的灵感闪现和成果丰收的时刻 ……

当然数学家的创造力并不仅限于他们的学科. 我们看到 Cardano 的例子, 还有黎曼的前瞻性贡献等带来的变革 ……

最后我们考虑拓扑学, 这是数学中研究物体形状的学科. 它兴起于 19 世纪, 主要是哥廷根数学家黎曼的工作; 黎曼建立了许多函数论问题的拓扑本质. 到 19 世纪末, Henri Poincaré 强力推进了拓扑学的发展. 现在拓扑文章随处可见, 但是说到基本性的问题, 严格说并未超越 Poincaré 或黎曼, 特别是考虑到对于二变量代数函数理论的推动. 这并非由于问题很难 (比如数论), 而是因为人们的思维局限无法同时驾驭不同的领域 ……

我要说的是, 与普遍的看法相反, 数学家并非是在空想和具有怪癖. 这与数学毫不沾边. 数学家处于许多研究领域的交界, 特别是人文与自然科学, 在美国这似乎是两个毫无交集的学科. 数学研究方法属于一般科学方法, 又具有独特性. 由于排中原理的重要性, 这与法学方法相关. 数学研究的目标比自然科学家更理性, 比人文学者更感性. 后者是因为数学的发展史与哲学史密切相关. 与自然科学的联系远不止在所有科学的应用. 数学家知道自然科学为他们提供了最重要的灵感. 比如成为微积分支柱的 L'Hospital 的无穷小方法, 来自于 Galileo 弹射体运动的惯性和重力分解的研究. Fourier 命名的周期级数与 19 世纪分析学的重

要发展息息相关 ⋯⋯

有时候数学家有着诗人或征服者的热情, 他的论证有如一个负责的政治家, 慈爱的父亲. 他的容忍与顺从堪比圣贤. 他是变革与保守并重, 怀疑却又忠实地乐观. 这些品质有时候会出现在一个人身上, 虽然它们也自相矛盾. 如同 C. F. Mayer 让 Ulrich von Hutten 所说的: "我不是一本人造的书刊, 而是一个具有全部矛盾的人."

在文章 "数学家" [Neu] 中, John von Neumann 写道:

在我看来, 数学至关重要的特征是, 他与自然科学的特殊关系. 或者更一般地, 与任何不是泛泛而谈的科学的关系.

大多数人, 无论是否是数学家, 都会同意数学不是经验的科学. 至少在几个关键的方面它与经验科学的技巧不同. 数学的发展与自然科学的发展密切相关. 它的主要分支之一的几何学, 发源于自然的经验科学. 现代数学最棒的灵感来源于自然科学. 数学方法盛行于自然科学的理论研究. 评判现代经验科学是否成功的一个越来越重要的原则是它是否适用数学方法, 或者物理中的近数学方法.

Fields 奖是数学界最具声望的著名奖项. 所以引用 Fields 自己的看法, 会很有意思. 1903 年, 在文章 "德国大学与德国大学的数学" (参见 [Rie]) 中, 40 岁的 Fields 除了描述了对德国数学体系的推崇, 也把数学家分为五类:

在第一类中, 包括了那些拥有永恒创造力的绝世天才, 能够不断攻克基本的难题, 变革现有领域, 开创新方向 ⋯⋯

在第二类中, 可以看到那些人选择了一个感兴趣的课题, 一生精心钻研, 拓展分支, 开创观点, 发展理论. 我们还可以看到那些开创了一个新的未知领域的数学家, 他们的发现在数学史上具有划时代的意义.

在一个理论的发展过程中, 有许多基本的困难需要克服. 当研究方法得以建立, 其中仍然需要巨大的工作. 那些从事这些工作的数学家可以归为第三类. 他们的工作也许不具开创性, 但是他们留下了极具才智的工作 ⋯⋯

在第四类中, 是那些编辑整理前面三类数学家工作的学者, 以及那些解决了并未引起太多关注的孤立问题的学者 ⋯⋯

在第五类中, 是那些不属于前四类, 但是也为数学发展做出重要贡献的数学家, 比如教科书作者等.

4　黎曼的生平、教育与学术生涯

虽然黎曼是数学史上举足轻重的数学家, 但是还没有关于他的传记的书籍出版. 关于黎曼的最好的短篇传记是他的朋友 Dedekind 所写, 收录在《黎曼全集》的第一版中. 除此之外, 还有 [Lau] [Mon] [Kle] 等书中关于黎曼生平的介绍,

以及文章 [Fre]. 它们大都受到 Dedekind 文章的影响.

我们将简要介绍黎曼的生平和教育经历, 以期了解它们如何影响了他的数学生涯.

黎曼 1826 年 9 月 17 日出生在德国北部汉诺威的一座名叫布列斯伦茨 (Breselenz) 的小镇. 他的父亲是乡村的路德会牧师, 母亲是法官的女儿. 他的母亲 Charlotte Ebell 在黎曼 20 岁时就去世了. 黎曼小时候家境贫寒, 是 6 个孩子中的次子. 虽然家境贫寒, 孩子们仍在关爱中幸福成长. 幼时的黎曼很害羞, 怯于在公开场合说话. 他的一生中多次受精神崩溃的折磨. 他在孤独和思考中找到了慰藉, 展现了极大的勇气和广阔的视野.

黎曼的父亲承担起了孩子们入门教育的重任, 在家中教育黎曼直到 10 岁. 5 岁时, 黎曼对历史着迷, 但很快他就展现出了非凡的计算才能, 开始痴迷于发现并解决难题. 不过他并不擅长写作和表达. 从 10 岁到 13 岁半, 黎曼跟随一位职业教师学习算术与几何. 很快老师就发现, 黎曼已经超过了他, 常常能够给出更好的解答.

黎曼在学校里所有课程都很出色, 数学尤为突出. 高中的校长早已观察到黎曼的数学才能, 慷慨地把自己的私人藏书借给黎曼. 他借给黎曼 Legendre 的《数论》. 黎曼很快就读完了这本 900 页的巨著. 这也许为黎曼后来在素数方面的伟大工作埋下了种子. 他还通过学习 Euler 的著作, 熟练掌握了微积分和各种计算技巧. 高中时, 黎曼在钻研数学的同时也研读了《圣经》. 他是虔诚的基督教徒, 并把自己的数学生涯看作尊奉上帝的一种方式.

1846 年春, 19 岁的黎曼被哥廷根大学录取. 在父亲的鼓励下, 黎曼选择了神学专业. 他希望自己能够尽快找到工作帮助家庭. 同时他也旁听了 Stern 的方程数值解, Goldschmidt 的地磁学, Gauss 的最小二乘法等课程. 很快他发现数学有着无可阻挡的魅力. 于是他询问父亲, 希望能够转学数学. 黎曼很顾家, 凡是重要的决定都会征求父亲的建议. 黎曼的父母很重视孩子们的教育. 最后父亲支持了黎曼的决定.

哥廷根大学无疑是数学的圣地. 在那里任教的 Gauss 是当时公认的最伟大的数学家之一. 黎曼确实听过 Gauss 讲授的基础课, 但没有证据表明那时候 Gauss 与黎曼有深入的交往, Gauss 也并未发现黎曼的天赋. 另一方面, 黎曼的老师 Stern 已经意识到黎曼的数学才能. 他曾说: "黎曼已经像金丝雀那样歌唱."

由于黎曼早已自学过许多数学课程, 他觉得在哥廷根无法学到更多的数学. 于是在 1847 年春, 他转到柏林大学. 当时在柏林大学任教的数学家包括 Jacobi, Lejeune, Dirichlet, Steiner, 他们讲授前沿的数学成果及其进展, 吸引了德国各地的学生. 黎曼也遇到了 Eisenstein, 他被 Gauss 认为是最具才华的数学家之一. 黎曼与 Eisenstein 讨论复数应该如何引入函数论中. 他们的观点不尽相同.

Eisenstein 看重形式的算法, 而黎曼着眼于用偏微分方程来理解全纯函数. 黎曼 1851 年的博士论文正是源于这一观点.

黎曼被 Dirichlet 的研究风格和思考方式所吸引. Klein 曾说:

黎曼被 Dirichlet 所吸引, 这是由于他们内心共同的思考方式所引发的共鸣. Dirichlet 偏爱从直观上把问题搞清楚, 以此给出基本问题的简明逻辑分析, 尽量避免冗长的计算. 他的风格影响了黎曼今后的研究生涯.

1849 年, 黎曼回到哥廷根. Weber 刚从莱比锡大学回到哥廷根物理系任教. Listing 也在 1849 年受聘担任哥廷根物理教授.

黎曼 1851 年在 Gauss 的指导下提交了他的博士论文. 在此之前, 他参加了 Wilhelm Weber 的实验物理课程, 以及 Weber, Ulrich, Stern 与 Listing 组织的数学物理讨论班. 黎曼花了大量时间参与讨论班上的物理实验. 黎曼与拓扑学的开创者之一 Listing 有很多交流. 这些都对黎曼后来的工作产生了深远的影响.

由于这些兴趣耽误了黎曼不少时间, 直到 1851 年 11 月, 时年 26 岁的黎曼提交了他的博士论文, 这被认为是复分析学科的重大突破, 是数学的永恒财富. Gauss 对黎曼的论文作了如下评价 (参看 [Bel, pp. 495–496]):

黎曼所提交的博士论文提供了令人信服的证据, 表明作者在他的论文中对所论述的课题进行透彻和深入的研究, 显示出一个具有创造性的、活跃的、真正数学才能的头脑以及富有成果的原创性. 文章表述清楚而简洁, 有的地方很漂亮. 大多数读者将会喜欢这个更清楚的安排. 这项实质而极富价值的工作不仅达到博士论文所要求的各项标准, 而且远远超出了它们.

获得博士学位后, 黎曼以为他能够很快完成讲师资格论文. 但最终花了两年半才写完. 1853 年 12 月初, 黎曼提交了他的讲师资格论文. 同年 12 月 28 日, 黎曼写信给他的弟弟讲到关于他的就职报告.

我的工作现在已经有了眉目. 12 月初我提交了讲师资格论文. 现在我要为就职报告准备三个题目. 教授委员会将会从中选择其一. 我已经准备了头两个题目, 希望他们能选择其中一个. 但是 Gauss 挑选了第三个, 于是我又要开始忙碌了, 我需要再认真研究下这个题目.

Gauss 选择的这个题目是关于几何学的基本假设. 一个原因是 Gauss 也思考过这个困难的问题, 想了解黎曼是如何看待这个问题的. 黎曼的头两个题目与电磁学有关, 这是黎曼当时正沉浸于研究的问题.

黎曼用几个星期时间准备关于几何学基本假设的报告. 为了让非数学家的委员会成员理解他的报告, 黎曼忽略了所有计算细节. 不知道在场有多少人能够理解黎曼在 1854 年 6 月 10 日的报告内容. 但是这远远超过了 Gauss 的期望. Gauss 告诉 Weber, 他为黎曼演讲中蕴含的深刻思想激动不已.

从黎曼给他弟弟的信里可以看到, 黎曼精心准备了他的报告. 我们可以看到黎曼手稿中的多处修改和补充. (参见文前插页的图片, Cod. Ms. B. Riemann 16 Cim.)

在这次成功的就职报告后, 黎曼又在 1854 年 9 月的一次国际会议上作了有关非导体电荷分布的精彩演讲. 他在给父亲的信中写道:

之前的就职报告, 给了我更多的勇气. 我发现, 一方面思考了很长时间并厘清了一切头绪, 而另一方面只是在演讲前仓促准备, 两者有很大的区别.

接着黎曼成功地在哥廷根大学开设了他的第一门课程, 吸引了众多的学生. 接下来黎曼遭受了一系列的打击. 1855 年, 他的父亲去世. 接下来的三年间, 他的多个兄弟姐妹相继去世. 黎曼承担起了照顾家庭的重任.

虽然黎曼的才能在他 1851 年发表博士论文后就被广泛关注, 但是直到 1857 年他才成为副教授. 1859 年 Dirichlet 去世, 33 岁的黎曼成为正教授, 继任了曾是 Gauss 和 Dirichlet 的职位. 就在几天后, 黎曼被选为柏林科学院的通讯院士. 举荐他的是三位柏林数学家 Kummer, Borchardt 和 Weierstrass. 他们在推荐信中写道:

在他最近关于 Abel 函数理论的工作问世前, 黎曼几乎不为数学家所知. 这使得我们也许可以不必详细审阅他之前的工作. 我们觉得我们有责任向柏林科学院推荐这位我们的同行, 并非因为他是极富潜力的年轻数学家, 而是因为他早已是一位完全成熟而独立的学者, 并取得了重要的成就.

1862 年 6 月, 黎曼与 Elise Koch 结婚. 他的太太是他妹妹的好友. 他们有一个女儿. 1862 年秋, 黎曼染上风寒, 结果导致肺结核. 他只得去气候温和的意大利休养. 1862—1863 年的冬天黎曼住在西西里, 然后他到意大利各地访问, 与 Betti 等意大利数学家交流. Betti 曾在 1858 年访问过哥廷根从而结识黎曼. 1863 年 6 月黎曼回到哥廷根, 但是他的健康迅速恶化, 他不得不返回意大利. 1864 年 8 月到 1865 年 10 月间, 黎曼住在意大利北部. 他于 1865—1866 年间的冬季回到哥廷根, 接着 1866 年 6 月 16 日重返 Maggiore 湖畔的 Selasca. 同年 7 月 20 日, 黎曼在意大利 Selasca 去世, 并葬于 Selasca 的 Biganzolo 公墓.

Dedekind 如此描述黎曼生命的最后时刻:

他的体力急速衰落, 他自知已到生命的终点. 但即使在人生的最后一天, 他依然在无花果树下安静地工作. 在美丽的景色之中满是喜悦地看着他最后未完成的工作. 他去世的时候很安详, 没有任何的挣扎和恐惧. 他的太太递给他面包和酒. 他祝福深爱的亲人, 告诉太太: 亲亲我们的孩子. 她念着主祷文, 而黎曼不能说话. 当她念到 "宽恕我们的罪过" 时, 黎曼抬起了眼, 她感到他的手逐渐冰凉. 几次喘息后, 他的纯净而高尚的心停止了跳动.

在黎曼位于意大利 Biganzolo 的墓碑上, 写道:

这里安葬着格奥尔格·弗雷德里希·波恩哈德·黎曼先生

哥廷根大学教授

1826 年 9 月 17 日生于 Breselenz

1866 年 7 月 20 日逝于 Selasca

凡爱上帝者必诸事顺遂.

5 黎曼数学生涯中的重要人物

虽然黎曼总是被描述成害羞而内向, 他与其他学者的交流对他的成长和学术成就至关重要, 即使他是位极富原创性的数学家. 我们简要地描述几位影响了黎曼的学者.

1. Dirichlet

在黎曼的所有老师中, Dirichlet 对黎曼的鼓舞最大. 黎曼在柏林听他的数论与分析课. Dirichlet 对于数学物理的兴趣也影响了黎曼. 黎曼把复分析中的一个重要结果命名为 Dirichlet 原理. Dirichlet 与黎曼友情深厚. 黎曼 1852 年写给父亲的信中提到:

有一天早上, Dirichlet 花了两个小时和我在一起. 他给了我一些笔记, 与我的讲师资格论文有关. 这些笔记的内容如此丰富, 大大减轻了我的工作. 不然的话, 我可能要花许多时间在图书馆中寻找这些资料. 他也和我一起讨论我的博士论文. 他对我一直非常友好, 这是我无法想象的. 因为我们的地位差距如此之大. 我相信他以后也会对我有印象.

2. Gauss

Gauss 对黎曼的影响, 并不是通过他所教授的课程. Klein [Kle, p. 233] 写道:

对我们来说很惊讶和神秘的是关于黎曼与 Gauss 在数学思想上的亲密友谊. 黎曼没有机会参加太多的 Gauss 的课程, 毕竟 Gauss 已经 70 岁高龄, 很少教课. 这个年轻害羞的学生与 Gauss 并无太多来往. Gauss 不爱教课, 对大多数学生并无兴趣, 也不易接近. 不过, 我们仍然认为黎曼是 Gauss 的弟子. 事实上, 他是 Gauss 唯一真正的弟子, 能够领悟 Gauss 的思想……

Gauss 选择第三个题目作为黎曼就职报告的一个目的, 是希望黎曼能够在几何上有更深入的研究和思考. 这也是 Gauss 工作的延伸. 黎曼在素数方面的工作也受到 Gauss 影响. 他们的观点有许多的相似之处, 比如对于全纯函数与共形映射和调和函数的联系, 以及他们在超几何函数方面的工作. 对他们而言, 数学总是与物理相联系.

3. Eisenstein

他只比黎曼年长 3 岁, 但是当还是学生的黎曼在柏林遇到他时, Eisenstein 已经是知名数学家. 黎曼曾与他讨论过数学. Eisenstein 对单复变函数论有自己独到的观点, 并坚持发展自己的理论. 这给了黎曼信心. 这对于黎曼这样害羞的学生而言尤为重要.

4. Weber

黎曼对数学和物理都有重要贡献. 这两门学科的相互影响给了黎曼许多启发. 作为一个试验和理论物理学家, Weber 对黎曼有诸多帮助. Klein [Kle, p. 235] 曾说: "黎曼视 Weber 为导师和父辈的朋友. Weber 赏识黎曼的才华, 处处关照这个害羞的学生."

5. Dedekind

他是黎曼的朋友和同事, 也是很少几位可以与黎曼畅谈数学的同行之一. 他非常欣赏黎曼的工作. 当黎曼在课上讲授他的名作 —— Abel 函数理论时, 听众只有 Dedekind 和两位学生. 他关于黎曼的传记被认为是黎曼生平的最忠实的记述. 他是《黎曼全集》最早的编纂者之一.

6. Jacobi

当黎曼在柏林就学时, Jacobi 是给予黎曼最多启发的老师. 黎曼给出的 Jacobi 反演问题的解答使得黎曼一夜之间跻身第一流数学家的行列.

7. Stern

他是黎曼读大学时的最早遇到的数学老师, 他讲授的许多课程激励黎曼立志成为一名数学家. 他很早就发现了黎曼的才华.

8. Listing

他是拓扑学的奠基人之一. 1847 年出版了著作《拓扑学入门》(*Vorstudien zur Topologie*). 他启发了黎曼后来在单复变函数论中引入原创和强有力的拓扑方法. Klein [Kle, p. 234] 写道:

哥廷根的几何学的气氛对于满是才华和求知欲的黎曼产生了重要影响. 一个人所处的环境对于他的影响, 比知识所赋予他的更为重要.

9. Friedrich Herbart

他是一位哲学家和教育家, 而非数学家. 黎曼的哲学观受到他的重要影响. Herbart 生于 1776 年, 他的一生大部分时间都在哥廷根度过, 1841 年去世. 5 年后, 黎曼来到哥廷根. 他是 19 世纪现实主义哲学的先驱, 当代科学教育学的奠基人. 相比于其他数学家, 黎曼更推崇哲学, 他写过很多哲学的散文. 这也反映在他关于几何学基础的著名文章中. 黎曼曾说 [Kle, p. 233]: "我的主要工作与自然界定律的新概念有关. 我的创新主要源于研究 Newton, Euler 以及另一方面 —— Herbart 的工作."

6　黎曼工作的一些特征

黎曼的工作富有概念创新的特征. 比如在他的博士论文中, 他通过所满足的微分方程而非幂级数来刻画单复变全纯函数. 另一个例子是黎曼通过单值群来研究超几何函数. Klein [Kle2] 写道:

黎曼一生中在这个课题上只在 1856 年发表过一篇他的初步研究, 只考虑超几何的情形. 他令人惊讶地证明, 所有已知的超几何函数的性质可以从函数在奇异点附近的计算得到.

几何 (拓扑或整体) 的思维是黎曼的独到之处. 黎曼把全纯函数看作共形映射, 这导致了黎曼映照定理的发现. 黎曼工作的另一个特征是他的直觉推理. 也许有时缺少严格论证, 但是黎曼工作中的绝妙思想让问题更加清晰. 他的工作中很少见到冗长的计算. 比如黎曼巧妙地应用 Dirichlet 原理发现黎曼映照定理和 Riemann-Roch 定理.

数学与物理的结合在黎曼工作中处处可见. Klein [Kle2] 认为这给了黎曼极大启发:

他总是反复努力尝试给出自然界物理定律的一般的数学描述 ······ 这些物理观点是黎曼数学工作的灵感源泉.

黎曼比大多数数学家有更广的视野和哲学观. 比如他的关于几何学基础的文章包含了很大的篇幅讨论哲学. 对他而言, 重要的不仅仅是几何本身, 与自然界、时空的联系也很重要. Freudenthal [Fre] 认为:

黎曼是数学史上最深刻和最富想象力的数学家之一. 他对哲学情有独钟, 可称得上是一位哲学家. 如果他活得更长一些, 哲学家也会认可他的地位.

7　黎曼的计算能力

从黎曼发表的文章来看, 我们会觉得黎曼是概念创新的数学家. 他的思考依赖于几何直觉, 不需要通过复杂的计算, 深刻的想法就会自然出现. 在叙述他的结果时, 他也尽量避免复杂的公式, 而是详加解释.

但是为了得到一些结果, 他其实也做过非常详细和复杂的计算. 证据之一就是哥廷根大学历史图书馆保存的他书写过的抄稿纸. 黎曼小时候就着迷于数学计算. 也许他和 Gauss 都是擅长复杂计算的高手. (参见文前的插页的图片.)

这些计算对黎曼的直觉和洞察力有重要帮助. 他可以从这些计算对问题获得更好的理解. 很遗憾, 好像还没有人仔细研究过黎曼抄稿纸中的这些计算细节.

8　黎曼发表的文章和涵盖的课题

黎曼一生中发表的文章很少, 正式的只有 9 篇. 我们当然还可以算上他的博士论文和一篇向学术会议提交的论文. 如下是这 11 篇文章的清单:

1. *Grundlagen für eine allgemeine Theorie der Functionen einer veränderlichen complexen Grösse* (Inauguraldissertation, Göttingen, 1851).
   Foundations for a general theory of functions of a complex variable (Inaugural dissertation, Göttingen, 1851).

2. *Ueber die Gesetze der Vertheilung von Spannungselectricität in ponderabeln Körpern, wenn diese nicht als vollkommene Leiter oder Nichtleiter, sondern als dem Enthalten von Spannungselectricität mit endlicher Kraft widerstrebend betrachtet werden* (Amtlicher Bericht über die 31. Versammlung deutscher Naturforscher und Aerzte zu Göttingen im September 1854).
   About the laws of distribution of electric electricity in ponderable bodies, if these are not considered perfect conductors or insulators, rather than may be viewed as resisting the holding of electric charge with finite power (Official Report on the 31st meeting of German natural scientists and physicians to Göttingen in September 1854).

3. *Zur Theorie der Nobili'schen Farbenringe* (Annalen der Physik und Chemie, 95 (1855), 130–139).
   On the theory of Nobili's color rings (Annals of Physics and Chemistry, 95 (1855), 130–139).

4. *Beiträge zur Theorie der durch die Gauss'sche Reihe $F(\alpha, \beta, \gamma, x)$ darstellbaren Functionen* (Abhandlungen der Königlichen Gesellschaft der Wissenschaften zu Göttingen, 7 (1857), 3–32).
   Contributions to the theory of represented by the Gaussian series $F(\alpha, \beta, \gamma, x)$ functions (Memoirs of the Royal Society of Sciences in Göttingen, 7 (1857), 3–32).

5. *Selbstanzeige: Beiträge zur Theorie der durch die Gauss'sche Reihe $F(\alpha, \beta, \gamma, x)$ darstellbaren Functionen* (Göttinger Nachrichten, 1857, 6–8).
   Voluntary disclosure: contributions to the theory of represented by the Gaussian series $F(\alpha, \beta, \gamma, x)$ functions (Göttingen News, 1857, 6–8).

6. *Theorie der Abel'schen Functionen* (Journal für die reine und angewandte Mathematik, 54 (1857), 101–155).

Theory of Abelian functions (Crelle's Journal, 54 (1857), 101–155).

7. *Ueber die Anzahl der Primzahlen unter einer gegebenen Grösse* (Monatsberichte der Berliner Akademie, November 1859, 671–680).

  The number of primes below a given size (Monthly reports of the Berlin Academy, November 1859, 671–680).

8. *Ueber die Fortpflanzung ebener Luftwellen von endlicher Schwingungsweite* (Abhandlungen der Königlichen Gesellschaft der Wissenschaften zu Göttingen, 8 (1860), 43–65).

  Concerning propagation of plane air waves of finite amplitude (Memoirs of the Royal Society of Sciences in Göttingen, 8 (1860), 43–65).

9. *Selbstanzeige: Ueber die Fortpflanzung ebener Luftwellen von endlicher Schwingungsweite* (Göttinger Nachrichten, 1859, 192–197).

  Voluntary disclosure: concerning propagation of plane air waves of finite amplitude (Göttingen News, 1859, 192–197).

10. *Ein Beitrag zu den Untersuchungen über die Bewegung eines flüssigen gleichartigen Ellipsoides* (Abhandlungen der Königlichen Gesellschaft der Wissenschaften zu Göttingen, 9 (1860), 3–36).

  A contribution to the studies of the motion of a homogeneous liquid ellipsoid (Memoirs of the Royal Society of Sciences in Göttingen, 9 (1860), 3–36).

11. *Ueber das Verschwinden der Theta-Functionen* (Journal für die reine und angewandte Mathematik, 65 (1866), 161–172).

  About the vanishing of theta functions (Crelle's Journal, 65 (1866), 161–172).

如下是 7 篇黎曼去世后发表的文章, 来自于他的手稿和通信.

12. *Ueber die Darstellbarkeit einer Function durch eine trigonometrische Reihe* (Habilitationsschrift, 1854, Abhandlungen der Königlichen Gesellschaft der Wissenschaften zu Göttingen, 13 (1868)).

  Concerning the representability of a function by a trigonometric series (Habilitationsschrift, 1854, Memoirs of the Royal Society of Sciences in Göttingen, 13 (1868)).

13. *Ueber die Hypothesen, welche der Geometrie zu Grunde liegen* (Habilitationsschrift, 1854, Abhandlungen der Königlichen Gesellschaft der Wissenschaften zu Göttingen, 13 (1868)).

  On the Hypotheses which lie at the bases of Geometry (Habilitationsschrift, 1854, Memoirs of the Royal Society of Sciences in Göttingen, 13 (1868)).

14. *Ein Beitrag zur Elektrodynamik* (1858, Annalen der Physik und Chemie, 131

(1867), 237–243).

A contribution to electrodynamics (1858, Annals of Physics and Chemistry, 131 (1867), 237–243).

15. *Beweis des Satzes, dass eine einwerthige mehr als 2nfach periodische Function von n Veränderlichen unmöglich ist* (26 October 1859, Journal für die reine und angewandte Mathematik, 71 (1870), 197–200).

A Proof of the proposition that a single-valued periodic function of n variables cannot be more than 2n-fold periodic (26 October 1859, Crelle's Journal, 71 (1870), 197–200).

16. *Estratto di una lettera scritta in lingua Italiana il di 21 Gennaio 1864 al Sig. Professore Enrico Betti* (Annali di Matematica, 7 (Ser. 1, 1865), 281–283).

Extract from a letter written in Italian on the day January 21, 1864 to Mr. Professor Enrico Betti (Annals of Mathematics, 7 (Ser. 1, 1865), 281–283).

17. *Ueber die Fläche vom kleinsten Inhalt bei gegebener Begrenzung* (Abhandlungen der Königlichen Gesellschaft der Wissenschaften zu Göttingen, 13 (1868)).

On the surface of least area with a given boundary (Memoirs of the Royal Society of Sciences in Göttingen, 13 (1868)).

18. *Mechanik des Ohres* (Aus Henle und Pfeuffer's Zeitschrift für rationelle Medicin, dritte Reihe. Bd. 29).

Mechanics of the ear (From Henle and Pfeuffer's magazine for rational medicine, third vol. Vol. 29).

《黎曼全集》的各个版本都包含了更多的其他学者编辑整理的有关黎曼工作的文章或注记.

在黎曼发表的 11 篇文章中, 其中 6 篇 (1, 4, 5, 6, 7, 11) 有关数学, 另 5 篇 (2, 3, 8, 9, 10) 有关物理.

在黎曼去世后发表的文章中, 数学文章有 5 篇 (12, 13, 15, 16, 17), 只有一篇 (14) 是物理文章, 而另一篇 (18) 属于医学.

另一方面, 黎曼对许多学科都有贡献. 他所研究的每个领域都改变了其面貌和人们的观点. 如下是他做出过重要贡献的课题:

1. 分析: 积分理论与三角级数.
2. 单复变函数论.
3. 黎曼映照定理, 黎曼面单值化及其推广.
4. 黎曼面与复流形.
5. 黎曼面模空间与相关代数簇.
6. 代数曲线与代数簇的双有理几何.

7. Riemann-Roch 定理与指标理论.

8. 曲面拓扑学与 Riemann-Hurwitz 公式.

9. 超几何函数及其推广.

10. 黎曼 zeta 函数与解析数论.

11. 黎曼几何与广义相对论.

12. 变分法, 特别是 Dirichlet 原理.

13. 偏微分方程: 激波.

14. 微分方程: Riemann-Hilbert 问题.

15. 单值群与 Riemann-Hilbert 对应.

16. 物理: 电动力学.

17. 物理: 均匀液体椭球的运动.

18. 哲学.

[Lau] 这本书包含了一些关于黎曼所创立的数学的发展, 但并未提及最新的进展. 由于黎曼的深刻工作, 他的名字命名了许多数学名词:

1. 黎曼球面.

2. 黎曼面.

3. 黎曼模空间.

4. Cauchy-Riemann 方程.

5. 切向 Cauchy-Riemann 方程.

6. 切向 Cauchy-Riemann 复形.

7. 黎曼映照.

8. 可测黎曼映照定理.

9. 黎曼可去奇点定理或黎曼延拓定理.

10. 黎曼 theta 函数.

11. 黎曼消灭定理.

12. Riemann-Siegel theta 函数.

13. 黎曼双线性关系.

14. 黎曼形式.

15. 黎曼矩阵.

16. 关于 theta 除子的黎曼奇点定理.

17. Riemann-Hilbert 对应.

18. 黎曼 zeta 函数.

19. 黎曼 ξ 函数, 这是黎曼 zeta 函数的一种变形, 满足一个特别简单的函数方程.

20. 黎曼假设.

21. 广义黎曼假设.

22. 大黎曼假设.

23. 黎曼用于计算素数的显式公式.

24. Riemann-Siegel 公式, 这是计算黎曼 zeta 函数近似误差的渐近公式.

25. 有关黎曼 zeta 函数零点分布的 Riemann-von Mangoldt 公式.

26. 研究黎曼假设的谱理论方法的黎曼算子.

27. 定义在有限域上的曲线的黎曼假设.

28. 黎曼积分.

29. 黎曼可积性.

30. 黎曼和.

31. 广义黎曼积分.

32. Riemann-Stieltjes 积分.

33. 黎曼多重积分.

34. Riemann-Lebesgue 引理.

35. Riemann-Liouville 积分.

36. 黎曼级数定理.

37. Riemann-Hurwitz 公式.

38. Riemann-Roch 定理.

39. 算术 Riemann-Roch 定理.

40. 光滑流形的 Riemann-Roch 定理.

41. Grothendieck-Hirzebruch-Riemann-Roch 定理.

42. Hirzebruch-Riemann-Roch 定理.

43. Zariski-Riemann 空间.

44. 黎曼几何.

45. 黎曼流形.

46. 黎曼曲率张量, 也称黎曼张量.

47. Riemann-Cartan 几何.

48. 黎曼度量.

49. 黎曼距离.

50. 流形上向量丛的黎曼丛度量.

51. 黎曼联络.

52. 黎曼体积形式.

53. 黎曼几何基本定理.

54. 黎曼和乐群.

55. 黎曼子流形.

56. 黎曼淹没.

57. 次黎曼流形.

58. 伪黎曼流形.

59. 黎曼对称空间.

60. 伪黎曼对称空间.

61. 度量集合中的黎曼圆周.

62. Riemann-Penrose 不等式.

63. Riemann-Hilbert 问题.

64. 黎曼初值问题.

65. 黎曼微分方程, 这是超几何微分方程的推广.

66. 关于紧致黎曼面分歧覆盖的黎曼存在性定理.

67. 黎曼极小曲面.

68. 守恒方程组的黎曼不变量.

69. 自由黎曼气体, 也称 primon 气体.

70. 黎曼解算子, 用于求解黎曼问题的一种数值方法.

71. 守恒方程初值解的黎曼问题.

72. Riemann-Silberstein 向量, 这是在电磁学中结合电场与磁场的一种复向量.

9　黎曼工作概述一: 他最好的工作

黎曼对许多不同的学科做出了重要贡献. 在大多数数学家看来, 他最著名的工作是如下四个领域:

1. 黎曼几何.

2. 数论.

3. 复分析.

4. 实分析.

也许让人出乎意料的是, 在黎曼一生中, 让他成名并且最著名的工作是他关于高亏格黎曼面 (或代数函数) Jacobi 反问题的解答. 虽然黎曼的这个结果仍然重要, 但是大多数当今的数学家都不会认为这是黎曼最出色的工作. Klein [Kle2] 写道:

毫无疑问, Jabobi 最伟大的成果之一是建立了这些积分的一种反演问题, 如同椭圆积分的简单反演那样给出了一个单值函数. 这个反演问题的解由 Weierstrass 和黎曼同时用不同方法给出. 黎曼在 1857 年发表的关于 Abel 函数理论的论文是他的天才的最伟大的成就. 事实上, 得到这个结果不需要复杂的计算, 而是通过结合各种几何方法直接得到 ……

论文的第二部分有关 theta 级数, 也许更加出色. 这里的重要结果是, Jacobi 问题的解答所需要的 theta 级数并不是一般的 theta 级数. 这就导致一个新的问题, 如何理解一般 theta 级数在我们理论中的地位.

黎曼关于 Jacobi 反演问题的解答发表在他的文章 "Abel 函数理论" (*Theory of Abelian functions*) 中. 这也是他的博士论文的延续. 他进一步发展了黎曼面理论及其拓扑性质. 他把多值函数看作特殊黎曼面上的单值函数, 用这些结果解决了一般的反演问题. 椭圆积分的情形之前由 Abel 和 Jacobi 解决.

黎曼博士论文的标题是 "单复变量函数一般理论基础". 这个标题很合适, 这篇文章对于复分析学家是极为重要的文献. 他系统地应用 Cauchy-Riemann 方程, 解释了复变函数与实变函数的区别. 他引入了黎曼面, 作为全纯函数的自然的定义域, 指出了全纯函数看作共形映射的几何意义, 拓扑与分析的关联, 并提出黎曼映照定理, 给出了证明框架. 如果我们细想一下, 他的论文中所引入的新概念、新方向和新观点, 真的令人吃惊. 很难想象现代数学如果没有这些会怎样.

在黎曼发表博士论文 6 年后, 他发表了关于 Abel 函数的论文, 立即成为公认的经典杰作. 这篇文章包含了黎曼多年的工作成果, 他在 1855—1856 年开设的课程中介绍了其中部分结果. 当时的听众只有 Dedekind 等三人. 这篇文章包含了许多开创性的想法和结果, 比如 Riemann-Roch 定理的单边不等式, Jacobi 簇和 theta 函数的基本结果, Riemann-Hurwitz 公式, 关于 Abel 积分的 Jacobi 反演问题的解 (如本节开头所述), 代数曲线的双有理几何和黎曼面 (或代数曲线) 模数的概念.

除了 Jacobi 反演问题, 这篇论文所证明的结果和提出的问题大部分直至今天仍然是数学研究的主流. 比如, 黎曼模空间是代数几何中最重要的空间. 值得一提的是, Weierstrass 发展复分析的主要动机之一是为了解决 Jacobi 反演问题. Klein [Kle, p. 263] 写道:

Weierstrass 现在有了一个值得奋斗终身的目标: 通过严格系统地发展幂级数理论 (也包括多变量), 来理解 Jacobi 提出的任意秩的超椭圆积分的反演问题, 甚至是最一般的 Abel 积分.

于是诞生了今日所称的 Weierstrass 解析函数理论, 它其实只是 Weierstrass 工作的副产品.

Klein [Kle, p. 264] 继续写道:

当 Weierstrass 在 1857 年向柏林科学院提交他关于一般 Abel 函数的首篇论文时, 黎曼研究相同问题的论文发表在 Crelle 杂志的第 54 卷上. 黎曼的论文包含了许多未知和全新的观点. Weierstrass 撤回了他的论文, 并且后来再也没有发表. Weierstrass 一定深为震惊.

1859—1860 年的冬天, Weierstrass 出现了过度劳累的迹象. 1861 年, 他完全精神崩溃……

Dirichlet 原理是黎曼博士论文和他的 Abel 函数理论中的关键工具. 这也是黎曼工作中最著名的错误. 他所用到的 Dirichlet 原理并不严格成立. 我们知道, 如果一个泛函 (或函数) 有下界, 那么极小值也许无法取到. Weierstrass 给出了一个例子, 说明极小化函数不能由 Dirichlet 原理保证得到, 这使得人们怀疑黎曼的证明方法, 即使他的结果是正确的. 比如, Weierstrass 坚信黎曼的定理, 他让他的学生 Hermann Schwarz 去找一个关于黎曼存在性定理的不依赖 Dirichlet 原理的新证明. 他在 1867—1870 年获得了成功. 最后, 1901 年 Hilbert 修正了黎曼的方法. 他通过直接变分法给出了 Dirichlet 原理的正确形式. Hilbert 的工作补上了黎曼的漏洞, 也对变分理论做出了重要贡献. 在人们试图严格证明黎曼定理的过程中, 对其他数学分支也产生了有益的推动, 比如, 代数几何中的许多重要想法是 Clebsch, Gordan, Brill 和 Max Noether 等人在重证黎曼定理的尝试中获得的.

在黎曼的讲师资格论文中, 他研究了将函数表示成三角级数的问题. 为此他引入了黎曼积分, 并给出了一个函数积分存在的条件, 现在被称为黎曼可积性条件. 后来黎曼提出了一个问题:

我之前的论文证明如果一个函数满足某种性质, 那么它就可以表示成 Fourier 级数. 那么一个相反的问题是, 如果一个函数可以表示成三角级数, 那么它应该具有怎样的性质?

黎曼的问题启发了 Cantor 创立关于三角级数表示的唯一性理论, 这也导致了 Cantor 集合论的诞生.

虽然黎曼只写过很少几篇几何学的论文, 他的几何思考在所有工作中都可以见到. 在黎曼为取得讲师资格而做的就职报告 "论奠定几何学基础的假设" 中, 共有两部分. 第一部分, 他提出了如何定义 n 维空间的问题, 并引出了今天所称的黎曼空间. 这部分的主要结果是定义曲率张量. 黎曼报告的第二部分探讨如何理解几何与现实世界的联系. 比如, 他问了现实空间的维数是多少, 以及哪种几何能够描述空间.

如我们所知, 关于两个变量的函数的结果, 往往不难推广到更多个变量的函数. 从某种角度看, 黎曼关于几何学基础的论文并不那么具有原创性, 因为 Gauss 已经研究了曲面的内蕴几何. 另一方面, 除了高维的技术性困难, 比如定义黎曼曲率, 黎曼改变了人们对空间与几何的观点. 流形不一定能够嵌入到某个指定的标准外围空间. 黎曼所强调的几何与现实的关系令人耳目一新. (当黎曼研究这一课题时, 非欧几何刚诞生不久. 黎曼改变了人们对这一新兴几何的认识.) 所有这些对数学和物理都是巨大推动, 特别是 Einstein 的广义相对论. 黎曼报告中的哲学思考根植于黎曼的所有工作中. Klein [Kle, p. 233] 写道:

在第三段的开头部分, 黎曼提到这是他的主要工作. 所以相比他在复变函数论上的经典工作, 他自己更为看重他的自然与哲学观.

当今最著名的数学公开难题, 非黎曼猜想莫属. 其与黎曼 zeta 函数的非平凡零点分布有关. 这来自于黎曼唯一的一篇数论文章. 这篇关于 zeta 函数的文章看似孤立, 其实这符合他的数学世界. 作为柏林科学院的新当选院士, 黎曼需要报告一下他最近的研究工作. 于是黎曼写了这篇关于不大于某个数的素数个数的文章. 这是黎曼的又一篇杰作. 无论现在还是今后, 都是数论的不朽篇章. 虽然 Euler 早就考虑过 zeta 函数

$$\zeta(s) = \sum_{n \geqslant 1} \frac{1}{n^s} = \prod_p (1 - p^{-s})^{-1},$$

黎曼考虑的是不同的问题. 他把 zeta 函数看作一个复函数而非仅仅实函数, 并从复分析角度理解之.

10   黎曼工作概述二: 一些不为人熟知或未知的工作

在上一节中我们列举了黎曼四个主要的工作领域, 这当然远远不能涵盖黎曼的所有工作. 除了他在数学上的一些不为人熟知的工作, 黎曼在物理和哲学上的工作很少有数学家完全了解.

当然对于黎曼的工作有一个全景式的了解是很重要的. 但是这超出了任何个人的能力, 虽然一些数学家曾尝试过但未能实现, 比如《黎曼全集》俄语版的编辑 B. Goncharov 和黎曼传记 [Lau] 的作者 Laugwitz. 本节作为上一节的补充, 我们讨论黎曼几项并不为人熟知的深刻工作. 当然受作者学识所限, 我们作了若干选择.

1. 在他 1857 年关于 Abel 函数的论文中, 黎曼开创了代数曲线双有理几何的研究. 黎曼考虑并解决了代数几何中的许多基本问题, 比如仿射簇与交换代数的联系. 参考 [Die].

2. 在论几何学基础的文章中, 他问道: 我们的空间究竟是离散的还是连续的. 这也许契合现代的量子几何.

3. 流形的概念在 Weyl 关于黎曼面的经典著作中首先严格定义. Weyl 受到 Klein 的启发, 后者将黎曼面看作抽象空间, 而非复平面或复球面的覆盖. Klein 似乎相信黎曼早已有了流形的抽象概念. 如前所述, 这也是 Gauss 和黎曼在几何学工作中的一个重要区别.

4. 他的关于可压缩二维介质中有限震荡水波的传播的工作引发了激波理论和双曲偏微分方程理论的诞生.

5. 在黎曼引入并计算了给定亏格的黎曼面的模数以后, 黎曼面 (或代数曲线) 的模空间成为研究的热点.

6. 理解黎曼模空间的一种途径是应用周期映射 (也称 Jacobi 映射) 把这个模空间映射到主极化 Abel 簇的模空间. 关于刻画 Jacobi 簇的著名问题通常被称为 Schottky 问题. 其实黎曼在 theta 函数和 Jacobi 反演问题的过程中, 也提出过这个问题, 并研究了特殊情形.

7. 黎曼关于极小曲面的工作仍然被人们应用在最新的工作中: $\mathbb{R}^3$ 中的每个嵌入极小平面区域必是黎曼极小曲面、悬链曲面、螺旋曲面或者平面.

8. 黎曼对电动力学做出了深刻的贡献. 我们引用 [Lau, pp. 269–270] 中的一段摘要:

······ 在 20 世纪初期的 1905 年, Einstein 和 Planck 的奠基论文还未问世. 一些杰出的物理学家就把黎曼视为自己的同行. 这可以从《数学百科全书》第 5 卷 (物理) 的第二部分的文章中清楚地看到. 第一期出版于 1904 年 6 月 16 日. R. Reiff 和 A. Sommerfeld 的文章 "远距作用的观点 —— 初等定律" (第 3–62 页) 中有关于 Gauss 和黎曼的文字 (第 45 页): "Weber 是超距作用的权威, 但是径向相反趋势是由他的老师 Gauss 和学生黎曼提出的 ······"

1858 年 2 月 10 日, 黎曼提交给哥廷根科学学会一篇关于电动力学的论文, 使得他成为比 Maxwell 更早的电磁学先驱. 最近的电子理论, 从某种程度上, 可以追溯到黎曼的 (迟滞) 初等位势.

事实上, 黎曼最早发现如下方程

$$\frac{1}{c^2} \frac{\partial^2 U}{\partial t^2} = \Delta U + 4\pi\rho,$$

其中 U 和 ρ 分别是位势和电荷密度. 这个方程后来也从 Maxwell 理论导出. 如果 c 等于光速, 黎曼的方程与经验吻合 ······

这本书还引用了黎曼自己的话 [Lau, p. 270]:

我发现电流的电动力作用可以加以解释. 前提是如果我们假设电元素的相互作用不是瞬间发生, 而是恒速传播 (忽略观察的误差约等于光速). 在这个假设下, 电力微分方程和光与热辐射的传播方程一致.

黎曼在 1858 年作了关于电动力学的演讲, 但他的文章直到他去世后的 1867 年才发表. 同时, Maxwell 在 1865 年发表他的论文 "电磁场的动力理论". 我们也许可以问, Maxwell 是否知道黎曼的结果. 答案很可能是肯定的. 因为黎曼在物理学界的声望和他工作的哥廷根是物理的中心. Maxwell 也引用了两位哥廷根学者的工作: Weber 和 Neumann. 他们都很接近黎曼.

11 从《黎曼全集》的前言和他人的评述看黎曼工作的影响

毫无疑问黎曼的工作对数学产生了深远而广泛的影响. 如何正确理解他的工作、发展以及影响是一个有趣的问题. 俄语版《黎曼全集》的编辑在前言中写道: 这需要一个由杰出数学家组成的团队来完成.

既然《黎曼全集》已经有了多个版本, 许多学者也撰写过黎曼工作的综述. 我们希望可以从这些不同时期的文字中, 从历史角度分析比较这些学者的观点. 希望我们的努力可以带来一个副产品: 了解数学是如何发展的.

在黎曼之后的数学家中, Klein 可以看作是黎曼最好的继承者, 至少在函数论领域. Klein 至少两次详细探讨过黎曼的工作 [Kle] [Kle2].

专著 [Kle] 与数学发展有关. 其中第六章讨论黎曼和 Weierstrass 在函数论方面的工作. 他努力地刻画黎曼函数论和黎曼对于函数理论思想的发展. 另一方面, 他也给了一些有趣和不寻常的评论. 比如, Klein 写道:

黎曼对于他认为的典型理论之外的函数论没有太多重要的工作. 他不提及这些非黎曼的函数论及其应用. 比如黎曼 zeta 函数, 因为这不能真正体现黎曼的个性, 整个步骤都属于 Cauchy 的函数论.

后来, 他又评论道:

一般来说, 黎曼排斥片面性. 他总是发现任何数学都是有用的. 他寻求各种方法, 来推进和澄清他的问题.

这也许说明 Klein 区别看待黎曼创立的数学和黎曼的数学. 他的文章 [Kle2] 从历史的观点强调了黎曼的工作对于数学发展的重要性.

在这两处文献中, Klein 都强调了直觉和物理经验 (例如表面流体和几何工具, 黎曼面等) 对于黎曼工作的重要性. 黎曼的工作也使人们意识到这些方法的重要性. 比如 Klein [Kle2, p. 169] 写道:

黎曼的在这方面的成果, 首先是使得位势理论在整个数学中变得重要. 其次, 在一系列的几何构造中 ······

接着 Klein [Kle2, p. 170] 给了一些例子:

我希望再谈一点, 黎曼从物理直觉研究数学问题所发明的新工具, 对于数学物理也有重要价值. 所以, 比如我们现在应用黎曼的方法研究二维区域中液体的稳态流. 一系列难题于是迎刃而解. 最著名的此类问题之一是 Helmholtz 解决了自由液体射流的形状问题.

也许黎曼方法的一个容易被忽视的物理应用, 其中黎曼用最优美的方式处理问题, 这就是极小曲面理论 ······

毫无疑问, 函数论中这些方法的主要价值是他们在纯数学中的应用 ······

代数函数的研究与代数曲线的研究相辅相成, 后者的性质被几何学家所研究, 无论是分析几何学家 (认为最重要的是解析公式), 还是综合几何学家 (代表人物有 Steiner 和 von Staudt, 用点列与射线束作为主要工具). 黎曼所引入的新的观点是单值变换 (或一一对应). 这一观点使得我们可以把不可数的代数曲线归为大类. 通过研究单独曲线形状的特殊性, 得出那些属于同一类曲线的一般性质.

这一观点对于黎曼面模空间的概念非常重要. Klein 为了证明紧致黎曼面的单值化定理而详细研究了模空间. 正是由于在这个问题上与 Poincaré 的竞争, 导致了 Klein 精神崩溃. 有些令人惊讶的是, Klein 在这篇文章中没有提到黎曼模空间.

在函数论之后, Klein [Kle2, p. 175] 讨论了黎曼在微分方程上的工作:

黎曼对于复变函数论的研究, 是基于位势的偏微分方程. 他只是想把这作为一个例子, 说明所有其他的物理问题可以类似地通过偏微分方程来处理. 在每个情形, 应该了解哪些非连续性与微分方程相容, 以及方程的解在何种程度上可以从非连续性和附加条件所确定. 黎曼的这一纲领在许多方向上都取得了重要进展, 特别是近年来由法国几何学家发扬光大, 系统地重构力学和数学物理中的积分方法.

黎曼自己只用这一方法详细研究过一个问题, 就是空气中有限振幅的平面波的传播 (1860 年) ······

黎曼的这篇文章从许多方面看都很杰出. 能够把这个问题归结为一个线性微分方程就是一个不小的成就. 另一个我希望引起大家关注的是对于问题的图形处理, 整篇报告都可见这一观点. 这种处理方式物理学家并不陌生, 但是其价值总是被习惯于抽象方法的数学家所低估. 所以我很高兴地指出, 黎曼常常应用这一方法, 并得到最有趣的结果.

关于黎曼的几何学基础的文章, Klein [Kle2, p. 177] 写道:

我不准备讨论其所得到的特殊几何结果和这一理论的后续发展. 我只想在此指出, 黎曼的基本思想又得到体现: 从无穷小行为解释事物的性质. 他也开创了微积分的新篇章, 即创立了任意变元的二次微分表达式理论, 特别地, 这种表达式在任意变换下的不变量理论.

Klein 在最后讨论了黎曼关于三角级数的文章. 其原因是 [Kle2, p. 178]:

因为这代表了黎曼想象力的一个最后的本质特征. 在所有之前的备注中, 我可以求助于物理学或者几何学当前的想法. 但是黎曼锐利的头脑不会满足于应用这些几何或物理的直觉. 他希望透彻理解这一直觉, 探讨从中得到数学结果的必要性. 这个问题类似于 "无穷小微分的基本原理". 在黎曼的其他工作中, 他从未表达过有关这一问题的确定的观点. 而这篇三角级数的文章则与众不同.

《黎曼全集》的第一版出版于 1876 年, 正是黎曼去世 10 周年. Weber 撰写的前言没有太多评论黎曼的工作, 但提到了几个有趣而重要的事情. 比如, 黎曼关于极小曲面的文章由黎曼的学生 K. Hattendorff 作了修改, 有几处较大的改动. 这来自于 Weber 的要求. (参见文前插页的图片.)

Dedekind 撰写的黎曼传记也来自于 Weber 的请求. 出版《黎曼全集》的一个重要原因是, 发掘黎曼未发表手稿中的宝藏. 这在今天看来依然正确. 哥廷根大学历史图书馆依然保存着上百页黎曼写过的稿纸, 其中满是复杂的计算和注记. Siegel 在 1932 年发现的 Riemann-Siegel 公式告诉人们在黎曼的这些草稿中还有未发掘的宝藏.

《黎曼全集》的第二版出版于 16 年后的 1892 年. Weber 评论了黎曼的工作在 Abel 函数和线性微分方程发展中的重要性. 也许他是指 Poincaré 等人的工作. 他也提到高维流形和非欧几何.

第二版在 1898 年被翻译成法文出版, 其中包含了 Hermite 撰写的前言. Hermite 高度评价了黎曼关于 Jacobi 反演问题的解答. 他也简短地讨论了代数函数分类, 黎曼面, 黎曼 zeta 函数亚纯延拓的重要性. 其他黎曼的主要文章也被提及, 包括关于激波的文章. Hermite 还解释了没有详细评述的原因. 因为要解释黎曼工作的漂亮和伟大, 它们的重要性、影响和进一步发展, 需要太多的时间来完成.

《黎曼全集》的俄语版出版于 1949 年. 其显著的独特之处是其中收录了编辑 B. Goncharov 撰写的关于黎曼成就的详细综述, 以及点评和注释. 这是一篇非常系统和综合的关于黎曼工作的介绍, 其中包含了黎曼研究工作的发源和动机, 以及随后直到 19 世纪 30 年代的发展. 所以这是一份珍贵的历史资料, 让我们了解那时人们对黎曼的评价. 比如, 关于黎曼面模空间或代数方程的只有寥寥数行文字, 没有提到这方面的重要问题. 关于黎曼 zeta 函数的讨论也没有解释黎曼猜想的重要性或者提及先前和当时的重要进展. (值得一提的是, 1930 年 Titchmarsh 出版了他的关于黎曼 zeta 函数的名著.)

《黎曼全集》的第二版在 1953 年由 Dover 公司重印出版, 加上了 Hans Lewy 撰写的新前言, 简要概述了黎曼的主要工作, 其中提到 Dirichlet 对于黎曼的影响:

黎曼的许多工作受到 Dirichlet 工作特别是他的科学观的深刻影响 ……

黎曼的关于把函数表示成三角级数的工作正是追随并变革了 Dirichlet 做出重要贡献的领域. 为此 Dirichlet 与黎曼有着很好的私交.

Lewy 还简单提到了其他黎曼的主要文章, 并总结这些文章 "都是至今仍对数学发展有着深刻影响的工作". 他并未提及黎曼面模空间, 其真正的发展是在 1953 年以后.

《黎曼全集》的一个更加全面的版本由 Springer 出版社在 1990 年出版. 其

中包含了 Narasimhan 的系统介绍黎曼主要工作的长序言. 我们引用其中几段:

1. 看起来黎曼不仅预言了 Hardy 和 Littlewood 关于 ζ 函数的最重要的发现之一, 即近似函数方程, 而且在 60 年前就得到了更好的结果.

2. 黎曼为了研究函数的三角级数表示而引入的方法比其所得到的结果更有影响.

3. 黎曼坚持认为解析表达式只代表了函数的一小部分. 它的真正本质需要考虑奇点的性质和位置, 以及这个带奇点的函数所必须依赖的任意常数.

如今我们对黎曼模空间有很好的理解. 这个序言也讨论了黎曼模空间和 Teichmüller 空间.

《黎曼全集》第二版中的大多数文章被翻译成英文由 Kendrick 出版社在 2004 年出版. 编辑 Roger Baker (他也是《黎曼全集》的三位翻译者之一) 撰写了前言和一篇关于英文版中文章的简短摘要. 这个前言很简短, 包含了关于黎曼与 Gauss, Weierstrass 和 Dedekind 工作的定量比较. 其中的一些宝贵建议值得一读.

Freudenthal [Fre] 的黎曼传记很系统. 正如他指出的那样:

黎曼的风格受到哲学的影响, 包含了生涩难懂的德语语法. 不会德语的读者会很困扰. 关于黎曼工作的完整的介绍几乎没有. 只有一些肤浅的或者狂热的鼓吹文章.

这也许是因为他受到 Klein 的黎曼传记影响.

Freudenthal 强调了黎曼对于刻画全纯函数的 Cauchy-Riemann 方程的欣赏. 他给了如下有趣的断言:

1. 黎曼很可能知道抽象黎曼面是具有复结构的代数簇.

2. 在黎曼的文章中零星可见一些关于高维同调的清晰想法. 其严格定义后来由 Betti 和 Poincaré 给出.

3. 自从黎曼应用 Dirichlet 原理解决 Laplace 算子的边值问题以后, 人们就经常称之为 Dirichlet 问题. 这完全没有道理.

4. 所有黎曼的精髓, 除了有关 Dirichlet 原理的方法, 几乎都被淡忘. Theta 函数虽是热门, 但其研究并未遵循黎曼的精神. 黎曼的结果产生了巨大的影响, 但他的思考方式却鲜有追随者. 甚至解析函数的 Cauchy-Riemann 定义也被放弃, Weierstrass 的幂级数定义成为主流.

5. Klein 是最早尝试复兴黎曼的复变函数几何方法的数学家. 不久, 由于 Poincaré 和 Klein 的工作, 函数论的发展出现转机, 突破了黎曼的观点, 甚至否定黎曼最深刻的工作. 他们的工作导致自守函数理论的出现. Freudenthal 写道:

这个看似简单而显然的想法使得 Jacobi 反演问题和黎曼的解答成为过眼烟云. 虽然黎曼的创新观点无处不在, 但还是过于盲从传统. 不过, 单值化和自守函数可以看作是 20 世纪黎曼函数论大获成功的萌芽. 略有讽刺的是, 虽然本质上这遵循了黎曼的精神, 但还是更替甚至对立于黎曼的思想.

6. 如果要说黎曼有哪篇文章带给他与 Abel 函数论的文章同等的声望, 那就是他关于黎曼 zeta 函数的工作.

7. 黎曼对数学物理或者微分方程最重要的贡献是他发表于 1860 年的关于激波的文章.

8. 在他的关于几何学基础的文章中, 数学讨论多于哲学, 不过还是对许多人的空间哲学观产生了巨大影响. 这篇文章的主要内容是用度量张量的高阶导数定义曲率. Gauss 在研究曲面时引入了曲率的概念, 并且指出曲率可以用曲面内蕴定义, 而非依赖于外围空间. 不过在 Gauss 的文章中这个绝妙思想被一大堆公式所淹没.

9. 广义相对论推动了微分几何加速发展, 虽然也许更多的是量变而非质变.

Freudenthal 在文章结尾引用了如下 Carl Neumann 的话, 他还评论说: "也许其中隐藏了更多我们无法捉摸的智慧."

关于几何在无限小的假定得以成立是因为度量的内在原因. 在这个问题中, 我们应该看到对离散流形而言, 度量的原理包含在流形的概念中, 而对连续流形则并非如此. 所以, 或者空间存在的实体是一个离散流形, 或者度量应该从外在发掘, 比如作用于其上的力.

12　从杰出数学家们的原则来看历史上最伟大的数学家

在 §2 和 §3 中, 我们引用了许多杰出数学家对于什么是好的数学的观点. 这一节, 我们用这些观点来看待黎曼的工作.

数学家 Fields 把数学家分为五类, 并且给出了切实的原则. 我们从他的原则开始. 黎曼确实满足 Fields 关于第一类数学家的所有条件: "在第一类中, 包括了那些拥有永恒创造力的绝世天才, 能够不断攻克基本的难题, 变革现有领域, 开创新方向 ……" 于是, Fields [Rie, p. 40] 写道:

上一代德国, 拥有两位第一类数学家, 黎曼和 Weierstrass. 一位第一类数学家对于年轻数学家的影响超过所有其他类别数学家的总和.

如果读者从本文开头不间断地读到这里, 那么也许你早已忘记 §2 和 §3 的内容. 我们建议你可以再读一遍 §2 和 §3, 同时与黎曼的工作相比较. 毫无疑问, 黎曼的工作在所有这些标准之上. 为了方便读者, 我会重述部分如上讨论的 "什么是好的数学", 同时增添对黎曼工作的注解.

Borel 认为数学 "是一门科学, 因为它的主要目标是服务于自然科学和技术. 这实际上是数学的起源, 也是数学问题永不枯竭的源泉. 另一方面, 它又是一门艺术, 因为它主要是思想创造的产物, 它的进步是人类智慧的胜利, 来自人类思想的深入发展, 审美原则是最终的评价标准.”

这两方面是关联的, Borel 继续写道: “但这种在纯思想世界中的智力活动也需受制于其在自然科学中的应用.”

von Neumann 写道: “数学至关重要的特征是, 他与自然科学的特殊关系. 或者更一般地, 与任何不是泛泛而谈的科学的关系.”

黎曼同时是数学家、物理学家和哲学家. 不仅他研究的问题, 而且他的解法启发自物理和自然科学中的应用. 最著名的例子是他应用 Dirichlet 原理. 他研究的数学既优雅又有着持久的影响. (值得一提的是, 只有简单的事物才能被他人理解并铭记.)

问题是数学的中心. Atiyah 曾说: “一个 ‘好’ 问题的真正标准是人们在解决它的过程中能够产生具有广泛用途的强有力的新技术.”

黎曼在关于 Abel 函数的经典文章中给出 Jacobi 反演问题的解答, 这是黎曼的成名之作. 但是这篇文章中引入的新概念和新方法超越了这个问题, 并影响至今.

Borel 曾说: “数学家的天赋之一就是能够自然地被好的问题所吸引. 也就是那些后来显示出重要性的问题, 即使当时不受重视.”

黎曼开创性地提出了黎曼映照定理, 后来被推广成为黎曼面的单值化定理, 这是数学中最伟大的定理之一.

Atiyah 写道: “数学的精髓在很大程度上是一门将非常零散的事物拼接起来的艺术.”

用这句话来形容黎曼所有的工作和他独立的每篇文章再合适不过了.

Atiyah 也说过: “真正的先驱是那些特立独行、相信自己不需要追随前人的工作的人. 他们全新启航, 秉持完全创新的观点. 数学中真正全新的发现和新创的领域大都来自于这些先驱的工作.”

黎曼的大多数文章带有他的独特观点, 改变了前人的看法. 他开创了新领域、新方向和新问题, 吸引人们投身其中.

Atiyah 曾说: “如果你希望数学继续前行, 那么优雅是一个重要的标准. 如果想让别人理解证明的主旨, 那么就必须做到简单而优雅.”

黎曼往往以简洁和优雅的方式提出他的问题和结果. 比如他关于超几何函数的工作. 正如 Borel 所说: “数学很大程度上是一门艺术, 它的发展受到美学标准的推动、引导和审视.”

Atiyah 认为核心的数学 “也就是那些来自于现实物理世界和数学自身与数和解方程相关的问题”.

如同 Gauss, 黎曼既是数学家也是物理学家, 他对数论和几何学做出了深刻的贡献. Klein 认为物理学应用给了黎曼无穷的灵感.

下面我们用伟大数学家的原则来讨论黎曼. 如 Grothendieck 和 Atiyah 所说, 时间是最好的检验. 相信大多数人都会同意这个看法. 黎曼无疑已经通过了这个终极的检验. 即使他去世已经 150 年, 他的工作仍然充满现代感, 不失新鲜, 许多被反复研究至今.

Atiyah 也说: "另一个观点, 即评价应该基于对于整个数学的影响."

我们只需要参看 §8 中列举的以黎曼名字命名的数学名词. 很难找到一个数学领域没有受到黎曼工作的影响. 黎曼改变了我们对数学的认识和整个数学的进程.

Atiyah 继续道: "而且, 这一原则也能够加强数学的统一, 避免各自为政."

黎曼工作的主题和观点既包括黎曼面、Dirichlet 原理这些几何对象, 也有物理学的考虑.

Thurston 认为, 在他看来 "形式化格局" 是最贴切的数学定义. Hardy 也比较数学和诗人画家等其他模式制造者, 得出结论: "如果数学家创造的 '模式' 更加久远, 那是因为它们是思想的发明."

黎曼希望理解整个世界的运行模式. 我们可以引用黎曼的原话 [Kle, p. 233]:

我的主要工作与自然界定律的新概念有关, 它们由其他基本概念所表达. 我们可以通过热、光、磁与电相互作用的实验数据来研究它们之间的联系.

Gelfand 说过: "真正好的数学工作其实总是充满漂亮、简洁、精确和疯狂的思想."

从他的许多文章中, 我们都可以看出黎曼工作的漂亮和简洁. 也许他提出了一个疯狂的想法, 即我们的现实空间是离散的. 这还有待量子几何的检验.

Mac Lane 说: "我们大多数人只在讨论班和会议上和我们的同领域的学者交谈."

在黎曼 1854 年关于几何学基础的试讲中, 他把深刻的思想用简单的语言加以描述, 使得非数学家亦能理解一二. 许多人认为他的这篇文章无论从内容还是文笔都堪称杰作.

Mac Lane 还说: "过去至少有一些数学家了解整个学科的概貌, 能够对未来走向提出展望. 他们不局限于自己工作的领域."

黎曼显然是其中的代表.

Mac Lane 总结道: "数学的进步应该由所理解的新思想来衡量, 而不是出版物的数量."

这也契合黎曼. Gauss 的名言是 "不多但是成熟".

Arnold 曾说: "数学最惊人和振奋人心的特征是它的各个不同的领域之间往往存在着神秘的联系. 过去一个世纪的经验表明, 数学的发展并非由于技术上的进步, 而是由于通过这些努力发现了不同领域间意想不到的联系."

Connes 也说: "真正有趣的事情是, 非常不同的领域之间出现了意想不到的联系."

这也正是黎曼工作的写照.

Arnold 继续说: "错误是数学重要和具有启发性的一部分."

黎曼关于 Dirichlet 原理的并非完全严格的应用被 Weierstrass 指出是他的一个主要的错误. 这也影响了黎曼函数论的广为接受. 但是 Hilbert 修正了其中的错误, 并促进了变分法的发展.

Atiyah 说过: "这些巨大的飞跃往往由于引入了全新的概念, 导致完全不同的观点."

这又是黎曼的写照. 他引入了 Cauchy-Riemann 方程、黎曼面和模空间等全新的概念.

Atiyah 说: "数学的使命是把思想从一个领域通过抽象化传递到另一个领域. 进一步, 数学研究的终极意义在于它的整体统一性. 这解释了当今一些关键领域的统治地位, 比如群论 (研究对称性)、拓扑 (研究连续性) 和概率 (研究随机事件)."

这也诠释了黎曼工作的另一个标志. 黎曼是拓扑学的创始人 (Betti 数, 覆盖空间), 他将函数视为映射或变换, 率先考虑一族而非单个黎曼面的模空间. 他关于黎曼映照定理的工作启发了 Poincaré 和 Klein 后来通过黎曼面单值化的关于离散群的工作. 最近关于黎曼 zeta 函数零点的研究要用到很多概率论和对称性. 黎曼关于超几何函数的工作首次引入了单值群的概念, 后来被 Fuchs 系统研究, 也激发了 Poincaré 的工作和 Fuchs 群的概念.

Atiyah 继续道: "新概念可以帮助统一过去的工作并为未来发展扫清障碍. 所以它们是数学发展必不可少的组成部分. 从长远来看, 它们与解决难题或者发展新的技巧同等重要."

Gowers 曾说: "数学家可以分为理论型和解题型." Atiyah 也说过类似的话:

数学家有时候可以分类为 "解题者" 和 "理论家". 确实在一些极端情形这种区分非常明显, 比如 Erdös 和 Grothendieck. 但是大多数学家介于两者之间.

黎曼既是 "解题者" 又是 "理论家". 但是他并非仅此而已. 通常他不解决他人的问题, 或是将他人的工作总结为理论. 他自己开辟新的方向和课题, 改变人们的思考方式. 这吸引了众多追随者忙于研究他的理论.

Halmos 写道: "对于数学成果质量的评判, 所基于的原则远高于正确性, 但是又很难描述. 数学工作崇尚美妙, 复杂, 简洁, 优雅, 追求满足感和相称性, 看起来都很主观, 但都被广为认可. 要成为数学家, 我们需要有天赋、洞察力、专注度、品位、运气、动力和想象力."

黎曼完全经得起这些检验. 与其他伟大的数学家 (比如他的朋友 Eisenstein) 相比, 他在数学上起步稍晚. 他刚进大学时并未选择数学专业.

Dyson 认为 "一些数学家是鸟, 而另一些是青蛙."

黎曼兼而有之. 通过详细和复杂的计算, 他拥有宏大的视野. 他也能处理具体的例子和特殊的情形.

Dyson 引用黎曼举例: "数学中最深刻的概念能够将一个领域与另一个领域联系起来. 在 17 世纪, Descartes 通过他的坐标系将代数与几何相联系. 牛顿通过他的微积分将几何与动力学相联系. 在 19 世纪, Boole 通过符号逻辑将逻辑学和代数联系起来. 黎曼通过他引入的黎曼曲面将几何与分析联系起来."

Dehn 也以黎曼为例: "另一方面, 最美的花环应该属于那个将思想从黑暗中提炼出来、并加以完善的人. 即使由于环境的局限, 他无法继续推进他的影响. 当然数学家的创造力并不仅限于他们的学科. 我们看到 Cardano 的例子. 还有黎曼的前瞻性贡献等带来的变革. 现在拓扑文章随处可见, 但是说到基本性的问题, 严格说并未超越 Poincaré 或黎曼."

Dyson 写道: "解决难题可以让你获奖, 但是开启了新纲领的人物才是真正的先驱."

黎曼从未获得任何奖项. 他提交给法国科学院的关于热分布的参赛文章并未获奖. 他的生活充满苦难, 只享受了很少几年平静的生活. 解决 Jacobi 反演问题使他一举成名. 这个问题的解现在看来并不重要, 但是他引入的新观点对于数学产生深远的影响. 毫无疑问黎曼是一位先驱. 所以黎曼是 Dyson 论断的合适注记.

上面提到的黎曼的工作与许多人关于数学评价标准的比较表明, 黎曼超越了许多人的期望. 他创造新课题, 新问题, 新文化, 改变了人们的思维方式和观点. 他对数学的贡献和影响是全局性的. 所以无论用何标准来看, 黎曼都是一位伟大的数学家.

接下来一个自然的问题是, 什么是黎曼工作的真正特殊之处? 也许 Klein [Kle2, p. 166] 的话是好的总结:

黎曼的工作对于过去和今天的影响完全是由于他的原创性和对于数学的洞察力.

关于如何看待数学的进展, Atiyah [At1, p. 37] 写道:

回顾我罗列的这些标准, 我觉得也许我还没有足够强调质量的首要性. 最好的例子是黎曼, 他的论文集浅浅一卷, 但是他也许是有史以来最具影响力的数学家. 他的许多文章开辟了崭新的领域, 即使在他去世后 100 年仍然充满活力. 最著名的是他奠定了高维微分几何的基础, 为 Einstein 广义相对论提供了必要的框架.

在结束本节之前, 我们需要回答标题中的论断, 为何黎曼是伟大的数学家? 一方面, 很难说谁是历史上最伟大的数学家. 另一方面, Klein [Kle, p. 231] 饶有兴致地比较了黎曼和他同时代的数学家:

黎曼拥有卓越的直觉. 他全面的天赋令他超越了所有同时代的数学家. 他的兴趣所至, 新辟课题, 不被传统左右, 不受制于系统化.

Weierstrass 是一位逻辑大师. 他进展缓慢而系统, 步步为营. 他所涉及的领域, 都力争完美.

我们可以如此形容他们的外在表现. 在安静的准备后, 黎曼如同测光表一样出现, 很快便熄灭了 …… Weierstrass 则可以缓慢地操作和生效 ……

而且黎曼的兴趣比 Abel 更广, 后者只对纯数学感兴趣, 而黎曼的兴趣包含数学物理, 对自然界充满心理触觉的哲学解释 ……

英文版《黎曼全集》的编辑 Roger Baker 在前言中比较了黎曼和其他伟大数学家:

黎曼 …… 是当代最伟大的数学家之一. …… 他比同时代的数学家更具影响, 为了寻找支持这一论断的数据, 我翻阅了 J.-P. Pier 编辑的《数学的发展 1900—1950》. 黎曼在索引中提到的次数等于 Gauss, Weierstrass 和 Dedekind 这些数学家的总和.

13　阅读《黎曼全集》的收获

阅读古老的数学书籍和文章并不容易, 要理解黎曼的精炼写就的文章更是如此. 一个自然的问题是, 我们可以从黎曼的文集中得到怎样的收获?

考虑到当前数学的过度专业化, 黎曼可看作是全才数学家的例子. 他超越了数学, 应用数学, 自然科学甚至哲学的界限. 他说明这种统一是有益和必要的, 同样重要的是要时时回到数学的本源. 读者可以通过阅读黎曼自己的文章, 而不是后人的解释性文章, 直接看到和感受到黎曼数学的精髓.

是的, 黎曼的文章很浓缩, 通常即使专家也很难读懂. 另一方面, 他的文章的某些部分很直接和透彻. 他能够很快有效地直达问题的本质. 比如他的第一篇文章, 也是他的博士论文的头几页.

黎曼工作的宝藏某种意义上可与《圣经》相比. (黎曼是很虔诚的, 他可能会拒绝这种比较.) 圣经中有许多的注释. 为了理解《圣经》的精神, 除了参加布道, 阅读《圣经》原文 (而非翻译) 也是必不可少的, 没有其他的捷径可走.

类似地, 黎曼工作中也有各种注释. 比如有一些已经包含在本卷中, 今后一定还会有更多解释黎曼工作的文章面世. (参阅 [Lau] [Mon] 中的参考文献.) 但是阅读黎曼的原作仍然是必需的.

　　除了学习黎曼的工作, 我们也可以学习如何思考数学, 如何在更大的科学背景下看待数学. 读者能够近距离感受到什么是真正好的数学, 黎曼的工作无疑是一个标杆.

　　Klein [Kle2, pp. 179–180] 在 1895 年所说的这段话仍然很有启发性:

　　数学从未停顿, 如同自然科学, 数学依然充满活力. 一个一般的定律是, 虽然许多人对科学的发展做出过贡献, 但是真正创新的突破却可以追溯到很少几位杰出的精英. 这些精英的工作绝不局限于他们短暂的一生. 随着他们的思想被后人更好理解, 他们的影响也会与日俱增. 黎曼就是一个突出的例子. 由于这个原因, 请不要把我的评论看作是对过去的回顾 (这是我们带着敬意的回忆), 而应该看作当今数学的动景.

　　也许阅读《黎曼全集》的最好的原因是, 手握这样一位伟大而独一无二的数学家的文集必会感到愉悦. 你可以呼吸和感受到他的精神.

　　黎曼的工作至今充满活力, 并将继续激励后来者. 希望你能够从阅读这本不朽的黎曼的文集中受益!

参 考 文 献

[Ar]　　V. Arnold, Polymathematics: is mathematics a single science or a set of arts? Mathematics: Frontiers and Perspectives, 403–416, Amer. Math. Soc., Providence, RI, 2000.

[At1]　　M. Atiyah, Identifying progress in mathematics, ESF Conference in Colmar, C.U.P. (1985), 24–41.

[At2]　　M. Atiyah, How research is carried out, Bull. I.M.A. 10 (1974), 232–234.

[Ba]　　C. Bartocci, M. F. Atiyah, Mathematics' deep reasons, Mathematical Lives, 197–208, Springer, Berlin, 2011.

[Bel]　　E. T. Bell, Men of Mathematics, Touchstone, 1986.

[Bo]　　A. Borel, Mathematics: art and science, Math. Intelligencer 5 (1983), no. 4, 9–17.

[Br]　　W. Browder, Mathematical judgment. With a reply by Saunders Mac Lane, Math. Intelligencer 7 (1985), no. 1, 51–52.

[De]　　M. Dehn, The mentality of the mathematician. A characterization, Math. Intelligencer 5 (1983), no. 2, 18–26.

[Die]　　J. Dieudonne, Algebraic geometry, Advances in Math. 3 (1969) 233–321.

[Dy]　　F. Dyson, Birds and frogs, Notices Amer. Math. Soc. 56 (2009), no. 2, 212–223.

[ERS]　　P. Etingof, V. Retakh, I. M. Singer, The unity of mathematics. In honor of the ninetieth birthday of I. M. Gelfand. Papers from the conference held in Cambridge, MA, August 31–September 4, 2003, Progress in Mathematics 244, Birkhäuser Boston, 2006.

[Fre]　　H. Freudenthal, Riemann, Georg Friedrich Bernhard, Dictionary of Scientific Biography, vol. 11, 447–456, New York, 1975.

[Go]　　W. Gowers, The two cultures of mathematics, Mathematics: Frontiers and Perspectives, 65–78, Amer. Math. Soc., Providence, RI, 2000.

[Go2]　　W. Gowers, J. Barrow-Green, I. Leader, The Princeton Companion to Mathematics, Princeton University Press, Princeton, NJ, 2008.

[Hal]　　P. Halmos, Mathematics as a creative art, Readings for Calculus, Mathematical Assn. of America, 1993.

[Hal2]　　P. Halmos, I want to be a mathematician. An automathography in three parts. MAA Spectrum, Mathematical Association of America, Washington, DC, 1985.

[Har]　　G. Hardy, A Mathematician's Apology, Cambridge University Press, Cambridge, England; Macmillan Company, New York, 1940.

[Jos]　　J. Jost, Bernhard Riemann, Über die Hypothesen, welche der Geometrie zu Grunde liegen, with a historical and mathematical commentary by Jürgen Jost, in: Klassische Texte der Wissenschaft, edited by O. Breidbach and J. Jost, Springer Spektrum, 2013. English translation in preparation, to appear in Classic Texts in the Sciences, edited by O. Breidbach and J. Jost, Birkhäuser.

[JuM]　　C. Jungnickel, R. McCormmach, Intellectual Mastery of Nature. Theoretical Physics from Ohm to Einstein. Vol. 1. The Torch of Mathematics, 1800–1870, University of Chicago Press, Chicago, IL, 1986. Intellectual Mastery of Nature. Theoretical Physics from Ohm to Einstein. Vol. 2. The Now Mighty Theoretical Physics, 1870–1925, University of Chicago Press, Chicago, IL, 1986.

[Kle]　　F. Klein, Development of Mathematics in the 19th Century. With a preface and appendices by Robert Hermann. Translated from the German by M. Ackerman. Lie Groups: History, Frontiers and Applications, IX, Mathematics Sci. Press, Brookline, Mass., 1979, 175–180.

[Kle2]　　F. Klein, Riemann and his significance for the development of modern mathematics, Bull. Amer. Math. Soc. 1 (1895), no. 7, 165–180.

[Lau]　D. Laugwitz, Bernhard Riemann 1826–1866. Turning Points in the Conception of Mathematics, Birkhäuser Boston, Inc., Boston, MA, 2008.

[Mac]　S. Mac Lane, Criteria for excellence in mathematics, Bull. Soc. Math. Belg. Sér. A 38 (1986), 301–302.

[Mac2]　S. Mac Lane, The health of mathematics, Math. Intelligencer 5 (1983), no. 4, 53–55.

[Mi]　R. Minio, An interview with Michael Atiyah, Math. Intelligencer 6 (1984), no. 1, 9–19.

[Mon]　M. Monastyrsky, Riemann, Topology, and Physics. With a foreword by Freeman J. Dyson, Birkhäuser Boston, Inc., Boston, MA, 2008.

[Neu]　J. von Neumann, The mathematician. Edited for the Committee on Social Thought by Robert B. Heywood, The Works of the Mind, 180–196, The University of Chicago Press, Chicago, Ill., 1947.

[Rie]　E. Riehm, F. Hoffman, Turbulent times in mathematics, The life of J. C. Fields and the History of the Fields Medal, American Mathematical Society, Providence, RI; Fields Institute for Research in Mathematical Sciences, Toronto, ON, 2011.

[Sha]　I. Shafarevich, Basic Notions of Algebra. Translated from the Russian by M. Reid. Reprint of the 1990 translation [Algebra. I, Encyclopaedia Math. Sci., 11, Springer, Berlin, 1990], Springer-Verlag, Berlin, 1997.

[Tao]　T. Tao, What is good mathematics? Bull. Amer. Math. Soc. (N.S.) 44 (2007), no. 4, 623–634.

[Th]　W. Thurston, On proof and progress in mathematics, Bull. Amer. Math. Soc. (N.S.) 30 (1994), no. 2, 161–177.

致　　谢

准备和出版这部丰富内容的、规模宏大的《黎曼全集》是一项复杂且具有挑战性的工程; 如果没有诸多朋友的帮助, 这项工作很难这样适时地完成. 在这里我要对下面这些朋友付出的努力和慷慨的帮助表示诚挚的谢意:

1. 李培廉教授承担了这项艰苦的翻译工作, 翻译了《黎曼全集》诸卷中绝大多数的文章. 尽管年事已高, 李教授仍持之以恒地认真完成了这项对于中国后世学生大有裨益的不朽的工程. 此外, 李璐女士和徐浩博士、楼筱静女士也承担了一些文章的翻译工作.

2. 高等教育出版社的王丽萍女士和李鹏先生为这项工程做出了不懈的努力,

特别是李鹏先生为收集相关资料和《黎曼全集》各卷的编辑工作做出了很大的贡献.

3. Springer 出版社的资深顾问 Joachium Heinze 博士为取得翻译 Springer 出版社拥有版权的相关文章的授权, 特别是在他的监督下出版的《黎曼全集》1990 年 Springer 版中文章的授权, 给予了热忱的帮助. Springer 出版社的 Catriona Byrne 博士和 Elena Griniari 博士以及波士顿国际出版社的邓宇善先生的大力帮助使得翻译出版 Springer 出版社的相关文章成为可能. Göttingen 的 Axel Wittmann 博士则热情地给予了翻译 The Gauss Society 杂志的关于黎曼的历史文章的许可. 数学史专家 Erwin Neuenschwander 授权我们翻译出版由他在 20 世纪 80 年代初所编辑的黎曼的家信.

4. 德国 Niedersachsen 州州立暨 Göttingen 大学图书馆的 Baerbel Mund 女士为提供和授权使用黎曼的珍贵手稿照片给予了帮助, 数学图书馆馆员 Philipp Kastendieck 先生和 Göttingen 大学的 Oliver Baues 教授为提供黎曼的手稿和笔记给予了帮助. 如果没有他们的热情帮助, 我们将无法获得这些关于黎曼的珍贵的照片、手稿和信件的使用权.

5. 在《黎曼全集》的编辑过程中, 诸多教授被邀请参与各篇文章的校订工作, 他们不计报酬、不同程度地进行了校订或提出了宝贵的修改意见, 他们是 (排名不分先后): 王跃飞教授, 冯承天教授, 扶磊教授, 周坚教授, 崔贵珍教授, 贾朝华教授, 邓邦明教授, 黄飞敏教授, 桂贵龙教授, 王耀东教授, 王斯雷教授, 沈一兵教授, 张广远教授, 许洪伟教授, 朱熹平教授, 李海中教授, 关志达博士.

Springer 出版社 1990 年版编者序言①

(附带对 Riemann 若干著作的数学评述)

R. Narasimhan

伟大的数学家会改变他们的后继者看待数学的某些部分的方式. 然而一个人的著作, 他的思想和方法, 在他去世一百年之后, 基本上仍然以他所留下时的形式为人们所研读, 这却是很少见的. Riemann 的数学所具有的这种品格达到了令人吃惊的程度. 他的著作在许多领域内已经以各种方式受到了分析、放大和推广, 但是他的数学作品大部分都经受住了时间的考验, 而且对新的前景的探索十分诱人. 这不是说新的前景还没有找到, 而只是说, 在许多情况下, Riemann 本人的方法还没有决定性地被超越.

本书包含了 "Bernhard Riemanns gesammelte mathematische Werke und wissenschaftlicher Nachlass (Bernhard Riemann 的数学著作全集及其科学遗产)" (Leipzig, Teubner, 1892; 由 Heinrich Weber 在 Richard Dedekind 的协助下编辑; 第一版曾在 1876 年出版), 还包含了 "Bernhard Riemanns gesammelte mathematische Werke. Nachträge (Bernhard Riemann 数学著作全集. 补遗篇)" (Leipzig, Teubner, 1902; Max Noether 与 Wilhelm Wirtinger 编辑). Riemann 的著作得到了这些数学编者很好的对待, 我们采纳了这些材料, 未加变动, 也没有做进一步

①本部分译自: R. Narasimhan, Editor's Preface (Together with a mathematical commentary on some of Riemann's work), Bernhard Riemann, Gesammelte mathematische Werke, wissenschaftlicher Nachlass und Nachträge (Ed. Raghavan Narasimhan), Springer, 1990, 1–20. Copyright © Springer Science+Business Media. 感谢 Springer 免费授予译文出版许可.

的评注.

本书还包含了一些其他材料.

C. L. Siegel 的 "Über Riemanns Nachlass zur analytischen Zahlentheorie (论 Riemann 在解析数论中的遗产)" 是一篇非常重要的文章, 并且以一种不同于他本人的方式来展示 Riemann 的解析技巧. 它在 1932 年发表在一份不大为人所知的杂志上, 一般的数学家很难获得 ("Quellen und Studien zur Geschichte der Mathematik, Astronomie und Physik (数学、天文学和物理学的历史资料和研究)"), 只有在编入 Siegel 的文集后才可以普遍获得. 它对理解 Riemann 的数学是不可或缺的, 所以再次重印在本文集中.

Riemann 的就职试讲 "Über die Hypothesen, welche der Geometrie zu Grunde liegen (论奠定几何学基础的假设)" 是面向普通听众的, 避免了使用技术性数学语言, 不能算是一篇标准的数学论文. Riemann 本来打算写一份详尽的版本, 由于健康原因而未果, 不过在向巴黎科学院提交的论文 (Commentatio mathematica, qua respondere tentatur quaestioni ab Illma Academia Parisiensi propositae (对试图回答最著名的巴黎科学院所提出问题的数学评述)) 的第二部分中, 他做了一定的分析. 1919 年 Hermann Weyl 出版了 Riemann 讲演的单行本, 附有数学注释和评注. 在本书中, 我们把 Weyl 评注本第三版中的这些注释和评注也都收进来了.

Riemann 曾经把他的相当大的一部分精力用到数学物理上. 他在这方面的论文之一, 是处理流体椭球的运动的, S. Chandrasekhar 和 N. Lebovitz 有一文对此做了分析, 此文也收在这里了. 该文一部分取自 Chandrasekhar 的 "Ellipsoidal Figures of Equilibrium (椭球体的平衡)" (Yale Univ. Press, 1969) 一书, 一部分是专门为本书所写的. 该文提供了这个论题的通史, 讨论了 Riemann 文章的重要性, 并且包含了对 Riemann 这篇文章的一个卓越的分析.

看来 Riemann 有时会在他的讲课中提出一些他未发表过的思想; 他讲超几何级数的课时就肯定是这样. 这一课程的部分讲义发表在 "补遗篇" 中. 讲义中包含的一些深刻的思想后来被 L. Fuchs, H. A. Schwarz 和其他人重新发现. 在 1904 年于 Heidelberg 举行的国际数学家大会上, W. Wirtinger 讨论了 Riemann 课程的内容和它们的意义. 这些讲义本身是由 W. v. Bezold 用速记法记录的, 可在 Göttingen 读到, 由于是速记, 很难读. Wirtinger 在国际数学家大会上的报告使我们了解到它在 Riemann 时代超前了多远, 也包含在本书中.

本书还包含了一些其他类型的文章, 例如, 由 Riemann 的两位中学老师写给 E. Schering 的信谈作为中学生的 Riemann.

没有一个人能够全面分析 Riemann 的工作、它的历史和它的发展, 以及它对当前数学的影响. 我将试着给他的若干数学工作做一些评述, 力图表明, 研究

Riemann 原著仍然是既有教益, 又有乐趣.

我们先来谈 Riemann 在素数分布方面的工作, 特别是他的论文 "Über die Anzahl der Primzahlen unter einer gegebenen Grösse (论小于给定数值的素数个数)".

该文包含了一个普遍的原理, 它在解析数论中是一个基本原理. 令 s 为一复变量, 并设级数 $\sum_{n=1}^{\infty} \dfrac{a_n}{n^s} = f(s)$ 对 $\operatorname{Re}(s) > 1$ 收敛. 那么, 如果对 $f(s)$ 在 s 平面内的行为 (特别是它的奇点的性质和位置) 所知足够, 我们就可以用今天我们称作的 Mellin 变换 (这是 Riemann 利用 Fourier 逆变换建立的) 导出 $\sum_{n \leqslant x} a_n$ 作为 x 的函数的行为. 将这个定义应用于情形 $\pi(x) = \sum_{p \leqslant x} 1$, 其中 p 取素数, $\pi(x)$ 就是 $\leqslant x$ 的素数的个数, 由于有 Euler 公式

$$\zeta(s) = \sum_{n=1}^{\infty} n^{-s} = \prod_{p}\left(1 - \frac{1}{p^s}\right)^{-1},$$

这个原理就可以用来研究 $\zeta(s)$ 的行为, 特别是它的奇点.

利用 Cauchy 的留数定理 Riemann 证明了, ζ 在整个平面 $\mathbb{C}$ 上是一个亚纯函数, 只有一个奇点 (简单极点) 位于 $s = 1$ 处, 并且满足下述函数方程:

$$\pi^{-s/2}\Gamma\left(\frac{s}{2}\right)\zeta(s) = \pi^{-(1-s)/2}\Gamma\left(\frac{1-s}{2}\right)\zeta(1-s).$$

如果我们记 $\xi(t) = s(s-1)\pi^{-s/2}\Gamma\left(\dfrac{s}{2}\right)\zeta(s)$, 其中 $s = \dfrac{1}{2} + it$ (这里 t 为复数), 则上述关系就简单地为 $\xi(t) = \xi(-t)$.[①]

函数方程的形式引导 Riemann 采用 $\Gamma\left(\dfrac{s}{2}\right)$ (而不是 $\Gamma(s)$), 并且这个函数方程本身作为众所周知的椭圆 θ 函数的变换公式

$$\theta(x) = \sum_{n=-\infty}^{\infty} e^{-\pi n^2 x},$$

即对 $x > 0$ 有 $\theta(x^{-1}) = x^{1/2}\theta(x)$, 来得到. Dirichlet 级数的函数方程与 "自守形式" 的变换性质之间的这个联系在 E. Hecke, A. Selberg 及他们的后继者的手中

[①] 应当指出, 对于 $\zeta(s)$ 与 $\zeta(1-s)$ 间的关系 (形式上稍稍有别于 Riemann 所给出的), Euler 早在 1749 年就猜测了此式对实数值 s 能够成立, 并且至少对整数的 s 做了验证. 他把它称为 "un beau rapport entre les séries des puissances, tant directes que réciproques". 关于对 Euler 文章的讨论, 见 E. Landau: Euler und die Funktionalgleichung der Riemannschen Zetafunktion. 载: Bibliotheca Mathematica. 3 Folge, 7 Band. Leipzig: Teubner-Verlag 1906/1907, 69–79.

证明具有丰富的内容. 今天它已成为数论及代数群的表示理论中深刻工作的出发点.

再回过来谈素数的分布问题, 对 $\log \zeta(s)$ 的奇点的研究需要研究 $\zeta(s)$ 的零点, 这已经成为数论中最棘手的问题之一. 除了从 $\zeta(s)$ 的定义和函数方程能推出的那些明显的性质之外, Riemann 提出了下述定理证明的纲要 (由 H. Mangoldt 于 1894 年完成):

令 $N(T)$ 表示 $\zeta(s)$ 在区域 $0 \leqslant \mathrm{Re}\,(s) \leqslant 1, 0 \leqslant \mathrm{Im}\,(s) \leqslant T$ 内零点的个数. 那么在 $T \to \infty$ 时我们就有

$$N(T) = \frac{T}{2\pi} \log \frac{T}{2\pi} - \frac{T}{2\pi} + O(\log T).$$

Riemann 接着说了下面的话: "很有可能 $[\xi(t)$ 的$]$ 全部零点都是实数. 这一点还需要做严格证明; 但是在做过短暂不成功的尝试之后, 我得把寻求这样一个严格证明暂时搁下, 因为它对我的研究的直接目的不是不可缺少的."

当然, 这就是 Riemann 假设, 是今天还没有解决的最著名的数学问题. 用 $\zeta(s)$ 来说, 它是讲, $\zeta(s)$ 在 "临界条带区" $0 \leqslant \mathrm{Re}\,(s) \leqslant 1$ 内的所有零点都位于 "临界线" $\mathrm{Re}\,(s) = \frac{1}{2}$ 的上面. 这一结论的证明及其在代数数域的推广, 会有深远的算术意义.

Riemann 接着讨论他认为的他的论文的主要目标, 求一个与小于 x 的素数个数密切相关的函数的显式表达式, 即 $\Pi(x) = \pi(x) + \frac{1}{2}\pi(x^{1/2}) + \frac{1}{3}\pi(x^{1/3}) + \cdots$. 这个式子确认有

$$\Pi(x) = \mathrm{li}\,(x) - \sum_{\rho} + \mathrm{li}\,(x^{\rho}) + \int_x^{\infty} \frac{1}{u^2 - 1} \frac{du}{u \log u} + 常数,$$

其中 ρ 取遍 $\zeta(s)$ 在条带区域 $0 \leqslant \mathrm{Re}\,(s) \leqslant 1$ 内的零点, 还有其中的 "对数积分" $\mathrm{li}\,(x)$, 至少对 $x > 0$, 由下式给出:

$$\mathrm{li}\,(x) = \lim_{\varepsilon \to 0} \left(\int_0^{1-\varepsilon} + \int_{1+\varepsilon}^x \right) \frac{du}{\log u}.$$

Riemann 的提纲在此案例中也是由 Mangoldt (在 1895 年) 完成的.

在 1859 年写给 Weierstrass 的一封信中 Riemann 提到了在临界条带区内的 ζ 函数的一个不同的表示. C. L. Siegel 由此顺藤摸瓜找到了一份非常不完整的文稿, 他将其细节补全, 提交了一篇非常重要的论文 "论 Riemann 在解析数论中的遗产". 由此得知, Riemann 不仅提前得到了 Hardy 和 Littlewood 的最重要的发现之一 (所谓的近似函数方程), 而且还远远提前了六十年! 近似函数方程粗略地讲就是说, 把在 $\mathrm{Re}\,(s) > 1$ 区域内定义 $\zeta(s)$ 的级数的一部分与由函数方程得

到的在 $\mathrm{Re}\,(s) < 0$ 的区域内的表达式的一部分结合起来, 我们就得到 $\zeta(s)$ 在临界条带区内的一个很好的近似. 而 Riemann 所完成的则是得到了误差的一个完整的渐近展开. Riemann 的方法证明对研究在临界条带区内的 ζ 函数极为重要.

$\zeta(s)$ 在临界条带区内的零点问题已经成为一个非常困难的问题. 当今对这个问题一些最深刻的研究工作是由 A. Selberg (在 1942 至 1946 年间) 完成的. 他在这个课题上的工作超越了 Hardy (1912 年) 以及 Hardy-Littlewood (1918 年) 的早期工作. Selberg 对在 $N(T)$ 的 Riemann-v. Mangoldt 公式中的误差项做出了重要的补充. 他还证明了, $\zeta(s)$ 的相当大的一部分零点的确是位于临界线 $\mathrm{Re}\,(s) = \dfrac{1}{2}$ 上. 这最后一个结果被 N. Levinson (1974 年) 加以改进, 办法是将 Selberg 的思想与 Riemann 自己研究近似函数方程的方法结合起来; Levinson 的结果是, 至少有三分之一的零点在临界线上.

在直线 $\mathrm{Re}\,(s) = 1$ 的邻域 $\zeta(s)$ 的零点的分布对差值 $\pi(x) - \mathrm{li}\,(x)$ 的大小, 因而也与若干算术问题, 有直接的关系. 结果有两类. 第一类断言在 $\mathrm{Re}\,(s) > 1 - \eta(\mathrm{Im}\,(s))$ 的区域内没有零点, 这里 η 是一个正函数, 在 $\pm\infty$ 处趋于 0. 第一个这样的结果是 de la Vallée-Poussin 提出的 (1896 年), 随后经 Littlewood (1922 年), I. M. Vinogradov (1935—1937 年) 等人逐步加以改进.

第二类结果则断言, 在区域 $\mathrm{Re}\,(s) > \sigma, 0 \leqslant \mathrm{Im}\,(s) \leqslant T$ (这里 $\dfrac{1}{2} < \sigma < 1$) 内, $\zeta(s)$ 的零点个数与 $N(T)$ 相比而言很少. 这种类型的定理最先是由 H. Bohr 和 E. Landau (1913 年) 提出证明的, 今天被称为零点密度定理. 它们被推广到了 Dirichlet L 函数, 它与所谓的 "大筛法" 结合在一起为研究素数的分布提供了有力的工具.

Riemann 的显式表达式以及它的各种变形在素数理论中极为重要. 自 Gauss 时代以来, 基于数值上的证据, 大家都相信对大的 x 会有 $\pi(x) < \mathrm{li}\,(x)$. Riemann 曾经认为他的显式表达式会给出一个理论上的理由来支撑这个设想, 因为如果人们用 $\Pi(x)$ 来表示 $\pi(x)$, 并略去显式表达式中的 "周期项" $\mathrm{li}\,(x^\rho)$, 头几项为

$$\mathrm{li}\,(x) - \frac{1}{2}\mathrm{li}\,(x^{1/2}) - \frac{1}{3}\mathrm{li}\,(x^{1/3}) - \frac{1}{5}\mathrm{li}\,(x^{1/5}) + \frac{1}{6}\mathrm{li}\,(x^{1/6})$$

(根据 Möbius 转换公式). 可是 Littlewood 在 1914 年, 通过分析周期项证明, $\pi(x) - \mathrm{li}\,(x)$ 在 x 相当大时会改变符号. 我们还可以补充讲, 不等式 $\pi(x) < \mathrm{li}\,(x)$ "在平均上来说" 还是对的, 这一点的证明仍然是以这个显式表达式为基础的.

在各种形式的显式公式中有一个在一个定理 —— E. Bombieri-A. I. Vinogradov 定理的证明中起了决定性的作用, 而这个定理使得新近对素数的许多研究工作成为可能. 讨论在算术序列 $a\,(\mathrm{mod}\,q), (a, q) = 1$ 中的素数个数, 对在 q 的某些区间内的值作平均时的渐近公式, 这个定理能给出它的余项的估值. 应当指

出, 通过假定 Riemann 假设对所有的 Dirichlet L 函数成立所得到的对这个余项的估值, 对 Bombieri-Vinogradov 定理的改进只会多一个不重要的对数因子.

已经研究过许多其他的和 Riemann ζ 函数有若干形式上相同性质的函数, 我们自然要问, 这些函数中是否有某些也有与 Riemann 假设类似的结论. 与有限域上的代数簇相联系着的 ζ 函数就是最有趣的这类函数中的一类. 在 1940—1941 年, A. Weil 证明了, 当簇为一曲线 (即簇的维数为 1) 时与 Riemann 假设类似的结果. 为此他发展了 Abel 簇的理论以及在特征 > 0 的基础域上的曲线 Jacobi 簇的理论, 从而推广了 Riemann 工作的另一个侧面 (见下面). 他还表述了定义在有限域上的代数簇上的 ζ 函数的若干猜想的性质, 其中之一就类似于 Riemann 假设. 这些就是大家所知道的 Weil 猜测. (S. A. Stepanov 建议了一个更为直接的得到对曲线的 Weil 定理的方法, 在 1973 年为 W. Schmidt 和 E. Bombieri 所完成.

1974 年, P. Deligne 利用由 Grothendieck 所发展的现代代数几何的丰富资源, 证明了 Weil 猜测. 他的证明反映了这种簇的一些深刻的几何性质, 但是由于 Weil 猜测可以认为是, 为在有限域上的多项式方程组解的个数提供了有用的信息, Deligne 的工作会有纯粹的算术应用就毫不奇怪了. Deligne 本人甚至在他证明 Weil 猜测前就已经表明, 有些关于某些模形式的 Fourier 系数的尚未得到解决的问题 (所谓的 Ramanujan 猜测就是其中之一) 可以由这个证明来得到回答. 关于其他算术方面的应用, 我只想提一下 D. R. Heath-Brown 在 1983 年证明的一个定理, 它断定, 一个有十个或以上变量的非奇异有理三次形式非平凡地表示 0 (要不是有非奇异性假设, 这无疑也算是最好的可能结果).

Riemann 本人并没有发表他的论用三角 (不必是 Fourier) 级数表达任意实函数的 "Habilitationsschrift (就职论文)"; Dedekind 在 Riemann 去世后把它找到, 并将其发表. 在做过一个生动的历史介绍之后, Riemann 引进了他给出的一个函数在一有限区间上的积分的定义. 实际上今天每一本实分析的初等教程都把这个定义作为积分学的基础. Riemann 立即就提出并回答了他认为是表述积分定义的主要理由的问题: 何时定义在一有限区间 I 上的有界函数 f 为可积? 他的判据是, 对任何 $\delta > 0$, 在 I 中的那些点 x, f 在它的任一邻域内的振荡幅度都大于 δ, 由它们所组成的集合, 可以被有限多个、总长为任意小的区间所覆盖. Riemann 的定义以及上述判据, 在 19 世纪的最后三十年在分析中激起了大量的研究工作. 它们导致了对函数的间断点集合的本质的理解的追求, 并以 (由 H. Lebesgue, G. Vitali 和 W. H. Young 所开发的) Lebesgue 积分概念的创新结尾. 这一发展的副产品就是对 Riemann 原来提出问题的一个肯定回答, 即, 在 I 上的一个有界函数 Riemann 可积的充要条件为其间断点形成一个测度为零的集合这个定理.

对上述 Riemann 判据及其发展的讨论, 读者可参阅 Thomas Hawkins 的书: "Lebesgue's theory of the Integral. Its origins and development (积分的 Lebesgue 理论. 它的起源和发展)" (2nd ed. 1975, New York, Chelsea).

Riemann 在研究一个函数可以用三角级数来表示时所引进的方法有着非常大的影响, 它被证明比他所得到的结果更重要. 这些方法隐约地集中在下述问题: 当对一个函数我们事先还不知道它的导数是否存在时, 我们如何来理解一个函数的二阶导数?

Riemann 介绍了两种看待二阶导数的方式.

1. 如果问题涉及一个函数 F 的逐点的导数, 则考虑

$$\lim_{h \to 0} (\Delta_h^2 F)(x), \text{ 其中 } (\Delta_h^2 F)(x) = \frac{F(x+2h) + F(x-2h) - 2F(x)}{4h^2}.$$

2. 如果问题涉及 F 在整个区间 (c, d) 上的二阶导数, 则考虑

$$\int_c^d F(x) \frac{d^2 \rho}{dx^2} dx,$$

其中 ρ 为一个在 (c, d) 外为零的任意函数, 具有问题所需要的任意阶导数.

几乎用不着去指出这第二种方法是何等地重要, 例如它在分布理论中是非常基本的.

利用这些概念, Riemann 在他通向表征可以用三角级数来表示的函数的过程中, 证明了以下的结果.

令

$$\frac{1}{2} a_0 + \sum_{n=1}^{\infty} (a_n \cos nx + b_n \sin nx) \tag{T}$$

为一个三角级数, 其中在 $n \to \infty$ 时有 $a_n, b_n \to 0$.

令

$$F(x) = \frac{1}{4} a_0 x^2 + \alpha x + \beta - \sum_{n=1}^{\infty} \frac{1}{n^2} (a_n \cos nx + b_n \sin nx)$$

为由形式地对 (T) 积分两次所得到的连续函数, 式中 α, β 为实常数. 用这个记号 Riemann 的结果可以表达如下.

A. 如果级数 (T) 在点 x 处收敛, 则

$$\lim_{h \to 0} (\Delta_h^2 F)(x)$$

存在且等于 (T) 在 x 处的和.

B. 不需要做任何收敛的假设, 我们有

$$\lim_{h \to 0} \frac{F(x+2h) + F(x-2h) - 2F(x)}{2h} = 0.$$

C. 令 $I = (c, d) \subset [0, 2\pi]$, 并令 ρ 为这样一个函数, 它在 I 之外等于 0, 而且处处有足够高阶的导数. 设 $\rho = 1$ 位于 $x_0 \in I$ 的一个邻域内, 那么下式

$$\frac{1}{2}a_0 + \sum_{n=1}^{N}(a_n \cos nx_0 + b_n \sin nx_0) - \frac{1}{2\pi}\int_c^d F(t)\rho(t)\frac{d^2}{dt^2}\left(\frac{\sin\dfrac{2N+1}{2}(x_0 - t)}{\sin\dfrac{1}{2}(x_0 - t)}\right)dt$$

在 $N \to \infty$ 时就会趋于 0.

最后这个结果意味着著名的局域化定理 (*localisation theorem*), 它的一个弱形式是说, 三角级数 (T) 在区域 I 上的收敛与发散仅仅取决于限制在 I 内的函数 F.

认识到在 Riemann 的结果中有唯一性定理的是 Georg Cantor, 这个定理说: 如果级数 (T) 在每一点 $x \in [0, 2\pi]$ 上收敛到 0, 它就恒等于 0, 就是说, 对所有 $n \geqslant 0$ 有 $a_n = 0$, 对所有 $n \geqslant 1$ 有 $b_n = 0$.

Cantor 还发现, 要想证明, 如果 (T) 在 $[0, 2\pi]$ 内除了 x 的有限个值以外处处收敛到 0, 则 (T) 恒等于 0, 除了 A 以外, B 恰是所需要的. 这导致他提出了这样的问题, 哪种集合 $E \subset [0, 2\pi]$ 是唯一性集合 (*sets of uniqueness*): 如果 (T) 对每一个点 $x \in [0, 2\pi] - E$ 收敛到 0, 则它就恒等于 0. Cantor 对集合的研究及其对集合论的发展就是直接受到这个问题的启发.

唯一性集合的研究已经带来了一些其他漂亮的工作, 特别是建立了调和分析与数论之间的关系. 这些关系的某些思想可以从下述两书中找到: R. Salem 的 "Algebraic numbers and Fourier analysis" (Boston, Heath & Co., 1963) 以及 Y. Meyer 的 "Algebraic numbers and harmonic analysis" (Amsterdam, North-Holland, 1972).

Riemann 在他的 "Habilitationsschrift (就职论文)" 中所介绍的方法已经以多种方式得到了应用和推广. 这带来了这样一些论题, 比如, Rajchman 的形式乘积 (formal multiplication) 的理论, Zygmund 的同等收敛性 (equiconvergence) 的理论, 以及哪些三角级数是 Fourier 级数的问题 (de la Vallée-Poussin, Denjoy). 但是到今天, 还不知道有哪一个唯一性定理的证明不是基于 Riemann 的方法的, 这又是讲到过的永恒性的品质的一个惊人的例子.

现在我们转过来谈 Riemann 在复变函数理论上的工作.

Riemann 的论文 "Grundlagen für eine allgemeine Theorie der Functionen einer veränderlichen complexen Grösse (单复变量函数一般理论基础)" 为他在这个领域内一切工作奠定了基础. 通过借助于 Cauchy-Riemann 方程定义全纯 (以及亚纯) 函数, 他在展布在复直线 (complex line) $\mathbb{C}$ ($=$ 复平面) 或射影直线 $\mathbb{P}^1$ ($=$ Riemann 球面) 之上的曲面上, 引进单值全纯函数的定义来替代过去那些被

称为多值的函数 (例如代数函数和对数函数). 他把任意一个这样的函数看成是展布在 $\mathbb{P}^1$ 上的两块曲面之间的共形映射. Riemann 认为, 解析表达式只能表示函数的一个小的部分; 它真正的本质要由它的奇点 (间断点) 的位置和性质, 以及由具有这些奇点的函数所依赖的 "任意常数" 来给定. 他在论超几何级数的论文中强力地展示了这个基本原理的巨大力量, 但它贯穿了他的全部工作.

问题立即出现了, 我们是否能够在 $\mathbb{P}^1$ 上的给定的曲面 X 上, 构造具有预先给定性质的函数. Riemann 引进了第二个基本原理: 要做到这一点必定与曲面的拓扑有关. 为了分析曲面的拓扑, Riemann 观察了从 X 的一个组成部分的边界到另一个边界的曲线系统, 考察它们如何影响 X 的连通性质. 这引导他得出了一个数值不变量, 他把这个不变量称为 "连通度"; 用今天的术语来说, 它实质上就是 Euler 特征数的负值.

在考察了 X 的拓扑之后, Riemann 就用一个变分原理来构造 X 上的函数. 由于他曾经从 Dirichlet 那里学到过一个类似的变分原理, 他就把它称为 *Dirichlet* 原理, 尽管先前已有别人用到过这个术语, 其中就有 Gauss 和 William Thomson (Kelvin 勋爵). 在 Riemann 的用法中, 他是这样来做的. 首先沿适当的曲线系把曲面割开, 使得割开后的曲面为单连通. 然后, 他把定义在此切割后曲面上的一对实值函数 u,v 上的下述积分

$$\iint \left\{ \left(\frac{\partial u}{\partial x} - \frac{\partial v}{\partial y}\right)^2 + \left(\frac{\partial u}{\partial y} + \frac{\partial v}{\partial x}\right)^2 \right\} dxdy$$

取极小值; 函数 u,v 要满足一定的边界条件, 积分也要做适度的修改以便考虑到要求的全纯函数的 (预先规定了的) 奇点. 如果积分对函数 u,v 达到极小值, 则 $f = u + iv$ 为全纯函数, 但不是在整个曲面 X 上, 而只是在把 X 切割开的那些曲线系之外. 两个函数 u,v 在曲线系的曲线上有非零的 "周期" (即在这些曲线的两侧有跃变). 实际上这相当于, 定义在预先规定的奇点之外的 X 上的一个函数的共轭调和函数的周期.

为了例示如何来应用这个方法, Riemann 表述了他最著名的定理之一, Riemann 映射定理.

任何两个展布在 $\mathbb{P}^1$ 上的单连通的曲面 (其边界曲线为非空) 均为共形等价.

Riemann 并未验证 Dirichlet 原理. 有关极小能够达到他是说了不多几句话, 似乎把函数空间看成是有限维的. Weierstrass 指出了这一点, 他给出了几个正变分的问题, 在其中极小达不到.

在 19 世纪的下半叶, 人们花了很大的力气, 企图不用 Dirichlet 原理来证明 Riemann 定理; 在这一任务中 H. A. Schwarz 和 C. Neumann 起过出色的作用, 最终导致 P. Koebe 和 H. Poincaré (各自独立地) 在 1907 年证明了一般形式

的 Riemann 映射定理. 它通常被称为单一化定理, 这个结果确认, 任一单连通的 Riemann 曲面都严格地解析同构于下述三者之一: (i) 射影直线 $\mathbb{P}^1$, (ii) 复直线 $\mathbb{C}$, (iii) 单位圆盘 $D = \{z \in \mathbb{C} \mid |z| < 1\}$.

在 1901 年 David Hilbert 证明了 Dirichlet 原理的一种形式. 除了证实了 Riemann 本人的方法之外, Hilbert 的证明还在变分学中开启了非常富有成果的思想, 所谓的 "直接方法". 在变分学的大多数问题中, 核心的问题是极小化函数的正则性 (光滑性) 问题. 在将 Riemann 的工作推广到 Kähler 流形和代数簇上去时 (Hodge, Kodaira), Dirichlet 原理的变种也非常基本. 还应当指出的是最近在 Riemann 流形之间的调和映射方面的工作, 这在微分几何和复分析上非常重要, 由于其定义本身, 可以说是对某种极接近 Dirichlet 原理的东西的回归.

围绕着由 Riemann 的论文所引进的思想产生了大量的文献. 但是有一部著作占有一个非常特殊的地位. H. Weyl 的 "Die Idee der Riemannschen Fläche (Riemann 曲面的思想)" (Leipzig, Berlin, Teubner, 1913) 有多方面的理由可以说是非常重要的. 它奠定了 Riemann 曲面的公理基础. 它提出了 Dirichlet 原理和 Laplace 方程 $\Delta u = 0$ 解的正规性的一个简化处理 (现在被大家称为 Weyl 引理). 它把 Riemann 的工作与 Poincaré 以及 Klein 的思想结合在一起. 它对流形的一般理论以及对拓扑学 (点集拓扑和代数拓扑二者) 都产生了巨大的影响.

Riemann 在 Abel 函数理论上发表过两篇论文: "Theorie der Abel'schen Functionen (Abei 函数理论)", 以及 "Ueber das Verschwinden der Theta-Functionen (论 θ 函数的零点)"; 第二篇论文实际上是第一篇的继续. 还有就是他在这个论题上所做的讲课的详细的听课笔记 ("Vorlesungen über die allgemeine Theorie der Integrale algebraischer Differentialien (代数微分的积分一般理论讲义)"). 这几件工作合在一起构成了伟大的数学宝库之一. 它们是如此富于原创性, 充满着如此丰富的思想, 以其非同一般的预知能力, 指引着紧 Riemann 曲面理论以及它们与 Jacobi 簇的关系的进程. 它们还同时构成许多主要数学论题的基础; 下面是其中的一些.

1. 紧曲面的结构和拓扑.

2. 紧 Riemann 曲面 (或者一般的紧流形) 的拓扑与曲面 (流形) 上的分析以及函数理论之间的关系, 特别是, Riemann–Roch 定理.

3. 应用变分原理来研究紧流形上的分析.

4. 代数曲线的几何与它的 Jacobi 簇之间的密切关系. 在今天要想更深入地理解 Kähler 流形 (或代数簇), 最好的方法之一就是引进 Jacobi 簇的类似物 (Hodge 结构, 中间 Jacobian).

5. 平面曲线的双有理几何. 这导致对一般簇的双有理几何的研究, 并给代数几何一强有力的推动.

6. 对所有 (同构类的) 给定亏格的紧 Riemann 曲面族的研究. 这不可避免地会导致对高维簇的族 (families) 的研究, 从而导致对变形理论和模问题的研究.

最后, 这些工作, 和 Riemann 在几何基础上的论文一起, 就构成了

7. 流形的一般理论之源.

我们来做一些更详细的评述.

令 X 为一紧 Riemann 曲面, 在它上面有一个到 $\mathbb{P}^1$ 内的非常数全纯映射. 为了利用 Dirichlet 原理, 我们首先要把 X 变换成一个单连通的平面区域 Δ. Riemann 在他论 Abel 函数的工作中对这一点做法与他在他的论文中的做法略有不同: 在此他用了同调 (至少是 mod 2): X 按要求被变换成 Δ, 办法就是沿着一简单闭曲线系统对它进行切割, 使得这些曲线的子集没有一个能成为 X 上的一个区域的完整边界. 那么 Dirichlet 原理就在 Δ 上产生一些亚纯函数, 但是它们在越过 X 上切割 X 的那些闭曲线时可能有非零的周期.

利用 Dirichlet 原理 Riemann 证明了, 在 X 恰好有 g 个线性独立的全纯 1-形式, 其中 $2g$ 是用来把 X 转换成 Δ 所需的曲线数. 于是从 Δ 的构作就得知, $2g$ 是 X 的第一 Betti 数, 而 g 是它的亏格. 他还证明了, 存在具有给定极点 (和主部) 的亚纯 1-形式的充要条件是, 留数之和为零. 这就给了他在曲面上的几种基本 1-形式 (全纯 1-形式, 具有两个单极点的 1-形式, 以及具有极点的阶次 > 1 且留数为 0 的 1-形式). 应用这些基本的 1-形式, 构造在 X 上的亚纯函数的问题, 即消去由 Dirichlet 原理所得到的函数的周期问题, 就归结为基本形式的周期的一组线性方程的求解, 并由此立即导致 "generic, effective divisors of degree $\geqslant g$ (一般的、次数 $\geqslant g$ 的有效因子)" 的 Riemann–Roch 定理. 这实质上就是用函数的奇点和 "任意常数" 来确定函数的基本原理的一个完整的例子. Riemann 的学生 G. Roch 分析了对任意 (有效) 因子的这些线性方程. 他用亚纯形式来解释伴随方程组, 完成了 Riemann 的结果, 得到了我们今天称为紧 Riemann 曲面的 Riemann–Roch 定理.

"紧复流形的 Riemann–Roch 定理" 在今天被表述为含有微分拓扑不变量的、在关于在紧复流形 M 上的向量丛 V 的 Euler 特征的一个公式

$$\chi(M,V) = \sum_{q=0}^{\infty}(-1)^q \dim H^q(M,V);$$

当 M 本身为代数流形时, 这个公式也有其代数形式. 这些结果源自 F. Hirzebruch, M. Atiyah–I. M. Singer 和 A. Grothendieck. 这个公式与两个其他重要的定理 (Serre 对偶定理和 Kodaira 消灭定理 (vanishing theorem)), 将原始的 Riemann–Roch 定理做了深远的推广.

在这样打造了在曲面 X 上构建函数的工具之后, Riemann 就利用它们来证明, X 的性质和给定的到 $\mathbb{P}^1$ 内的映射, 可以用两个变量的多项式方程 $F(s,z) = 0$

所定义的不可约的平面代数曲线来反映. 接着他就引进这种曲线的双有理等价类: 就是说, 由 $F(s, z) = 0$ 和 $F_1(s_1, z_1) = 0$ 所定义的两条曲线属于同一类, 如果在这两对变量 (s, z) 和 (s_1, z_1) 之间将一对用另一对的有理函数来代替, 这两个方程 (或者说是这两个多项式的零点的集合) 就可以相互转换. 置换在曲线之外起何种作用没有什么关系. 这立即就让 Riemann 的结果摆脱对将 X 映入 $\mathbb{P}^1$ 的全纯映射的依赖. 这就自然导致 Riemann 下一步要研究的问题: 描述亏格为 g 的平面曲线的双有理等价类的集合. 通过分析 X 在 $\mathbb{P}^1$ 上的分支结构, Riemann 得到了这个集合依赖于 $3g - 3$ (当 $g > 1$ 时) 个参数. 他把这些常数称为 "Klassenmoduln (类模数)" (= moduli). 他还确定了, 当类模数为 "一般" (不满足特殊条件) 时在一给定等价类中的方程的最低次数.

然后 Riemann 开始构建在紧 Riemann 曲面与 Jacobi 簇之间的美妙而又深刻的关系.

令 $\omega_1, \cdots, \omega_g$ 为 X 上的全纯 1-形式的一个基, 再令 $\gamma_1, \cdots, \gamma_{2g}$ 为 X 的同调基 (例如, 用来把 X 变成 Δ 的简单闭曲线). 那么下述向量

$$\pi_j = \left(\int_{\gamma_j} \omega_1, \cdots, \int_{\gamma_j} \omega_g \right) \in \mathbb{C}^g, \quad j = 1, \cdots, 2g$$

在 $\mathbb{R}$ 上线性无关, 并生成 $\mathbb{C}^g$ 的一个这样的离散子群 (格 (lattice)) Λ, 使得商结构 $J(X) = \mathbb{C}^g / \Lambda$ 为一紧环面; 它也是个复流形. Riemann 建立了周期关系: 通过适当选取 $(\omega_1, \cdots, \omega_g)$ 以及 $(\gamma_1, \cdots, \gamma_{2g})$, 可使矩阵

$$\Pi = \begin{pmatrix} \pi_1 \\ \vdots \\ \pi_{2g} \end{pmatrix}$$

取以下形式

$$\Pi = \begin{pmatrix} I \\ B \end{pmatrix},$$

其中 I 为 $g \times g$ 的单位矩阵, B 为一复对称矩阵, 其复部为正定. (满足这些条件的矩阵, 即使它不是出自紧 Riemann 曲面, 也称为周期矩阵; 它们对应于在一代数环面上的 1-形式的周期矩阵.) 当 Π 以这种方式归一化后, 就常常将 $g \times g$ 矩阵 B 指为紧 Riemann 曲面的周期矩阵 (而不是指 $2g \times g$ 矩阵 Π 本身).

现在 θ 函数都定义为由下式定义的 g 个复变量 $z = (z_1, \cdots, z_g)$ 的函数:

$$\theta(z) = \theta(z_1, \cdots, z_g; B) = \sum_{n_1, \cdots, n_g \in \mathbb{Z}} \exp \left\{ \pi i \sum_{\alpha, \beta = 1}^g b_{\alpha\beta} n_\alpha n_\beta + 2\pi i \sum_{\alpha=1}^g n_\alpha z_\alpha \right\},$$

其中 $B = (b_{\alpha\beta})_{\alpha,\beta=1,\cdots,g}$. (注意: Riemann 的归一化稍有不同, 相当于考虑
$\pi i \begin{pmatrix} I \\ B \end{pmatrix}$.) 容易看到, $z \in \mathbb{C}^g$ 使得 $\theta(z) = 0$ 的集合在任何 $\lambda \in \Lambda$ 的平移下
不变; 因而在自然投影 $\mathbb{C}^g \to \mathbb{C}^g/\Lambda$ 下它在 $J(X)$ 中的像为在 $J(X)$ 上的一个超
曲面 Θ. 流形 $J(X)$ 叫作 X 的 Jacobi 簇, 而 Θ 称为 $J(X)$ 上的 θ 除子.

现在固定一个点 $x_0 \in X$, 并用下式
$$A(z) = 点 \left(\int_{x_0}^{x} \omega_1, \cdots, \int_{x_0}^{x} \omega_g \right) 的在 J(X) = \mathbb{C}^g/\Lambda 中的像$$
(在 $\mathbb{C}^g$ 到 $J(X)$ 上的投影下) 定义 Abel–Jacobi 映射 $A\colon X \to J(X)$.

不难看出, 这与从 x_0 到 x 的积分路径选择无关, 只要在所有的积分 $\displaystyle\int_{x_0}^{x} \omega_i$,
$i = 1, \cdots, g$ 中的路径都一样.

在他论 Abel 函数的论文第一部分的结尾处, 以及后来在他的讲义中, Rie-
mann 表述了他的主要工具之一的 Abel 定理. 这个定理如下: 设在紧 Riemann
曲面上给定两组 k 个点 $(x_1, \cdots, x_k), (y_1, \cdots, y_k)$; 这里 k 为 $\geqslant 1$ 的整数, 而且诸
x 之间, 或诸 y 之间许可有相同的, 但 x_i 与 y_j 相异. 那么在 X 上存在一个以
$(x_1, \cdots, x_k)$ 为零点组、以 $(y_1, \cdots, y_k)$ 为极点组的亚纯函数的充要条件就是有
$$\sum_{j=1}^{k} A(x_j) = \sum_{j=1}^{k} A(y_j).$$

实际上 Abel 并没有把定理表述成这个形式; 他的著作处理的是代数微分的
积分加法定理. 第一个认识到 Abel 的著作与构造具有给定零点和极点的函数之
间的关系的看来是 Riemann. A. Clebsch 进一步研究了这个关系, 并做出了 Abel
定理在几何上的几个漂亮的应用. 在 P. A. Griffiths 的 "Variations on a theme of
Abel" (Inventions Math. **35** (1976), 321–390) 一文中有对 Abel 定理及其若干推
广和应用的讨论, 基本上是从 Abel 本人的观点出发来讨论的.

还要谈一个记号的问题: 如果 k 是一个 $\geqslant 1$ 的整数, 我们用 W^k 来表示
$J(X)$ 中具有形式 $\displaystyle\sum_{j=1}^{k} A(x_j)$ 的点集, 其中 $x_1, \cdots, x_k \in X$.

Riemann 证明了的主要的定理有以下一些:

I. 令 $e \in J(X)$ 并设 $A = W^1$ 不全包含在 θ 除子经 e 的平移 $\Theta + e$ 中. 那
么 $W^1 \cap (\Theta + e)$ 刚好由 g 个点组成 (计入多重性). 换言之, 如果作为 $x \in X$ 的
函数 $\theta(A(x) - e)$ 不恒等于 0, 那么它恰好有 g 个零点. (更准确地说, 我们要么
把 $\theta(A(x) - e)$ 解释为 X 上一适当线丛的一个截面, 要么与由沿一同调基分割
X 所得到的平面区域打交道.)

II. 如果 $e \in J(X)$ 以及 W^1 不是 $\Theta + e$ 的一个子集, 而且如果 $x_1, \cdots, x_g$ 是 X 上 $\theta(A(x) - e)$ 的零点, 那么

$$\sum_{j=1}^{g} A(x_j) = e - K,$$

其中 K 是一个与 e 无关的常数. 此外, 再也没有别的 g 重点 $y_i \in X$ 能使 $\sum_{j=1}^{g} A(y_j) = e - K$ 成立.

这就是所谓的 Jacobi 反演问题的决定性的解答. Weierstrass 把这个问题看得这样重要, 以致在他还是一个青年时就决定将其一生贡献给解决这个问题. 他在代数的基础上建立了自己的一个和多个复变量函数理论来作为达到这个目的的工具. 他大约与 Riemann 同时获得了 Jacobi 反演问题的解, 但在很后 (于 1902 年) 才发表在他的全集的第 4 卷上.

III.

$$W^{g-1} = \Theta - K;$$

换言之, 在准确到只差一个平移上, Θ 所含的点就只是 $J(X)$ 中那些形式为 $A(x_1) + \cdots + A(x_{g-1})$, $x_i \in X$, $i = 1, \cdots, g-1$ 的点.

IV. Riemann 奇点定理. 给定 k 个点 $x_1, \cdots, x_k \in X$, 形式和 $D = \sum_{j=1}^{k} x_j$ 称为 k 次有效除子 (允许 x_i 中有相同的). 用 $h^0(D)$ 表示其极点在 $x_1, \cdots, x_k$ 之中的那些 X 上的亚纯函数 f 所组成的向量空间的维数 (如果 x_ν 等于 x_j 的个数表示为 n_j, 精确的条件就是, f 对每一个 j 在 x_j 处有一个阶次 $\leqslant n_j$ 的极点, 而在 x_ν 之外为全纯). 我们也把 $h^0(D) - 1$ 记为 $\dim |D|$; 我们把它称为由 D 所定义的完全线性组的 (射影) 维数. Riemann 定理就可表述如下: 如果 $e = \sum_{j=1}^{g-1} A(x_j) - K$, 其中 $x_1, \cdots, x_{g-1} \in X$, 再令 $D = \sum_{j=1}^{g-1} x_j$, 则 $\dim |D|$ 就是那样一个整数 m, 对它有, θ 函数及其 $\leqslant m$ 阶的全部导数在 e 处全为零 (注意, 根据 III 有 $e \in \Theta$), 而至少有一 $m+1$ 阶的导数在 e 处不为零. 特别地, Θ 的奇点恰好就是 $\sum_{j=1}^{g-1} A(x_j) - K$ 的那些点, 对它们除子 $D = \sum_{j=1}^{g-1} x_j$ 为特殊 (即 $\dim |D| > 0$).

G. Kempf 在其论文 "On the geometry of a theorem of Riemann (论 Riemann 的一个定理的几何学)" (Annals of Math. **98** (1973), 178–185) 中把这个定理推广

到了 W^k, $2 \leqslant k \leqslant g - 2$, 并稍加以精确化.

Riemann 不仅以如此完整的方式提出了 X 与 $J(X)$ 之间的关系, 他的证明即使在今天也还是在文献中所能找到的最初等的证法. 以亚纯微分和全纯微分之间的互反性关系为基础的 Abel 定理的证明是 Riemann 在他的讲课中给出的. 使人们感到震惊的是, 他自己的证明与在 P. A. Griffiths 和 J. Harris 的 "Principles of algebraic geometry (代数几何原理)" (New York, Wiley, 1978) 一书中所给出的何其相似.

对这些结果的一个出色的叙述可以在 D. Mumford 所著之 "Curves and their Jacobians" 一书中找到.

Riemann 在其论文的最后一部分说明了如何将有理函数标准化分解为线性因子推广到任意的紧 Riemann 曲面. 关键是用 θ 函数构造的 "prime form (素形式)". 这一构造再次证明仍活跃在 θ 函数理论中, 在 J. Fay 的专著 "Theta functions on Riemann surfaces (Riemann 曲面上的 θ 函数)", Springer Lecture Notes in Mathematics, 1973, #352 有讨论.

Riemann 回过头来讨论如何描述规格为 g 的代数曲线所依赖的参数. 在他的讲义中他说明了在 $g = 3$ 时如何做到这一点: 我们可以用稍加推广的 θ 函数 (带特征的 θ 函数) 和它们的导数在 0 点的值做参数. 这些值叫作 θ 常数. 特别地, 这表明在 $g = 3$ 时, 对 $(J(X), \Theta)$ 决定了 X. 对任意亏格的这个结论就是著名的 R. Torelli 定理. 对高维流形寻求类似的 Torelli 定理已经产生了重要的影响, 并与代数几何的深刻发展有密切联系.

Riemann 对代数曲线的模数 (moduli) 的描述与另一个漂亮的问题有密切的联系: 一个周期矩阵 B 必须满足何种条件才能成为亏格为 g 的紧 Riemann 曲面上形式的周期矩阵? (等价地说, 何种代数环面 (tori) 是 Jacobi 簇?) Riemann 在他的论 Abel 函数论文的 §4 的引言中说, Jacobi 反演问题的求解靠的是依赖于 $3g - 3$ 个任意常数的 θ 函数, 而不是 B 的 $\frac{1}{2}g(g + 1)$ 个独立的个体. 在他的讲义中, 他获得了 B 的个体必须满足的一些关系 (表示成 θ 常数所满足的代数关系). 但是他的分析只有在 $g = 3$ 时才可以说是完整的.

在 20 世纪的早期, F. Schottky 发现了由紧 Riemann 曲面引起的、加在 θ 函数上的一种不同的约束, 并且证明了, 对亏格 4 这一约束可以转换为 θ 常数间的一个显式的代数关系. 尽管新近有了对低亏格 $(g = 4, 5)$ 的进展, 但是将 Schottky 约束转换成显式关系, 并证明它们是完整的 (如果它们的确是), 还仍然是一个没有解决的问题. 在所有的代数环面中找出 Jacobi 簇的特征的问题现在就叫作 Schottky 问题.

有几个特征实际上是已经知道了的, 但是遭遇到了以下不便之处, 这就是,

不能明显地表示成 B 的个体间的解析关系, 或表示成 θ 常数间的代数关系. 但是近来在这个题目上有了进展. 从 20 世纪 60 年代开始, 有几个人发现 θ 函数可以用来获取数学物理中某些非线性微分方程的解 (Korteweg–de Vries 方程, Kadomtsev–Petviashvili=K.–P. 方程, sine–Gordon 方程, 等等; 也许还应该加上一句, 就是以这种方式应用 θ 函数的第一人, 要追溯到 Sofia Kovalevskaia). 结果发现, 在任何情况下, 涉及的 θ 函数源自紧 Riemann 曲面, 而且看来在代数曲线的几何学与某些偏微分方程之间存在紧密联系. S. P. Novikov 猜想, 在所有的代数环面中 Jacobi 簇实际上由以下条件来表征, 这就是, 相应的 θ 函数给出 K.–P. 方程的解 (伴随假设, 在 B 上的一般性 (genericity) 对应于这样的事实, 即对一紧 Riemann 曲面 X, $(J(X), \Theta)$ 为不可约). 在经过一些早期的工作 (Munford, Dubrovin, Gunning–Welters–Arbarello–de Concini) 之后, 这个猜测被 Shiota 证明了. 于是这就得出了描述在所有周期矩阵上的典范曲线族的 θ 常数间的简单显式代数方程.[①]

亏格 $g > 1$ 的代数曲线的模数问题启发了大量极为重要而又美丽的研究工作. 继 Riemann 之后研究这个问题的是 Poincaré 和 Klein, 只是作为他们证明单一化定理中的一步, 在其证明中要求他们构造一个流形来把亏格为 g 的紧 Riemann 曲面整个系统加以参数化 (即, 任意一个这样的曲面都至少与这一系统中的一个成员同构; 它们还需要一些其他的性质). 顺便还可以提到, L. E. J. Brouwer 在拓扑学中的一些基础工作 (例如, 区域的不变性) 被准确地取来以保证 Poincaré 和 Klein 从这一由 Riemann 曲面构成的流形过渡到单一化定理.

20 世纪 30 年代, O. Teichmüller 在对模数问题的研究中引进了另一个思想. 他取一对亏格为 g 的紧 Riemann 曲面来研究, 选取一确定的同调基, 并证明了这种对的等价类与 $\mathbb{R}^{6g-6}$ $(g > 1)$ 同胚.[②] 这一通过增加进一步的信息来 "固化 (rigidifying)" 我们正在研究的结构的思想, 证明在研究一般模数问题中有基本的

[①]关于这个论题, 除了已经提到过的 Munford 的书之外, 读者还可以参阅以下:

D. Mumford: Tata lectures on Theta, vols. I, II. Boston: Birkhäuser, 1983, 1984.

B. A. Dubrovin: Theta functions and non-linear equations. Russian Math, Surveys (Uspekhi) **36** (1981), 11–92.

T. Shiota: Characterization of Jacobian varieties in terms of soliton equations. Inventiones Math. **83** (1986), 333–382.

[②]这里在 Riemann 曲面上所做标记 (marking) 不对, 从而 Teichmüller 空间的定义也不对. Teichmüller 没用同调基, 而是用基本群的一组生成子 (或者说是 Riemann 曲面间的微分同胚). 具有 Teichmüller 的标记的空间同胚于 $\mathbb{R}^{6g-6}$, 和这里断定的一样, 否则就不是如此. 而这里第一同调群的基的标记给出一个不同的空间, 通常称为 Torelli 空间. 这一应用同调基的标记以及 Torelli 空间的方法最早是由 Siegel 在 1935 年提出的: Siegel, Carl Ludwig: Über die analytische Theorie der quadratische Formen, Ann. of Math. (2) **36** (1935), no. 3, 527–606. 注意, Torelli 空间是内射地映入 Siegel 上半空间的. —— 季理真注

意义. Teichmüller 所使用的方法 (拟共形映射) 在研究 Riemann 曲面族中表明也非常有力. 1955 年 H. E. Rauch (On the transcendental moduli of algebraic Riemann surfaces, Proc. Nat. Acad. Sci. USA **41** (1955), 43–49) 表明, 这个 Teichmüller 空间可以怎样配上一个对应于超椭圆曲线集合之外的复结构. L. V. Ahlfors 把 Teichmüller 的构作加以修正并推广到所有的 Teichmüller 空间. 由 Teichmüller 所引起的这一系列的概念在 Ahlfors 及 L. Bers 的手中生成为一个有许多应用的丰富的理论. 在 Bers 的综述性论文: Uniformization, moduli, and Kleinian groups, Bull. London Math. Soc. **4** (1972), 257–300 中, 有对这方面的综述.[①]

W. Thurston 发展了一个研究 Teichmüller 空间的漂亮的新方法. 这只不过是 Thurston 在研究紧曲面的结构这个经典课题时已经引进过的若干新观点的一小部分. 而 Thurston 的工作与 Teichmüller 的先前的工作之间的关系尚有待于充分阐明. Thurston 的思想对数学的许多领域 (三维流形的结构, 动力系统) 都有深刻的冲击.

至于高维流形, K. Kodaira 和 D. C. Spencer 在一系列文章中做了奠基性的工作. 他们的工作, 还有 M. Kuranishi 的工作, 可以说给出了模的一个令人满意的局域理论, 现在在复分析和代数几何中都是不可或缺的. 但是模的全局问题似乎非常难, 虽说已经做了一些重要的工作, 特别是在复曲面上, 结果还只是零星的.

回过来谈亏格为 g 的紧 Riemann 曲面的空间 M_g, Mumford 引进了一个方法, 认为许多模空间最好是看成自然出现的一个大族的簇对一代数群的商结构. 这是一个非常有力而又通用性很强的方法, 可应用于许多不同的情况. 而且 M_g 的精细结构也已经分析过了. 我只想提一下 J. Harris 与 D. Mumford 的一个最新的定理, 对大的 g, M_g 属于 "一般类型"; 特别是, 亏格为 g (g 很大时) 的紧 Riemann 曲面没有一个完整的族是由自由、独立的变量 (即描述 $\mathbb{C}^N$ 或 $\mathbb{P}^N$ 的变量) 来参数化的.

[①]这里对 Teichmüller 空间复结构的评述可能对 Teichmüller 有点不公平. 关于 Teichmüller 在 1944 年所发表的一批论文中的一篇: Teichmüller, Veränderliche Riemannsche Flächen, Deutsche Math. Z. **7** (1944) 344–359, 似乎有不少误解. 他在该文中表述了现代看待 Teichmüller 空间的 Teichmüller 正确方式, 即把它看成是标记 Riemann 曲面的精细模空间, 并给出了 Teichmüller 空间上的自然复结构. 看来 Ahlfors 1944 年在美国数学会的 Math. Review 上对本文的评述以及他在 1982 年与 Fred Gehring 一起编辑 Teichmüller 文集时都没有很好理解这一点. Grothendieck 在 1960—1961 年的 Cartan 讲习班上做过十次讲课, 详细地构作了作为精细模空间的 Teichmüller 空间, 同时还赋予其复结构. 他的第一讲的题目是: "Techniques de construction en géométie analytique. I. Description axiomatique de l'espace de Teichmüller et de ses variantes, Séminaire Henri Cartan, tome 13, no. 1 (1960—1961), expose no. 7 et 8, 1–33."
—— 季理真注

有一篇不可思议的断篇, Riemann 在其中研究了超曲面 $\mathbb{P}^N$ 上的全纯微分形式. 对在高维簇上微分形式的周期的研究, 以及它们在何种程度上控制着簇的结构, 是 Riemann 对 Abel 函数研究的自然延伸. 在 E. Picard 和 S. Lefschetz 的推动下, 这个论题已经发展成为一个强有力的理论 (P. A. Griffiths, P. Deligne 等人), 现今正受到活跃的研究. 也许还应该提到, 理论中的核心概念之一, 单值性 (*monodromy*) 的概念, 是由 Riemann 在他的论线性微分方程的著作中引入的, 下面我们就来谈它.

Riemann 在常微分方程的题目上只发表过一篇文章 ("Beiträge zur Theorie der durch die Gauss'sche Reihe $F(\alpha, \beta, \gamma, x)$ darstellbaren Functionen" (对可以用 Gauss 级数 $F(\alpha, \beta, \gamma, x)$ 来表达的函数理论的一个贡献)). Riemann 在该文中已经意识到单值性概念的深远意义. 这一点可以从他的一个断篇 (Zwei allgemeine Sätze über lineare Differentialgleichungen mit algebraischen Coefficienten (关于带代数系数的线性微分方程的两个一般定理)) 和一本授课讲义 ("Vorlesungen über die hypergeometrische Reihe (超几何级数讲义)") 看出. 这些讲义是由 W. v. Bezold (他后来成了物理学家) 在 1858/1859 年的冬季学期用速写逐字逐句记下来的; 其内容在 19 世纪 90 年代才逐渐为人们所知; L. Fuchs 在 1897 年为自己的使用抄写了这份讲义, 而当 F. Klein 在 1897 年看到 v. Bezold 的笔记后它们才为更多的人所知. 这篇断篇已经编入了全集的部分讲义, 还有就是 "Nachträge (补遗篇)" 中的相关部分, 自然, 为付印做了仔细的编辑; 但是编者的评注以及 Wirtinger 于 1904 年在 Heidelberg 的国际数学家大会上所做的报告都表明, 这些思想是属于 Riemann 的.

令 $a_0, a_1, \cdots, a_n$ 为一个变量的有理函数, 令集合 S 为由 a_j 的极点、$\mathbb{P}^1$ 上的 ∞ 点以及 a_0 的零点组成的集合. 集合 S 中的点称为微分方程

$$a_0(x)\frac{d^n y}{dx^n} + a_1(x)\frac{d^{n-1} y}{dx^{n-1}} + \cdots + a_n(x)y = 0 \tag{$*$}$$

的奇点. 在任一点 $x_0 \in \mathbb{P}^1 - S$, 局域地存在着 n 个全纯函数 $y_1, \cdots, y_n$, 它们形成由 x_0 的某个邻域内 $(*)$ 的所有解的向量空间 V_{x_0} 的一个 $\mathbb{C}$ 基. 因此, 如果 γ 是在 $\mathbb{P}^1 - S$ 中一条从 x_0 出发 (或终止于 x_0) 的闭曲线, 则任一 y_ν 沿 γ 的延拓会导致一个函数 y'_ν, 它将是 $y_1, \cdots, y_n$ 的带 (常) 复系数线性组合. 如果我们将它写成如下的形式

$$\begin{pmatrix} y'_1 \\ \vdots \\ y'_n \end{pmatrix} = M_\gamma \begin{pmatrix} y_1 \\ \vdots \\ y_n \end{pmatrix},$$

其中 M_γ 是一个 $n \times n$ 复矩阵, 那么 M_γ 仅依赖于 γ 的同伦类, 而且指派 $\gamma \mapsto M_\gamma$ 确定了基本群 $\pi_1(\mathbb{P}^1 - S; x_0)$ 到 $\mathrm{GL}(n, \mathbb{C})$ 内的一个同态, 称为所给方程 $(*)$ 的单

值化 (monodromy). 还有, 在 $\mathbb{P}^1 - S$ 上的指派 $x \mapsto V_x$ 把在 x 的一个邻域内 $(*)$ 的全部局域解构成的 $\mathbb{C}$ 向量空间与 $x \in \mathbb{P}^1 - S$ 对应起来, 就是我们现在所称的 $\mathbb{P}^1 - S$ 上的一个由 n 维向量空间组成的局域系统: 如果 $x, y \in \mathbb{P}^1 - S$, 而且 C 是 $\mathbb{P}^1 - S$ 中的一条连接 x 到 y 的曲线, 则存在一个 V_x 到 V_y 上的同构, 仅仅依赖于 (沿 C 的解析延拓所定义的) C 的同伦类. 这个局域系统与单值化是等价的数据 (data).

在他论超几何级数的论文中, Riemann 不仅没有去管这种函数的任何表达式, 甚至不去管它所满足的微分方程. 他利用了这样的事实, 即, 超几何函数在其奇点处有某种代数行为, 并且证明, 这种行为以及局域系就决定了这个函数 (到相互只差一个有理变换). 他声称, 这一点可以做到不用实际的计算就能得出超几何函数对之间的好几百种关系. 在这些关系中有的是 Gauss 和 Kummer 费了很大的力气才得到的.

Riemann 没有因为得到了这一壮观的成就而停滞不前. 在上面所述的断篇中 (B 节中标题为 "Bestimmung der Form der Differentialgleichung (微分方程形式的确定)" 的一文), Riemann 证明了, 在 $\mathbb{P}^1 - S$ (这里 S 为 $\mathbb{P}^1$ 上含 ∞ 的一个有限点集) 上的一个具有在 S 的点上的代数行为的 "generic (一般的)" 局域系, 就是一个来自下述形式的微分方程

$$\omega^n A_0 \frac{d^n y}{dx^n} + \omega^{n-1} A_1 \frac{d^{n-1} y}{dx^{n-1}} + \cdots + A_n y = 0$$

的局域系, 其中 $\omega(x) = \prod_{a \in S - \{\infty\}} (x - a)$, 而 A_ν 为其次数有确定的准确界限的多项式. (这里所谓的 "generic (一般的)" 局域系, 指的是这样一种局域系, 它在奇点处的局域单值性由可对角化的矩阵给出.)

上述方程恰好就是我们现在所称的具有正则奇点的方程. 所以说 Riemann 早在 Fuchs 之前就认识到了在代数微分方程理论中的核心要件之一 (Fuchs 独立地得到了这个概念, 现在也就以他的名字命名).

接着 Riemann 计算了带正则奇点的方程所依赖的参数的个数 (方程的阶次 n 以及集合 S 假设为已给). 他还计算了将 $\pi_1(\mathbb{P}^1 - S)$ 映射到 $\mathrm{GL}(n, \mathbb{C})$ 的表示所依赖的 (在等价的意义上的) 参数的个数. 下面所述就是原始的著名的 Riemann-Hilbert 问题 (Riemann 在他的博士学位论文中就已经暗示到了, 而 Hilbert 在他那著名的 23 个问题目录单中就把它简单地称为 Riemann 问题):

任一从 $\pi_1(\mathbb{P}^1 - S)$ 到 $\mathrm{GL}(n, \mathbb{C})$ 的同态是否为 n 阶微分方程的单值化, 它在 S 之外正则, 而在 S 的点上只有正则奇点?

对在向量丛上的一阶方程组, 而不是对单个的 n 阶微分方程的 Riemann-Hilbert 问题, 已经由 Hilbert (1905 年), J. Plemelj (1906—1908 年) 以及 G. D.

Birkhoff (1913 年) 解决了. 原始的问题, 在一般情况下, 至今仍未解决.

人们自然会要求将这一组概念推广到多个变量的情形. P. Deligne 得到过一个这样的推广, 并且表明了它在研究代数簇的族时非常有用 ("Équations différentielles à points singuliers réguliers", Springer Lecture Notes in Mathematics, 1970, #163). 当把 Deligne 的论证方法应用到一维的情况时, 就会得到一阶系统的 Riemann–Hilbert 问题的一个惊人地简单的解; 它在于对位于由单值性所给出的奇点之外的局域系统的准确观察和通过局部延伸的论证得出在奇点处的代数行为.

在更近的时期有了对多个变量下的正则奇点的研究 (基本上是由 M. Sato 和 M. Kashiwara 发起的). 这一工作已经证明是极为重要的. 对这个圈子内的导引, 除了上面提到的 Deligne 的著作之外, 读者还可以参阅由 F. Pham 所著之书 "Singularités des systèmes différentiels de Gauss-Manin" (Boston, Birkhauser, 1979).

Riemann 的 "Vorlesungen über die hypergeometrische Reihe (超几何级数讲义)" 把单值性带到了另一个方向.

令 y_1, y_2 为下述二阶微分方程

$$a_0(x)\frac{d^2y}{dx^2} + a_1(x)\frac{dy}{dx} + a_2(x)y = 0$$

在方程的一个正则点的邻域内的两个线性独立的解, 再设 $\gamma \mapsto M_\gamma$ 为在该点由一闭曲线所确定的单值化. 如果 $z = y_1/y_2$, 则 z 沿 γ 的解析延拓就会得出 $(az + b)/(cz + d)$, 这里 $M_\gamma = \begin{pmatrix} a & b \\ c & d \end{pmatrix}$. 因此, 如果 $z \mapsto f(z)$ 是函数 $x \mapsto z(x) = y_1(x)/y_2(x)$ 的反函数, 那么 f 就在变换 $z \mapsto (az + b)/(cz + d)$ 下保持不变 (完全是因为, 在沿 γ 的解析延拓下, x 回到它的初始值, 而 z 则被替换为 $(az + b)/(cz + d)$). 在做了这一点说明之后 Riemann 就证明了这个命题的逆命题, 并由此自然地, 通过寻求在分数线性变换下不变的微分算子, 导致今天所谓的 Schwarz 导数. 然后他再来研究问题: 何时这种由二阶方程的解之商所得出的两个反函数是代数无关的? 为了回答这个问题他提出了这样的方法, 把这个问题与在球上由圆周所包围的多边形共形映射到上半平面去的问题联系起来解答. 原则上, 这包含了许多由后人分别研究的问题, 这其中特别有确定那些超几何方程, 对它们单值性变换集合是有限集合. 多年前这些概念又被 Fuchs, Schwarz, Klein 以及其他等人重新发现, 在 Klein 以及 Poincaré 的手中发展成为自守函数和单值化的庄严雄伟的大厦.

Riemann 在他的讲超几何级数的讲义以及他的论极小曲面的论文中提纲挈领地应用了这个方法, Schwarz 导数和共形映射问题是关键. 这一工作再次被

Schwarz 向前推进了.

Riemann 的工作中最深刻、意义最深远、最有影响的论文之一就是他论几何基础的讲演. 他在这篇讲演中给出的唯一解析式就是常截面曲率度量的正规形式 (normal form). 他在呈交给巴黎科学院的论文中给出了这一正规形式所需要的若干分析. 对 Riemann 讲演的任何讨论都会由于在文末所涉及的有关他的思想与物理中的空间的本质之间的关系弄得更加困难; 他自己加上的脚注表明他的论文的这一部分需要做进一步的改写和发展. 我不想对此文做进一步的分析, 而只想提出 Hermann Weyl 为此书所出的单行本所写的注释, Weyl 在其中补充了 Riemann 所遗漏的解析工具, 并且讨论了 Riemann 的思想与现代物理之间的关系.

我不打算评述 Riemann 论述数学物理的论文, 也不打算谈他的那些哲学性质的论文. 我只想指出他的论数学物理的论文中至少有两篇, 至今仍然很重要. "Ueber die Fortpflanzung ebener Luftwellen von endlicher Schwingungsweite (论有限振幅平面空气波的传播)", 因其对冲击波理论的影响以及它对两个变量的双曲偏微分方程的处理长期以来备受赞赏. (见本书中 P. Lax 的文章.) 另一篇, "Ein Beitrag zu den Untersuchungen über die Bewegung eines flüssigen gleichartigen Ellipsoides (对均匀液体椭球运动研究的一个贡献)", 直至 S. Chandrasekhar 发现他的重要性之前, 似乎已经被大家遗忘了. 本书中 Chandrasekhar 和 N. Lebovitz 的文章对此文做了杰出的分析.

显然, Riemann 对他的论文的形式和表述费过大量的时间和精力. 使我们感到遗憾的是, 可能这就导致减少了他所发表的思想的数量, 也使得他的著作概念密集、惜墨如金. 甚至 Gauss, 他的声誉表明, 他可不是一个容易对人满意的人, 对 Riemann 在论文中的表述, 在给 Göttingen 大学的正式报告中把它说成是 "有的部分, 甚至是流畅的 (theilweise selbst elegant)". 但是与他的论文相比, 讨论几何基础的讲演是用直白的德语来陈述极深刻的思想, 试图以一定的精确性反映语言背后的专业性的数学.

Felix Klein 曾在多处表述过他对 Riemann 及其数学的看法. 也许最有意思的是这样两篇: "Riemann und seine Bedeutung für die Entwicklung der Modernen Mathematik (Riemann 和他对现代数学发展的意义)" (Klein, Werke, vol. 3, 482–497) 以及他在 "Vorlesungen über die Entwicklung der Mathematik im 19. Jahrhundert (数学在 19 世纪的发展讲义)" 一书的第一卷中对 Riemann 的广泛讨论. 我宁愿引用 Poincaré 论 Riemann 的话 (而不是 Klein 的) 来结束本文.

下面一段话是摘自 Poincaré 给 Klein 的信, 刊在 Math. Annalen **20** (1882), 52–53 ("Sur les fonctions qui se reproduisent par de substitutions linéaires"), 它重印在 Klein–Poincaré 通信集中, 载于 Acta Mathematica **39** (1923), 94–132.

Poincaré 写道:

"至于您对 Riemann 所说的, 我只能表示完全同意, 他是一个这样的天才之一, 他们对科学面貌所做的革新, 在它们上面打下自己的印记, 不仅是在那些由他直接教授过的学生所写的书上, 也表现在多年以后的后继者的著作中. Riemann 已经创始了函数的新理论, 并且总是有可能发现分析数学在他之后所做一切的萌芽 ……"

致　　谢

我要感谢好些人, 他们阅读了本序言先前的文本, 并对它做了评论, 他们之中有: Felix Albrecht, K. Chandrasekharan, Harold Diamond, Phillip Griffiths, Joachim Heinze, David Mumford, Carolyn Narasimhan 以及 John Thompson. 我利用了他们提出的大部分的, 不说是全部的, 建议, 但是这篇序言仍然是, 至少部分上是, 我个人对一位杰出数学家的敬意.

特别要感谢两家出版社, Springer-Verlag Berlin Heidelberg, New York, 以及 BSB B. G. Teubner Verlagsgesellschaft, Leipzig, 是他们使得 Riemann 的著作再次能为数学公众读到.

Raghavan Narasimhan

The University of Chicago

Department of Mathematics

5734 University Avenue

Chicago, Il 60637, USA

第三部分

遗　　作

XIX 建立一个普遍的积分与微分的概念的尝试①

在下文中我们试图建立一个方法, 利用它我们能够从给定的一个变量的函数导出同一个变量的另一个函数, 它与原来那个函数之间的关系可以用一个数表示出来, 而且相对于微商、积分和原来的函数几种不同的情况, 这个数分别为正整数、负整数和零. 预先假设微分和积分学的结论是这里的基础, 但是和在通常的微积分学中规定所有的微分和积分的阶次都是整数不同, 还可以扩展到分数阶次; 可是它只是一方面以上述方法作基础, 另一方面又把它作为寻求新的方法的指南.[1]②

作为后一个目的, 我们再一次来对微商序列做更进一步的考察. 显然这时我们不能从这些通常的定义出发, 这些通常的定义是以递推生成规则为基础的, 因为它除了只能导致这种整数的项外, 不能得到这个序列中的其他项; 因此我们必须寻求一种独立的确定微商的方法. 通过让 [自] 变量有一个任意增量而生成原

①本文在其原稿中所记载的日期为 1847 年 1 月 14 日, 因此出自他的学生年代. 无疑 Riemann 没有想到去发表它, 所做的考察也是以基础为依据, 它们的可辨识性在几年之后他再也认不出来了. 尽管如此毕竟这件作品是 Riemann 发展过程中的一个里程碑, 而且其结果也很值得注意, 完全有理由编入本文集. 编入之后也通过 Cayley 对它所示的兴趣证明这样做是对的. (参阅 Note on Riemann's paper "Versuch···". Mathematische Annalen, Bd. 16, Cayley 在其中引用了自己一篇类似的研究 "On doubly infinite series", Quart. Journ. 1. VI. p. 45–47.)

②在本书的各篇文章中, 以上角 (1), (2), (3), ··· 表示德文原书的注释, 其内容在每篇文章末尾; 以上角 [1], [2], [3], ··· 表示俄译本的注释, 其内容在附录中. —— 编者注

函数按这个增量的正幂的展开, 就会给我们提供这样一种方法. 因为对任意的增量 h[2] 有下述众所周知的展开成立:

$$z_{(x+h)} = \sum_{p=0}^{\infty} \frac{1}{1 \cdot 2 \cdot \cdots \cdot p} \frac{d^p z}{dx^p} h^p \tag{1}$$

(其中 $z_{(x+h)}$ 是指在 $z_{(x)}$ 中将 x 换成 $x + h$ 后之所得), 所以其中的系数必定有完全确定的值; 因而我们可以用它来定义微商. 因此我们提出下面的定义: 函数 $z_{(x)}$ 的 n 阶微商等于 $z_{(x+h)}$ 按 h 的整数幂展开中 h^n 的系数, 乘以一个只与 n 有关、而与 x 无关的常数因子, 即 $1 \cdot 2 \cdot 3 \cdot \cdots \cdot n$. 对微商这一观点很容易导致建立一个普遍的运算, 其中包含了微分和积分, 我们把它记为 ∂_x^ν (因为在这种观点下的记号和命名毫无两个趋于零的量之商的意思), 按照 Lagrange 命名为 "fonctions dérivées (导函数)" 的经过, 我们把它称为 Ableitung (导数)[3].

也就是说我们把 $\partial_x^\nu z$, 或者说 "$z_{(x)}$ 对 x 的第 ν 阶导数", 理解为 $z_{(x+h)}$ 在对 h 的幂的展开中 h^ν 的系数乘以一个对 x 为常数、只与 ν 有关的因子, 这个展开向前和向后直至无穷, 其中的各个项的指数相互间差一个整数, 就是说, 我们是通过下述方程

$$z_{(x+h)} = \sum_{\nu=-\infty}^{+\infty} k_\nu \partial_x^\nu z h^\nu \tag{2}$$

来定义 $\partial_x^\nu z$ 的. 在这个定义中, 那个只与 ν 有关的因子现在应该这样来确定, 就是当 h 的指数为整数时, (2) 式应过渡到 (1) 式, 因为只有这样, 微商才能作为特例包含于导数之中; 如果你做到不这样, 那么我们想寻求一种运算, 能把微商作为特例包括于其中的目的就没有达到, 这样我们就必须寻求另一种方法.

但是在我们试图去确定这些系数之前, 我们先来讲一讲有关这个级数的所给形式, 因为它构成我们所寻求的导数的全部理论基础.

人们很可能提出这样的主张, 一般来说我们根本不能在这个级数的基础上确立什么可靠的结论, 除非能满足这样的条件, 即给予在其中出现的量以这样的数值, 使得级数收敛, 就是说它的值可以通过实际的数字相加 (至少是能近似地) 求得. 但是现在如果正如我们所经常假设的, 让这些系数遵守一定的规律, 我们就能给出这个级数的任何一个部分的值; 因而它就是一个在它所有的各个部分都受到严格限制的, 从而为一个确定的量; 而且我从这里看出, 如果数字相加的机制无法求得它的这个确定值, 有什么理由不能把那些对数值证明是有效的规则用到这里, 并且把由此所得到的结果看成是正确的[4].

一个形如 (2) 式的级数的确能有一个值, 为了举出这样的一个例子, 我们首先来讲一个在很多情况下可以用于这个目的的方法, 它能把 x^μ 的函数按 $x - b$ 的分数幂展开成幂级数, 这是在今后的研究过程中反正都要使用的一种展开.

设等于 x^μ 的级数, 为了简短起见把它记为 z, 为

$$\sum_{\alpha=-\infty}^{\infty} c_\alpha (x-b)^\alpha.$$

既然 $z = x^\mu$, 那么就有

$$\frac{dz}{dx} = \mu x^{\mu-1},$$

从而有

$$\mu z - x\frac{dz}{dx} = 0;$$

因此也就有

$$\sum [(\mu-\alpha)c_\alpha - b(\alpha+1)c_{\alpha+1}](x-b)^\alpha = 0.$$

显然只要有

$$(\mu-\alpha)c_\alpha - b(\alpha+1)c_{\alpha+1} = 0,$$

向前和向后直至无穷, 其中的各个项的指数相互间差一个整数, 这个条件就一定能满足. 但是现在在所有那些满足这个微分方程的表达式中, 其中含有 kx^μ 的不同值, 只要有下述规则

$$(\mu-\alpha)c_\alpha - b(\alpha+1)c_{\alpha+1} = 0$$

成立, 则级数 z 必定具有相同值. 为了求得这个值, 我们令

$$\cdots + c_{\alpha-1}(x-b)^{\alpha-1} + c_\alpha(x-b)^\alpha = p,$$
$$p' = c_{\alpha+1}(x-b)^{\alpha+1} + c_{\alpha+2}(x-b)^{\alpha+2} + \cdots,$$

因此有

$$p + p' = z = kx^\mu;$$

从而有

$$\mu p - x\frac{dp}{dx} = (\mu-\alpha)c_\alpha(x-b)^\alpha = X, \quad \mu p' - x\frac{dp'}{dx} = -X.$$

这些微分方程有下述一般积分

$$-\int Xx^{-\mu-1}dx + k_1$$
$$= px^{-\mu} = c_\alpha(x-b)^\alpha x^{-\mu} + c_{\alpha-1}(x-b)^{\alpha-1}x^{-\mu} + \cdots,$$
$$\int Xx^{-\mu-1}dx + k_2$$
$$= p'x^{-\mu} = c_{\alpha+1}(x-b)^{\alpha+1}x^{-\mu} + c_{\alpha+2}(x-b)^{\alpha+2}x^{-\mu} + \cdots.$$

在此我们把 X 用其值代入, 把 x 用 $\dfrac{b}{y}$ 代入, 就得到

$$
\begin{aligned}
px^{-\mu} &= c_\alpha(\mu-\alpha)b^{\alpha-\mu}\int y^{\mu-\alpha-1}(1-y)^\alpha dy + k_1 \\
&= c_\alpha b^{\alpha-\mu}(1-y)^\alpha y^{\mu-\alpha} + c_{\alpha-1}b^{\alpha-1-\mu}(1-y)^{\alpha-1}y^{\mu-\alpha+1}+\cdots, \\
p'x^{-\mu} &= -c_\alpha(\mu-\alpha)b^{\alpha-\mu}\int y^{\mu-\alpha-1}(1-y)^\alpha dy + k_2 \\
&= c_{\alpha+1}b^{\alpha+1-\mu}(1-y)^{\alpha+1}y^{\mu-\alpha-1} \\
&\quad + c_{\alpha+2}b^{\alpha+2-\mu}(1-y)^{\alpha+2}y^{\mu-\alpha-2}+\cdots.
\end{aligned}
$$

在 $\mu > \alpha > -1$ 的情况下, 右侧的表达式相对于 $y = 0, y = 1$ 显然等于零, 而且这两个积分, 第一个积分区间从 0 到 y, 第二个积分区间从 1 到 y, 如果它们在积分区间内连续, 就会准确相等. 看来如果在级数中有几项, 或全部项从正向或负向增长到超过一切极限的情况下, 这个条件就不可能实现; 但是, 因为正向增长的项有可能相互抵消, 这时我们只能说, 通过实际的相加这种办法我们只是得不到这个值而已. 既然根据上面所说, 我们不能得出在这种情况下, 级数似乎没有确定值这个结论, 所以对级数 $px^{-\mu}$ 和 $p'x^{-\mu}$ 的连续性和间断性我们只能通过等于它们的积分来判断[①]. 但是众所周知, 这个表达式只有当它的微分为无穷才可能不连续; 然而表达式 $(1-y)^{\mu-\alpha-1}y^\alpha$ 在指数 $\mu-\alpha-1$ 及 α 为正时, 对 y 的所有有限值取值为有限; 于是积分的变化是连续的, 而且由考察 $y = 1$ 和 $y = 0$ 时的奇异积分可见, 只要这两个指数保持大于 -1, 这一点仍成立. 这样一来, 在 $\mu > \alpha > -1$ 的情况下, 就有[②]

$$
\begin{aligned}
k = zx^{-\mu} = px^{-\mu} + p'x^{-\mu} &= (\mu-\alpha)c_\alpha b^{\alpha-\mu}\int_0^1 (1-y)^{\mu-\alpha-1}y^\alpha dy \\
&= c_\alpha b^{\alpha-\mu}\frac{\Pi(\alpha)\Pi(\mu-\alpha)}{\Pi(\mu)}
\end{aligned}
$$

(其中 Π 表示众所周知的定积分)[5]. 如上所指出过的, 这个结果只有在 $\mu > \alpha > -1$ 时才能成立; 但是它也可以扩展到 μ 与 α 的所有值上去, 这时我们要通过 $\Pi(n) = \dfrac{1}{n+1}\Pi(n+1)$ 的规律把 $\Pi(n)$ 的定义域从正值推广到负值 (这在研究中也常常是这样做的). 因为根据对级数所有系数都成立的规则, 当这些系数中只

①在用 $\dfrac{b}{y}$ 代替 x 之前来处理积分, 那么它在 $x = 0$ 处为不连续. 但是在这种形式下我们也很容易认识到, 因为这个积分的值在 x 从 $+\infty$ 变到 $-\infty$ 的过程中连续改变, 与 x 为正值和负值相应的常数有相同的值.

②对 $y = \pm\infty$, 因而也就是 $x = 0$ 的情形, 这两个积分的值都是 ∞, 从而 $k = \infty - \infty$, 即为任意, 显然通过直接观察也会得出这个结果.

有一个 $< \mu$ 且 > -1 时, 我们首先令我们的结果对 α 的每一个值成立; 于是, 在 μ 为正值时, 我们就有

$$kx^\mu = \sum_{\alpha=-\infty}^{\infty} k \frac{\Pi(\mu)}{\Pi(\alpha)\Pi(\mu-\alpha)} b^{\mu-\alpha}(x-b)^\alpha$$

或

$$\frac{x^\mu}{\Pi(\mu)} = \sum_{\alpha=-\infty}^{\infty} \frac{b^{\mu-\alpha}}{\Pi(\mu-\alpha)} \frac{(x-b)^\alpha}{\Pi(\alpha)};$$

可是通过对 x 进行 n 次微分我们就得到

$$\frac{x^{\mu-n}}{\Pi(\mu-n)} = \sum \frac{b^{\mu-\alpha}}{\Pi(\mu-\alpha)} \frac{(x-b)^{\alpha-n}}{\Pi(\alpha-n)},$$

这就证明了这个规则在 μ 为负值时也成立.

因此完全一般地有[6]

$$\frac{x^\mu}{\Pi(\mu)} = \sum_{\alpha=-\infty}^{\infty} \frac{b^{\mu-\alpha}}{\Pi(\mu-\alpha)} \frac{(x-b)^\alpha}{\Pi(\alpha)}. \tag{3}$$

值得注意的是, 当 μ 为负整数值时, 我们不能通过这个公式来获得 x^μ 的级数, 因为这时表达式的左侧等于 0, 这种情况我们以后回过来再谈. 我们还看到, 这种形式的级数, 对 x 的每一个值, 给出的值等于零, 或一般地说, 等于一个常数.

人们对发散级数说过一些严厉批判的话, 在对这些话做过辩护之后, 现在我们来进一步追寻定义导数的决定性的方法. 可以看见, 我们设定的目标, 也就是把微分看成导数的特例这个目标, 很容易达到, 只要我们令函数 k_ν 对所有正整数 ν 有 $k_\nu = \dfrac{1}{1 \cdot 2 \cdots \cdot \nu}$, 对所有负整数 ν 有 $k_\nu = 0$ 就可以了; 因为这样级数 (2) 就会转化为 (1); 但是满足这个条件的 ν 的函数显然有无穷多种; 此外我们也没有任何理由认为, 同一个函数对相同的 h 的幂的展开只有一种, 即一种确定形式的级数给出一个确定值的系数只能有一组; 相反我们必须假设有无限多种这种系数组的可能性; 因此在对我们的目标没有妨碍的情况下, 既有各种可能的 ν 的函数 k_ν, 又可能有各种系数组可供选择, 而且显然最方便的是, 尽可能地做这样的选择, 使得导数可以遵守几种规则, 其中有一种选择只能对具有整数指数的导数才有效.

下面就按这个方向做进一步的探讨.

由于表达式 $\sum k_\nu \partial_x^\nu z h^\nu$ 包含了 $z_{(x+h)}$ 全部这种形式的可能的展开, 所以下式

$$\frac{d\sum k_\nu \partial_x^\nu z h^\nu}{dh} = \sum k_\nu \nu \partial_x^\nu z h^{\nu-1}$$

也必定包含了 $\dfrac{dz_{(x+h)}}{dh}$ 的全部这种形式的可能的展开, 而且

$$\frac{d\sum k_\nu \partial_x^\nu z h^\nu}{dx} = \sum k_\nu \frac{d\partial_x^\nu z}{dx} h^\nu$$

也包含了 $\dfrac{dz_{(x+h)}}{dx}$ 所有这种形式的展开. 众所周知, $\dfrac{dz_{(x+h)}}{dh}$ 与 $\dfrac{dz_{(x+h)}}{dx}$ 是全同的; 因此这两个表达式所包含的是两个完全相同的级数; 因而 $k_{(\nu+1)}(\nu+1)\partial_x^{\nu+1}z$ 与 $k_\nu \dfrac{d\partial_x^\nu z}{dx}$ 有相同的值, 也就是说它们彼此相等; 如果现在我们令 $k_{(\nu+1)}(\nu+1)=k_\nu$, 这与上面的基本要求是不矛盾的, 因为这个规则对整数值的 ν 也能成立, 由此我们得到对带分数指数的导数也有

$$\partial_x^{\nu+1} z = \frac{d\partial_x^\nu z}{dx}$$

并且一般来讲, 当 n 为一正整数时有

$$\partial_x^{\nu+n} z = \frac{d^n \partial_x^\nu z}{dx^n}. \tag{4}$$

将我们所采取的规则应用于 k, 就会得出

$$\Pi(\nu)k_\nu = \Pi(\nu+1)k_{(\nu+1)},$$

因此函数 $\Pi(\nu)k_\nu$, 今后我们将用 l_ν 来表示, 对那些相互间差一个整数的 ν, 都具有相同的值. 因此我们对函数 l_ν 的最好的选择可以不必再从某一个展开式来考虑, 而可以选几种形式的组合; 根据这一点我们来尝试一下, 看看是否能够选得有

$$\partial_x^\nu \partial_x^\mu z = \partial_x^{\nu+\mu} z.$$

为此目的我们让公式 (2) 中的 x 再一次增加一个量, 并用 k 表示这个增量, 那么我们就有

$$z_{(x+h+k)} = \sum_{\mu=-\infty}^{\infty} \sum_{\nu=-\infty}^{\infty} l_\mu l_\nu \partial_x^\mu \partial_x^\nu z \frac{k^\mu}{\Pi(\mu)} \frac{h^\nu}{\Pi(\nu)}, \tag{α}$$

这个式子就是 $z_{(x+h+k)}$ 对相同的 h 和 k 的幂次全部可能的展开. 但是我们又有

$$z_{(x+h+k)} = \sum_{\mu+\nu=-\infty}^{\infty} l_{(\mu+\nu)} \partial_x^{\mu+\nu} z \frac{(h+k)^{\mu+\nu}}{\Pi(\mu+\nu)}$$

$$= \sum_{\mu=-\infty}^{\infty} \sum_{\nu=-\infty}^{\infty} l_{(\mu+\nu)} \partial_x^{\mu+\nu} z \frac{h^\nu k^\mu}{\Pi(\nu)\Pi(\mu)} \tag{β}$$

(上面这个等式是借助于 (3) 式得到的). 但是表达式 (β) 还不能包括 $z_{(x+h+k)}$ 这种形式的所有可能的展开, 这是因为方程 (3) 只是 $\dfrac{(h+k)^{\mu+\nu}}{\Pi(\mu+\nu)}$ 的一种展开, 不能看成是唯一可能的展开; 但是在 (β) 中所包含的全部展开也包含在 (α) 中; 因此如果我们令函数 l 遵守规则 $l_{(\mu+\nu)} = l_\mu l_\nu$, 那么 $\partial_x^{\mu+\nu} z$ 的全部值也是 $\partial_x^\mu \partial_x^\nu z$ 的值, 尽管后一表达式还可能有其他的值.

因此在所述的限制下有

$$\partial_x^\mu \partial_x^\nu z = \partial_x^{\mu+\nu} z. \tag{5}$$

但是由 $l_{(\mu+\nu)} = l_\mu l_\nu$ 可以推知有

$$l_{(\mu+\nu+\pi)} = l_{(\mu+\nu)} l_\pi = l_\mu l_\nu l_\pi,$$

一般来说, 几个数的 l 的乘积等于这几个数的 l 之和, 或者如果我们令每一个因子都相等, 于是有 $l_{m\nu} = l_\nu^m$, 这里 m 为一个整数; 如果我们现在用 π 来表示 $\dfrac{m\nu}{n}$, 则有

$$l_{m\nu} = l_{n\pi} = l_\nu^m = l_\pi^n, \text{ 或 } l_{\frac{m}{n}\nu} = l_\nu^{\frac{m}{n}}.$$

因此规则 $l_{\mu\nu} = l_\nu^\mu$ 在 μ 为有理数时仍然成立, 并且由此 (通过众所周知的插值定理) 可知, 它对 μ 为任何数时仍然成立. 又由于对作为整数的 ν 有 $l_\nu = 1$, 所以有 $l_\nu = 1^\nu$.

因此要想规则 (4) 和 (5) 式对导数能一般地成立, 使得它能包括微分作为它的一个特例, 那么在 x 的函数中我们就应该选择满足下述方程的

$$z_{(x+h)} = \sum \frac{1^\nu h^\nu}{\Pi(\nu)} \partial_x^\nu z = \sum \frac{h^\nu}{\Pi(\nu)} \partial_x^\nu z$$

作为导数. 在从其中做选择时最方便的是选计算起来最灵活的那种; 但是如果有一种级数最容易和最简单的展开, 就是其中 $\dfrac{h^{\nu+1}}{\Pi(\nu+1)}$ 的系数是 $\dfrac{h^\nu}{\Pi(\nu)}$ 的系数的微分: 今后我们就将上述对导数的限制规定为, 符号 $\partial_x^\nu z$ 不再是表示在 $z_{(x+h)}$ 的所有可能的展开中的系数, 而只是表示在这样一种展开中的系数, 在这种展开中 $\dfrac{h^{\nu+1}}{\Pi(\nu+1)}$ 的系数是 $\dfrac{h^\nu}{\Pi(\nu)}$ 的系数的微分[1].

――――――――――

[1]更确切地说, 由 (4) 可以推得, 如果 $\sum \partial_x^\nu z \dfrac{h^\nu}{\Pi(\nu)}$ 是 $z_{(x+h)}$ 的一个展开, $\sum \dfrac{d\partial_x^\nu z}{dx} \dfrac{h^{\nu+1}}{\Pi(\nu+1)}$ 同样也是 $z_{(x+h)}$ 的一个展开, 但是这两个展开并不恒等. 通过所做的假设我们还可以得到, 负整数的导数, 到现在为止还没有任何意义, 在下面我们将证明它们与积分一致.

由此我们首先的结论是, $\partial_x^\nu z$ 的一个值只能属于一个展开, 因为如果设 $\partial_x^\nu z$ 的某个值, 例如 p_ν, 属于两个展开 a 和 b, 那么这两个展开在接下来的各项必定一致, 因为它们都是通过对 p_ν 的微分得到的. 如果我们现在把 a 中之前的各项记为 $p_{\nu-1}, p_{\nu-2}, \cdots$, 把 a 中之前的各项记为 $q_{\nu-1}, q_{\nu-2}, \cdots$, 那么 $p_{\nu-1}$ 和 $q_{\nu-1}$ 这二者都是 p_ν 的微分; 因此它们必定只差一个常数, 即

$$q_{\nu-1} = p_{\nu-1} + K_1,$$

同样地应有

$$q_{\nu-2} = p_{\nu-2} + K_1 x + K_2, \quad q_{\nu-3} = p_{\nu-3} + K_1 \frac{x^2}{\Pi(2)} + K_2 x + K_3.$$

因此 b 的展开就是

$$a + \sum_{m=\infty}^{1} K_m \sum_{n=0}^{\infty} \frac{x^n}{\Pi(n)} \frac{h^{\nu-n-m}}{\Pi(\nu-n-m)} = a + \sum_{m=\infty}^{1} K_m \frac{(x+h)^{\nu-m}}{\Pi(\nu-m)};$$

但是对所有 $x+h$ 的值都有 $a = b$, 那么众所周知, 这只有在所有的常数均等于零时才能成立, 而这就意味着这两个展开是一致的.

如果 p_ν 是 $\partial_x^\nu z$ 的一个值, 那么 $p_\nu + K \dfrac{x^{-\nu-n}}{\Pi(-\nu-n)}$ (其中 n 为正整数, K 是一个有限的常数) 也同样是它的一个值; 因为我们有级数

$$\sum \left(p_\nu + K \frac{x^{-\nu-n}}{\Pi(-\nu-n)} \right) \frac{h^\nu}{\Pi(\nu)} = \sum p_\nu \frac{h^\nu}{\Pi(\nu)} + K \frac{(x+h)^{-n}}{\Pi(-n)}$$
$$= \sum p_\nu \frac{h^\nu}{\Pi(\nu)} = z_{(x+h)},$$

并且其中下述规则能成立:

$$\frac{d \left(p_\nu + K \dfrac{x^{-\nu-n}}{\Pi(\nu-n)} \right)}{dx} = p_{\nu+1} + K \frac{x^{-\nu-n-1}}{\Pi(-\nu-n-1)}.$$

对于 $\partial_x^\nu z$ 的那些可以通过增加 $K \dfrac{x^{-\nu-n}}{\Pi(-\nu-n)}$ 而相互推导的值的总体我们将把它称为值系; 因此 $\partial_x^\nu z$ 的、属于同一值系的全部值都包含在下述表达式中:

$$p_\nu + \sum_{n=\infty}^{1} K_n \frac{x^{-\nu-n}}{\Pi(-\nu-n)} \tag{6}$$

(其中 K_n 表示有限的常数)[7].

现在我们来设法确定 $\partial_x^\nu z$ 的一个值.

众所周知, 只要 $z_{(x)}$ 在 x 和 k 之间连续[8], 我们就有展开

$$z_{(x)} = z_{(k)} + \left(\frac{dz}{dx}\right)_{(k)}(x-k) + \left(\frac{d^2z}{dx^2}\right)_{(k)}\frac{(x-k)^2}{1\cdot 2} + \cdots,$$

如果将 x 用 $x+h$ 代入, 并用 (3) 式将级数中的每一项按 h 的幂展开, 我们就得到

$$z_{(x+h)} = \sum_{\mu=-\infty}^{\infty} \frac{h^\mu}{\Pi(\mu)}\left(z_{(k)}\frac{(x-k)^{-\mu}}{\Pi(-\mu)} + \left(\frac{dz}{dx}\right)_{(k)}\frac{(x-k)^{-\mu+1}}{\Pi(-\mu+1)}\right.$$
$$\left. + \left(\frac{d^2z}{dx^2}\right)_{(k)}\frac{(x-k)^{-\mu+2}}{\Pi(-\mu+2)} + \cdots\right).$$

而且在这个级数中 $\dfrac{h^\mu}{\Pi(\mu)}$ 的系数是 $\dfrac{h^{\mu-1}}{\Pi(\mu-1)}$ 的系数的微分; 因而它就是 $\partial_x^\nu z$ 的一个值, 我们把它记为 p_μ. 将它对 k 微分, 我们就得到

$$\frac{dp_\mu}{dk} = -z_{(k)}\frac{(x-k)^{-\mu-1}}{\Pi(-\mu-1)},$$

从而

$$p_\mu = \int -z_{(k)}\frac{(x-k)^{-\mu-1}}{\Pi(-\mu-1)}dk.$$

上述级数① 所有项在 $k=x$ 均为零; 因此如果它在从 k 到 x 的区间内连续的话, 则沿此区间所取的积分等于 p_μ; 但是由于 z 在从 x 到 k 的区间内连续, 而且 $-\mu-1 > -1$, 所以情况显然是这样, 从而只要 z 在从 x 到 k 的区间内连续, 而且 μ 为负值, 下式

$$\int_x^k -z_{(k)}\frac{(x-k)^{-\mu-1}}{\Pi(-\mu-1)}dk = \frac{1}{\Pi(-\mu-1)}\int_k^x (x-t)^{-\mu-1}z_{(t)}dt \qquad (7)$$

就是 $\partial_x^\mu z$ 的一个值. $\partial_x^{\mu-n}z$ 相应于这个展开的值等于

$$\frac{1}{\Pi(-\mu+n-1)}\int_k^x (x-t)^{-\mu+n-1}z_{(t)}dt.$$

我们可以很容易看出, 根据所给 k 的不同值, 得出 $z_{(x+h)}$ 的不同展开, 但是所有这些展开 [对应的 $\partial_x^\mu z$ 的值] 属于同一个值系[9]. 因为由值

$$\frac{1}{\Pi(-\mu-1)}\int_k^x (x-t)^{-\mu-1}z_{(t)}dt$$

---

① 这里是指 $z_{(x+h)}$ 的展开中前 $\dfrac{h^\mu}{\Pi(\mu)}$ 项的系数级数. —— 中译者注

通过加上

$$\frac{1}{\Pi(-\mu-1)}\int_{k_1}^{k}(x-t)^{-\mu-1}z_{(t)}dt = \sum_{n=0}^{\infty}\frac{x^{-\mu-1-n}}{\Pi(-\mu-1-n)}\int_{k_1}^{k}\frac{(-t)^n}{\Pi(n)}z_{(t)}dt$$

显然会得出

$$\frac{1}{\Pi(-\mu-1)}\int_{k_1}^{x}(x-t)^{-\mu-1}z_{(t)}dt;$$

由于 z 在从 x 到 k_1 的区间内连续, 从而也就是在从 k 到 k_1 的区间内连续, 所有这几个积分都为有限, 且与 x 无关. 于是通过所采用的方法我们总是得到 [导数的] 同一值系 [与 k 的选择无关]; 这样一来, 如果我们将导数的概念只限于这一值系, 那么我们就把它的计算归结到已知的运算, 并且我们就可以对确定的函数利用这个定义来推出它的导数的性质和数值.

　　这样一来, 我们有

1.　　　$$\partial_x^{\nu}z = \frac{1}{\Pi(-\nu-1)}\int_{k}^{x}(x-t)^{-\nu-1}z_{(t)}dt + \sum_{n=\infty}^{1}K_n\frac{x^{-\nu-n}}{\Pi(-\nu-\nu)},$$

其中 K_n 为任意有限的常数[①], ν 为负, 而且 z 在从 x 到 k 的区间内连续; 至于对 >0 [或 $=0$] 的 ν, 那么 $\partial_x^{\nu}z$ 表示的是那种由 $\partial_x^{\nu-m}z$ (其中 $m>\nu$) 对 x 作 m 次微分后所得的值[②], 这个值也必定满足方程[③]

2.　　$$z_{(x+h)} = \sum_{n=\infty}^{1}\frac{h^{\nu-n}}{\Pi(\nu-n)}\int^{(n)}\partial_x^{\nu}z\,dx^n + \frac{h^{\nu}}{\Pi(n)}\partial_x^{\nu}z + \sum_{n=1}^{\infty}\frac{h^{\nu+n}}{\Pi(\nu+n)}\frac{d^n\partial_x^{\nu}z}{dx^n}.$$

由此推得有

3.　　　　$$\partial_x^{-m}z = \int_{k}^{x(m)}z_{(t)}dt^m + \sum_{n=m}^{1}K_n\frac{x^{-n+m}}{\Pi(-n+m)}$$

以及

4.　　　　　　　　　　　$$\partial_x^0z = z,$$

　　[①]我们将以 φ_ν 来表示所有这种任意函数; 我们同时指出, 当 n 为正整数时, 每一个 φ_ν 同时也是函数 $\varphi_{\nu-n}$.

　　[②]定义

$$\partial_x^{\nu}z = \sum_{n=0}^{\infty}\left(\frac{d^nz_{(x)}}{dx^n}\right)_k\frac{(x-k)^{n-\nu}}{\Pi(n-\nu)} + \varphi_\nu,$$

它与上面所给的定义是一致的, 而且对 ν 的所有值有效; 但是我们宁可选它的更大的富灵活性的一面.

　　[③]上述公式 1 是否包括了全部满足这个方程的值, 显然有赖于函数 φ_ν 是否是唯一在替换 $\partial_x^{\nu}z$ 后能使级数 2 等于零的函数. 可是我们不难证明, 没有不包含在函数 φ_ν 中的 x 的代数函数能起到这种作用; 但是否就没有满足这个条件的函数存在, 我至今还没有得出什么结果.

5.
$$\partial_x^m z = \frac{d^m z}{dx^m},$$

此外还有

6.
$$\partial_x^\mu \partial_x^\nu z = \partial_x^{\nu+\mu} z + \varphi_\mu.$$

因此 $\partial_x^{\nu+\mu} z$ 的每一个值也是 $\partial_x^\mu \partial_x^\nu z$ 的一个值.

但是反过来的结论只有当 μ 为正整数或 ν 为负整数时才成立. 那么在这种情况下这两个表达式是一样的.

由定义还可以推得有

7.
$$\partial_x^\nu (p + q) = \partial_x^\nu p + \partial_x^\nu q,$$

8.
$$\partial_x^\nu (cp) = c\partial_x^\nu p,$$

9.
$$\partial_{x+c}^\nu z = \partial_x^\nu z,$$

10.
$$\partial_{cx}^\nu z = \partial_x^\nu z c^{-\nu}$$

(其中 c 为常数). $\partial_x^\nu z$ 与 $\partial_x^\mu z$ 的两个值, 如果它们之中的常数 K, K_1 等全都相等, 我们就把它们称为相互对应的值. 属于 $z_{(x+h)}$ 同一展开的所有值都是相互对应的值.

现在我们转到一个确定函数的导数的确定问题上来. 为此我们只要对一个导数求得它的一个值就可以了, 因为由这个值通过函数 φ 就可以得出它的所有其他值, 而且如果我们想要采用表达式 1 的某种变换, 还必须将这个值变成比这个表达式更简单的, 因而也是一个以有限形式表示的 x 的显函数. 因此一般来说这种变换要这样来形成, 这就是把 x 从积分号下取出来.

现在我们首先来考察函数 x^μ.

如果 μ 为正, 则 x^μ 对 x 的所有值为连续. 因而

$$\frac{1}{\Pi(-\nu-1)} \int_0^x (x-t)^{-\nu-1} t^u dt$$

总是 $\partial_x^\nu (x^\mu)$ 的一个值; 但是这个积分

$$= \frac{1}{\Pi(-\nu-1)} \int_0^1 x^{\mu-\nu} (1-y)^{-\nu-1} y^\mu dy = \frac{\Pi(\mu)}{\Pi(\mu-\rho)} x^{\mu-\nu}.$$

根据 (4) 式, 作后一表达式的第 m 次微分就有

$$\frac{\Pi(\mu)}{\Pi(\mu-\nu-m)} x^{\mu-\nu-m} = \partial_x^{\mu+m} (x^\mu),$$

因此对 ν 的每一个值有

$$\partial_x^\nu(x^\mu) = \frac{\Pi(\mu)}{\Pi(\mu-\nu)}x^{\mu-\nu} + \varphi_\nu.$$

如果 μ 为负, 则 x^μ 对 $x=0$ 为不连续, 但是对所有其他值为连续; 因此在公式 1 中 x 与 k 必须始终具有相同的符号. 但是只要有 $-\nu-m > 0$, 那么通过作 m 次部分积分我们就会得到

$$\frac{1}{\Pi(-\nu-1)}\int_k^x (x-t)^{-\nu-1}t^\mu dt$$

$$= \frac{\Pi(\mu)}{\Pi(-\nu-1-m)\Pi(\mu+m)}\int_k^x (x-t)^{-\nu-1-m}t^{\mu+m}dt + \varphi_\nu,$$

因此如果有 $-\nu > -\mu$, 则那种其中的 $\mu < -1$ 的积分就可以通过它归结为其中的指数 $t \geqslant -1$ 的积分; 如果它大于 -1, 那么下述积分

$$\int_0^k (x-t)^{-\nu-1-m}t^{\mu+m}dt$$

就也属于函数 φ_ν, 因而, 在有 $-\nu > -\mu$ 时, 下式

$$\frac{\Pi(\mu)}{\Pi(-\nu-1-m)\Pi(\mu+m)}\int_0^x (x-t)^{-\nu-1-m}t^{\mu+m}dt = \frac{\Pi(\mu)}{\Pi(\mu-\nu)}x^{\mu-\nu}$$

也是 $\partial_x^\nu(x^\mu)$ 的一个值, 但是通过规则 $\partial_x^{\nu+1}z = \dfrac{d\partial_x^\nu z}{dx}$ 可以把这个结论推广到对每一个 ν 均有效.

但是如果 $\mu+m = -1$, 那么就有

$$\int_k^x (x-t)^{-\nu-1-m}t^{\mu+m}dt = \log x\, x^{\mu-\nu} - \log k\, x^{\mu-\nu} + \int_k^x \frac{(x-t)^{\mu-\nu} - x^{\mu-\nu}}{t}dt$$

$$= \log x\, x^{\mu-\nu} + \int_0^x \frac{(x-t)^{\mu-\nu} - x^{\mu-\nu}}{t}dt + \varphi_\nu$$

$$= \log x\, x^{\mu-\nu} + x^{\mu-\nu}\int_0^1 \frac{y^{\mu-\nu} - y}{1-y}dt$$

$$= \log x\, x^{\mu-\nu} - (\Psi(\mu-\nu) - \Psi(0))x^{\mu-\nu}.^{[10]}$$

通过微分我们还可以把由此所获得的结果加以推广, 这样在 μ 不是一负整数时, 我们就可得到 $\partial_x^\mu(x^\mu)$ 的下述值

11.
$$\partial_x^\nu(x^\mu) = \frac{\Pi(\mu)}{\Pi(\mu-\nu)}x^{\mu-\nu},$$

而在 μ 是一负整数时可得到 $\partial_x^\nu(x^\mu)$ 的下述值

12.
$$\partial_x^\nu(x^\mu) = \frac{\Pi(\mu)}{\Pi(-1)}\frac{1}{\Pi(\mu-\nu)}\left[\log x\, x^{\mu-\nu} - (\Psi(\mu-\nu) - \Psi(0))x^{\mu-\nu}\right].$$

要指出的是, 只要我们对常数, 它们在这种情况下为 $\frac{\infty}{\infty}$, 做适当的处理, 我们就可从公式 12 推出公式 11 来, 而在 $\mu - \nu$ 和 μ 二者都是负整数时, 情况也是如此. 我们可以很容易地看出, 由这两个公式对 ν 的不同值所得出的导数值是相互对应的; 这也就是为什么我们不能像在 μ 为负整数时那样, 在 12 式中直接把 $x^{\mu-\nu}$ 包括进来.

现在我们转向对 e^x 用类似的方法进行处理, 那么我们就会得到

13.
$$\partial_x^\nu(e^x) = \frac{1}{\Pi(-\nu-1)} \int_{-\infty}^x e^t (x-t)^{-\nu-1} dt$$

$$= \frac{1}{\Pi(-\nu-1)} e^x \int_0^\infty e^{-y} y^{-\nu-1} dy = e^x.$$

$\log x$ 的导数也可以用同样的方法得到, 但是更容易, 而且对 ν 的所有值立即可以从公式 6 和公式 12 得到, 为

$$\partial_x^\nu(\log x) = \partial_x^\nu \partial_x^{-1} x^{-1} = \frac{1}{\Pi(-\nu)} (\log x \, x^{-\nu} - (\Psi(-\nu) - \Psi(0)) x^{-\nu}).$$

应用规则 7 至 10 也可以极其容易地从 13 和 14 推导出 $\sin x, \cos x, \tan x$ 以及 $\mathrm{arc}\,(\tan = x)$ 的导数.

最后我们还要指出, 我们所建立的理论完全可以有把握地推广到所涉及的量为虚数的情况[11].

XX 储电装置中剩余电量的一个新 理论[①]

1 前 言

Kohlrausch 教授先生已经成功地实现了对在储电装置中所形成的电量进行精确度测量, 从而为对这个现象建立一个能满足观察的理论奠定了基础, 我们准备把它发表在 Poggendorff 的年鉴[②]上. 这一测量的精确性促使我想将从别的理论来看很可能成立的有关电的流动的定理, 在这个现象上来检验一下; 看看它在为此目的所给定的形式下是否能用于电荷在所有有质体内的运动, 或者只能用在要假设在所考察中的有质体之间相对静止, 而且还要假设不存在热的和磁的 (或感应电压的) 作用和影响. 为了应用的不受限制, 还需要改写和完善, 这件事我会在别的地方来做.

下面的论文, 采自我给 Kohlrausch 教授先生的信, 这个剩余电荷的新理论可不是一个独立的理论, 而是接着他的理论展开的; 我力图使那个理论不直接以这个现象为基础. 因此我把 Kohlrausch 教授先生在他的论文中所用到过的一些概念: 绝缘壁的电矩, 电压, 总电荷, 可配置的电荷, 剩余电荷, 统统用我们这里的基本概念重新表述, 同时也在许多其他方面考虑了那里的研究方法.

[①]在这里发表的论文源自 1854 年; 它的发表被搁置可能是由于作者不愿意按照所提的要求来进行更改.

[②]Bd. 91, p. 56.

2　作为计算基础的定律

令 t 为时间, x, y, z 为直角坐标, ρ 为在 t 时刻位于 (x, y, z) 点处的静电电荷密度, u 为所有电量在 t 时刻作用于点 (x, y, z) 处所引起的 (Gauss) 电势的 4π 分之一, 因而记为量

$$\frac{1}{4\pi} \int \frac{\rho' dx' dy' dz'}{\sqrt{(x - x')^2 + (y - y')^2 + (z - z')^2}},$$

其中 $\rho' dx' dy' dz'$ 为在 t 时刻的体积元 $dx' dy' dz'$ 内静电电量. 于是我们有

$$\frac{\partial^2 u}{\partial x^2} + \frac{\partial^2 u}{\partial y^2} + \frac{\partial^2 u}{dz^2} = -\rho.$$

对于在上述条件下电荷在有质体内部运动的定律这里要用到的有以下一些:

I. 在 t 时刻位于 (x, y, z) 点处的电荷所受到的电动力由两部分组成, 一部分遵守 Coulomb 定律, 其分量正比于

$$-\frac{\partial u}{\partial x}, \quad -\frac{\partial u}{\partial y}, \quad -\frac{\partial u}{\partial z},$$

还有另一部分, 其分量正比于

$$-\frac{\partial \rho}{\partial x}, \quad -\frac{\partial \rho}{\partial y}, \quad -\frac{\partial \rho}{\partial z},$$

因此电动力的分量可以认为等于

$$-\frac{\partial u}{\partial x} - \beta\beta \frac{\partial \rho}{\partial x}, \quad -\frac{\partial u}{\partial y} - \beta\beta \frac{\partial \rho}{\partial y}, \quad -\frac{\partial u}{\partial z} - \beta\beta \frac{\partial \rho}{\partial z},$$

其中 $\beta\beta$ 只依赖于有质体的性质.

II. 电流强度正比于电动力, 因而有

$$-\frac{\partial u}{\partial x} - \beta\beta \frac{\partial \rho}{\partial x} = \alpha\xi, \quad -\frac{\partial u}{\partial y} - \beta\beta \frac{\partial \rho}{\partial y} = \alpha\eta, \quad -\frac{\partial u}{\partial z} - \beta\beta \frac{\partial \rho}{\partial z} = \alpha\zeta,$$

其中 α 是一个只依赖于有质体的性质常数, ξ, η, ζ 是电流强度的分量.

再请来运动学方程

$$\frac{\partial \rho}{\partial t} + \frac{\partial \xi}{\partial x} + \frac{\partial \eta}{\partial y} + \frac{\partial \zeta}{\partial z} = 0,$$

我们就由此得到 u 的方程

$$\frac{\partial^2 u}{\partial x^2} + \frac{\partial^2 u}{\partial y^2} + \frac{\partial^2 u}{\partial z^2} = -\rho$$

以及

$$\alpha \frac{\partial \rho}{\partial t} + \rho - \beta\beta \left(\frac{\partial^2 \rho}{\partial x^2} + \frac{\partial^2 \rho}{\partial y^2} + \frac{\partial^2 \rho}{\partial z^2} \right) = 0^{①}$$

或者, 如果我们取长度 β 和时间 α 为单位, 即

$$\frac{\partial \rho}{\partial t} + \rho - \left(\frac{\partial^2 \rho}{\partial x^2} + \frac{\partial^2 \rho}{\partial y^2} + \frac{\partial^2 \rho}{\partial z^2} \right) = 0.$$

这给 u 确立了一个偏微分方程, 它对时间的导数是一阶的, 对空间是四阶的, 而且为了确定从某一个确定的时间开始, 在有质体内全部的 u, 除了这个方程之外还需要补充两个条件, 它在开始时在体内各点的值以及其后在表面上各点的值.

3 对这个定律的可信服的说明

上一节中所讲的电荷的运动定律是用目前正在电学中所用的概念来表达的. 这一表达形式还可以改写, 看来通过这种改写后的形式我们能够获得对实际关联更真实、更全面的图像.

原来所假设的原因是作用在位于点 (x, y, z) 处正电荷上沿坐标轴方向的力为

$$-\beta\beta \frac{\partial \rho}{\partial x}, \quad -\beta\beta \frac{\partial \rho}{\partial y}, \quad -\beta\beta \frac{\partial \rho}{\partial z},$$

而作用在负电荷上的力则方向相反, 我们也可以代之以假设原因是, 在点 (x, y, z) 处正电荷受到的力要减少一个强度为 $\beta\beta\rho$ 的量, 而负电荷则增加这个量, 而且这个原因可以从有质体有试图抵抗充电, 或者说抵抗进入带电状态, 中去找.

---

① 由此得到 (在绝缘导体内部的) 平衡方程为

$$-\frac{\partial u}{\partial x} - \beta\beta \frac{\partial \rho}{\partial x} = 0, \quad -\frac{\partial u}{\partial y} - \beta\beta \frac{\partial \rho}{\partial y} = 0, \quad -\frac{\partial u}{\partial z} - \beta\beta \frac{\partial \rho}{\partial z} = 0$$

或

$$u - \beta\beta \left(\frac{\partial^2 u}{\partial x^2} + \frac{\partial^2 u}{\partial y^2} + \frac{\partial^2 u}{\partial z^2} \right) = 常数,$$

对电流平衡方程, 或者对闭合的直流电路的动态平衡而言有

$$\frac{\partial \rho}{\partial t} = 0$$

或即

$$\rho - \beta\beta \left(\frac{\partial^2 \rho}{\partial x^2} + \frac{\partial^2 \rho}{\partial y^2} + \frac{\partial^2 \rho}{\partial z^2} \right) = 0.$$

如果长度 β 与物体的线度比非常小, 那么第一, 有 $u = 常数$, 第二, 随着向表面内的深入 ρ 迅速减小, 到了内部就处处很小, 甚至在曲率半径比大 β 很多时, 这个量随着进入表面的深度 p 接近按式 $e^{-\frac{p}{\beta}}$ 改变. 在金属导体的情况下我们就要做这种假设.

完全相同地, 其分量为

$$-\frac{\partial u}{\partial x}, \quad -\frac{\partial u}{\partial y}, \quad -\frac{\partial u}{\partial z}$$

的电动力也可以换成在点 (x, y, z) 处的强度 u, 其作用是力图减少相同符号的电荷密度, 而增加相反符号的电荷密度.

但是这样为了给 ρ 一个实在的意义, 没有必要假设有两种电荷, 而把 $\rho dxdydz$ 看成体积元 $dxdydz$ 中正电荷超过负电荷的数量, 而且在实质上可以归结到 Franklin 对电现象的理解, 最简单地是做以下假设:

承载电荷的有质体连续地充满空间①, 具有与电阻率成反比的均匀分布的电容量, 其上所实际包含的电荷密度只相差小到看不出来的一个分数. 有质体在有电荷 (正静电荷或负静电荷) 的过剩或短缺时就会处于带正电或负电的状态, 这种带电过程将力图使在其中所含电荷的密度增加或减少, 同时还产生一个电压, 这个电压等于电荷密度 ρ 乘以一个与有质体有关的因子 (反带电力). 从它自己这方面, 带电使得它进入一种有电压的状态, 促使它减小电荷密度 (或者在负电压的状态下增加电荷密度), 而且使得量 u 在每一瞬时与静电量的关系如下式所示:

$$u = \frac{1}{4\pi} \int \frac{\rho' dx' dy' dz'}{\sqrt{(x-x')^2 + (y-y')^2 + (z-z')^2}}$$

或者也可以由下述规律

$$\frac{\partial^2 u}{\partial x^2} + \frac{\partial^2 u}{\partial y^2} + \frac{\partial^2 u}{\partial z^2} = -\rho$$

以及加上条件: u 在离静电荷无限远处保持为无限小, 来决定. 电荷相对于有质体运动的速度在每一瞬时都等于由这个原因所引起的电动力.

此外, 如果还要把它们与热和磁的关系考虑进来的话, 那么这些电的运动规律还要进行重大的改变和重塑, 并从而改变对这个现象的理解②.

4　对剩余电荷产生问题的处理. 用电势表达要确定的量

在我转向研究剩余电荷形成之际, 我要首先来做到, 将所要确定的量用电势来表达, 或者说, 为了简化计算, 用与电势成正比的函数 u 来表示. 为了更

---

①在另一页稿纸上有对这里的如下的注释: 只要把这种有质体 (铜、玻璃) 看成电的载体, 并赋予一定的电容量和一定的电阻, 那么只要假设在整个空间中有具有这种特定性质的空间部分, 用不着认为它们之中有这种铜分子或玻璃分子.

②在手稿中把这整个论题都划掉了, 其原因很可能是由于作者担心, 他在这里所采取的理解的本质, 这种本质是深深地与他的自然哲学思想紧密相连的, 会对那时的物理学家产生冲击.

适合于不大习惯于抽象思考的物理学家, 我把电势看成是一种原因, 一种张力 [Spannung, 在电现象中译成电压] 的度量, 起着力图使点 (x, y, z) 处的电荷密度减小的作用, 并且在这点 (x, y, z) 处等于 u, 因而由它所产生的电动力为

$$-\frac{\partial u}{\partial x}, \quad -\frac{\partial u}{\partial y}, \quad -\frac{\partial u}{\partial z}.$$

我们于是必须对于一个半径为 1 的球, 其表面上分布有密度为 1 的电荷, 将在其内部所形成的电压取为一个电压单位, 或者把数量为 4π 的电荷在离开一个单位距离处所产生的电动力作为单位. 为了进一步简化计算, 我们还要引进 α 为时间单位, 引进 β 为长度单位; 如果要使电动力的单位与这里这样定义的电的度量单位联系起来, 那么 α 和 $\beta\beta$ 就分别度量了电阻 ($= \dfrac{\text{电动势}}{\text{电流强度}}$) 和有质体的反带电力 ($= \dfrac{\text{有质体的压力}}{\text{电荷密度}}$).

为了讨论当前的观察结果, 只需解决这个问题就够了: 一块等厚的均匀大板, 表层敷有完全导体, 两面充上相反的电荷, 没有受到电动力 [电动势] 的作用 (在其中没有发生接触效应), 其表面尺寸与其厚度相比可以看成是无限大 (即边沿和曲率的影响可以忽略不计), 问题是确定内部电荷的改变.

将坐标原点置于大板中心, x 轴与表面垂直, 板的半厚度记为 a, 那么板的位置就表示为 $a > x > -a, u$ 仅为 x 的函数, 并且

$$\rho = -\frac{\partial^2 u}{\partial x^2},$$

从而有

$$\int_{x'}^{x''} \rho \partial x = \left(\frac{\partial u}{\partial x}\right)_{x'} - \left(\frac{\partial u}{\partial x}\right)_{x''}.$$

因此在位于两个 x 值之间的单位面积上所包含的电量, 几何地来表述, 等于电压曲线, 即在横坐标 x 处纵坐标等于 u 的曲线, [在这两个 x 处] 的倾角的正切; 这条曲线, 在没有电荷的地方是一条直线, 在连续分布有正电荷的地方曲线上凹 (即在该处有更大的纵坐标值), 在连续分布有负电荷的地方曲线下凹, 而在有限电量堆积之点曲线将发生折断.

因此通过充电所产生的, 或者是通过放电而消失的电压总是以一条形式如 A 的曲线分布, 即它在两极板处为 u_a 和 u_{-a}, 从而在其中部为

$$\frac{u_a + u_{-a}}{2} = u_0,$$

所以在其内部等于

$$u_0 + \frac{x}{a}(u_a - u_0).$$

通过电荷深入到内部的电压将取形式如 B 的曲线分布. 单位面积上所分离出来的总电量等于它在中心处倾角的正切

$$\left(\frac{\partial u}{\partial x}\right)_0,$$

电矩等于

$$\int_{-a}^{+a} \rho x dx = u_a - u_{-a} - a\left(\left(\frac{\partial u}{\partial x}\right)_a + \left(\frac{\partial u}{\partial x}\right)_{-a}\right) = u_a - u_{-a},$$

因此等于两表面的电压之差.

通过放电表面层上的电压就会消失. 因此被消除的电量在表层 $= u_a, u_{-a}$, 而在内部则

$$= u_0 + \frac{x}{a}(u_a - u_0),$$

在单位面积上的可移动的电荷

$$= \frac{1}{a}(u_a - u_0),$$

在内部的剩余电压

$$= u - u_0 - \frac{x}{a}(u_a - u_0),$$

而单位面积上隐藏的剩余电荷

$$= \left(\frac{\partial u}{\partial x}\right)_0 - \frac{1}{a}(u_a - u_0),$$

上表层通过放电所获得的电荷

$$= -\frac{1}{a}(u_a - u_0).$$

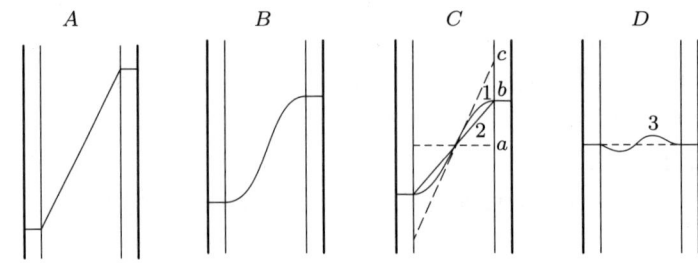

1) 总电荷的电压曲线.

2) 可移动电荷的电压曲线.

3) 剩余电荷的电压曲线.

总电荷: $= ac$, 可移动电荷: $= ab$, 剩余电荷: $= bc$.

5 在既无电荷从表面流出、又无电荷流入 这种最简单的情况下问题的解

在对要求的量做了上述概述和几何描述之后, 我们转来通过按上面所给的定律的计算来确定这些量. 我们首先来处理这样一种情形, 开始的时候在内部没有自由电荷, 在表面上的每单位面积给予单位电量, 但是在以后再无电荷从表面流入, 也无电荷流出.

用以确定 u 的条件为:

$$\text{对 } t > 0, a > x > -a, \quad \frac{\partial^2 u}{\partial x^2} = -\rho, \quad \frac{\partial \rho}{\partial t} + \rho - \frac{\partial^2 \rho}{\partial x^2} = 0,$$

$$t = 0, a > x > -a, \quad \frac{\partial u}{\partial x} = 1,$$

$$t > 0, x = \pm a, \quad \frac{\partial u}{\partial x} = 0, \quad \frac{\partial u}{\partial x} + \frac{\partial \rho}{\partial x} = 0,$$

最后一行表示, 在表面内不仅电量等于零, 还有电流, 从而电动力 [电动势] 也都等于零.

有两个表达式能满足这些条件, 其中一个用于时间很小时, 另一个可用于时间较大时.

为简化起见我们设

$$\int_\lambda^\infty e^{-\lambda\lambda} d\lambda = \varphi(\lambda)$$

以及

$$\int_\lambda^\infty \varphi(\lambda) d\lambda = \frac{1}{2} e^{-\lambda\lambda} - \lambda\varphi(\lambda) = \psi(\lambda),$$

于是我们就得到满足这些条件的第一个表达式为

$$u - u_0 = e^{-t}\left[x + \frac{4\sqrt{t}}{\sqrt{\pi}}\sum_{n=1}^\infty (-1)^n \left(\psi\left(\frac{a(2n-1)-x}{2\sqrt{t}}\right) - \psi\left(\frac{a(2n-1)+x}{2\sqrt{t}}\right)\right)\right],$$

以及第二个表达式为

$$u - u_0 = e^{-t}\sum \frac{(-1)^{n-1} 2a}{\pi\pi\left(n - \frac{1}{2}\right)^2} e^{-\left(n-\frac{1}{2}\right)^2 \frac{\pi}{a}\frac{\pi}{a}t} \sin\left(n - \frac{1}{2}\right)\frac{x\pi}{a}.$$

由此处所给出的表达式我们就可以得到:

对电荷的分布有[①]

$$\rho = -\frac{\partial^2 u}{\partial x^2} = \frac{e^{-t}}{\sqrt{\pi t}} \sum (-1)^{n-1} \left(e^{-\frac{(a(2n-1)-x)^2}{4t}} - e^{-\frac{(a(2n-1)+x)^2}{4t}} \right)$$

$$= \frac{2e^{-t}}{a} \sum (-1)^{n-1} e^{-\left(n-\frac{1}{2}\right)^2 \frac{\pi}{a}\frac{\pi}{a}t} \sin \left(n - \frac{1}{2} \right) \frac{x\pi}{a},$$

对总电荷有

$$Q_t^* = \left(\frac{\partial u}{\partial x} \right)_0 = e^{-t} \left(1 + \frac{4}{\sqrt{\pi}} \sum (-1)^n \varphi \left(\frac{\left(n-\frac{1}{2}\right)a}{\sqrt{t}} \right) \right)$$

$$= e^{-t} \sum \frac{(-1)^{n-1}2}{\left(n-\frac{1}{2}\right)\pi} e^{-\left(n-\frac{1}{2}\right)^2 \frac{\pi}{a}\frac{\pi}{a}t},$$

对可移动电荷有

$$L_t^* = \frac{u_a - u_{-a}}{2a} = e^{-t} \left\{ 1 - \frac{2\sqrt{t}}{a\sqrt{\pi}} \left(1 + 4 \sum (-1)^n \psi \left(\frac{an}{\sqrt{t}} \right) \right) \right\}$$

$$= e^{-t} \sum \frac{2}{\pi\pi \left(n-\frac{1}{2}\right)^2} e^{-\left(n-\frac{1}{2}\right)^2 \frac{\pi}{a}\frac{\pi}{a}t},$$

对剩余电荷有

$$r_t^* = \left(\frac{\partial u}{\partial x} \right)_0 - \frac{u_a - u_{-a}}{2a}$$

$$= \frac{2\sqrt{t}e^{-t}}{a\sqrt{\pi}} \left\{ 1 + 4 \sum (-1)^n \left(\psi \left(\frac{an}{\sqrt{t}} \right) + \frac{a}{2\sqrt{t}} \varphi \left(\frac{\left(n-\frac{1}{2}\right)a}{\sqrt{t}} \right) \right) \right\}$$

$$= e^{-t} \sum \frac{2}{\pi \left(n-\frac{1}{2}\right)} \left((-1)^{n-1} - \frac{1}{\pi \left(n-\frac{1}{2}\right)} \right) e^{-\left(n-\frac{1}{2}\right)^2 \frac{\pi}{a}\frac{\pi}{a}t}.$$

6　将一般问题归结到最简单的情形

为了将有电流流进或流出表面的情形归结到最简单的情形, 我们将在这种最简单情形下在时刻 t 时的电压差记为 $\chi(t)$; 假设对 t 的负值有 $\chi(t) = 0$.

①参阅 Jacobi, Fundamenta nova theoriae functionum ellipticarum (椭圆函数新理论基础), §§61, 63.

如果在 0 时刻传给表面 $(x = \pm a)$ 电量 $\pm\mu$, 在 t' 时刻传给表面电量 $\pm\mu'$, 在 t'' 时刻传给表面电量 $\pm\mu''$, ……, 要确定由此所产生的电压, 则我们有

$$u - u_0 = \mu\chi(t) + \mu'\chi(t - t') + \mu''\chi(t - t'') + \cdots.$$

因为这个值满足所有为确定它们所给出的条件方程.

如果充放电是连续地进行的, 则我们有

$$u - u_0 = \int_0^t \chi(t - \tau)\frac{d\mu}{d\tau}d\tau,$$

其中 $\pm\dfrac{d\mu}{d\tau}$ 表示在时间微元 dt 内通过表面 $(x = \pm a)$ 流向内部的电量.

如果我们用 $\pm d\mu$ 表示在时间微元 $d\tau$ 内流到表面 $(x = \pm a)$ 上的电量, 那么它可能是一个有限的量, 也可能是一个与 $d\tau$ 成正比的量, 这要看是突然地充电和放电, 还是连续地进行充放电而定, 这样, 上面两个表达式就可合并成一个式子

$$u - u_0 = \int_0^t \chi(t - \tau)d\mu.$$

由上述电压的表达式可以推得

$$Q_t = \int_0^t Q_{t-\tau}^* d\mu, \quad L_t = \int_0^t L_{t-\tau}^* d\mu, \quad r_t = \int_0^t r_{t-\tau}^* d\mu.$$

在这些公式中, 时间是以 α 分之一作单位, 长度是以 β 分之一作单位; 要想用众所周知的单位, 只需将 a 和 x 换成 $\dfrac{a}{\beta}$ 和 $\dfrac{x}{\beta}$, 将 t 和 τ 换成 $\dfrac{t}{\alpha}$ 和 $\dfrac{\tau}{\alpha}$.

7 计算结果与观察的比较

Kohlrausch 教授先生发表在 Poggendorff 杂志上的测量结果是如此精确, 为了把所得到的公式与剩余电荷生成的实际情况相比较, 我们最好是从这样的事实出发, 即电荷曲线很接近一条参数逐渐减小的抛物线, 这个逐渐减小的量就是 $\dfrac{L_0 - L_t}{\sqrt{t}}$.

因为根据所导得的 L_t 的公式, $L_0 - L_t$ 在 t 的值很小时正比于 $\sqrt{t}$, 更具体讲有

$$\frac{L_0 - L_t}{\sqrt{t}} = L_0\frac{2}{\sqrt{\pi}}\sqrt{\frac{\beta\beta}{aa\alpha}}.$$

根据测量的结果我们必须假设这个比例在整个观察中保持近似成立.

因此时间 $\dfrac{aa}{\beta\beta}\alpha$ 可以粗略地近似由观察来确定, 而且实际上下式

$$
\frac{L_0^* - e^{\frac{t}{\alpha}}L_t^*}{\sqrt{t}}
$$

$$
= L_0^* \frac{2}{\sqrt{\pi}} \sqrt{\frac{\beta\beta}{aa\alpha}} \left(1 - 4\psi\left(\sqrt{\frac{aa\alpha}{\beta\beta t}}\right) + 4\psi\left(2\sqrt{\frac{aa\alpha}{\beta\beta t}}\right) - 4\psi\left(3\sqrt{\frac{aa\alpha}{\beta\beta t}}\right) + \cdots \right)
$$

是一个随时间 t 缓慢下降的函数. 尽管如此, 只要我们赋予 $\dfrac{1}{\alpha}$ 一个可观的值, $\dfrac{L_0 - L_t}{\sqrt{t}}$ 仍然会随 t 的增大而增大. 如果假设通过空气有相当大损失, 则也会是这样, 这至少在我们假设以 Coulomb 定律作为其基础时会如此.

因此在初次研究观察时我们假设时间 α (即在电动力遵守 Coulomb 定律的情况下玻璃的导电电阻) 为无限大, 通过空气的损失可以忽略不计, 并且暂时仅限于研究, 通过适当地选定 $\dfrac{aa}{\beta\beta}\alpha$ 能在多大程度上符合观察的结果.

只要我们一旦证实我们计算的假设近似正确, 如果不能借助于实验找到计算与观察之间差一点的根源, 以便对计算假设的偏差进行必要的修改, 那么将计算与观察做更精密的比较就是多余的工作. 由于我目前还缺乏对这个课题进行实验研究的工具, 所以我只能暂时放弃对此做更进一步的研究.

8 这个问题与电学测量以及与类似现象之间的关系

在 Leyden 瓶的情形下, 量 $\dfrac{\beta\beta}{aa\alpha}$ 差不多是 $\dfrac{1}{2000}$, 在以瓶的厚度作为长度单位, 以秒做时间单位时, 这个量给出了 Leyden 瓶的比值 $\dfrac{\text{反起电力}}{\text{电阻}}$ 的绝对度量. 对计算来说, 不论我们如何规定电动力的单位与电量的单位之间的联系都是一样的. 但是常数 α 和 $\beta\beta$ 只有在不同于 Weber 的度量制中才会给出电阻和反起电力, 在 Weber 的度量制中电动力的单位是通过遵循 Ampère 定律的电量单位来确定的.

为了把这里所研究的情形与在良导体上所观察到的现象相比较, 我们可以来考察在表面保持电压差不变时的稳恒状态 (或恒定电流). 对这种情况有

在内部的电荷密度: $\rho = -\dfrac{\partial^2 u}{\partial x^2} = e^x - e^{-x}$,

电压: $u = u_0 - e^x + e^{-x} + x(e^a + e^{-a})$,

两表面之间的电压差: $u_a - u_{-a} = 2(a(e^a + e^{-a}) - (e^a - e^{-a}))$,

总电量: $\left(\dfrac{\partial u}{\partial x}\right)_0 = e^a + e^{-a} - 2$,

剩余电荷: $\left(\dfrac{\partial u}{\partial x}\right)_0 - \dfrac{u_a - u_{-a}}{2a} = \dfrac{e^a - e^{-a}}{a} - 2,$

在单位时间内流过的电量: $\left(\dfrac{\partial u}{\partial x} + \dfrac{\partial \rho}{\partial x}\right) = -(e^a + e^{-a}),$

或者等于与之成正比的量, 这样, 为了简化, 像上面那样, 取 α 作时间单位, 取 β 作长度单位, 取半径为 1、表面分布有电荷密度为 1 的电荷的球体内部的电压作为电压单位.

在我看来特别重要的是对所猜想定律的检验和最后确定气体的常数 α 和 β. 作为这一研究的出发点可以取 Riess[1] 的和 Kohlrausch[2] 的观察结果, 根据这些结果, 在一个密闭的空间内丢失到空气中去的电量不遵守 Coulomb 定律, 而且这样有希望可能建立一个对在一个多少有一定规则的容器内的电荷损失的测量系统.

---

[1] Pogg. Ann., Bd. 71, p. 359.
[2] Pogg. Ann., Bd. 72, p. 374.

XXI 关于带代数系数的线性微分方程的两个一般定理

(1857 年 2 月 20 日)

众所周知, 每一个 n 阶的线性齐次方程的解都可以由 n 个特解用常系数线性地表出. 如果微分方程的系数是独立变量的有理函数, 那么一般来说满足它的函数是多值函数, 它的每一个分支就可以用 n 个对每一个 x 的值都有确定值的单值函数线性地表出, 那么它当然会沿某个线系为不连续. 但是如果系数是 x 的代数函数, 可以表示为 x 和 x 的一个 μ 值代数函数的有理表达式, 那么就有属于每一个这种分支的一组 n 个相互独立的特解, 使得在这种情况下微分方程解的每一个分支可以表示为最多 μn 个单值函数的线性表达式, 但是在这个表达式中只有 n 个属于同一组. 由此前言可知, 因为每一个非齐次的线性微分方程可以很容易地转变为高一阶的齐次方程, 下面的定理囊括了全部带代数函数系数的线性微分方程.

设 $y_1, y_2, \cdots, y_n$ 为 x 的函数, 它们对所有 x 的复数值, $a, b, c, \cdots, g$ 除外, 为单值有限的, 而当 x 绕这些分支点一一圈时它们就变为这些函数的先前值的带常系数的线性函数.

为了更准确地确定这种函数, 我们把全部复数值分割成两个区域, 由一条依 $(g, \cdots, c, b, a)$ 的顺序通过所有分支值的闭曲线, 使得在其每一个区域中这些函数是完全分开和连续的, 并将位于这条曲线正侧区域内的函数值认为是给定的. 通过 x 正向绕 a 一圈, y_1 转化为 $\sum_{i=1}^{n} A_i^{(1)} y_i, y_2$ 转化为 $\sum_{i=1}^{n} A_i^{(2)} y_i, \cdots\cdots, y_n$ 转化

为 $\sum_{i=1}^{n} A_i^{(n)} y_i$, 类似地通过正向绕 b 一圈, y_ν 转化为 $\sum_{i=1}^{n} B_i^{(\nu)} y_i$, 以此类推, 通过

正向绕 g 一圈, y_ν 转化为 $\sum_{i=1}^{n} G_i^{(\nu)} y_i$.

为了简化起见, 我们将 n 个值 $(y_1, y_2, \cdots, y_n)$ 记为 (y), 将 nn 个值

$$
\begin{array}{cccc}
A_1^{(1)} & A_2^{(1)} & \cdots & A_n^{(1)} \\
A_1^{(2)} & A_2^{(2)} & \cdots & A_n^{(2)} \\
\vdots & \vdots & & \vdots \\
A_1^{(n)} & A_2^{(n)} & \cdots & A_n^{(n)}
\end{array}
$$

的数组记为 (A), 数组 B 记为 $(B), \cdots\cdots$, 数组 G 记为 (G), 而 (y) 通过系数组 (A) 形成的数值 $\sum_{i=1}^{n} A_i^{(1)} y_i, \sum_{i=1}^{n} A_i^{(2)} y_i, \cdots, \sum_{i=1}^{n} A_i^{(n)} y_i$, 记为 $(A)(y_1, y_2, \cdots, y_n) = (A)(y)$, 所以我们会发现在系数组之间有下述方程成立:

$$(G)(F) \cdots (B)(A) = 0, \tag{1}$$

其中我们用 (0) 表示这样一种系数组, 它不会对函数有任何改变, 也就是这样一种系数组, 它的从左上角向下到右下角的对角线上的系数等于 1, 其他系数均为零. 实际上, 如果 x 这样沿全部边界线走, 使得它从一分支值 [点] 到下一分支值 [点], 是正侧上运动, 而且每次绕分支值都是沿正向, 那么函数 (y) 就一步一步变到 $(G)(y), (G)(F)(y)$, 最后变到 $(G)(F) \cdots (B)(A)(y)$. 但是如果 x 是沿边界线的负侧经过或者说沿位于负侧区域内的全部边界经过, 结果应该是一样的, 这样的结果是 $(y_1, y_2, \cdots, y_n)$ 必定再次取原先的值, 因为它在这个区域内处处是单值的.

我们将把具有上述给定性质的一组函数记为

$$
Q \begin{pmatrix} a & b & c & \cdots & g & \\ A & B & C & \cdots & G & x \end{pmatrix}.
$$

现在我们来把所有那些数组, 它们的分支值以及围绕它们所带来的置换具有满足方程 (1) 的给定值的, 看成属于同一类 (Klasse), 那么我们马上就可证明, 这样的数组有无限多. 依照一个 Jacobi 多次应用过、很容易证明的定理, 一般来说, 每一个置换都可以分解为三个置换, 其中最后一个置换是第一个的逆置换, 而在中间的那个置换, 它的所有系数, 除了对角线上的以外, 全都等于 0, 以致每

一个量被它作用后只是乘上一个因子. 因此可以令, 例如

$$(A) = (\alpha) \left\{ \begin{matrix} \lambda_1 & 0 & \cdots & 0 \\ 0 & \lambda_2 & \cdots & 0 \\ \vdots & \vdots & & \vdots \\ 0 & 0 & \cdots & \lambda_n \end{matrix} \right\} (\alpha)^{-1},$$

其中 $(\alpha)^{-1}$ 表示 (α) 的逆置换. 于是 λ 的这些量就是一个由 (A) 完全确定的 n 次方程的 n 个根[1]. 对于这个方程的所有根都相等的那种情况, 我们必须将中间那个置换的形式稍稍改变一点; 可是为简单起见我们暂时不考虑这种情况, 假设在分解 $(A), (B), \cdots, (G)$ 不会出现这种情况[2]. 置换 (α) 可以只需通过加上一个乘以常数的置换转化成如下的形式:

$$(\alpha) \left\{ \begin{matrix} l_1 & 0 & \cdots & 0 \\ 0 & l_2 & \cdots & 0 \\ \vdots & \vdots & & \vdots \\ 0 & 0 & \cdots & l_n \end{matrix} \right\};$$

但是在这种形式下, 正如由它所确定的方程表明的, 包含着它的所有可能的值①.

通过 x 绕 a 正向转过一圈, 函数 y 的一个值 $(p_1, p_2, \cdots, p_n)$ 转化为 $(A)(p)$. 由置换 $(\alpha)^{-1}$ 作用于 (y) 所形成的函数

$$(z_1, z_2, \cdots, z_n) = (\alpha)^{-1}(y),$$

它的值就会由 $(\alpha)^{-1}(p)$ 转变为

$$(\alpha)^{-1}(A)(p) = \left\{ \begin{matrix} \lambda_1 & 0 & \cdots & 0 \\ 0 & \lambda_2 & \cdots & 0 \\ \vdots & \vdots & & \vdots \\ 0 & 0 & \cdots & \lambda_n \end{matrix} \right\} (\alpha)^{-1}(p),$$

或者说, 由 $(z_1, z_2, \cdots, z_n)$ 转变为 $(\lambda_1 z_1, \lambda_2 z_2, \cdots, \lambda_n z_n)$.

如果函数 z 在 x 绕 a 正转一圈后取得一个常数因子, 那么它就可以通过乘以 $x - a$ 的某一幂次变为在 a 的邻域内的单值函数. 实际上 $(x-a)^\mu$ 通过绕 a 正

---

①在分号后的一句在俄译本中被译为: "反之, 所有这种类型的置换, 正如由 (α) 所确定的方程表明, 都可以表示成上述形式", 从这里可以看到俄译者对 "值 (Werthe)" 这个词的理解. 又比如, 原文中的分支值 (Verzweigungswerth), 在俄译本中就译为 "分支点". 在中译本中一律从原文, 读者对这个 "值" 字要做广义的理解. —— 中译者注

向转一圈就会得到一个因子 $e^{\mu 2\pi i}$; 因此如果我们这样来确定 μ, 使得 $e^{\mu 2\pi i} = \lambda$, 或者如果我们令 $\mu = \dfrac{\log \lambda}{2\pi i}$, 那么 $z(x-a)^{-\mu}$ 在 $x = a$ 处就将是一个单值函数. 因此这个函数可以按 $x - a$ 的整幂展开, 而 z 本身则按与 μ 差一个整数的幂展开.

这样一来在 $z_1, z_2, \cdots, z_n$ 按 $x - a$ 的幂展开时, 其指数取以下的形式:

$$\frac{\log \lambda_1}{2\pi i} + m, \quad \frac{\log \lambda_2}{2\pi i} + m, \quad \cdots, \quad \frac{\log \lambda_n}{2\pi i} + m,$$

其中 m 表示一整数. 现在我们来假设, 那些函数 y 无处会以无限大的阶次趋于无限大, 因此它们的展开级数必定会在降低幂次的方向上于某处中断, 用 $\mu_1, \mu_2, \cdots, \mu_n$ 表示这些级数中的最低的幂次, 那么

$$z_1(x-a)^{-\mu_1}, \cdots, z_n(x-a)^{-\mu_n}$$

就会有异于 0 的有限值. 显然 $\mu_1, \mu_2, \cdots, \mu_n$ 中任两个之差都不会是整数, 因为全部 $\lambda_1, \lambda_2, \cdots, \lambda_n$ 没有两个是相同的; 与此相反, 对属于同一类数组的两个数组的相应指数的值可能只相差一个整数, 因为量 $\lambda_1, \lambda_2, \cdots, \lambda_n$ 由 (A) 完全确定. 这些指数可以用于区分同一类中的不同的函数组, 或者还可以将它们进行分组, 而且在它们已知时, 只要将置换 (α) 代替 (A) 给出就足够了, 因为量 $\lambda_1, \lambda_2, \cdots, \lambda_n$ 已经通过它们给定了: 因此为了更准确地表征数组 $(y_1, y_2, \cdots, y_n)$, 我们采用表达式

$$Q \left\{ \begin{array}{ccccc} a & b & \cdots & g & \\ (\alpha) & (\beta) & \cdots & (\theta) & \\ \mu_1 & \nu_1 & \cdots & \rho_1 & x \\ \vdots & \vdots & & \vdots & \\ \mu_n & \nu_n & \cdots & \rho_n & \end{array} \right\},$$

其中的量, 在第一纵列以外的各纵列相对于分支值 $b, \cdots, g$ 的意义, 就和第一纵列对 a 的意义一样. 因此立即可知, 每一个数组可以看成是另一个数组的特例, 在后者中相应的指数部分或全部较小.

现在不难证明, 在每 $n + 1$ 个属于同一类的数组之间, 有一个以 x 的整函数为系数的线性齐次方程存在. 我们将这 $n + 1$ 个数组中相应的量用上标来加以区分. 我们假设它们之间有下述方程:

$$\begin{aligned} a_0 y_1 + a_1 y_1^{(1)} + \cdots + a_n y_1^{(n)} &= 0, \\ a_0 y_2 + a_1 y_2^{(1)} + \cdots + a_n y_2^{(n)} &= 0, \\ &\vdots \\ a_0 y_n + a_1 y_n^{(1)} + \cdots + a_n y_n^{(n)} &= 0, \end{aligned} \tag{2}$$

那么量 $a_0, a_1, \cdots, a_n$ 必定正比于那样一些数组的行列式, 这些数组是从 $n(n+1)$ 个量 y 中依次划去第 1 纵列, 第 2 纵列, $\cdots\cdots$, 第 $n+1$ 纵列后所得. 这样一个行列式 $\sum \pm y_1^{(1)} y_2^{(2)} \cdots y_n^{(n)}$ 在 x 绕 a 正向转一圈之后会得到一个因子 $\mathrm{Det}\,(A)$, 而且在 $x = a$ 处不会变为无限大阶的无限大, 因此可以按 $x - a$ 的指数顺次增 1 的幂展开. 为了确定在这个展开中的最低的指数, 可将这个行列式写成如下的形式:

$$\mathrm{Det}\,(\alpha) \sum \pm z_1^{(1)} z_2^{(2)} \cdots z_n^{(n)}.$$

在后面的那个行列式的第一项等于

$$z_1^{(1)} z_2^{(2)} \cdots z_n^{(n)} = (x-a)^{\mu_1^{(1)} + \mu_2^{(2)} + \cdots + \mu_n^{(n)}}$$

乘以一个函数, 它在 $x = a$ 处具有一个异于 0 的有限数. 因此在这项按 $x - a$ 的幂的展开中的最低阶的项

$$= \mu_1^{(1)} + \mu_2^{(2)} + \cdots + \mu_n^{(n)}$$

并且通过对其上面的指数的排列可以得到这个展开中其他项的最低指数. 显然所求得的指数, 一般来说, 等于这些值中最小的, 至少是没有比它更小的. 我们对这些值中的最小者记为 $\bar{\mu}$, 类似地对第二个分支值的这个最小值记为 $\bar{\nu}, \cdots\cdots$, 对最后的分支值的记为 $\bar{\rho}$, 于是下式

$$\sum \pm y_1^{(1)} y_2^{(2)} \cdots y_n^{(n)} (x-a)^{-\bar{\mu}} (x-b)^{-\bar{\nu}} \cdots (x-g)^{-\bar{\rho}}$$

为这样的一个 x 的函数, 它对 x 的所有有限复数值为单值和有限, 对 $x = \infty$, 为其最高阶次等于 $-(\bar{\mu}+\bar{\nu}+\cdots+\bar{\rho})$ 的无限大, 从而是一个最高阶次为 $-(\bar{\mu}+\bar{\nu}+\cdots+\bar{\rho})$ 的整函数[3]. 因此, 如果这个函数不是一个恒等于零的函数, 这个量就是一个非负整数.

这样一来, 与量 $a_0, a_1, \cdots, a_n$ 成正比的那一部分行列式的行为好像整函数乘以 $x-a, x-b, \cdots, x-g$ 的幂, 其指数在不同的行列式中相差一个整数. 因此量 $a_0, a_1, \cdots, a_n$ 本身的行为也就好像整函数, 因而在方程 (2) 中这些量就可用整函数代入, 定理由此得证.

函数 $y_1, y_2, \cdots, y_n$ 对 x 的导数显然构成它所属的同一类数组, 这是因为, 由于在 (A) 中的系数为常数, 在 x 绕 a 正向转过一圈后 $(y_1, y_2, \cdots, y_n)$ 会变成函数 $(A)(y_1, y_2, \cdots, y_n)$ 的微商, 等于

$$(A)\left(\frac{dy_1}{dx}, \frac{dy_2}{dx}, \cdots, \frac{dy_n}{dx}\right).$$

通过这些说明, 由上面所证明的定理我们就得到下面两条推论:

"函数 y 要构成满足 n 阶微分方程的函数组, 其系数为 x 的整函数".

以及:

"每一个属于同一类的函数组可以用这些函数和它们的头 $n-1$ 阶导数线性地用有理系数表示."

我们借助于后一推论可以构成一个类的全部函数组的普遍的表达式, 由它我们还可以看出, 全部函数组的个数, 正如上面所主张的, 为无限大; 可是我们在这里只打算把它用于寻求全部那样一些函数组, 其中不仅是置换相同, 而且指数也一样. 对任意一与 $y_1, y_2, \cdots, y_n$ 有相同置换和相同指数的函数组 $Y_1, Y_2, \cdots, Y_n$, 根据上述, 它们之间有下述 n 个方程

$$c_0 Y_1 = b_0 y_1 + b_1 y_1' + \cdots + b_{n-1} y_1^{(n-1)},$$
$$c_0 Y_2 = b_0 y_2 + b_1 y_2' + \cdots + b_{n-1} y_2^{(n-1)},$$
$$\vdots$$
$$c_0 Y_n = b_0 y_n + b_1 y_n' + \cdots + b_{n-1} y_n^{(n-1)},$$

其中采用了 Lagrange 的导数符号, 系数都是 x 的整函数. 函数 c_0 只与函数 y 有关, 至于函数 b, 由于系数的个数只有有限个, 它们的阶次有一个有限的最大值. 为了反过来因此所获得的 $Y_1, Y_2, \cdots, Y_n$ 具有所要求的性质, 必须要求这些系数在分支点处的指数不小于函数 y 的指数, 而它们在 x 的其他值处为有限. 由这些条件我们得出函数 b 的 x 的幂的系数的一个线性齐次方程组. 如果这组方程足够确定这些系数, 那么这个方程组的解就给出 const. (y) 作为函数 (Y) 的最一般的值, 但是如果情况不是这样, 那么就给出一个如下形式的表达式:

$$Y_1 = k y_1 + k_1 Y_1^{(1)} + \cdots + k_m Y_1^{(m)},$$
$$\vdots$$
$$Y_n = k y_n + k_1 Y_n^{(1)} + \cdots + k_m Y_n^{(m)},$$

其中 $k, k_1, \cdots, k_m$ 为任意常数. 至于这些任意常数, 我们可以将其中任意一个作为其余的函数这样来确定, 使得在函数 $(\alpha)^{-1}(Y), (\beta)^{-1}(Y), \cdots, (\theta)^{-1}(Y)$ 中有一个的展开头一项为零, 这样一来每次都会使指数和至少会增加 1, 最后指数和至少会增加 m, 而任意常数的个数就会减少同样的数目. 利用这种方式我们可以从每一 n 个函数组导出另一个具有更高指数的函数系, 后者通过置换可将它们的指数在其特征上确定到只差一个对所有函数公共的常数因子. 这个因子也可以这样来确定, 将函数组 $(\alpha)^{-1}(y)$ 中的第一个的展开中 $x-a$ 的最低幂的系数

定为 1, 使得诸函数 y 是唯一确定的.[①]

这样我们只需要准确地理解[4], 这些函数是如何随分支点之一, 例如 a, 的位置而改变, 以便得到这样的结论, 即量 y 将构成 a 的函数组就像 x 的函数组一样, 可是所具有的分支点为 $b, c, d, \cdots, g, x$, 而置换则由 $(A), (B), \cdots, (F)$ 组合而成. 对那种在函数不能随 a 如此改变以使全部置换保持不变的情况下—— 因为在其中所含任意常数的个数小于这里要满足的条件的数目, 我们可以把这个函数组看成是具有较低指数的函数组的特殊情形, 在其中对 $a, b, \cdots, g$ 这几个特殊值, 函数组 $(\alpha)^{-1}(y), (\beta)^{-1}(y), \cdots, (\theta)^{-1}(y)$ 的级数展开中有几个的起始项的系数等于零.

由于这个结论的缘故, 量 $y_1, y_2, \cdots, y_n$ 构成了 p 个变量 $a, b, \cdots, g, x$ 的函数, 它们在全部变量经历变化再次回到原始值时, 或者再度取得原来的值, 或者变为原先值的一个线性表达式, 它的常数系组由任意给定的 $p-2$ 个组 $(A), (B), \cdots, (F)$ 任意组合而成.

我现在不打算再对这些多个变量的函数做进一步的研究以及讨论用于得到最后那个关于积分线性微分方程的定理所需的工具, 而只还想指出, 一个代数函数的积分可以看成是这里所处理的函数的特例, 并且通过将这些原理应用到这样的一个积分上将导致可用于表述具有任意周期模数的一般 θ 级数.

微分方程形式的确定

接下来的任务就是要在这些原理的基础上建立线性微分方程的理论, 寻求每一类的最简单的函数组[5], 并且为此首先要来更详细地确定微分方程的形式. 现在我们把上面那些函数 $y^{(1)}, y^{(2)}, \cdots, y^{(n)}$ 理解为, 就像 Lagrange 那样, 函数 y 的逐次导函数, 那么方程 (2) 所描述的就是它们所满足的微分方程. 那些可以作为系数代入的整函数的阶次可以如下来确定: 每一次通过对 x 的微分, 所有的特征指数, 假设它们没有一个是整数, 都会降低 1. 因此, 如果我们令

$$\sum \pm (y_1 y_2^{(1)} \cdots y_n^{(n-1)})(x-a)^{-\overline{\mu}}(x-b)^{-\overline{\nu}} \cdots (x-g)^{-\overline{\rho}} = X_0,$$

$$\overline{\mu} = \sum_i \mu_i - \frac{n(n-1)}{2}, \overline{\nu} = \sum_i \nu_i - \frac{n(n-1)}{2}, \cdots, \overline{\rho} = \sum_i \rho_i - \frac{n(n-1)}{2}$$

就会处处保持为有限和单值. 由于 y 保持处处单值和有限, 所以对于 $x = \infty$, $\sum \pm y_1 y_2^{(1)} \cdots y_n^{(n-1)}$ 为 $n(n-1)$ 阶的无限小. 因此整函数 X_0 的次数为

$$r = (m-2)\frac{n(n-1)}{2} - s,$$

---

①我们在这里引进一段完全是由 Riemann 写的文稿. 从这里用小字体开始的这一段, 在边上注有 "从这里开始不对". 尽管不对, 但是我仍然认为应该把这个地方全部印出来, 因为其中仍然有可能包含着对这个理论有意义的、进一步发展的萌芽. —— 在本文的草稿中有几页上有可以作为对本文所研究内容进一步发展的基础的内容, 这些我都尽可能不加改变地保留在下面了.

W.

其中 m 表示分支点的个数, s 为特征中的指数和.

如果在 $n(n+1)$ 个量 y 的数组中划掉的不是最后一行, 而是第 $n+1-t$ 行, 那么由它们所形成的行列式, 一般来说, 必定要乘以 $x-a, x-b, \cdots, x-g$ 的提高了 t 次的幂, 从而是一个 $r+(m-1)t$ 次的整函数 [只有在 $t=n$ 时这个次数才会是 $r+(m-2)n$].

微分方程因此可被写为形式

$$X_n y + \omega X_{n-1} y' + \cdots + \omega^n X_0 y^{(n)} = 0,$$

这里 $\omega = (x-a)(x-b)\cdots(x-g)$. 其中 X_t 为一个 $r+(m-1)t$ 次的整有理函数. [X_n 的次数为 $r+(m-2)n$.]

现在我们来研究, 这些函数的系数必须满足何种条件, 才能使得只有在 $a, b, \cdots, g$ 这些点中才会有分支点, 并且其间断性指数 (Unstetigkeitsexponent) 具有给定值. 当也只有当微分方程的所有解能按 x 的改变的整数幂展开, 或者 y 按 MacLaurin 定理的展开含有 n 个任意常数时, 才不会有分支点. 如果 a_n 异于零, 这种情况就是经常有的. 如果将微分方程写成以下的形式:

$$b_0 y + b_1(x-a)y' + b_2(x-a)^2 y'' + \cdots + b_n(x-a)^n y^{(n)} = 0,$$

那么, 为使函数 y 围绕 $x=a$ 具有上面所描述的要求, $\mu_1, \mu_2, \cdots, \mu_n$ 必须全都是方程

$$b_0 + b_1\mu + \cdots + b_n\mu(\mu-1)\cdots(\mu-n+1) = 0$$

的根. 这些给诸函数 X 提出了 n 个条件, 而且, 由于所有量 μ 均有限, 且互不相等, 还要求 b_n 对于 $x=a$ 不为零. 对 $\omega=0$ 的其他根 $b, c, \cdots, g$ 类似结论一样成立. 因此 $X_0 = 0$ 与 $\omega = 0$ 不可能有共同的根.

如果现在 (对 $X_0 = 0$ 的某一个根) 有 $a_n = 0$, 但 a_{n-1} 异于 0, 那么 (对这种情况) $y, y', \cdots, y^{(n-2)}$ 可以任取, 但是 $y^{(n-1)}$ 由微分方程

$$a_n y^{(n)} + a_{n-1} y^{(n-1)} + \cdots + a_0 y = 0$$

来决定, 从而 $n-1$ 个任意常数出现在 MacLaurin 级数的前 $n-1$ 项, 但是最后一个常数最早在第 $n+1$ 项. 我们假设它首先出现在第 $n+h$ 项.

但是如果我们从对上述微分方程的 h 次导数:

$$a_n y^{(n+h)} + (ha'_n + a_{n-1})y^{(n+h-1)} + \cdots = 0,$$

利用前面的各次导数以及这个微分方程本身消除上述方程中的 $y^{(n+h-2)}, \cdots,$ $y^{(n-1)}$ 这些量, 那么由于这些量互相独立, 所以 $y^{(n+h-1)}, y^{(n-2)}, y^{(n-3)}, \cdots, y$ 的

系数全都为零. 因此我们得到

$$ha'_n + a_{n-1} = 0,$$

因此 a'_n 不为零, 并且此外还有 $n-1$ 个方程, 由此就得到了诸函数 X 的系数的 n 个条件方程.

其次, 我们来假设 a_n 和 a_{n-1} 同时为零, 但 a_{n-2} 保持为有限, 使得 MacLaurin 级数的前 $n-2$ 项具有 $n-2$ 个任意常数, 并且再设下一个常数出现在第 $n+h-1$ 项, 最后一个常数出现在第 $n+h'-1$ 项. 那么, 考虑到要有 $y^{(n+h-2)}$ 以及 $y^{(n+h'-2)}$ 与低阶的微商无关, 就得到方程

$$a'_n = 0, \quad \frac{h(h-1)}{2}a''_n + ha'_{n-1} + a_{n-2} = 0,$$
$$\frac{h'(h'-1)}{2}a''_n + h'a'_{n-1} + a_{n-2} = 0,$$

从而有 a''_n 和 a'_{n-1} 异于零, 以及另外的 $2n-3$ 个方程. 方程 $a_n = 0$ 还会有两个线性因子 (Linearfactor) [相当于有两个不同的根], 因此得到函数 X 的 $2n$ 个条件方程.

类似地可以考虑对 a_n, a_{n-1} 和 a_{n-2} 同时为零, 但 a_{n-3} 保持为有限值时, 最后三个任意常数首先出现在第 $n+h-2$ 项、第 $n+h'-2$ 项和第 $n+h''-2$ 项, 得到条件方程

$$a'_n = 0, \quad a''_n = 0, \quad a'_{n-1} = 0$$

和对 $h, h',$ 和 h'' 的

$$\frac{h(h-1)(h-2)}{1 \cdot 2 \cdot 3}a'''_n + \frac{h(h-1)}{1 \cdot 2}a''_{n-1} + ha'_{n-2} + a_{n-3} = 0,$$

以及另外还有 $3n-6$ 个方程, 以使 a_n 有三个, 也只有三个相等的根, 因此必须满足 $3n$ 个条件. 通过将此结论加以推广, 显然就会推得, X_0 的每一个线性因子会带来函数 X 之间的 n 个条件[1].

现在我们假设有一个奇点, 比如, g 位于无限远, 以 ω 表示下述 $m-1$ 次多项式

$$\omega = (x-a)(x-b)\cdots.$$

---

[1] 在 Riemann 的手稿中没有发现有关 x 取无限大值的任何内容, 常数个数的计数也只是指这种情况, 因此下面所述也只能是由编者补充完成. 在第一版中已经指出过, 如果把间断移到无限远, 就能够起到极大的简化作用. 通过在这里所实施的简化同时还可以避免在第一版中在常数个数的计数中所包含的一个错误, 这是 Hilbert 博士先生让我注意到这一点的. W.

那些由矩阵

$$\begin{pmatrix} y_1 & y_1' & \cdots & y_1^{(n)} \\ y_2 & y_2' & \cdots & y_2^{(n)} \\ \vdots & \vdots & & \vdots \\ y_n & y_n' & \cdots & y_n^{(n)} \end{pmatrix}$$

形成的 n 阶行列式记为 $\Delta_0, \Delta_1, \cdots, \Delta_n$, 使得 $y_1, y_2, \cdots, y_n$ 为下述微分方程

$$y\Delta_0 + y'\Delta_1 + y''\Delta_2 + \cdots + y^{(n)}\Delta_n = 0$$

的特解. 于是函数

$$\Delta_k(x-a)^{-\sum \mu}(x-b)^{-\sum \nu}\cdots\omega^{-k+\frac{n(n+1)}{2}} = X_{n-k},$$

正如上面所指出的, 为一整有理函数, 其次数可以由研究奇点 $x = \infty$ 得出, 就是说, 如果以 r_t 表示 X_t 的次数,

$$r_t = r + (m-2)t,$$

其中

$$r = (m-2)\frac{n(n-1)}{2} - s$$

为 X_0 的次数, 并且

$$s = \sum \mu + \sum \nu + \cdots + \sum \rho$$

为一整数.

y 的微分方程现在可以写成以下的形式:

$$\omega^n X_0 y^{(n)} + \omega^{n-1} X_1 y^{(n-1)} + \cdots + \omega X_{n-1} y' + X_n y = 0,$$

而且由于 X_0 拥有 r 个零点, 它们不会是奇点, 根据上述, 在这个微分方程中所包含的常数之间必定存在 rn 个条件方程.

这样一来在这个微分方程中留下的可支配的常数 (因为其中有一个常数可令为 1) 为

$$\sum (r_t + 1) - 1 - rn = r + n + (m-2)\frac{n(n+1)}{2},$$

如果将 r 的值代入, 就等于

$$-s + (m-2)n^2 + n,$$

而在有一组任意特积分 $y_1, y_2, \cdots, y_n$ 的情况下, 其中还会出现 n^2 个常数, 总未定常数的个数就是

$$-s + (m-1)n^2 + n.$$

在置换 $(A), (B), \cdots, (G)$ 中系数的个数达 mn^2 个, 因此, 如果要想能够预先任意给定这些置换 [即这些置换是相互独立的], 就要满足这么多个条件方程, 不过现在这些置换受到方程 (1) 的约束, 所以在上述条件中有 n^2 个是其余条件的必然推论. 因此遗留下的条件为 $(m-1)n^2$ 个, 这样现在仍然可支配的常数的个数就是 $n-s$ 个了. 因为对所有的 y 必定有一个公共的任意因子, 所以这个数至少等于 1, 由此推知有

$$s \leqslant n - 1.$$

XXII 对试图回答最著名的巴黎科学院所提出问题的数学评述

"试求一均匀固体应具备何种热状态, 方能使得某时刻在其上所给定的一组等温曲线在经过一段时间之后仍保持为这样一种等温线, 即其上一点的温度可表示为时间及其他两个独立变量的函数."①

从这些原理出发, 方法就扩展到更大的范围.

(*Et his principiis via sternitur ad majora.*)

1

对最著名的科学院所提出的这个问题我们将这样来进行研究, 首先求解更一般的问题:

确定物体内热的运动的性质以及热分布该如何才能使等温曲线组恒保持为等温曲线, 然后再来研究, 从这个问题的一般解中挑出那种情况的解, 其中这些性质处处都保持一样, 即在物体中是均匀的.

---

①这份回应巴黎科学院于 1858 年提出、又于 1868 年撤销的有奖征答问题的论文, 是由 Riemann 于 1861 年 1 月送抵科学院的, 它没有得到获奖的认可, 因为它获得结果的途径没有全部给出. 由于 Riemann 健康状况不佳, 本来打算详细修改这篇论文的工作未能得以完成. ——编者注

第 一 部 分

2

现在我们来研究第一个问题, 考察某一物体内热的运动. 如果 u 表示点 $(x_1,$ $x_2, x_3)$ 在时刻 t 时的温度, 则众所周知, 该函数变化所满足的一般方程取如下的形式:

$$
\begin{aligned}
&\frac{\partial\left(a_{1,1}\dfrac{\partial u}{\partial x_1}+a_{1,2}\dfrac{\partial u}{\partial x_2}+a_{1,3}\dfrac{\partial u}{\partial x_3}\right)}{\partial x_1}\\
&+\frac{\partial\left(a_{2,1}\dfrac{\partial u}{\partial x_1}+a_{2,2}\dfrac{\partial u}{\partial x_2}+a_{2,3}\dfrac{\partial u}{\partial x_3}\right)}{\partial x_2}\\
&+\frac{\partial\left(a_{3,1}\dfrac{\partial u}{\partial x_1}+a_{3,2}\dfrac{\partial u}{\partial x_2}+a_{3,3}\dfrac{\partial u}{\partial x_3}\right)}{\partial x_3}=h\frac{\partial u}{\partial t}.
\end{aligned}
\tag{I}
$$

那些在方程中的量 a 为总的导热性, h 为单位体积的热容量, 即比热与密度的乘积, 它们都可以认为同是那些变量 x_1, x_2, x_3 的任意函数. 我们将研究限于那种两个相反方向的热导系数是一样的情况, 就是说在 a 的各个系数之间存在关系

$$a_{i,i'}=a_{i',i}.$$

此外, 由于热量必定是由较热的地方流向较冷的地方, 所以二次形式

$$
\begin{pmatrix}
a_{1,1} & a_{2,2} & a_{3,3}\\
a_{2,3} & a_{3,1} & a_{1,2}
\end{pmatrix}
$$

必定为正定的.

3

在方程 (I) 中我们引入三个新的独立变量 s_1, s_2, s_3 来代替直角坐标 $x_1, x_2,$ x_3.

方程 (I) 这个变换很容易实现, 因为, 如果用 δu 表示量 u 的一个任意的无限小的变分, 那么该方程就是下述展布在整个物体上的积分

$$
\delta\iiint\sum_{i,i'}a_{i,i'}\frac{\partial u}{\partial x_i}\frac{\partial u}{\partial x_{i'}}dx_1dx_2dx_3+\iiint 2h\frac{\partial u}{\partial t}\delta u\,dx_1dx_2dx_3
\tag{A}
$$

只与变分 δu 在物体表面上的值有关的充分而又必要的条件. 在引进新变量后这个表达式就转变为

$$\delta \iiint \sum_{i,i'} b_{i,i'} \frac{\partial u}{\partial s_i} \frac{\partial u}{\partial s_{i'}} ds_1 ds_2 ds_3 + \iiint 2k \frac{\partial u}{\partial t} \delta u ds_1 ds_2 ds_3, \qquad (B)$$

其中为了简短起见设定了

$$\frac{\sum_{i,i'} a_{i,i'} \frac{\partial s_\mu}{\partial x_i} \frac{\partial s_\nu}{\partial x_{i'}}}{\sum \pm \frac{\partial s_1}{\partial x_1} \frac{\partial s_2}{\partial x_2} \frac{\partial s_3}{\partial x_3}} = b_{\mu,\nu}, \qquad \frac{h}{\sum \pm \frac{\partial s_1}{\partial x_1} \frac{\partial s_2}{\partial x_2} \frac{\partial s_3}{\partial x_3}} = k.$$

设二次形式

$$(1) \begin{pmatrix} a_{1,1} & a_{2,2} & a_{3,3} \\ a_{2,3} & a_{3,1} & a_{1,2} \end{pmatrix}, \quad (2) \begin{pmatrix} b_{1,1} & b_{2,2} & b_{3,3} \\ b_{2,3} & b_{3,1} & b_{1,2} \end{pmatrix}$$

的行列式为 A 和 B, 而它们的共轭形式相应地记为

$$(3) \begin{pmatrix} \alpha_{1,1} & \alpha_{2,2} & \alpha_{3,3} \\ \alpha_{2,3} & \alpha_{3,1} & \alpha_{1,2} \end{pmatrix}, \quad (4) \begin{pmatrix} \beta_{1,1} & \beta_{2,2} & \beta_{3,3} \\ \beta_{2,3} & \beta_{3,1} & \beta_{1,2} \end{pmatrix},$$

于是有

$$A = B \sum \pm \frac{\partial s_1}{\partial x_1} \frac{\partial s_2}{\partial x_2} \frac{\partial s_3}{\partial x_3},$$

以及

$$\beta_{\mu,\nu} = \sum_{i,i'} \alpha_{i,i'} \frac{\partial x_i}{\partial s_\mu} \frac{\partial x_{i'}}{\partial s_\nu},$$

因而有

$$\sum_{i,i'} \alpha_{i,i'} dx_i dx_{i'} = \sum_{i,i'} \beta_{i,i'} ds_i ds_{i'}$$

以及

$$\frac{h}{A} = \frac{k}{B}.$$

由此易见方程 (I) 的变换归结为表达式 $\sum_{i,i'} \alpha_{i,i'} dx_i dx_{i'}$ 的变换.

这样一来我们就可以规划解决我们的一般问题如下. 首先说明作为变量 s_1, s_2, s_3 的函数 $b_{i,i'}$ 与 k 应如何才能使得量 u 能够与这些变量中的一个无关. 解决了这个问题之后, 我们就可以构造表达式 $\sum \beta_{i,i'} ds_i ds_{i'}$. 然后, 为了知道在量 $a_{i,i'}$ 与量 h 的给定值之下, 量 u 是否以及在何种情况下能够表示为时间和仅

仅是两个变量的函数, 我们必须确立表达式 $\sum \beta_{i,i'} ds_i ds_{i'}$ 是否能够变换成给定的形式; 而这个问题, 正如我们在下面将看到的, 可以用与 Gauss 在他的曲面理论中所采用的方法几乎完全相同的方法来解决.

4

这样, 我们首先就要问, 变量 s_1, s_2, s_3 的函数 $b_{i,i'}$ 与 k 应如何才能使得 u 与其中的一个变量无关. 为了简化记号, 我们用 α, β, γ 来记 s_1, s_2, s_3, 而形式 (2) 则记为

$$\begin{pmatrix} a & b & c \\ a' & b' & c' \end{pmatrix},$$

如果 u 与 γ 无关, 那么微分方程就要写成以下的形式:

$$a\frac{\partial^2 u}{\partial \alpha^2} + 2c'\frac{\partial^2 u}{\partial \alpha \partial \beta} + b\frac{\partial^2 u}{\partial \beta^2} + e\frac{\partial u}{\partial \alpha} + f\frac{\partial u}{\partial \beta} - k\frac{\partial u}{\partial t} = F = 0, \tag{II}$$

其中设定了

$$\frac{\partial a}{\partial \alpha} + \frac{\partial c'}{\partial \beta} + \frac{\partial b'}{\partial \gamma} = e, \qquad \frac{\partial b}{\partial \beta} + \frac{\partial c'}{\partial \alpha} + \frac{\partial a'}{\partial \gamma} = f.$$

给 γ 以不同的值我们就可以从方程 (II) 得到联系量 u 的六个微商的不同的方程, 它们的系数不依赖于 γ. 设在这些方程中相互独立的方程为

$$F_1 = 0, \quad F_2 = 0, \quad \cdots, \quad F_m = 0,$$

而每一个其他的方程都可由这些方程推出. 由此显然可知, 只要方程 $F = 0$ 是由这 m 个方程推出的, 则不论其 γ 的值如何, 必有以下形式

$$c_1 F_1 + c_2 F_2 + \cdots + c_m F_m,$$

而且在此表达式中只有 c 与 γ 有关.

现在我们来考察几个 m 为 1, 2, 3, 4 时的个别的情况, 并且力求将那些与 γ 无关的方程写成尽可能更简单的形式, 将方程 $F = 0$ 分解成这些方程.

第一种情况, $m = 1$.

如果 $m = 1$, 那么在方程 (II) 中系数之比就会与 γ 无关. 引进新的变量 $\int k d\gamma$ 来代替 γ, 总可以再加上要求 $k = 1$, 这时所有的系数结果就会与 γ 无关. 然后引进某种新的变量来代替 α, β, 以使 a 和 b 为零. 为此只要将表达式 $b(d\alpha)^2 + 2c'd\alpha d\beta + a(d\beta)^2$ (因为形式 (2) 是正定的, 它不可能是线性微分形式的平方) 变到 $md\alpha'd\beta'$ 的形式并取 α', β' 作独立变量.

这样之后微分方程 (II) 在目前的情况下取下述形式

$$2c'\frac{\partial^2 u}{\partial\alpha\partial\beta} + e\frac{\partial u}{\partial\alpha} + f\frac{\partial u}{\partial\beta} = \frac{\partial u}{\partial t},$$

这时在形式 (2) 中会有 $a = b = 0, a'$ 与 b' 就将是 γ 的线性函数, 并且 c' 与 γ 无关. 在这种情况下, 如果开始的温度就只是变量 α 与 β 的任意函数, 那么就很清楚温度将恒与 γ 无关.

第二种情况, $m = 2$.

如果方程 (II) 分解为两个与 γ 无关的方程, 那么从其中一个方程就可以消去另一个方程中的 $\dfrac{\partial u}{\partial t}$. 再把所得的方程简短地表示为

$$\Delta u = 0, \tag{1}$$

而另一个则表示为

$$\Lambda u = \frac{\partial u}{\partial t}, \tag{2}$$

这里我们用 Δ 和 Λ 来表示含运算 ∂_α 和 ∂_β 的特征表达式.

易见通过独立变量的变换, 第一个方程中的 Δ 可以变成

$$或者 = \partial_\alpha\partial_\beta + e\partial_\alpha + f\partial_\beta,$$
$$或者 = \partial_\alpha^2 + e\partial_\alpha + f\partial_\beta,$$
$$或者 = \partial_\alpha,$$

并且不排除 $e = 0, f = 0$ 的情况.

由于

$$0 = \partial_t\Delta u = \Delta\partial_t u = \Delta\Lambda u,$$

所以由 (1) 和 (2) 这两个方程推得了

$$\Delta\Lambda u = 0. \tag{3}$$

在此可能有两种不同的情况, 或者是 (α): 方程 (3) 可以由方程 (1) 得出, 即有

$$\Delta\Lambda = \Theta\Delta,$$

其中 Θ 是一个新的特征表达式, 或者是 (β): 方程 (3) 不能由 (1) 推出, 所以就是一个独立于 Δu 的新方程.

想要对至少 Δ 的一种形式来研究情形 (α), 我们设

$$\Delta = \partial_\alpha\partial_\beta + e\partial_\alpha + f\partial_\beta.$$

这时 $\Delta\Lambda u$ 借助于 $\Delta u = 0$ 约化为只含对一个独立变量的二阶导数, 而且必定有所有的系数等于零. 假设项 $\partial_\alpha \partial_\beta$ 借助于方程 $\Delta u = 0$ 被消去, 令

$$\Lambda = a\partial_\alpha^2 + b\partial_\beta^2 + c\partial_\alpha + d\partial_\beta,$$

并构造表达式

$$\Delta\Lambda - \Lambda\Delta.$$

因为在这个表达式中 $\partial_\alpha^3, \partial_\beta^3$ 前的系数应为零, 于是得到 $\dfrac{\partial a}{\partial \beta} = 0, \dfrac{\partial b}{\partial \alpha} = 0$, 由此显然可知, 在排除 $a = 0, b = 0$ 这种特殊情况下, 通过采取适当的独立变量的变换可以导致 $a = 1, b = 1$ 的结果. 在这种情况下, 令 $\Delta\Lambda$ 的表达式中 $\partial_\alpha^2, \partial_\beta^2$ 前的系数等于零, 我们就会得到

$$\frac{\partial c}{\partial \beta} = 2\frac{\partial e}{\partial \alpha}, \quad \frac{\partial d}{\partial \alpha} = 2\frac{\partial f}{\partial \beta},$$

因而这时我们就可以令

$$\Delta = \partial_\alpha \partial_\beta + \frac{\partial m}{\partial \beta}\partial_\alpha + \frac{\partial n}{\partial \alpha}\partial_\beta,$$

$$\Lambda = \partial_\alpha^2 + \partial_\beta^2 + 2\frac{\partial m}{\partial \alpha}\partial_\alpha + 2\frac{\partial n}{\partial \beta}\partial_\beta,$$

其中用 m, n 表示变量 α, β 的某两个函数, 它们应当满足两个微分方程, 使得 $\Delta\Lambda$ 的表达式中 $\partial_\alpha, \partial_\beta$ 前的系数为零.

在其他特殊情况下也可以用完全相同的方式来成功地求得满足条件

$$\Delta\Lambda = \Theta\Delta$$

的最简单的 Δ 和 Λ. 但是我们不打算滞留在更为普通的研究上了.

容易理解, 在这种情况下, 如果初始温度是量 α, β 的、满足方程 $\Delta u = 0$ 的某个函数, 则温度就会始终保持与 γ 无关; 实际上, 由方程

$$\Delta u = 0,$$
$$\Lambda u = \frac{\partial u}{\partial t}$$

可以推得 $0 = \Theta\Delta u = \Delta\Lambda u = \Delta\partial_t u = \dfrac{\partial \Delta u}{\partial t}$, 而这就意味着, 如果在初始时刻函数 u 还满足方程 $\Lambda u = \dfrac{\partial u}{\partial t}$, 那么 $\Delta u = 0$ 就会延续到任意时刻都成立. 于是热的运动也就会满足该方程 $F = 0$.

5

接下来要来研究第二种特殊情况 (β), 这时方程 $\Delta\Lambda u = 0$ 独立于 $\Delta u = 0$. 为了能够同时把后面 $m = 3, m = 4$ 的情况也包括进来, 我们来做一个一般的假设, 认为除了方程 $\Delta u = 0$ 之外, 还有某个线性微分方程 $\Theta u = 0$, 它不含 $\dfrac{\partial u}{\partial t}$, 也不能由 $\Delta u = 0$ 导出.

如果 Δ 具有 $\partial_\alpha\partial_\beta + e\partial_\alpha + f\partial_\beta$ 的形式, 则借助于方程 $\Delta u = 0$ 可使表达式 Θ 不含对这两个变量的导数.

在此要区分两种不同的情况.

如果表达式 Θ 一开始就没有对某个变量 —— 例如 β —— 的所有导数, 则得到的微分方程仅含对 α 的导数, 形式为

$$\sum_\nu a_\nu \frac{\partial^\nu u}{\partial \alpha^\nu} = 0, \tag{1}$$

在相反的情况下则总可以得到下述形式的微分方程

$$\sum_\nu a_\nu \frac{\partial^\nu u}{\partial t^\nu} = 0, \tag{2}$$

即只含对变量 t 的导数.

的确, 在这种情形下的表达式 $\Lambda u, \Lambda^2 u, \Lambda^3 u, \cdots$, 其中 u 对 t 的导数相等, 借助于方程 $\Delta u = 0$ 和 $\Theta u = 0$ 总可以变换成这样的形式, 使得仅含对其中一个变量的导数, 且其所含导数的阶次不大于表达式 Θu 中所含导数的阶次. 由于其个数有限, 所以通过消除法我们就得到了形式如 (2) 的方程. 在这两个方程中的系数 a_ν 均依赖于 α, β.

必须指出, 上述方程之中有一个必定要满足, 即使 Δ 并不具有 $\partial_\alpha\partial_\beta + e\partial_\alpha + f\partial_\beta$ 的形式. 在 $\Delta = \partial_\alpha^2 + e\partial_\alpha + f\partial_\beta$ 的情况就归结为前面那种, 因为借助于方程 $\Delta u = 0$ 就可以或者从 Θu 或者从 Λu 消除所有对 β 的导数, 这之后就很容易得到形式如 (1) 或 (2) 那样的方程. 如果 $f = 0$, 或者如果 $\Delta = \partial_\alpha$, 也会得到上述第一种情况.

现在我们来对上述第二种情况做更仔细的研究.

众所周知, 方程

$$\sum_\nu a_\nu \frac{\partial^\nu u}{\partial t^\nu} = 0$$

的一般解由形如 $f(t)e^{\lambda t}$ 的项组成, 其中 $f(t)$ 为 t 的整函数, 并且 λ 为一个与 t 无关的量, 不难想到, 每一个这样的项必定会满足方程 (I). 我们来证明, λ 不会依赖于 x_1, x_2, x_3.

设 kt^n 为函数 $f(t)$ 的最高次项. 我们来研究两种情况.

1° 如果 λ 为实数, 或者甚至为 $\mu + \nu i$, 其中 μ, ν 为一个 (依赖于 x_1, x_2, x_3) 的实变量 α 的函数, 那么, 将 $u = f(t)e^{\lambda t}$ 代入方程 (I), 就可以证明 $t^{n+2}e^{\lambda t}$ 前的系数将会是

$$k \left(\frac{\partial \lambda}{\partial \alpha} \right)^2 \sum_{i,i'} a_{i,i'} \frac{\partial \alpha}{\partial x_i} \frac{\partial \alpha}{\partial x_{i'}}.$$

这个表达式只有在有条件

$$\frac{\partial \alpha}{\partial x_1} = \frac{\partial \alpha}{\partial x_2} = \frac{\partial \alpha}{\partial x_3} = 0$$

也即 $\alpha = $ 常数成立时才会等于零, 这是因为形式

$$\begin{pmatrix} a_{1,1} & a_{2,2} & a_{3,3} \\ a_{2,3} & a_{3,1} & a_{1,2} \end{pmatrix}$$

是正定的.

2° 如果 λ 的形式为 $\lambda = \mu + \nu i$, 而且 μ, ν 为独立变量 x_1, x_2, x_3 的函数, 则可以选量 $\mu + \nu i$ 和 $\mu - \nu i$ 作新的独立变量 α 和 β, 那么表达式 u 除了含有 $f(t)e^{\alpha t}$ 之外, 还含有其复共轭项 $\varphi(t)e^{\beta t}$. 如果有

$$\Delta u = a \frac{\partial^2 u}{\partial \alpha^2} + b \frac{\partial^2 u}{\partial \alpha \partial \beta} + c \frac{\partial^2 u}{\partial \beta^2} + e \frac{\partial u}{\partial \alpha} + f \frac{\partial u}{\partial \beta},$$

那么, 将 $u = f(t)e^{\alpha t}$ 代入方程 $\Delta u = 0$, 并令 $t^{n+2}e^{\alpha t}$ 前的系数等于零, 我们就会得到 $a = 0$, 而且完全相同地将 $u = \varphi(t)e^{\beta t}$ 代入, 就会得到 $c = 0$. 于是借助于方程 $\Delta u = 0$ 就可以这样来变换方程 $\Lambda u = \frac{\partial u}{\partial t}$, 使得它只含有对一个变量的导数. 然后再将

$$u = f(t)e^{\alpha t}, \quad u = \varphi(t)e^{\beta t}$$

代入, 我们就会看到, 最高阶导数的系数将等于零, 于是方程 $\Lambda u = \frac{\partial u}{\partial t}$ 左边的全部导数就将消失, 可是这是不可能的, 因为根据设定, u 不可能化为常数.

这样一来, 在上述的第二种情况中, 函数 u 就由形如 $f(t)e^{\lambda t}$ 的有限项组成, 其中 λ 为常数, 而 $f(t)$ 仅与 t 有关.

在上述的第一种情况中, 这时必须与下述形式的方程

$$\sum_\nu a_\nu \frac{\partial^\nu u}{\partial \alpha^\nu} = 0 \tag{1}$$

打交道, 把函数 u 写成

$$u = \sum_\nu q_\nu p_\nu,$$

其中 $p_1, p_2, \cdots$ 是方程 (1) 的特解, 而 $q_1, q_2, \cdots$ 为任意常数, 即变量 β 与 t 的函数. 如果我们将这个 u 的值代入方程

$$\Lambda u = \frac{\partial u}{\partial t}$$

就会得到如下形式的方程

$$\sum PQ = 0,$$

其中量 Q 为 q 的导数, 即一些仅为 β 与 t 的函数, 而量 P 则是一些仅为 α 与 β 的函数. 正如我们在上面看到过的, 由这个方程可以得到函数 Q 之间的 μ 个线性关系, 得到函数 P 之间的 $n - \mu$ 个关系, 而且其中的系数仅与 β 有关, 而 μ 为数 $0, 1, 2, \cdots, n$ 中的一个. 由此我们就得到了用 q 对 β 的导数来表达 $\frac{\partial q}{\partial t}$ 的表达式, 它与 α 无关.

我们来研究在这里产生的几种不同的情况.

如果 $m = 2$, 且 Δ 具有形式 $\partial_\alpha \partial_\beta + e\partial_\alpha + f\partial_\beta$, 则方程 $\Delta \Lambda u = 0$, 如果它不含对 β 的导数, 就会取以下的形式

$$\frac{\partial^3 u}{\partial \alpha^3} + r\frac{\partial^2 u}{\partial \alpha^2} + s\frac{\partial u}{\partial \alpha} = 0,$$

由此得知 u 可写成

$$ap + bq + c,$$

其中 a, b, c 仅与 β 和 t 有关, p 和 q 仅与 α 和 β 有关. 引进 α 作为独立变量来取代 q. 这样我们就会得到

$$u = ap + b\alpha + c,$$

其中 p 仅与 α 和 β 有关. 将这个表达式代入方程

$$\Delta u = 0, \quad \Lambda u = \frac{\partial u}{\partial t},$$

我们就不难得到系数的形式.

剩下的情况是, 方程中已经有一个, $F = 0$ 要分解成它, 具有 (1) 的形式, 即

$$r\frac{\partial^2 u}{\partial \alpha^2} + s\frac{\partial u}{\partial \alpha} = 0.$$

那么就有 $u = ap + b$, 其中 a 与 b 仅仅依赖于 β 和 t, 而 p 仅与 α 和 β 有关. 引进变量 α 来代替 p, 我们就得到

$$u = a\alpha + b, \quad \frac{\partial^2 u}{\partial \alpha^2} = 0.$$

这样一来, 我们就确立了, 在 $m = 2$ 的情况下, 也就是在方程 $F = 0$ 可分解为

$$\Delta u = 0, \quad \Lambda u = \frac{\partial u}{\partial t}$$

这样两个方程的情况下, 或者应有 $\Delta \Lambda = \Theta \Delta$, 或者就是 u 由形如 $f(t) e^{\lambda t}$ 的有限项组成, 其中 λ 为常数, 而 $f(t)$ 是 t 的整函数, 或者甚至具有以下形式:

$$\varphi(\beta, t) \chi(\alpha, \beta) + \alpha \varphi_1(\beta, t) + \varphi_2(\beta, t),$$

如果 $m = 3$, 则函数 u 由形如 $f(t) e^{\lambda t}$ 的有限项组成, 或者就具有形式

$$\varphi(\beta, t) \alpha + \varphi_1(\beta, t).$$

最后是 $m = 4$ 的情况, 它还不能算是全面详尽的研究工作.

实际上, 设除了方程 $\Lambda u = \dfrac{\partial u}{\partial t}$ 之外, 还有三个联系下述各量

$$\frac{\partial^2 u}{\partial \alpha^2}, \quad \frac{\partial^2 u}{\partial \alpha \partial \beta}, \quad \frac{\partial^2 u}{\partial \beta^2}, \quad \frac{\partial u}{\partial \alpha}, \quad \frac{\partial u}{\partial \beta}$$

之间的方程, 由此得到下述形式的方程

$$r \frac{\partial u}{\partial \alpha} + s \frac{\partial u}{\partial \beta} = 0.$$

然后可以这样来选择独立变量使得 u 只是其中一个变量的函数, 由此可见,

$$\frac{\partial^2 u}{\partial \alpha^2}, \quad \frac{\partial^2 u}{\partial \alpha \partial \beta}, \quad \frac{\partial^2 u}{\partial \beta^2}$$

还有 $\Lambda u, \Lambda^2 u, \Lambda^3 u$, 可以用 $\dfrac{\partial u}{\partial \alpha}, \dfrac{\partial u}{\partial \beta}$ 来表示. 但是这样我们就会得到下述形式的方程

$$a \frac{\partial^3 u}{\partial t^3} + b \frac{\partial^2 u}{\partial t^2} + c \frac{\partial u}{\partial t} = 0,$$

并且将具有形式

$$p e^{\lambda t} + q e^{\mu t} + r \quad \text{或者} \quad (p + qt) e^{\lambda t} + r,$$

而且, 由前面已经清楚知道的, λ 和 μ 都是常数.

取 p 来代替独立变量 α, 然后将表达式代入方程 $\Lambda u = \dfrac{\partial u}{\partial t}$, 我们就可以证明, 如果 λ 和 μ 不相等, 要想使 q 只是一个变量 α 的函数是不可能的. 在这种情况下 p 与 q 可取为独立变量. 然后由方程 $\Lambda u = \dfrac{\partial u}{\partial t}$ 我们就得到 $r = $ 常数.

这样一来, 在所研究的情况下 u 或者是变量 t 和另一个变量的函数, 或者就具有以下形式

$$\alpha e^{\lambda t} + \beta e^{\mu t} + 常数, \quad (\alpha + \beta t)e^{\lambda t} + 常数,$$

而且也不排除 $\mu = 0$ 这个值.

在求得了函数 u 可能有的所有形式之后, 构造方程 $F_\nu = 0$ 就很容易了, 但是为了简单起见, 我们不打算写出这些方程了. 由此在每一个个别情况下, 我们确定二次形式

$$\begin{pmatrix} b_{1,1} & b_{2,2} & b_{3,3} \\ b_{2,3} & b_{3,1} & b_{1,2} \end{pmatrix}$$

及其共轭形式

$$\begin{pmatrix} \beta_{1,1} & \beta_{2,2} & \beta_{3,3} \\ \beta_{2,3} & \beta_{3,1} & \beta_{1,2} \end{pmatrix}.$$

最后, 如果在表达式 $\sum \beta_{i,i'} ds_i ds_{i'}$ 中用某些适当的 x_1, x_2, x_3 的函数代替变量 s_1, s_2, s_3, 那么显然我们可以得到所有 u 可以是时间和其他两个变量的函数的情况. 这样一来我们所研究的问题中的第一个问题就得到了完全的解决.

现在留下来就是说明, 何时表达式 $\sum \beta_{i,i'} ds_i ds_{i'}$ 能转换成前面所给出的形式 $\sum \alpha_{i,i'} dx_i dx_{i'}$.

第 二 部 分

关于将表达式 $\displaystyle\sum_{i,i'} b_{i,i'} ds_i ds_{i'}$ 变换成给定的形式 $\displaystyle\sum_{i,i'} a_{i,i'} dx_i dx_{i'}$

因为在要研究的问题中, 最著名的科学院提出要限于那种情况, 物体是均匀的, 其中的导热系数为常数, 所以我们首先来建立保证能够通过将变量 s 置换成变量 x 的方法, 将表达式 $\displaystyle\sum_{i,i'} b_{i,i'} ds_i ds_{i'}$ 变换成形式 $\displaystyle\sum_{i,i'} a_{i,i'} dx_i dx_{i'}$, 其中系数 $a_{i,i'}$ 为常数的条件, 然后再对关于变换到有变系数的形式做简短的说明.

如果, 正如我们所假设的, 表达式 $\displaystyle\sum_{i,i'} a_{i,i'} dx_i dx_{i'}$ 是变量 dx 的正定形式, 那么, 众所周知, 它总是可以变换到 $\displaystyle\sum_i dx_i^2$ 的形式. 因此, $\displaystyle\sum_{i,i'} b_{i,i'} ds_i ds_{i'}$ 既然能化成 $\displaystyle\sum_{i,i'} a_{i,i'} dx_i dx_{i'}$ 的形式, 那么也就能化成 $\displaystyle\sum_i dx_i^2$ 的形式, 反之亦然. 因此我们面临的任务就是说明, 何时能将所考察的表达式化到 $\displaystyle\sum_i dx_i^2$ 的形式.

我们来用 B 表示行列式 $\sum \pm b_{1,1} b_{2,2} \cdots b_{n,n}$, 用 $\beta_{i,i'}$ 表示它的子行列式, 使得有 $\sum\limits_i \beta_{i,i'} b_{i,i'} = B$ 以及在 $i' \gtrless i''$ 时有 $\sum\limits_i \beta_{i,i'} b_{i,i''} = 0$.

既然等式 $\sum\limits_{i,i'} b_{i,i'} ds_i ds_{i'} = \sum\limits_i dx_i^2$ 在某种合适的 dx 的值下成立, 那么用 $d+\delta$ 来代替 d, 我们就还能在适当的 dx 与 δx 值之下得到 $\sum\limits_{i,i'} b_{i,i'} ds_i \delta s_{i'} = \sum dx_i \delta x_i$.

由此, 注意到如果 ds_i 用 dx_i 来表示, 而 δx_i 用 δs_i 来表示, 就推得

$$\frac{\partial x_{\nu'}}{\partial s_\nu} = \sum_i b_{\nu,i} \frac{\partial s_i}{\partial x_{\nu'}} \tag{1}$$

以及

$$\frac{\partial s_i}{\partial x_{\nu'}} = \sum_\nu \frac{\beta_{\nu,i}}{B} \frac{\partial x_{\nu'}}{\partial s_\nu}. \tag{2}$$

由此, 借助于等式

$$\sum_\nu \frac{\partial s_i}{\partial x_\nu} \frac{\partial x_\nu}{\partial s_i} = 1 \quad \text{以及} \quad \sum_\nu \frac{\partial s_i}{\partial x_\nu} \frac{\partial x_\nu}{\partial s_{i'}} = 0, \quad \text{如果 } i \gtrless i',$$

我们就进一步得到

$$
\begin{aligned}
\sum_\nu \frac{\partial x_\nu}{\partial s_i} \frac{\partial x_\nu}{\partial s_{i'}} &= b_{i,i'}, \\
\sum_\nu \frac{\partial s_i}{\partial x_\nu} \frac{\partial s_{i'}}{\partial x_\nu} &= \frac{\beta_{i,i'}}{B}
\end{aligned}
\tag{3}
$$

而且, 微分公式 (3) 就得到

$$\sum_\nu \frac{\partial^2 x_\nu}{\partial s_i \partial s_{i''}} \frac{\partial x_\nu}{\partial s_{i'}} + \sum_\nu \frac{\partial^2 x_\nu}{\partial s_{i'} \partial s_{i''}} \frac{\partial x_\nu}{\partial s_i} = \frac{\partial b_{i,i}}{\partial s_{i''}}. \tag{4}$$

由对于下述各量

$$\frac{\partial b_{i,i'}}{\partial s_{i''}}, \quad \frac{\partial b_{i,i''}}{\partial s_{i'}}, \quad \frac{\partial b_{i',i''}}{\partial s_i}$$

类似的表达式可以推得关系式

$$2\sum_\nu \frac{\partial^2 x_\nu}{\partial s_{i'} \partial s_{i''}} \frac{\partial x_\nu}{\partial s_i} = \frac{\partial b_{i,i'}}{\partial s_{i''}} + \frac{\partial b_{i,i''}}{\partial s_{i'}} - \frac{\partial b_{i',i''}}{\partial s_i}, \tag{5}$$

将这个最后得到的表达式用 $p_{i,i',i''}$ 来表示, 我们也就得到

$$2\frac{\partial^2 x_\nu}{\partial s_{i'} \partial s_{i''}} = \sum_i \frac{\partial s_i}{\partial x_\nu} p_{i,i',i''}, \tag{6}$$

进一步再对 $p_{i,i',i''}$ 微分就得到

$$\frac{\partial p_{i,i',i''}}{\partial s_{i'''}} - \frac{\partial p_{i,i',i'''}}{\partial s_{i''}} = 2\sum_\nu \frac{\partial^2 x_\nu}{\partial s_{i'}\partial s_{i''}}\frac{\partial^2 x_\nu}{\partial s_i\partial s_{i'''}} - 2\sum_\nu \frac{\partial^2 x_\nu}{\partial s_{i'}\partial s_{i'''}}\frac{\partial^2 x_\nu}{\partial s_i\partial s_{i''}},$$

并由此, 再将取自公式 (6) 和 (4) 的值代入就推得

$$\begin{aligned}&\frac{\partial^2 b_{i,i''}}{\partial s_{i'}\partial s_{i'''}} + \frac{\partial^2 b_{i',i'''}}{\partial s_i\partial s_{i''}} - \frac{\partial^2 b_{i,i''}}{\partial s_{i'}\partial s_{i''}} - \frac{\partial^2 b_{i',i''}}{\partial s_i\partial s_{i'''}}\\ &+\frac{1}{2}\sum_{\nu,\nu'}(p_{\nu,i',i'''}p_{\nu',i,i''} - p_{\nu,i,i'''}p_{\nu',i',i''})\frac{\beta_{\nu,\nu'}}{B} = 0.\end{aligned} \tag{I}$$

正如我们所看到的, 既然 $\sum_{i,i'} b_{i,i'}ds_ids_{i'}$ 能化成 $\sum_i dx_i^2$, 函数 b 就应该满足这个方程. 将方程 (2) 的左侧记为

$$(ii', i''i''').$$

为了更好地理解方程 (I) 的意义, 我们构造下面的表达式

$$\delta\delta\sum b_{i,i'}ds_ids_{i'} - 2d\delta\sum b_{i,i'}ds_ids_{i'} + dd\sum b_{i,i'}ds_ids_{i'},$$

并且二阶变分 $d^2, d\delta, \delta^2$ 这样来确定, 使得下述等式成立:

$$\begin{aligned}&\delta'\sum b_{i,i'}ds_ids_{i'} - \delta\sum b_{i,i'}ds_i\delta's_{i'} - d\sum b_{i,i'}\delta s_i\delta's_{i'} = 0,\\ &\delta'\sum b_{i,i'}ds_ids_{i'} - 2d\sum b_{i,i'}ds_i\delta's_{i'} = 0,\\ &\delta'\sum b_{i,i'}\delta s_i\delta s_{i'} - 2\delta\sum b_{i,i'}\delta s_i\delta's_{i'} = 0,\end{aligned}$$

其中 δ' 表示任意的变分. 在这种情况下所构造的表达式将成为

$$\sum(ii', i''i''')(ds_i\delta s_{i'} - ds_{i'}\delta s_i)(ds_{i''}\delta s_{i'''} - ds_{i'''}\delta s_{i''}). \tag{II}$$

由所考察的表达式的这种写法显然可见, 在变量变换时它变成按相同的规律所组成的新的形式的表达式. 可是如果系数 b 为常数, 那么在表达式 (II) 中所有系数变为零. 所以如果只有形式 $\sum_{i,i'} b_{i,i'}ds_ids_{i'}$ 化成这种带常系数的形式, 则表达式 (II) 肯定会恒等于零.

但是也显然的是, 如果表达式 (II) 不变为零, 则下述表达式

$$-\frac{1}{2}\frac{\sum(ii', i''i''')(ds_i\delta s_{i'} - ds_{i'}\delta s_i)(ds_{i''}\delta s_{i'''} - ds_{i'''}\delta s_{i''})}{\sum b_{i,i'}ds_ids_{i'}\sum b_{i,i'}\delta s_i\delta s_{i'} - \left(\sum b_{i,i'}ds_i\delta s_{i'}\right)} \tag{III}$$

在变量变换下不会改变, 而且在用变分 $ds_i, \delta s_i$ 的线性组合 $\alpha ds_i + \beta \delta s_i, \gamma ds_i + \delta \delta s_i$ 来代替它们时也不会改变. 但是表达式 (Ⅲ) 的最大值和最小值, 看成量 $ds_i, \delta s_i$ 的函数, 既与表达式 $\sum b_{i,i'} ds_i ds_{i'}$ 形式无关, 又与变分 $ds_i, \delta s_i$ 的值无关, 这样一来, 根据这些值就可以知道, 两个这种类型的表达式是否可以相互转换.

上述思想可以做几何的解释, 而且, 尽管这种解释是与很不平常的概念相关, 但是, 在此来谈一谈这件事可能也不是不合适的.

表达式 $\sqrt{\sum b_{i,i'} ds_i ds_{i'}}$ 可以看成是超出我们的直观的 n 维空间的线元. 如果在这个空间的点 $(s_1, s_2, \cdots, s_n)$ 上作所有可能的最短线, 它们的初始方向由比例 $\alpha ds_1 + \beta \delta s_1 : \alpha ds_2 + \beta \delta s_2 : \cdots : \alpha ds_n + \beta \delta s_n$ (并且 α 与 β 为任意量) 来表征, 那么这些线就形成某个曲面, 可以把它设想成位于我们直观中的普通空间中的某个曲量面. 在这种情况下表达式 (Ⅲ) 将可成为所述曲面在点 $(s_1, s_2, \cdots, s_n)$ 处的曲率的度量 [1].

现在转到 $n = 3$ 的情形, 我们注意到表达式 (Ⅱ) 是下述变量

$$ds_2 \delta s_3 - ds_3 \delta s_2, \quad ds_3 \delta s_1 - ds_1 \delta s_3, \quad ds_1 \delta s_2 - ds_2 \delta s_1$$

的二次形式, 这样我们在这种情况下得到函数 b 必须满足的六个方程, 使得表达式 $\sum b_{i,i'} ds_i ds_{i'}$ 化成具有常系数的形式. 不难应用在这里引进的概念证明这六个方程和它们在一起也是这种约化可能性的充分条件. 此外, 我们还注意到它们之中只有三个是独立的.

现在我们回过来研究最著名的科学院所提出的问题, 我们必须在上述六个方程中代入在上面所确立了的所有可能的函数 b 的形式, 并由此求出所有那些情形, 在其中均匀物体中的温度是时间和还只有两个变量的函数.

但是时间的不足不允许我们在此写下这些计算. 因此我们只限于指出必须采用的方法, 列举所提出问题的个别解.

为了简短起见我们只考虑最简单的情形, 这时温度的变化遵守下述规律:

$$\frac{\partial^2 u}{\partial x_1^2} + \frac{\partial^2 u}{\partial x_2^2} + \frac{\partial^2 u}{\partial x_3^2} = aa \frac{\partial u}{\partial t}. \tag{I}$$

众所周知, 其他的情况很容易约化到这种情形:

情形 $m = 1$, 仅在等于常数时的等温线为以下几种情况时才能发生 —— 平行直线、圆或螺旋线, 这时要适当选取直角坐标 $z, r \cos \varphi, r \sin \varphi$, 使得可以令

$$\alpha = r,$$
$$\beta = z + \varphi \cdot 常数.$$

情形 $m = 2$, 出现的条件是 $u = f(\alpha) + \varphi(\beta)$.

情形 $m = 3$, 出现的条件是 $u = \alpha e^{\lambda t} + f(\beta)$, 其中 λ 为实常数.

最后, 情形 $m = 4$, 正如我们在上面所确立的, 这种情形只有在 $u = \alpha e^{\lambda t} + \beta e^{\mu t} + $ 常数, 或 $u = (\alpha + \beta t)e^{\lambda t} + $ 常数, 或 $u = f(\alpha)$ 时才有可能出现.

现在我们已经完全确立了函数 u 的所有可能形式, 我们还必须指出, 如果温度 u 不是用形如 $\alpha e^{\lambda t}$ 的公式给出, 那么这时它就只是时间和一个变量的函数, 这时的等温曲面或者是平行的平面, 或者是同轴的柱面, 或者是同心球面. 如果正好就是 $\alpha e^{\lambda t}$, 那么由微分方程 (I) 就推得

$$\frac{\partial^2 \alpha}{\partial x_1^2} + \frac{\partial^2 \alpha}{\partial x_2^2} + \frac{\partial^2 \alpha}{\partial x_3^2} = \lambda a a \alpha,$$

由此就出现了第四种可能, 而且此时函数 α 和 β 就不难确定, 只是这时不要忽视了 $\alpha e^{\lambda t}$ 和 $\beta e^{\mu t}$ 可以是复共轭量[2].

Weber 注释

(1) 这些研究包含了对在论文 "论奠定几何学基础的假设" (第一卷, 第 XIII 篇) 所表述的结果的一个解析阐述. 问题是寻求能够将一个二阶微分表达式, 特别是具有常系数的二阶微分表达式, 变换成另一个的条件. 这个问题自从在上述 Riemann 的论文中第一次出现以来已经得到了 Christoffel 与 Lipschitz 的深入研究, 他们从各种不同的途径得到了与 Riemann 所得到的相同的结果 (Crelle 杂志, 卷 70, 71, 72, 82). 后来 R. Beez 也研究了这个课题 (Schlömlich 杂志, 卷 20, 21, 24). 与本书第一版中的注释相比, 那份注释是以 R. Dedekind 的一份以前的 (未发表的) 研究为基础的, 把它附加进来只不过是为了使读者能更易于理解 Riemann 对所给出的计算准则的叙述, 在上述工作中提出的思想就可能为阐述得有点儿太短的这一注释打下了基础. 因此我们要在这里以更详尽的方式对它重复叙述一遍.

设 n 维空间中的线元平方为

$$ds^2 = \sum_{i,i'} b_{i,i'} ds_i ds_{i'},$$

因此, 如果以下式表示一从任意点 0 到一可变点的最短曲线的长度:

$$r = \int \sqrt{\sum_{i,i'} b_{i,i'} ds_i ds_{i'}},$$

则确定最短曲线的微分方程为

$$d \sum_i b_{i,\mu} \frac{ds_i}{dr} = \frac{1}{2} dr \sum_{i,i'} \frac{\partial b_{i,i'}}{\partial s_\mu} \frac{ds_i}{dr} \frac{ds_{i'}}{dr} \tag{1}$$

以及

$$\sum_{i,i'} b_{i,i'} \frac{ds_i}{dr} \frac{ds_{i'}}{dr} = 1.$$

设我们要研究 n 维空间在点 0 邻域内的性态. 设想从它出发向所有方向作最短曲线并且就此借助于置换

$$x_1 = rc_1, \quad x_2 = rc_2, \quad \cdots, \quad x_n = rc_n,$$

引入一组新的变量, 其中量 c_i 的意义是

$$c_i = \left(\frac{ds_i}{dr} \right)_0,$$

从而在它们之间存在以下关系:

$$\sum_{i,i'} b_{i,i'}^{(0)} c_i c_{i'} = 1,$$

并且它们沿每一条从 0 点发出的最短线为常数. 这些 c_i 是作为微分方程 (1) 的积分常数出现, 而且为了将变量 x_i 表述为原始变量 s_i 的函数, 自然要假设有这个微分方程的完全积分.

这些新变量可以称为 "一个变动点 m 相对于点 0 的中心坐标", 其特征在于, 它们在点 0 等于零, 并且它们的值在沿着最短曲线移动时与在这条最短线的长度成正比. 这个性质在我们引进一组 n 个这些变量 $x_1, x_2, \cdots, x_n$ 的具有常系数的线性齐次函数来代替它们时仍然保持. 这样我们就可以得到, 正如 Riemann 在他的论几何学的假设一文, II, 2 中所得到的, $r^2 = \sum x_i^2$. 但是这根本不重要, 所以以后我们不会进一步考虑它.

如果现在线元平方用新变量表示出来为

$$ds^2 = \sum_{i,i'} a_{i,i'} dx_i dx_{i'},$$

那么, 在我们沿一条从 0 发出的最短线前进时, 因而也就可以令 $ds^2 = dr^2$, 容易推得

$$\sum_{i,i'} a_{i,i'} c_i c_{i'} = \sum_{i,i'} a_{i,i'}^{(0)} c_i c_{i'} = 1. \tag{2}$$

将最短线的微分方程用新变量表出, 则对由点 0 发出的最短线就得到

$$d \sum_i a_{\mu,i} c_i = \frac{1}{2} dr \sum_{i,i'} \frac{\partial a_{i,i'}}{\partial x_\mu} c_i c_{i'},$$

由此推得

$$\sum_{i,i'} p_{\mu,i,i'} x_i x_{i'} = 0, \tag{3}$$

其中我们用了下述缩写:

$$p_{\mu,i,i'} = \frac{\partial a_{i,\mu}}{\partial x_{i'}} + \frac{\partial a_{i',\mu}}{\partial x_i} - \frac{\partial a_{i,i'}}{\partial x_\mu}.$$

方程 (3) 也可以写成

$$\sum_{i,i'} \frac{\partial a_{i,i'}}{\partial x_\mu} x_i x_{i'} = 2 \sum_{i,i'} \frac{\partial a_{i,\mu}}{\partial x_{i'}} x_i x_{i'}. \tag{3'}$$

现在为了简洁起见我们令

$$\omega_\mu = \sum_i a_{\mu,i} x_i; \quad \frac{\partial \omega_\mu}{\partial x_\nu} = a_{\mu,\nu} + \sum_i \frac{\partial a_{\mu,i}}{\partial x_\nu} x_i,$$

于是方程 (3′) 就可以写成

$$\omega_\mu + \sum_i \frac{\partial \omega_i}{\partial x_\mu} x_i = 2 \sum_i \frac{\partial \omega_\mu}{\partial x_i} x_i.$$

再令

$$2\omega = \sum_i \omega_i x_i; \quad 2\frac{\partial \omega}{\partial x_\mu} = \omega_\mu + \sum_i \frac{\partial \omega_i}{\partial x_\mu} x_i,$$

由此就得出

$$\frac{\partial \omega}{\partial x_\mu} = \sum_i \frac{\partial \omega_\mu}{\partial x_i} x_i; \quad \frac{\partial^2 \omega}{\partial x_\mu \partial x_\nu} = \frac{\partial \omega_\mu}{\partial x_\nu} + \sum_i \frac{\partial^2 \omega_\mu}{\partial x_i \partial x_\nu} x_i,$$

并由此有

$$\frac{\partial \omega_\mu}{\partial x_\nu} - \frac{\partial \omega_\nu}{\partial x_\mu} + \sum_i \frac{\partial}{\partial x_i} \left(\frac{\partial \omega_\mu}{\partial x_\nu} - \frac{\partial \omega_\nu}{\partial x_\mu} \right) x_i = 0,$$

由此可见, $\frac{\partial \omega_\mu}{\partial x_\nu} - \frac{\partial \omega_\nu}{\partial x_\mu}$ 为 −1 阶的齐次函数. 我们用 $f(x_1, x_2, \cdots, x_n)$ 来表示这样一个函数, 则我们有

$$f(tx_1, tx_2, \cdots, tx_n) = t^{-1} f(x_1, x_2, \cdots, x_n).$$

于是由此设系数 $a_{i,i'}$ 及其导数在点 0 具有确定的有限值, 由此得出, 如果令 $t = 0$, 则函数 f 就将恒等于零, 从而有 $\frac{\partial \omega_\mu}{\partial x_\nu} = \frac{\partial \omega_\nu}{\partial x_\mu}$. 因此也就有

$$\sum_i \frac{\partial a_{\mu,i}}{\partial x_\nu} x_i = \sum_i \frac{\partial a_{\nu,i}}{\partial x_\mu} x_i,$$

由此借助于 (3′) 就得到

$$\sum_{i,i'} \frac{\partial a_{\mu,i}}{\partial x_{i'}} x_i x_{i'} = \sum_{i,i'} \frac{\partial a_{i,i'}}{\partial x_\mu} x_i x_{i'} = 0,$$

并且通过积分最短线的微分方程,

$$\sum_i a_{\mu,i} c_i = \sum_i a_{\mu,i}^{(0)} c_i, \tag{4}$$

或者在乘以 r 之后为

$$\sum_i a_{\mu,i} x_i = \sum_i a_{\mu,i}^{(0)} x_i.$$

所有这些都是恒等方程, 即, 它们对独立变量 x 的任一组值均成立.

设 $t_{i,i'} = t_{i',i}$ 为 $x_1, x_2, \cdots, x_n$ 的某些函数, 它及其直至三阶的导数在点 0 全都具有确定的有限值, 并且有以下恒等方程成立:

$$\sum_{i,i'} t_{i,i'} x_i x_{i'} = 0,$$

由此, 如果对它作三次微分, 并在微分后令 $x_i = 0$, 则得到在点 0 有下述方程成立:

$$t_{i,i'} = 0; \quad \frac{\partial t_{i,i'}}{\partial x_{i''}} + \frac{\partial t_{i',i''}}{\partial x_i} + \frac{\partial t_{i,i''}}{\partial x_{i'}} = 0.$$

在此令 $t_{i,i'} = p_{\mu,i,i'}$, 则对点 0 有

$$p_{i,i',i''} = 0; \quad \frac{\partial p_{i,i',i''}}{\partial x_{i'''}} + \frac{\partial p_{i,i'',i'''}}{\partial x_{i'}} + \frac{\partial p_{i,i',i'''}}{\partial x_{i''}} = 0.$$

由对其中第一个加上 $p_{i',i,i''} = 0$ 就得到

$$\frac{\partial a_{i,i'}}{\partial x_{i''}} = 0, \quad \text{在点 } 0, \tag{5}$$

而由第二个方程得

$$2\left(\frac{\partial^2 a_{i,i'}}{\partial x_{i''} \partial x_{i'''}} + \frac{\partial^2 a_{i,i''}}{\partial x_{i'''} \partial x_{i'}} + \frac{\partial^2 a_{i,i'''}}{\partial x_{i'} \partial x_{i''}} \right) = \frac{\partial^2 a_{i'',i'''}}{\partial x_i \partial x_{i'}} + \frac{\partial^2 a_{i''',i'}}{\partial x_i \partial x_{i''}} + \frac{\partial^2 a_{i',i''}}{\partial x_i \partial x_{i'''}}.$$

将 i 和 i' 对调, 再将二者相加, 并用 S 表示其中六个形如 $\dfrac{\partial^2 a_{i,i'}}{\partial x_{i''} \partial x_{i'''}}$ 的导数之和, 则推得

$$S = 3\left(\frac{\partial^2 a_{i'',i'''}}{\partial x_i \partial x_{i'}} - \frac{\partial^2 a_{i,i'}}{\partial x_{i''} \partial x_{i'''}} \right),$$

以及, 由于将 i'', i''' 与 i, i' 对换时, S 不会改变, 在点 0 还有

$$\frac{\partial^2 a_{i'',i'''}}{\partial x_i \partial x_{i'}} = \frac{\partial^2 a_{i,i'}}{\partial x_{i''} \partial x_{i'''}}, \tag{6}$$

$$\frac{\partial^2 a_{i,i'}}{\partial x_{i''} \partial x_{i'''}} + \frac{\partial^2 a_{i,i''}}{\partial x_{i'''} \partial x_{i'}} + \frac{\partial^2 a_{i,i'''}}{\partial x_{i'} \partial x_{i''}} = \frac{\partial^2 a_{i'',i'''}}{\partial x_i \partial x_{i'}} + \frac{\partial^2 a_{i''',i'}}{\partial x_i \partial x_{i''}} + \frac{\partial^2 a_{i',i''}}{\partial x_i \partial x_{i'''}} = 0. \tag{7}$$

现在我们把 $a_{i,i'}, \dfrac{\partial a_{i,i'}}{\partial x_{i''}}, \dfrac{\partial^2 a_{i,i'}}{\partial x_{i''} \partial x_{i'''}}$ 都理解为这些量在点 0 处的值. 在这些假设下对从点 0 处发出的一个线元 ds_0 我们有

$$ds_0^2 = \sum_{i,i'} a_{i,i'} dx_i dx_{i'},$$

而且对一个在其邻近坐标为 (无限小的) $x_1, x_2, \cdots, x_n$ 的点发出的线元 ds 直至包含到二阶项为

$$ds^2 = \sum_{i,i'} a_{i,i'} dx_i dx_{i'} + \sum_{i,i',i''} \frac{\partial a_{i,i'}}{\partial x_{i''}} x_{i''} dx_i dx_{i'} + \frac{1}{2} \sum_{i,i',i'',i'''} \frac{\partial^2 a_{i,i'}}{\partial x_{i''} \partial x_{i'''}} x_{i''} x_{i'''} dx_i dx_{i'}.$$

这里根据 (5) 式第二项为零, 从而其第三项

$$\Theta = \frac{1}{2} \sum_{i,i',i'',i'''} \frac{\partial^2 a_{i,i'}}{\partial x_{i''} \partial x_{i'''}} x_{i''} x_{i'''} dx_i dx_{i'}$$

就表达了当前的 n 维空间在由 x_i, dx_i 所确定的方向上对平直性的偏离; 因为借助于 (6) 和 (7) 式可以把这个式子写成这样一种形式, 从中可以看出, 它只与组合 $x_i dx_{i'} - x_{i'} dx_i$ 有关. 通过对换 Θ 中的下标我们可以把它写成以下四种形式:

$$\begin{aligned}
\Theta &= \frac{1}{2} \sum \frac{\partial^2 a_{i,i'}}{\partial x_{i''} \partial x_{i'''}} x_{i''} x_{i'''} dx_i dx_{i'} \\
&= \frac{1}{2} \sum \frac{\partial^2 a_{i',i''}}{\partial x_i \partial x_{i'''}} x_i x_{i'''} dx_{i'} dx_{i''} \\
&= \frac{1}{2} \sum \frac{\partial^2 a_{i,i'''}}{\partial x_{i'} \partial x_{i''}} x_{i'} x_{i''} dx_i dx_{i'''} \\
&= \frac{1}{2} \sum \frac{\partial^2 a_{i'',i'''}}{\partial x_i \partial x_{i'}} x_i x_{i'} dx_{i''} dx_{i'''}.
\end{aligned}$$

把 (6) 式应用到上面的第四式, 把 (6) 式和 (7) 式应用到上面的第二和第三式, 由此在再一次互换下标后, 就得到

$$\Theta = \frac{1}{2} \sum \frac{\partial^2 a_{i,i'}}{\partial x_{i''} \partial x_{i'''}} x_{i''} x_{i'''} \, dx_i \, dx_{i'},$$

$$\frac{1}{2}\Theta = -\frac{1}{2} \sum \frac{\partial^2 a_{i,i'}}{\partial x_{i''} \partial x_{i'''}} x_i x_{i'''} \, dx_{i'} \, dx_{i''},$$

$$\frac{1}{2}\Theta = -\frac{1}{2} \sum \frac{\partial^2 a_{i,i'}}{\partial x_{i''} \partial x_{i'''}} x_{i'} x_{i''} \, dx_i \, dx_{i'''},$$

$$\Theta = \frac{1}{2} \sum \frac{\partial^2 a_{i,i'}}{\partial x_{i''} \partial x_{i'''}} x_i x_{i'} \, dx_{i''} \, dx_{i'''}.$$

把这四个方程加起来就得出

$$\Theta = \frac{1}{6} \sum_{i, i''; i', i''} \frac{\partial^2 a_{i,i'}}{\partial x_{i''} \partial x_{i'''}} (x_i \, dx_{i''} - x_{i''} \, dx_i)(x_{i'} \, dx_{i'''} - x_{i'''} \, dx_{i'}). \tag{8}$$

但是 Θ 的这个表达式只是在 x_i 具有中心坐标的特别的意义下导出的. 现在的任务就是把它变换到任意坐标上去. 按照 Riemann 的指示, 这一点可以这样来实现, 就是我们要把它纳入到明显地与所用变量无关的形式.

首先我们在保持中心坐标的条件下用与无限小坐标 $x_1, x_2, \cdots, x_n$ 成正比的微分 $\delta x_1, \delta x_2, \cdots, \delta x_n$ 来代替这些无限小坐标, 因而有

$$\Theta = \frac{1}{2} \sum_{i, i', i'', i'''} \frac{\partial^2 a_{i,i'}}{\partial x_{i''} \partial x_{i'''}} dx_i \, dx_{i'} \, \delta x_{i''} \, \delta x_{i'''}. \tag{9}$$

我们选通常是完全任意的微分 $dx_i, \delta x_i$, 故有

$$ddx_i = 0, \quad d\delta x_i = 0, \quad \delta dx_i = 0, \quad \delta\delta x_i = 0, \tag{10}$$

而这可以, 例如通过常数的 $dx_i, \delta x_i$ 来达到, 而这样就会带来 d 和 δ 可以对换的结果, 即, 对每一个任意的位置函数 φ 有

$$d\delta\varphi = \delta d\varphi. \tag{I}$$

在这些前提下可由 (5), (6), (7) 导出公式

$$dd \sum_{i, i'} a_{i,i'} \delta x_i \delta x_{i'} = \delta\delta \sum_{i, i'} a_{i,i'} dx_i dx_{i'} = -2d\delta \sum_{i, i'} a_{i,i'} dx_i \delta x_{i'},$$

借助于上式就得到

$$\begin{aligned}
\Theta &= \frac{1}{2} dd \sum_{i, i'} a_{i,i'} \delta x_i \delta x_{i'} \\
&= \frac{1}{6} \left\{ dd \sum_{i, i'} a_{i,i'} \delta x_i \delta x_{i'} - 2d\delta \sum_{i, i'} a_{i,i'} dx_i \delta x_{i'} + \delta\delta \sum_{i, i'} a_{i,i'} dx_i dx_{i'} \right\}.
\end{aligned} \tag{II}$$

如果 δ' 表示只能与 d 和 δ 对换的一个任意的变分, 那么由 (5) 和 (10) 就给出下述方程:

$$\delta' \sum_{i,i'} a_{i,i'} dx_i \delta x_{i'} = \sum_{i,i'} a_{i,i'} d\delta' x_i \delta x_{i'} + \sum_{i,i'} a_{i,i'} dx_i \delta\delta' x_{i'},$$

$$d \sum_{i,i'} a_{i,i'} \delta' x_i \delta x_{i'} = \sum_{i,i'} a_{i,i'} d\delta' x_i \delta x_{i'},$$

$$\delta \sum_{i,i'} a_{i,i'} dx_i \delta' x_{i'} = \sum_{i,i'} a_{i,i'} dx_i \delta\delta' x_{i'},$$

由此推得

$$\delta' \sum_{i,i'} a_{i,i'} dx_i \delta x_{i'} - d \sum_{i,i'} a_{i,i'} \delta' x_i \delta x_{i'} - \delta \sum_{i,i'} a_{i,i'} dx_i \delta' x_{i'} = 0, \qquad \text{(III)}$$

而如果我们令 $d = \delta$, 则有

$$\delta \sum_{i,i'} a_{i,i'} dx_i dx_{i'} - 2d \sum_{i,i'} a_{i,i'} dx_i \delta' x_{i'} = 0, \qquad \text{(IV)}$$

$$\delta' \sum_{i,i'} a_{i,i'} \delta x_i \delta x_{i'} - 2\delta \sum_{i,i'} a_{i,i'} \delta x_i \delta' x_{i'} = 0. \qquad \text{(V)}$$

如果我们引进别的变量 s_i 来代替作为函数自变量的 x_i, 则对完全任意的微分 d 和 δ 有下述变换:

$$\sum_{i,i'} a_{i,i'} dx_i \delta x_{i'} = \sum_{i,i'} b_{i,i'} ds_i \delta s_{i'},$$

因而通过在 (II) 中用 $b_{i,i'}, s_i$ 来代替 $a_{i,i'}, x_i$, 或者换言之, 就是我们不再把在 (II) 中的 x_i 看成是中心坐标, 而是理解为任意坐标, 则我们就会得到 Θ 的一个变换后的表达式. 自然这样一来条件 (5), (6), (7), (10) 就不再能成立了, 但是条件 (I), (III), (IV), (V) 一旦对一个坐标系, 例如中心坐标, 成立, 就会对所有的坐标系成立. 因此如果我们再对 (II) 做进一步的变换, 除了 (I), (III), (IV), (V) 之外没有用到别的关系, 则所得结果就对任意变量均成立. 这个计算, 尽管有点儿长, 却一点也不难. 如果计算 (II) 的右侧, 只需用到微分的可对换性就可将三阶微分消除. 借助于由 (III), (IV), (V) 导出的方程

$$2 \sum_{i} a_{i,i'} ddx_i = -\sum_{i,i'} p_{\nu,i,i'} dx_i dx_{i'},$$

$$2 \sum_{i} a_{i,i'} d\delta x_i = -\sum_{i,i'} p_{\nu,i,i'} dx_i \delta x_{i'},$$

$$2 \sum_{i} a_{i,i'} \delta\delta x_i = -\sum_{i,i'} p_{\nu,i,i'} \delta x_i \delta x_{i'},$$

其中 $p_{\nu,i,i'}$ 为

$$p_{\nu,i,i'} = \frac{\partial a_{\nu,i}}{\partial x_{i'}} + \frac{\partial a_{\nu,i'}}{\partial x_i} - \frac{\partial a_{i,i'}}{\partial x_\nu},$$

就得到了表达式

$$dd \sum_{i,i'} a_{i,i'} \delta x_i \delta x_{i'} - 2d\delta \sum_{i,i'} a_{i,i'} dx_i \delta x_{i'} + \delta\delta \sum_{i,i'} a_{i,i'} dx_i dx_{i'}$$

$$= \sum_{ii',i''i'''} (ii',i''i''')(dx_i \delta x_{i'} - \delta x_i dx_{i'})(dx_{i''} \delta x_{i'''} - \delta x_{i''} dx_{i'''}),$$

其中 $(ii',i''i''')$ 的意义和在 Riemann 文本中的一样, 而且其求和是这样来做, 对两对下标 i,i' 和 i',i, 以及 i'',i''' 和 i''',i'' 也一样, 只保留其中一对.

现在我们来由这个表达式得出我们的一般空间的曲率. 设

$$ds = \sqrt{\sum_{i,i'} a_{i,i'} dx_i dx_{i'}}, \quad \delta s = \sqrt{\sum_{i,i'} a_{i,i'} \delta x_i \delta x_{i'}}$$

为这个空间中的两个线元, 它们所夹角的余弦为

$$\frac{\sum_{i,i'} a_{i,i'} dx_i \delta x_{i'}}{ds\delta s} = \cos\theta.$$

于是它们组成的无限小的三角形的面积为

$$\Delta = \frac{1}{2} ds \delta s \sin\theta$$

并由此得

$$4\Delta^2 = \sum_{i,i'} a_{i,i'} dx_i dx_{i'} \sum_{i,i'} a_{i,i'} \delta x_i \delta x_{i'} - \left(\sum_{i,i'} a_{i,i'} dx_i \delta x_{i'}\right)^2$$

$$= \sum_{ii',i''i'''} (a_{i,i''} a_{i',i'''} - a_{i',i''} a_{i,i'''})(dx_i \delta x_{i'} - \delta x_i dx_{i'})(dx_{i''} \delta x_{i'''} - \delta x_{i''} dx_{i'''})$$

$$-\frac{3}{8} \frac{dd \sum_{i,i'} a_{i,i'} \delta x_i \delta x_{i'}}{\Delta^2}$$

$$= -\frac{1}{2} \frac{dd \sum_{i,i'} a_{i,i'} \delta x_i \delta x_{i'} - 2d\delta \sum_{i,i'} a_{i,i'} dx_i \delta x_{i'} + \delta\delta \sum_{i,i'} a_{i,i'} dx_i dx_{i'}}{\sum_{i,i'} a_{i,i'} dx_i dx_{i'} \sum_{i,i'} a_{i,i'} \delta x_i \delta x_{i'} - \left(\sum_{i,i'} a_{i,i'} dx_i \delta x_{i'}\right)^2}$$

$$= -\frac{1}{2} \frac{\sum_{ii',i''i'''} (ii',i''i''')(dx_i \delta x_{i'} - \delta x_i dx_{i'})(dx_{i''} \delta x_{i'''} - \delta x_{i''} dx_{i'''})}{\sum_{ii',i''i'''} (a_{i,i''} a_{i',i'''} - a_{i,i'''} a_{i',i''})(dx_i \delta x_{i'} - \delta x_i dx_{i'})(dx_{i''} \delta x_{i'''} - \delta x_{i''} dx_{i'''})}.$$

现在还要证明, 如果我们考察的曲面是由这样一些最短线构成, 在它们的起始线元中 x 的变分有如下的比例关系:

$$\alpha dx_1 + \beta \delta x_1 : \alpha dx_2 + \beta \delta x_2 : \cdots : \alpha dx_n + \beta \delta x_n,$$

其中 α 与 β 为任意量, 那么这个表达式就与 Gauss 为这种曲面的曲率所构造的表达式一致.

和在上面一样我们这样来令 $x_i = rc_i$, 使得其中 c_i 在每一条从点 0 发出的最短线上为常数, 而 r 为这条最短线到一不定点的长度. 于是, 如在上面所证明的, 有

$$\sum_{i,i'} a_{i,i'} c_i c_{i'} = \sum_{i,i'} a_{i,i'}^{(0)} c_i c_{i'} = 1.$$

取 c 的两组固定值 $c_i^{(0)}$ 和 c' 为基础, 并考察一变动组

$$c_i = \alpha c_i^{(0)} + \beta c_i', \tag{11}$$

于是有

$$\alpha^2 + 2\alpha\beta \cos(r^{(0)}, r') + \beta^2 = 1,$$

由此量 c_i 变成了单个变量的函数, 我们可以取 r 的起始线元与 $r^{(0)}$ 的起始线元的夹角 φ 作这个变量, 并由上式得到

$$\cos\varphi = \sum_{i,i'} a_{i,i'}^{(0)} c_i c_{i'}^{(0)}.$$

如果现在在让量 r, c_i 变化一个满足下述条件

$$\sum_{i,i'} a_{i,i'}^{(0)} c_i dc_{i'} = 0$$

的无穷小量 dr, dc_i, 那么借助于方程 (4) 就可以得到

$$\sum_{i,i'} a_{i,i'} c_i dc_{i'} = \sum_{i,i'} a_{i,i'}^{(0)} c_i dc_{i'} = 0. \tag{12}$$

此外我们还有

$$dx_i = rdc_i + c_i dr,$$

因而, 在我们采用了缩写

$$\sum_{i,i'} a_{i,i'} dc_i dc_{i'} = \mu d\varphi^2$$

之后, 就有

$$ds^2 = \sum_{i,i'} a_{i,i'} dx_i dx_{i'} = dr^2 + r^2 \sum_{i,i'} a_{i,i'} dc_i dc_{i'} = dr^2 + r^2 \mu d\varphi^2.$$

可是我们又有

$$\cos \varphi = \sum_{i,i'} a_{i,i'}^{(0)} c_i c_{i'}^{(0)}, \quad -\sin\varphi d\varphi = \sum_{i,i'} a_{i,i'}^{(0)} c_i^{(0)} dc_{i'}, \tag{13}$$

并且由 (11) 可推得下述表达式

$$dc_i = ac_i^{(0)} + bc_i; \quad a = \beta d\alpha - \alpha d\beta, \quad b = d\beta,$$

因而由 (12) 和 (13) 得

$$-\sin\varphi d\varphi = a + b\cos\varphi,$$
$$0 = a\cos\varphi + b.$$

由此通过消去 a 和 b 就得到:

$$\sin\varphi dc_i = d\varphi(c_i \cos\varphi - c_i^{(0)}).$$

由此进一步又推得

$$d\varphi^2 = \sum_{i,i'} a_{i,i'}^{(0)} dc_i dc_{i'},$$

并同时有

$$\mu = \frac{\displaystyle\sum_{i,i'} a_{i,i'} dc_i dc_{i'}}{\displaystyle\sum_{i,i'} a_{i,i'}^{(0)} dc_i dc_{i'}}. \tag{14}$$

如果我们用 $\dfrac{m^2}{r^2}$ 来表示这个表达式, 那么我们就会得到一个形式, 它就是 Gauss 当年对一任意曲面上的线元所给出过的, 即:

$$ds^2 = dr^2 + m^2 d\varphi^2$$

(曲面的一般研究, 第 19 节), 而对于曲率则有公式

$$k = -\frac{1}{m} \frac{\partial^2 m}{\partial r^2}.$$

如果这个曲面在这一点是连续弯曲的, 则在此点有

$$m = 0, \quad \frac{\partial m}{\partial r} = 1, \quad \frac{\partial^2 m}{\partial r^2} = 0,$$

从而在该点就有

$$k = -\frac{\partial^3 m}{\partial r^3}.$$

对于函数就由此得出它在这同一点有

$$\mu = 1, \quad \frac{\partial \mu}{\partial r} = 0, \quad k = -\frac{3}{2}\frac{\partial^2 \mu}{\partial r^2}.$$

因而这些方程中的头两个满足 (14), (5); 由其第三式得到

$$k = -\frac{3}{2}\frac{\displaystyle\sum_{ii',i''i'''}\left(\frac{\partial^2 a_{i,i'}}{\partial x_{i''}\partial x_{i'''}}\right)c_{i''}c_{i'''}dc_i dc_{i'}}{\displaystyle\sum_{i,i'}a_{i,i'}^{(0)}dc_i dc_{i'}},$$

它和上面所求得的表达式是一致的.

如果我们构作从点 0 发出的各个方向的最短线, 其初始方向由方程 (11) 所确定, 那么我们就会得到在超越空间中的一个曲面, 这个曲面上的一个点的坐标可以用两个独立变量来表示, 而如果我们用 p, q 来表示它们的话, 就可得到这个曲面上的线元平方的表达式为

$$ds^2 = Edp^2 + 2Fdpdq + Gdq^2,$$

其中 E, F, G 为 p 和 q 的函数. 如果取 x, y, z 为下述联立偏微分方程

$$\left(\frac{\partial x}{\partial p}\right)^2 + \left(\frac{\partial y}{\partial p}\right)^2 + \left(\frac{\partial z}{\partial p}\right)^2 = E,$$

$$\frac{\partial x}{\partial p}\frac{\partial x}{\partial q} + \frac{\partial y}{\partial p}\frac{\partial y}{\partial q} + \frac{\partial z}{\partial p}\frac{\partial z}{\partial q} = F,$$

$$\left(\frac{\partial x}{\partial q}\right)^2 + \left(\frac{\partial y}{\partial q}\right)^2 + \left(\frac{\partial z}{\partial q}\right)^2 = G$$

的一组特解, 那么就有

$$ds^2 = dx^2 + dy^2 + dz^2,$$

而且如果把 x, y, z 理解为我们空间中的一个点的坐标, 那么我们就会得到一个曲面, 可以将超越空间中的曲面按照 Riemann 的表达方式, 即不用逐点地改变线元的方式展布在它上面.

人们可以在常曲率的假设下很容易地从此式导出线元在第一卷, 第 XIII 篇, 第 4 节末尾所给出的表达式. 也就是说如果 k 具有常数值 α, 则有

$$m = \frac{\sin\sqrt{\alpha}r}{\sqrt{\alpha}},$$

而且如果我们假设引进它们的这样的线性组合来作 c_i, 使得有

$$\sum c_i^2 = 1,$$

因而有

$$d\varphi^2 = \sum dc_i^2,$$

这样一来对 ds^2 就得到

$$ds^2 = dr^2 + \frac{\sin^2 \sqrt{\alpha} r}{\alpha} \sum dc_i^2.$$

因此我们如果设 (这包括了球面到平面上的球极平面投影作为其特例)

$$x_i = \frac{2c_i}{\sqrt{\alpha}} \tan \frac{\sqrt{\alpha} r}{2}, \quad \sum x_i^2 = \frac{4}{\alpha} \tan^2 \frac{\sqrt{\alpha}}{2} r,$$

则可推得

$$\sum dx_i^2 = \frac{dr^2}{\cos^4 \frac{\sqrt{\alpha}}{2} r} + \frac{4}{\alpha} \tan^2 \frac{\sqrt{\alpha}}{2} r \sum dc_i^2$$

以及

$$\begin{aligned} ds &= \cos^2 \frac{\sqrt{\alpha}}{2} r \sqrt{\sum dx_i^2} \\ &= \frac{1}{1 + \frac{\alpha}{4} \sum x_i^2} \sqrt{dx_i^2}. \end{aligned}$$

(2) 全面验证这里所确立的结论看来还需要复杂的计算, 我从现存很不完整的零碎资料只能部分完成这个任务. 我之所以这样做部分是因为我带着这样的期望, 希望它能成为全面导出这个结果的再一次研究的基础.

我们首先来回答这样的问题, 其中温度除了与时间有关外还只与一个变量有关. 在这种情况下热运动所满足的微分方程具有以下的形式:

$$a \frac{\partial^2 u}{\partial \alpha^2} + b \frac{\partial u}{\partial \alpha} = \frac{\partial u}{\partial t}. \tag{1}$$

如果系数 a, b 不只是单个变量 α 的函数, 则将这个微分方程分解为下面两个方程

$$a' \frac{\partial^2 u}{\partial \alpha^2} + b' \frac{\partial u}{\partial \alpha} = \frac{\partial u}{\partial t}, \quad a'' \frac{\partial^2 u}{\partial \alpha^2} + b'' \frac{\partial u}{\partial \alpha} = 0,$$

其中 a', b', a'', b'' 只与 α 有关.

通过引进一个新的变量来代替 α, 就可将上面的第二个方程变成 $\frac{\partial^2 u}{\partial \alpha^2} = 0$ 的形式, 从而就成为含 $u_1 \alpha + u_2$ 的形式, 其中 u_1, u_2 只是时间的函数. 于是上面

的第一个方程就取下述形状

$$(c\alpha + c_1)\frac{\partial u}{\partial \alpha} = \frac{\partial u}{\partial t},$$

其中 c, c_1 为常数. 由此就进一步推得

$$cu_1 = \frac{\partial u_1}{\partial t}, \quad 0 = \frac{\partial u_2}{\partial t},$$

因而就具有 $\alpha e^{\lambda t} +$ 常数的形式.

但是如果在方程 (1) 中系数 a, b 就已经只是 α 的函数, 那么我们就不妨一般地取 $b = 0$ (通过为 α 引进一个新的变量), 并且由于微分方程 (1) 必定能由方程

$$\frac{\partial^2 u}{\partial x^2} + \frac{\partial^2 u}{\partial y^2} + \frac{\partial^2 u}{\partial z^2} = \frac{\partial u}{\partial t}$$

通过变换得出, 所以我们的问题就归结为:

求出所有同时满足下述两个微分方程的、坐标 x, y, z 的函数 α:

$$\Delta = \frac{\partial^2 \alpha}{\partial x^2} + \frac{\partial^2 \alpha}{\partial y^2} + \frac{\partial^2 \alpha}{\partial z^2} = 0, \quad D = \left(\frac{\partial \alpha}{\partial x}\right)^2 + \left(\frac{\partial \alpha}{\partial y}\right)^2 + \left(\frac{\partial \alpha}{\partial z}\right)^2 = f(\alpha).$$

为简短起见我们令:

$$\frac{\partial \alpha}{\partial x} = p, \quad \frac{\partial \alpha}{\partial y} = q, \quad \frac{\partial \alpha}{\partial z} = r, \quad p^2 + q^2 + r^2 = m,$$

并且分以下四种情况分别讨论:

1. 如果 p, q, r 是相互独立的、坐标 x, y, z 的函数, 那么 α 就会是 m 的函数 $\varphi(m)$, 于是我们就可以将 p, q, r 作为独立变量引入来代替 x, y, z. 令

$$s = \alpha - px - qy - rz, \quad ds = -xdp - ydq - zdr,$$

则有

$$x = -\frac{\partial s}{\partial p}, \quad y = -\frac{\partial s}{\partial q}, \quad z = -\frac{\partial s}{\partial r},$$
$$\alpha = s - p\frac{\partial s}{\partial p} - q\frac{\partial s}{\partial q} - r\frac{\partial s}{\partial r} = \varphi(m).$$

令

$$s = \psi(m) + t,$$

并由下述微分方程来确定 $\psi(m)$:

$$\psi(m) - 2m\psi'(m) = \varphi(m),$$

则得到 t 的一阶偏微分方程

$$t - p\frac{\partial t}{\partial p} - q\frac{\partial t}{\partial q} - r\frac{\partial t}{\partial r} = 0,$$

它的一般解为

$$r = p\chi\left(\frac{q}{p}, \frac{r}{p}\right) = p\chi(\beta, \gamma),$$

其中 χ 为一任意函数, 并且采用了缩写:

$$\beta = \frac{q}{p}, \quad \gamma = \frac{r}{p}.$$

于是我们有了

$$-x = \frac{\partial s}{\partial p} = 2p\psi'(m) + \chi - \beta\chi'(\beta) - \gamma\chi'(\gamma),$$

$$-y = \frac{\partial s}{\partial q} = 2q\psi'(m) + \chi'(\beta), \qquad (2)$$

$$-z = \frac{\partial s}{\partial r} = 2r\psi'(m) + \chi'(\gamma),$$

现在通过引入 p, q, r 作为独立变量, 可由方程

$$\Delta = \frac{\partial p}{\partial x} + \frac{\partial q}{\partial y} + \frac{\partial r}{\partial z} = 0$$

推得

$$\frac{\partial y}{\partial q}\frac{\partial z}{\partial r} - \frac{\partial z}{\partial q}\frac{\partial y}{\partial r} + \frac{\partial z}{\partial r}\frac{\partial x}{\partial p} - \frac{\partial x}{\partial r}\frac{\partial z}{\partial p} + \frac{\partial x}{\partial p}\frac{\partial y}{\partial q} - \frac{\partial y}{\partial p}\frac{\partial x}{\partial q} = 0,$$

通过用 (2) 来置换得

$$m(12\psi'(m)^2 + 16m\psi'(m)\psi''(m))$$
$$+\sqrt{m}(4\psi'(m) + 4m\psi''(m))\sqrt{1 + \beta^2 + \gamma^2}$$
$$\cdot\left\{(\beta^2 + 1)\frac{\partial^2\chi}{\partial\beta^2} + 2\beta\gamma\frac{\partial^2\chi}{\partial\beta\partial\gamma} + (\gamma^2 + 1)\frac{\partial^2\chi}{\partial\gamma^2}\right\}$$
$$+(1 + \beta^2 + \gamma^2)^2\left(\frac{\partial^2\chi}{\partial\beta^2}\frac{\partial^2\chi}{\partial\gamma^2} - \left(\frac{\partial^2\chi}{\partial\beta\partial\gamma}\right)^2\right) = 0,$$

而由于 m, β, γ 是相互无关的变量, 所以这个方程可以分裂为下述三个方程:

$$\frac{\partial^2\chi}{\partial\beta^2}\frac{\partial^2\chi}{\partial\gamma^2} - \left(\frac{\partial^2\chi}{\partial\beta\partial\gamma}\right)^2 = \frac{k}{(1 + \beta^2 + \gamma^2)^2}, \qquad (3)$$

$$(\beta^2 + 1)\frac{\partial^2\chi}{\partial\beta^2} + 2\beta\gamma\frac{\partial^2\chi}{\partial\beta\partial\gamma} + (\gamma^2 + 1)\frac{\partial^2\chi}{\partial\gamma^2} = \frac{k_1}{\sqrt{1 + \beta^2 + \gamma^2}}, \qquad (4)$$

$$m(12\psi'^2(m) + 16m\psi'(m)\psi''(m)) + k_1\sqrt{m}(4\psi'(m) + 4m\psi''(m)) + k = 0, \quad (5)$$

其中 k, k_1 为不定常数. 如果通过方程

$$\chi = \frac{1}{2}k_1\sqrt{1 + \beta^2 + \gamma^2} + \chi_1$$

引进一个新的函数 χ_1 来代替函数 χ, 那么方程 (3), (4) 就转换为

$$\frac{\partial^2 \chi_1}{\partial \beta^2}\frac{\partial^2 \chi_1}{\partial \gamma^2} - \left(\frac{\partial^2 \chi_1}{\partial \beta \partial \gamma}\right)^2 = \frac{k'}{(1 + \beta^2 + \gamma^2)^2}, \tag{6}$$

$$(\beta^2 + 1)\frac{\partial^2 \chi_1}{\partial \beta^2} + 2\beta\gamma\frac{\partial^2 \chi_1}{\partial \beta \partial \gamma} + (\gamma^2 + 1)\frac{\partial^2 \chi_1}{\partial \gamma^2} = 0. \tag{7}$$

但是这两个方程只有当 χ_1 是 β, γ 的线性函数时才能同时成立, 因而此时有 $k' = 0$; 接着我们把

$$\chi_1 - \beta\frac{\partial \chi_1}{\partial \beta} - \gamma\frac{\partial \chi_1}{\partial \gamma}, \quad \frac{\partial \chi_1}{\partial \beta}, \quad \frac{\partial \chi_1}{\partial \gamma}$$

看成是直角坐标, 则方程 (6) 就是常曲率曲面的微分方程, 而 (7) 则为一极小曲面的微分方程, 众所周知, 这是只有平面才可能同时具有的两个性质.

由此得出对于 χ 有下述形式的表达式:

$$\chi = a + b\beta + c\gamma + \frac{1}{2}k_1\sqrt{1 + \beta^2 + \gamma^2},$$

其中 a, b, c 为常数, 而且方程 (2) 变成下述形式:

$$x + a = -\frac{\frac{1}{2}k_1 + 2\sqrt{m}\psi'(m)}{\sqrt{1 + \beta^2 + \gamma^2}},$$

$$y + b = -\frac{\left(\frac{1}{2}k_1 + 2\sqrt{m}\psi'(m)\right)\beta}{\sqrt{1 + \beta^2 + \gamma^2}},$$

$$z + c = -\frac{\left(\frac{1}{2}k_1 + 2\sqrt{m}\psi'(m)\right)\gamma}{\sqrt{1 + \beta^2 + \gamma^2}},$$

$$(x + a)^2 + (y + b)^2 + (z + c)^2 = \left(\frac{1}{2}k_1 + 2\sqrt{m}\psi'(m)\right)^2,$$

由此得出曲面 $\alpha = $ 常数, 或 $m = $ 常数, 为同心球面.

2. 如果在 p, q, r 之间存在一个不含坐标 x, y, z 的方程, 则 r 可以看成是 p, q 的函数, 从而我们就有

$$dr = adp + bdq,$$

其中我们设定了

$$a = \frac{\partial r}{\partial p}, \quad b = \frac{\partial r}{\partial q}, \quad \frac{\partial a}{\partial q} = \frac{\partial b}{\partial p}.$$

由此推出

$$\frac{\partial p}{\partial z} = a\frac{\partial p}{\partial x} + b\frac{\partial p}{\partial y}, \quad \frac{\partial q}{\partial z} = a\frac{\partial q}{\partial x} + b\frac{\partial q}{\partial y}, \quad \frac{\partial r}{\partial z} = a\frac{\partial r}{\partial x} + b\frac{\partial r}{\partial y}.$$

如果现在不是有

$$p^2 + q^2 + r^2 = 常数, \tag{8}$$

则 α 也将和 p, q, r 一样依赖于两个变量, 而且由此得出:

$$r = ap + bq,$$

并且通过微分得到

$$p\frac{\partial a}{\partial p} + q\frac{\partial b}{\partial p} = 0, \quad p\frac{\partial a}{\partial q} + q\frac{\partial b}{\partial q} = 0,$$

$$\frac{\partial a}{\partial p}\frac{\partial b}{\partial q} - \frac{\partial a}{\partial q}\frac{\partial b}{\partial p} = 0. \tag{9}$$

如果现在我们在方程 (8) 成立的情况下也像刚才一样, 设

$$s = \alpha - xp - yq - zr,$$

$$ds = -xdp - ydq - zdr = -(x + az)dp - (y + bz)dq,$$

那么就得出 s 也只与 p, q 有关, 并由此给出

$$\frac{\partial s}{\partial p} = -(x + az), \quad \frac{\partial s}{\partial q} = -(y + bz). \tag{10}$$

现在我们来在方程

$$\frac{\partial p}{\partial x} + \frac{\partial q}{\partial y} + \frac{\partial r}{\partial z} = 0$$

中将 p, q, z 作为独立变量引进来, 那么推出

$$\frac{\partial x}{\partial p} + \frac{\partial y}{\partial q} - a\left(\frac{\partial y}{\partial q}\frac{\partial x}{\partial z} - \frac{\partial x}{\partial q}\frac{\partial y}{\partial z}\right) - b\left(\frac{\partial x}{\partial p}\frac{\partial y}{\partial z} - \frac{\partial y}{\partial p}\frac{\partial x}{\partial z}\right) = 0,$$

由此借助于 (10) 就得到

$$z\left\{\frac{\partial a}{\partial p}(1 + b^2) - ab\left(\frac{\partial a}{\partial q} + \frac{\partial b}{\partial p}\right) + \frac{\partial b}{\partial q}(1 + a^2)\right\}$$

$$+ \frac{\partial^2 s}{\partial p^2}(1 + b^2) - 2ab\frac{\partial^2 s}{\partial p\partial q} + \frac{\partial^2 s}{\partial q^2}(1 + a^2) = 0.$$

现在因为 a, b, s 与 z 无关, 所有这个方程分解为下面两个方程:

$$\frac{\partial^2 s}{\partial p^2}(1 + b^2) - 2ab\frac{\partial^2 s}{\partial p\partial q} + \frac{\partial^2 s}{\partial q^2}(1 + a^2) = 0, \tag{11}$$

$$\frac{\partial a}{\partial p}(1 + b^2) - ab\left(\frac{\partial a}{\partial q} + \frac{\partial b}{\partial p}\right) + \frac{\partial b}{\partial q}(1 + a^2) = 0. \tag{12}$$

如果我们现在把 p, q, r 看成是直角坐标, 那么 (12) 就是极小曲面的微分方程, 根据 (8) 和 (9) 它们又必定是球面或可展成平面的曲面. 只有当这个曲面是平面时才能把这二者结合起来, 从而 a, b 为常数, 而通过适当地确定 z 轴的方向就可以取其为零. 这样一来由 (11) 就得到

$$\frac{\partial^2 s}{\partial p^2} + \frac{\partial^2 s}{\partial q^2} = 0, \tag{13}$$

此外, 如果令 $\beta = \dfrac{p}{q}$, 那么和在第一种情形中一样, 有

$$s = \psi(m) + p\chi\left(\frac{p}{q}\right),$$
$$m = p^2 + q^2, r = 0,$$
$$-x = \frac{\partial s}{\partial p} = \psi'(m)2p + \chi(\beta) - \beta\chi'(\beta),$$
$$-y = \frac{\partial s}{\partial q} = \psi'(m)2q + \chi'(\beta).$$

因此由 (13) 推得

$$\sqrt{m}(4\psi'(m) + 4m\psi''(m)) + (1+\beta^2)^{\frac{3}{2}}\chi''(\beta) = 0,$$

这个方程可以分解为下面两个方程:

$$\sqrt{m}(4\psi'(m) + 4m\psi''(m)) = -k,$$
$$\chi''(\beta) = \frac{k}{\sqrt{(1+\beta^2)^3}},$$

其中 k 为常数. 积分后一方程就给出

$$\chi(\beta) = k\sqrt{1+\beta^2} + a + b\beta,$$

其中 a, b 为任意常数. 这样一来我们就得到了

$$x + a = -\frac{2\psi'(m)\sqrt{m} + k}{\sqrt{1+\beta^2}},$$
$$y + b = -\frac{(2\psi'(m)\sqrt{m} + k)\beta}{\sqrt{1+\beta^2}},$$
$$(x+a)^2 + (y+b)^2 = (2\psi'(m)\sqrt{m} + k)^2.$$

于是等温曲面在这种情况下就是一些同轴的柱面, 其截面为圆.

第三种情况, 其中 p, q, r 是同一个变量的函数, 不可能出现. 假如说有

$$p = \psi_1(\mu), \quad q = \psi_2(\mu), \quad r = \psi_3(\mu),$$

则由方程

$$\frac{\partial q}{\partial z} = \frac{\partial r}{\partial y}, \quad \frac{\partial r}{\partial x} = \frac{\partial p}{\partial z}, \quad \frac{\partial p}{\partial y} = \frac{\partial q}{\partial x},$$

$$\psi_1'(\mu) : \psi_2'(\mu) : \psi_3'(\mu) = \frac{\partial \mu}{\partial x} : \frac{\partial \mu}{\partial y} : \frac{\partial \mu}{\partial z}$$

以及方程 $\Delta = 0$, 就得出

$$\psi_1'(\mu)\frac{\partial \mu}{\partial x} + \psi_2'(\mu)\frac{\partial \mu}{\partial y} + \psi_3'(\mu)\frac{\partial \mu}{\partial z} = 0,$$

而这是矛盾的.

因而现在剩下来就是第四种情况, p, q, r 均为常数的情况, 于是等温曲面族由平行平面组成.

关于更一般的问题, 何时温度除了时间之外只与两个变量有关, 其第一种情况, 这在正文中是用 $m = 1$ 来表征的, 可以用下述方式来回答.

在这种情况下我们有二次形式如下:

$$\begin{pmatrix} 0 & 0 & c \\ a' & b' & c' \end{pmatrix},$$

其中 a', b' 为 γ 的函数, 而 c' 与 γ 无关. 此外行列式

$$\begin{vmatrix} 0 & c' & b' \\ c' & 0 & a' \\ b' & a' & c \end{vmatrix} = 2a'b'c' - cc'c'$$

为常数. 其伴随形式为

$$-(a'd\alpha + b'd\beta - c'd\gamma)^2 + 2(2a'b' - cc')d\alpha d\beta,$$

其中 $2a'b' - cc'$ 与 γ 无关.

现在我们通过引进 γ 的一个线性函数作为新变量来代替 γ, 这个形式就会变换得更简单一些, 如下:

$$(ad\alpha + cd\gamma)^2 + 2md\alpha d\beta,$$

其中 a 是 γ 的一个线性函数, c 和 m 与 γ 无关. 现在要做的是寻求这样一种情况, 在这个情况下这个形式能够转换成带常系数的形式, 或者特别地转换成 $dx^2 + dy^2 + dz^2$ 的形式.

为此我们来作方程 $(ii', i''i''') = 0$, 它在这种情况下取以下形式:

$$m\frac{\partial^2 c}{\partial\beta^2} - \frac{\partial c}{\partial\beta}\frac{\partial m}{\partial\beta} = 0, \qquad (1,1)$$

$$mc\left(\frac{\partial^2 c}{\partial\alpha^2} - \frac{\partial^2 a}{\partial\alpha\partial\gamma}\right) + \left(\frac{\partial a}{\partial\gamma} - \frac{\partial c}{\partial\alpha}\right)\left(c\frac{\partial m}{\partial\alpha} + m\frac{\partial a}{\partial\gamma}\right) = 0, \qquad (2,2)$$

$$2mc\left(\frac{\partial^2 a}{\partial\beta^2} - 2\frac{\partial^2 m}{\partial\alpha\partial\beta}\right) + 4c\frac{\partial m}{\partial\beta}\left(\frac{\partial m}{\partial\alpha} - a\frac{\partial a}{\partial\beta}\right) - \frac{m}{c}\left(\frac{\partial(ac)}{\partial\beta}\right)^2 = 0, \qquad (3,3)$$

$$2mc\left(\frac{\partial^2 (a^2)}{\partial\beta\partial\gamma} - \frac{\partial^2 (ac)}{\partial\alpha\partial\beta}\right) + 4m\frac{\partial c}{\partial\beta}\left(a\frac{\partial c}{\partial\alpha} - a\frac{\partial a}{\partial\gamma} + c\frac{\partial a}{\partial\alpha}\right)$$

$$+2c\left(c\frac{\partial a}{\partial\beta} - a\frac{\partial c}{\partial\beta}\right)\left(\frac{\partial m}{\partial\alpha} - a\frac{\partial a}{\partial\beta}\right) - 2m\frac{\partial c}{\partial\alpha}\frac{\partial(ac)}{\partial\beta} \qquad (2,3)$$

$$+a\frac{\partial(ac)}{\partial\beta}\left(c\frac{\partial a}{\partial\beta} - a\frac{\partial c}{\partial\beta}\right) = 0,$$

$$2mc\frac{\partial^2(ac)}{\partial\beta^2} - 2c\frac{\partial(ac)}{\partial\beta}\frac{\partial m}{\partial\beta} - 2m\frac{\partial c}{\partial\beta}\frac{\partial(ac)}{\partial\beta} = 0, \qquad (3,1)$$

$$2m\left(2c\frac{\partial^2 c}{\partial\alpha\partial\beta} - \frac{\partial^2(ac)}{\partial\beta\partial\gamma}\right) + \left(c\frac{\partial a}{\partial\beta} - a\frac{\partial c}{\partial\beta}\right)^2 = 0. \qquad (1,2)$$

由 (1, 2) 推知, $c\frac{\partial a}{\partial\beta} - a\frac{\partial c}{\partial\beta}$, 因而也就有 $\frac{\partial\frac{a}{c}}{\partial\beta}$ 与 γ 无关; 因此如果我们令 $a = a_1 + \gamma a_2$, 则推得 a_2 的形式为 $cf(\alpha)$, 且 $f(\alpha)$ 与 β 无关.

这样一来我们就有

$$(ad\alpha + cd\gamma)^2 + 2md\alpha d\beta = (a_1 d\alpha + c(f(\alpha) + d\gamma))^2 + 2md\alpha d\beta;$$

因此如果我们引进一个新的变量 $\gamma + \int f(\alpha)d\alpha$ 来代替 γ, 则二次形式就转换成另一个形状相同的形式, 其中只有 a 与 γ 无关. 在这个假定下方程 (2, 2) 就取得以下形式:

$$m\frac{\partial^2 c}{\partial\alpha^2} - \frac{\partial c}{\partial\alpha}\frac{\partial m}{\partial\alpha} = 0,$$

由此与 (1, 1) 相结合就得到

$$\frac{\partial\log\frac{\partial c}{\partial\alpha}}{\partial\alpha} = \frac{\partial\log m}{\partial\alpha}, \qquad \frac{\partial\log\frac{\partial c}{\partial\beta}}{\partial\beta} = \frac{\partial\log m}{\partial\beta},$$

由此又得到

$$\frac{\partial c}{\partial\alpha} = m\varphi(\beta), \qquad \frac{\partial c}{\partial\beta} = m\psi(\alpha).$$

现在要分三种情况来讨论.

1) 如果 $\varphi(\beta) = \psi(\alpha) = 0$, 则有 $c = $ 常数, 并且由 (1, 2) 推得 $\dfrac{\partial a}{\partial \beta} = 0$. 因此如果我们引进新变量 $c\gamma + \int a d\alpha$ 来代替 γ, 那么我们就会得到, 在二次形式中会有 $a = 0, c = 1$, 于是由 (3, 3) 可导得

$$\frac{\partial^2 \log m}{\partial \alpha \partial \beta} = 0, \quad 2m = \chi(\alpha)\theta(\beta).$$

因此如果引进变量 $\int \chi(\alpha) d\alpha, \int \theta(\beta) d\beta$ 来代替 α, β, 那么就会得到二次形式为

$$d\gamma^2 + d\alpha d\beta,$$

通过置换 $\alpha = x + iy, \beta = x - iy, \gamma = z$, 它就会变成

$$dx^2 + dy^2 + dz^2.$$

于是在这种情况下等温线 $\alpha = $ 常数, $\beta = $ 常数就是平行直线.

2) 如果 $\varphi(\beta) = 0$, 而 $\psi(\alpha) \neq 0$, 则 c 与 α 无关, 而且由 (1, 2) 得出 $\dfrac{a}{c}$ 与 β 无关. 以相似的方式我们可和在上面一样得到, a 将为零, 而且进一步还有

$$\frac{1}{\psi(\alpha)} \frac{\partial c}{\partial \beta} = m,$$

由此方程 $(1, 1), \cdots, (1, 2)$ 全都能得到满足. 如果我们引入 $\int \dfrac{2d\alpha}{\psi(\alpha)}, c$ 作为新变量来代替 α, β, 那么我们就将得到二次形式 $\beta^2 d\gamma^2 + d\alpha d\beta$, 它通过置换

$$x + iy = \beta, \quad x - iy = \alpha - \beta\gamma^2, \quad z = \beta\gamma$$

就可变为 $dx^2 + dy^2 + dz^2$. 但是我们无法由此借助于方程 $\alpha = $ 常数, $\beta = $ 常数, 得到实的曲线. 由于这个原因, $\psi(\alpha) = 0, \varphi(\beta) \neq 0$ 这种情形就不大重要.

3) 这时不论是 $\psi(\alpha)$, 还是 $\varphi(\beta)$, 都不等于零, 于是我们引入新变量 $\int \dfrac{d\alpha}{\psi(\alpha)}$, $\int \dfrac{d\beta}{\varphi(\beta)}$ 来代替 α, β, 由此我们就会得到

$$\frac{\partial c}{\partial \alpha} = m, \quad \frac{\partial c}{\partial \beta} = m, \quad \frac{\partial c}{\partial \alpha} - \frac{\partial c}{\partial \beta} = 0,$$

由此就会有 $c = f(\alpha + \beta), m = f'(\alpha + \beta)$.

由 (3, 1) 得出

$$\frac{\partial \log \frac{\partial(ac)}{\partial \beta}}{\partial \beta} = \frac{\partial \log cm}{\partial \beta},$$

由此通过积分就得到

$$ac = f^2 \varphi(\alpha) + \psi(\alpha);$$

通过引入变量 $\gamma + \int \varphi(\alpha) d\alpha$ 来代替 γ, 就得到 $\varphi(\alpha) = 0$, 同时还得到 $ac = \psi(\alpha)$.
于是由 (1, 2) 导出

$$\frac{f^3 f''}{f'} = -\psi(\alpha)^2.$$

现在因为方程一侧只与 α 有关, 而另一侧又只与 $\alpha + \beta$ 有关, 所以它们必定都等于一个常数 k^2, 由此就得出了函数应满足的一个二阶微分方程:

$$f'' - \frac{k^2 f'}{f^3} = 0,$$

据此方程 $(1,1), \cdots, (1,2)$ 全都能够得到满足. 对这个方程积分一次就得到:

$$2f' = k_1^2 - \frac{k^2}{f^2}.$$

如果我们现在令 $\alpha = x+iy, \beta = x-iy$, 并对 γ 引入一个新的变量 $\gamma - ik \int \frac{dx}{f^2}$,
则我们将得到

$$(cd\gamma + ad\alpha)^2 + 2md\alpha d\beta = \left(fd\gamma + \frac{k}{f}dy \right)^2 + 2f'(dx^2 + dy^2),$$
$$= f^2 d\gamma^2 + 2kd\gamma dy + 2f'dx^2 + k_1^2 dy^2.$$

如我们再令

$$2f'dx^2 = \frac{df^2}{2f'} = \frac{f^2 df^2}{k_1^2 f^2 - k^2} = d\xi^2,$$

由此就推得

$$\xi = \frac{1}{k_1^2} \sqrt{k_1^2 f^2 - k^2}, \quad f^2 = k_1^2 \xi^2 + \frac{k^2}{k_1^2}.$$

从而我们的二次形式就转换成

$$\left(\frac{k}{k_1} d\gamma + k_1 dy \right)^2 + k_1^2 \xi^2 d\gamma^2 + d\xi^2.$$

如果我们把这个式子放到极坐标中去, 办法就是令

$$\xi = r, \quad k_1 \gamma = \varphi, \quad k_1 y + \frac{k}{k_1} \gamma = z,$$

那么它就会取下面的形式:

$$dr^2 + r^2 d\varphi^2 + dz^2.$$

于是 $\alpha =$ 常数, $\beta =$ 常数的曲线就将为

$$r = 常数, \quad z - \frac{k}{k_1^2}\varphi = 常数,$$

其中 k 也可以为 0, 因而它们就是螺旋线或圆.

在 $k_1 = 0$ 的特殊情形下, 我们有 $\xi = \dfrac{if^2}{2k}$, 这时二次形式将为

$$-2ki\xi d\gamma^2 + 2kd\gamma dy + d\xi^2,$$

或者在我们又回过来用 α, β, γ 来置换 $\xi, \dfrac{2ky}{\sqrt{-2ki}}, \sqrt{-2ki}\gamma$ 之下, 它就写成

$$\alpha d\gamma^2 + d\beta d\gamma + d\alpha^2,$$

它再通过置换

$$x + iy = \beta + \alpha\gamma - \frac{1}{12}\gamma^3,$$
$$x - iy = \gamma,$$
$$z = \alpha - \frac{1}{4}\gamma^2$$

就可以转换成 $dx^2 + dy^2 + dz^2$ 的形式; 但是由此所得出的方程

$$z + \frac{1}{4}(x - iy)^2 = \alpha = 常数,$$
$$(x + iy) - \alpha(x - iy) + \frac{1}{12}(x - iy)^3 = \beta = 常数$$

就不对应任何实的曲线.

在其余的情形中我尚未能得以完整地完成这个计算.　　　　　　　W.

XXIII 论将两个超几何函数之商展成无限连分数[①][②]

I

现在我们来

研究如下形式的无限连分数

$$a + \cfrac{b_1 x}{1 + \cfrac{b_2 x}{1 + \cfrac{b_3 x}{1 + \cdots}}},$$

它在 x 足够小时收敛, 收敛到的函数记为 $f(x)$. 很容易看出, 第 m 级近似分数等于两个整函数 p_m 与 q_m 之商 $\dfrac{p_m}{q_m}$, 它们的次数, 在 $m = 2n + 1$ 时, 二者均为 n, 而在 $m = 2n$ 时, 一个为 n, 一个为 $n - 1$. 如果 x 为无限小, 那么第 m 级近似分数与函数 $f(x)$ 之差就是 m 阶无限小. 而要有这一点就必定要有满足的条件的数目与在等于近似分数的有理函数中所含的任意常数的个数相等.

---

①本断篇的加工整理完成于 1863 年 10 月, 是由 H. A. Schwarz 承担的.

②本文的第 I 节及第 II 节是用意大利文写的, 第 III 节的开始部分, 除了在方括号中 Schwarz 用的是德文之外, 也都是用意大利文. 在这以后, 从 372 页第 29 行 (法译本页码) Schwarz 的注释起, 文本均为德文, 和前面一样, 这些都放在方括号中. —— 法译者注

因此第 m 级近似分数就可以由要求它与函数按 x 的幂展开的前 m 项一致来决定, 同时分子与分母的次数, 在 $m = 2n + 1$ 时, 二者均等于 n, 而在 $m = 2n$ 时, 一个为 n, 一个为 $n - 1$.

II

当要求展开的是两个超几何级数

$$P^\alpha \begin{pmatrix} \alpha & \beta & \gamma \\ \alpha' & \beta' & \gamma' \end{pmatrix} x = P \quad \text{和} \quad P^\alpha \begin{pmatrix} \alpha & \beta+1 & \gamma \\ \alpha'-1 & \beta' & \gamma' \end{pmatrix} x = Q$$

之比时, 用这种确定第 m 级近似分数的方法就可直接得到它的解析表达式, 这时必须利用在我的论文 "对可以用 Gauss 级数 $F(\alpha, \beta, \gamma, x)$ 来表达的函数理论的一个新贡献" 中所提到的这些级数的特征性质.

实际上, 因为在 x 为无限小时, 差 $\dfrac{P}{Q} - \dfrac{p_m}{q_m}$ 为 m 阶无限小, 而 Qq_m 为 α 阶无限小, 所以表达式 $q_m P - p_m Q$ 为 $m + \alpha$ 阶无限小, 而且容易证明, 它会具有全部那种可以展开为超几何级数的函数的性质, 使得

$$
\begin{aligned}
q_{2n+1}P - p_{2n+1}Q &= P \begin{pmatrix} \alpha+2n+1 & \beta-n & \gamma \\ \alpha'-1 & \beta'-n & \gamma' \end{pmatrix} x \\
&= x^n P \begin{pmatrix} \alpha+n+1 & \beta & \gamma \\ \alpha'-n-1 & \beta' & \gamma' \end{pmatrix} x = x^n P_{n+1}, \qquad (1) \\
q_{2n}P - p_{2n}Q &= P \begin{pmatrix} \alpha+2n & \beta+1-n & \gamma \\ \alpha'-1 & \beta'-n & \gamma' \end{pmatrix} x = x^n Q_n,
\end{aligned}
$$

其中 P_n 和 Q_n 表示 P 和 Q 在将 α 和 α' 换成 $\alpha+n$ 和 $\alpha'-n$ 后所转换成的函数. 然后, 如果 x 以及 x 的函数随 x 这样连续改变, 使得当 x 绕数值 1 转一圈时, q_m, p_m 回到原先的值, 而 P, Q, P_n, Q_n 则转换成这些函数的另一个分支.

于是, 如果我们用 P', Q', P'_n, Q'_n 表示这些函数的另一个分支, 我们就将得到

$$
\begin{aligned}
q_{2n+1}P' - p_{2n+1}Q' &= x^n P'_{n+1}, \\
q_{2n}P' - p_{2n}Q' &= x^n Q'_n.
\end{aligned}
\qquad (2)
$$

由方程 (1) 和 (2), 我们得

$$\frac{p_{2n+1}}{q_{2n+1}} = \frac{PP'_{n+1} - P'P_{n+1}}{QP'_{n+1} - Q'P_{n+1}}, \quad \frac{p_{2n}}{q_{2n}} = \frac{PQ'_n - P'Q_n}{QQ'_n - Q'Q_n}.$$

于是, 为了弄清楚对怎样的 x 的值, 分数 $\dfrac{p_{2n}}{q_{2n}}$ 和 $\dfrac{p_{2n+1}}{q_{2n+1}}$ 会趋近 $\dfrac{P}{Q}$, 只需要弄清楚, 随着 n 的无限增大, 何时 $\dfrac{P_n}{P'_n}$ 和 $\dfrac{Q_n}{Q'_n}$ 趋于零.

III

为了方便起见我们引进 P_n 和 Q_n 的定积分表达式. 令

$$[-\alpha' - \beta' - \gamma' = a, \quad -\alpha' - \beta - \gamma = b, \quad -\alpha - \beta' - \gamma = c,]$$

可以将 P_n 表示成

$$\left[x^{\alpha+n}(1-x)^{\gamma} \int_0^1 s^{a+n}(1-s)^{b+n}(1-xs)^{c-n}ds\right],$$

将 Q_n 表示成

$$\left[x^{\alpha+n}(1-x)^{\gamma} \int_0^1 s^{a+1+n}(1-s)^{b+n}(1-xs)^{c-n}ds\right].$$

为了获得函数 P_n 和 Q_n 的一般形式, 我们还必须将积分乘以一个常数因子, 但是我们没有打算这样做, 因为在代入公式 (1) 时加入常数就相当于在整函数 p_m 和 q_m 中加进常数因子. 至于在积分号下的多值函数, 分支的选择没有什么区别, 只不过是在这两个积分中, $s^a, (1-s)^b, (1-xs)^c$ 的值要取成相等.

[可是如果我们把 P', Q', P'_n, Q'_n 中的每一个用它们与 P, Q, P_n, Q_n 中对应的量的线性组合来代替, 也即分别用 $AP+BP', AQ+BQ', AP_n+BP'_n, AQ_n+BQ'_n$ 来代替, $\dfrac{p_m}{q_m}$ 的表达式保持不变, 这里 A 和 B 为两个常数, 其中一个 B 不为零. 与此相应的函数也可以从上述积分得到, 只需把积分限从 0 到 1 改为从 $0, 1,$ $\dfrac{1}{x}, \infty$ 这四个中的任一个到其中的任另一个, 而且是全部按相同的路径.]

所以也可以选绕 $\dfrac{1}{x}$、从 1 到 1 的积分来作为 P'_n, Q'_n.

那种积分 [根据上面的设想可用来表示 P_n, Q_n, P'_n, Q'_n, 它们的值在积分路径保持积分限固定而做连续变化时不会改变] 只有当其积分路径不越过点 $\dfrac{1}{x}$, 而且我们可以这样来处理积分路径, 使得在 n 无限增大时, 积分所趋向的值很容易求得.

为此 [我们令]$\dfrac{s(1-s)}{1-xs}\cdots$.

[文本在此处中断了, 但是我们从 Riemann 本人的手稿和公式判断, 得出下述内容.

我们令:]

$$\frac{s(1-s)}{1-xs} = e^{f(s)}$$

[并考察在复变量 s 的平面上的这样一种曲线, 沿着这种曲线 $e^{f(s)}$ 的模为常数. 在这个模的值很小时它们几乎就是绕点 0 和 1 的同心圆. 而当这个模的值很大时, 它们就是绕着点 $s = \frac{1}{x}$ 和点 $s = \infty$ 的曲线. 因此在两种情况下曲线都是由互相分离的两部分组成. 如果我们令此模的值由小逐渐增大, 那么这两个互相分离的部分, 它们分别围绕着点 0 和点 1, 对应着相同的模数值, 就将越来越靠近, 直至形成一条有一个二重点的曲线. 在这个二重点上必定有 $f'(s)$ 等于零. 如果我们从上面提到的非常大的模数值逐渐减小, 也会得到类似的结论.

　　我们得到下述方程:]

$$f(s) = \log(1-s) - \log\left(\frac{1}{s} - x\right),$$

$$f'(s) = -\frac{1}{1-s} + \frac{1}{\frac{1}{s} - x}\frac{1}{ss} = \frac{1 - 2s + xs^2}{s(1-s)(1-sx)}.$$

[因此对 $f'(s) = 0$, 我们得:]

$$1 - 2s + xs^2 = 0, \quad s(1-xs) = 1-s, \quad 1 - 2s + s^2 = (1-x)s^2 = (1-s)^2,$$

$$\frac{1}{s} - 1 = \sqrt{1-x} = 1 - xs,$$

$$\frac{1-s}{1-xs} = s.$$

[现在我们用 $\sqrt{1-x}$ 表示那样一种平方根值, 它的实部总是正的, 这样就自然把 x 为实数且 $\geqslant 1$ 的情况排除在外. 此外, 如果我们用 σ, σ' 表示下述二次方程

$$1 - 2s + xs^2 = 0$$

的两个根:

$$\sigma = \frac{1}{1 + \sqrt{1-x}}, \quad \sigma' = \frac{1}{1 - \sqrt{1-x}},$$

那么 σ 的模将小于 σ' 的模.

　　于是有

$$e^{f(\sigma)} = \sigma^2 = \left(\frac{1}{1 + \sqrt{1-x}}\right)^2, \quad e^{f(\sigma')} = \sigma'^2 = \left(\frac{1}{1 - \sqrt{1-x}}\right)^2.$$

　　现在我们设想用这样的一条曲线将点 $s = 0$ 与点 $s = 1$ 连接起来, 使得它包含了点 $s = \sigma$, 而且在这条曲线上行进时, 在从 $s = 0$ 到 $s = \sigma$ 这一段上模数始

终增加, 而在从 $s = \sigma$ 到 $s = 1$ 这一段上模数始终减小. 这样一条曲线可以用作从点 $s = 0$ 到点 $s = 1$ 的积分的积分路径, 函数 P_n 和 Q_n 就可用这种积分来表达.

至于那种可以用来替代函数 P'_n 和 Q'_n 的积分, 其积分路径可以这样来取, 首先从点 $s = 1$ 开始, 走向点 $s = \sigma'$, 再从那里走回到点 $s = 1$, 并由此将点 $s = \dfrac{1}{x}$ 包围了起来. 这条积分路径可以这样选, 使得 $e^{f(s)}$ 的模只在点 $s = \sigma'$ 处取得它在这条曲线上的最大值.

下图为 Riemann 亲手所绘, 其中的虚线表示积分路径.

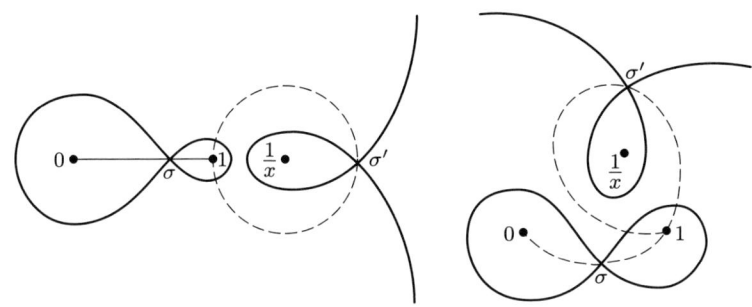

这里涉及要寻求这样的一个表达式, 它能渐近地表示下述积分

$$\int_0^1 s^{a+n}(1-s)^{b+n}(1-xs)^{c-n}ds$$

在 n 的值趋向无限大时的值.

令

$$s^a(1-s)^b(1-xs)^c = \varphi(s),$$

那么要计算的就是 $n = \infty$ 时积分 $\displaystyle\int_0^1 e^{nf(s)}\varphi(s)ds$ 的值.

积分路径上不在奇点 $s = \sigma$ 附近的那一部分对积分值的贡献在 n 的值趋向无限大时不仅为无限小, 而且 —— 由于 $n(f(\sigma) - f(s))$ 在所做的假设下无限地增大 —— 它与其积分路径在奇点 $s = \sigma$ 附近的那一部分对积分值的贡献之比也是无限小. 由于这个原因, 所以为了对上述积分求得一个在 $n = \infty$ 时有效的渐近表达式, 求和可以只限于积分路径上位于 $s = \sigma$ 附近的那一部分. 因此我们可

以假设其模数仅取一小值, 记为 h:]

$$s = \sigma + h,$$

$$f(s) = f(\sigma) + \frac{1}{2}f''(\sigma)h^2 + (h^3),$$

$$nf(s) = nf(\sigma) + n\frac{f''(\sigma)}{2}h^2 + n(h^3),$$

$$-n\frac{f''(\sigma)}{2}h^2 = z^2,$$

$$dh = \frac{dz}{\sqrt{-n\dfrac{f''(\sigma)}{2}}},$$

$$e^{nf(s)} = e^{nf(\sigma)}e^{-z^2 + \left(\frac{z^3}{\sqrt{n}}\right)},$$

$$e^{nf(s)}\varphi(s)ds = e^{nf(\sigma)}\varphi\left(\sigma + \frac{z}{\sqrt{-n\dfrac{f''(\sigma)}{2}}}\right)e^{-z^2}\frac{dz}{\sqrt{-n\dfrac{f''(\sigma)}{2}}}.$$

[如果现在假设积分路径位于 $s = \sigma$ 附近的那一部分是一段直线, 甚至下述曲线

$$\operatorname{mod} e^{f(s)} = \operatorname{mod} e^{f(\sigma)}$$

在点 $s = \sigma$ 处的两条切线所形成的直角被这段直线所平分, 那么在 $\lim n = \infty$ 时对 z 的积分分别收敛到 $-\infty$ 和 $+\infty$, 因此在 n 很大时靠近 $s = \sigma$ 的部分对所考察的积分的贡献渐近地等于

$$\frac{e^{nf(\sigma)}\varphi(\sigma)}{\sqrt{-n\dfrac{f''(\sigma)}{2}}}\int_{-\infty}^{+\infty}e^{-z^2}dz = \sqrt{\frac{\pi}{-\dfrac{f''(\sigma)}{2}}}\frac{e^{nf(\sigma)}}{\sqrt{n}}\varphi(\sigma).$$

这样就有

$$e^{nf(\sigma)} = \sigma^{2n} = \left(\frac{1}{1+\sqrt{1-x}}\right)^{2n},$$

$$-\frac{f''(\sigma)}{2} = \frac{1}{\sigma(1-\sigma)} = \frac{1}{\sigma^2\sqrt{1-x}},$$

$$\varphi(\sigma) = \sigma^{a+b}(1-x)^{\frac{b+c}{2}}.$$

这样一来积分 $\displaystyle\int_0^1 e^{nf(s)}\varphi(s)ds$ 的渐近值等于

$$\frac{\sqrt{\pi}}{\sqrt{n}}\left(\frac{1}{1+\sqrt{1-x}}\right)^{2n+a+b+1}(1-x)^{\frac{b+c}{2}+\frac{1}{4}}.$$

通过类似的推理可以得到积分 $\int_0^1 e^{nf(s)}\varphi(s)ds$ 的渐近值等于

$$\frac{\sqrt{\pi}}{\sqrt{n}}\left(\frac{1}{1-\sqrt{1-x}}\right)^{2n+a+b+1}(1-x)^{\frac{b+c}{2}+\frac{1}{4}}.$$

因此在所做的假设下得到比值 $P_n : P_n'$ 的渐近值为:]

$$\left(\frac{1-\sqrt{1-x}}{1+\sqrt{1-x}}\right)^{2n+a+b+1}.$$

[因此, 对 x 的所有值, 那些大于或等于 1 的实数除外, 比值 $P_n : P_n'$ 将随 n 的无限增大收敛到零.

当 a 变成 $a+1$ 时, 对商 $Q_n : Q_n'$ 也有类似的结果.

这样一来我们就证明了, 商

$$\frac{P^\alpha\begin{pmatrix} \alpha & \beta & \gamma & \\ \alpha' & \beta' & \gamma' & x \end{pmatrix}}{P^\alpha\begin{pmatrix} \alpha & \beta+1 & \gamma & \\ \alpha'-1 & \beta' & \gamma' & x \end{pmatrix}}$$

可以展成在 I 中所给出的连分数的近似分数, 对所有 x 值, 那些大于或等于 1 的实数除外, 它的确随着指数的增大收敛到这个商.]

XXIV 关于环的位势

一个物体, 它的各部分之间以与距离的平方成反比的力相互吸引或排斥, 为了要确定它对物体之外的任一点的作用, 众所周知, 这就需要寻求一个该点的直角坐标 x, y, z 的函数 V, 我们将它称为作用物质的势, 或势函数, 而它们的微商 $\dfrac{\partial V}{\partial x}, \dfrac{\partial V}{\partial y}, \dfrac{\partial V}{\partial z}$ 就与在该点的加速力相等, 或是相反, 这要看单位质量的物体对在一个单位距离外的相同量的物体所作用的单位力是引力还是斥力而定. 这个函数必须满足方程

$$\frac{\partial^2 V}{\partial x^2} + \frac{\partial^2 V}{\partial y^2} + \frac{\partial^2 V}{\partial z^2} = 0, \tag{1}$$

为了确定这个函数, 只要在该物体表面上的每一点再给一个条件, 并且问题常常以这样的形式呈现, 所给出的不是针对物质在物体内的分布, 而是它在表面上的作用所应满足的条件, 例如, [在表面上的] V 等于某个任意给定的函数, 因而在表面上的每一点的平行分量是被给定的, 或者是, 在每一点在给定方向上的分量取得给定值. 众所周知, 解决这个问题的方法是这样的, 从方程 (1) 的特解

$$Q_1, Q_2, \cdots, Q_n, \cdots$$

利用任意系数 $a_1, a_2, \cdots, a_n, \cdots$ 组成一般表达式

$$a_1 Q_1 + a_2 Q_2 + \cdots + a_n Q_n + \cdots = R,$$

它也同样满足微分方程 (1), 然后这样来确定这些常数, 使得边界条件得到满足. 表达式 R 一般来说只对坐标 x, y, z 一定的值收敛, 于是对每一个这种确定的表

达式, 整个无限的空间通过一个曲面 s 分割成两部分, 在其中一部分, 这个表达式收敛, 而在另一部分, 一般来说 (即忽略个别的点和线) 发散. 例如, 表达式

$$\sum a_n e^{z\sqrt{\alpha_n^2+\beta_n^2}} \cos \alpha_n x \cos \beta_n y$$

就从某一个垂直于 z 轴的平面开始不再收敛[1]. 如果我们引进极坐标来代替坐标 x, y, z, 并将 V 按矢径的幂展开, 那么众所周知, 这时 n 次幂前的系数就是由 n 阶球函数乘以任意常数组成, 我们由此得到一个级数, 它在某个以原点为中心的球面起不再收敛. 我们由此注意到, 一个一定形式的展开 R, 对应着一族收敛的曲面 (在第一种情况下是一族平行平面, 在第二种情况下是一族同心球面), 而根据这些系数的值, 从某个曲面开始曲面族就成为发散的.

显然表达式 R 必须在要确定函数 V 的整个区域内收敛, 因为只有这样我们才能把这个表达式代入边界条件中去确定那些任意系数. 但是另一方面又很容易证明, 一个满足微分方程 (1) 的表达式只有在它不再收敛的地方才能表示一个任意给定的函数[2]. 从而表达式 R 应该这样来确定, 使得物体的表面属于它的收敛的界面之一[3].

我们将首先对横切面为圆形的环状体来求解这个问题, 它对许多物理研究不是多余的.

1

设我们以环的轴为 z 轴, 以环的中心点为坐标原点. 那么环面的方程形式为

$$(\sqrt{x^2 + y^2} \pm a)^2 + z^2 = c^2.$$

我们首先来设法引进这样一种变量来替代 x, y, z, 使得它们在环的表面取常数值, 同时微分方程 (1) 取尽可能简单的形式.

如果我们在 (x, y) 平面引入极坐标, 即我们令

$$x = r \cos\varphi, \quad y = r \sin\varphi,$$

那么微分方程 (1) 就将成为

$$\frac{\partial^2 V}{\partial r^2} + \frac{\partial V}{r \partial r} + \frac{\partial^2 V}{rr \partial\varphi^2} + \frac{\partial^2 V}{\partial z^2} = 0, \tag{I}$$

边界条件与 φ 无关, 即

$$(r + a)^2 + z^2 = c^2$$

以及

$$(r - a)^2 + z^2 = c^2,$$

因此边界就是在 (r, z) 平面内以 $(-a, 0)$ 和 $(a, 0)$ 为圆心、以 c 为半径的两个圆.

现在我再来引进两个新的变量 ρ 和 ψ 来代替 r 和 z, 即我们将 $r + zi$ 设定为复变量 $\rho e^{\psi i}$ 的一个函数,

$$r + zi = f(\rho e^{\psi i}),$$

并且这样来确定量 $\rho e^{\psi i}$ 作为 $r + zi$ 的函数, 使得它的模 ρ 在那两条边界圆上为常数而在此两条圆线之外处处为连续和有限.

如果我们令[4]

$$r + zi = \frac{\beta + \gamma \rho e^{\psi i}}{1 + \rho e^{\psi i}}$$

以及

$$\beta = -\gamma = \sqrt{aa - cc},$$

这些条件就会得到满足; 这是因为我们这时会有

$$a + r + zi = \frac{(a + \beta) + (a + \gamma)\rho e^{\psi i}}{1 + \rho e^{\psi i}},$$

$$(a + r + zi)(a + r - zi) = \frac{\dfrac{a + \beta}{(a + \gamma)\rho} + e^{\psi i}}{1 + \rho e^{\psi i}} \frac{\dfrac{a + \beta}{(a + \gamma)\rho} + e^{-\psi i}}{1 + \rho e^{-\psi i}} (a + \gamma)^2 \rho^2.$$

如果有

$$\frac{a + \beta}{(a + \gamma)\rho} = \rho,$$

从而它也就等于

$$(a + \gamma)^2 \rho^2 = (a + \beta)(a + \gamma),$$

这个量就与 ψ 无关. 同样地, 如果

$$\rho\rho = \frac{-a + \beta}{-a + \gamma},$$

那么量

$$(-a + r + zi)(-a + r - zi)$$

也与 ψ 无关, 而且还等于

$$(-a + \beta)(-a + \gamma),$$

因此下述两个值

$$\rho\rho = \frac{a + \beta}{a + \gamma}, \quad \rho\rho = \frac{-a + \beta}{-a + \gamma}$$

对应于两个以点 $(-a, 0), (a, 0)$ 为圆心、以

$$\sqrt{(a+\beta)(a+\gamma)}, \quad \sqrt{(-a+\beta)(-a+\gamma)}$$

为半径的圆. 因为两个圆的半径应该为 c, 所以必定有

$$(a+\beta)(a+\gamma) - (-a+\beta)(-a+\gamma) = 2a(\beta+\gamma) = 0,$$

因而有 $\gamma = -\beta, aa = -\beta\beta = cc$, 从而也就有 $\beta = \sqrt{aa - cc}$.

2

微分方程 (1) 的变换可以这样来得到简化, 就是令 $V = r^\mu U$, 由此有

$$
\begin{aligned}
\frac{\partial^2 V}{\partial r^2} + \frac{\partial V}{r \partial r} &= r^\mu \frac{\partial^2 U}{\partial r^2} + 2\mu r^{\mu-1} \frac{\partial U}{\partial r} + \mu(\mu-1) r^{\mu-2} U \\
&\quad + r^{\mu-1} \frac{\partial U}{\partial r} + \mu r^{\mu-2} U \\
&= r^\mu \frac{\partial^2 U}{\partial r^2} + (2\mu+1) r^{\mu-1} \frac{\partial U}{\partial r} + \mu\mu r^{\mu-2} U,
\end{aligned}
$$

而且这样来选取 μ, 使得其中的第二项不存在, 因而有 $\mu = -\dfrac{1}{2}$. 于是微分方程 (1) 就将成为

$$rr\left(\frac{\partial^2 U}{\partial r^2} + \frac{\partial^2 U}{\partial z^2}\right) + \frac{\partial^2 U}{\partial \varphi^2} + \frac{1}{4} U = 0.$$

如果为了简短起见, 我们用 y 来记 $r + zi$, 用 η 来记 $\rho e^{\psi i}$, 它们的共轭量分别用 y' 和 η' 来表示, 那么我们就将得到

$$r = \frac{y + y'}{2}, \quad zi = \frac{y - y'}{2},$$

$$\frac{\partial U}{\partial y} = \frac{1}{2}\left(\frac{\partial U}{\partial r} - \frac{\partial U}{\partial z} i\right), \quad \frac{\partial^2 U}{\partial y \partial y'} = \frac{1}{4}\left(\frac{\partial^2 U}{\partial r^2} + \frac{\partial^2 U}{\partial z^2}\right),$$

从而有

$$rr\left(\frac{\partial^2 U}{\partial r^2} + \frac{\partial^2 U}{\partial z^2}\right) = (y + y')^2 \frac{\partial^2 U}{\partial y \partial y'}$$

以及

$$y = \beta\frac{1-\eta}{1+\eta}, \quad y' = \beta\frac{1-\eta'}{1+\eta'}, \quad y + y' = 2\beta\frac{1 - \eta\eta'}{(1+\eta)(1+\eta')},$$

$$y = \beta\left(-1 + \frac{2}{1+\eta}\right), \quad dy = -2\beta\frac{d\eta}{(1+\eta)^2}, \quad dy' = -2\beta\frac{d\eta'}{(1+\eta')^2},$$

$$(y+y')^2 \frac{\partial^2 U}{\partial y \partial y'} = (1 - \eta\eta')^2 \frac{\partial^2 U}{\partial \eta \partial \eta'} = \frac{(1 - \eta\eta')^2}{\eta\eta'} \frac{\partial^2 U}{\partial \log\eta \, \partial \log\eta'},$$

或者 (由于 $\eta\eta' = \rho^2, \log\eta = \log\rho + \psi i, \log\eta' = \log\rho - \psi i$)

$$= \frac{(1-\rho^2)^2}{\rho^2} \frac{1}{4} \left(\frac{\partial^2 U}{\partial \log\rho^2} + \frac{\partial^2 U}{\partial \psi^2} \right).$$

因而偏微分方程即将为

$$\left(\frac{\rho - \dfrac{1}{\rho}}{2} \right)^2 \left(\frac{\partial^2 U}{\partial \log\rho^2} + \frac{\partial^2 U}{\partial \psi^2} \right) + \frac{\partial^2 U}{\partial \varphi^2} + \frac{1}{4}U = 0.$$

3

现在不难将 U 展开为由这个微分方程的特积分组成的级数, 它对 φ 和 ψ 的所有值同时收敛或同时发散. 为此目的, 我们可以将这些特积分选为以下的形式:

$$\begin{matrix} \cos \\ \sin \end{matrix} \; m\psi \; \begin{matrix} \cos \\ \sin \end{matrix} \; n\varphi,$$

乘以一个 ρ 的函数 P, 它满足下述微分方程:

$$\left(\frac{\rho - \dfrac{1}{\rho}}{2} \right)^2 \left(\frac{d^2 P}{d\log\rho^2} - mmP \right) - \left(nn - \frac{1}{4} \right) P = 0. \tag{II}$$

于是可以通过 Fourier 级数来确定这些任意常数.

如果令

$$\frac{\rho - \dfrac{1}{\rho}}{2} = t,$$

则有

$$\frac{dP}{d\log\rho} = \frac{dP}{dt} \frac{\rho + \dfrac{1}{\rho}}{2},$$

$$\frac{d^2 P}{d\log\rho^2} = \left(\frac{\rho + \dfrac{1}{\rho}}{2} \right)^2 \frac{d^2 P}{dt^2} + \frac{\rho - \dfrac{1}{\rho}}{2} \frac{dP}{dt} = (tt+1)\frac{d^2 P}{dt^2} + t\frac{dP}{dt},$$

而且微分方程 (II) 则转换成

$$tt(tt+1)\frac{d^2 P}{dt^2} + t^3 \frac{dP}{dt} - \left(mmtt + nn - \frac{1}{4} \right) P = 0.$$

这个微分方程只包含两个相对于 t 的不同尺度 (Dimension) 的项, 而且可以按照自 Euler 以来就众所周知的方法通过超几何级数来进行积分. 所得解可以用多种形式通过其他超几何级数来表达, 即通过这样的超几何级数, 它的第四元素 (Element) 具有下述量[5]

$$-\left(\frac{\rho+\frac{1}{\rho}}{2}\right)^2, \quad \left(\frac{\rho+\frac{1}{\rho}}{2}\right)^2, \quad \left(\frac{1-\rho\rho}{1+\rho\rho}\right)^2; \quad \rho\rho, \quad 1-\rho\rho, \quad 1-\frac{1}{\rho\rho};$$

$$\left(\frac{1-\rho}{1+\rho}\right)^2, \quad -\frac{(1-\rho)^2}{4\rho}, \quad \frac{(1+\rho)^2}{4\rho}$$

的值, 或它的倒数值; 而且这十八个分量各有四种不同的满足微分方程的展开, 其中每两种描述同一个特解. 一般来讲, 最好是按其中最小的量展开. 如果我们按其中这样一个量展开, 它在 $\rho = 1$ 时为零, 那么表明在这两个所得的特解中有一个对 $\rho = 1$ 为无限大. 由于 V 应为有限, 所以在 P 的表达式中这个特解的系数应为零, 从而 P 会正比于在 $\rho = 1$ 保持为有限的解. 在 P 的这些各种不同的表达式中我只限于处理其中的一个, 我把它记为 $P^{n,m}$, 即

$$P^{n,m} = (1-\rho\rho)^{n+\frac{1}{2}}\rho^{\pm m}F\left(n\pm m+\frac{1}{2}, n+\frac{1}{2}, 2n+1, 1-\rho\rho\right).$$

因为在 $P^{n,m}$ 的不同的函数中前三个元素中超几何级数只差一个整数, 所以所有的 $P^{n,m}$ 都可以用其中的两个 $P^{0,0}$ 和 $P^{0,1}$ 线性地表出 (Comm. Gött. rec., Vol. II[1][6]), 这二者分别是第一类和第二类椭圆积分[2], 也许最好是以根据算术 – 几何平均原理的方法, 也就是通过重复作二阶变换来计算.

---

[1]Gauss' Werke, Bd. III, S. 131.　　　　　　　　　　　　　　　　　　　　　　W.
[2]全部 $P^{n,m}$ 都可以用广义的整椭圆积分来表示.

XXV 椭球体中热的分布

在处理热在均匀、各向同性物体内的运动的问题时, 根据 Fourier 理论, 就是去求积下述偏微分方程

$$\frac{\partial u}{\partial t} = a^2 \left(\frac{\partial^2 u}{\partial x^2} + \frac{\partial^2 u}{\partial y^2} + \frac{\partial^2 u}{\partial z^2} \right), \tag{1}$$

其中 a^2 是一个正的常数 (等于热导率与密度乘以比热之积的比值). 要求确定这样的一个 u, 它在一个给定的物体内部满足微分方程 (1), 对 $t = 0$ 它连续地过渡到一个预先给定的坐标函数 (初始状态), 而且在表面还要满足一个条件, 例如过渡到一个给定的函数.

如果要处理的是一个有界的椭球体, 其半轴分别是 $\sqrt{a}, \sqrt{\beta}, \sqrt{\gamma}$, 那么我们就可以引进椭圆坐标, 就是说, 我们把 λ, μ, ν 理解为具有边界条件

$$-\infty < \lambda < \gamma < \mu < \beta < \nu < \alpha$$

的下述方程的三个根:

$$\frac{x^2}{\alpha - \lambda} + \frac{y^2}{\beta - \lambda} + \frac{z^2}{\gamma - \lambda} - 1 \equiv f(\lambda) = 0, \tag{2}$$

从而在所给椭球体的表面有 $\lambda = 0$.

用 Jacobi 方法来做方程 (1) 的变换最方便. 通过对 (2) 式的微分得

$$\frac{2x}{\alpha - \lambda} + f'(\lambda)\frac{\partial \lambda}{\partial x} = 0,$$
$$\frac{2y}{\beta - \lambda} + f'(\lambda)\frac{\partial \lambda}{\partial y} = 0, \tag{3}$$
$$\frac{2z}{\gamma - \lambda} + f'(\lambda)\frac{\partial \lambda}{\partial z} = 0,$$

$$f'(\lambda) = \frac{x^2}{(\alpha - \lambda)^2} + \frac{y^2}{(\beta - \lambda)^2} + \frac{z^2}{(\gamma - \lambda)^2} = \frac{(\lambda - \mu)(\lambda - \nu)}{\theta(\lambda)}, \tag{4}$$

其中我们为了简洁起见假设了

$$(\alpha - \lambda)(\beta - \lambda)(\gamma - \lambda) = \theta(\lambda). \tag{5}$$

再者, 由 (3) 与 (4), 我们得

$$\left(\frac{\partial \lambda}{\partial x}\right)^2 + \left(\frac{\partial \lambda}{\partial y}\right)^2 + \left(\frac{\partial \lambda}{\partial z}\right)^2 = \frac{4}{f'(\lambda)}. \tag{6}$$

由此我们得到新坐标系中的体积元 $d\tau$ 的表达式如下:

$$d\tau = \frac{1}{8}\sqrt{f'(\lambda)f'(\mu)f'(\nu)}d\lambda d\mu d\nu,$$

而展布在任一空间上的积分变换为

$$\iiint \left(\left(\frac{\partial u}{\partial x}\right)^2 + \left(\frac{\partial u}{\partial y}\right)^2 + \left(\frac{\partial u}{\partial z}\right)^2\right) dx dy dz$$
$$= \iiint \left(\left(\frac{\partial u}{\partial \lambda}\right)^2 \frac{1}{f'(\lambda)} + \left(\frac{\partial u}{\partial \mu}\right)^2 \frac{1}{f'(\mu)} + \left(\frac{\partial u}{\partial \nu}\right)^2 \frac{1}{f'(\nu)}\right)$$
$$\cdot \frac{1}{2}\sqrt{f'(\lambda)f'(\mu)f'(\nu)}d\lambda d\mu d\nu.$$

如果我们再对这个等式两侧的积分作一阶变分, 我们就将得到我们要求的变换

$$\left(\frac{\partial^2 u}{\partial x^2} + \frac{\partial^2 u}{\partial y^2} + \frac{\partial^2 u}{\partial z^2}\right)\frac{1}{4}\sqrt{f'(\lambda)f'(\mu)f'(\nu)}$$
$$= \frac{\partial}{\partial \lambda}\sqrt{\frac{f'(\mu)f'(\nu)}{f'(\lambda)}}\frac{\partial u}{\partial \lambda} + \frac{\partial}{\partial \mu}\sqrt{\frac{f'(\nu)f'(\lambda)}{f'(\mu)}}\frac{\partial u}{\partial \mu} + \frac{\partial}{\partial \nu}\sqrt{\frac{f'(\lambda)f'(\mu)}{f'(\nu)}}\frac{\partial u}{\partial \nu},$$

如果再引进 (4), (5) 中的记号, 微分方程就转换成以下的形式

$$-(\mu - \nu)(\nu - \lambda)(\lambda - \mu)\frac{\partial u}{\partial t} \tag{7}$$

$$= 4a^2\Big\{(\mu - \nu)\sqrt{\theta(\lambda)}\frac{\partial \sqrt{\theta(\lambda)}\frac{\partial u}{\partial \lambda}}{\partial \lambda} + (\nu - \lambda)\sqrt{\theta(\mu)}\frac{\partial \sqrt{\theta(\mu)}\frac{\partial u}{\partial \mu}}{\partial \mu}$$

$$+ (\lambda - \mu)\sqrt{\theta(\nu)}\frac{\partial \sqrt{\theta(\nu)}\frac{\partial u}{\partial \nu}}{\partial \nu}\Big\}.$$

为了求得这个方程的特解, 我们令

$$u = e^{-4a^2g^2t}u_\lambda u_\mu u_\nu, \tag{8}$$

其中 g 为一任意常数, 并且设 u_λ 只与 λ, u_μ 只与 μ, u_ν 只与 ν 有关. 因此我们如果令

$$U_\lambda = \frac{\sqrt{\theta(\lambda)}}{u_\lambda}\frac{d\sqrt{\theta(\lambda)}\frac{du_\lambda}{d\lambda}}{d\lambda}, \tag{9}$$

那么 U_λ 将只与 λ 有关, 对于 U_μ, U_ν 也有类似的结论, 于是有

$$g^2(\mu - \nu)(\nu - \lambda)(\lambda - \mu) = (\mu - \nu)U_\lambda + (\nu - \lambda)U_\mu + (\lambda - \mu)U_\nu. \tag{10}$$

如果将此方程对 λ 微分两次, 就得到

$$-2g^2 = \frac{d^2U_\lambda}{d\lambda^2},$$

或即

$$U_\lambda = -g^2\lambda^2 - h\lambda - k.$$

同样地有

$$U_\nu = -g^2\nu^2 - h\nu - k,$$
$$U_\mu = -g^2\mu^2 - h\mu - k,$$

其中 h 和 k 为任意常数, 为使 (10) 能得到满足, 在三个公式中它们必须相等. 因此由 (9) 得到 u_λ 的一个二阶线性微分方程

$$\sqrt{\theta(\lambda)}\frac{d\sqrt{\theta(\lambda)}\frac{du}{d\lambda}}{d\lambda} + (g^2\lambda^2 + h\lambda + k)u = 0,$$

或者写成有理形式则为

$$\theta(\lambda)\frac{d^2u}{d\lambda^2} + \frac{1}{2}\theta'(\lambda)\frac{du}{d\lambda} + (g^2\lambda^2 + h\lambda + k)u = 0, \tag{11}$$

对 u_μ 和 u_ν 也有相同的微分方程, 只需将其中的变量 λ 换成 μ 或 ν 就可以了.①

①这篇研究论文是以 Riemann 遗著中的一页译稿为基础的, 其时间可以确定在 1856 年的复活节到圣灵降临节之间. 这里的这个问题所归结到的微分方程 (11), 如果令 $g = 0$, 就过渡到所谓的 Lamé 方程. 我们在此得到了这样的一个微分方程的例子, 它在奇点 $\lambda = \infty$ 处的积分, 这是我们在新近用到一个表达式, 不是正则的.　　　　　　　　　　　　　　　　　W.

XXVI 两轴平行、截面为圆形的柱体上的电平衡. 圆域的保角变换[①]

有关确定具有平行母线的柱体上静电的分布, 或者其处于稳恒态下温度的分布的问题, 在假设第一个问题中的力、第二个问题中的温度, 在表面上的分布沿平行于母线的直线为常量的情况下, 只要找到了下述数学问题的一个解, 就可以得到解决, 这个数学问题就是:

要求确定在平面上由一任意曲线所围的、单重地展布的连通曲面 S 上的这样一个直角坐标 x, y 的函数 u, 使得它在曲面 S 的内部满足微分方程

$$\frac{\partial^2 u}{\partial x^2} + \frac{\partial^2 u}{\partial y^2} = 0,$$

并在边界上取任意预先给定的值.

这个问题首先可以归结为一个较简单一些的问题:

试确定复变量 $z = x + yi$ 的一个函数 $\zeta = \xi + \eta i$, 它在 S 的边界曲线上只取实数值, 在任一边界曲线上的某一点为无限的话就是一阶无限大, 但是在整个曲面 S 的其余各处都保持为有限和连续. 对这种函数不难证明, 在每一条边界曲线上, 任一实数值它能取到也只能取到一次, 而在曲面 S 的内部, 每一个具有正虚

[①]本文以及下一篇论文都不在 Riemann 已经完成的手稿之中. 它是由好几篇单页组合起来的, 其中除了少量的说明之外, 只有一些公式.

这一版的标题的第二部分比起第一版来, 能够更好指出这一断篇的意义, 第一版只提到所讲的应用.   W.

部的复数它能取到 n 次, 这个量 n 为 S 的边界曲线的条数, 并设围绕每一条边界曲线正向走一周时, ζ 从 $-\infty$ 变到 $+\infty$. 通过这个函数我们就得到 n 重展布在代表复变量 ζ 的上半平面的一个曲面 T, 它提供了曲面 S 的共形映像, 而且它的边界曲线是那样一些直线, 它们在那 n 叶中与实轴相重合 [即 T 的每一分叶以实轴为边界]. 由于 S 与 T 应有相同连通重数, 即同为 n 重连通的, 所以 T 在它的内部有 $2n-2$ 个简单分支点 (见论文 "Abel 函数理论" 第 7 节), 于是我们的问题就归结为:

寻求复变量 ζ 的一个具有和 T 一样的分支的函数, 它的实部 u 在 T 的内部连续, 而在 n 条边界线上具有预先任意给定的值.

如果我们知道了 ζ 的一个具有和 T 一样的分支的函数 $\tilde{\omega} = h + ig$, 它在 T 的内部的某一点 ε 上具有对数无限大, 它的虚部 ig 在 T 中除了 ε 点外连续, 而在 T 的边界上为零, 那么根据 Green 定理 (单复变量函数一般理论基础, 第 10 节, 第 18 页及以后) 有:

$$u_\varepsilon = -\frac{1}{2\pi} \int u \frac{\partial g}{\partial \eta} d\xi,$$

其中积分沿 T 的 n 条边界曲线进行.

但是函数 g 可以按以下方式来确定. 将曲面 T 扩展到整个平面 ζ 上, 具体做法就是, 我们将上部的镜像引到其下半部 (ζ 在这里的虚部取负值) 的上面. 这样一来我们就得到了一个 n 重覆盖着整个 ζ 平面的曲面, 它具有 $4n-4$ 个简单分支点, 并由此属于这样一类代数函数, 其类数 $p = n-1$ (见论文 "Abel 函数理论" 第 7 节及第 12 节).

函数 ig 现在就是一个第三类积分的虚部, 它的间断点位于点 ε 以及与之相共轭的点 ε', 而且它的周期模数全为实数. 这样的一个函数可以确定到只差一个可加常数, 从而只要成功地求得了 z 的函数 ζ, 我们的问题就解决了.

我们将进一步在假设 S 的边界曲线由 n 个圆组成的条件下来求解这后一问题. 这些圆既可以全都互相在其他圆的外面, 从而曲面 S 伸展到无限远处, 也可能是其中有一个圆包括了所有其他的圆, 从而 S 为有限. 通过半径互反映射, 很容易将其中一种情况转换为另一种情况.

如果在 S 内部 z 的函数 ζ 确定了, 那么就可以将它连续地延拓到 S 的边界上, 由此可以将 S 的每一点取作相对于任意边界圆的调和极点 (harmonische Pol), 并将函数 ζ 的共轭值赋予该点. 这样一来我们就把用于定义函数 ζ 的区域 S 扩展了, 但是它的边界仍然由圆组成, 对它们我们又可以做同样的处理, 这种操作可以无限地延续下去, 由此函数 ζ 的定义域就会逐渐扩展到整个 z 平面.

为了表示两个量 a 和 a' 为虚共轭 (conjugirt imaginär), 我们采用记号

$$a \neq a',$$

如果两侧虚共轭的量相加, 或者用这种量相乘或相除, 这样表示的联系仍然成立; 如果正确加以说明的话, 两侧也可以进行开根.

如果现在有 $\zeta \neq \zeta'$, 并且与 ζ 和 ζ' 相应的 z 值为 z 和 z', 那么, 如果 r 为 S 的某一边界圆的半径, 而在其中心的 z 值为 p, 则有

$$\frac{z-p}{r} \neq \frac{r}{z'-p},$$

因此给出

$$z \neq \frac{az'+b}{cz'+\partial},$$

其中 a, b, c, ∂ 表示常数. 因此得到

$$\frac{dz}{d\zeta} \neq \frac{a\partial - bc}{(cz'+\partial)^2} \frac{dz'}{d\zeta},$$

$$\frac{1}{\sqrt{\dfrac{dz}{d\zeta}}} \neq \frac{1}{\sqrt{a\partial - bc}} \frac{cz'+\partial}{\sqrt{\dfrac{dz'}{d\zeta'}}},$$

$$\frac{z}{\sqrt{\dfrac{dz}{d\zeta}}} \neq \frac{1}{\sqrt{a\partial - bc}} \frac{az'+b}{\sqrt{\dfrac{dz'}{d\zeta'}}}.$$

因此如果我们令

$$\frac{1}{\sqrt{\dfrac{dz}{d\zeta}}} = y, \qquad \frac{z}{\sqrt{\dfrac{dz}{d\zeta}}} = y_1,$$

并以 y', y_1' 表示 y, y_1 在点 ζ' 处所取的值, 那么就会给出

$$y \neq \frac{cy_1' + \partial y'}{\sqrt{a\partial - bc}},$$
$$y_1 \neq \frac{ay_1' + by'}{\sqrt{a\partial - bc}}, \tag{1}$$

由此得

$$\frac{d^2 y}{d\zeta^2} \neq \frac{c\dfrac{d^2 y_1'}{d\zeta'^2} + \partial \dfrac{d^2 y'}{d\zeta'^2}}{\sqrt{a\partial - bc}},$$
$$\frac{d^2 y_1}{d\zeta^2} \neq \frac{a\dfrac{d^2 y_1'}{d\zeta'^2} + b\dfrac{d^2 y'}{d\zeta'^2}}{\sqrt{a\partial - bc}}. \tag{2}$$

再由对

$$z = \frac{y_1}{y} \tag{3}$$

的微分得

$$y\frac{dy_1}{d\zeta} - y_1\frac{dy}{d\zeta} = 1,$$

$$y\frac{d^2y_1}{d\zeta^2} - y_1\frac{d^2y}{d\zeta^2} = 0$$

或者

$$\frac{1}{y}\frac{d^2y}{d\zeta^2} = \frac{1}{y_1}\frac{d^2y_1}{d\zeta^2}, \tag{4}$$

以及同样地有

$$\frac{1}{y'}\frac{d^2y'}{d\zeta'^2} = \frac{1}{y_1'}\frac{d^2y_1'}{d\zeta'^2}. \tag{5}$$

由此, 以及由 (1), (2) 还可以进一步得到

$$\frac{1}{y}\frac{d^2y}{d\zeta^2} = \frac{1}{y_1}\frac{d^2y_1}{d\zeta^2} \neq \frac{1}{y'}\frac{d^2y'}{d\zeta'^2} = \frac{1}{y_1'}\frac{d^2y_1'}{d\zeta_1'^2}. \tag{6}$$

因此如果我们令

$$\frac{d^2y}{d\zeta^2} = sy, \tag{7}$$

那么 s 就是 ζ 的一个这样的函数, 它对 ζ 的虚共轭值 ζ' 所取的值就是本身的虚共轭值, 因此, 如果我们在曲面 T 上沿任何路径对它作对称性延拓, 回到起点时, 其值不会改变. 因此 s 作为 ζ 的代数函数, 其分支和 T 是一样的; y 和 y_1 是线性微分方程 (7) 的两个特解, z 是它们之比. 反之, 如果我们在 T 上的代数函数 s 为任意, 同样它也会在共轭点上取其共轭值, 并从而对 ζ 的实数取实数值, 并且任取方程 (7) 的两个特解, 那么函数 $z = \dfrac{y_1}{y}$ 所给出曲面 T 的一个共形映像以圆作为其边界. 这时遇到的不定常数可以这样来确定, 要求这个映像在其内部没有奇点, 并因此在 z 平面内单重展布, 并且边界圆取给定的位置.

XXVII 以给定曲线为界的、面积最小的曲面举例[①]

I

要来确定这样一个最小面积的曲面, 它以三条直线为界, 它们相交于两点, 所以这个曲面的边界形成两个夹角, 具有一个伸向无限远的扇区.

设那三条直线所形成的夹角为 $\alpha\pi, \beta\pi, \gamma\pi$. 将所要求的曲面映射到球面上将为一球面三角形, 其夹角为 $\alpha\pi, \beta\pi, \gamma\pi$, 所以有 $\alpha + \beta + \gamma > 1$.

设用 a, b, c 表示复变量 t 的平面上对应于那两个夹角和伸向无限远的扇区的三个点 (论在给定边界下面积最小的曲面, 第 13 节). 于是我们有

$$u = \int \frac{\text{常数} \cdot dt}{(t-c)\sqrt{(t-a)(t-b)}}$$

或

$$u = \text{常数} \cdot \log \frac{\sqrt{\dfrac{t-a}{c-a}} - \sqrt{\dfrac{t-b}{c-b}}}{\sqrt{\dfrac{t-a}{c-a}} + \sqrt{\dfrac{t-b}{c-b}}}.$$

[①]这些例子中的第一个是在 Riemann 遗稿的一些单页中发现的, 给出的结果简短但完整. 相对而言, 第二个只有一点指示, 不可能把解说出来. 因此求解的任务就落到了编者的身上. 最后那个问题的几个特殊情形是由 H. A. Schwarz 处理的. (一个特殊极小曲面的确定, 柏林, 1871.)

如果我们令 $a = 0, b = \infty, c = 1$, 这是允许的, 则因此得

$$du = 常数 \cdot \frac{dt}{(1-t)\sqrt{t}}, \quad u = 常数 \cdot \log \frac{1-\sqrt{t}}{1+\sqrt{t}}$$

并且后面的常数等于 $\sqrt{\dfrac{rC}{2\pi}}$, 其中 C 表示互不相交的两条直线之间的最短距离.

如果我们按照上述论文的第 14 节令

$$k_1 = \sqrt{\frac{du}{d\eta}}, \quad k_2 = \eta\sqrt{\frac{du}{d\eta}},$$

那么这两个函数在 t 平面上的所有点上, $0, \infty, 1$ 除外, 为有限和连续, 而如果我们用刚才所讲的那个地方的方法来研究这两个函数在奇点邻域内的行为, 那么我们就能看出, k_1, k_2 是函数

$$P \left\{ \begin{array}{ccc} \dfrac{1}{4} - \dfrac{\alpha}{2} & \dfrac{1}{4} - \dfrac{\beta}{2} & -\dfrac{\gamma}{2} \\ \dfrac{1}{4} + \dfrac{\alpha}{2} & \dfrac{1}{4} + \dfrac{\beta}{2} & +\dfrac{\gamma}{2} \end{array} \quad t \right\}$$

的两个分支, 而对 η 我们就要用这个函数的两个分支之商代入.

II

设所要求的最小面积的曲面是由位于两个平行平面上的闭合直线多边形所围成, 这两个多边形都没有凹角. 在这种情况下曲面是二重连通的, 只要用一条割线就可以把它变成单连通的.

这个最小面积的曲面在球面上的映像其边界由两组大圆的圆弧组成, 其平面垂直于边界多边形的平面, 从而使得这些大圆全都通过球面上的两个对径点. 这两组边界多边形之一的全部顶点就相应于这两个对径点之一. 在任一条多边形的边上都会有一个法线的转折点 (Umkehrpunkt), 它对应于它的映像大圆的端点. 因此这个极小面积曲面的映像就会将整个球面单重地覆盖一遍.

如果我们将球面投影到边界圆弧所经过的某一点的切平面上去, 那么这样所得到的极小曲面的像就是能将复变量 η 的平面全部覆盖的一曲面块 H, 其边界曲线, 一方面是一组从零点发出到某些点 $C_1, C_2, \cdots, C_n$ 的星状直线, 另一方面是第二组直线, 从另一组点 $C_1', C_2', \cdots, C_m'$ 出发引向无限远点, 因此它们的延长线将与 0 点重合 (这里 n 和 m 为所给两组多边形的顶点的个数).

这样我们就可以把这个二重连通的曲面 H 映射到那将复变量 t 的平面的上半平面覆盖两次的曲面 T_1 上, 使得曲面 H 的这两组边界对应于 t 的实值. 为使

这个曲面 T_1 为二重连通, 它必须有两个分支点. 如果我们给曲面 T_1 相对于实轴添加上它的镜像, 那么我们就会得到一个两次覆盖全部 t 平面的曲面 T. 它的四个分支点对应于 t 的虚共轭值. 通过引进一个新变量 t' 来代替 t, 它与 t 之间通过一个对 t 和 t' 这两个变量的二次方程相联系, 我们就可以做到使得与这四个分支点对应的值为 $t' = \pm i, t' = \pm \dfrac{i}{k}$, 其中 k 为实数, 且 < 1, 而且还能做到对一个任意的 t 的实数值, 能使它与这两个分叶中之一上的一个已给定的 t' 的实数值相对应.

因此我们要将 t 确定为复变量 η 的这样一个函数, 使得它在曲面 H 的每一点上有一个确定的、随点的位置连续改变的值, 在 H 的两个边界线上取实数值, 并且在每一边界线的某一点上成为一阶无限大. 如果我们这样来将此函数越过边界向外连续地开拓, 令它在对边界对称的点上取相互共轭的值, 那么我们很容易看出, 函数 $\dfrac{d \log \eta}{dt}$ 对相互共轭的 t 值所取的值也是相互共轭的. 因此它在整个曲面 T 上就是单值的, 除个别点之外, 也是连续的, 于是必定是 t 的一个有理函数, 并为

$$\Delta(t) = \sqrt{(1 + t^2)(1 + k^2 t^2)}.$$

如果我们把与点 $C_1, C_2, \cdots, C_n, C_1', C_2', \cdots, C_m'$ 对应的 t 的实数值记为 $c_1, c_2, \cdots, c_n, c_1', c_2', \cdots, c_m'$, 同样地将与坐标原点相对应, 以及与和曲面 H 的顶点相重合的无限远点相对应的 t 的实数值记为 $b_1, b_2, \cdots, b_n, b_1', b_2', \cdots, b_m'$, 那么 $\dfrac{d \log \eta}{dt}$ 必定在

$$t = c_1, c_2, \cdots, c_n, c_1', c_2', \cdots, c_m'$$

处为一阶无限小, 而在

$$t = b_1, b_2, \cdots, b_n, b_1', b_2', \cdots, b_m'$$

处, 以及在分支点

$$t = \pm i, \quad = \pm \frac{i}{k}$$

处为一阶无限大.

这样一来我们可以令

$$\frac{d \log \eta}{dt} = \frac{\varphi(t, \Delta(t))}{\sqrt{(1 + t^2)(1 + k^2 t^2)}},$$

其中 φ 表示 t 和 Δt 的一个有理函数, 它在点 c, c' 处为无限小, 在点 b, b' 处为无限大, 并由此确定到只差一个常数因子未定. 此外为使这样一个函数能够存在, 必须在 c, c', b, b' 之间有一个条件方程, 使得其中的一个可以由其余的确定

下来 (Abel 函数理论, 第 8 节, 第 114 页). 此外, 根据上面所指出的, 这四个点 c, c', b, b' 之中有一个可以任取. 如果属于点 c 的值 η 之一, 例如 η_0, 给定了, 则附加在 $\log \eta$ 上的可加常数也就确定了, 由此得

$$\log \eta - \log \eta_0 = \int_c^t \frac{\varphi(t, \Delta(t)) dt}{\sqrt{(1 + t^2)(1 + k^2 t^2)}}.$$

在这个表达式中, 在 η_0 和 c 确定之后, 还有 $2n + 2m$ 个未定常数, 这就是, 在 c, c', b, b' 之中的 $2n + 2m - 2$ 个, 再加上模 k 和 φ 中的一个实数常数因子.

对这些常数首先有两个条件, 它们是说, 下述在一条包围分支点 $i, \dfrac{i}{k}$ 的封闭曲线上的积分

$$\int \frac{\varphi(t, \Delta(t)) dt}{\sqrt{(1 + t^2)(1 + k^2 t^2)}}$$

的实部变为零, 而这个积分的虚部为 $2\pi i$. 对余下的 $2n + 2m - 2$ 个常数, 可以由要求点 c, c' 与 η 平面上的点 C, C' 相对应来得到它们的同样个数的条件方程.

现在我们来设想将 x 轴安放得与所给的两个边界多边形的平面相垂直, 在通过从一个边界多边形到另一个边界多边形的一条割线把曲面变成单连通的之后, 再来研究将极小曲面映到复变量 X 的平面上的映射. 于是在两个边界多边形上 X 的实部为常数, 在这个曲面的平行于此多边形的切割平面上也是如此. 而当人们在这样的一个切割平面上绕行时, 其虚部则不断增长, 甚至每转一圈所增加为一常量. 由此得知我们的曲面在 X 平面中的像由一平行四边形作为其边界, 它单重地覆盖着平面, 它的两条边对应于曲面的边界, 且与虚轴平行. 另两条边对应于割线的边界, 它们甚至可以是弯曲的, 但是通过平行于虚轴的移动可以互相重合.

这个平行四边形应该能够这样地映射到曲面 T 的上半部 T_1, 使得它平行于虚轴的两条边对应于 T_1 的两条边界, 而另两条边对应于 T_1 的一条割线的两岸. 因此这种映射就可用下述函数

$$X = iC \int \frac{dt}{\sqrt{(1 + t^2)(1 + k^2 t^2)}} + C'$$

来实现, 其中常数 C 为实数, 而常数 C', 当坐标原点在 x 轴上的位置规定后, 就可以取任意值. 如果 h 为两平行边界平面之间的垂直距离, 那么有

$$h = 4C \int_0^i \frac{i dt}{\sqrt{(1 + t^2)(1 + k^2 t^2)}},$$

由此可以将常数 C 确定下来.

这样一来, 如果不考虑确定常数的话, 我们的问题就得到解决了, 因为根据第 XVII 篇第 9 节的公式我们有

$$Y = \frac{1}{2} \int dX \left(\eta - \frac{1}{\eta} \right),$$

$$Z = -\frac{i}{2} \int dX \left(\eta + \frac{1}{\eta} \right),$$

由此就可将极小曲面的坐标 x, y, z 用两个独立变量的函数表示出来.

对于在 η 中出现的两个常数, 还有两个条件, 它们要求, 那两个用 X 和 Y 所表示的积分的实部, 在积分路径为围绕原点的封闭曲线时, 应取值为零.

如果我们将 h 以及边界直线的方向认为已给, 那么我们的表达式, 在不计在 X, Y, Z 中的可加常数下, 还依赖于 $n + m - 2$ 个未定常数, 我们可以把它们取为 η 平面上 C, C' 到原点的距离, 根据上述它们之间还存在两个关系. 用以确定边界多边形的相对位置的常数个数也同样多. 的确是这样, 除了用于确定坐标原点的两条多边形边之外, 剩下的 $n + m - 2$ 条边每一条都可以在其平面内平行移动.

如果我们假设边界多边形具有某种对称性, 那么所得结果还可以取更简单的形状. 我们在下面来考察这样的情形, 这两个多边形为正多边形, 构成一个正棱锥体的底.

这种情况下法线的转折点 (Umkehrpunkt) 全都位于边界直线的中点, 因此也就成对地落在通过棱锥体的轴线的平面内.

如果我们令 y 轴垂直于某一边界直线, 那么在 η 平面内就有一个点 C 和一个点 C' 位于实轴上, 它们在其上离开原点的距离分别记为 η_0 和 η_0'. 点 C 和点 C' 位于两个同心圆上, 它们在其上分别构成一个正多边形的顶点, 而且有一个点 C 和一个点 C' 位于同一矢径上.

由于在曲面 T 的边界上有一点可以任取, 所以我们可以把点 C 取在实轴上, 对应于在两个分支的某一叶上的 $t = 0$ 的点. 于是由对称性得出, 在 η 平面内的实轴上在点 C 和点 C' 之间的这一段对应于曲面 T 上的一条曲线, 它从第一叶上的 $t = 0$ 的点出发, 走向分支点 $t = i$, 再从这里在第二叶上沿虚轴回到 $t = 0$ 的点. 这样一来, 函数 $\varphi(t, \Delta t)$ 对纯虚数的 t 取值也是纯虚数, 而点 C' 则对应于第二叶中的 $t = 0$ 的点.

通过置换 $\eta\eta' = \eta_0\eta_0'$ 曲面 H 将映射成一个与之全同的曲面 H', 而且点 C 会映射成点 C', 反之亦然 (但是顺序相反). 由此得知位于曲面 H 上的两个点 η 和 $\eta' = \dfrac{\eta_0\eta_0'}{\eta}$ 对应于曲面 T 上的两个分支叶的上下重合的两个点. 而且由于

$d\log\eta + d\log\eta' = 0$, 所以 $\varphi(t, \Delta t)$ 对两个分支叶的上下重合的两个点必定有相同的值, 因而也可以用 t 的有理式表出, 并由于上面所指出的, 具有 $t\psi(t^2)$ 的形式, 这里 ψ 为一有理函数.

这就允许我们通过置换

$$\frac{1+t^2}{1+k^2t^2} = s^2$$

将曲面 T 映射到曲面 S, 在这个映射下, 曲面 T 的上半部的像单层覆盖曲面 s 的一叶, 沿实轴在 $s = 1$ 到 $s = \dfrac{1}{k}$ 之间以及在 $s = -1$ 到 $s = -\dfrac{1}{k}$ 之间被剪开. 这两个开口的边沿对应于曲面 H 的边界. 由此我们得到 X 的表达式

$$X = \frac{h}{4K} \int \frac{ds}{\sqrt{(1-s^2)(1-k^2s^2)}},$$

其中 K 表示

$$K = \int_0^1 \frac{ds}{\sqrt{(1-s^2)(1-k^2s^2)}},$$

而 η 可表示为 s 的一个有理函数.

如果边界多边形为一正方形, 则得到这个函数为

$$\eta = c\sqrt{\frac{(1-ms)(1-m's)}{(1+ms)(1+m's)}},$$

边界正四边形的顶点对应于两个开口边沿上的点 $s = \dfrac{1}{m}, s = \dfrac{1}{m'}$, 法线的回转点对应于点 $s = 1, s = \dfrac{1}{k}$, 以及一个在开口的两个边沿上的点 $s = \dfrac{1}{n}$, 它由方程 $\dfrac{d\log\eta}{ds} = 0$ 来确定, 而且这里有

$$1 > m > n > m' > k.[1]$$

对于边界多边形为等边三角形的情况, 则有

$$\eta = c\left(\frac{1-ms}{1+ms}\right)^{\frac{2}{3}}\left(\frac{1-ks}{1+ks}\right)^{\frac{1}{3}}.$$

为了在最后这一情况研究确定常数的可能性, 我们首先令 $s = \pm 1$, 由此得

$$\eta_0 = c\left(\frac{1-m}{1+m}\right)^{\frac{2}{3}}\left(\frac{1-k}{1+k}\right)^{\frac{1}{3}}, \quad \eta_0' = c\left(\frac{1+m}{1-m}\right)^{\frac{2}{3}}\left(\frac{1+k}{1-k}\right)^{\frac{1}{3}},$$

---

[1] 可以将上面的研究推广到这两个多边形不是正多边形的许多情形. 例如, 我们在上面所得到的表达式就对以下这种情况仍适用, 这时的边界为两个正四边形, 其中心位于一条垂直于其平面的直线上, 假设对法线的各个回转点, $\eta\eta'$ 的模有相同的值. 当两个正四边形全同时就是这种情况.

从而得到

$$c = \sqrt{\eta_0 \eta_0'}, \quad \sqrt{\frac{\eta_0}{\eta_0'}} = \left(\frac{1-m}{1+m}\right)^{\frac{2}{3}}\left(\frac{1-k}{1+k}\right)^{\frac{1}{3}},$$

并且对这两个三角形全同的特殊情况就有

$$\eta_0 \eta_0' = 1, \quad c = 1.$$

边界三角形的顶点对应于割口的两个边沿上的点 $s = \dfrac{1}{m}$, 以及点 $s = \dfrac{1}{k}$, 从而必定有 $k < m < 1$. 第一个法线回转点发生于 $s = 1$, 其余两个则对应于割口的两个边沿上的点 $s = \dfrac{1}{n}$, 从而必定有

$$k < n < m.$$

对于 n 我们首先通过方程 $\dfrac{d\log\eta}{ds} = 0$ 可以得到

$$n^2 = \frac{km(m+2k)}{2m+k},$$

由此方程对每一个满足条件

$$0 < k < m < 1$$

的 k 与 m 的数值组都可以得出一个位于 k 与 m 之间的 n 值.

但是我们还可以得到 m, n, k 之间的第二个方程, 它由要求对 $s = \dfrac{1}{n}$ 应有 $\eta^3 = \eta_0^3$ 来得到. 这个方程就是

$$\left(\frac{1-m}{1+m}\right)^2\frac{1-k}{1+k} = \left(\frac{n-m}{n+m}\right)^2\frac{n-k}{n+k},$$

而如果我们从这两个方程中消除 n, 我们就会得到 k 与 m 之间的下述关系:

$$k\left(\frac{1+m^2+2mk}{k(1+m^2)+2m}\right)^2 = m\left(\frac{2k+m}{k+2m}\right)^3,$$

由它可以从 m 来确定 k.

对 $k = 0$, 这个方程的左侧为零, 右侧等于 $\dfrac{m}{8}$; 对 $k = m$, 左侧与右侧之差为

$$\frac{(1-m^2)^3}{m(3+m^2)^2},$$

从而对 $m < 1$ 为正. 因而对每一个小于 1 的 m, 存在奇数个 $k < m$. 此外由于很容易知道, 函数

$$\log k\frac{(1+m^2+2mk)^2(k+2m)^3}{(k(1+m^2)+2m)^2(2k+m)^3}$$

在 $k = 0$ 和 $k = m$ 之间只有一个极大, 因此推知, 对任何一个 $m < 1$, 有一个也只找到一个满足我们的条件的 k, 这样一来相应的 n 值也只能有一个. 在 $m = 0$ 和 $m = 1$ 的极限情况下, 我们就有 $k = n = m$.

于是在不计可加常数的情况下, 我们就得到 X, Y, Z 的下述表达式:

$$X = \frac{h}{4K} \int_1^s \frac{ds}{\sqrt{(1 - s^2)(1 - k^2 s^2)}},$$
$$Y = \frac{h}{8K} \int_1^s \frac{ds}{\sqrt{(1 - s^2)(1 - k^2 s^2)}} \left(\eta - \frac{1}{\eta} \right),$$
$$Z = -\frac{ih}{8K} \int_1^s \frac{ds}{\sqrt{(1 - s^2)(1 - k^2 s^2)}} \left(\eta + \frac{1}{\eta} \right).$$

还余下两个常数 m 和 $\sqrt{\eta_0 \eta_0'}$ 可以由所给三角形的边长来确定. 如果我们将这边长记为 a 和 b, 那么就有

$$a = \frac{ih}{2K} \int_1^{\frac{1}{m}} \frac{ds}{\sqrt{(1 - s^2)(1 - k^2 s^2)}} \left(\eta + \frac{1}{\eta} \right),$$
$$b = \frac{ih}{2K} \int_1^{\frac{1}{m}} \frac{ds}{\sqrt{(1 - s^2)(1 - k^2 s^2)}} \left(\frac{\eta}{\eta_0 \eta_0'} + \frac{\eta_0 \eta_0'}{\eta} \right).$$

在 $a = b$ 的特殊情况下有 $\eta_0 \eta_0' = 1$. 为了确定常数 m 剩下来要做的就是解超越方程

$$\frac{a}{h} = \frac{i}{2K} \int_1^{\frac{1}{m}} \frac{ds}{\sqrt{(1 - s^2)(1 - k^2 s^2)}} \left(\eta + \frac{1}{\eta} \right).$$

如果我们令这个表达式右边的 m 从 0 变到 1, 那么这个积分一直保持为正值, 但是在两头的极限都是无限大. 从而它必定对 m 的某个中间值取到极小. 由此推知, 比值 $\frac{a}{h}$ 有一个下界, 当比值 $\frac{a}{h}$ 小于此值时问题将不再有解, 而当比值 $\frac{a}{h}$ 大于此值时, 则会有两个 m 的值, 因而问题也就有两个解存在. 必须认为这两个 m 之中只有一个是真正地对应于极小面积.

XXVIII　关于椭圆模函数的极限情形的断篇

本篇的正文部分是由拉丁文写成的, 现根据德文版第二版将其影印于此.

XXVIII.

Fragmente über die Grenzfälle der elliptischen Modulfunctionen.

I.

Additamentum ad §^{um} 40.

[Jacobi, Fundamenta nova theoriae functionum ellipticarum.]

Formulae in hoc §° propositae in eo casu, ubi modulus ipsius q unitatem aequat, consideratione satis dignae videntur, quippe quae functiones unius variabilis pro quovis argumenti valore discontinuas praebeant.

Series quidem propositae magna ex parte pro modulo ipsius q unitati aequali non convergunt, sed integrando series convergentes inde derivari possunt; itaque primo integralia formularum 1—7 proponamus

$$(48) \quad \int_0^{\bullet} (\log k - \log 4 \sqrt{q}) \frac{dq}{q} = -4\log(1+q) + \frac{4}{4}\log(1+q^2)$$
$$- \frac{4}{9}\log(1+q^3) + \frac{4}{16}\log(1+q^4) \cdots$$

$$(49) \quad \int_0^{\bullet} -\log k' \frac{dq}{q} = 4\log\frac{1+q}{1-q} + \frac{4}{9}\log\frac{1+q^3}{1-q^3} + \frac{4}{25}\log\frac{1+q^5}{1-q^5} + \cdots$$

$$(50) \quad \int_0^{\bullet} \log\frac{2K}{\pi}\frac{dq}{q} = 4\log(1+q) + \frac{4}{9}\log(1+q^3) + \frac{4}{25}\log(1+q^5) + \cdots$$

$$(51) \quad \int_0^{\bullet} \left(\frac{2K}{\pi}-1\right)\frac{dq}{q} = -4\log(1-q) + \frac{4}{3}\log(1-q^3) - \frac{4}{5}\log(1-q^5) + \cdots$$
$$= +2i\log\frac{1-qi}{1+qi} + \frac{2i}{2}\log\frac{1-q^2i}{1+q^2i} + \frac{2i}{3}\log\frac{1-q^3i}{1+q^3i} + \cdots$$

$$(52) \quad \int_0^{\bullet} \frac{2kK}{\pi}\frac{dq}{q} = 4\log\frac{1+\sqrt{q}}{1-\sqrt{q}} - \frac{4}{3}\log\frac{1+\sqrt{q^3}}{1-\sqrt{q^3}} + \frac{4}{5}\log\frac{1+\sqrt{q^5}}{1-\sqrt{q^5}} + \cdots$$
$$= 4i\log\frac{1-\sqrt{q}i}{1+\sqrt{q}i} + \frac{4i}{3}\log\frac{1-\sqrt{q^3}i}{1+\sqrt{q^3}i} + \frac{4i}{5}\log\frac{1-\sqrt{q^5}i}{1+\sqrt{q^5}i} + \cdots$$

$$(53) \quad \int_0^{\bullet} \left(\frac{2k'K}{\pi}-1\right)\frac{dq}{q} = -4\log(1+q) + \frac{4}{3}\log(1+q^3) - \frac{4}{5}\log(1+q^5) + \cdots$$
$$= -2i\log\frac{1-qi}{1+qi} + \frac{2i}{2}\log\frac{1-q^2i}{1+q^2i} - \frac{2i}{3}\log\frac{1-q^3i}{1+q^3i} + \cdots$$

$$(54) \quad \int_0^{\cdot} \left(\frac{2\sqrt{k'}\,K}{\pi} - 1 \right) \frac{dq}{q} = -\frac{4}{2} \log(1+q^2) + \frac{4}{6} \log(1+q^6)$$

$$-\frac{4}{10} \log(1+q^{10}) + \frac{4}{14} \log(1+q^{14}) - \cdots$$

$$= -\frac{2i}{2} \log \frac{1-q^2 i}{1+q^2 i} + \frac{2i}{4} \log \frac{1-q^4 i}{1+q^4 i}$$

$$-\frac{2i}{6} \log \frac{1-q^6 i}{1+q^6 i} + \frac{2i}{8} \log \frac{1-q^8 i}{1+q^8 i} - \cdots,$$

ubi logarithmos ita sumendos esse manifestum est, ut evanescant posito $q = 0$.

Functiones eaedem ad dignitates ipsius q evolutae adhibitis Cl^i Jacobi denotationibus hoc modo repraesentantur

$$(55) \quad \int_0^{\cdot} (\log k - \log 4\sqrt{q}) \frac{dq}{q} = -4 \sum \frac{\varphi(p)}{p^2} \left(q^p - \frac{3}{4} q^{2p} - \frac{3}{16} q^{4p} \right.$$

$$\left. - \frac{3}{64} q^{8p} - \frac{3}{256} q^{16p} - \cdots \right)$$

$$(56) \quad \int_0^{\cdot} -\log k' \frac{dq}{q} = 8 \sum \frac{\varphi(p)}{p^2} q^p$$

$$(57) \quad \int_0^{\cdot} \log \frac{2K}{\pi} \frac{dq}{q} = 4 \sum \frac{\varphi(p)}{p^2} \left(q^p - \frac{1}{2} q^{2p} - \frac{1}{4} q^{4p} - \frac{1}{8} q^{8p} - \frac{1}{16} q^{16p} - \cdots \right)$$

$$(58) \quad \int_0^{\cdot} \left(\frac{2K}{\pi} - 1 \right) \frac{dq}{q} = 4 \sum \frac{\psi(n) q^{2^l (4m-1)^2 n}}{2^l (4m-1)^2 n}$$

$$(59) \quad \int_0^{\cdot} \frac{2kK}{\pi} \frac{dq}{q} = 8 \sum \frac{\psi(n) q^{\frac{(4m-1)^2 n}{2}}}{(4m-1)^2 n}$$

$$(60) \quad \int_0^{\cdot} \left(\frac{2k'K}{\pi} - 1 \right) \frac{dq}{q} = -4 \sum \frac{\psi(n) q^{(4m-1)^2 n}}{(4m-1)^2 n}$$

$$+ 4 \sum \frac{\psi(n) q^{2^{l+1} (4m-1)^2 n}}{2^{l+1} (4m-1)^2 n}$$

$$(61) \quad \int_0^{\cdot} \left(\frac{2\sqrt{k'}\,K}{\pi} - 1 \right) \frac{dq}{q} = -4 \sum \frac{\psi(n) q^{2(4m-1)^2 n}}{2(4m-1)^2 n}$$

$$+ 4 \sum \frac{\psi(n) q^{2^{l+2} (4m-1)^2 n}}{2^{l+2} (4m-1)^2 n} \cdot$$

Accuratiori functionum propositarum disquisitioni tanquam lemma antemittimus theorema sequens generale.

Si series

$$a_0 + a_1 + a_2 + \cdots$$

eo quo scripsimus ordine summata summam habet convergentem, functio ipsius r hac serie

$$a_0 + a_1 r + a_2 r^2 + \cdots$$

expressa, convergente r versus limitem 1, convergit versus valorem eundem.

Hinc facile deducitur.

Si functio $f(q)$ complexae quantitatis q pro modulis ipsius q unitate minoribus exhibeatur per seriem

$$a_0 + a_1 q + a_2 q^2 + \cdots$$

hanc seriem pro valore q_0 cujus modulus sit unitas, si habeat summam, exprimere valorem eum, quem functio $f(q)$ nanciscatur convergente q versus q_0 ita, ut modulus tantum mutetur, i. e. secundum notam repraesentationem geometricam, appropinquante puncto, per quod quantitas q repraesentatur, in linea ad limitem spatii, pro quo functio est data, normali.

Quamobrem hos tantum valores functionum propositarum hic respicimus, etiamsi evolutiones 48—54 latius pateant.

Sit brevitatis gratia (x) aut absolute minima quantitatum a quantitate x numero integro distantium, aut, si x ex numero integro et fractione $\frac{1}{2}$ composita est, $= 0$, porro $E(x)$ numerus integer maximus non major quam x: obtinemus e 48, attribuendo ipsi q valorem $q_0 = e^{xi}$

$$(62) \quad \int_0^{e^{xi}} (\log k - \log 4 \sqrt{q}) \frac{dq}{q}$$

$$= - 2 \log 4 \cos \frac{x^2}{2} + \frac{2}{4} \log 4 \cos \frac{2x^2}{2} - \frac{2}{9} \log 4 \cos \frac{3x^2}{2}$$

$$+ \frac{2}{16} \log 4 \cos \frac{4x^2}{2} - \cdots$$

$$- 4\pi i \left(\frac{x}{2\pi}\right) + \frac{4\pi i}{4}\left(\frac{2x}{2\pi}\right) - \frac{4\pi i}{9}\left(\frac{3x}{2\pi}\right) + \frac{4\pi i}{16}\left(\frac{4x}{2\pi}\right) - \cdots$$

$$= 2 \sum \frac{(-1)^n \log 4 \cos \frac{nx^2}{2}}{nn} \left[+ 4\pi i \sum \frac{(-1)^n}{nn}\left(\frac{nx}{2\pi}\right)\right].$$

Pars imaginaria hujus seriei convergit, quicumque est valor ipsius x, pars realis, si $\frac{x}{2\pi}$ est numerus surdus, non convergit, sin minus, denotando literis m, n numeros integros inter se primos, et ponendo $\frac{x}{2\pi} = \frac{m}{n}$ ita exhiberi potest:

1^0 si n impar, aequalis fit,

$$\frac{\pi^2}{n^2} \sum_{1,\,n-1}^{s} \frac{(-1)^s \cos\dfrac{\pi s}{n}}{\sin\dfrac{\pi s^2}{n}} \log 4 \cos\frac{sm\pi^2}{n} - \frac{\pi^2}{6n^2} \log 4,$$

2^0 si n est par, designante p numerum imparem

$$= \frac{\pi^2}{n^2} \sum_{1,\,\frac{n}{2}-1}^{s} \frac{2(-1)^s \log 4 \cos\dfrac{sm\pi^2}{n}}{\sin\pi\dfrac{s^2}{n}} + \frac{\pi^2}{3n^2} \log 4$$

$$+ \frac{2\pi^2}{n^2} (-1)^{\frac{n}{2}} \Big(\log\frac{q_0 - q}{q_0 + q} + \log n + \frac{8}{\pi^2} \sum \frac{\log p}{p^2} \Big),$$

quae formula manifesto ita est intelligenda, functionem propositam, subtracta functione

$$\frac{2\pi^2}{n^2} (-1)^{\frac{n}{2}} \log\frac{q_0 - q}{q_0 + q},$$

si convergat q modo supra stabilito versus limitem q_0, convergere versus limitem finitum, ejusque valorem assignat.

Perinde obtinetur

$$(63) \quad \int_0^{e^{xi}} -\log k' \frac{dq}{q} = -2\log\operatorname{tg}\frac{x^2}{2} - \frac{2}{9}\operatorname{tg}\frac{3x^2}{2} - \frac{2}{25}\log\operatorname{tg}\frac{5x^2}{2} - \cdots$$

$$+ 4\pi i\Big(\Big(\frac{x}{2\pi}\Big) - \Big(\frac{x}{2\pi} + \frac{1}{2}\Big)\Big) + \frac{4\pi i}{9}\Big(\Big(\frac{3x}{2\pi}\Big) - \Big(\frac{3x}{2\pi} + \frac{1}{2}\Big)\Big)$$

$$+ \frac{4\pi i}{25}\Big(\Big(\frac{5x}{2\pi}\Big) - \Big(\frac{5x}{2\pi} + \frac{1}{2}\Big)\Big) + \cdots$$

$$= -\sum_{-\infty,\,\infty} \frac{\log\operatorname{tg}\dfrac{px^2}{2}}{p^2} + \Big[4\pi i \sum_{1,\,\infty} \frac{1}{p^2}\Big(\Big(\frac{px}{2\pi}\Big) - \Big(\frac{px}{2\pi} + \frac{1}{2}\Big)\Big)\Big]$$

$$(64) \quad \int_0^{e^{xi}} \log\frac{2K}{\pi} \frac{dq}{q} = 2\log 4\cos\frac{x^2}{2} + \frac{2}{9}\log 4\cos\frac{3x^2}{2} + \cdots$$

$$+ 4\pi i\Big(\frac{x}{2\pi}\Big) + \frac{4\pi i}{9}\Big(\frac{3x}{2\pi}\Big) + \frac{4\pi i}{25}\Big(\frac{5x}{2\pi}\Big) + \cdots$$

$$= \sum_{-\infty,\,\infty}' \frac{\log 4\cos\dfrac{px^2}{2}}{p^2} \Big[+ 4\pi i \sum_{1,\,\infty} \frac{1}{p^2}\Big(\frac{px}{2\pi}\Big)\Big]$$

$$(65) \quad \int_0^{e^{xi}} \Big(\frac{2K}{\pi} - 1\Big)\frac{dq}{q} = -2\log 4\sin\frac{x^2}{2} + \frac{2}{3}\log 4\sin\frac{3x^2}{2}$$

$$- \frac{2}{5}\log 4\sin\frac{5x^2}{2} + \cdots$$

$$- 4\pi i\left(\frac{x}{2\pi} + \frac{1}{2}\right) + \frac{4\pi i}{3}\left(\frac{3x}{2\pi} + \frac{1}{2}\right) - \cdots$$

$$= i\log\mathrm{tg}\left(\frac{2x + \pi}{4}\right)^2 + \frac{i}{2}\log\mathrm{tg}\left(\frac{4x + \pi}{4}\right)^2 + \frac{i}{3}\log\mathrm{tg}\left(\frac{6x + \pi}{4}\right)^2 + \cdots$$

$$+ 2\pi\left(\left(\frac{x}{2\pi} + \frac{1}{4}\right) - \left(\frac{x}{2\pi} + \frac{3}{4}\right)\right) + \frac{2\pi}{2}\left(\left(\frac{2x}{2\pi} + \frac{1}{4}\right) - \left(\frac{2x}{2\pi} + \frac{3}{4}\right)\right)$$

$$+ \frac{2\pi}{3}\left(\left(\frac{3x}{2\pi} + \frac{1}{4}\right) - \left(\frac{3x}{2\pi} + \frac{3}{4}\right)\right) + \cdots$$

$$(66) \quad \int_0^{e^{xi}} \frac{2kK}{\pi}\frac{dq}{q} = -2\log\mathrm{tg}\frac{x^2}{4} + \frac{2}{3}\log\mathrm{tg}\frac{3x^2}{4} - \frac{2}{5}\log\mathrm{tg}\frac{5x^2}{4} + \cdots$$

$$+ 4\pi i\left(\left(\frac{x}{4\pi}\right) - \left(\frac{x}{4\pi} + \frac{1}{2}\right)\right) - \frac{4\pi i}{3}\left(\left(\frac{3x}{4\pi}\right) - \left(\frac{3x}{4\pi} + \frac{1}{2}\right)\right) + \cdots$$

$$= 2i\log\mathrm{tg}\left(\frac{x + \pi}{4}\right)^2 + \frac{2i}{3}\log\mathrm{tg}\left(\frac{3x + \pi}{4}\right)^2$$

$$+ \frac{2i}{5}\log\mathrm{tg}\left(\frac{5x + \pi}{4}\right)^2 + \cdots$$

$$+ 4\pi\left(\left(\frac{x}{4\pi} + \frac{1}{4}\right) - \left(\frac{x}{4\pi} + \frac{3}{4}\right)\right) + \frac{4\pi}{3}\left(\left(\frac{3x}{4\pi} + \frac{1}{4}\right) - \left(\frac{3x}{4\pi} + \frac{3}{4}\right)\right) + \cdots$$

$$(67) \quad \int_0^{e^{xi}} \left(\frac{2k'K}{\pi} - 1\right)\frac{dq}{q} = -2\log 4\cos\frac{x^2}{2} + \frac{2}{3}\log 4\cos\frac{3x^2}{2}$$

$$- \frac{2}{5}\log 4\cos\frac{5x^2}{2} + \cdots$$

$$- 4\pi i\left(\frac{x}{2\pi}\right) + \frac{4\pi i}{3}\left(\frac{3x}{2\pi}\right) - \frac{4\pi i}{5}\left(\frac{5x}{2\pi}\right) + \cdots$$

$$= - i\log\mathrm{tg}\left(\frac{2x + \pi}{4}\right)^2 + \frac{i}{2}\log\mathrm{tg}\left(\frac{4x + \pi}{4}\right)^2$$

$$- \frac{i}{3}\log\mathrm{tg}\left(\frac{6x + \pi}{4}\right)^2 + \cdots$$

$$- 2\pi\left(\left(\frac{x}{2\pi} + \frac{1}{4}\right) - \left(\frac{x}{2\pi} + \frac{3}{4}\right)\right)$$

$$+ \frac{2\pi}{2}\left(\left(\frac{2x}{2\pi} + \frac{1}{4}\right) - \left(\frac{2x}{2\pi} + \frac{3}{4}\right)\right) - \cdots$$

$$(68) \quad \int_0^{e^{xi}} \left(\frac{2\sqrt{k'}K}{\pi} - 1\right)\frac{dq}{q} = -\log 4\cos x^2 + \frac{1}{3}\log 4\cos 3x^2$$

$$- \frac{1}{5}\log 4\cos 5x^2 + \cdots$$

$$- 2\pi i\left(\frac{x}{\pi}\right) + \frac{2\pi i}{3}\left(\frac{3x}{\pi}\right) - \frac{2\pi i}{5}\left(\frac{5x}{\pi}\right) + \cdots$$

$$= -\frac{i}{2}\log\mathrm{tg}\left(x + \frac{\pi}{4}\right)^2 + \frac{i}{4}\log\mathrm{tg}\left(2x + \frac{\pi}{4}\right)^2$$

$$- \frac{i}{6}\log\mathrm{tg}\left(3x + \frac{\pi}{4}\right)^2 + \cdots$$

$$-\pi\left(\left(\frac{x}{\pi}+\frac{1}{4}\right)-\left(\frac{x}{\pi}+\frac{3}{4}\right)\right)+\frac{\pi}{2}\left(\left(\frac{2x}{\pi}+\frac{1}{4}\right)-\left(\frac{2x}{\pi}+\frac{3}{4}\right)\right)$$
$$-\frac{\pi}{3}\left(\left(\frac{3x}{\pi}+\frac{1}{4}\right)-\left(\frac{3x}{\pi}+\frac{3}{4}\right)\right)+\cdots$$

Posito $x=\frac{m}{n}2\pi$ fit pars imaginaria formulae 65

1^0 si n est numerus par

$$=\sum_{0,\infty}^{s}-4\pi i\sum_{1,n-1}^{p}\frac{(-1)^{\frac{p-1}{2}}}{p+ns}\left(\frac{pm}{n}+\frac{1}{2}\right)(-1)^{\frac{ns}{2}},$$

2^0 si n est numerus impar

$$=\sum_{0,\infty}^{s}-4\pi i\sum_{1,2n-1}^{p}(-1)^{\frac{p-1}{2}}\frac{1}{p+2ns}\left(\frac{pm}{n}+\frac{1}{2}\right)(-1)^{s},$$

quam patet habere valorem finitum, nisi n est $\equiv 0$ mod 4.

- - - - - - -

Convergentia summae

$$a_0+a_1+a_2+a_3\ldots\ldots$$

postulat, ut data quantitate quamvis parva ε assignari possit terminus a_n, a quo summa usque ad terminum quemvis a_m extensa nanciscatur valorem absolutum ipso ε minorem. Iam posito brevitatis gratia

$$\varepsilon_{n+1}=a_{n+1}$$
$$\varepsilon_{n+2}=a_{n+1}+a_{n+2}$$
$$\varepsilon_{n+3}=a_{n+1}+a_{n+2}+a_{n+3}$$

. . . .

functio

$$f(r)=a_0+a_1r+a_2r^2+\cdots$$

facile sub hac forma exhibetur

$$=a_0+a_1r+a_2r^2+\cdots+a_nr^n+\varepsilon_{n+1}r^{n+1}+(\varepsilon_{n+2}-\varepsilon_{n+1})r^{n+2}$$
$$+(\varepsilon_{n+3}-\varepsilon_{n+2})r^{n+3}+\cdots$$
$$=a_0+a_1r+a_2r^2+\cdots+a_nr^n+\varepsilon_{n+1}\left(r^{n+1}-r^{n+2}\right)$$
$$+\varepsilon_{n+2}\left(r^{n+2}-r^{n+3}\right)+\cdots$$

Unde patet convergente r versus limitem 1 functionem $f(r)$ tandem quavis quantitate minus a valore seriei

$$a_0+a_1+a_2\ldots$$

distare. Summa terminorum altioris gradus quam n, quum sint ε_{n+1}, $\varepsilon_{n+2},\ldots$ ex hyp. omnes omisso signo $<\varepsilon$, differentiaeque $r^{n+1}-r^{n+2}\ldots$ omnes positivae, manifesto evadit quantitate absoluta

$$<\varepsilon\left(r^{n+1}-r^{n+2}\right)+\varepsilon\left(r^{n+2}-r^{n+3}\right)+\cdots$$
$$<\varepsilon r^{n+1},$$

summa autem terminorum non altioris gradus quam n est functio algebraica ipsius r, quam constat appropinquando r unitati summae

$$a_0 + a_1 + a_2 + \cdots + a_n$$

quantumvis appropinquari posse; unde patet appropinquando r unitati differentiam functionis $f(r)$ a valore seriei

$$a_0 + a_1 + \cdots$$

infra quantitatem quamvis datam descendere.

Ex hoc theoremate, quod Cl$^\circ$ Abel tribuendum esse Cl^{us} Dirichlet modo (1852 Sept. 14) quum antecedentia jam essent scripta monuit, facile deducitur . . . .

II.

$$\log k = \log 4 \sqrt{q} + \sum (-1)^n \frac{4}{n} \frac{q^n}{1+q^n}, \quad q = e^{xi}.$$

1) $x = \dfrac{2m}{n}\pi,$ n ungerade.

$$\log k = i\left(\frac{x}{2} + \sum (-1)^s \frac{2}{s} \operatorname{tg} s\frac{x}{2}\right)$$

$$= i\left(\frac{x}{2} + \sum_{0,\infty}^{t} \sum_{1,2n}^{s} (-1)^s \frac{2}{2nt+s} \operatorname{tg}\frac{sm}{n}\pi\right)$$

$$= i\frac{x}{2} + 2i\int_0^1 \sum_{1,2n}^{s} (-1)^s \operatorname{tg}\frac{sm}{n}\pi \frac{x^{s-1}dx}{1-x^{2n}}$$

$$= i\frac{x}{2} + 2\int_0^1 \sum_{1,2n}^{s} (-1)^s \frac{\alpha^{2sm}-1}{\alpha^{2sm}+1} \frac{1}{2n} \sum_{1,2n}^{t} \frac{\alpha^{-ts}\alpha^t dx}{1-\alpha^t x}, \quad \alpha = e^{\frac{2\pi i}{2n}},$$

$$= i\frac{x}{2} + \frac{1}{2n}\int_0^1 \sum_{1,2n}^{t} \frac{\alpha^t dx}{1-\alpha^t x} 2 \sum_{1,n-1}^{\sigma} \sum_{1,2n}^{s} (-1)^{s+\sigma-1} \alpha^{s(2m\sigma-t)},$$

$$\frac{1}{1+r\alpha^{2sm}} = \sum \frac{(-1)^\sigma \alpha^{2s\sigma m}r^\sigma}{1-r^{2n}} = -\frac{1}{2n}\sum_{0,2n-1} (-1)^\sigma \sigma\alpha^{2s\sigma m}$$

$$= \frac{1}{2}\sum_{0,n-1} (-1)^\sigma \alpha^{2s\sigma m},$$

$$= i\frac{x}{2} + 2\sum_{1,n-1} \log(1-\alpha^{n+2m\sigma})(-1)^\sigma$$

$$= i\frac{x}{2} + \sum_{1,n-1} \log \alpha^{2m\sigma}(-1)^\sigma$$

$$= i\frac{x}{2} + 2\pi i\left(\sum_{1,n-1} \frac{2m\sigma}{2n}(-1)^\sigma - \sum_{1,n-1} (-1)^\sigma E\left(\frac{2m\sigma}{2n} + \frac{1}{2}\right)\right)$$

2) $x = \dfrac{m}{n}\pi$, m, n ungerade.

$$\log k = -\frac{q+q_0}{q-q_0}\frac{3}{2n^2}\sum_{1,\infty}\frac{1}{s^2} - \frac{1}{n}\log\frac{1+q^n}{1-q^n} \qquad\qquad \alpha = e^{\frac{2\pi i}{4n}}$$

$$+\frac{x}{2}i + 2\int_0^1\sum_{1,4n-1}^s(-1)^s\frac{x^{s-1}dx}{1-x^{4n}}\frac{\alpha^{2ms}-1}{\alpha^{2ms}+1}$$

$$= A + \frac{x}{2}i +$$

$$2\int_0^1\sum_{1,4n}^t\frac{\alpha^t dx}{1-\alpha^t x}\frac{1}{4n}\cdot - \frac{1}{2n}\sum_{1,4n-1}^s\sum_{0,2n-1}^\sigma(-1)^{s+\sigma}\sigma\alpha^{2s\sigma m}(\alpha^{2ms}-1)\alpha^{-st}$$

$$= A + \frac{x}{2}i + 2.2\pi i\sum_{1,n-1}^s\frac{s}{n}(-1)^s\left(\frac{ms-n}{2n}-E\left(\frac{ms}{2n}\right)\right), m\mu\equiv 1\bmod. 2n,$$

$$= A + \pi i\left(\frac{m-\mu}{2}+\frac{\mu}{2n}+2\sum_{1,n-1}E\left(\frac{\mu s}{2n}\right)(-1)^s-2\sum_{1,n-1}E\left(\frac{ms}{2n}\right)(-1)^s\right)$$

---

3) $x = \dfrac{m}{2n}\pi$, m ungerade.

$$\log k = \frac{q+q_0}{q-q_0}\frac{3}{8n^2}\sum\frac{1}{s^2} + \frac{1}{2n}\log\left(\frac{1+q^{2n}}{1-q^{2n}}\right)$$

$$+\frac{x}{2}i + i\sum_{1,8n-1}^t\sum^s(-1)^s\frac{2}{8nt+s}\operatorname{tg}s\frac{m}{4n}\pi$$

$$= A + \frac{x}{2}i + 2\int_0^1\sum_{1,8n-1}^s\frac{x^{s-1}dx}{1-x^{8n}}\frac{\alpha^{2ms}-1}{\alpha^{2ms}+1}(-1)^s \qquad\qquad \alpha = e^{\frac{2\pi i}{8n}}$$

$$= A + \frac{x}{2}i +$$

$$2\int_0^1\sum_{1,8n}^t\frac{\alpha^t dx}{1-\alpha^t x}\frac{1}{8n}\cdot - \frac{1}{4n}\sum_{1,8n-1}^s\sum_{0,4n-1}^\sigma(-1)^{s+\sigma}\sigma\alpha^{2s\sigma m}(\alpha^{2ms}-1)\alpha^{-st}$$

$$t\equiv 2rm + 4n\bmod. 8n$$

$$= A + \frac{x}{2}i + 2\sum_{1,4n-1}^r\log(1-\alpha^{4n+2rm})\frac{1}{8n}\cdot$$

$$\cdot\frac{1}{4n}\left(8n\left((-1)^{r-1}(r-1)-(-1)^r r\right)+8n(-1)^r(4n-1)\right)$$

$$= A + \frac{x}{2}i + 2\sum_{-2n+1,2n-1}^s\log(1-\alpha^{2sm})\frac{-s}{2n}(-1)^s$$

$$= A + \frac{x}{2}i - 4 \sum_{0,2n-1}^{s} \log(-\alpha^{2sm}) \frac{s}{4n}(-1)^s$$

$$= A + \frac{x}{2}i - 4 \sum_{0,2n-1}^{s} \left(\frac{sm}{4n} + \frac{1}{2}\right)\left(\frac{s}{4n}\right)(-1)^s 2\pi i$$

$$(x) = \text{absolut kleinster Rest von } x.$$

$$-\log k' = 8\sum \frac{1}{t}\frac{q^t}{1-q^{2t}} = 4i\sum \frac{1}{t\sin tx}, \quad q = e^{xi}.$$

1) $x = \frac{m}{2n}\pi$, m ungerade.

$$-\log k' = 4i \sum_{0,\infty}^{t} \sum_{1,4n-1}^{s} \frac{1}{4nt+s}\frac{1}{\sin\frac{sm\pi}{2n}}$$

$$= 8\int_0^1 \sum \frac{x^{s-1}dx}{1-x^{4n}}\frac{\alpha^{sm}}{1-\alpha^{2ms}} \qquad \alpha = e^{\frac{2\pi i}{4n}}$$

$$= 8\int_0^1 \sum_{1,4n}^{t} \frac{\alpha^t dx}{1-\alpha^t x}\frac{1}{4n} \cdot -\frac{1}{2n}\sum_{1,4n-1}^{s}\sum_{0,2n-1}^{\sigma}\sigma\alpha^{ms(2\sigma+1)}\alpha^{-ts}$$

$$\frac{1}{1-r\alpha^{2ms}} = \sum_{0,2n-1}^{\sigma} \frac{r^\sigma \alpha^{2ms\sigma}}{1-r^{2n}}$$

$$\frac{1}{1-\alpha^{2ms}} = -\frac{1}{2n}\sum_{0,2n-1}^{\sigma}\sigma\alpha^{2ms\sigma} = \frac{1}{2}\sum_{0,n-1}^{\sigma}\alpha^{2ms\sigma}$$

$$= \sum_{0,n-1}\left[\log(1+\alpha^{m(2r+1)}) - \log(1+\alpha^{-m(2r+1)})\right]$$

$$= -\pi i\left((m-2)n - 4\sum_{0,n-1}^{s}E\left(\frac{m(2s+1)}{4n}\right)\right)$$

2) $x = \frac{m\pi}{n}$, n ungerade. $\qquad\qquad \alpha = e^{\frac{2\pi i}{2n}}$

$$-\log k' = -\frac{q+q_0}{q-q_0}\frac{\pi^2}{4n^2}q_0^{-n} + 8\int_0^1 \sum_{1,2n-1}^{s} \frac{x^{s-1}dx}{1-x^{2n}}\frac{\alpha^{ms}}{1-\alpha^{2ms}}$$

$$= A +$$

$$8\int_0^1 \sum_{1,2n}^{t} \frac{\alpha^t dx}{1-\alpha^t x} \cdot -\frac{1}{2n}\sum_{1,2n-1}^{s}\sum_{0,n-1}^{\sigma}\left(\frac{\sigma - \left(\frac{n-1}{2}\right)}{n}\right)\alpha^{ms(2\sigma+1)}\alpha^{-ts}$$

$$\begin{aligned}&1)\ t \equiv m(2r+1)\\&2)\ t \equiv m(2r+1)+n\end{aligned}\quad \text{mod.}\,2n$$

$$= A + 8 \sum_{0,\,n-1} \log(1 - \alpha^{m(2r+1)}) \frac{1}{2n} \left(\frac{r - \dfrac{n-1}{2}}{n} \right) n$$

$$- 8 \sum \log(1 - \alpha^{m(2r+1)+n}) \frac{1}{2n} \left(\frac{r - \dfrac{n-1}{2}}{n} \right) n$$

$$= A + 8 \sum_{1,\,\frac{n-1}{2}} \frac{1}{2} \left(\frac{s}{n} \right) \left(\log(1 - \alpha^{2ms+mn}) - \log(1 - \alpha^{-2ms+mn}) \right)$$

$$- 4 \sum \left(\frac{s}{n} \right) \left(\log(1 - \alpha^{2ms+(m+1)n}) - \log(1 - \alpha^{-2ms+(m+1)n}) \right)$$

$$= A + 8\pi i \sum_{1,\,\frac{n-1}{2}} \left(\frac{s}{n} \right) \left(\left(\frac{2ms + (m+1)n}{2n} \right) - \left(\frac{2ms + mn}{2n} \right) \right)$$

$$= A + 4\pi i \sum \left(\frac{s}{n} \right) (\cdots\cdots)$$

$$= A + 4\pi i \sum \left(\frac{\mu s}{n} \right) \left(\left(\frac{2s + (m+1)n}{2n} \right) - \left(\frac{2s + mn}{2n} \right) \right),$$

$$m\mu \equiv 1 \bmod.\, n$$

$$= A + 4\pi i (-1)^{m+1} \sum_{1,\,\frac{n-1}{2}} \left(\frac{\mu s}{n} \right)$$

$$= (-1)^{m+1} \left[\frac{\pi^2}{4n^2} \frac{q + q_0}{q - q_0} + \pi i \left(\frac{n^2 - 1}{2n} \mu - 4 \sum_{1,\,\frac{n-1}{2}} E \left(\frac{\mu s}{n} + \frac{1}{2} \right) \right) \right]$$

$$\log \frac{2K}{\pi} = 4 \sum \frac{q^t}{t(1 + q^t)} = \log \left(\frac{q_0 + q}{q_0 - q} \right) + 4 \sum \frac{1}{t} \left(\frac{q^t}{1 + q^t} - \frac{1}{2} \frac{q^t}{q_0^t} \right)$$

$$= \log \frac{q_0 + q}{q_0 - q} + 2i \sum \frac{1}{t} \operatorname{tg} t \frac{x}{2}$$

1) $x = \dfrac{2m}{n} \pi$, n ungerade.

$$\alpha = e^{\frac{2\pi}{2n} i}, \quad \frac{1}{1 + r\alpha^{2sm}} = \sum_{0,\,n-1} \frac{(-1)^\sigma r^\sigma \alpha^{2s\sigma m}}{1 + r^n}$$

$$\log \frac{2K}{\pi} = \log \frac{q_0 + q}{q_0 - q} + 2 \sum_{1,\,2n-1}^{s} \frac{1}{2nt + s} \frac{\alpha^{2ms} - 1}{\alpha^{2ms} + 1}$$

$$= \log \frac{q_0 + q}{q_0 - q} + 2 \int_0^1 \sum_{1,\,2n}^{t} \frac{\alpha^t \, dx}{1 - \alpha^t x} \cdot - \frac{1}{2n} \sum \alpha^{-ts} \sum_{1,\,n-1}^{\sigma} (-1)^\sigma \alpha^{2s\sigma m}$$

$$= \log \frac{q_0 + q}{q_0 - q} + 2 \sum_{1,\,n-1} \log(1 - \alpha^{2rm}) (-1)^r \frac{1}{2n} n$$

$$- 2 \sum_{1,\,n-1} \log(1 - \alpha^{2rm+n}) (-1)^r \frac{1}{2n} n$$

$$= A + \frac{1}{2} \sum \left(\frac{rm}{n} + \frac{1}{2} \right) (-1)^r 2\pi i - \frac{1}{2} \sum \left(\frac{rm}{n} \right) (-1)^r 2\pi i$$

$$= \log \frac{q_0 + q}{q_0 - q} + 2\pi i \sum_{1, \frac{n-1}{2}}^{s} \left(\left(s \frac{2m}{n} + \frac{1}{2} \right) - \left(s \frac{2m}{n} \right) \right)$$

---

2)　$x = \dfrac{m}{n}\pi$, n ungerade, m ungerade, $\alpha = e^{\frac{2\pi i}{4n}}$.

$$\log \frac{2K}{\pi} = \frac{q + q_0}{q - q_0} \frac{\pi^2}{4n^2} + \log \frac{q_0 + q}{q_0 - q} + 2 \sum \sum_{1, 4n-1}^{s} \frac{1}{4nt + s} \frac{\alpha^{2ms} - 1}{\alpha^{2ms} + 1}$$

$$= A +$$

$$2 \int_0^1 \sum_{1, 4n}^{t} \frac{\alpha^t dx}{1 - \alpha^t x} \frac{1}{4n} \cdot - \frac{1}{2n} \sum_{1, 4n-1}^{s} \sum_{0, 2n-1}^{\sigma} (-1)^\sigma \sigma \alpha^{2s\sigma m} (\alpha^{2ms} - 1) \alpha^{-ts}$$

$$= A + 2 \int_0^1 \sum_{1, 4n}^{t} \frac{\alpha^t dx}{1 - \alpha^t x} \frac{1}{4n} 2 \sum_{1, 4n-1}^{s} \sum_{1, 2n-1}^{\sigma} (-1)^\sigma \left(\frac{\sigma - n}{2n} \right) \alpha^{2ms\sigma} \alpha^{-ts}$$

$$\begin{array}{l} 1)\ t \equiv 2mr \\ 2)\ t \equiv 2mr + 2n \end{array} \quad \text{mod. } 4n$$

$$= A - 2 \sum_{1, 2n-1} \log(1 - \alpha^{2mr}) \frac{1}{4n} (-1)^r \left(\frac{r - n}{2n} \right) 4n$$

$$\quad + 2 \sum \log(1 - \alpha^{2mr+2n}) (-1)^r \left(\frac{r - n}{2n} \right)$$

$$= A - 2\pi i \sum_{1, 2n-1} (-1)^r \left(\left(\frac{mr + n}{2n} \right) - \left(\frac{mr}{2n} \right) \right) \left(\frac{r - n}{2n} \right)$$

$$= A - 2\pi i \sum_{1, 2n-1} (-1)^r \left(\left(\frac{r + n}{2n} \right) - \left(\frac{r}{2n} \right) \right) \left(\frac{\mu r - n}{2n} \right),$$

$$m\mu \equiv 1 \bmod. 2n$$

$$= A + 2\pi i \sum_{1, n-1} (-1)^r \left(\frac{\mu r - n}{2n} \right)$$

---

3)　$x = \dfrac{m}{2n}\pi$, m ungerade.

$$\log \frac{2K}{\pi} = \log \frac{q_0 + q}{q_0 - q} + 2 \sum \sum_{1, 4n-1}^{s} \frac{1}{4nt + s} \frac{\alpha^{ms} - 1}{\alpha^{ms} + 1} \qquad \alpha = e^{\frac{2\pi i}{4n}}$$

$$= A + 2 \int_0^1 \sum_{1, 2n}^{t} \frac{\alpha^t dx}{1 - \alpha^t x} \frac{1}{4n} 2 \sum_{1, 4n-1}^{s} \sum_{1, 4n-1}^{\sigma} (-1)^\sigma \left(\frac{\sigma - 2n}{4n} \right) \alpha^{ms\sigma} \alpha^{-ts}$$

$$= A + 2\pi i \sum_{1, 2n-1} (-1)^r \left(\frac{\mu r - 2n}{4n} \right), \ m\mu \equiv 1 \bmod. 4n.$$

对断篇第 XXVIII 篇的说明 (R. Dedekind)

从这两篇断篇的第一篇的形成时间 (1852 年 9 月) 来看, Riemann 在这里很可能是从为他的那篇论三角级数的论文 (第 XII 篇) 寻求那种处处不连续的函数的例子出发的, 而第二个断篇是发现在很难看得清的稿纸上, 也可能是为了这个目的. Riemann 在这里所采用的是用于确定在椭圆函数理论中在复周期比

$$\omega = \frac{K'i}{K} = \frac{\log q}{\pi i} \tag{1}$$

接近有理数时所出现的模函数的方法, 但是同时也可以在所谓 θ 函数的无限多种形式的理论中有一个非常有趣的应用, 也就是用于确定在一阶变换中所出现的常数, 众所周知这已由 Jacobi 和 Hermite 将它归结为 Gauss 和, 因而也就是归结为二次剩余的理论. 对这些关系的阐述构成了下述说明的对象.

这个模函数理论也可以与椭圆函数无关地建立起来, 而且自从《Riemann 全集》第一版出版以来, 这个课题又有了许多研究工作, 其中心在某种意义上由下述函数构成:

$$\eta(\omega) = 1^{\frac{\omega}{24}} \Pi(1 - 1^{\omega \nu}) = q^{\frac{1}{12}} \Pi(1 - q^{2\nu}), \tag{2}$$

这里采用了以下的缩写

$$e^{2\pi i z} = 1^z, \text{ 因此也就有 } q = 1^{\frac{\omega}{2}}, \tag{3}$$

连乘积符号扩展到所有的自然数 ν. 由于这个复变量 $\omega = x + yi$ 的纵轴 y 始终为正值, 所以这个 ω 的函数在由此所限定的单连通区域内处处不为零, 也不会是无限大, 因此 $\eta(\omega)$ 的所有幂次也都是这样, 而且 $\log \eta(\omega)$, 只要它在一点的值确定下来了, 它就整个是 ω 的单值函数. 于是函数 $\log \eta(\omega)$ 就可以这样定下来: 当 y 超越一切值时, 因此也就是 q 变为零时, 规定量

$$\log \eta(\omega) - \frac{\omega \pi i}{12} = 0; \tag{4}$$

于是 $\log \eta(\omega)$ 就会与 $\log \eta(-\omega')$ 共轭, 这里的 ω', 在下面将也总是这样, 表示 ω 的共轭量. 众所周知有 (Fund. Nova, §36)

$$\eta(2\omega) \eta\left(\frac{\omega}{2}\right) \eta\left(\frac{1+\omega}{2}\right) = 1^{\frac{1}{48}} \eta(\omega)^3,$$

$$\sqrt[4]{k} = 1^{\frac{1}{48}}\sqrt{2}\,\frac{\eta(2\omega)}{\eta\left(\dfrac{1+\omega}{2}\right)},$$

$$\sqrt[4]{k'} = 1^{\frac{1}{48}}\,\frac{\eta\left(\dfrac{\omega}{2}\right)}{\eta\left(\dfrac{1+\omega}{2}\right)},$$

$$\sqrt{\frac{2K}{\pi}} = 1^{-\frac{1}{24}}\,\frac{\eta\left(\dfrac{1+\omega}{2}\right)^2}{\eta(\omega)},$$

因此按照上面的规定有

$$\log\eta(2\omega) + \log\eta\left(\frac{\omega}{2}\right) + \log\eta\left(\frac{1+\omega}{2}\right) = \frac{\pi i}{24} + 3\log\eta(\omega),$$

$$\log k = \log 4 + \frac{\pi i}{6} + 4\log\eta(2\omega) - 4\log\eta\left(\frac{1+\omega}{2}\right),$$

$$\log k' = \frac{\pi i}{6} + 4\log\eta\left(\frac{\omega}{2}\right) - 4\log\eta\left(\frac{1+\omega}{2}\right),\tag{5}$$

$$\log\frac{2K}{\pi} = -\frac{\pi i}{6} + 4\log\eta\left(\frac{1+\omega}{2}\right) - 2\log\eta(\omega),$$

其中左侧的对数函数 (正如在 Fund. Nova, §40 中一样) 是这样规定为 ω 的单值函数的, 使得下面三个量

$$\log k - \log 4 - \frac{\omega\pi i}{2} = \log k - \log 4\sqrt{q},$$

$$\log k' \quad \text{和} \quad \log\frac{2K}{\pi}$$

随 q 一起变为无限小.

　　由函数的这个行为, 借助于 θ 函数的一阶变换就可以得出, Riemann 所研究的函数在 ω 接近有理数, 而 q 同时接近 1 的某一次根的确定值 q_0 时的行为. 如果我们令

$$\theta_1(z,\omega) = \sum 1^{\left(s+\frac{1}{2}\right)^2\frac{\omega}{2} + \left(s+\frac{1}{2}\right)\left(z-\frac{1}{2}\right)}$$

$$= 2\eta(\omega)1^{\frac{\omega}{12}}\sin z\pi\Pi(1 - 1^{\omega\nu+z})(1 - 1^{\omega\nu-z}),$$

其中求和扩展到对所有的整数 s, 那么我们就有

$$\theta_1'(0,\omega) = 2\pi\eta(\omega)^3.$$

其中一撇表示对 z 求导.

如果我们现在令 $\alpha, \beta, \gamma, \delta$ 表示四个满足下述条件

$$\alpha\delta - \beta\gamma = 1 \tag{6}$$

的整数, 那么众所周知有

$$\theta_1\left(z, \frac{\gamma + \delta\omega}{\alpha + \beta\omega}\right) = c\sqrt{\alpha + \beta\omega}\, 1^{\frac{1}{2}\beta(\alpha+\beta\omega)z^2}\theta_1((\alpha + \beta\omega)z, \omega),$$

其中 c 为一个与 $\alpha, \beta, \gamma, \delta$ 以及平方根的选择有关的 1 的 8 次方根, Hermite 已经做到把他的确定归结到 Gauss 和式 (Liouville's Journal, Serie II, T. III, 1858). 因此得出在 $z = 0$ 时

$$\theta_1'\left(0, \frac{\gamma + \delta\omega}{\alpha + \beta\omega}\right) = c(\alpha + \beta\omega)^{\frac{3}{2}}\theta_1'(0, \omega),$$

因而有

$$\eta\left(\frac{\gamma + \delta\omega}{\alpha + \beta\omega}\right) = c^{\frac{1}{3}}(\alpha + \beta\omega)^{\frac{1}{2}}\eta(\omega), \tag{7}$$

而且由这个对 $\eta(\omega)$ 的变换可以导出 $\log\eta(\omega)$ 的变换.

$\beta = 0$ 时的情形可以直接通过 $\eta(\omega)$ 和 $\log\eta(\omega)$ 的定义式 (2) 和 (4) 来完成, 并由此给出

$$\log\eta(1 + \omega) = \log\eta(\omega) + \frac{\pi i}{12}, \tag{8}$$

或者更一般地有

$$\log\eta(n + \omega) = \log\eta(\omega) + \frac{n\pi i}{12}, \tag{9}$$

其中 n 为一任意整数.

但是如果 β 不为零, 那么量 $\mu = -(\alpha + \beta\omega)^2$ 无处为负, 从而我们可以这样来唯一地定义 $\log\mu$, 使得其虚部始终在 $\pm\pi i$ 之间, 从而 μ 的共轭值也对应于 $\log\mu$ 的共轭值; 于是由 (7) 有

$$\log\eta\left(\frac{\gamma + \delta\omega}{\alpha + \beta\omega}\right) = \log\eta(\omega) + \frac{1}{4}\log(-(\alpha + \beta\omega)^2) + (\alpha, \beta, \gamma, \delta)\frac{\pi i}{12}, \tag{10}$$

其中 $(\alpha, \beta, \gamma, \delta)$ 是一个由 $\alpha, \beta, \gamma, \delta$ 来完全确定的整数, 而且当这四个数乘以 -1 时, 它保持不变. 完全确定这个数显然要比确定上面那个 1 的方根麻烦得多, 成为下面研究的实际对象.

首先将 $(\alpha, \beta, \gamma, \delta)$ 归结为只与 α, β 有关的数. 如果 γ', δ' 也同样是满足条件 $\alpha\delta' - \beta\gamma' = 1$ 的数, 那么众所周知有 $\gamma' = \gamma + n\alpha, \delta' = \delta + n\beta$, 其中 n 为一任意整数; 这样按照 (9) 就有

$$\log\eta\left(\frac{\gamma' + \delta'\omega}{\alpha + \beta\omega}\right) = \log\eta\left(n + \frac{\gamma + \delta\omega}{\alpha + \beta\omega}\right) = \log\eta\left(\frac{\gamma + \delta\omega}{\alpha + \beta\omega}\right) + \frac{n\pi i}{12},$$

并由此根据 (10) 得知

$$(\alpha, \beta, \gamma', \delta') - \frac{\delta'}{\beta} = (\alpha, \beta, \gamma, \delta) - \frac{\delta}{\beta}$$

只与 α, β 这两个数有关; 由此我们可以令

$$\beta(\alpha, \beta, \gamma, \delta) = \alpha + \delta - 2(\alpha, \beta), \tag{11}$$

因而可以令

$$\log \eta \left(\frac{\gamma + \delta\omega}{\alpha + \beta\omega} \right) = \log \eta(\omega) + \frac{1}{4} \log(-(\alpha + \beta\omega)^2) + \frac{\alpha + \beta - 2(\alpha, \beta)}{12\beta} \pi i, \tag{12}$$

其中 $2(\alpha, \beta)$ 表示仅仅与这两个互为素数的 α, β 有关的量, 而且, 正如我们将在稍后给出的, (α, β) 本身也是一个整数; 同时还有

$$(-\alpha, -\beta) = -(\alpha, \beta). \tag{13}$$

如果我们进一步将 (12) 中的所有项用它们的相应的共轭量代入, 那么根据上面所指出的我们就有

$$\log \eta \left(-\frac{\gamma + \delta\omega'}{\alpha + \beta\omega'} \right) = \log \eta(-\omega') + \frac{1}{4} \log(-(\alpha + \beta\omega')^2) - \frac{\alpha + \delta - 2(\alpha, \beta)}{12\beta} \pi i,$$

而且由于 (12) 式的左边也可以写成

$$\log \eta \left(\frac{-\gamma + \delta(-\omega')}{\alpha - \beta(-\omega')} \right) = \log \eta(-\omega') + \frac{1}{4} \log(-(\alpha + \beta\omega')^2) + \frac{\alpha + \delta - 2(\alpha, -\beta)}{12(-\beta)} \pi i,$$

所以得出

$$(\alpha, -\beta) = (\alpha, \beta), \tag{14}$$

而且由于 (13) 式也有

$$(-\alpha, \beta) = -(\alpha, \beta). \tag{15}$$

如果进一步公式 (12) 还在 $\beta = 0, \alpha = \delta = \pm 1$ 时也成立, 那么通过规定

$$(\pm 1, 0) = \pm 1 \tag{16}$$

可以使符号 (α, β) 的定义完整, 而这与 (13), (14), (15) 是不矛盾的.

由 (15) 可推出 $(0, \pm 1) = 0$, 因此如果我们令 $\alpha = 0, \beta = 1, \gamma = -1, \delta = 0$, 那么公式 (12) 就转化为互补变换的特殊情形

$$\log \eta \left(\frac{-1}{\omega} \right) = \log \eta(\omega) + \frac{1}{4} \log(-\omega^2). \tag{17}$$

如果现在我们在公式 (12) 中将量 ω 用 $1 + \omega$ 以及用 $\dfrac{-1}{\omega}$ 代入, 就会将量

$$\log \eta \left(\frac{\gamma + \delta + \delta\omega}{\alpha + \beta + \beta\omega} \right) \quad 和 \quad \log \eta \left(\frac{\delta - \gamma\omega}{\beta - \alpha\omega} \right)$$

又按照公式 (12) 用 $\log \eta(\omega)$ 表出, 那么我们就会在考虑到 (8) 和 (17) 后很容易得到对每一对互素的 α, β 有效的下述两个定理:

$$(\alpha + \beta, \beta) = (\alpha, \beta), \tag{18}$$

$$2\alpha(\alpha, \beta) + 2\beta(\beta, \alpha) = 1 + \alpha^2 + \beta^2 - 3(\alpha\beta), \tag{19}$$

其中 $(\alpha\beta)$ 表示 $\alpha\beta$ 的绝对值. 这最后两个定理与二次剩余理论中的互易定理密切相关, 在它们的参与下我们就可以将 (11) 式写成如下的形式:

$$(\alpha, \beta, \gamma, \delta) = 2\gamma(\alpha, \beta) + 2\delta(\beta, \alpha) - (\alpha\gamma + \beta\delta) \pm 3\alpha\delta, \tag{20}$$

其中最后一项前的 $\pm$ 号这样来选择, 使得 $\pm\alpha\beta$ 为 $\alpha\beta$ 的绝对值; 这样一来最早在 (10) 中出现的 $(\alpha, \beta, \gamma, \delta)$ 再次成为一个整数.

现在就清楚了, (18), (19) 这两个定理不仅包含了前面的从 (13) 到 (16) 那些性质, 而且能够做到在任何情况下将记号 (α, β) 通过展成连分数来确定, 而且确定为一整数. 这一点可以很好地由下式

$$如果 \ \alpha\beta \geqslant 0, \quad 则 \ (\alpha, \alpha + \beta) = (\alpha, \beta) - (\beta, \alpha) + \beta - \alpha \tag{21}$$

得出, 而后者则很容易由 (18) 和 (19) 导出; 反之, 也很清楚, 将这个定理 (21) 与 (18) 相结合, 也就是与

$$如果 \ \alpha' \equiv \alpha \pmod{\beta}, \quad 则有 \ (\alpha', \beta) = (\alpha, \beta) \tag{22}$$

相结合, 同样可以完全确定记号 (α, β), 而且可以计算出一张非常可靠的表格来. 最后我们还要给出记号 (α, β) 在那种情况下的确切含义, 这时 α, β 不再是互为素数, 而是有一个任意的 (正的) 最大公因子 p; 在这种情况下我们有

$$(\alpha, \beta) = \left(\frac{\alpha}{p}, \frac{\beta}{p} \right), \tag{23}$$

因为这时 (21), (22) 这两个定理保持不变, 而 (19) 式的右侧第一项自然要用 p^2 替代; 但是现在 (21), (22) 这两个定理也可以不用借助 (23) 式来完全确定 (α, β), 而且如果我们令

$$(0, 0) = 0, \tag{24}$$

那么它们在 $\alpha = \beta = 0$ 时仍然有效. 这样通过对记号 (α, β) 的这一扩展, 常常能够做到把那些平常分解为各种情形的式子结合成一个单一的式子 (比较在 (28) 和 (34) 中所包含的式子).

尽管记号 (α, β) 通过性质 (21), (22) 对所有的整有理数对 α, β 已经能够完全确定, 但是要想得到它的一个普遍表达式还是不容易. 但是借助于 Riemann 在他的第二个断篇中所采用的方法可以构造一个有限和形式的表达式. 这个方法就在于研究模函数在 $\omega = x + yi$ 逼近一个以最小数表示的有理分式 $-\dfrac{\alpha}{\beta}$ 时的行为. 如果这个逼近式的表现是这样, 即 $\alpha + \beta x$ 是比 $\sqrt{y}$ 更高阶的无限小, 那么在 (12) 式中所出现的量

$$\omega_1 = \frac{\gamma + \delta\omega}{\alpha + \beta\omega} = \frac{\delta}{\beta} - \frac{1}{\beta(\alpha + \beta\omega)}$$

的纵坐标值就变到正无限大, 因而根据 (4) 有

$$\log\eta(\omega_1) - \frac{\omega_1\pi i}{12} = 0,$$

因而也就有

$$\log\eta(\omega) + \frac{\pi i}{12\beta(\alpha + \beta\omega)} + \frac{1}{4}\log(-(\alpha + \beta\omega)^2) = \frac{2(\alpha, \beta) - \alpha}{12\beta}\pi i;$$

如果为了与 Riemann 的记号靠近, 我们将 α, β 代以 m, n, 那么这个定理我们就可以这样来表述: 如果变量 $\omega = x + yi$ 以这样的方式逼近不可约分数 $m : n$, 使得 $nx - m$ 是比 $\sqrt{y}$ 更高阶的无限小, 那么最后就有

$$\log\eta(\omega) + \frac{\pi i}{12n(n\omega - m)} + \frac{1}{4}\log(-(n\omega - m)^2) = \frac{m - 2(m, n)}{12n}\pi i. \tag{25}$$

但是如果我们给这个逼近加上更加严格的条件, 要求 $nx - m$ 是比 y^2 更高阶的无限小, 那么等式左边第二项和第三项的虚部同时为零, 因而通过减去其共轭量之后就得到近似式为

$$\log\eta(\omega) - \log\eta(-\omega') = \frac{m - 2(m, n)}{6n}\pi i, \tag{26}$$

它由于上面对记号 (m, n) 意义的扩展, 在整数 m, n 具有任意的**公共因子**时也仍然成立.

在应用它们去解决我们的问题前, 我们还要做以下说明. 如果 a, ∂ 为正整数, c 为一个任意整数, 而且 ω 对其有理极限的逼近满足上面最后提到的严格条件, 那么显然

量 $\dfrac{c + \partial\omega}{a}$ 对其值 $\dfrac{cn + \partial m}{an}$

的逼近也满足, 因此也会和 (26) 一道有下述逼近:

$$\log \eta \left(\frac{c + \partial \omega}{a} \right) - \log \eta \left(-\frac{c + \partial \omega'}{a} \right) = \frac{cn + \partial m - 2(cn + \partial m, an)}{6an} \pi i.$$

现在如果 p 是素数, 那么就有由 p 阶变换或由 (2) 式很容易导出的公式

$$\log \eta(p\omega) + \sum \log \eta \left(\frac{s + \omega}{p} \right) = \frac{(p-1)\pi i}{24} + (p+1) \log \eta(\omega), \qquad (27)$$

其中 s 在求和过程中将遍历 p 个数 $0, 1, 2, \cdots, p-1$; 如果我们从其中抽出通过过渡到其共轭量而形成的方程, 那么通过极限逼近就会给出公式

$$p(pm, n) + \sum (m + ns, np) = p(p+1)(m, n), \qquad (28)$$

其中 s 必须遍历一任意完全剩余系 $(\mathrm{mod}\, p)$. 由 (27) 式可以用各种方式导出更普遍的、对任意合数能成立的公式, 而且由每一个这样的公式又可以得出关于记号 (m, n) 的类似的公式; 不过我们在此深入谈这些函数 $\log \eta(\omega)$ 和记号 (m, n) 的非常有趣的性质.

在现在转向我们的问题之际, 我们要利用由 (2) 和 (4) 得出的下述表达式

$$\log \eta(\omega) = \frac{\omega \pi i}{12} + \sum \log(1 - 1^{\omega \nu}), \qquad (29)$$

其中 ν 遍历所有的自然数, 而且等式右侧的对数将随 1^ω 变为零一同为零; 因此有

$$\log(1 - 1^{\omega \nu}) = -\sum \frac{1^{\omega \nu \mu}}{\mu},$$

其中 μ 也是遍历所有的自然数, 而且如果对 ν 进行求和, 就会得到 Jacobi 变换 (Fund. Nova, §39)

$$\log \eta(\omega) = \frac{\omega \pi i}{12} - \sum \frac{1}{\mu} \frac{1^{\omega \mu}}{1 - 1^{\omega \mu}}, \qquad (30)$$

由此

$$\log \eta(\omega) - \log \eta(-\omega') = \frac{(\omega + \omega')\pi i}{12} - \sum \frac{\alpha_\mu}{\mu},$$

其中为了简化我们设定了

$$\alpha_\mu = \frac{1}{1 - 1^{\omega \mu}} - \frac{1}{1 - 1^{-\omega' \mu}}.$$

如果我们现在令量 $\omega = x + yi$ 的纵轴 y 为无限小, 而这期间横轴 x 从一开始就保持为**常有理值** $m : n$, 这显然满足上述严格的条件. 在下面我们将允许 m, n 有任意的公共因子, 并且还假设分母 n 为**正值**. 为了简化, 令

$$1^x = 1^{\frac{m}{n}} = e^{\frac{2m\pi i}{n}} = \theta, \quad 1^{yi} = e^{-2\pi y} = r,$$

那么常数 θ 就满足条件 $\theta^n = 1$, 而且为一可变的真分数, 在增大过程中接近数值 1, 同时有

$$a_\mu = \frac{1}{1 - \theta^\mu r^\mu} - \frac{1}{1 - \theta^{-\mu} r^\mu},$$

而且它涉及下述函数的极限值的确定:

$$\log \eta(\omega) - \log \eta(-\omega') = \frac{m\pi i}{6n} - \sum \frac{a_\mu}{\mu}.$$

将分别对应于 $\mu = sn + \nu$ 以及 $\mu = s(n+1) - \nu$ 的两组 a_μ 各自相加, 其中 $0 < \nu < \frac{1}{2}n$, 那么很容易得出, 下述和的绝对值

$$A_\mu = a_1 + a_2 + \cdots + a_\mu$$

必定保持为一与所有小于 1 的 r 以及 μ 无关的常数, 因此根据一个普遍的公式①得知, 下述级数

$$\sum \frac{a_\mu}{\mu} = \sum A_\mu \left(\frac{1}{\mu} - \frac{1}{\mu+1} \right),$$

在它的各项按增大的顺序排列之后, 对 $r = 1$ 也收敛, 并在此位置上为连续; 因此考虑到公式 (26) 就得到

$$\frac{(m, n)\pi i}{3n} = \sum \frac{b_\mu}{\mu},$$

其中

$$b_\mu = \lim a_\mu = 0 \quad \text{或} \quad = \frac{1}{1 - \theta^\mu} - \frac{1}{1 - \theta^{-\mu}},$$

要看是否有 $\theta^\mu = 1$ 而定; 但是通过应用变换

$$\frac{1}{1 - \theta^\mu} = -\frac{1}{n} \sum \sigma \theta^{\mu\sigma},$$

其中 σ 遍历 $1, 2, \cdots, n-1$ 各值, 就得到**对所有 μ** 表达式

$$b_\mu = \frac{1}{n} \sum \sigma (\theta^{-\mu\sigma} - \theta^{\mu\sigma})$$

成立, 由它我们的无限级数之和也可以不用定积分很容易地得出来.

如果 z 为某一实数, 那么为了清晰起见, 我们把那种离开整数的距离在 $\pm\frac{1}{2}$ 之间的 z, 不是用 (z), 而是用 $((z))$ 来表示; 但是对于这样的一个位于两个整数之中间点的 z 值, 按照 Riemann, 用我们这里的不连续周期函数来表示就是 $((z)) = 0$, 因此等于无限靠近它的两个点 $((z+0)) = -\frac{1}{2}, ((z-0)) = +\frac{1}{2}$ 的算术

---

①Dirichlet, Vorlesungen über Zahlentheorie, Aufl. 2 (数论讲义, 第二版), §143.

平均值. 根据三角级数理论中的一个非常著名的定理, 这也可直接从对数级数得到, 有下述表示式

$$2\pi i((z)) = \sum \frac{(-1)^\mu (1^{-z\mu} - 1^{z\mu})}{\mu},$$

其中 μ 按递增顺序遍历所有自然数, 因而也就有

$$2\pi i \left(\left(z - \frac{1}{2} \right) \right) = \sum \frac{1^{-z\mu} - 1^{z\mu}}{\mu}. \tag{31}$$

于是又有

$$\sum \frac{\theta^{-\mu\sigma} - \theta^{\mu\sigma}}{\mu} = 2\pi i \left(\left(\frac{\sigma m}{n} - \frac{1}{2} \right) \right),$$

因此

$$\frac{(m,n)}{6n} = \sum \frac{\sigma}{n} \left(\left(\frac{\sigma m}{n} - \frac{1}{2} \right) \right);$$

但是由于, 正如通过将 σ 变成 $n - \sigma$ 可得,

$$\frac{1}{2} \sum \left(\left(\frac{\sigma m}{n} - \frac{1}{2} \right) \right) = 0,$$

因此通过相减很容易得到下述表达式:

$$(m,n) = 6n \sum \left(\left(\frac{s}{n} - \frac{1}{2} \right) \right) \left(\left(\frac{ms}{n} - \frac{1}{2} \right) \right), \tag{32}$$

其中 n 取为正值, 而 s 遍历一完全剩余系 $(\bmod\, n)$. 这种将记号 (m,n) 表示为有限和形式的表达式还有多种变形和简化, 这些在下面我们还要进一步讨论. 至于这个结果对 m, n 有一任意的公共因子 p 时仍然成立这一点, 可以在考虑到 (23) 时, 借助于平常也是非常重要的公式

$$\sum \left(\left(\frac{x + p'}{p} - \frac{1}{2} \right) \right) = \left(\left(x - \frac{1}{2} \right) \right) \tag{33}$$

很容易地证明. 其中 x 为一任意实数, p' 遍历一完全剩余系 $(\bmod\, p)$.

如果我们现在假设 m, n **互为素数**, 而且为了简短起见, 令

$$B = \frac{\pi i}{24n(n\omega - m)}, \quad C = \frac{1}{4} \log(-(n\omega - m)^2),$$

$$\mu = \frac{1 - (-1)^m}{2}, \quad \nu = \frac{1 - (-1)^n}{2},$$

那么就有 $(1 - \mu)(1 - \nu) = 0, m \equiv \mu, n \equiv \nu \pmod 2$, 并由近似公式 (25)

$$\log \eta(\omega) = \frac{m - 2(m,n)}{12n} \pi i - 2B - C,$$

同时导出

$$\log \eta(2\omega) = \frac{m-(2m,n)}{6n}\pi i - (4-3\nu)B - C + \frac{\nu}{2}\log 2,$$

$$\log \eta\left(\frac{\omega}{2}\right) = \frac{m-2(m,2n)}{24n}\pi i - (4-3\mu)B - C + \frac{1-\mu}{2}\log 2,$$

$$\log \eta\left(\frac{1+\omega}{2}\right) = \frac{m+n-2(m+n,2n)}{24n}\pi i + (2-3\mu-3\nu)B - C$$
$$+ \frac{\mu+\nu-1}{2}\log 2;$$

这里出现的记号由于 (28) 式, 通过总是能成立的关系式

$$2(2m,n) + (m,2n) + (m+n,2n) = 6(m,n) \tag{34}$$

相互联系在一起. 同时由此从 (5) 式有下述近似式:

$$\log k = \frac{3m + 2(m+n,2n) - 4(2m,n)}{6n}\pi i + (\mu+2\nu-2)(12B-2\log 2),$$

$$\log k' = \frac{(m+n,2n) - (m,2n)}{3n}\pi i + (2\mu+\nu-2)(12B-2\log 2), \tag{35}$$

$$\log \frac{2K}{\pi} = \frac{(m,n) - (m+n,2n)}{3n}\pi i + (1-\mu-\nu)(12B-2\log 2) - 2C.$$

　　将这些公式与在第二个断篇中的 8 个公式比较就可得知, Riemann 在确定 B, C 项中所包含的无限多的实部时, 所给出的值较少; 它们一部分不够准确, 一部分给忽略了. 在虚部的公式中 (在第三、第四和第五式中) 也有一些疏忽, 这些在第一版中已经毫无顾忌地校正了, 而实数部分至今仍未加改变. 至于 Riemann 的公式在虚部与前面的公式 (35) 一致这一点, 不是随便一眼就能看出来的, 有必要在此将这一一致性作完整的证明; 可是, 由于这个课题足够重要, 为了简便起见, 我们还要做以下的说明.

　　对分母中的一个有理数 x 我们总是把它理解为, 有这样一个最小的整数 n, 它使得乘积 nx 同样为一整数, 而且我们就把这个整数称为 x 的分子. 这样一来总是有无限多个数 x', 它与 x 有相同的分母, 而它的分子 m' 满足同余关系 $mm' \equiv 1 \pmod{n}$, 而每一个这样的 x' 就称为 x 的伴数 (Gefährte) (socius) (见 Disqu. Arithm., 第 77 节). 两个数 x, y, 如果它们的差为一整数, 我们就称它们为完全同余, 并记为 $x \equiv y$, 于是对每一类同余数 x, 只有一类数 x' 与之对应, 而且如果 p 为一整数, 并与 n 互素, 则有 $p(px')' \equiv x$. 如果为了简化我们令

$$D(x) = \frac{(m,n)}{u} = 6\sum \left(\left(\frac{s}{n} - \frac{1}{2}\right)\right)\left(\left(\frac{ms}{n} - \frac{1}{2}\right)\right), \tag{36}$$

则这个函数, 正如由上述表达式, 或也可由 (18), (15), (12), (34) 容易看出, 具有性质

$$D(x) = D(x+1) = -D(-x) = D(x'),$$
$$D(2x) + D\left(\frac{x}{2}\right) + D\left(\frac{x+1}{2}\right) = 3D(x). \tag{37}$$

如果我们代入偶尔在 Riemann 的公式中用到的函数 $E(x)$, 它表示在 x 中所包含的最大整数, 通过表达式

$$E(x) = x - \frac{1}{2} - \left(\left(x - \frac{1}{2}\right)\right) \tag{38}$$

给出. 在其中, 只是如果 x 本身是一个整数时, $E(x)$ 就要再次取 $E(x+0)$ 和 $E(x-0)$ 的平均值 $x - \frac{1}{2}$, 那么在最后这些公式中最常见的还有

$$R(x) = \sum((\nu x)), \quad S(x) = \sum\left(\left(\nu x - \frac{1}{2}\right)\right), \tag{39}$$

其中求和只涉及那些非负的整数 ν, 它们将小于 x 的分母的一半; 这些函数具有下述性质:

$$R(x) = R(x+1) = -R(-x),$$
$$S(x) = S(x+1) = -s(-x),$$
$$R(x) - S(x) = R(x') - S(x') = \frac{1}{2}h, \tag{40}$$

其中 h 表示正项 $((\nu x))$ 超过负项的 $((\nu x))$ 的项数, 并且与函数 $D(x)$ 有下面的关系. 一般来说根据 (36) 有

$$6S(x') = D(2x) - 2D(x). \tag{41}$$

如果数 x 的分母为偶数 n, 那么就有

$$R(x) = -S(x) = \frac{1}{4}h = \frac{1}{3}D(x) - \frac{1}{6}D(2x),$$
$$R\left(\frac{x}{2}\right) + R\left(\frac{x+1}{2}\right) = 2R(x). \tag{42}$$

但是如果数 x 的分母为奇数 n, 那么那种满足条件 $2y \equiv x$ 的数 y, 因而也就是满足条件 $\equiv \frac{1}{2}x$ 或满足条件 $\equiv \frac{1}{2}(x+1)$ 的数 y, 分解为两类数, 其中一类是具有相同分母 n 的数, 用 x_1 表示, 其余的用 x_2 表示; 后者的分母为 $2n$. 于是有

$$R(x_2) = R(x) - S(x) = 2R(x) - S(2x) \tag{43}$$

以及

$$\begin{aligned}
D(x) &= 6R(x_2) - 4R(x) - 4R(x'), \\
D(2x) &= 6R(x_2) - 8R(x) - 2R(x'), \\
D(x_1) &= 6R(x_2) - 2R(x) - 8R(x'), \\
D(x_2) &= 6R(x_2) - 2R(x) - 2R(x'),
\end{aligned} \tag{44}$$

由此又满足上述条件

$$D(2x) + D(x_1) + D(x_2) = 3D(x). \tag{45}$$

在考虑到有关系式

$$x_1 \equiv x_2 + \frac{1}{2} \equiv (2x'), \quad \left(x + \frac{1}{2}\right)' \equiv (4x)' + \frac{1}{2}, \quad (x_2)' = (x')_2,$$

时, (44) 的前三个表达式的有效性由前面的 $R(x)$ 的性质得出. 而反之我们则有

$$\begin{aligned}
6R(x) &= 3D(x) - 2D(2x) - D(x_1) = D(x_2) - D(2x), \\
6R(x') &= 3D(x) - D(2x) - 2D(x_1) = D(x_2) - D(x_1), \\
6R(x_2) &= 5D(x) - 2D(2x) - 2D(x_1) = 2D(x_2) - D(x).
\end{aligned} \tag{46}$$

这个以及大量其他关系的推导, 全都与二次剩余的理论有密切的关系, 确实值得未来有机会再谈.

XXIX 关于位置分析的断篇

两条一维体 (Einstrecke) [线段] 是否属于同一类, 要根据其中一段能否连续地转变为另一段而定.

任两条由同一对点限制的一维体合在一起形成一条连接在一起而没有边界 [端点] 的一维体, 而且它是否能成为一个二维体 (Zweistrecke) [面块] 的完整边界, 要根据它们是否属于同一类而定.

一条内部连接而没有边界一维体, 只取一次, 可以足够作成, 也可能不足以作成, 一内部二维面块的完整边界.

设 $a_1, a_2, \cdots, a_m$ 为 m 个内部连接在一起的、没有边界的 n 维体 (n-Strecke), 各取一次, 无论是单个, 还是连接在一起, 都不能把一个 $n+1$ 维体内部完全包围起来而成为其边界, $b_1, b_2, \cdots, b_m$ 也是 m 个这样的 n 维体, 它们中的任一个与 a 中的一个或几个合在一起能成为一个 $n+1$ 维体内部的完整边界, 那么任何一个内部连接在一起的 n 维体, 如果能够与 a 的 n 维体合在一起成为一个 $n+1$ 维体内部的完整边界, 它也就能够和 b 合在一起做到这样, 反之, 也是如此.

如果有某个没有边界的内在的 n 维体与 a 合在一起成为一个内在的 $n+1$ 维体的完整边界, 那么根据假设就可将 a 逐个消除而代之以 b.

一个 n 维体 A, 如果能够与 B 中的一块合在一起成为一个内在的 $n+1$ 维体的完整边界, 就说 A 在 B 中可变动 (veränderlich).

如果在一连续地延展开的流形的内部借助于 m 个确定的、本身没有边界的 n 维体块 (n-Strecksstück), 使得它能成为其中每一个 n 维体的边界, 那么我们就说这个流形是一个 $m+1$ 度连通的 n 维流形.

一个连续地延展开的连通流形, 如果它的每一维都是连通的, 我们就说它是单连通的.

在有界连续地延展开的流形 A 内部通过的一个维数较低的连通流形 B, 如果它的边界完全位于 A 的边界之内, 我们就说它是 A 的一条割线.

一 n 维体的连通度, 会由一单连通的 $n-m$ 维体割线在 m 维体上减小 1, 而在 $m-1$ 维体上增加 1.

μ 维的连通度只有在这种情况下才会改变, 要么没有边界的和没有镶边的 μ 维体变成了有边的, 要么镶边的变成了没有镶边的, 在前一种情况下, 在 μ 维体的边界上就会有新的部分出现, 而在后一种情况下, 就会在 $\mu+1$ 维体的边界上有新的部分出现.

一连续延展开的流形 A 的边界 B 的连通度与前者连通度的关系

一没有边界、在 B 的内部没有镶边的多维体 (Vielstrecke) 可以分解为在 A 内没有边界的和在 A 内有边界的. 我们首先来研究, B 的连通度如何通过 A 的一条单连通割线而改变.

设 A 为 n 维, 割线 q 为 m 维, a 为 q 的一点的一个 $n-1-m$ 维包皮 (Hülle), 它不与 q 相交, p 为 q 的边界.

如果 a 在 A' 内没有边界, A 在 $n-1-m$ 维的连通度就会增加 1, 如果 a 在 A' 内有边界, 那么它在 $n-m$ 维的连通度就会减少 1, 这里

(α) 如果 a 在 A' 内没有边界, $A' - A = \begin{pmatrix} m+1 \\ +1 \end{pmatrix}$,

(β) 如果 a 在 A' 内有边界, $A' - A = \begin{pmatrix} m \\ -1 \end{pmatrix}$,

............①

---

①在文稿的此处, 还发现一些符号, 它的意义和关系我还无法解读.

	A 的改变	B 的改变

I. a 在 A' 内没有边界,

a 在 B' 内没有边界,

从而 p 在 B 内有边界.

$$\begin{pmatrix} m+1 \\ +1 \end{pmatrix} \qquad \begin{pmatrix} n-m-1 & m \\ +1 & +1 \end{pmatrix}$$

II. a 在 A' 内有边界,

a 在 B' 内没有边界,

从而 p 在 B 内有边界.

$$\begin{pmatrix} m \\ -1 \end{pmatrix} \qquad \begin{pmatrix} n-m-1 & m \\ +1 & +1 \end{pmatrix}$$

III. a 在 A' 内有边界,

a 在 B' 内有边界,

从而 p 在 B 内没有边界.

$$\begin{pmatrix} m \\ -1 \end{pmatrix} \qquad \begin{pmatrix} n-m & m-1 \\ -1 & -1 \end{pmatrix}$$

————————————

两块多维体部分 (空间部分), 如果能够从多维体内部作一曲线, 从其中一个的内部一点连接到另一个的内部一点, 我们就说它们是相互关联的, 或者说, 它们是同一块的部分.

位置分析中的若干命题

(1) 一个维数小于 $n-1$ 的多维体不可能将一 n 维体部分互相分离. 连通的 n 维体有的具有可以被任一 $n-1$ 维体作成的割体割成几块的性质, 有的则没有. 我们把第一种的全体记为 a.

如果将一个属于 a 类的 n 维体用一 $n-2$ 维体的割体去切割成另一个 n 维体, 那么后者仍然是连通的, 可能属于 a, 也可能不属于 a.

那种属于 a 的 n 维体, 在用一 $n-2$ 维体的割体去切割后所成就不再属于 a 的, 我们就把它记为 a_1.

(2) 如果多维体 A 经 μ 维的割体变成另一个 A', 那么 A 的每一个 $\mu+1$ 维的割体也是 A' 的割体, 反之亦然.

如果有一个属于 a_1 的 n 维体经过一个 $n-3$ 维体的割体变成另一个 n 维体, 那么它就属于 a (2), 但是可能属于 a_1, 也可能不属于 a_1.

那种属于 a_1 的 n 维体, 在用一 $n-3$ 维体的割体去切割后所成就不再属于 a_1 的, 我们就把它记为 a_2.

我们按这种方式做下去, 最后就会得到 n 维体一个范畴 (Kategorie) a_{n-2}, 它包含了 a_{n-3} 的那些部分, 它们通过任一一维 (线性) 体割线可以变成非 a_{n-3}. 这种 n 维体我们称为单连通的. 因此一 n 维体 a_μ, 只要忽略 $n-\mu-2$ 维或更低维的割体, 就将成为并称为直至 $n-\mu-2$ 维的单连通 n 维体①.

一个不是直至 $n-1$ 维单连通的 n 维体可以通过一 $n-1$ 维割体分解, 不会分裂成块. 这样得到的 n 维体, 如果不是直至 $n-1$ 维单连通的, 就可通过一个类似的割体进一步分解, 只要还没有达到直至 $n-1$ 维单连通, 这一步骤显然就可以继续下去. n 维体经过这种分解直至到一维单连通所需的切割数, 因个体的选择的不同而不同, 但是显然必定会有某类分解使得这个数为最小②.

---

①为了与下面一致起见, 最好是把这种 n 维体 a_μ 称为直至 $n-\mu-1$ 维连通.

②对此断篇, 我们要指出, 在 Betti 的文章 (Sopra gli spazi di un numero qualunque di dimensioni, Annali di Matematica, Ser. 2, Vol. IV, 1871) 中也包含了这里的思想和叙述, 这篇文章在出版《Riemann 全集》时我还不知道.

XXX $\quad p$ 重无限 θ 级数的收敛性^①

对正项无限级数收敛的研究可以通过下述定理归结为对定积分的研究:

设

$$a_1 + a_2 + a_3 + \cdots$$

为一个由正的递减项组成的级数, 再设 $f(x)$ 为一个随 x 的增大而递减的函数, 那么就有:

$$f(\alpha) > \int_\alpha^{\alpha+1} f(x)dx > f(\alpha + 1),$$

并由此又有

$$f(0) + f(1) + \cdots + f(n) > \int_0^{n+1} f(x)dx > f(1) + f(2) + \cdots + f(n+1).$$

因此级数

$$f(0) + f(1) + f(2) + \cdots$$

随积分

$$\int_0^\infty f(x)dx$$

的收敛或发散一起收敛或发散. 如果 $f(n)$ 为正, 且 $a_n < f(n)$, 那么只要那个积分收敛, 级数

$$a_1 + a_2 + a_3 + \cdots$$

---

①本文及下文是摘自 Riemann 在 1861 年和 1862 年开课的讲义. 整理时是以 G. Roch 所记的一个小册子为基础的.

也同样收敛. 由此得出定理:

如果在 $n \geqslant x$ 时有 $a_n < f(x)$, 那么只要积分 $\displaystyle\int_0^\infty f(x)dx$ 收敛, 这个级数就会收敛.

如果现在我们令 $x = \varphi(y), f(x) = f(\varphi(y)) = F(y)$, 那么我们就有

$$\int_0^\infty f(x)dx = \int F(y)\varphi'(y)dy.$$

如果这两个变量 x, y 同时一个上升, 一个下降 (而且直至无限), 那么根据所做的假设, 随着 y 的上升, $F(y)$ 会上升, $\varphi(y)$ 会下降. 这样一来上面所得到的收敛条件转化为:

如果对于 $n \geqslant \varphi(y), a_n < F(y)$, 或者说, 对于 $a_n \geqslant F(y), n < \varphi(y)$, 并且积分

$$\int_b^\infty F(y)\varphi'(y)dy$$

收敛, 那么级数 $\sum a_n$ 就收敛.

如果现在有 $a_n > F(y)$, 那么 $a_1, a_2, \cdots, a_{n-1}$ 也都大于 $F(y)$. 因此如果 $a_{n+1} < F(y)$, 那么 n 就是大于 $F(y)$ 的项的数目. 于是这个定理也可以这样来表述:

如果 $F(y), \varphi(y)$ 为两个这样的函数, 其中第一个随 y 的增大而减小, 第二个随 y 的增大而增大 (到无限), 而且如果一正项级数中等于或大于 $F(y)$ 的项数, 比 $\varphi(y)$ 的要小, 那么如果积分 $\displaystyle\int_0^\infty F(y)\varphi'(y)dx$ 收敛, 则级数收敛.

现在我们要来为 p 重无限 θ 级数

$$\left(\sum_{-\infty}^\infty m\right)^p e^{\sum\limits_1^p i \sum\limits_1^p i' a_{i,i'} m_i m_{i'} + 2\sum\limits_1^p im_i v_i}$$

寻求一个这样的函数, 在其中我们可以在不失一般性的前提下首先假设量 $a_{i,i'}$ 和 v_i 是实数.

这个级数的一般项为

$$e^{\sum\limits_1^p i \sum\limits_1^p i' \alpha_{i,i'} m_i m_{i'} + 2\sum\limits_1^p im_i v_i},$$

如果

$$-\sum_1^p i \sum_1^p i' a_{i,i'} m_i m_{i'} - 2\sum_1^p im_i v_i < h^2,$$

则它就会大于 e^{-h^2}. 为达到我们的目标, 这就要确定整数 $m_1, m_2, \cdots, m_p$ 有多少组合能满足这个不等式.

为此目的我们首先来考察多重定积分

$$A = \iint \cdots \int dx_1 dx_2 \cdots dx_p,$$

它的积分限由下述不等式所确定:

$$-\sum_1^p i \sum_1^p i' a_{i,i'} x_i x_{i'} < 1.$$

这个积分只有在二次齐次函数

$$-\sum_1^p i \sum_1^p i' a_{i,i'} x_i x_{i'}$$

能够分解为 p 个正平方项之和时才可能有有限值. 因为有

$$-\sum_i \sum_{i'} a_{i,i'} x_i x_{i'} = t_1^2 + t_2^2 + \cdots + t_p^2,$$

所以积分的边界由下述不等式来决定:

$$t_1^2 + t_2^2 + \cdots + t_p^2 < 1,$$

并且积分 A 将为

$$A = \iint \cdots \int \left(\sum \pm \frac{\partial x_1}{\partial t_1} \frac{\partial x_2}{\partial t_2} \cdots \frac{\partial x_p}{\partial t_p} \right) dt_1 dt_2 \cdots dt_p.$$

函数行列式是一个有限常数, 并且变量 t 不会有大于 1 的绝对值.

如果另一方面 t^2 不全为正, 或者在变换后的式中缺少几项, 那么在积分 A 中也就会出现 t 的无限大值, 从而 A 本身会成为无限大.

如果我们将上面对积分 A 的边界换成

$$-\sum_i \sum_{i'} a_{i,i'} x_i x_{i'} - 2 \sum_i \alpha_i x_i < 1,$$

其中 α_i 为任意实数, 这个结果不会有任何改变. 如果我们考察不等式

$$-\sum_i \sum_{i'} a_{i,i'} m_i m_{i'} - 2 \sum_i v_i m_i < h^2,$$

或者, 在其中代入 $\dfrac{m_i}{h} = x_i$,

$$-\sum_i \sum_{i'} a_{i,i'} x_i x_{i'} - 2 \sum_i \frac{v_i}{h} x_i < 1,$$

那么首先就会推知, 满足这个不等式的整数 $m_1, m_2, \cdots, m_p$ 的组合只有有限个, 这是因为所有的 x_i 都必须保持在一定的有限范围之内, 而在这种范围内分母为给定 h 的有理数只能有有限个.

因此我们假设 3_h 为整数 m 的许可组合的个数.

如果我们来研究展布在所有这些组合上的和

$$\sum_{m_1, m_2, \cdots, m_p} \int_{\frac{m_1}{h}}^{\frac{m_1+1}{h}} dx_1 \int_{\frac{m_2}{h}}^{\frac{m_2+1}{h}} dx_2 \cdots \int_{\frac{m_p}{h}}^{\frac{m_p+1}{h}} dx_p = \frac{3_h}{h^p},$$

那么对每一个有限的 h 它也是有限的, 并且随着 h 的无限增长逼近极限 A, 关于它我们已经证明了, 如果函数 $-\sum_i \sum_{i'} a_{i,i'} x_i x_{i'}$ 能够用 p 个平方来表示, 它也是有限的. 因此如果我们令这个和等于 $A + k$, 那么 k 就是一个有限量, 它随着 h 的无限增大收敛到 0. 因此有

$$3_h = (A + k)h^p,$$

而这就是 θ 级数中大于 e^{-h^2} 的项的数目. 于是有

$$n < (A + K)h^p,$$

其中 K 为这样的一个常数, 它在对我们考虑的 h 取得足够大时取任意小的值. 因此我们可以对函数 $F(y), \varphi(y)$ 做如下的设定:

$$F(y) = e^{-y^2}, \quad \varphi(y) = (A + K)y^p,$$

而且由于积分

$$\int_b^\infty e^{-y^2}(A + K)py^{p-1}dy$$

收敛, 所以对在同样假设下的 θ 级数有同样的结果. 于是我们可以做出这样的结论: **如果在指数上的二次形式实部基本为负, 那么 p 重 θ 级数对变量 $v_1, v_2, \cdots, v_p$ 的所有值收敛**.

XXXI 关于 Abel 函数的理论

设 $(e_1, e_2, \cdots, e_p)$ 为一组量, 满足条件

$$\theta(e_1, e_2, \cdots, e_p) = 0.$$

根据 Abel 函数理论那篇论文的第 23 节, 在这个假设下有某些由 $\varphi = 0$ 联系着的点 $\eta_1, \eta_2, \cdots, \eta_{2p-2}$ 满足下述同余关系 (Congruenz):

$$(e_1, e_2, \cdots, e_p) \equiv \left(\sum_1^{p-1} \alpha_1^{(\nu)}, \cdots, \sum_1^{p-1} \alpha_p^{(\nu)} \right) \equiv \left(- \sum_p^{2p-2} \alpha_1^{(\nu)}, \cdots, - \sum_p^{2p-2} \alpha_p^{(\nu)} \right),$$

因此, 如果第一类积分 u_μ 在未定数值组 s, z 和 s_1, z_1 分别取值为 u_μ 和 u'_μ, 那么函数

$$\theta(u_1 - u'_1 - e_1, \cdots, u_p - u'_p - e_p)$$

在看成 s, z 的函数时, 在 $(s, z) = (s_1, z_1)$ 时, 于 $p-1$ 个点 $\eta_1, \eta_2, \cdots, \eta_{p-1}$ 处等于零, 而在看成 s_1, z_1 的函数时, 在 $(s_1, z_1) = (s, z)$ 时, 于 $p-1$ 个点 $\eta_p, \cdots, \eta_{2p-2}$ 处等于零. 因此如果 $(f_1, f_2, \cdots, f_p)$ 是一个有与 $(e_1, e_2, \cdots, e_p)$ 相同性质的量组, 那么函数

$$\frac{\theta(u_1 - u'_1 - e_1, \cdots)\theta(u_1 - u'_1 + e_1, \cdots)}{\theta(u_1 - u'_1 - f_1, \cdots)\theta(u_1 - u'_1 + f_1, \cdots)} \tag{1}$$

既对 s, z 为有理, 又对 s_1, z_1 为有理, 并且对由方程 $\varphi = 0$ 相联系着的点组分别为一阶无限大和一阶无限小, 因此可以表示成以下的形式:

$$\frac{\sum\limits_1^p c_\nu \varphi_\nu(s, z) \sum\limits_1^p c_\nu \varphi_\nu(s_1, z_1)}{\sum\limits_1^p b_\nu \varphi_\nu(s, z) \sum\limits_1^p b_\nu \varphi_\nu(s_1, z_1)}, \tag{2}$$

其中系数 b, c 与 s, z 和 s_1, z_1 无关.

如果量组 e, f 具有以下的性质

$$\begin{aligned}(e_1, e_2, \cdots, e_p) &\equiv (-e_1, -e_2, \cdots, -e_p), \\ (f_1, f_2, \cdots, f_p) &\equiv (-f_1, -f_2, \cdots, -f_p),\end{aligned} \tag{3}$$

那么函数 (1) 或 (2) 在其上分别为零和无限大的点成对地重合, 而且我们会得到一个只在 $p - 1$ 个点上变为二阶无限大和无限小的函数. 这样一来函数

$$\sqrt{\frac{\sum\limits_1^p c_\nu \varphi_\nu(s, z) \sum\limits_1^p c_\nu \varphi_\nu(s_1, z_1)}{\sum\limits_1^p b_\nu \varphi_\nu(s, z) \sum\limits_1^p b_\nu \varphi_\nu(s_1, z_1)}}$$

的分支就和曲面 T' 的一样, 并在越过割线时取一个 ± 1 的因子. 以这种方式确定的函数

$$\sqrt{\sum\limits_1^p c_\nu \varphi_\nu(s, z)},$$

它将在 $p - 1$ 个点处为一阶无限小, 就叫作 **Abel 函数**. 它们由函数 φ 通过令原点 (0-Punkt) 与开方 (Wurzelziehen) 成对地重合而形成. 这种函数的数量一般来说是个有限数.

就是通过同余 (3) 做到使量组 e, f 取得形式

$$\left(\varepsilon_1' \frac{\pi i}{2} + \frac{1}{2}\varepsilon_1 a_{1,1} + \cdots + \frac{1}{2}\varepsilon_p a_{p,1}, \cdots, \varepsilon_p' \frac{\pi i}{2} + \frac{1}{2}\varepsilon_1 a_{1,p} + \cdots + \frac{1}{2}\varepsilon_p a_{p,p} \right),$$

其中 $\varepsilon, \varepsilon'$ 表示整数, 它们可以归结到它们的最小剩余 $(\mathrm{mod}\, 2)$. 一般来说条件 $\theta(e_1, e_2, \cdots, e_p) = 0$ 只有在有

$$\varepsilon_1 \varepsilon_1' + \varepsilon_2 \varepsilon_2' + \cdots + \varepsilon_p \varepsilon_p' \equiv 1 \pmod 2 \tag{4}$$

时才能被这样一量组所满足. 但是这样的量组 $\varepsilon, \varepsilon'$ 有 $2^{p-1}(2^p - 1)$ 个, 因此一般来说和 Abel 函数的数量一样多. 复合数 (Zahlencomplex)

$$\begin{pmatrix} \varepsilon_1, \varepsilon_2, \cdots, \varepsilon_p \\ \varepsilon'_1, \varepsilon'_2, \cdots, \varepsilon'_p \end{pmatrix}$$

称为函数

$$\sqrt{\sum_1^p c_\nu \varphi_\nu(s, z)}$$

的**特征**, 并以

$$\left(\sqrt{\sum_1^p c_\nu \varphi_\nu(s, z)} \right)$$

来表示. 特征如果满足同余式 (4), 就称为奇的, 否则就称为偶的. 偶特征的数量达 $2^{p-1}(2^p + 1)$ 个, 一般来说这些没有 Abel 函数与之对应.

所谓两个特征之和是指由对应的元素相加而成的特征, 据此, 它的元素总是能够归结为 0 或 1. 因此两个特征的和与差是一样的.

现在首先要通过引入新变量将方程 $F(s, z) = 0$ 变成对称的形式. 如果 $p \geqslant 3$, 那么就至少存在 3 个相互线性无关的函数 φ, 而且我们由此可以通过引进变量

$$\xi = \frac{\varphi_1}{\varphi_3}, \quad \eta = \frac{\varphi_2}{\varphi_3}$$

将方程 $F(s, z) = 0$ 变形 (如果在它们之间不存在恒等方程, 一般来说不会有这种情况).

如果函数 $\varphi_1, \varphi_2, \varphi_3$ 不满足特别的条件, 那么对每一个 ξ 的值有 $2p - 2$ 个 η 值属于它, 反之亦然, 这是因为下述两个函数

$$\varphi_1 - \xi\varphi_3, \quad \varphi_2 - \eta\varphi_3$$

的每一个对一常数的 ξ 以及一常数的 η 变为零. 因而所得到的方程 $F(\xi, \eta) = 0$ 相对于每一个变量都是 $2p - 2$ 次的. 由于除此之外, 在对 ξ, η 做一任意的置换时必须保留这个阶次, 所以在这个方程中没有一项相对于 ξ, η 加在一起能增至 $2p - 2$ 次. 其余的函数 φ, 用 ξ, η 来表示, 就会变成这样的一个函数, 它的次数不可能超过 $2p - 5$, 这一点可以由积分 $\displaystyle\int \frac{\varphi}{\frac{\partial F}{\partial \xi}} d\eta$ 对无限大的 ξ 和 η 保持为有限得

知.

在这样一种 $2p-5$ 次的函数中所出现的常数的个数为 $(p-2)(2p-3)$. 如果我们由它们这样来确定 r, 使得函数 φ 对于 r 对有 $\dfrac{\partial F}{\partial \xi}$ 及 $\dfrac{\partial F}{\partial \eta}$ 等于零的 (γ, δ) 也为零, 那么必定还余有 p 个常数, 因为有 p 个线性无关的第一类积分存在. 因此有

$$(p-2)(2p-3) = p+r,$$

从而有

$$r = 2(p-1)(p-3).$$

按以下的方式我们也可以得到相同的结果: 函数 $\dfrac{\partial F}{\partial \xi}$ 将在 $(2p-2)(2p-3)$ 个点上成为一阶无限小, 而这个数是 $w+2r$, 这里 w 为简单分支点的个数. 另一方面有 (Abel 函数理论, 第 7 节)

$$w = 2(n+p-1), \quad n = 2p-2,$$
$$w = 2(3p-3),$$

由此有

$$r = (p-1)(2p-3) - \frac{1}{2}w = 2(p-1)(p-3).$$

如果现在将所有的函数 φ 用 ξ, η 表示出来, 那么就必有方程

$$\xi = \frac{\varphi_1}{\varphi_3}, \quad \eta = \frac{\varphi_2}{\varphi_3}$$

恒成立, 于是有

$$\varphi_1 = \xi\varphi_3, \quad \varphi_2 = \eta\varphi_3.$$

因此必定存在这样一个函数 φ_3, 它相对于 ξ, η 只有 $2p-6$ 次. 因而这个函数对那些满足方程 $F=0$ 的 $(2p-2)(2p-6) = 2r$ 个数对 ξ, η 变为零, 从而也就只对 r 个点对 (γ, δ) 为零.

最后通过引进新变量 $\xi = \dfrac{x}{z}, \eta = \dfrac{y}{z}$, 并乘以 z^{2p-2}, 就可将方程 $F=0$ 转换成三个变量 x, y, z 的 $2p-2$ 次的齐次方程

$$\overset{2p-2}{F}(x, y, z) = 0.$$

正如我们已经看到的, 在函数 φ 之外还有一个相对于 ξ, η 为 $2p-6$ 次的, 如

果我们把它记为 ψ, 那么 $\dfrac{\varphi}{\psi}$ 对有限的 ξ, η 必定为有限, 而对无限的 ξ, η 为一阶无限大. 反之, 任何一个具有这种性质的函数也一定能够有这样的形式 (Abel 函数理论, 第 10 节).

对有限的 ξ, η 为有限、而对无限的 ξ, η 为二阶无限大的函数, 就可以表示成如下的形式:

$$\frac{f(\xi, \eta)}{\psi},$$

其中 $f(\xi, \eta)$ 为一个 ξ, η 的 $2p-4$ 次的函数, 它必有 r 个数对 γ, δ 为其零点. 函数 $f(\xi, \eta)$ 含有

$$(p-1)(2p-3) - r = 3p - 3$$

个常数, 因此可以 (Abel 函数理论, 第 5 节) 表示任何一个具有这种性质的函数. 函数 $f(\xi, \eta)$, 除了这 r 个数对 γ, δ 外, 还在 $4p-4$ 个点上为一阶无限小.

$p-1$ 个变量 $\dfrac{\varphi}{\psi}$ 的每一个二次函数都属于这种函数; 这种函数含有 $\dfrac{p(p+1)}{2}$ 个常数. 但是由于一般函数 $\dfrac{f}{\psi}$ 只含有 $3p-3$ 个常数, 所以在 $p-1$ 个变量 $\dfrac{\varphi}{\psi}$ 间必定有

$$\frac{p(p+1)}{2} - 3p + 3 = \frac{(p-2)(p-3)}{2}$$

个二次方程存在, 或者这样说也是一样的, 在 p 个函数 φ 之间必定有 $\dfrac{(p-2)(p-3)}{2}$ 个齐次二次方程存在①.

对于 $p = 3$ 的情况, 方程 $F(\xi, \eta) = 0$ 或 $F(x, y, z) = 0$ 是四次方程; 这时 $r = 0$, 而且函数 ψ 退化为一个常数. 函数 φ 中没有一个次数能超过 1, 而且这种函数的一般形式为

$$\varphi = c\xi + c'\eta + c'',$$

或者, 如果只涉及这些函数的比例, 则为

$$\varphi = cx + c'y + c''z,$$

其中 c, c', c'' 为常数. 每一个函数 φ 会在四个点上成为无限小, 而且有 28 个这样的函数, 它们的零点成对地重合. 它们的平方根是 Abel 函数, 我们要来研究, 如何确定这 28 个函数的特征.

------

①这一节是新版中第一次加入的.

如果我们引进这样的三个函数 φ 来作为量 x, y, z, 它们两次成为二阶无限小, 以致 $\sqrt{x}, \sqrt{y}, \sqrt{z}$ 为 Abel 函数, 那么因此得到的方程 $F(x, y, z) = 0$ 就有这样的性质, 当令 x, 或 y, 或 $z = 0$ 时它就会过渡为一完全平方. 因此就有

$$对\ x = 0: F = (y - \alpha z)^2 (y - \alpha' z)^2,$$
$$对\ y = 0: F = (z - \beta x)^2 (z - \beta' x)^2,$$
$$对\ z = 0: F = (x - \gamma y)^2 (x - \gamma' y)^2.$$

如果现在 a, b, c 是 $F(x, y, z)$ 中的 x^4, y^4, z^4 的系数, 那么就有

$$\alpha\alpha' = \pm\sqrt{\frac{c}{b}}, \quad \beta\beta' = \pm\sqrt{\frac{a}{c}}, \quad \gamma\gamma' = \pm\sqrt{\frac{b}{a}},$$

从而有

$$\alpha\alpha'\beta\beta'\gamma\gamma' = \pm 1. \tag{5}$$

因此如果知道了 $\alpha, \alpha', \beta, \beta', \gamma, \gamma'$, 那么我们就可以把 $F(x, y, z)$ 中那些不包含乘积 xyz 的项全部构造出来, 而 F 除此之外只含有一项 $xyzt$, 其中 t 为 x, y, z 的一个线性齐次函数. 因此如果我们令

$$f = a_{1,1}x^2 + a_{2,2}y^2 + a_{3,3}z^2 + 2a_{2,3}yz + 2a_{3,1}zx + 2a_{1,2}xy,$$

那么就由此得到用以确定 $a_{i,k}$ 的方程如下:

$$\alpha\alpha' = \frac{a_{3,3}}{a_{2,2}}, \quad \alpha + \alpha' = -2\frac{a_{2,3}}{a_{2,2}},$$
$$\beta\beta' = \frac{a_{1,1}}{a_{3,3}}, \quad \beta + \beta' = -2\frac{a_{3,1}}{a_{3,3}},$$
$$\gamma\gamma' = \frac{a_{2,2}}{a_{1,1}}, \quad \gamma + \gamma' = -2\frac{a_{1,2}}{a_{1,1}},$$

在 $\alpha\alpha'\beta\beta'\gamma\gamma' = 1$ 时, 这总是能得到满足的. 在此假设下 $F = 0$ 也就转化为

$$f^2 - xyzt = 0. \tag{6}$$

如果我们令 $t = 0$, 那么我们又由 $f^2 = 0$ 得到两对相互相等的根, 这样一来, $\sqrt{t}$ 也是一个 Abel 函数, 而且是这样的一个函数, 使得 $\sqrt{xyzt}$ 是一个有理函数. 因此如果 $(a)(b)(c)(d)$ 是 $\sqrt{x}, \sqrt{y}, \sqrt{z}, \sqrt{t}$ 的特征, 那么必定有

$$(a + b + c + d) = \begin{pmatrix} 0 & 0 & 0 \\ 0 & 0 & 0 \end{pmatrix}$$

或

$$(d) = (a + b + c).$$

因此 $\sqrt{x}, \sqrt{y}, \sqrt{z}$ 这三个函数的特征之和一定是一个奇特征.

反之, 如果这些假设得到满足, 而且如果 $\sqrt{t}$ 是这样一种 Abel 函数, 使得其特征属于 $(a + b + c)$, 那么 $\sqrt{xyzt}$ 就会是这样一种函数, 它在越过割线时将连续改变, 从而用 x, y, z 有理地来表示, 但是这个函数不会超过二次, 因此在这个假设下也必定会有一个形如 (6) 的方程. 如果 $\sqrt{x}, \sqrt{y}, \sqrt{z}, \sqrt{t}$ 是不同的 Abel 函数, 这个方程就不可能是恒等式.

由于有 28 个 Abel 函数, 所以有多种方式能将方程 $F = 0$ 变成 (6) 的形式. 我们想首先来研究, 是否能将 $\sqrt{z}, \sqrt{t}$ 这对 Abel 函数换成另一对 $\sqrt{p}, \sqrt{q}$.

因此有可能通过引进 x, y, p, q 把 $F = 0$ 变成下述形式:

$$\psi^2 - xypq = 0;$$

这样一来, 如果确定了一个适当的常数因子, 就必定有下述恒等方程成立:

$$f^2 - xyzt = \psi^2 - xypq$$

或

$$(f - \psi)(f + \psi) = xy(zt - pq).$$

这样一来, $f - \psi$ 或 $f + \psi$ 必定可以由除尽 xy, 而且由于二者都是二次的, 所以只差一个常数因子. 于是, 如果令

$$\psi - f = \alpha xy, \quad \alpha(\psi + f) = -zt + pq, \tag{7}$$

则得到

$$\psi = \alpha xy + f, \quad 2\alpha f + \alpha^2 xy + zt = pq. \tag{8}$$

因此最后这个方程的左侧必定可以分解为两个线性因子; 如果我们设想将这个函数展开成如下的形式

$$a_{1,1}x^2 + a_{2,2}y^2 + a_{3,3}z^2 + 2a_{2,3}yz + 2a_{3,1}zx + 2a_{1,2}xy,$$

那么这些系数 $a_{i,k}$ 就是 α 的二次函数; 但是由于行列式

$$\sum \pm a_{1,1}a_{2,2}a_{3,3}$$

必定为零, 所以我们会得到 α 的一个六次方程, 很容易看出它有 $\alpha = 0$ 和 $\alpha = \infty$ 这两个根, 分别对应于分解 zt 和 xy.

因此还剩下一个四次方程, 它的根提供了四个 p, q 函数对, 它们具有所要求的性质.

由 (8) 的第二个方程, 借助 (6), 还可推得

$$pqzt = z^2t^2 + 2\alpha fzt + \alpha^2 f^2 = (zt + \alpha f)^2,$$

从而方程 $F = 0$ 的人们所期望的形式也可以通过函数 p, q, z, t 构造出来. 这样如果我们从两个任意的 Abel 函数 $\sqrt{x}, \sqrt{y}$ 出发, 那么我们就可以得到 6 对这样的函数:

$$\sqrt{xy}, \sqrt{zt}, \sqrt{p_1 q_1}, \sqrt{p_2 q_2}, \sqrt{p_3 q_3}, \sqrt{p_4 q_4},$$

它们具有如下的性质, 就是提供他们之中的任意两对都可以把方程 $F = 0$ 变成如下的形式:

$$f^2 - xyzt = 0.$$

这 6 个函数在越过割线时必定会取相同的因子, 因为否则的话就不可能是由两个相同有理式组成的乘积. 我们把这种由每两个 Abel 函数组成的 6 个乘积称为**属于同一组**. 由于 Abel 函数组成的乘积在割线处的因子系统由特征之和来决定, 由此可知, 同一组的所有函数对的特征必定给出相同的和, 我们把这个和称为**组特征** (Gruppencharakteristik).

由方程 (8) 和 (6) 还可以得出

$$2f = \frac{pq - zt}{\alpha} - \alpha xy = 2\sqrt{xy}\sqrt{zt},$$

由此有

$$pq = \alpha^2 xy + 2\alpha\sqrt{xy}\sqrt{zt} + zt$$

或

$$\sqrt{pq} = \sqrt{zt} + \alpha\sqrt{xy}, \tag{9}$$

我们由此就可推出这样的结论, 即一组中之任一积都可以用同一组中两个积线性表出.

如果我们把这 28 个 Abel 函数成对地排列, 那么我们就会得到 $\dfrac{28 \cdot 27}{2} = 6 \cdot 63$ 个对[①]. 每一个的组特征可以是与 $\begin{pmatrix} 0 & 0 & 0 \\ 0 & 0 & 0 \end{pmatrix}$ 不同的 63 个特征之一.

因此为了得到一组中的 6 个对, 我们要把所涉及的 6 种组特征分为两组奇

[①]这里原文接下来有对此式的说明: "welche (它就是) zu 6 und 6 in 63 Gruppen zerfallen."
—— 中译者注

特征. 举一个这样的例子, 取组特征为 $\begin{pmatrix} 0 & 0 & 1 \\ 0 & 0 & 0 \end{pmatrix}$:

$$\begin{pmatrix} 0 & 0 & 1 \\ 0 & 0 & 0 \end{pmatrix} = \begin{pmatrix} 1 & 0 & 1 \\ 1 & 0 & 0 \end{pmatrix} + \begin{pmatrix} 1 & 0 & 0 \\ 1 & 0 & 0 \end{pmatrix} = \begin{pmatrix} 0 & 1 & 1 \\ 0 & 1 & 0 \end{pmatrix} + \begin{pmatrix} 0 & 1 & 0 \\ 0 & 1 & 0 \end{pmatrix}$$

$$= \begin{pmatrix} 1 & 1 & 1 \\ 1 & 0 & 0 \end{pmatrix} + \begin{pmatrix} 1 & 1 & 0 \\ 1 & 0 & 0 \end{pmatrix} = \begin{pmatrix} 1 & 1 & 1 \\ 0 & 1 & 0 \end{pmatrix} + \begin{pmatrix} 1 & 1 & 0 \\ 0 & 1 & 0 \end{pmatrix}$$

$$= \begin{pmatrix} 0 & 1 & 1 \\ 1 & 1 & 0 \end{pmatrix} + \begin{pmatrix} 0 & 1 & 0 \\ 1 & 1 & 0 \end{pmatrix} = \begin{pmatrix} 1 & 0 & 1 \\ 1 & 1 & 0 \end{pmatrix} + \begin{pmatrix} 1 & 0 & 0 \\ 1 & 1 & 0 \end{pmatrix}.$$

如果有 3 对 Abel 函数已知, 那么我们就可以通过求解一个三次方程得到在同一组中的其余的对, 而且我们还可以借助于它们把所有其余的 Abel 函数及其特征一起确定下来.

为了完成这一任务, 我们设这一组中的 3 对 Abel 函数为 $\sqrt{x\xi}, \sqrt{y\eta}, \sqrt{z\zeta}$, 从而 ξ, η, ζ 作为 x, y, z 的线性齐次函数给出.

通过适当地确定常数因子, 我们可将方程 (9) 取成以下的形式:

$$\sqrt{x\xi} + \sqrt{y\eta} + \sqrt{z\zeta} = 0, \tag{10}$$

由此得出

$$z\zeta = x\xi + y\eta + 2\sqrt{x\xi y\eta}$$

或

$$4x\xi y\eta = (z\zeta - x\xi - y\eta)^2, \tag{11}$$

从而有

$$f = z\zeta - x\xi - y\eta. \tag{12}$$

为了求出所有属于 $\sqrt{x\xi}, \sqrt{y\eta}$ 组的对, 按照上面我们要解一个双二次方程, 但是这个方程有一个对应于对 $\sqrt{z\zeta}$ 的根为已知. 由此如果我们首先来求组 $\sqrt{x\xi}$ 的对, 对 $\sqrt{y\eta}$ 也属于这一组, 那么计算就会更对称一些.

如果 $\sqrt{pq}$ 是这个组中的另一个对, 那么除了方程 (11) 之外还有一个与之恒等的方程

$$4y\xi pq = \varphi^2, \tag{13}$$

其中, 按照 (8),

$$\varphi = f + 2\lambda y\xi,$$

这里 λ 又是一个未知的常数. 由此借助于 (11) 和 (12) 我们就得到

$$\varphi^2 = 4\lambda y\xi \left(x\xi - y\eta - z\zeta + \frac{x\eta}{\lambda} + \lambda y\xi \right),$$

这样一来就有 (不考虑因子 λ)

$$
\begin{aligned}
pq &= x\xi + y\eta - z\zeta + \frac{x\eta}{\lambda} + \lambda y\xi \\
&= \left(\xi + \frac{\eta}{\lambda}\right)(x + \lambda y) - z\zeta;
\end{aligned}
$$

对于 $x + \lambda y = 0$ 以及 $z = 0$, 在 p, q 这两个函数中必有一个, 比如说 p, 等于零, 由此在用 μ 表示另一个未定常数时, 可导出

$$
p = x + \lambda y + \mu z, \tag{14}
$$
$$
pq = p\left(\xi + \frac{\eta}{\lambda}\right) - \mu z\left(\xi + \frac{\eta}{\lambda} + \frac{\zeta}{\mu}\right),
$$

而由于 p 与 z 并不恒等, 由此又有

$$
\xi + \frac{\eta}{\lambda} + \frac{\zeta}{\mu} = -a^2 p, \tag{15}
$$

由此借助于 (13) 得

$$
ax + a\lambda y + a\mu z + \frac{\xi}{a} + \frac{\eta}{\lambda a} + \frac{\zeta}{\mu a} = 0,
$$

或者在其中用 b, c 来代替 $\lambda a, \mu a$ 之后即

$$
ax + by + cz + \frac{\xi}{a} + \frac{\eta}{b} + \frac{\zeta}{c} = 0, \tag{16}
$$

由于它与 p 和 q 所差不过一个常数, 于是有

$$
p = ax + by + cz = -\left(\frac{\xi}{a} + \frac{\eta}{b} + \frac{\zeta}{c}\right),
$$
$$
q = \frac{\xi}{a} + \frac{\eta}{b} + cz = -\left(ax + by + \frac{\zeta}{c}\right).
$$

由于有四对 p, q, 所以必定可以确定四组 a, b, c.

　　为了做到这一点我们注意到, 在 6 个函数 $x, y, z, \xi, \eta, \zeta$ 之间存在三个齐次线性方程, 我们把它们记为 $u_1 = 0, u_2 = 0, u_3 = 0$. 把它们与未定系数 l_1, l_2, l_3 结合起来, 我们由此导出

$$
l_1 u_1 + l_2 u_2 + l_3 u_3 = \alpha x + \beta y + \gamma z + \alpha'\xi + \beta'\eta + \gamma'\zeta = 0,
$$

其中 $\alpha, \beta, \gamma, \alpha', \beta', \gamma'$ 为 l_1, l_2, l_3 的线性齐次表达式. 如果满足条件

$$
\alpha\alpha' = \beta\beta' = \gamma\gamma',
$$

这个关系就可以写成 (16) 的形式, 我们由此就可获得比例为 $l_1 : l_2 : l_3$ 的四组值. 如果我们设想通过下述形式的三个方程

$$
\begin{aligned}
&x + y + z + \xi + \eta + \zeta = 0, \\
&\alpha x + \beta y + \gamma z + \frac{\xi}{\alpha} + \frac{\eta}{\beta} + \frac{\zeta}{\gamma} = 0, \\
&\alpha' x + \beta' y + \gamma' z + \frac{\xi}{\alpha'} + \frac{\eta}{\beta'} + \frac{\zeta}{\gamma'} = 0
\end{aligned}
\tag{17}
$$

来给定函数 ξ, η, ζ, 我们就以最优美的方式达到了我们的目的. 至于在这些方程的第一个方程中的系数的值为 1 这一点可以通过给 $x, y, z, \xi, \eta, \zeta$ 添加常数因子来做到, 这样做时方程 (10) 的形式不会改变.

由方程 (17) 作为恒等结果必定会得出第四个相同的形式

$$
\alpha'' x + \beta'' y + \gamma'' z + \frac{\xi}{\alpha''} + \frac{\eta}{\beta''} + \frac{\zeta}{\gamma''} = 0.
\tag{18}
$$

因而为了得到 $\alpha'', \beta'', \gamma''$, 我们必须由下述方程:

$$
\begin{aligned}
\lambda'' \alpha'' = \lambda' \alpha' + \lambda \alpha + 1, \quad & \frac{\lambda''}{\alpha''} = \frac{\lambda'}{\alpha'} + \frac{\lambda}{\alpha} + 1, \\
\lambda'' \beta'' = \lambda' \beta' + \lambda \beta + 1, \quad & \frac{\lambda''}{\beta''} = \frac{\lambda'}{\beta'} + \frac{\lambda}{\beta} + 1, \\
\lambda'' \gamma'' = \lambda' \gamma' + \lambda \gamma + 1, \quad & \frac{\lambda''}{\gamma''} = \frac{\lambda'}{\gamma'} + \frac{\lambda}{\gamma} + 1
\end{aligned}
\tag{19}
$$

来确定系数 $\lambda, \lambda', \lambda''$. 通过将这些方程中相应的两个相乘就可得到

$$
\begin{aligned}
\lambda''^2 &= \lambda'^2 + \lambda^2 + \lambda \lambda' \left(\frac{\alpha}{\alpha'} + \frac{\alpha'}{\alpha} \right) + \lambda \left(\alpha + \frac{1}{\alpha} \right) + \lambda' \left(\alpha' + \frac{1}{\alpha'} \right) + 1, \\
\lambda''^2 &= \lambda'^2 + \lambda^2 + \lambda \lambda' \left(\frac{\beta}{\beta'} + \frac{\beta'}{\beta} \right) + \lambda \left(\beta + \frac{1}{\beta} \right) + \lambda' \left(\beta' + \frac{1}{\beta'} \right) + 1, \\
\lambda''^2 &= \lambda'^2 + \lambda^2 + \lambda \lambda' \left(\frac{\gamma}{\gamma'} + \frac{\gamma'}{\gamma} \right) + \lambda \left(\gamma + \frac{1}{\gamma} \right) + \lambda' \left(\gamma' + \frac{1}{\gamma'} \right) + 1.
\end{aligned}
\tag{20}
$$

从其中每两个消除 λ'', 就会得到 $\dfrac{1}{\lambda}, \dfrac{1}{\lambda'}$ 的下述方程组:

$$
\begin{aligned}
0 &= \frac{1}{\lambda'} \left(\alpha + \frac{1}{\alpha} - \beta - \frac{1}{\beta} \right) + \frac{1}{\lambda} \left(\alpha' + \frac{1}{\alpha'} - \beta' - \frac{1}{\beta'} \right) \\
&\quad + \left(\frac{\alpha'}{\alpha} + \frac{\alpha}{\alpha'} - \frac{\beta'}{\beta} - \frac{\beta}{\beta'} \right), \\
0 &= \frac{1}{\lambda'} \left(\alpha + \frac{1}{\alpha} - \gamma - \frac{1}{\gamma} \right) + \frac{1}{\lambda} \left(\alpha' + \frac{1}{\alpha'} - \gamma' - \frac{1}{\gamma'} \right) \\
&\quad + \left(\frac{\alpha'}{\alpha} + \frac{\alpha}{\alpha'} - \frac{\gamma'}{\gamma} - \frac{\gamma}{\gamma'} \right),
\end{aligned}
$$

由此可以唯一地算出 λ, λ'.

从方程 (20) 中的一个可以得到 λ'' 的绝对值, 最后由方程 (19) 同样地也可以得到 $\alpha'', \beta'', \gamma''$ 的绝对值, 只差一个公共的符号未定①.

如果我们以这种方式得到了 $\alpha'', \beta'', \gamma''$, 那么我们在函数组 $\sqrt{x\eta}, \sqrt{y\xi}$ 中得到下述四对 Abel 函数:

$$\sqrt{x+y+z}, \quad \sqrt{\xi+\eta+z},$$
$$\sqrt{\alpha x+\beta y+\gamma z}, \quad \sqrt{\frac{\xi}{\alpha}+\frac{\eta}{\beta}+\gamma z},$$
$$\sqrt{\alpha' x+\beta' y+\gamma' z}, \quad \sqrt{\frac{\xi}{\alpha'}+\frac{\eta}{\beta'}+\gamma' z},$$
$$\sqrt{\alpha'' x+\beta'' y+\gamma'' z}, \quad \sqrt{\frac{\xi}{\alpha''}+\frac{\eta}{\beta''}+\gamma'' z}.$$

以同样的方式得到在函数组 $\sqrt{x\zeta}, \sqrt{z\xi}$ 中的四对 Abel 函数

$$\sqrt{x+y+z}, \quad \sqrt{\xi+y+\zeta},$$
$$\sqrt{\alpha x+\beta y+\gamma z}, \quad \sqrt{\frac{\xi}{\alpha}+\beta y+\frac{\zeta}{\gamma}},$$
$$\sqrt{\alpha' x+\beta' y+\gamma' z}, \quad \sqrt{\frac{\xi}{\alpha'}+\beta' y+\frac{\zeta}{\gamma'}},$$
$$\sqrt{\alpha'' x+\beta'' y+\gamma'' z}, \quad \sqrt{\frac{\xi}{\alpha''}+\beta'' y+\frac{\zeta}{\gamma''}}$$

---

① 为了简短起见, 如果我们令

$$\begin{vmatrix} 1 & 1 & 1 \\ \alpha & \beta & \gamma \\ \alpha' & \beta' & \gamma' \end{vmatrix} = (\alpha, \beta, \gamma), \quad \begin{vmatrix} 1 & 1 & 1 \\ \dfrac{1}{\alpha} & \beta & \gamma \\ \dfrac{1}{\alpha'} & \beta' & \gamma' \end{vmatrix} = \left(\frac{1}{\alpha}, \beta, \gamma\right), \cdots,$$

那么我们就可由方程

$$\alpha\alpha'\alpha'' : \beta\beta'\beta'' = (\alpha, \beta, \gamma)\left(\alpha, \beta, \frac{1}{\gamma}\right) : \left(\frac{1}{\alpha}, \frac{1}{\beta}, \gamma\right)\left(\frac{1}{\alpha}, \frac{1}{\beta}, \frac{1}{\gamma}\right),$$
$$\alpha\alpha'\alpha'' : \beta\beta'\beta'' = \left(\alpha, \frac{1}{\beta}, \gamma\right)\left(\alpha, \frac{1}{\beta}, \frac{1}{\gamma}\right) : \left(\frac{1}{\alpha}, \beta, \gamma\right)\left(\frac{1}{\alpha}, \beta, \frac{1}{\gamma}\right)$$

以及类似的方程来确定 $\alpha'', \beta'', \gamma''$.

以及在函数组 $\sqrt{y\zeta}, \sqrt{z\eta}$ 中的四对 Abel 函数

$$\sqrt{x+y+z}, \quad \sqrt{x+\eta+\zeta},$$

$$\sqrt{\alpha x+\beta y+\gamma z}, \quad \sqrt{\alpha x+\frac{\eta}{\beta}+\frac{\zeta}{\gamma}},$$

$$\sqrt{\alpha' x+\beta' y+\gamma' z}, \quad \sqrt{\alpha' x+\frac{\eta}{\beta'}+\frac{\zeta}{\gamma'}},$$

$$\sqrt{\alpha'' x+\beta'' y+\gamma'' z}, \quad \sqrt{\alpha'' x+\frac{\eta}{\beta''}+\frac{\zeta}{\gamma''}},$$

所以除了所给定的 6 个 Abel 函数外还有另外 16 个也确定下来了. 为了获得它们的特征, 只要注意到, 在这里所研究的 3 个函数组具有 4 个公共的 Abel 函数. 因此如果我们构造相应于这些特征的组, 必定有这 4 个公共的特征, 而且这要将以下函数

$$\sqrt{x+y+z}, \sqrt{\alpha x+\beta y+\gamma z}, \sqrt{\alpha' x+\beta' y+\gamma' z}, \sqrt{\alpha'' x+\beta'' y+\gamma'' z}$$

做任意排列. 其余 Abel 函数的特征就此可以完全确定下来, 因为它们在这三个组中以与对应的 Abel 函数相同的方式配对出现. 这些特征可以用以下方式对称地表述.

设将函数组 $\sqrt{y\zeta}, \sqrt{z\xi}, \sqrt{x\eta}$ 的特征记为 $(p), (q), (r)$, 再将下述四个函数

$$\sqrt{x+y+z}, \sqrt{\alpha x+\beta y+\gamma z}, \sqrt{\alpha' x+\beta' y+\gamma' z}, \sqrt{\alpha'' x+\beta'' y+\gamma'' z}$$

的特征记为 $(d), (e), (f), (g)$, 将 $\sqrt{x}$ 的特征记为 $(n+p)$. 我们由此得到了这些特征的如下表达式:

$$(\sqrt{x}) = (n+p), \quad (\sqrt{y}) = (n+q), \quad (\sqrt{z}) = (n+r),$$

$$(\sqrt{\xi}) = (n+q+r), \quad (\sqrt{\eta}) = (n+r+p), \quad (\sqrt{\zeta}) = (n+p+q),$$

$$(\sqrt{x+y+z}) = (d), \quad (\sqrt{x+\eta+\zeta}) = (p+d),$$

$$(\sqrt{\alpha x+\beta y+\gamma z}) = (e), \quad \left(\sqrt{\alpha x+\frac{\eta}{\beta}+\frac{\zeta}{\gamma}}\right) = (p+e),$$

$$(\sqrt{\alpha' x+\beta' y+\gamma' z}) = (f), \quad \left(\sqrt{\alpha' x+\frac{\eta}{\beta'}+\frac{\zeta}{\gamma'}}\right) = (p+f),$$

$$(\sqrt{\alpha'' x+\beta'' y+\gamma'' z}) = (g), \quad \left(\sqrt{\alpha'' x+\frac{\eta}{\beta''}+\frac{\zeta}{\gamma''}}\right) = (p+g), \tag{21}$$

$$(\sqrt{\xi+y+\zeta}) = (q+d), \quad (\sqrt{\xi+\eta+z}) = (r+d),$$

$$\left(\sqrt{\frac{\xi}{\alpha} + \beta y + \frac{\zeta}{\gamma}}\right) = (q + e), \quad \left(\sqrt{\frac{\xi}{\alpha} + \frac{\eta}{\beta} + \gamma z}\right) = (r + e),$$

$$\left(\sqrt{\frac{\xi}{\alpha'} + \beta' y + \frac{\zeta}{\gamma'}}\right) = (q + f), \quad \left(\sqrt{\frac{\xi}{\alpha'} + \frac{\eta}{\beta'} + \gamma' z}\right) = (r + f),$$

$$\left(\sqrt{\frac{\xi}{\alpha''} + \beta'' y + \frac{\zeta}{\gamma''}}\right) = (q + g), \quad \left(\sqrt{\frac{\xi}{\alpha''} + \frac{\eta}{\beta''} + \gamma'' z}\right) = (r + g).$$

例如如果我们取

$$(\sqrt{x}) = \begin{pmatrix} 1 & 0 & 1 \\ 1 & 0 & 0 \end{pmatrix}, \quad (\sqrt{y}) = \begin{pmatrix} 1 & 1 & 1 \\ 1 & 0 & 0 \end{pmatrix}, \quad (\sqrt{z}) = \begin{pmatrix} 1 & 0 & 1 \\ 1 & 1 & 0 \end{pmatrix},$$

$$(\sqrt{\xi}) = \begin{pmatrix} 1 & 0 & 0 \\ 1 & 0 & 0 \end{pmatrix}, \quad (\sqrt{\eta}) = \begin{pmatrix} 1 & 1 & 0 \\ 1 & 0 & 0 \end{pmatrix}, \quad (\sqrt{\zeta}) = \begin{pmatrix} 1 & 0 & 0 \\ 1 & 1 & 0 \end{pmatrix},$$

而这是许可的, 因为这样一来 $\sqrt{x\xi}, \sqrt{y\eta}, \sqrt{z\zeta}$ 就会属于 $\begin{pmatrix} 0 & 0 & 1 \\ 0 & 0 & 0 \end{pmatrix}$ 这同一组,
那么就有

$$(p) = \begin{pmatrix} 0 & 1 & 1 \\ 0 & 1 & 0 \end{pmatrix}, \quad (q) = \begin{pmatrix} 0 & 0 & 1 \\ 0 & 1 & 0 \end{pmatrix},$$

$$(r) = \begin{pmatrix} 0 & 1 & 1 \\ 0 & 0 & 0 \end{pmatrix}, \quad (n) = \begin{pmatrix} 1 & 1 & 0 \\ 1 & 1 & 0 \end{pmatrix}.$$

$(p), (q)$ 的全部组为

$$\begin{pmatrix} 0 & 1 & 1 \\ 0 & 1 & 0 \end{pmatrix} = \begin{pmatrix} 1 & 0 & 0 \\ 1 & 1 & 0 \end{pmatrix} + \begin{pmatrix} 1 & 1 & 1 \\ 1 & 0 & 0 \end{pmatrix} = \begin{pmatrix} 1 & 0 & 1 \\ 1 & 1 & 0 \end{pmatrix} + \begin{pmatrix} 1 & 1 & 0 \\ 1 & 0 & 0 \end{pmatrix}$$

$$= \begin{pmatrix} 0 & 1 & 0 \\ 0 & 1 & 1 \end{pmatrix} + \begin{pmatrix} 0 & 0 & 1 \\ 0 & 0 & 1 \end{pmatrix}$$

$$= \begin{pmatrix} 1 & 1 & 0 \\ 0 & 1 & 1 \end{pmatrix} + \begin{pmatrix} 1 & 0 & 1 \\ 0 & 0 & 1 \end{pmatrix} = \begin{pmatrix} 1 & 1 & 1 \\ 1 & 1 & 1 \end{pmatrix} + \begin{pmatrix} 1 & 0 & 0 \\ 1 & 0 & 1 \end{pmatrix}$$

$$= \begin{pmatrix} 0 & 1 & 0 \\ 1 & 1 & 1 \end{pmatrix} + \begin{pmatrix} 0 & 0 & 1 \\ 1 & 0 & 1 \end{pmatrix},$$

$$\begin{pmatrix} 0 & 0 & 1 \\ 0 & 1 & 0 \end{pmatrix} = \begin{pmatrix} 1 & 0 & 0 \\ 1 & 1 & 0 \end{pmatrix} + \begin{pmatrix} 1 & 0 & 1 \\ 1 & 0 & 0 \end{pmatrix} = \begin{pmatrix} 1 & 0 & 1 \\ 1 & 1 & 0 \end{pmatrix} + \begin{pmatrix} 1 & 0 & 0 \\ 1 & 0 & 0 \end{pmatrix}$$

$$= \begin{pmatrix} 0 & 1 & 0 \\ 0 & 1 & 1 \end{pmatrix} + \begin{pmatrix} 0 & 1 & 1 \\ 0 & 0 & 1 \end{pmatrix}$$

$$= \begin{pmatrix} 1 & 1 & 0 \\ 0 & 1 & 1 \end{pmatrix} + \begin{pmatrix} 1 & 1 & 1 \\ 0 & 0 & 1 \end{pmatrix} = \begin{pmatrix} 1 & 1 & 1 \\ 1 & 1 & 1 \end{pmatrix} + \begin{pmatrix} 1 & 1 & 0 \\ 1 & 0 & 1 \end{pmatrix}$$

$$= \begin{pmatrix} 0 & 1 & 0 \\ 1 & 1 & 1 \end{pmatrix} + \begin{pmatrix} 0 & 1 & 1 \\ 1 & 0 & 1 \end{pmatrix},$$

由此我们得到

$$(d) = \begin{pmatrix} 0 & 1 & 0 \\ 0 & 1 & 1 \end{pmatrix}, \quad (e) = \begin{pmatrix} 1 & 1 & 0 \\ 0 & 1 & 1 \end{pmatrix},$$

$$(f) = \begin{pmatrix} 1 & 1 & 1 \\ 1 & 1 & 1 \end{pmatrix}, \quad (g) = \begin{pmatrix} 0 & 1 & 0 \\ 1 & 1 & 1 \end{pmatrix},$$

而在 (21) 中所组合成的函数的特征, 以相同的顺序写出为

$$\begin{pmatrix} 1 & 0 & 1 \\ 1 & 0 & 0 \end{pmatrix}, \begin{pmatrix} 1 & 1 & 1 \\ 1 & 0 & 0 \end{pmatrix}, \begin{pmatrix} 1 & 0 & 1 \\ 1 & 1 & 0 \end{pmatrix},$$

$$\begin{pmatrix} 1 & 0 & 0 \\ 1 & 0 & 0 \end{pmatrix}, \begin{pmatrix} 1 & 1 & 0 \\ 1 & 0 & 0 \end{pmatrix}, \begin{pmatrix} 1 & 0 & 0 \\ 1 & 1 & 0 \end{pmatrix},$$

$$\begin{pmatrix} 0 & 1 & 0 \\ 0 & 1 & 1 \end{pmatrix}, \begin{pmatrix} 0 & 0 & 1 \\ 0 & 0 & 1 \end{pmatrix}, \begin{pmatrix} 0 & 1 & 1 \\ 0 & 0 & 1 \end{pmatrix}, \begin{pmatrix} 0 & 0 & 1 \\ 0 & 1 & 1 \end{pmatrix},$$

$$\begin{pmatrix} 1 & 1 & 0 \\ 0 & 1 & 1 \end{pmatrix}, \begin{pmatrix} 1 & 0 & 1 \\ 0 & 0 & 1 \end{pmatrix}, \begin{pmatrix} 1 & 1 & 1 \\ 0 & 0 & 1 \end{pmatrix}, \begin{pmatrix} 1 & 0 & 1 \\ 0 & 1 & 1 \end{pmatrix},$$

$$\begin{pmatrix} 1 & 1 & 1 \\ 1 & 1 & 1 \end{pmatrix}, \begin{pmatrix} 1 & 0 & 0 \\ 1 & 0 & 1 \end{pmatrix}, \begin{pmatrix} 1 & 1 & 0 \\ 1 & 0 & 1 \end{pmatrix}, \begin{pmatrix} 1 & 0 & 0 \\ 1 & 1 & 1 \end{pmatrix},$$

$$\begin{pmatrix} 0 & 1 & 0 \\ 1 & 1 & 1 \end{pmatrix}, \begin{pmatrix} 0 & 0 & 1 \\ 1 & 0 & 1 \end{pmatrix}, \begin{pmatrix} 0 & 1 & 1 \\ 1 & 0 & 1 \end{pmatrix}, \begin{pmatrix} 0 & 0 & 1 \\ 1 & 1 & 1 \end{pmatrix}.$$

现在对那样一种三 Abel 函数组, 其中任何两个都不属于一函数对, 有这样一个定理, 就是说, 它们的特征之和一定是一个偶特征; 这样, 如果我们来考察, 例如, 三个函数 $\sqrt{x}, \sqrt{y}, \sqrt{z}$, 并将 ξ, η, ζ 用 x, y, z 线性表出, 那么方程 (10) 就可取以下的形式:

$$\sqrt{x(ax + by + cz)} + \sqrt{y(a'x + b'y + c'z)} + \sqrt{z(a''x + b''y + c''z)} = 0.$$

如果我们依次令 $x = 0, y = 0, z = 0$, 那么作为所得二次方程的根之积, 它们给出另两个变量之比, 其值为

$$-\frac{c''}{b'}, \quad -\frac{a}{c''}, \quad -\frac{b'}{a},$$

它们的乘积等于 -1. 但是根据前文, 这就是判别函数 $\sqrt{x}, \sqrt{y}, \sqrt{z}$ 的特征之和是否为偶数的判据.

以此定理为基础我们可以证明, 我们在上面所确定的 16 个 Abel 函数与在函数组 $\sqrt{x\xi}$ 中所出现的那 12 个是不相同的. 因此如果 $\sqrt{pq}$ 是一个属于函数组 $\sqrt{x\xi}$ 的对, 那么下述特征

$$(\sqrt{x}) + (\sqrt{\xi}) + (\sqrt{p}), \quad (\sqrt{y}) + (\sqrt{\eta}) + (\sqrt{p}), \quad (\sqrt{z}) + (\sqrt{\zeta}) + (\sqrt{p})$$

为奇特征, 而且根据上面所证明的定理, $\sqrt{p}$ 不会在下面三个组

$$(\sqrt{x\eta}) = (\sqrt{y\xi}), \quad (\sqrt{x\zeta}) = (\sqrt{z\xi}), \quad (\sqrt{y\zeta}) = (\sqrt{z\eta})$$

的任何一个中出现.

这样一来上面所确定的 16 个函数就给出了不含在函数组 $\sqrt{x\xi}$ 中的全部, 而如果再找到了仍欠缺的 6 个, 那么我们就把全部 28 个 Abel 函数都确定下来了.

为了求得这 6 个函数, 我们令

$$t = x + y + z, \quad u = \xi + \eta + z,$$

并从方程

$$\sqrt{tu} = \sqrt{x\eta} + \sqrt{y\xi} \tag{22}$$

出发, 而这个方程我们是很容易从 (10) 和 (17) 式得到的. 我们设用函数

$$t, x, y, u, \eta, \xi$$

来代替在前面讨论中所用的

$$x, y, z, \xi, \eta, \zeta,$$

而且我们首先就在这些变量之间得到方程

$$t - x - y - u + \eta + \xi = 0, \tag{23}$$

同时还必定有其他三个形式的如下三个方程:

$$at + bx + cy + a'u + b'\eta + c'\xi = 0, \tag{24}$$

而且附带有条件

$$aa' = bb' = cc'.$$

这时代替函数组 $(p+q+r),(p),(q),(r)$ 的是下述函数组

$$
\begin{aligned}
(\sqrt{tu}) &= (\sqrt{x\eta}) = (\sqrt{y\xi}) = (r),\\
(\sqrt{x\xi}) &= (\sqrt{y\eta}) = (\sqrt{z\zeta}) = (p+q+r),\\
(\sqrt{t\xi}) &= (\sqrt{uy}) \qquad\quad = (n+d+q+r),\\
(\sqrt{t\eta}) &= (\sqrt{ux}) \qquad\quad = (n+d+p+r).
\end{aligned} \tag{25}
$$

在这些函数组中的第一个, 即在 (r) 中, 会出现下述函数对:

$$
(r) = (n+p) + (n+r+p) = (n+q) + (n+r+q)
$$
$$
= (d) + (r+d) = (e) + (r+e) = (f) + (r+f) = (g) + (r+g),
$$

而且由方程 (23) 我们得到下述 Abel 函数:

$$
\sqrt{t-x-y} = \sqrt{z}, \quad \sqrt{t+\eta+\xi} = \sqrt{-\zeta},
$$
$$
\sqrt{-u-x+\xi} = \sqrt{\xi+y+\zeta}, \quad \sqrt{-u+\eta-y} = \sqrt{x+\eta+\zeta},
$$

它们的特征为

$$
(n+r), \quad (n+p+q), \quad (q+d), \quad (p+d),
$$

它们以下述形式分布在 (25) 式中的后三个组中:

$$
\begin{aligned}
(p+q+r) &= (n+r) + (n+p+q),\\
(n+d+q+r) &= (n+r) + (q+d),\\
(n+d+p+r) &= (n+r) + (p+d).
\end{aligned}
$$

那些尚未确定的 Abel 函数的特征, 正如上面所证明的, 必定包含在函数组 $(p+q+r)$ 中. 因此如果我们用 $(k_1),(k_1'),(k_1''),(k_2),(k_2'),(k_2'')$ 来表示这些特征, 那么就必定有

$$
(p+q+r) = (k_1 + k_2) = (k_1' + k_2') = (k_1'' + k_2''),
$$

而且这些特征不会在函数组 (r) 中出现.

但是将函数组 (25) 与函数组 $(p+q+r),(p),(q),(r)$ 相比较告诉我们, 在其中大概会出现全都是奇特征, 此外在余下的三对函数组 $(p+q+r),(n+d+q+r),(n+d+p+r)$ 中, 每一对都有一共同的特征.

现在特征 $(q+e)$ 既不在函数组 (r) 中, 又不在函数组 $(p+q+r)$ 中, 由此得知, 我们可以这样来选择 (k_1), 使得要么有

$$
(k_1 + q + e) = (n+d+q+r),
$$

要么有

$$(k_1 + q + e) = (n + d + p + r).$$

由第一种可能性可导出

$$(k_1) = (n + r + d + e).$$

但是这是不可能的, 因为在函数组 (p) 中我们有下述函数对:

$$(n + r), \quad (n + r + p),$$
$$(d), \quad (d + p),$$
$$(e), \quad (e + p),$$

因此根据上面所证明的定理,

$$(n + r + d + e)$$

为偶数. 这样一来我们就有

$$(k_1) = (n + d + e + p + q + r),$$

因此得到

$$(k_2) = (n + d + e).$$

同样地我们最后得

$$(k_1') = (n + d + f + p + q + r), \quad (k_2') = (n + d + f),$$
$$(k_1'') = (n + d + g + p + q + r), \quad (k_2'') = (n + d + g),$$

并且函数组 $(n + d + p + r)$ 中包含了下述函数对:

$$(k_1), (q + e); \quad (k_1'), (q + f); \quad (k_1''), (q + g).$$

由此可知函数组 $(n + d + q + r)$ 中包含了下述函数对:

$$(k_1), (p + e); \quad (k_1'), (p + f); \quad (k_1''), (p + g).$$

按照前面的研究所得出的结果, 从一个类似于 (24) 式的方程可得出下述 4 个 Abel 函数:

$$\sqrt{at + bx + cy} = \sqrt{-(a'u + b'\eta + c'\xi)},$$
$$\sqrt{a'u + bx + cy} = \sqrt{-(at + b'\eta + c'\xi)},$$
$$\sqrt{at + b'\eta + cy} = \sqrt{-(a'u + bx + c'\xi)},$$
$$\sqrt{at + bx + c'\xi} = \sqrt{-(a'u + b'\eta + cy)},$$

它们的特征分别为

$$(k_1),(k_2),(p+e),(q+e),$$

如果我们再成功地确定了 a,b,c,a',b',c' 这些系数, 我们的问题就由此得到了解决.

但是其特征为 $(p+e)$ 的函数已经确定了, 它就是

$$\sqrt{\alpha x + \frac{\eta}{\beta} + \frac{\zeta}{\gamma}},$$

而且如果我们令

$$v = \alpha x + \frac{\eta}{\beta} + \frac{\zeta}{\gamma} = -\left(\frac{\xi}{\alpha} + \beta y + \gamma z\right),$$

那么我们就可通过将 v 表示成下述两种形式:

$$v = at + b'\eta + cy = -a'u - bx - c'\xi,$$

而将系数 a,b,c,a',b',c' 确定下来. 这我们可以按以下方式来做到: 我们利用

$$u = \xi + \eta + z = -x - y - \zeta$$

从 v 的两个表达式中消除变量 z 和 ζ, 由此得出

$$v + \frac{u}{\gamma} = x\left(\alpha - \frac{1}{\gamma}\right) + \frac{\eta}{\beta} - \frac{y}{\gamma},$$

$$v + \gamma u = -\xi\left(\frac{1}{\alpha} - \gamma\right) + \gamma\eta - \beta y.$$

再由此消除 η 和 y, 就得出

$$v = u\frac{\beta - \gamma}{1 - \beta\gamma} + x\frac{\beta(1-\alpha\gamma)}{1-\beta\gamma} - \frac{\xi}{\alpha}\frac{1-\alpha\gamma}{1-\beta\gamma},$$

由同样的方式得出

$$v = t\frac{1-\alpha\gamma}{\alpha - \gamma} + \frac{\eta}{\beta}\frac{\beta - \gamma}{\alpha - \gamma} - y\frac{\alpha(\beta - \gamma)}{\alpha - \gamma},$$

由此得出

$$a = \frac{1-\alpha\gamma}{\alpha - \gamma}, \quad a' = -\frac{\beta - \gamma}{1 - \beta\gamma},$$

$$b = -\frac{\beta(1-\alpha\gamma)}{1-\beta\gamma}, \quad b' = \frac{1}{\beta}\frac{\beta - \gamma}{\alpha - \gamma},$$

$$c = -\frac{\alpha(\beta - \gamma)}{\alpha - \gamma}, \quad c' = \frac{1}{\alpha}\frac{1-\alpha\gamma}{1-\beta\gamma}.$$

以此为依据就可以作出这两个 Abel 函数

$$\sqrt{at + bx + cy}, \quad \sqrt{a'u + bx + cy}.$$

如果我们将其中的 t 和 u 用它们的 $x, y, z, \xi, \eta, \zeta$ 的表达式代入, 那么在略去属于特征 (k_1) 的函数的常数因子后我们就会得到这二者的表达式:

$$\sqrt{\frac{x}{1 - \beta\gamma} + \frac{y}{1 - \gamma\alpha} + \frac{z}{1 - \alpha\beta}}, \quad \sqrt{\frac{\xi}{\alpha(\gamma - \beta)} + \frac{\eta}{\beta(\gamma - \alpha)} + \frac{z}{1 - \alpha\beta}},$$

以及属于特征 (k_2) 的函数:

$$\sqrt{\frac{\xi}{\alpha(1 - \beta\gamma)} + \frac{y}{\beta(1 - \gamma\alpha)} + \frac{\zeta}{\gamma(1 - \alpha\beta)}}, \quad \sqrt{\frac{x}{\gamma - \beta} + \frac{y}{\gamma - \alpha} + \frac{\zeta}{\gamma(1 - \alpha\beta)}}.$$

而属于 $(k_1'), (k_2'), (k_1''), (k_2'')$ 的函数, 就立即可以通过将 α, β, γ 分别代之以 α', β', γ' 和 $\alpha'', \beta'', \gamma''$ 而获得, 这样就把所有的 Abel 函数及其特征一起确定下来了. 对于在上面所选的例子来说, 特征 $(k_1), (k_1'), (k_1''), (k_2), (k_2'), (k_2'')$ 的构造如下:

$$(k_1) = \begin{pmatrix} 0 & 1 & 1 \\ 1 & 1 & 0 \end{pmatrix}, \quad (k_1') = \begin{pmatrix} 0 & 1 & 0 \\ 0 & 1 & 0 \end{pmatrix}, \quad (k_1'') = \begin{pmatrix} 1 & 1 & 1 \\ 0 & 1 & 0 \end{pmatrix},$$

$$(k_2) = \begin{pmatrix} 0 & 1 & 0 \\ 1 & 1 & 0 \end{pmatrix}, \quad (k_2') = \begin{pmatrix} 0 & 1 & 1 \\ 0 & 1 & 0 \end{pmatrix}, \quad (k_2'') = \begin{pmatrix} 1 & 1 & 0 \\ 0 & 1 & 0 \end{pmatrix}.$$

　　由于正如上面所证明的, $\alpha'', \beta'', \gamma''$ 可以用 α, β, γ 和 α', β', γ' 来表达, 所以全部 Abel 函数就可以用它们的代数关系通过 $3p - 3 = 6$ 个常数来表达, 在这种情形下类的模数可以假定为 $p = 3$.

第四部分

哲学内容断篇

哲学内容断篇简介

这里编入了从他的遗著中尽可能选出的哲学思想的成果, 它们几乎伴随了 Riemann 的一生. 个别断篇形成的时间几乎很难准确地确定. 现存的手稿远非先后连贯, 达到了为发表而准备的程度, 即使在有些地方看得出来 Riemann 在某些时候确实有过这个意图; 不管怎么说, 它们足以表征 Riemann 在心理学以及自然哲学上的一般观点, 而且显示出他研究时所采取的思路, 但是可惜的是每一篇都没有做详细的论述. 对这些工作的价值 Riemann 本人给予怎样的评价, 从下面的注记可以看出:

"我现在要优先来研究的工作是

1. 和已经在代数函数、超越函数和圆函数、椭圆函数及 Abel 函数研究中所取得的如此巨大的成果相类似, 在其他的超越函数的理论中引进虚数; 为此我已经在我的博士学位论文中做了广泛的前期准备工作. (参见博士学位论文, 第 20 节.)

2. 积分偏微分方程的新方法与此有联系, 这一点我已经将此富有成效地应用于许多物理问题中了.

3. 我的主要工作涉及对已知自然规律的新的理解 —— 用不同于以往的基本概念来表述这些定律 —— 从而有可能利用在热、光、磁和电之间的相互影响的数据来研究它们之间存在着的相互联系. 为此我主要是通过钻研 Newton, Euler 的著作, 以及 —— 另一方面 —— Herbart 的著作. 至于谈到后者, 我可以说几乎完全是参考 Herbart 的早期研究, 其结果已表述在他的博士学位论文和任职资格

的论文中 (1802 年 10 月 22 和 23 日), 但是肯定与他后期的思想在一个重要点上有所不同, 从而形成了对他的自然哲学以及在心理学上的那些与自然哲学有关规律的差异."

此外在另一个地方他还更仔细地谈到了与这些观点的关系:

"作者在心理学和认识论 (方法论和 Eidolologie) 上是 Herbart 的信徒, 至于在 Herbart 的自然哲学以及与之相关的形而上学原则上 (本体论和 Synechologie) 大部分我都不能苟同."

以下三篇合在一起有个共同的断篇名称 "III. 自然哲学", 在本第二版中经过了重新调整. 第一版中的第二篇与第三篇进行了对调. 以 "引力和光" 为标题的那篇论文就是由在 Bonn 的 Isenkrahe 博士先生以一个内在的理由为基础的猜测所促成的, 这是在 "Riemann 生平" 一文中有一处写到的、Riemann 写于 1853 年 12 月 28 日的信中提到过的, Riemann 就是据此想到了要发表这方面的研究的. 这样看来那篇完全属于另一个思想范围内的论文, "自然哲学的新的数学原理", 注有 "发现于 1853 年 3 月 1 日", 因此属于更早的来源, 而在那里所说到的物质消灭的大胆设想, Riemann 后来没有再研究过.

I 关于心理学与形而上学

Nec mea dona tibi studio disperta fideli
Intellecta prius quam sint, contemta relinquas.
Lucretius

伴随着每一次简单的思维活动 (Denkact) 我们的灵魂中就会出现一种持续的、实质性的东西 (Bleibendes, Substantielles). 这种实质 (Substantielle) 对我们来说甚至显得好像是一个单体 (Einheit)，但是 (就其作为展布在空间和时间上的表达来说) 似乎包含着一个内在的多样体 (eine innere Mannigfaltigkeit)；因此我称它为 "**灵质** (Geistesmasse)"—— 那么所有的思维 (Denken) 就是生成新的灵质.

在灵魂 (Seele) 中出现的灵质对我们来说就是观念 (Vorstellung)；它的不同内部状态就决定了它的不同的性质 (Qualität).

这样生成的灵质在一定程度上会部分在相互之间，或部分与老的灵质，溶化、结合或自我复杂化. 这种结合的方式和强度依据条件而定，这些条件 Herbart 只认识到了一部分，我将在下面将其补全. 它们主要依赖于灵质内部的相互关系.

灵魂是一个紧凑的、以一种紧密而又多样的方式结合在一起的灵质. 它通过灵质的进入而不断地增长，它的长进 (Fortbildung) 即在于此.

灵质一旦形成就不会消失，它的结合不可解除；只不过是这种结合的相对强度随新加入的灵质的不同而不同.

灵质的持续存在 (Fortbestehen) 用不着物质的载体 (materielle Träger)，而且也不会对现象世界有持续的作用. 因此它与任何一部分物质都不会有瓜葛，因此也不会在空间中占据一个位置.

相反, 灵质的各种加入 (Eintreten), 出现 (Entstehen), 一切新的灵质的成形 (Bildung) 以及它与物质载体的结合都是被允许的. 因此一切思想都是产生于某处的.

(要努力的不是保住经验, 而是思考, 而所需要的力量, 如果可以估量的话, 是与精神活动成正比的.)

每一个灵质的出现都会激励与之相类似的灵质, 而且它们的内部状态 (质) 差别越小, 这种激励就越强.

但是这种激励不仅仅限于与之相类似的灵质, 而且间接延伸到与之有联系的 (即在先前的思维过程中和它结合在一起的) 灵质. 因此如果在相类似的灵质中有一部分与之有联系, 那么它不仅会直接受到激励, 还会间接受到激励, 因而比其余的要相对强一些.

两个同时形成的灵质间的相互作用将通过在形成它们的两地之间的一个物质过程来实现. 同样由于物质的原因在所有自我生成的灵质与直接在其前生成的灵质之间会引起直接的相互作用; 但是在与所有的以前的与之有关联的灵质之间会引起间接的作用能力, 而且它们离开它越远, 关联程度越小, 这种作用就越弱.

这种以前的灵质的作用能力最普通和最简单的对外表现就是复制 (Reproduction), 即起作用的灵质会力图产生一个与之相似的灵质.

较新的灵质的形成有赖于一部分是先前的灵质, 一部分是物质原因的共同作用, 而且根据它所企图产生的灵质内部的相异或相同, 对此共同的作用或引起阻碍效果, 或引起促进效果.

自我形成的灵质的形式 (Form) (或与其形成相伴随的观念的性质 (Qualität)) 依赖于它形成于其中的物质的相对运动形式 (relative Bewegungsform der Materie), 所以相同的物质运动形式决定了在其中所形成的灵质的形式的相同, 反之, 灵质的形式相同以它形成于其中的物质的运动形式相同为前提.

所有 (在我们的脑髓系统 (Cerebrospinalsystem) 中) 同时自我形成的灵质紧接着与在形成它们的地点之间的物理的 (电化学的) 过程相结合.

每一个灵质都力图激起一个形式与之相同的灵质. 因此它也力图生成那种物质运动的形式, 它就是靠着这种运动形式来形成的.

假设有一灵魂作为持续灵质的统一的载体, 这种假设由灵魂生命的每一次活动所产生 (观念), 是基于

1. 所有观念之间的紧密联系和相互渗透. 但是为了解释某一新的概念与另

一个概念之间的结合, 只有一个统一的载体的假设**是不够的**; 看来它以这样的强度直接进入这种结合的原因还要到那个靠它来结合的概念中去找. 但是除了这个原因之外, 假设有一个所有概念的统一载体就是多余的了, ……

———————————

现在我们转过来讨论精神之旅的规律, 对我们内在感悟的阐述, 导致对实实在在所觉察到的适当性 (Zweckmässigkeit) 的阐述, 即, 导致对存在及其历史发展的阐述, 就是导向这种规律的.

为了阐释我们的灵魂生命 (Seelenleben), 我们必须假设, 在神经过程中所产生的灵质作为我们灵魂的一部分持续存在着, 而且它的内部联系始终保持不变, 只有当它遇到与别的灵质结合时才会承受改变.

这一原则性的阐释的直接后果就是, 有机生灵 (organische Wesen) 的灵魂, 即在它还活着的时候所形成的紧密的灵质, 在死后仍然继续存在. (它的孤立地永存不能满足这一点.) 但是为了阐释有机本性 (organische Natur) 的有规律的发展, 显然先前积累到的经验能作为后来创造的基础就是靠的这一点, 我们必须假设这些灵质进入更大的紧密的灵质, 大地灵魂 (die Erdseele), 并且在那里按照相同的规律服务于更高层的灵魂生命 (Seelenleben), 就像那在我们的神经过程中所产生的灵质服务于我们自身的灵魂生命一样.

因此就好像, 例如, 在观看到一块红色的曲面, 它在于单个原始纤维的集合中所生成的灵质结合为紧密的灵质之际, 同时在我们的思想中出现, 所以那些在各种不同的植物种属中所生成的灵质, 它们来自大地气候相差不大的地方, 出现在大地灵魂中, 也会结合成一个总的印象 (Gesammteindruck). 正如对同一对象不同感受在我们的灵魂中结合成同一个图像, 所以大地表面一部分上的所有植物就会给大地灵魂画就一幅最精致的气候和化学状态的图画. 大地先前的生命是如何有计划地发展为后来的创新就由此得到了说明.

但是根据我们的原则性的说明, 当下现有的灵质也可以在没有载体的情况下持续存在. 但是它们的所有结合只有借助于在共同的神经过程中新生成的灵质才可能发生.

由于我们将在稍后会讲到的理由, 精神活动的根基只有到有质体 (ponderable Materie) 中去找.

既然事实上, 坚硬的地壳以及所有的有质体没有一个共同的精神过程, 这些有质体的运动我们只能用其他的原因来解释.

这样一来, 只剩下了这样一个假设, 在硬化的地壳内部的有质体才是大地灵魂的载体.

那么这个假设就此已足够吗? 哪些是使生命过程可能的外部条件? 那些在我们可以观察到的生命过程上所获得的普遍经验必定是构成这个的基础; 但是只有在它们能够做出解释的范围内, 我们才能由此得出那些也能应用于其他现象范围内的结论来.

这些在我们可以观察到的生命过程上所获得的普遍经验是:

1. 生命过程发展到越高级和越完善, 就越许可其载体对外部动因 (Bewegungsursach) 的防护, 而这种外部动因力图改变各部分的相对位置.

2. 我们所知道的作为思维手段的物理过程 (物质交换) 有:

a) 通过液态的流体对弹性的吸收.

b) 内渗 (Endosmose).

c) 化学结合的化合和分解.

d) 电池电流.

3. 有机体的物质没有可以识别的结晶体结构, 一部分是固体 (不是很脆的), 一部分是像凝胶似的, 一部分是液体或弹性流体, 但大多是多孔的, 即弹性流体可以明显地穿过.

4. 在所有的化学元素中只有四种所谓的生命过程的普遍有机载体, 由它们结合而成的确定的化合物构成了所谓有机体的组成部分 (蛋白质、纤维素, 等等).

5. 有机化合物只有在一定的高温之下和一定的低温之上才能作为生命过程的载体.

补白 1. 各部分相对位置的变动靠着机械的力、温度变化和光线, 以很小的阶梯式的方式来实现; 这样一来就可以将这些事实罗列如下, 它们更一般的表述就是我们的定律:

1. 低等有机体的繁衍是通过分裂. 而高等动物有机体的繁衍则是通过逐渐降低的复制能力.

2. 植物的各个部分, 随着在其中的生命过程发展得越高和越强, 它们对温度的变化就越灵敏. 而在高等动物有机体中, 尤其在那些最重要的完善的部分, 其中的温度几乎是恒定的.

3. 起着自主思维作用的神经系统的部分, 会尽可能地不受所有这些东西的影响.

首先所引用的事实显然是由于, 各部分相对位置越是不由外部的动因所决定, 就越是由物质内部的过程来决定. 但是这种不依赖外部动因的情形在地壳内部远比在地壳外部的有机组织中所能达到的要强得多.

把下面的事实联系起来看, 在 4. 和 5. 中所组织的事实看起来似乎与我们的假设相抵触; 实际上, 如果我们给予为生命过程的可能性所必须的条件以绝对的满足, 而不只是在经验范围内的相对满足, 它们就是这样. 但是对于第一点有

以下理由:

1. 除了要为死亡保留地面, 我们必须保留整个大自然, 因为所有其他天体被高温和高压所统治, 在这种环境下有机物无法生存.

2. 假定在坚固的地壳上由无机物生出有机物是不明智的. 为了解释在地壳上低级有机物的生成, 我们必须要有一个有机化原理 (organisierende Princip), 因而也就是假设有一个受到条件约束的思维过程, 在这个过程中不可能生成有机结合.

因此我们必须假设, 这些约束条件只是对在地球表面上的状况下的生命过程起作用, 而且我们只能做到用它来说明, 我们能够由此来判断在其他状况下生命过程的可能性.

为什么生命过程的普遍载体只有四种有机要素呢? 这个理由只有从这四个要素不同于所有其余有机质的性质中去找.

1. 这四个要素的这种性质之一就在于, 它们以及它们的化合物是所有材质 (Stoffe) 中最重的, 其中还有一部分至今都不能使之凝固.

2. 它们另一个共同的性质是, 它们的化合物的巨大多样性和易于分解性. 但是这一性质可以同样好地用来作为生命过程的基础.

至于难于凝固的第一个性质, 有利于这四个要素服务于生命过程, 还可以相当好地直接由归结在 2. 和 3. 之下的生命过程的实际条件来说明, 但是当人们还想把在气体凝结为液体和固体时的现象归结到其原因时 ······

Zend-Avesta 实质上是一个有生命力的、有创造力的字眼[1], 在我们的知识以及在我们的信仰中由我们的精神所创造的新的生命; 因为正如有许多思想, 它们一度在人类的发展过程中甚至起过十分有力的作用, 只是通过传说延续给我们, 现在突然又以更纯粹的形式从似死的状态中重新获得新的生命, 揭开了自然中的新生命. 因为就好像自然的生命在我们眼前无限地扩展, 迄今只有在地球表面才感受到, 似乎显得比迄今为止都要远远更突出. 那些被我们看成是知觉和下意识发挥作用的地方, 现在似乎是最高精神活动的工厂. 那些在伟大诗人的眼中的研究者的精神, 已经以惊人的形式得到了令人振奋的描述.

正如 Fechner 在他的 Nanna 中试图赋予植物以灵魂一样, 他在其 Zend-Avesta 中以对星体赋予灵魂的学说作为他的研究的出发点. 他为此所采用的方法, 不是通过归纳抽象出普遍的规律, 然后再将它们应用到对自然的解释中去并加以检验, 而是类比. 他把大地与我们自身的机体相比较, 而后者我们知道, 是

---

[1] 见 Fechner, Zend-Avesta, I, Vorrede, S. V.

被赋予了灵魂的. 他在这时不仅是进行单方面相似性的类比, 而且也同时给予非相似性以完全相同的权利, 并由此得到这样的结果, 所有的相似性由此表明, 大地是一个有灵魂的生灵, 而所有非相似性则由此表明, 它是一个像我们一样的被赋予了高得多的灵魂的生灵. 这一表述令人信服的力量在于其阐述的全面和细致. 大地生命在我们面前展开的图卷给人总的印象必定会赋予观念以明晰性, 并注入个别结论所缺少的严格性. 这一明晰性有赖于图像的直观性, 有赖于尽可能详尽的讲述. 如果我在这里把 Fechner 在其工作中所经历的道路扼要地讲出来, 那么我认为这样做, 对他的观点是有害的. 由此在下面对 Fechner 观点的讲述中我将采取这样的形式, 只集中注意到它们最为实质的部分, 并且采取前面那种方法, 即通过归纳抽象出普遍规律的方法, 并以对自然的解释作为证实它们的基础.

我们首先要问: 我们从哪里得出, 事物已经被赋予灵魂 (在其中发生了持久的一致的思维过程) 的结论? 我们自身被赋予灵魂是我们直接肯定的, 对其他 (人和动物) 我们则是从个体有目的的运动来做出这个结论的.

在所有我们想将那些秩序井然的目标性归结到其原因之处, 我们总是想在思维过程中去找这种原因; 我们没有别的解释. 但是这个思维本身, 我至少只能保留给有质体内部的过程. 至于不能由物质的空间运动来解释思维这一点, 可以在将内部的知觉做不偏不倚的剖析中让每一个人都明白; 可是还是可以在这里给出这种解释的一种抽象的可能性.

至于在世事上采取符合目标性这一点, 无人能解释 (läugnen). 因而就要问: 我们要把这个作为此目标性的原因的思维过程置于何处?

这里只谈所受到约束的 (发生于有限的时间和空间内的) 目的; 不受约束的目的要用永恒的 (不是在某一思维过程中产生的) 意志来解释. 唯一我们能感受到其原因的目的性, 就是我们自身行为的目的性. 它源自我们目的的意志和对方法的深思.

如果我们现在找到一个从有质物质 (ponderabler Materie) 生成的物体 (Körper), 在其中一个关于目标和效果的系统彻底结束了, 那么为了解释这个目的性我们就可以假设在其中有一个持续的统一的思维过程; 而如果 1) 目的性尚未在物体的某些部分中结束, 以及 2) 不存在要到一个包含这个物体在内的更大的整体中去寻求原因的理由, 那么这个假设就很有可能.

如果我们转来在人类、动物和植物所采取的目的性上来讨论这一点, 那么一部分这种目的性要用这个物体内部的一种思维过程来解释, 可是另一部分, 有机体的目的性, 要用一个更大的整体的一种思维过程来解释.

理由如下:

1. 有机组织的目的性并不因其个别有机体的结束而结束. 人的有机体的组织的根源要到把有机的大自然也算进去的整个地球表面的性质中去找.

2. 有机运动无数次地重复, 部分在各个不同的个体中同时进行, 部分在单个个体中, 或者单个种属中依次进行. 对于目的性来说, 这在它们中是已经存在的, 因而也不必每一次都要假设有一个特殊的原因, 而可以认为是由于那个共同的原因.

3. 有机组织 (在人与动物的情况下) 包含着活的个体部分, (在植物和胚胎的情况下) 包含着单个种属没有发育的活的部分. 因此其目的性的原因就不能到同时进展的思维过程中去找.

抽去了这种 (有机性的) 目的性之后, 在人和动物的情况下还留有大家所承认的主要的东西, 而在植物的情况下, 按照 Fechner 的观点, 还留下一个以变动着的目的与结果之间的关系相互联系着的封闭系统; 而这个目的性要用在其中的一个统一的思维过程来说明.

从我们的原理所得出的结果将通过我们内部的感受来证实.

但是根据这些相同的原理, 在有机体中所采取的目的性就要从一个统一的思维过程来寻求其原因, 其理由如下:

a) 在地球上有机生命的目的与结果之间的关系不会分解为单个的系统, 而是全都相互联系在一起. 因此它们不能用地球各个部分的特定思维过程来解释.

b) 就我们的经验所达到的范围来说, 没有理由要到一个更大的整体中去寻找目的性的原因. 所有的有机体都只是为了地球上的生命而确定的. 因此地壳的状态就包含了它的组织的全部 (外部的) 根基.

c) 它们是独一无二的. 不管怎么说, 经验告诉我们, 我们必须认为, 它们不会在另一个天体上重复.

d) 它们不会在地球生命的整个持续期保持. 在这期间很可能有新的完整的有机体出现. 因此我们必须同时在一个更高层进行的思维过程中去寻找其原因.

从严正自然科学的观点来看, 用原因来解释自然就是用有灵魂的假设来解释存在和有机世界的历史发展.

"当一个低级灵魂的肢体死去时," Fechner 这样说, "高级灵魂就把它们从其视觉中的生命 (Anschauungsleben) 收入它们的记忆中的生命 (Erinnerungsleben) 之中." 因此死去生物的灵魂也将成为构成灵魂生命 (Seelenleben) 的元素.

不同的思维过程看来就是靠它们的时间节律来区分. 如果要赋予植物以灵魂, 那么在时间上就必须以小时和天计, 而对我们来说就不过是以秒来计的事; 而对地球的灵魂来说, 至少是从它们对外的活动来说, 就大概至少要囊括好几千年的时间区间. 就人类历史记忆所达到的范围来说, 无机地壳的所有运动还是可以很好地用力学规律来解释.

二 律 背 反

命题	反命题
有限的, 可以想象的.	无限的, 概念体系, 位于可以想象的边界上.

I

有限的时间与空间元素.	连续性.

II

自由, 即, 不绝对按照权力意志去做, 而是可以在两个或多个给定的可能性间做决定.	决定性.
为了尽管想象的效果有确定的规律还能通过意志来做决定, 我们必须认定, 心理机制本身, 至少在它的发展中, 或是具有能导致这种必然性的本性.	没有人在处理事物时会放弃这样的信念, 就是将来将由他的处理来决定.

III

一个非永久起作用的上帝 (统治世界).	一个永久的、人性化的、无所不知的、全能的、仁慈的上帝 (天命).

IV

不朽的.	一个奠定我们的非永久现象的基础事物本身被赋予了超越一切的自由、彻底的罪恶和思辨的品格.

　　自由是与自然过程的严格的规律性联系在一起的. 但是一个永恒的上帝的概念并不由此就是牢不可破的. 很可能全能全知要受到上面所规定的创造自由的限制, 被假设有一个非永久起作用的上帝, 由一个心灵的操纵者和人的命运的存在所取代, 天命的概念必须得到完善, 而且部分要用对世界的管理 (Weltregierung) 的概念来代替.

命题和反命题概念体系间的一般关系

Newton 用来建立无限小计算的基础时的方法, 而且是从 19 世纪开始以来, 被最好的数学家认为是唯一能够提供可靠结果的方法, 就是求极限的方法. 这个方法就在于, 我们从量的一个值到另一个值, 从一个地点到另一个地点, 或者甚至从一个概念的确定方式①到另一个概念的确定方式, 不是经一个连续的过程, 而是首先经历一个被看成是由有限个中间阶段组成的过程, 然后这些中间阶段的数目这样来增长, 使得相继紧连的两个中间阶段之间的距离全都无限地减小.

反命题的概念体系也就是通过负面的谓词所确定的概念, 但是无法从正面去想象.

正是由于无法准确和完全地想象这个概念体系, 通过我们的深思也做不到对它们进行直接的研究和改造 (Bearbeitung). 但是它们还可以适合于看成可想象事物的极限, 也就是说, 我们可以设想在可想象事物内部改造一个概念体系, 仅仅通过量的比例的改变就可以过渡为给定的概念体系. 如果忽略量的比例, 那么概念体系在极限过度下就不会改变. 但是在极限情形本身中它的可想象性体系的相互关系的概念有一些就会丢失, 甚至一些促成的与其他概念之间的关系也会失去.

---

①确定方式 ——Bestimmungsweise, 见 "论奠定几何学基础的假设" 一文 I, 1 中的脚注 [1]. —— 中译者注

II 关于认识论方面

尝试以数学与物理学的基本概念的学说来作为解释自然的基础

自然科学试图以精确的**概念**来理解 [逻辑地来阐释] 大自然.

根据我们用以理解大自然的概念, 我们不仅每时每刻要用感觉来加以补充, 而且还必须, 或者是在概念体系为此还不够完备时, 很可能认为未来的感觉要提前确定; 这样一来根据它们就可以确定, 什么是 "可能的" (因而也就能确定什么是 "必然的", 或其反面是不可能的), 并且可以确定每一个可能事件的可能性的程度 (概率), 如果它们 [这些概念] 足够精确的话, 还可以数学地来确定.

如果按照这些概念那些必然的或可能的的确出现了, 那么它们就由此得到了验证, 而我们所赋予它们的信任就是建立在通过经验得到的证实之上的. 可是如果出现了某种不是按照它们所期待的事情, 因而也就是按照它们是不可能或不大可能的事情, 这样就会产生任何对它们进行补充、必要时加以改造的问题, 使得在经过这种完善或改进之后的概念体系之下, 我们所感觉到的不再是不可能的或不大可能的. 概念体系的补充或改进, 构成对意料之外的感觉的解释. 通过这种完善, 越来越正确, 但是现象的表层就会越来越退居于幕后.

解释大自然的自然科学, 在我们能追溯到的期间内的历史表明, 它们的确是人类认识自然的发展道路. 那至今仍然是其基础的概念体系, 是从旧的概念体系逐渐变化而形成的, 而推动新的解释方式的理由是要归因于, 由于旧的解释方式引起了矛盾或不大可能的事情.

因此新概念的形成, 在为观察所接受的范围内, 也就是通过该过程发生的.

是 Herbart 证明了, 就是那些用来理解世界的概念, 它们的形成, 我们既不能从历史中追寻, 又不能从我们自身的发展中去追踪, 因为我们没有注意到用语言把它们传承下去, 在它们只不过是作为简单知觉结合的一种表示形式下, 全都能由这个来源导出, 因此用不着 (正如按照 Kant [康德] 所说的范畴那样) 从人类灵魂的特殊的先于一切经验的 [先验的] 性能 (Beschaffenheit) 来得出.

这个证明起源于通过感觉对现实的理解, 对我们来说是如此重要, **因为只有这样, 它的意义才能以一种能满足自然科学的方式确定下来.**

在自在之物的概念 (Begriff für sich bestehender Dinge) 形成之后, 我们在思考与自在之物的概念相矛盾的 "变化" 这一概念之时, 就会产生这样的问题, 如何尽可能保持这个已经经受考验的概念站得住脚. 由此就同时产生了连续地变化的概念和因果性的概念.

观察到的只是事物从一种状态到另一种状态的过程, 或者, 一般来说, 从一种确定方式 (Bestimmungsweise) 到另一种确定方式, 而不会在此时感受到跃变. 为了补充感觉我们可以或者假设, 这个过程是通过大量但仍然是有限的、我们感觉得到的跃变进行的, 或者假设这个事情是通过从一种状态到另一种状态的全部中间阶段进行的. 支持后一种理解的最有力的理由在于, 我们要求对存在事物的理解已经得到证实的那些概念尽可能保持有效. 自然, 真正来设想经过所有的中间阶段的过程不大可能, 但是, 正如我们已经指出过的, 所有的概念不也都是这样吗?

但是在对存在事物的理解已经得到证实的那些概念形成之后, 同时就会得出这样的结论, 就是那些已经存在的事物, 在没有其他的事物加进来之前, 它们会保持不变. 这样对每一个变化就有必要找到其原因.

I. 我们对世界的理解何时为真?

"在我们的概念之间的内在联系能很好地与事物之间的内在联系相对应之时."

我们的世界图像 (unsere Bild von der Welt) 中的元素与我们所反映的实在 (Reale) 的元素是完全不同的. 它们 [现实中的元素的映像] 是在我们内心之中的, 而实在的元素则是外在于我们的东西. 图像的真实性与图像的精细程度无关, 它与图像的元素所代表的实在的部分数量的大小无关. 但是联系必须相互对应; 在实在中的两个部分只有间接作用时, 在图像中的两个元素就不可能假设有直接的相互作用. 如果是这种情况, 图像就是错误的, 就需要加以修正; 相反, 如果将图像中的一个元素代之以一组更精细的元素, 那么其性质部分是由于更精细的元素性质更简单, 而部分是由于给出了它们之间的相互联系, 因此部分地可以掌握, 于是我们对事物的关联看得更清楚了, 但是这样一来我们也没有必要把先前的理解解释为错误的了.

Ⅱ. 从何处去找出事物之间的相互关联?

"从现象的相互关联中去找."

在确定空间和时间关系中的能被感官感知的事物的观念, 就是那种在对大自然做深入思考时所发现的, 或者是为此所**给出的**. 可是, 可感知事物的特征性质还是众所周知的, 颜色、声音、音调、气味、味觉、热或冷, 这些只能由我们的感官所感觉到的东西, 是在我们之外就不存在的东西.

因此那些必须从事物的相互关联中来认知的东西就是**定量**关系, 包括那些可感知的事物的空间与时间关系, 以及特征的强度关系和它们的品质上的区分.

从对这些数量关系的所观察到的相互关联的思考必定可以得到事物的相互关联的认识.

因 果 律

Ⅰ. 某个动因 (Agens) 企图起何种作用, 必须由动因自己的概念来决定; 它的作用与任何别的东西无关, 只与它自己的本质有关.

Ⅱ. 如果动因是企图保存或恢复自身, 这个要求就会得到满足.

Ⅲ. 如果这个动因是一个事物 (Ding), 某种实体 (Seiende), 那么这种作用就不能想象, 而只有当它是一种状态或一种关系时, 才是可以想象的. 如果发生了想要保持或恢复某种东西 (Etwas) 的企图, 那么所得到的东西 (Etwas) 就必定也可能会有对这种东西的偏离, 而且可能有在各种不同程度上的偏离; 并且实际上只要这个企图抵抗其他企图, 保持或恢复只能做到尽可能地接近. 但是存在不能分级, 只有对于状态或关系我们才能设想分级式的区分. 因此如果有一个动因企图保持或恢复自身, 那么它必定是一种状态或关系.

Ⅳ. 一种状态的这样一种作用, 不言而喻, 只能发生在能够处于相同状态下的事物. 但是它会在这种事物的哪一个上发生, 以及它是否会发生, 不能由动因

概念本身来做出结论.①

　　Kant 非常正确地指出, 通过对一个事物的概念的分析, 既不能得出它存在的结论, 也不能得出它是另一个事物存在的原因, 因此存在和因果律的概念不是解析的, 而只能从经验得出. 但是他后来相信有必要认为, 因果性的概念是源于先于认识主体的一切经验的能力, 并由此达到了一个纯粹的、打上了时间顺序印记的规则, 通过它能够把经验中的一个感知看成是原因, 把另一个看成是效果联系起来, 所以把这说成是把孩子与产盆中的水一起泼出去了. (自然我们应当是从经验取得因果关系, 但是我们不能因此就放弃通过思考把我们对这个经验事实的理解加以校正和完善.)

　　现在 "假设 (Hypothese)" 这个词已经有了稍稍不同于 Newton 的含义了. 现在我们习惯于把所有经思考过后的经验都理解为假设.

　　那种以为通过抽象就可以解释现象的糊涂思想, Newton 离得远远的.

　　Newton:　Et haec de deo; do quo utique ex phaenomenis disserere ad philosophiam experimentalem pertinet. Rationem vero harum Gravitatis proprietatum ex phaenomenis nondum potui deducere, et Hypotheses non fingo. Quicquid enim ex Phaenomenis non deducitur, Hypothesis vocanda est.

　　[Newton: 至于谈起上帝, 我的看法是这样的: 关于他, 正如在实验的基础上的判断, 属于实验哲学. 可是我还无法在实验的基础上来解释引力的这些性质,

----

　　①这个定理只有在给作用提供了一个简单的真实理由 (Realgrund) 时才能成立.

　　如果有两事物 a 和 b 由于外部的原因联系在一起, 那么就可能有一个后果 c, 要么与这个连接本身相联系, 要么与一个程度有所改变的连接相联系. 最简单的就是假设这个后果 c 与连接本身相联系.

　　没有必要对此做进一步的研究. 原则就在于, 我们必须坚持的原理就是: "动因所追求做到的必定是由其概念所决定的", 但是这个原理不是像 Leibnitz 或 Spinoza 所认为的那样是对各种各样的决定来讲的, 而是对最简单的真实理由来讲的.

　　在德国人们习惯于把作用 (actio) 和效果 (effectus) 都翻译成 Wirkung (作用, 效果). 由于这个词的后一种意义出现得更频繁, 因此在用作表示作用时往往会容易不明确, 比如经常在翻译到 "actio aequalis est reaction (作用等于反作用)", "principium actionis minimae (最小作用原理)" 时, Kant 设法这样来补救, 在 Wirkung 旁边加一个 Wechselwirkung (相互作用), 在拉丁字 actio 边上加一个括号中的 actio mutua. 我们大概也可以这样说: "作用力等于反作用力", "所需力最小定理". 但是由于实际上我们对于作用还没有另外更简单的表达方式, 我也就满足于使用外来词了.

而我没有创造假设. 就是因为一切都无法用实验来解释, 才必须称之为假设.①

Arago, Oeuvres complètes, T. 3, 505:

Une fois, une seule fois Laplace s'élança dans la region des conjectures. Sa conception ne fut alors rien moins qu'une cosmogonie.

[Arago, 全集, 第 3 卷, 第 505 页:

有一次, 只有一次, Laplace 进入过猜测的领域. 当时他的想法一点也没有涉及宇宙.]

Laplce 在回答拿破仑提出的为什么在你的天体力学中没有提到上帝的名字这个问题时, 说: Sire, je n'avais pas besoin de cette hypothèse (陛下, 我不需要这个假设).

Newton 在运动规律, 或者说公理, 与假设之间所做的区分, 在我看来不见得靠得住. 惯性定律: 如果一个质点单独存在于世界, 并且以一个确定的速度在空间中运动, 那么这个速度将永远保持不变, 就是假设.

---

①这一段译自俄文. —— 中译者注

Ⅲ　自然哲学

1　分 子 力 学

一质点组 $m_1, m_2, \cdots$，其直角坐标为 $x_1, y_1, z_1; x_2, y_2, z_2; \cdots$，受到平行于坐标轴的作用力为 $X_1, Y_1, Z_1; X_2, Y_2, Z_2; \cdots$，其自由运动①遵循下述方程:

$$m_i \frac{d^2 x_i}{dt^2} = X_i, \quad m_i \frac{d^2 y_i}{dt^2} = Y_i, \quad m_i \frac{d^2 z_i}{dt^2} = Z_i. \tag{1}$$

这个定律也可以这样来表达: 各质点的加速度由使下式

$$\sum m_i \left(\left(\frac{d^2 x_i}{dt^2} - \frac{X_i}{m_i} \right)^2 + \left(\frac{d^2 y_i}{dt^2} - \frac{Y_i}{m_i} \right)^2 + \left(\frac{d^2 z_i}{dt^2} - \frac{Z_i}{m_i} \right)^2 \right)$$

为最小来决定; 因为如果所有的加速度全都按方程 (1) 来决定, 那么这个函数对这些加速度取最小值 0, 因为这时所有的量全都 $= 0$, 并且取到最小值; 因为如果这些量中有一个, 例如 $\dfrac{d^2 x_i}{dt^2} - \dfrac{X_i}{m_i}$ 不等于零, 那么我们总可以令 $\dfrac{d^2 x_i}{dt^2}$ 这样来连续改变, 使得这个量的绝对值, 从而其平方都减小. 这样一来, 如果我们令所有其余的加速度都保持不变, 这个函数就会变小.

_____

①这里自由运动不是指不受外力的运动, 而是指不受约束的运动. —— 中译者注

由加速度组成的这个函数与下面的函数

$$\sum m_i \left(\left(\frac{d^2 x_i}{dt^2} \right)^2 + \left(\frac{d^2 y_i}{dt^2} \right)^2 + \left(\frac{d^2 z_i}{dt^2} \right)^2 \right)$$

$$-2 \sum \left(X_i \frac{d^2 x_i}{dt^2} + Y_i \frac{d^2 y_i}{dt^2} + Z_i \frac{d^2 z_i}{dt^2} \right)$$

只差一个常数, 即只差一个与加速度无关的量.

如果质点间的作用力源自质点之间的吸引和排斥, 它们是距离的函数, 而且第 i 个质点与第 i' 个质点之间的距离为 r 时以力 $f_{i,i'}(r)$ 相互排斥, 或以力 $-f_{i,i'}(r)$ 相互吸引, 那么众所周知, 这个力的分量就可以用一个所有质点的坐标的函数的偏导数来表示, 这个函数就是

$$P = \sum_{i,i'} F_{i,i'}(r_{i,i'}),$$

其中 $F_{i,i'}(r)$ 是这样一个函数, 它的导数为 $f_{i,i'}(r)$, 而且其中的 i 和 i' 要代入两个不同的指标值.

如果我们将这些分量的值

$$X_i = \frac{\partial P}{\partial x_i}, \quad Y_i = \frac{\partial P}{\partial y_i}, \quad Z_i = \frac{\partial P}{\partial z_i}$$

代入上述加速度的函数, 并将它乘以 $\dfrac{dt^2}{4}$, 这样不会改变极大和极小的位置, 这样得到的表达式与下面的式子

$$\frac{1}{4} \sum \left(\left(d \frac{dx_i}{dt} \right)^2 + \left(d \frac{dy_i}{dt} \right)^2 + \left(d \frac{dz_i}{dt} \right)^2 \right) - P_{(t+dt)}$$

只差一个与加速度无关的常数. 如果质点在时刻 t 的位置和速度已给, 那么在时刻 $t + dt$ 这个位置就可以这样来确定, 以使上述量为最小. 这样一来就有了一种力图使这个量尽可能小的追求.

这个定律现在我们可以这样来解释, 就是有一种作用量 (Actionen), 它力图使上述表达式中的单个项尽可能小, 如果我们假设, **互相对立的追求这样地相互平衡, 使得这些力图保持单个作用尽可能小的量的总和为极小**.

如果我们假设这些质点的质量 $m_1, m_2, \cdots, m_n$ 与 $k_1, k_2, \cdots, k_n$ 成正比, 即有 $m_i = k_i \mu$, 那么那个将尽可能小的表达式就由下述量

$$\frac{\mu}{4} \left(\left(d \frac{dx_i}{dt} \right)^2 + \left(d \frac{dy_i}{dt} \right)^2 + \left(d \frac{dz_i}{dt} \right)^2 \right)$$

对全部质点 μ 以及 $-P_{t+dt}$ 之和组成. 因此如果我们跟随 Gauss 把下述量

$$\left(d\frac{dx_i}{dt}\right)^2 + \left(d\frac{dy_i}{dt}\right)^2 + \left(d\frac{dz_i}{dt}\right)^2$$

看成是质点 μ 在 $t+dt$ 时刻的运动状态对 t 时刻的运动状态的偏离, 那么我们就会得到, 总作用对每一个质点的分解所得到的作用会力图使它们在 $t+dt$ 时刻的运动状态对 t 时刻的运动状态的偏离为尽可能小, 或者说力图取得它们的运动状态, 此外还分解出一个作用, 力图使量 $-P$ 尽可能小.

这最后的作用又可分解为使和 $\sum\limits_{i,i'} F_{i,i'}(r_{i,i'})$ 中的每一项尽可能小的企图, 也就是分解为每一对质点之间的吸引力和排斥力, 而这就回到了由惯性定律和引力与斥力来解释运动规律; 但是它还可以将一切我们所知道的自然力归结为相邻接的空间元素之间作用着的力, 比如在下一节中所讲的那样, 用万有引力来解释.

2 新的自然哲学的数学原理 [①]

尽管这篇短文的标题很难在大多数读者中引起好的预期, 我觉得我还是要把它的意图尽可能好地表述出来. 它的目的是越过 Galiläi 和 Newton 为天文学和物理学所奠定的基础, 深入到大自然的内部. 对天文学来说这个想法自然没有什么直接实际的用处, 但是我希望, 这种情况在阅读本文的读者眼中不会让他们扫兴 ……

可是有质体运动的一般定律的基础, 这是在 Newton 的《原理》一书一开头就讲到的, 是这些定律内在的核心. 我们试图依靠我们自身的内省 (innere Wahrnehmung), 通过类比得出有关此基础的一些结论. 新的观念群 (Vorstellungs- masse) 不断地在我们的意识中出现, 又很快地从我们的意识中消失. 我们观察到了我们灵魂持续不断地活动. 对灵魂的每一次这种活动都有某种能留下的东西由于特殊的原因 (通过记忆) 表现为其基础, 但是对现象不会有经久的影响. 于是 (随着每一思维活动) 某种能留下来的东西持续不断地出现在我们的灵魂中, 但是它不会对现象世界产生经久的影响. 对灵魂的每一次活动都有某种能留下的东西作为其基础, 它随同每一次活动出现在我们的灵魂中, 但是转瞬就会从现象世界消失得无影无踪.

受到这个事实的启发, 我提出假设, 认为世界空间 (Weltraum) 充满了一种物料 (Stoff), 它不断地流入有质原子内, 并在那里从现象世界 (Erscheinungswelt) (Körperwelt (实体世界)) 中完全消失.

---

①发现 [写?] 于 1853 年的 3 月 1 日.

这两个假设可以用一个假设来代替, 按照这个假设, 在有质原子中不断有物料从实体世界进入精神世界 (Geisteswelt). 物料为什么在那里消失, 这个原因要到刚刚之前在该处形成的精神质料 (Geistessubstanz) 中去找, 而且由于这一点, 有质实体就是精神世界介入实体世界的地方①.

万有引力的作用是我们首先要从这个假设来加以解释的, 众所周知, 如果所有有质物质的势函数 P 在空间的某一部分给定了, 或者这样说, 给定了这样一个位置函数 P, 使得包含在一个封闭曲面 S 内部的有质物质等于 $\frac{1}{4\pi} \int \frac{\partial P}{\partial p} dS$, 那么它在空间的这一部分上也就完全确定了.

如果我们现在假设, 充满空间的物料是一种没有惯性的、不可压缩的均匀流体, 并且在相同时间内它流入每一个有质原子内的量与其物质量成正比, 那么有质原子所承受的压力 (与物料在该处运动的速度成正比 (?)).

因此万有引力对有质原子的作用可以用直接靠近原子的充满空间的物料产生的压力来表示, 并且可以认为是与此压力有关.

从我们的假设必定会得出, 这充满空间的物料必定会传播振动, 这使我们感觉到光与热.

如果我们来考察一束简单的偏振化的射线, 用 x 来表示其中任意一点离开固定的起始点的距离, 用 y 来表示它在时间 t 的伸长度, 那么, 在没有有质体的空间中振动的传播速度在所有情况下接近为常数 (等于 α), 至少是非常接近满足方程

$$y = f(x + \alpha t) + \varphi(x - \alpha t).$$

如果它严格地得到满足, 那么必定有

$$\frac{\partial y}{\partial t} = \alpha\alpha \int^t \frac{\partial^2 y}{\partial x^2} d\tau,$$

但是根据我们的经验, 如果下述方程

$$\frac{\partial y}{\partial t} = \alpha\alpha \int^t \frac{\partial^2 y}{\partial x^2} \varphi(t - \tau) d\tau$$

中的 $\varphi(t - \tau)$ 不是对所有正的 $t - \tau$ 都等于 1 (随 $t - \tau$ 的增大而减小到无限小), 只是对充分大的空间时间值与 1 相差非常小, 那么显然也能由该方程所满足 ……

_____

①在每一瞬时有一定量的、与万有引力成正比的物料数量进入每一个有质原子, 并在该处消失.

建立在 Herbart 的基础之上的心理学的一个结论就是, 适宜于每一个所形成的概念的不是灵魂, 而是实体性 (Substantialität).

我们将物料点在 t 时刻的位置用直角坐标系来表示, 并令一任意点 O 的位置为 x, y, z. 同样地设另一个点 O' 同样是对直角坐标系的坐标值为 x', y', z'. 然后设 x', y', z' 为 x, y, z 的函数, 以及 $ds'^2 = dx'^2 + dy'^2 + dz'^2$ 为 dx, dy, dz 的二次齐次式. 根据一个著名的定理, dx, dy, dz 的线性表达式

$$\alpha_1 dx + \beta_1 dy + \gamma_1 dz = ds_1,$$
$$\alpha_2 dx + \beta_2 dy + \gamma_2 dz = ds_2,$$
$$\alpha_3 dx + \beta_3 dy + \gamma_3 dz = ds_3$$

在有

$$dx'^2 + dy'^2 + dz'^2 = G_1^2 ds_1^2 + G_2^2 ds_2^2 + G_3^2 ds_3^2$$

的情况下, 只有一种唯一的确定方式能使得有

$$ds^2 = dx^2 + dy^2 + dz^2 = ds_1^2 + ds_2^2 + ds_3^2.$$

于是量 $G_1 - 1, G_2 - 1, G_3 - 1$ 称为在 O 点的物料粒子在从头一种形式转变到后一种形式时的主膨胀, 我把它们表示为 $\lambda_1, \lambda_2, \lambda_3$.

现在我再来假定, 物料粒子的前面那种形式与在时刻 t 时的形式之不同会引起一种力, 它力图这样来改变这种差异, 使得先前那一形式在时刻 t 之前越久, 它的影响 (caeteris paribus) 就越小, 而且从某一限度起, 所有前面的影响就可忽略不计. 我再进一步假定, 那些还能表现出可观影响的状态, 与时刻 t 时的状态差别是这样小, 以致膨胀可以看成是无限小. 于是那些力图使 $\lambda_1, \lambda_2, \lambda_3$ 变小的力可以看成是 $\lambda_1, \lambda_2, \lambda_3$ 的线性函数; 而且由于对全部时间中的这些力的以太是齐次的 (那种力图使 λ_1 减小的力, 应该是这样一种 $\lambda_1, \lambda_2, \lambda_3$ 的函数, 在人们对调 λ_2 和 λ_3 时不会改变, 而且如果我们对调 λ_2 和 λ_1、对调 λ_3 和 λ_1 时就可得到其余的力), 我们可以得到以下表达式:

$$\delta\lambda_1(a\lambda_1 + b\lambda_2 + b\lambda_3) + \delta\lambda_2(b\lambda_1 + a\lambda_2 + b\lambda_3) + \delta\lambda_3(b\lambda_1 + b\lambda_2 + a\lambda_3),$$

或者在对常数的意义作适当的改变下, 得到

$$\delta\lambda_1(a(\lambda_1 + \lambda_2 + \lambda_3) + b\lambda_1) + \delta\lambda_2(a(\lambda_1 + \lambda_2 + \lambda_3) + b\lambda_2)$$
$$+ \delta\lambda_3(a(\lambda_1 + \lambda_2 + \lambda_3) + b\lambda_3)$$
$$= \frac{1}{2}\delta(a(\lambda_1 + \lambda_2 + \lambda_3)^2 + b(\lambda_1^2 + \lambda_2^2 + \lambda_3^2)).$$

现在我们可以把那种力图改变在 O 点处的无限小物料粒子的形式的力矩 (Kraftmoment) 看成是由那些力图改变以 O 点为终点的线元长度的力所合成的.

于是我们就得到了下述作用规律: 如果我们用 dV 表示时刻 t 位于 O 点的无限小物料粒子的体积, dV' 表示同一个粒子在 t' 时刻的体积, 那么由两个物料状态的不同而导致的、使 ds 伸长的力将由

$$a\frac{dV - dV'}{dV} + b\frac{ds - ds'}{ds}$$

来表达.

　　这个表达式的第一项源于使物料粒子改变体积但不改变其形状的力, 第二项则源于物理线元抵抗其长度变化的力.

　　没有根据可以假定这两种起源的作用会按相同的规律随时间变化; 因此如果我们把一个物料粒子以前的全部形式对在时刻 t 的线元 ds 的变化所加的作用

$$\frac{\delta ds}{dt}$$

叠加起来, 那么由它所引起的 $\dfrac{\delta ds}{dt}$ 的值就等于

$$\int_{-\infty}^{t} \frac{dV' - dV}{dV}\psi(t - t')\delta t' + \int_{-\infty}^{t} \frac{ds' - ds}{ds}\varphi(t - t')\delta t'.$$

我们必须使 φ 和 ψ 具有怎样的性质才能令万有引力、光和辐射热都由空间物料来传递呢?

有质物质 (ponderable Materie) 对有质物质的作用有:

1) 与距离平方成反比的吸引力和排斥力.

2) 光和辐射热.

如果我们假设, 整个无限的空间充满了同一种类的物料, 而且每一个物料粒子只对其近邻直接作用, 就可由此来解释这两类现象.

这种现象发生的规律可以设想分解为两部分:

1) 一部分涉及体积改变, 是物料粒子在体积改变时的阻力, 以及

2) 一部分为物理线元抵抗长度改变时的所涉及的阻力.

第一部分是以万有引力与静电的吸引和排斥为基础, 而第二部分则是以光和热的传播以及电动力与磁性的吸引和排斥为基础.

3 引 力 和 光

Newton 对落体运动和天体运动的解释是以假设下述原因 (Ursachen) 为核心内容的:

1. 存在一个无限的空间, 它具有所赋予的几何, 还有一有质物体, 它在空间中的位置只能连续改变.

2. 在每一个有质点上, 在任何时刻存在一个其数量和方向均为确定的原因 (Ursachen), 借助于这个原因质点具有确定的运动 (处于确定运动状态中的物质). 这个原因的度量就是速度①.

这里要解释的现象还不足以导出对各种不同质量的有质物体做出假设.

3. 在空间的每一个点上, 在任何时刻存在一个其数量和方向均为确定的原因 (加速力), 它对该处所存在的每一个有质质点给予一个相同的运动, 与它原先已有的运动作几何的叠加.

4. 在每一个有质质点中有一个其量值已确定了的原因 (绝对重力), 借助于它在空间的每一点上有一个加速力, 它与该点到有质点的距离的平方成反比, 与该点的重力成正比, 并会与在该处存在的所有其他加速力几何地叠加起来②.

根据 3. 在空间的每一点上出现的、其方向和大小均已确定的原因 (起加速作用的力), 我认为其根源在于连续分布在整个无限空间中的物料的一种运动形式 (Bewegungsform), 而且我还假定, 这种运动的方向与它所引起的力的方向一致, 而它的速度与这个力的大小成正比. 因此这种物料可以设想为一种物理空间, 它的点在几何空间中运动着.

根据这个假设, 有质体经过虚无的空间对有质体所施加的全部作用就应该看成是通过这种物料传播的. 因此天体间相互传送的光和热所表现出的运动形式也必定是这种物料的运动形式. 穿越虚无空间的万有引力与光运动这两种现象只不过是一种现象, 都只不过是应该由这种物料的运动来解释的现象.

现在我进一步假设, 这种物料在虚无空间中的实际运动是由两种运动组合而成, 一种必定是用来解释万有引力的运动, 一种是用来解释光的运动.

这个假设进一步的展开, 就我们的研究而言分成两部分:

1) 为解释现象所必须设定的物料的运动规律.

---

①每一个有质物体 (materielle Körper) 在它单独存在于空间中时, 要么保持在它原来的位置不变, 要么在一条直线上以不变的速度沿该直线运动.

这个运动规律不可能由有充足理由的原理来解释. 物体保持其运动不变这一点必定有其原因, 这只能从物质的内部状态中去寻找.

②同一个质点在不同位置会发生运动的改变, 其运动方向要与力的方向一致, 大小与力成正比. 因此力除以运动的改变之比对同一质点始终是一样的. 这个比值对不同的质点各不相同, 我们把它们称为质量.

2) 用来解释这个运动的原因.

其中第一个任务是数学的, 第二个则是形而上学的.

关于后一点, 我要提前指出, 其目的不是要用促使两个物料点之间的距离发生改变的原因来做解释. 通过引力和斥力来做解释的方法, 之所以在物理中得到普遍的应用不是由于直接的证据 (特别地合乎理性), 也不是由于, 撇开电学和万有引力不说, 用起来特别方便, 而主要是由于 Newton 引力定律这么长久以来被认为是不可解释, 而这是有悖于它的发现者的意愿的[1].

I　根据我们的假设, 那种引起万有引力的和光的现象的物料运动的规律

在我们用直角坐标 x_1, x_2, x_3 来表示一空间点的位置的情况下, 我们用 u_1, u_2, u_3 来表示引起万有引力现象的运动速度在时刻 t 位于该点处平行该坐标轴的分量, 用 w_1, w_2, w_3 来表示引起光现象的运动速度的分量, 实际的 [合成的] 运动用 v_1, v_2, v_3 来表示, 从而有 $v = u + w$. 正如运动定律本身所确定的, 如果物料的密度在某一时间点处处相同, 那么这个密度就会始终处处相同, 因此我就可以假设它在时刻 t 到处都等于 1.

a　只引起万有引力现象的运动

在任一点处的万有引力由势函数来决定, 它的偏导数 $\dfrac{\partial V}{\partial x_1}, \dfrac{\partial V}{\partial x_2}, \dfrac{\partial V}{\partial x_3}$ 就是引力的分量, 而这个势函数又是由下述条件所确定 (忽略一个可加常数):

1. $dx_1 dx_2 dx_3 \left(\dfrac{\partial^2 V}{\partial x_1^2} + \dfrac{\partial^2 V}{\partial x_2^2} + \dfrac{\partial^2 V}{\partial x_3^2} \right)$ 在吸引物体之外等于 0, 而对每一个有质体的体积元有一个不变的值. 这个值就等于 -4π 乘以根据引力理论所赋予的引力的绝对值, 我们将以 dm 表之.

2. 如果所有吸引物体都位于有限空间范围之内, 那么在与此空间内一点的距离 r 为无限大的地方, $r\dfrac{\partial V}{\partial x_1}, r\dfrac{\partial V}{\partial x_2}, r\dfrac{\partial V}{\partial x_3}$ 为无限小.

---

[1]Newton says: "That gravity should be innate, inherent, and essential to matter, so that one body may act upon another at a distance through a vacuum, without the mediation of anything else, by and through which their action and force may be conveyed from one to another, is to me so great an absurdity, that I believe no man who has in philosophical matters a competent faculty of thinking can ever fall into it." See the third letter to Bentley.

(Newton 这样说: "万有引力应该是物质所天赋的、固有的本质, 所以一个物体可以通过真空作用于一个远离它的另一个物体, 不用任何其他的东西作媒介来把它们的作用和力从一个物体传给另一个物体, 这对于我来说是一个极大的谬误, 我相信任何一个在哲学上有相当思考能力的人决不会陷入这种错误." 见给 Bentley 的第三封信.)

如果我们假设 $\dfrac{\partial V}{\partial x} = u$, 那么就有

$$dV = u_1 dx_1 + u_2 dx_2 + u_3 dx_3.$$

这包含着下面这些条件:

$$\frac{\partial u_2}{\partial x_3} - \frac{\partial u_3}{\partial x_2} = 0, \quad \frac{\partial u_3}{\partial x_1} - \frac{\partial u_1}{\partial x_3} = 0, \quad \frac{\partial u_1}{\partial x_2} - \frac{\partial u_2}{\partial x_1} = 0, \tag{1}$$

$$\left(\frac{\partial u_1}{\partial x_1} + \frac{\partial u_2}{\partial x_2} + \frac{\partial u_3}{\partial x_3} \right) dx_1 dx_2 dx_3 = -4\pi dm, \tag{2}$$

$$ru_1 = 0, \quad ru_2 = 0, \quad ru_3 = 0, \quad 对 \ r = \infty. \tag{3}$$

反之, 如果量 u 满足这些条件, 那么它们就等于引力的分量. 因为条件方程 (1) 包含着存在这样一个函数 U 的可能性, 使得这个 U 有 $dU = u_1 dx_1 + u_2 dx_2 + u_3 dx_3$, 从而也就是有 $\dfrac{\partial U}{\partial x} = u$, 其余的就可由 $U = V +$ 常数得出[①].

b 只引起光现象的运动

用来解释虚空中的光现象所必须假设的运动, (根据一个定理) 可以看成是由平面波组合而成, 而平面波是这样一种运动, 它在一族平行平面 (波平面) 中每一个平面上的运动形式都是一样的. 这样一来, 这种波的系统 (根据经验) 每一个都是由平行波平面的运动组成, 它们以一个对所有运动形式 (光的类型) 都相等的恒定速度沿垂直于波平面的方向传播.

[①] 因此这个函数 U 就可由经验借助于一般运动定理给出, 但是要忽略一个坐标的线性函数不计, 因为我们只能观察到相对运动.

这个函数的确定是以形式数学定理为基础的: 一个在有限空间内的位置函数 V (在忽略一个常数不计的条件下), 如果它不会沿一个曲面不连续, 对其中的所有体积元 $\left(\dfrac{\partial^2 V}{\partial x_1^2} + \dfrac{\partial^2 V}{\partial x_2^2} + \dfrac{\partial^2 V}{\partial x_3^2} \right) dx_1 dx_2 dx_3$ 为已给, 要么在边界上的 V, 要么在边界上垂直边界向内的导数已给, 那么这个函数 V 就完全确定下来了. 就此我们要指出:

1. 如果用 $\dfrac{\partial V}{\partial p}$ 表示在边界面元 ds 上的导数, 那么在后一种情况下必定有 $\displaystyle\int \sum \frac{\partial^2 V}{\partial x^2} dx_1 dx_2 dx_3$ 对空间的积分等于 $-\displaystyle\int \frac{\partial V}{\partial p} ds$ 对其边界的积分; 其他方面在两种情况下确定解的条件值可以任意给定, 并且因此对于确定解是必不可少的.

2. 对于 $\sum \dfrac{\partial^2 V}{\partial x^2}$ 在其中变为无限大的体积元, 二者之积要用 $-\displaystyle\int \frac{\partial V}{\partial p} ds$ 对这个体积元的边界上的积分来代替.

3. 如果 $\sum \dfrac{\partial^2 V}{\partial x^2}$ 只在有限空间范围内具有异于 0 的值, 那么边界条件就可以换成: 在与此空间中一点的距离 R 为无限大的地方, 应该有 $R \dfrac{\partial V}{\partial x}$ 为无限小.

假设 ξ_1, ξ_2, ξ_3 为这种波系统中空间一点的直角坐标, 其中第一个垂直于波平面, 另两个平行于波平面, $\omega_1, \omega_2, \omega_3$ 为该点在时刻 t 平行于坐标轴的速度分量, 那么我们就有

$$\frac{\partial \omega}{\partial \xi_2} = 0, \quad \frac{\partial \omega}{\partial \xi_3} = 0.$$

根据经验首先有

$$\omega_1 = 0,$$

其次, 运动由两个运动组合而成, 其中一个沿波平面的正侧以速度 c 传播, 另一个沿波平面的负侧也是以速度 c 传播. 如果前一个的速度分量为 ω', 后一个的速度分量为 ω'', 如果 t 增加一个 dt, 同时 ξ_1 增加一个 cdt, 那么 ω' 不会改变, 同样, 如果 t 增加一个 dt, 同时 ξ_1 增加一个 $-cdt$, 那么 ω'' 不会改变, 而且我们有 $\omega = \omega' + \omega''$. 由此推得

$$\left(\frac{\partial \omega'}{\partial t} + c \frac{\partial \omega'}{\partial \xi_1} \right) dt = 0, \quad \left(\frac{\partial \omega''}{\partial t} - c \frac{\partial \omega''}{\partial \xi_1} \right) dt = 0,$$

$$\frac{\partial^2 \omega'}{\partial t^2} = -c \frac{\partial^2 \omega'}{\partial \xi_1 \partial t} = cc \frac{\partial^2 \omega'}{\partial \xi_1^2}, \quad \frac{\partial^2 \omega''}{\partial t^2} = c \frac{\partial^2 \omega''}{\partial \xi_1 \partial t} = cc \frac{\partial^2 \omega''}{\partial \xi_1^2},$$

因而有

$$\frac{\partial^2 \omega}{\partial t^2} = cc \frac{\partial^2 \omega}{\partial \xi_1^2}.$$

由此可得出下面对称形式的方程:

$$\frac{\partial \omega_1}{\partial \xi_1} + \frac{\partial \omega_2}{\partial \xi_2} + \frac{\partial \omega_3}{\partial \xi_3} = 0,$$

$$\frac{\partial^2 \omega}{\partial t^2} = cc \left(\frac{\partial^2 \omega}{\partial \xi_1^2} + \frac{\partial^2 \omega}{\partial \xi_2^2} + \frac{\partial^2 \omega}{\partial \xi_3^2} \right).$$

将它们在原始坐标系中表出, 转换成相同形式的方程, 即成为

$$\frac{\partial w_1}{\partial x_1} + \frac{\partial w_2}{\partial x_2} + \frac{\partial w_3}{\partial x_3} = 0, \tag{1}$$

$$\frac{\partial^2 w}{\partial t^2} = cc \left(\frac{\partial^2 w}{\partial x_1^2} + \frac{\partial^2 w}{\partial x_2^2} + \frac{\partial^2 w}{\partial x_3^2} \right). \tag{2}$$

这些方程对每一个在时刻 t 经过点 (x_1, x_2, x_3) 的平面波成立, 因而对所有 [由平面波] 组合而成的运动也成立.

c　引起两类现象的运动

由对 u 和 w 所求得的条件得出对 v 的下述条件方程, 或者说, 得出在虚无空间中物料运动的规律:

$$\frac{\partial v_1}{\partial x_1} + \frac{\partial v_2}{\partial x_2} + \frac{\partial v_3}{\partial x_3} = 0, \tag{I}$$

$$(\partial_t^2 - cc(\partial_{x_1}^2 + \partial_{x_2}^2 + \partial_{x_3}^2))\left(\frac{\partial v_2}{\partial x_3} - \frac{\partial v_3}{\partial x_2}\right) = 0,$$

$$(\partial_t^2 - cc(\partial_{x_1}^2 + \partial_{x_2}^2 + \partial_{x_3}^2))\left(\frac{\partial v_3}{\partial x_1} - \frac{\partial v_1}{\partial x_3}\right) = 0, \tag{Ⅱ}$$

$$(\partial_t^2 - cc(\partial_{x_1}^2 + \partial_{x_2}^2 + \partial_{x_3}^2))\left(\frac{\partial v_1}{\partial x_2} - \frac{\partial v_2}{\partial x_1}\right) = 0,$$

这只要我们进行运算就可以得出.

这些方程表明, 物料点的运动仅依赖于在所围的空间和时间部分内的运动, 而且其 (全部) 原因要可以从其周围的作用中去找.

方程 (I) 证明了我们先前的主张, 即, 在物料的运动过程中密度不会改变; 这是因为

$$\left(\frac{\partial V_1}{\partial x_1} + \frac{\partial V_2}{\partial x_2} + \frac{\partial V_3}{\partial x_3}\right) dx_1 dx_2 dx_3 dt$$

表示的是在 dt 时间元内流入 $dx_1 dx_2 dx_3$ 空间元内的物料的量, 而由于方程 (I) 它等于 0, 因此包含在其中的物料量保持为一常数.

条件方程 (Ⅱ) 等同于要使下述微分表达式

$$(\partial_t^2 - cc(\partial_{x_1}^2 + \partial_{x_2}^2 + \partial_{x_3}^2))(v_1 dx_1 + v_2 dx_2 + v_3 dx_3)$$

为全微分 dW 所应满足的条件. 可是现在有

$$(\partial_t^2 - cc(\partial_{x_1}^2 + \partial_{x_2}^2 + \partial_{x_3}^2))(w_1 dx_1 + w_2 dx_2 + w_3 dx_3) = 0,$$

从而有

$$dW = (\partial_t^2 - cc(\partial_{x_1}^2 + \partial_{x_2}^2 + \partial_{x_3}^2))(u_1 dx_1 + u_2 dx_2 + u_3 dx_3)$$

$$= (\partial_t^2 - cc(\partial_{x_1}^2 + \partial_{x_2}^2 + \partial_{x_3}^2))dV,$$

或者, 由于 $(\partial_{x_1}^2 + \partial_{x_2}^2 + \partial_{x_3}^2)dV = 0$,

$$= d\frac{\partial^2 V}{\partial t^2}.$$

d　同时表示物料运动定律和引力对有质物体运动影响的联合表达式

这些现象的规律可以整合成一个条件方程, 这就是, 下述积分

$$\frac{1}{2}\int\left[\sum\left(\frac{\partial \eta_i}{\partial t}\right)^2 - cc\left[\left(\frac{\partial \eta_2}{\partial x_3} - \frac{\partial \eta_3}{\partial x_2}\right)^2 + \left(\frac{\partial \eta_3}{\partial x_1} - \frac{\partial \eta_1}{\partial x_3}\right)^2\right.\right.$$

$$\left.\left. + \left(\frac{\partial \eta_1}{\partial x_2} - \frac{\partial \eta_2}{\partial x_1}\right)^2\right] dx_1 dx_2 dx_3 dt$$

$$+ \int V\left(\sum\frac{\partial^2 \eta_i}{\partial x_i \partial t}dx_1 dx_2 dx_3 + 4\pi dm\right)dt + 2\pi\int dm \sum\left(\frac{\partial x_i}{\partial t}\right)^2 dt$$

的变分在适当的边界条件下等于 0.

在此表达式中, 前两个积分是展布在整个几何空间上, 后一个积分则展布在全部有质体的体元上, 但是每一个有质体的体元的坐标作为时间的函数, 以及 $\eta_1, \eta_2, \eta_3, V$ 作为 x_1, x_2, x_3 和 t 的函数应该这样来确定, 以使它们在满足边界条件下的变分只会给积分带来一个二阶变分.

这样一来, 量 $\dfrac{\partial \eta}{\partial t}$ $(=v)$ 等于物料运动的速度分量, 而 V 则等于点 (x_1, x_2, x_3) 在时刻 t 的势函数.

第五部分

补遗篇

M. Noether 与 W. Wirtinger 编

前言①

自从《Riemann 全集》第二版出版以来已经过去十年了, 在这十年中他的活动的主要领域, Abel 函数和线性微分方程的理论, 出现了一些新的材料②, 而且主要是以他的讲课笔录的形式, 这表明, 或者说证实了, Riemann 在他的讲课中比他在公开发表的论文中走得更远. 我们出版这本《Riemann 全集补遗篇》的目的就是要使这些材料能为更广大的公众所获得.

对于 Abel 函数来说, 我们在这里首先想到的就是他在 1861/1862 年冬季学期的授课. 这一讲座是作为夏季讲座 "论一个复变量函数, 特别是椭圆函数和 Abel 函数③的理论" 的后续讲座来公告的, 并且有 3 小时是专门④讲 "代数微分的积分一般理论" 的. 在 θ 函数和代数函数中有一系列新的重要概念和研究方法都要归结到它, 它们分散地在, 特别是 Roch 和 Prym 的, 一些论文中引进, 此后多次被引用, 至今都未曾在《Riemann 全集》中拥有一席之地. 只有一篇从 Roch 的小册子中选出的研究 θ 级数收敛的论文 (《全集》第二版的第 XXX 篇, 即第一

---

①本部分的正文中有一些引用自身页码的情形, 比如 S. 15 即指原文的第 15 页, 请使用边栏方括号中的页码查找. —— 编者注.

②对其中一部分见: F. Klein 发表在 Göttinger Nachrichten, math.-phys. Klasse (哥廷根通讯, 数学 – 物理类), 1897 年第 2 期以及 Geschäftl. Mitt. (学会通讯), 1898 年第 1 期上的文章.

③这一讲座中讲椭圆函数的部分经 H. Stahl 先生整理, 于 1899 年由 Teubner 出版社出版 (被错误地写成是在 1861/1862 年的冬季学期了). 在 Göttingen 流通的 Hattendorff 的小册子主要就是以这个 1861 年的夏季讲座为基础.

④根据在 Göttingen 大学 Riemann 手稿档案第 19 卷所保存的讲座公告草稿中的内容.

版的第 XXIX 篇); 同时还有在同一小册子中 Riemann 在 1862 年 2 月所讲有关函数在 $p=3$ 时的一般情形 (论文第 XXXI 篇或第 XXX 篇), 但是这部分是由另一份笔录整理而成的, 很可能是 Prym 所做的笔录. 讲座的最后一部分主要是讲对 $p=3$ 时以及对一般超椭圆曲线时的 θ 商的代数表示, 每日讲一次, 从 3 月 3 日一直持续到 11 日, 最后还只得讲一个大概, 详细的计算也来不及讲了.

根据 H. Prym 先生所做直至 3 月 8 日的记录以及由 B. Minnigerode 所做最后两天的记录也出版了一本包括这一有趣的结尾部分的小册子. 这使用铅笔写就的最后一册, 几乎全是对讲课的文字记录, 甚至包含每一讲的日期[①]; 我们还是能够充分破译并将其构成出版的基础, 而把 Prym 的记录作为对比. 这些 3 月份的讲课[②]在此 (记为 I) 将尽可能按原文发表; 为了完全起见, 我们将同时对冬季讲座做一个概览, 并且对于那些至今只以被引用的方式为大家所知的篇章给予一个文字上可靠的描述, 最后也从由 Weber 已经发表了的部分中选取了几个简短的附注.

对这一修订的注释 (由存放在 Göttingen 的原稿也会得出这些修订) 的目的就是说明这一讲座与后来的文献之间的关系, 如果这些文献的确与这次讲座有关, 如果它又独立自主地重新发现了个别结果.

Prym 教授先生和 Minnigerode 教授女士, 后者通过 Prym 先生和 Stahl 先生亲切友善的介绍, 以乐于助人的好意允许编者发表这些笔记册, 我们要向他们表示衷心的谢意.

Riemann 先后两次开设了**线性微分方程和超几何级数理论**的讲座, 两次用的标题都是 "一个复变量的函数, 特别是超几何级数以及与之相关的超越函数", 第一次在 1856/1857 年的冬季学期 3 小时, 第二次在 1858/1859 年的冬季学期 4 小时.

在 1856/1857 年的讲座中还有一份由 E. Schering 所做的笔记, 包括了差不多直至全集第 XXIII 篇所讲到的, 我们只从其中选取了在以后的讲座中再也找不到的较短的一节. 这份笔记在 Riemann 文稿档案中编号为 Nr. 37 —— 和 1855/1856 年讲述的讲座笔记一起存放在 Göttingen 大学图书馆中.

有关 1858/1859 年的冬季学期的第二次讲座有 W. v. Bezold 教授先生所做

[①]通过附带的周内工作日的记载可以把大多数记错了的日期校正过来. 这样一来, 根据 Prym 先生所给出的一份日期就可以可靠地把整个 1861/1862 年的冬季学期的讲座日期确定下来. Prym 在他的《Riemann θ 公式和 Riemann 特征的研究》(Teubner, 1882) 一书的前言中讲到, 这些讲座延到了 1862 年的夏季; Stahl 在上面提到的那本书的前言以及别的书中提到, 在 Prym 的小册子里有几页的撰写时间与笔记记录的时间搞颠倒了. Minnigerode 的小册子现在与 Göttingen 文件存放在一起.

[②]H. Stahl 先生在其《Abel 函数理论》(Teubner, 1896) 的前言中, 以及本书的编者在《德意志数学家联合会年鉴》第 8 卷第 1 期上, 就已经提到过一些 Riemann 在这里所做的推进.

的一份速写记录, 它作为 Riemann 文稿档案中的第 29 号卷宗也存放在那里. 这一册后来用的标题是 "Riemann 论超几何级数讲义, 1859 年夏季学期", 但是所标日期可能是错的①.

虽然在这一册中处处都能认出 Riemann 的思想, 而且除了少数几处之外也能清楚地看出计算的过程, 但是为了付印自然要做一定的编辑加工. 编者只限于讲座中的两部分, 其中 Riemann 的新思想特别突出, 尤其是那些其余的内容, 只要它是 Riemann 本人的, 都已经由 Riemann 自己, 或者作为他的遗著发表了.

这里所编入的第一部分是讲由 P 函数的定积分的表达式来推导其性质, 以及在出现整数指数差的情况下的行为, 从而构成了对全集论文第 IV 篇的一个补充.

可是第二部分整个地具有独立的意义, 并且处理了那样一种超越函数, 它们是由求二阶线性微分方程的积分商的逆 (Umkehrung des Integralquotienten), 特别是求超几何级数的逆, 所得出的. 它还进一步带来了对非齐次方程的积分的一般意见以及由此出现的超越函数, 并在第一类椭圆积分及其周期上运用了这个思想.

在重新审查与这两部分有关的 Riemann 文稿时我们还发现了有普遍意义的几点内容, 我们也以多个附注的形式给出了这些内容. 作为结论我们做了一个有关我们所使用的 Göttingen 手稿的报告, 并对与 Riemann 有关的讲义做了一个综述.

不言而喻的是, Riemann 为自己, 或者在一个小范围的听众面前, 确立了一系列思想, 这并不会影响其功绩, 而是超前显示出更高的眼光, 他在后来又独立地抓住了同样的问题, 通过深入的研究为他在今天的数学中创造了应有的地位. 但是这些问题的提出以及方法属于 Riemann 的原始思想范畴这一事实引起了类似于对 Gauss 早在 Abel 与 Jacobi 之前就拥有了椭圆函数理论的实质部分这样的历史兴趣. 根据 Riemann 在 1865 年 11 月寄送他的论文 "论 θ 函数的零点" (全集论文第 XI 篇) 时所付信件的草稿②, 他已经计划在滞留意大利期间完成它并作为他的第一篇论 Abel 函数理论的论文 (全集第 VI 篇) 的续篇, 但是 Riemann 自己不得不放弃这一计划: 即使只因 Pisa 在 1864 年 7 月的炎热, 他就常常虚弱到无法工作以写下他的论文. 我们现在出版的本书, 仅就 Abel 函数而言, 也许能够阐释 Riemann 的观点.

出版这本《补遗篇》的动议是由 Noether 提出的, 而且 I, IV A—D 这几节也是由他加工整理的, 并用 N 来注明. II, III, IV E, F 这几节则由 Wirtinger 负责加工整理, 用 W 来注明. 那些由编者在正文中加入的内容, 那些无关宏旨的不算, 都放在方括号内排印. 文稿在印刷前经 Weber 和 Prym 先生看过.

---

①见本 "补遗篇" 末尾的讲座索引.

②Göttingen 文稿卷宗 "Varia 25".

Göttingen 王室科学协会和 Riemann 遗著管委会、Bremen 的 Schilling 主任先生和 Strassburg 的 Weber 教授先生对本书的出版都表现出兴趣并给予了所需要的帮助, 对此我们表示最真挚的谢意.

Erlangen 和 Innsbruck, 1902 年 5 月

M. Noether, W. Wirtinger

I 代数微分的积分一般理论讲义 [1]

(1861—1862 年冬季学期)

---

10 月 28 日至 11 月 6 日讲课概要

1861 年 10 月 28 日, 10 月 30 日, 11 月 1 日, 11 月 4 日: p 重无限 θ 级数的收敛 [见全集第二版, 第 XXX 篇 (全集第一版, 第 XXIX 篇)].[1]

1861 年 11 月 6 日: 用周期性性质确定 θ 函数 (根据 Th. A. F. (Abel 函数理论) 一文的第 17 节[①].

周期函数的分解原理[2]

(11 月 8 日)

由 Th. A. F. 一文的第 17 节的方程 (2) 和 (3) 得出, 对于属于 $2p$ 个线性独立组合的 p 个独立量 $v_1, v_2, \cdots, v_p$ 的周期模数, 在忽略 $2\pi i$ 的一个整数倍之下, 在

$$\log \theta(v_1, v_2, \cdots, v_p) + \log \theta(v_1 + b_1, v_2 + b_2, \cdots, v_p + b_p)$$

的基础上分别改变

$$0, 0, \cdots, 0, -4v_1 - 2b_1 - 2a_{11}, \cdots, -4v_p - 2b_p - 2a_{pp};$$

---

① 全集第 VI 篇 "Abel 函数理论", 今后引用时表示为 Th. A. F.

因而好像是一个函数

$$\log \theta(2v_1 + b_1, \cdots, 2v_p + b_p),$$

但是用原始周期模数 πi 的两倍和 $a_{\mu,\nu}$ 来构成.

如果现在我们令

$$\theta(v_1, v_2, \cdots, v_p) \cdot \theta(v_1 + b_1, v_2 + b_2, \cdots, v_p + b_p) = f(2v_1, 2v_2, \cdots, 2v_p),$$

则这个函数可以按照下述原则分解:

如果 $f(u + 2\pi i) = f(u)$, 那么这个函数通过下述公式

[2]
$$f(u) = \varphi_1(u) + \varphi_2(u),$$
$$\varphi_1(u) = \frac{1}{2}(f(u) + f(u + \pi i)), \quad \varphi_2(u) = \frac{1}{2}(f(u) - f(u + \pi i))$$

分成两部分, 在 u 改变一个 πi 时其中一个获得一个因子 $+1$, 另一个获得一个因子 -1.

如果我们把下述乘积

$$f(2v_1, 2v_2, \cdots, 2v_p)$$

看成是 $u = 2v_1$ 的函数, 并把这个分解应用于其上, 那么它将分解为 φ_1 与 φ_2 两部分; 那么把它们看成 $2v_2$ 的函数, 每一个又可以分成两部分; 如此等等. 因此, 汇总起来这个积 $f(2v_1, 2v_2, \cdots, 2v_p)$ 将分解成 2^p 个 φ 函数之和, 它在 $2v_1, 2v_2, \cdots, 2v_p$ 改变一个 πi 时只是取得一个 ± 1 的因子. 其中任何一个可能是

$$\varphi(2v_1, 2v_2, \cdots, 2v_\nu + \pi i, \cdots, 2v_p) = e^{\varepsilon_\nu i \pi} \cdot \varphi(2v, \cdots, 2v_\nu, \cdots, 2v_p),$$

这里 $\varepsilon_1, \varepsilon_2, \cdots, \varepsilon_p$ 代表 $\begin{matrix} 0 \\ 1 \end{matrix}$. 于是函数

$$e^{2 - \sum\limits_{\nu=1}^{p} \varepsilon_\nu v_\nu} \cdot \varphi(2v_1, \cdots, 2v_p) = \psi(2v_1, \cdots, 2v_p)$$

就有这样的性质, 在 $2v_1, 2v_2, \cdots, 2v_p$ 中的任何一个改变 πi 时, 它不会改变; 但是在 $2v_1, 2v_2, \cdots, 2v_p$ 同时分别改变

$$2a_{1,\mu}, 2a_{2,\mu}, \cdots, 2a_{p,\mu}$$

时, 它将取得因子

$$e^{-4v_\mu - 2b_\mu - 2 \sum\limits_{\nu} \varepsilon_\nu a_{\nu,\mu} - 2a_{\mu,\mu}}.$$

就是说, 函数 $\psi(2v_1, \cdots, 2v_p)$ 作为 θ 的函数确定到只差一个常数因子, 以

$$2v_1 + b_1 + \sum_\nu \varepsilon_\nu a_{\nu,1}, \quad 2v_2 + b_2 + \sum_\nu \varepsilon_\nu a_{\nu,2}, \quad \cdots, \quad 2v_p + b_p + \sum_\nu \varepsilon_p a_{\nu,p}$$

为自变量, 以

$$2a_{1,\mu}, 2a_{2,\mu}, \cdots, 2a_{p,\mu} \quad (\mu = 1, 2, \cdots, p)$$

为其周期模数. 常数因子可以与 b 有关. 因此通过这个分解原理我们得到乘积

$$\theta(v_1, v_2, \cdots, v_p) \cdot \theta(v_1 + b_1, v_2 + b_2, \cdots, v_p + b_p)$$

作为 2^p 个 θ 函数之和, 每一个都乘以一个形如 $e^{2\sum_\nu \varepsilon_\nu v_\nu}$ 的因子和一个待定的系数.

分解原理还可以扩展到有 n 个因子的乘积   [3]

$$\prod_{m=1}^{n} \theta(v_1 + b_1^{(m)}, v_2 + b_2^{(m)}, \cdots, v_p + b_p^{(m)}) = f(nv_1, nv_2, \cdots, nv_p).$$

乘积在 v_ν 增加一个 πi, 因而 nv_ν 增加 $n\pi i$ 时, 不会改变, 而在 $v_1, v_2, \cdots, v_p$ 整个相应改变

$$a_{1,\mu}, a_{2,\mu}, \cdots, a_{p,\mu}$$

时会取得一个因子

$$e^{-2nv_\mu - 2\sum_m b_\mu^{(m)} - na_{\mu,\mu}},$$

它的行为好像是由一个函数

$$\theta\left(\cdots, nv_\mu + \sum_m b_\mu^{(m)}, \cdots\right)$$

与周期模数 πi 的 n 倍和 $a_{\mu,\nu}$ 所构成.

如果现在我们有一个函数 $f(u)$, 具有性质

$$f(u + n\pi i) = f(u),$$

那么它就可以分解为 n 个函数 $\varphi_m(u)$ 之和, 它们每一个在 u 变化一个 πi 时只会得到一个常数因子, 这个因子是 1 的 n 次方根之一.

因为如果有

$$\varphi(u + \pi i) = \alpha\varphi(u), \quad \varphi(u + n\pi i) = \varphi(u),$$

那么首先就会有

$$a^n = 1;$$

于是如果设 α 是 1 的 n 次方根中的一个原根, 并且有

$$\varphi_m(u + \pi i) = \alpha^{m-1} \varphi_m(u),$$

那么我们就可令

$$f(u) = \sum_{m=1}^{n} \varphi_m(u).$$

由此就会有

$$f(u + \kappa \pi i) = \sum_{m} \alpha^{\kappa(m-1)} \varphi_m(u) \quad (\kappa = 0, 1 \cdots, n-1),$$

由此方程就可得到下述形式的 n 个函数 $\varphi_m(u)$:

$$\varphi_m(u) = \frac{1}{n} \sum_{\kappa=0}^{n-1} \alpha^{-\kappa(m-1)} f(u + \kappa \pi i) \quad (m = 1, 2, \cdots, n).$$

将乘积

$$f(nv_1, nv_2, \cdots, nv_p)$$

[4] 依次看成是 $u = nv_1, nv_2, \cdots, nv_p$ 的函数, 将这个分解应用于其上, 它就会分解为 n^p 个 φ 函数之和, 它们全都在量 nv_ν 改变 πi 时取一个因子, 这个因子是 1 的 n 次方根. 设这些函数之一为

$$\varphi(nv_1, nv_2, \cdots, nv_\nu + \pi i, \cdots, nv_p) = e^{\frac{2\varepsilon_\nu i\pi}{n}} \varphi(nv_1, \cdots, nv_\nu, \cdots, nv_p),$$

其中 ε_ν 表示数值 $0, 1, \cdots, n-1$; 并设

$$\varphi(nv_1, \cdots, nv_p) = e^{2 \sum\limits_{\nu=1}^{p} \varepsilon_\nu v_\nu} \psi(nv_1, \cdots, nv_p),$$

那么 $\psi(nv_1, \cdots, nv_p)$ 在 nv_ν 中任何一个改变 πi 时不会改变, 但是在 $nv_1, nv_2, \cdots, nv_p$ 整个同时相应改变

$$na_{1,\mu}, na_{2,\mu}, \cdots, na_{p,\mu}$$

时, 由于 φ 在这里的行为和乘积 f 本身一样, 会取得一个因子

$$e^{-2nv_\mu - 2 \sum\limits_{m} b_\mu^{(m)} - 2 \sum\limits_{\nu} \varepsilon_\nu a_{\nu,\mu} - na_{\mu,\mu}}.$$

就是说, $\psi(nv_1, nv_2, \cdots, nv_p)$ 作为 θ 的一个函数, 确定到只差一个常数因子, 以

$$nv_1 + \sum_{m} b_1^{(m)} + \sum_{\nu} \varepsilon_\nu a_{\nu,1}, \cdots, nv_p + \sum_{m} b_p^{(m)} + \sum_{\nu} \varepsilon_\nu a_{\nu,p}$$

为自变量, 以 πi 为周期, 而且以

$$na_{1,\mu}, na_{2,\mu}, \cdots, na_{p,\mu} \quad (\mu = 1, 2, \cdots, p)$$

为周期模数. 那些常数, 那些乘积的和的表达式中尚待通过 n^p 个 θ 函数来确定的系数, 与 $b^{(m)}$ 有关.

　　用这种方法会得到一系列 θ 级数之间的关系. 借助于它们我们可以证明对于 $p = 1$ 的情形, 两个 θ 级数之比为椭圆函数, 即满足相应的微分方程, Jacobi 就是这样来处理椭圆函数的理论. Göpel 用类似的方法解决了 $p = 2$ 的情形; 此外他还给出了在一定范围内的所有可能的 θ 关系式的表格. 对于 $p = 3$ 的情形没有另外的代数原理就不能达到目的.

1861 年 11 月 13 日至 1862 年 1 月 24 日讲课概要

　　1861 年 11 月 13 日 —27 日 [(3)]: 1861 年夏季学期论 Abel 函数 (从一般函数理论来讲) 讲课内容的复习.

　　12 月 2—11 日: 代数内容 (Th. A. F. 的第 6—12 节).

　　12 月 13—20 日: 论 θ 函数 (Th. A. F. 的第 17—22 节). [5]

　　1862 年 1 月 6 日: Th. A. F. 的第 15 节的头两小节, 并应用于 θ 函数的辐角; 始终保持为有限的正规积分及其 θ 函数内的引入.

　　1 月 8—13 日: Th. A. F. 的第 23 节 (附带第 16 和 5 节).

　　1 月 15—17 日: Th. A. F. 的第 24 节. 为了证明定理: "对每一个任意给定量组 $(e_1, e_2, \cdots, e_p)$, 只能设与一个形如 $\left(\sum_1^p \alpha_1^{(\nu)}, \cdots, \sum_1^p \alpha_p^{(\nu)} \right)$ 的量组同余, 否则有无限多个", 在此要首先证明, 如果还有第二个与之同余的量组 $\left(\sum_1^p \beta_1^{(\nu)}, \cdots, \sum_1^p \beta_p^{(\nu)} \right)$, 就会存在一个 (s, z) 的有理函数 ξ, 它在属于 $\alpha^{(\nu)}$ 的 p 个点上变为一阶无限大, 而在属于 $\beta^{(\nu)}$ 的 p 个点上变为一阶无限小. 这可以通过将 $\log \xi$ 表示为第一类和第三类积分之和来得到. 于是就可由此做出 $\theta(u_1 - e_1, \cdots)$ 恒等于零的这个结论来.

　　作为对 Th. A. F. 的第 25 节的替代, 只做了以下的说明:

　　"那些不总是保持为有限的代数函数的积分可以用 θ 函数来表示, 并且由此可以导出这些积分之间的关系, 通常这些关系是很难求出的. 这些表达式的用途就在于此."

　　1 月 17—22 日: 用两个任意函数 $\theta(u_1 - e_1, \cdots)$ 的乘积之商来表示 z 的代数函数的表达式, 乘以量 e^u 的幂 (Th. A. F. 的第 26 节).[(4)]

1 月 24 日: 两个 θ 函数之商 (在 Th. A. F. 的第 27 节中这个商被看成 (s, z) 的函数).

2^{2p} 个 θ 级数[5]

(1862 年 1 月 24 日, 27 日)

在表达式 (Th. A. F. 的第 27 节)

$$\frac{\theta\left(v_1 - g_1\pi i - \sum_{\nu} h_\nu a_{1,\nu}, \cdots\right)}{\theta(v_1, \cdots, v_p)} e^{-2\sum_{\nu} h_\nu v_\nu}$$

的分子中出现的乘积, 如果其中的 h 为分数, 就是那个一般的 θ 级数, 其求和指数所取的数不是整数, 而是分数.

分子中的一般项的指数

$$\left(\sum_1^p\right)^2 a_{\mu,\mu'} m_\mu m_{\mu'} + 2\sum_1^p \left(v_\mu - g_\mu\pi i - \sum_1^p h_\nu a_{\nu,\mu}\right) m_\mu - 2\sum_1^p h_\nu v_\nu$$

通过补充常数

[6]
$$\left(\sum_1^p\right)^2 a_{\mu,\mu'} h_\mu h_{\mu'} + 2\sum_1^p g_\mu h_\mu\pi i$$

就可转变为

$$\left(\sum_1^p\right)^2 a_{\mu,\mu'}(m_\mu - h_\mu)(m_{\mu'} - h_{\mu'}) + 2\sum_1^p (m_\mu - h_\mu)(v_\mu - g_\mu\pi i);$$

因此得到

$$e^{\left(\sum_1^p\right)^2 a_{\mu,\mu'} h_\mu h_{\mu'} + 2\sum_1^p g_\mu h_\mu\pi i - 2\sum_1^p h_\nu v_\nu} \cdot \theta\left(v_1 - g_1\pi i - \sum_{\nu} h_\nu a_{1,\nu}, \cdots\right)$$

$$= \left(\sum_{-\infty}^{+\infty}\right)^p_{m_1, m_2, \cdots, m_p} e^{\left(\sum_1^p\right)^2 a_{\mu,\mu'}(m_\mu - h_\mu)(m_{\mu'} - h_{\mu'}) + 2\sum_1^p (m_\mu - h_\mu)(v_\mu - g_\mu\pi i)}.$$

如果将 h 改变一个整数, 这个级数不会改变, 并且如果 g_μ 改变一个整数 g'_μ, 就会取得源自常数因子 $e^{2\sum g_\mu h_\mu\pi i}$ 的一个因子 $e^{2h_\mu g'_\mu\pi i}$.

我们来考察这个级数的最简单的情况, 即 g, h 为 $\frac{1}{2}$ 的倍数, 这种级数在表示

(s, z) 的有理函数的平方根时有用. 如果 g_μ 改变一个整数, 这种级数最多只会改变符号. 因此如果我们令 [6]

$$h_\mu = \frac{\varepsilon_\mu}{2}, \quad g_\mu = \frac{\varepsilon'_\mu}{2},$$

那么我们就会得到一个级数, 它可以在只差一个符号不定的情况下这样来表征, 对于 ε_μ 和 ε'_μ 只代入 0 和 1, 这样它们都 mod 2 同余.

这个级数是由在原始的 θ 级数

$$\theta(u_1, \cdots, u_p) = \left(\sum_{n_1, \cdots, n_p}\right)^p e^{(\sum)^2 a_{\mu, \mu'} n_\mu n_{\mu'} + 2 \sum n_\mu u_\mu}$$

中代入

$$n_\mu = m_\mu - \frac{\varepsilon_\mu}{2}, \quad u\mu = v_\mu - \frac{\varepsilon'_\mu}{2} \pi i,$$

因而指数 n_μ 将取得所有的整数还是半奇数, 要看 $\varepsilon_\mu = 0$ 还是 1 而定. 我们把它们记为

[7]

$$\theta \begin{pmatrix} \varepsilon \\ \varepsilon' \end{pmatrix}(v) = \theta \begin{pmatrix} \varepsilon_1, \varepsilon_2, \cdots, \varepsilon_p \\ \varepsilon'_1, \varepsilon'_2, \cdots, \varepsilon'_p \end{pmatrix}(v_1, v_2, \cdots, v_p)$$

$$= \left(\sum_{m_1, \cdots, m_p}^{+\infty}\right)^p e^{\left(\sum_1^p\right)^2 a_{\mu, \mu'}\left(m_\mu - \frac{\varepsilon_\mu}{1}\right)\left(m_{\mu'} - \frac{\varepsilon_{\mu'}}{2}\right) + 2\sum_1^p\left(m_\mu - \frac{\varepsilon_\mu}{2}\right)\left(v_\mu - \frac{\varepsilon'_\mu}{2}\pi i\right)},$$

即记成特征为 $\begin{pmatrix} \varepsilon \\ \varepsilon' \end{pmatrix} = \begin{pmatrix} \varepsilon_1, \varepsilon_2, \cdots, \varepsilon_p \\ \varepsilon'_1, \varepsilon'_2, \cdots, \varepsilon'_p \end{pmatrix}$ 的 θ 级数.

因此原始的级数的特征为 $\begin{pmatrix} 0, 0, \cdots, 0 \\ 0, 0, \cdots, 0 \end{pmatrix}$.

由于特征中的 $2p$ 个元素每一个都可以取 0 和 1 这两个数之一, 全部这种 θ 级数的总数为 2^{2p}. 原始 θ 级数是偶函数. 为了看出其余的哪个是偶函数, 哪个是奇函数, 我们首先在上述级数中将 $m_\mu - \frac{\varepsilon_\mu}{2}$ 对应地转换为 $-m_\mu + \frac{\varepsilon_\mu}{2}$, 这样级数的值并不会改变; 因而有

$$(-1)^{\sum_1^p \varepsilon_\mu \varepsilon'_\mu} \theta \begin{pmatrix} \varepsilon_1, \varepsilon_2, \cdots, \varepsilon_p \\ \varepsilon'_1, \varepsilon'_2, \cdots, \varepsilon'_p \end{pmatrix} (-v_1, -v_2, \cdots, -v_p)$$

$$= \theta \begin{pmatrix} \varepsilon_1, \varepsilon_2, \cdots, \varepsilon_p \\ \varepsilon'_1, \varepsilon'_2, \cdots, \varepsilon'_p \end{pmatrix} (v_1, v_2, \cdots, v_p),$$

也就是说, θ 级数是它的自变量的偶函数还是奇函数, 就看其特征

$$\begin{pmatrix} \varepsilon \\ \varepsilon' \end{pmatrix} = \begin{pmatrix} \varepsilon_1, \varepsilon_2, \cdots, \varepsilon_p \\ \varepsilon_1', \varepsilon_2', \cdots, \varepsilon_p' \end{pmatrix}$$

是 "偶" 还是 "奇" 而定, 也就是根据

$$\sum_\mu \varepsilon_\mu \varepsilon_\mu' \equiv 0, \quad \text{还是} \ \equiv 1 \pmod 2$$

而定. 在后一种情况下, 只能按 v 的奇数幂展开, 而在前一种情况下, 只能按 v 的偶数幂展开. 奇函数在自变量取零值时会为零, 偶函数一般来说不会, 而只是在 $a_{\mu,\mu'}$ 的一些特定的值上会这样.

为了确定偶特征的个数 α_p 和奇特征的个数 β_p, 我们注意到, 在 α_{p-1} 个偶特征和 β_{p-1} 个奇特征中那些由 $\begin{matrix} \varepsilon_\mu \\ \varepsilon_\mu' \end{matrix}$ 的 $p-1$ 项组成的特征, 可以通过将其中一项预先加置下述四种之一:

[8]

$$\frac{0}{0}, \frac{0}{1}, \frac{1}{0}, \frac{1}{1},$$

而得出, 这四种中只有预加最后一种才会使特征的奇偶性发生改变. 这样我们就得到

$$\alpha_p = 3\alpha_{p-1} + \beta_{p-1},$$
$$\beta_p = 3\beta_{p-1} + \alpha_{p-1};$$

由于 $\alpha_1 = 3, \beta_1 = 1$, 由此有

$$\alpha_p + \beta_p = 4(\alpha_{p-1} + \beta_{p-1}) = 2^{2p},$$
$$\alpha_p - \beta_p = 2(\alpha_{p-1} + \beta_{p-1}) = 2^p,$$

并由此得到

$$\alpha_p = 2^{p-1}(2^p + 1), \quad \beta_p = 2^{p-1}(2^p - 1).$$

Abel 函数 [7]

(1 月 27 日, 29 日, 31 日, 2 月 3 日)

由于有

$$\theta \begin{pmatrix} \varepsilon \\ \varepsilon' \end{pmatrix}(v) = \theta \begin{pmatrix} \varepsilon_1, \cdots, \varepsilon_p \\ \varepsilon_1', \cdots, \varepsilon_p' \end{pmatrix}(v_1, \cdots, v_p)$$
$$= e^{\frac{1}{4}(\sum)^2 a_{\mu,\mu'}\varepsilon_\mu\varepsilon_{\mu'} + \frac{1}{2}\sum \varepsilon_\mu\varepsilon_{\mu'}\pi i - \sum \varepsilon_\nu v_\nu}$$
$$\cdot \theta \left(v_1 - \frac{\varepsilon_1'}{2}\pi i - \sum \frac{\varepsilon_\nu}{2} a_{\nu,1}, \cdots \right),$$

那么, 只要有 $\theta\begin{pmatrix}\varepsilon\\\varepsilon'\end{pmatrix}(0,0,\cdots,0)=0$, 也会有

$$\theta\left(-\frac{\varepsilon_1'}{2}\pi i-\sum\frac{\varepsilon_\nu}{2}a_{\nu,1},\cdots\right)=0. \tag{1}$$

这种情况在奇特征 $\begin{pmatrix}\varepsilon\\\varepsilon'\end{pmatrix}$ 时总会发生, 一般来说只有在奇特征时才会发生. 如果现在 u_μ 和 u_μ' 取第一类积分 u_μ 对两个不定值组 (s,z) 和 (s_1,z_1) 所取的值, $\alpha_\mu^{(\nu)}$ 取 u_μ 对 $(s,z)=(\sigma_\nu,\zeta_\nu)$ 的值, $a_{\mu,\mu'}$ 取函数 u_μ 在割线 $b_{\mu'}$ 处的周期模数, 那么, 只要方程 (1) 得到满足, 根据 Th. A. F. 的第 23 节, 可以这样来确定这 $p-1$ 个点 (σ_ν,ζ_ν), 使得按照函数 u 的 $2p$ 模系有下述同余关系能成立:

$$\left(\frac{\varepsilon_1'}{2}\pi i+\sum\frac{\varepsilon_\nu}{2}a_{\nu,1},\cdots,\frac{\varepsilon_p'}{2}\pi i+\sum\frac{\varepsilon_\nu}{2}a_{\nu,p}\right)\equiv\left(\sum_1^{p-1}\alpha_1^{(\nu)},\cdots,\sum_1^{p-1}\alpha_p^{(\nu)}\right); \tag{2}$$

由此, 函数

$$\theta\begin{pmatrix}\varepsilon_1,\cdots,\varepsilon_p\\\varepsilon_1',\cdots,\varepsilon_p'\end{pmatrix}(u_1-u_1',\cdots,u_p-u_p')$$

为零, 当看成 (s,z) 的函数时, 如果不是恒等于零, 也会对 $(s,z)=(s_1,z_1)$, 以及对 $p-1$ 个点 (σ_ν,ζ_ν) 为零.

由方程 (2) 推出 [9]

$$\left(2\sum_1^{p-1}\alpha_1^{(\nu)},\cdots,2\sum_1^{p-1}\alpha_p^{(\nu)}\right)\equiv(0,\cdots,0). \tag{3}$$

因此两次取 $p-1$ 个量对 (σ_ν,ζ_ν) (Th. A. F. 的第 23 节), 就构成 $2p-2$ 个由方程

$$\varphi=c_1\varphi_1+c_2\varphi_2+\cdots+c_p\varphi_p=0$$

相互联系的值对; 就是说, 我们可以这样来确定 $p-1$ 个常数 $c_1:c_2:\cdots:c_p$, 使得表达式 $c_1\varphi_1+c_2\varphi_2+\cdots+c_p\varphi_p$ 分别地与量对 (σ_ν,ζ_ν) 重合, 因此函数 φ 对 $p-1$ 个值组 (σ_ν,ζ_ν) 变为二阶无限小. 而在 φ 中任意常数的个数只可能是与函数 φ 的 $2p-2$ 个零点重合的代数问题, 这表明, 我们现在可以做出这样的结论, 即这个问题的与奇特征相应的解可能有 $2^{p-1}(2^p-1)$ 个. 这样一来, 这个问题也可以反过来归结为 (3), 从而也就可以归结为 (2), 并由此归结到 (1). 存在更多解的例外情形, 我们暂时不予讨论.

如果现在我们在引入第二个奇特性

$$\begin{pmatrix}\eta\\\eta'\end{pmatrix}=\begin{pmatrix}\eta_1,\eta_2,\cdots,\eta_p\\\eta_1',\eta_2',\cdots,\eta_p'\end{pmatrix}$$

的情况下作下述商

$$r = \frac{\theta \begin{pmatrix} \varepsilon \\ \varepsilon' \end{pmatrix} (u_1 - u_1', \cdots, u_p - u_p')}{\theta \begin{pmatrix} \eta \\ \eta' \end{pmatrix} (u_1 - u_1', \cdots, u_p - u_p')}, \tag{4}$$

那么它作为 (s, z) 的函数, 由于它在割线处只取 ± 1 的因子, 即在 a_ν 处取因子 $e^{-(\varepsilon_\nu - \eta_\nu)\pi i}$, 在 b_ν 处取因子 $e^{(\varepsilon_\nu' - \eta_\nu')\pi i}$, 依照 Th. A. F. 第 27 节, 是 s 和 z 的一个有理函数的平方根. 此外在 r 的分子, 作为 (s, z) 的函数, 在除了 (s_1, z_1) 点之外的 $p - 1$ 个零点 (σ_ν, ζ_ν) 为一阶无限小, 并且在它们的每一个上面有一个函数 φ 为二阶无限小; 而且 r 在 $p - 1$ 个点 $(\sigma_\nu', \zeta_\nu')$ 上, 在这些点是分母作为 (s, z) 的函数, 在除了 (s_1, z_1) 点之外的零点, 变为一阶无限大, 并且在这些点的每一个上面有一个函数 φ 为二阶无限大. 如果我们分别用 $\varphi(s, z)$ 和 $\psi(s, z)$ 表示这两个函数, 那么就有

[10]
$$r = B \cdot \sqrt{\frac{\varphi(s, z)}{\psi(s, z)}},$$

其中 B 为一个与 (s_1, z_1) 有关的常数.

　　为了进一步确定这个常数, 我们注意到, 对换 (s, z) 与 (s_1, z_1) 这两个 θ 函数只改变其符号, 因而 r 本身根本不会改变. 因而有

$$r = A \cdot \sqrt{\frac{\varphi(s, z)}{\psi(s, z)}} \cdot \sqrt{\frac{\varphi(s_1, z_1)}{\psi(s_1, z_1)}}, \tag{4'}$$

其中 A 与 (s, z) 和 (s_1, z_1) 无关.

　　商 $\sqrt{\dfrac{\varphi(s, z)}{\psi(s, z)}}$ 根据其表达式 (4), 在 T' 中为单值, 并且在 T 中各有 $p - 1$ 个点分别为一阶无限小和一阶无限大; 它在越过割线时会取一个 ± 1 的因子. 函数

$$\sqrt{\varphi(s, z)}$$

正比于奇 θ 函数, 我们把它称为 **Abel 函数**[①].

　　Abel 函数通过 (4), (4') 与在 T' 内的奇 θ 函数一一对应, 而且是以双重的方式:

　　[①]如果我们引入另外两个有理变量来代替 s 和 z, 那么 Abel 函数就会得到一个 s 和 z 的有理函数作为因子; 这样的两个函数之比会保持不变.

首先是 [直接的方式], 其中存在这样一个 Abel 函数 $\sqrt{\varphi(s,z)}$, 它在相同的 $p-1$ 个点上为零, 而且作为 (s,z) 的函数的

$$\theta \begin{pmatrix} \varepsilon \\ \varepsilon' \end{pmatrix} (u_1 - u'_1, \cdots, u_p - u'_p)$$

除了在点 (s_1, z_1) 上外, 在这些点上也都为零 —— 这是一种与同余式 (2) 成立等价的性质. 因此我们把这样一个 Abel 函数 $\sqrt{\varphi(s,z)}$ 同样归属于特征为

$$(\sqrt{\varphi}) = \begin{pmatrix} \varepsilon_1, \cdots, \varepsilon_p \\ \varepsilon'_1 \cdots, \varepsilon'_p \end{pmatrix}$$

的函数.

接下来是 [间接的方式], 其中两个 Abel 函数之商 $\sqrt{\dfrac{\varphi(s,z)}{\psi(s,z)}}$ 是属于特征为 $\begin{pmatrix} \varepsilon \\ \varepsilon' \end{pmatrix}$ 和 $\begin{pmatrix} \eta \\ \eta' \end{pmatrix}$ 的函数, 在割线 a_ν 处取因子 $(-1)^{\varepsilon_\nu - \eta_\nu}$, 在割线 b_ν 处取因子 $(-1)^{\varepsilon'_\nu - \eta'_\nu}$, 和在商 (4) 中一样由两个 θ 函数组成, 此外还在 T' 中连续改变. 这一性质在我们对特征引入单独的字母记号后, 可以这样来表示, 如果 [11]

$$(a) = \begin{pmatrix} \varepsilon_1, \cdots, \varepsilon_p \\ \varepsilon'_1, \cdots, \varepsilon'_p \end{pmatrix} = (\sqrt{\varphi}),$$

$$(b) = \begin{pmatrix} \eta_1, \cdots, \eta_p \\ \eta'_1, \cdots, \eta'_p \end{pmatrix} = (\sqrt{\psi})$$

为 $\sqrt{\varphi}$ 和 $\sqrt{\psi}$ 按照头一种对应所属的特征, 令

$$(a+b) \equiv \begin{pmatrix} \varepsilon_1 + \eta_1, \cdots, \varepsilon_p + \eta_p \\ \varepsilon'_1 + \eta'_1, \cdots, \varepsilon'_p + \eta'_p \end{pmatrix} \equiv (a-b) \pmod 2,$$

那么

$$(2a) \equiv \begin{pmatrix} 0, \cdots, 0 \\ 0, \cdots, 0 \end{pmatrix}, \quad (2b) \equiv \begin{pmatrix} 0, \cdots, 0 \\ 0, \cdots, 0 \end{pmatrix}$$

并且函数 $\sqrt{\dfrac{\varphi}{\psi}}$ 所属的特征为 $(a+b)$, 它们在割线 a_ν 和 b_ν 处的因子组由

$$(-1)^{\varepsilon_\nu + \eta_\nu} \quad \text{以及} \quad (-1)^{\varepsilon'_\nu + \eta'_\nu}$$

来决定. 由于 ψ 在割线处取的因子只是 $+1$, 所以 $\sqrt{\varphi \psi} = \psi \sqrt{\dfrac{\varphi}{\psi}}$ 有相同的特征.

对一个 Abel 函数不能谈它在割线处所取的确定的因子, 因为它还会分支到无限大, 所以那个因子与路径有关.

建立在最简单情况下的 Abel 函数的表达式

1　超椭圆函数[8]

(2 月 3 日)

首先通过引入 (s, z) 的有理函数 σ, ζ 把 s 和 z 的方程 $F(s, z) = 0$ 转换成简单的形式 $F_1(\sigma, \zeta) = 0$, 这样做是适合我们的需要的.

首先谈 ζ 的选择, 如果存在这样的一个函数, 它在 T 上只在两个点上变为一阶无限大, 就是说有一个**超椭圆函数**, 那么我们就选它作为 ζ.

然后令 σ 为另一个任意的 (s, z) 的有理函数, 只要它不在 ζ 取相同值的两个点上也取相同的值, 因而不会单单是 ζ 的有理函数. 如果 σ 在 T 上有 m 个一阶无限大, 那么变换后的方程将取以下的形式

[12]
$$F_1(\overset{2}{\sigma}, \overset{m}{\zeta}) = 0,$$

于是 φ 中 σ 的次数为零, ζ 的次数为 $m - 2$, 因而只是 ζ 的 $m - 2$ 次整函数:
$\overset{m-2}{\varphi}(\zeta)$.

由于每一个其无限大点的个数等于或小于 p 的函数都等于两个 φ 函数之商, 从而在这里就是 ζ 的有理函数, 所以我们要为 σ 选一个次数最低的函数, 它对 $p + 1$ 个点为一阶无限大, 但是这 $p + 1$ 个点可任意 [只有在有一个 φ 函数在这 $p + 1$ 个点中的 p 个点上为零时不能是这样]. 这时 σ 和 ζ 之间的方程将取形式 $F_1(\overset{2}{\sigma}, \overset{p+1}{\zeta}) = 0$, 而 φ 则为函数 $\overset{p-1}{\varphi}(\zeta)$.

设
$$F_1(\sigma, \zeta) = a_0 \sigma^2 + 2a_1 \sigma + a_2 = 0,$$

其中 a 为 ζ 的次数为 $p + 1$ 的一些整函数. 于是有

$$\frac{1}{2} \frac{\partial F_1}{\partial \sigma} = a_0 \sigma + a_1 = \sqrt{a_1^2 - a_0 a_2},$$

而且任意保持为有限的积分就取以下形式:

$$\int \frac{\overset{p-1}{\varphi}(\zeta)\, d\zeta}{2\sqrt{a_1^2 - a_0 a_2}},$$

其中 $\sqrt{a_1^2 - a_0 a_2}$ 是 ζ 的一个 $2p + 2$ 次表达式的平方根: 即为一个 "超椭圆积分". 如果 $a_1^2 - a_0 a_2 = 0$ 只有单根, 那么 $a_1^2 - a_0 a_2 = 0$ 的这 $w = 2p + 2$ 个零点就是展布在 ζ 平面上的曲面 T 的分支点; 相应地, 在公式 $w = 2n + 2(p - 1)$ 中

$n = 2$. 同时我们还看到, 由于 $w = 2m(n-1) - 2r$, 如果想要这个有限积分真正属于一个 $2p+1$ 重的连通曲面, 就必须有 $n = 2, m = p+1$, 还要有 $r = 0$. 不然的话, 如果两个分支点互相重合抵消, 从平方根就会得出一个有理线性因子, $\varphi^{p-1}(\zeta)$ 必定含有这个因子, p 也就会减小 1.

在超椭圆函数的情形下通过变换到最简单的形式时, Abel 函数间的关系虽然简单, 但是对称性丧失了; 因此对这种情况稍后还会做更恰当的处理. 如果 $p = 1$, 我们就为 ζ 和 σ 选两个任意不同的函数, 各在两个点上变为一阶无限大; 如果 $p = 2$, 我们就选两个都是独立存在的、在两个点上成为 ∞^1 的 φ 函数之商作为 ζ, 而另选一个在三个点上成为 ∞^1 的 φ 函数作为 σ. 我们把最简单的情况, 即在其中不存在只在两个点上变为无限大的函数这种情况, 应用于 $p = 3$ 的**一般情况**.

[13]

2　$p = 3$ 的一般情况

1862 年 2 月 5 日: 为 $p = 3$ 的非超椭圆情况建立齐次方程 $F(x, y, z) = 0$ (见全集第 XXXI 篇 "关于 $p = 3$ 的情况下 Abel 函数的理论", S. 489–490; 全集第一版第 XXX 篇, S. 458–459).

2 月 7—26 日: $p = 3$ 的一般情况. 从 3 个 Abel 函数的平方之间的齐次关系出发, 建立了 28 个 Abel 函数及其与 28 个奇特征之间的对应关系 (见全集第 XXXI 篇, S. 491–504; 全集第一版第 XXX 篇, S. 459–472).

在这里我们只做以下两条补充: (9)

对论文第 XXXI 篇, S. 496, 公式 (16), (17) (第一版第 XXX 篇, S. 464–465) 的补充. (2 月 17 日)

我们在此来证明其逆定理, 即, 如果在 6 个 Abel 函数的平方之间存在方程 (16), 那么 $\sqrt{pq}$, 其中 p, q 在 S. 496 上 (第一版的 S. 464 上) 各异时以两种方式写出过, 是属于 $\sqrt{x\eta}$ 组的 Abel 函数积.

当我们分别以 $x, y, z, \xi, \eta, \zeta$ 来代替 $ax, by, cz, \dfrac{\xi}{\alpha}, \dfrac{\eta}{b}, \dfrac{\zeta}{c}$ 时, 关系式

$$\sqrt{x\xi} + \sqrt{y\eta} + \sqrt{z\zeta} = 0 \tag{10}$$

不会改变. 因此我们用 (10) 来代替 (16) 加到关系式

$$x + y + z + \xi + \eta + \zeta = 0$$

上. 如果我们将因此得到的 ζ 的值代入 (10) 中, 或代入

$$z\zeta = x\xi + y\eta + 2\sqrt{x\xi y\eta},$$

我们就会得到

$$(z+x+y)(z+\xi+\eta) = x\eta + y\xi - 2\sqrt{x\xi y\eta},$$

换言之

$$\pm\sqrt{(z+x+y)(z+\xi+\eta)} - \sqrt{x\eta} + \sqrt{y\xi} = 0,$$

这说的正是逆定理. 这一简单的代数关系足以建立在 $p=3$ 的情况下 Abel 函数之间的关系.

[14]　　　对全集第 XXXI 篇, S. 505, Z. 7 v. o. (全集第一版第 XXX 篇, S. 471, Z. 16 v. o.) 的注释.[10]

（2 月 24 日）

同样我们对组 $\sqrt{x\xi} = (p+q+r)$ 还要作 3 个形式的分解:

$$(n+e+f+p+q+r), (n+e+f);$$
$$(n+e+g+p+q+r), (n+e+g);$$
$$(n+f+g+p+q+r), (n+f+g),$$

但是, 由于它只给出这个组的 6 个分解, 必须与前面的 3 个重合. 由此得知, 在所引入的 7 个特征 d,e,f,g,p,q,r 之间必定有一个线性关系; 即, 组

$$(d+e+f+g+p+q+r)$$

就是那个被排除的组

$$\begin{pmatrix} 0,0,0 \\ 0,0,0 \end{pmatrix}.$$

如果我们令

$$n+d', n+e', n+f', n+g'$$

为 d,e,f,g, 因而其中 d',e',f',g' 为组特征, 那么那表示了 (21) 式中出现的 22 个特征的表达式同时也显式地包含了那 6 个特征 $(k_1),(k_2),\cdots,(k_2'')$, 所有的特征 (n); 于是所有的特征 (n) 作为特例从由它们之中任意两个之和所构成的组特征的公式而得出. 这样一来所有存在的 $2^6 - 1 = 63$ 个组特征都可以由 6 个组特征

$$d', e', f', p, q, r$$

以下述线性组合的形式

$$\alpha_1 d' + \alpha_2 e' + \alpha_3 f' + \alpha_4 p + \alpha_5 q + \alpha_6 r$$

表出, 其中 α_i 取 0 或 1, 但不能全为零; 而且由于这种组合总共只能有 63 个, 所以这样得到的组合全部是各不相同的. 因此这 6 个组特征 d', e', f', p, q, r 是线性无关的.

因此进一步得知, 如果我们取 (n) 本身, 我们就会得到全部 2^6 个 θ 函数的组特征, 而且全部由上述 $2^6 - 1$ 个组特征的线性组合通过加上 (n) 组成.

如果我们将 (n) 用 α 与 d', e', f', p, q, r 组合起来, 那么根据在 (21) 中以及对 (k) 所给的表达式, 这样这种组合是**奇**特征, 如果 $\alpha = 1$ 或 2, 或者也可以 $= 5$ 或 6, 其中后者也可以从前面得出, 可以借助于 d', e', f', p, q, r 之间的恒等关系得到等于 6 或 5 的组合, 正如借助于另外 6 个这样的量得到等于 1 或 2 的组合. 这样给出 28 个奇特征. 由此我们得到对 $\alpha = 0, 3, 4$ 的 36 个偶特征. [15]

为了将 Abel 函数安排成组, 这个定理非常重要; 类似的结论对任何 p 均成立.

p 个函数 φ (特别是在 $p = 4$ 时) 之间的二次关系 [11]

(2 月 28 日)

首先讲的是在全集第二版第 XXXI 篇, S. 490–491 中所叙述的内容: 那种在有限的 ξ, η [ξ 和 η 是 φ 函数这样的商, 它们在相同的 $2p - 2$ 个点上各自变为 ∞^1] 处保持为有限、而在 ξ, η 为无限处是二阶无限大的函数, 以及那些满足方程 $\overset{2p-2}{F}(\xi, \eta) = 0$ 的函数.

然后继续下面的讨论:

这一研究可以加以推广. 一个函数, 在有限的 ξ, η 处保持为有限, 而在 ξ, η 为无限处是 m 阶无限大, 将在 ξ, η 的 $2m(p-1)$ 个点对上为一阶无限小, 因此 (Th. A. F., 第 5 节) 对 $m > 1$ 有

$$(2m - 1)(p - 1)$$

个常数······

[这可以做如下的补充:

由此它可以表示为

$$\frac{f(\xi, \eta)}{\psi},$$

其中 $f(\xi, \eta)$ 为 ξ, η 的 $2p + m - 6$ 次的整函数, 它在那些 $r = 2(p-1)(p-3)$ 个 (γ, δ) 的值组, 在这些值组上只有 $2p - 6$ 次的函数 ψ 为零, 同样也等于零. 因为, 在我们用 (Th. A. F., 第 8 节)

$$\overset{2p+m-6}{f}(\xi, \eta) + \overset{m-4}{\rho}(\xi, \eta) \cdot \overset{2p-2}{F}(\xi, \eta)$$

代替 $f(\xi, \eta)$, 并将 ρ 的 $\frac{1}{2}(m-3)(m-2)$ 个系数任选之后, 还包含有

$$\frac{1}{2}(2p+m-5)(2p+m-4) - \frac{1}{2}(m-3)(m-2) - r = (2m-1)(p-1)$$

个任意常数.

以 $p-1$ 个 $\dfrac{\varphi}{\psi}$ 为变量的任一 m 次整函数都属于这种函数; 每一个这样的函数含有 $\dfrac{p(p+1)\cdots(p+m-1)}{1\cdot 2\cdot\cdots\cdot m}$ 个常数. 但是由于 $\dfrac{f}{\psi}$ 只有 $(2m-1)(p-1)$ 个常数, 所以在 p 个 φ 函数之间 [至少] 有

[16]

$$\frac{p(p+1)\cdots(p+m-1)}{1\cdot 2\cdot\cdots\cdot m} - (2m-1)(p-1)$$

个齐次 m 次关系成立.][12]

对于 $p = 2$ 和 3, 在 φ 之间不存在二次方程的关系.

[在 $p = 3$ 时忽略超椭圆情形.[13]]

在 $p = 4$ 时一般来说在四个 φ 函数之间会有一个二次齐次方程成立. 但是四个量的一个二次齐次函数总是可以表示成这些量的最多四个二次幂的线性组合. 因此设一个已经存在的二次方程为

$$y_1^2 + y_2^2 + y_3^2 + y_4^2 = 0, \tag{A}$$

其中 y_i 为 φ 的线性表达式. 先后各取两个平方项合在一起, 即令

$$y_1 + y_2 i = z_1, \quad y_3 + y_4 i = z_2, \quad y_1 - y_2 i = z_3, \quad -y_3 + y_4 i = z_4,$$

于是有

$$z_1 z_3 = z_2 z_4,$$

其中 z_i 也是 φ 的线性表达式.

于是这推出, 如果 $z_2 = 0$, 那么只能是 z_1 或 z_3 也必定等于零; 由于每一个 z_i 有 $2p - 2 = 6$ 个零点, 我们还可以做不同的假设.

a) z_2 的六个零点值的一般分布是这样的, 其中三个是 z_1 的零点, 另外三个是 z_3 的零点. 这样一来, 两点的分布就是这样:

z_1 和 z_2 在三个点上同时为零,

z_3 和 z_2 在三个点上同时为零,

z_1 和 z_4 在三个点上同时为零,

z_3 和 z_4 在三个点上同时为零.

因此下述函数

$$s = \frac{z_2}{z_3} = \frac{z_1}{z_4}, \quad z = \frac{z_2}{z_1} = \frac{z_3}{z_4}$$

二者各只对三个点为一阶无限大, 而作为方程在所给假设下最简单的就将是下述 s 与 z 之间的方程

$$F(\overset{3}{s}, \overset{3}{z}) = 0,$$

相应的 φ 函数则为   [17]

$$c_0 sz + c_1 s + c_2 z + c_3.$$

[借助变换

$$sz : s : z : 1 = z_2 : z_1 : z_3 : z_4,$$

$F(s,z) = 0$ 转变为 z_1, z_2, z_3, z_4 之间的一个三次齐次关系式, 在加上一个如下形式的表达式

$$(a_1 z_1 + a_2 z_2 + a_3 z_3 + a_4 z_4)(z_1 z_3 - z_2 z_4)$$

之后, 就成为它最一般的类型. 如果我们将 s 代之以带任意常数的 s 的线性函数, z 也用 z 的一个这样的函数代入, 就会给出 θ 模数.]

b) 也可能在 z_2 的六个零点中有四个来自 z_1 的零点. 这样一来可能的情况是:

$$z_1 \text{ 和 } z_2 \text{ 在四个点上同时为 } 0,$$
$$z_3 \text{ 和 } z_2 \text{ 在两个点上同时为 } 0,$$
$$z_1 \text{ 和 } z_4 \text{ 在两个点上同时为 } 0,$$
$$z_3 \text{ 和 } z_4 \text{ 在四个点上同时为 } 0.$$

上述函数 s 和 z 二者在无限大的阶次上就将分别是一阶无限大的 4 倍和 2 倍, 而最简单的方程就将为

$$F(\overset{2}{s}, \overset{4}{z}) = 0.$$

[于是这个方程要么:

α) 不可约; 这样它就不再属于 $p = 4$, 而是属于 $p = 3$ 的超椭圆函数, 而且这时 $sz : s : z : 1$ 也不再按 φ 函数那样成比例. 因此这时也不允许做假设 (A), b) 了. 要么:

β) 可约; 这时 $F(\overset{2}{s}, \overset{4}{z})$ 就会是一个 $\Phi(\overset{1}{s}, \overset{2}{z})$ 函数的完全平方. 这样一来下述两个方程

$$z_1 z_3 - z_2 z_4 = 0, \quad \Phi = 0$$

就不再确定代数类; 而第二个方程借助于第一个方程消去线性因子后变为

$$z_3(a_1z_1 + a_2z_2 + a_3z_3 + a_4z_4) + z_4(a_5z_1 + a_6z_4) = 0,$$

从而在四个 φ 函数之间还有第二个, 并且因而有第三个, 二次关系式; 我们就有了 $p = 4$ 的超椭圆情形.]

　　c) 如果在 z_2 的六个零点中有五个来自 z_1 的零点, 那么第六个零点就是 z_3 的零点, 于是方程将为

$$F(\overset{1}{s}, \overset{5}{z}) = 0$$

[这是一个属于 $p = 0$ 的方程, 因此也不允许做假设 (A), c)].

　　现在我们还要进一步研究那种情形, 其中四个量 φ 的二次齐次函数约化到三个平方:

$$y_1^2 + y_2^2 + y_3^2 = 0, \tag{B}$$

[18]　[或者是按下述定义

$$y_1 + y_2 i = z_1, \quad y_1 - y_2 i = z_3, \quad y_3 i = z_2$$

时的关系式

$$z_1 z_3 = z_2^2.$$

在这种情况下利用置换

$$s = \frac{z_2}{z_3} = \frac{z_1}{z_2}, \quad z = \frac{z_2}{z_1} = \frac{z_3}{z_2}$$

可以得出 s 与 z 之间的关系式 $sz - 1 = 0$; 但是代数类无法用这种 s 与 z 之间的关系来确定, 而是可以为在二次关系中不出现的第四个 φ 函数引进一个新的变量, 例如通过

$$\sigma = \frac{z_4}{z_2}.$$

　　根据方程 $z_1 z_3 - z_2^2 = 0$, 我们可以做两种设定:

　　a) 在 z_2 的六个零点中有 z_1 的三个零点是二阶无限小. 那么在 z_2 其余的三个零点处函数 z_3 以二阶无限小趋于零. 在 $z = \frac{z_3}{z_2}$ 取给定值 (因而 s 取其倒数值) 的三个点上, σ 有三个不同的值; z 对给定的 $\sigma + az$, 在 a 取任意值时, 取六个不同的值. 因此 σ 与 z 之间的方程取形式

$$F(\overset{3}{\sigma}, \overset{6}{z}) = 0,$$

但是其中 σ 与 z 的总次数只能增加到 6 次. 此外由于对四个 φ 函数的比例为

$$z_1 : z_2 : z_3 : z_4 = s : 1 : z : \sigma = 1 : z : z^2 : \sigma z,$$

因而 σ 在方程 $F(\overset{3}{\sigma},\overset{6}{z})=0$ 中只能以 σz 的结合形式出现, 所以得到这个方程的形式为

$$F(\sigma,z) \equiv \sigma^3 z^3 + \sigma^2 z^2 f(\overset{2}{z}) + \sigma z f(\overset{4}{z}) + f(\overset{6}{z}) = 0.$$

这个方程在引入量 z_i 下在 $z_1 z_3 - z_2^2 = 0$ 上再添加了一个在 z_1, z_2, z_3, z_4 之间的三次齐次关系.

在这里方程 $F(\overset{3}{\sigma},\overset{6}{z})=0$ 也可以是不可约的, 因为不然的话 F 就必定是表达式 $\sigma z + \dfrac{1}{3}f(\overset{2}{z})$ 的三次幂, 但是不存在 $\sigma z + \dfrac{1}{3}f(\overset{2}{z})=0$ 这样的关系式, 即不存在 φ 函数 z_i 之间的线性关系.

这个代数类的 8 个模数可以由 $F=0$ 的 15 个常数得出, 即, 首先用 $(a\sigma + bz + c)(z+d)$ 来代替 σz, 这里常数 a,b,c,d 为任意, 于是 z 本身也就用一个 z 的分数线性函数来代替.

b) 在六个零点 $\alpha_1, \alpha_2, \beta_1, \beta_2, \gamma_1, \gamma_2$ 中, 有两个 α_1, α_2 也是 z_1 的 0^2 的零点, 还有两个 β_1, β_2 也是 z_3 的 0^2 的零点, 最后两个零点 γ_1, γ_2, 既是 z_1 的、又是 z_3 的 0^1 的零点.

这样一来, 函数 $s = \dfrac{z_2}{z_3} = \dfrac{z_1}{z_2}$ 只在两个地方可以取任意给定的值. 于是我们 [19] 又再次有了超椭圆的情形. 如果现在 $\sigma = \dfrac{z_4}{z_2}$ 在这两个地方具有不同的值, 因而方程

$$F(\overset{2}{\sigma},\overset{6}{s})=0$$

为不可约, 那么 σ 不可能是两个相应的 φ 函数的商, 与我们的假设相抵触. 因此 $F(\sigma,s)$ 必定是完全平方, 并且 σ 在 s 取一个给定值的两个点上也只能取一个值. 也就是我们用 $z_4 + \lambda z_3$ 来代替 z_4, 于是就可以使 σ 在 α_1, α_2 这两个点上变为零. 这样一来, 对于给定的 $\sigma + as$, 在 a 为任意时, s 还只能取两个不同的值, 而且 F 会是一函数 $\Phi(\overset{1}{\sigma},\overset{2}{s})$ 的平方, 这里

$$\Phi(\overset{1}{\sigma},\overset{2}{s}) \equiv \sigma\Phi(\overset{1}{s}) + \Phi(\overset{2}{s}) = 0.$$

这用 z_i 写出来就是第二个二次齐次关系式, 它与 $z_1 z_3 - z_2^2 = 0$ 一起还共同确定第三个这样的关系. 这三个关系确定的不是代数类, 只是在 z_i 空间中的一条提取两次的三阶空间曲线. 于是我们又再次回到了 (A), b), β 的情形. [(14)]

在 $p=4$ 时的所有各种情形中的方程都可以以这种方式约化到最简单的形式. 这个方法还可以延伸到 $p>4$ 的情形. 也就是说可以证明, 在 p 个变量 (而且是在 $p>4$ 时) 之间的

$$\frac{1}{2}(p-2)(p-3)$$

个二次齐次函数, 以不同的方式组合成一个整体. 所以我们可以, 例如, 得到将代数函数变为超椭圆积分的判据.

在 p 个属于自身组的两个 Abel 函数乘积之间的线性关系

(2 月 28 日, 3 月 3 日, 4 日)

我们来对任意 p 利用关系

$$x_1 = \frac{\varphi_1}{\psi}, x_2 = \frac{\varphi_2}{\psi}, \cdots, x_p = \frac{\varphi_p}{\psi},$$

其中 x_1, x_2 代表 S. 15 上的 ξ, η 的位置, 因此存在一个形如 $F(x_1^{2p-2}, x_2) = 0$ 的方程, 并且其中 ψ 以 x_1, x_2 表示时, 那里的 φ 函数表现为对变量 x_1, x_2 的 $2p - 6$ 阶的 ψ.

[20]　　我们来研究由两个 Abel 函数组成的积

$$\sigma = \sqrt{\xi\eta},$$

其中 ξ, η 为这样的一个 $x_1, x_2, \cdots, x_p$ 的完全线性齐次函数, 它在 $p-1$ 个 $F = 0$ 的点上为二阶无限小.

如果我们用割线把原来的曲面 T 变成单连通曲面 T', 那么, 将 $\sigma = \sqrt{\xi\eta}$ 在 T' 做连续开拓后, 在任一点上将其符号任意选定后, 它就处处只取一个确定的值. 那么 σ 在它为无限小或无限大的地方只能是一阶量, 不会有分支; 我们也可以这样说, 在 T' 绕一闭曲线一周, 积分 $\int d\log\sigma$ 会给出一个 $2\pi i \cdot k$ 的值, 这里 k 为一个整数. 这些 σ 为无限大或无限小的地方, 是 $x_1, x_2, \cdots, x_p$ 同时变为 ∞^1 的 $2p - 2$ 个固定地点.

在曲面 T 上 σ 同样没有分支点, 但是是双值的. 在跨过 T' 上的割线时 σ 只能取相同的值或相反的值; 因此 σ 在 T' 的割线系统上具有一个确定的 ± 1 的因子系统. 如果 $(a) = (\sqrt{\xi}), (b) = (\sqrt{\eta})$ 这两个函数的特征分别独立给出, 那么根据 S. 11 它也同样由组特征 $(a + b)$ 确定. 各自分别由两个 Abel 函数组成的两个积 $\sigma = \sqrt{\xi\eta}$ 和 $\sigma' = \sqrt{\xi'\eta'}$, 如果它们在割线系统上取相同的因子系统, 我们就说它们**属于自身组**. 我们的目的是证明:

(A) **如果各自分别由两个 Abel 函数组成的 p 个乘积属于自身组, 那么在它们之间就存在一个线性齐次关系.**

第一种证明　由于所有 Abel 函数 $\sqrt{\xi}$ 的个数, 一般来说等于 $2^{p-1}(2^p - 1)$, 所有相互不同的两个 Abel 函数之积的个数为

$$\frac{1}{2} \cdot 2^{p-1}(2^p - 1) \cdot [2^{p-1}(2^p - 1) - 1] = 2^{p-2}(2^{p-1} - 1)(2^{2p} - 1).$$

总而言之, ±1 的因子系统的个数, 或者组特征的数目为 $2^{2p} - 1$. 如果我们现在假设, 属于每一组的个数相等 —— 这一假定的正确性我们将在稍后进行确认 [15]—— 那么由此就可得出一个组中的乘积的数目为

$$2^{p-2}(2^{p-1} - 1).$$

设这样的一个积为 $\sqrt{\xi\eta}$. 现在我们要来构造一个与 $\sqrt{\xi\eta}$ 属于同一组的函数 [21] σ' 的一般表达式, 它因而也就具有和 $\sqrt{\xi\eta}$ 一样的因子系统, 并在相同的 $2p - 2$ 个点上变为 ∞^1.

这样一来, 函数 $\sigma' \cdot \sqrt{\xi\eta}$ 在所有割线处取因子 +1, 因而对变量 x_1, x_2 为有理. 由于它还只当 x_1, x_2 为无限时才为无限, 而且是二阶, 所以根据前述 (S. 15) 有:

$$\sigma' \cdot \sqrt{\xi\eta} = \frac{f(\overset{2p-4}{x_1, x_2})}{\psi(\overset{2p-6}{x_1, x_2})},$$

其中 $f(x_1, x_2)$ 还线性和齐次地含有 $3(p - 1)$ 个任意常数. 为使 σ' 对 $\xi = 0$ 和 $\eta = 0$ 保持为有限, 必须有 $f(x_1, x_2)$ 对 $\sqrt{\xi}$ 和 $\sqrt{\eta}$ 的所有 $p - 1$ 个零点均为零, 这就给出了 $f(x_1, x_2)$ 的常数应满足的 $2(p - 1)$ 个线性条件方程. 于是 $f(x_1, x_2)$ 只剩下 $p - 1$ 个任意常数. 因此 σ' 以线性齐次的方式含有 $p - 1$ 个任意常数.

这样一来, 每一个属于 $\sqrt{\xi\eta}$ 组的两个 Abel 函数的乘积, 就像函数 σ' 一样, 可以用 $p - 1$ 个这种特殊的 σ' 函数线性、齐次地表出; 这就是说, 在任意 p 个属于一个组的乘积之间存在一个带常数系数的线性齐次方程, 其系数如下:

$$\sqrt{\xi_1\eta_1} + \sqrt{\xi_2\eta_2} + \cdots + \sqrt{\xi_p\eta_p} = 0,$$

证毕.

这个证明只考虑了常数的个数, 而没有研究存在于这些常数之间的 $2(p - 1)$ 个条件方程, 就这一点来说, 它还不能认为是严格和普遍的. [16]

第二种证明 类似定理的严格证明:

(B) **在任一 $p + 1$ 个 Abel 函数的平方之间存在一个线性齐次关系**.

这一结论有赖于 Abel 函数的以下性质, 即, 它的平方函数 φ 线性无关的个数只能是 p, 这是在 Th. A. F. 的第 4 节中用 Dirichlet 原理做了一般证明的. 对于定理 (A) 的一个以 Abel 函数积分的周期性质为基础的类似的证明, 我们在这里做一个简略的介绍.

设 $\varphi_\mu(s, z), \varphi_\nu(s, z)$ 为这样的 φ 函数, 它们在使 $F(s, z) = 0$ 的数值组 (s, z) 上为二阶无限小, 研究以下积分

$$v = \int \frac{\sqrt{\varphi_\mu(s, z)\varphi_\nu(s, z)}\, dz}{\dfrac{\partial F}{\partial s}}.$$

[22]

这是一个始终保持为有限的积分表达式, 在曲面 T' 上为单值和连续, 在割线的两侧

$$\text{对有些割线} \quad \alpha) \; v^+ = v^- + 常数,$$

$$\text{对其余} \; (\geqslant 1) \; \text{的割线} \quad \beta) \; v^+ = -v^- + 常数$$

[与 $\sqrt{\varphi_\mu \varphi_\nu}$] 所属的组有关].

所以就像对那些在所有的割线上关系 $\alpha)$ 能成立的有限积分 w 那样, 可以导出, 所有那些在 T' 上为单值和连续并且在割线上具有完全一样的关系 $\alpha), \beta)$ 的函数 v', 和 v 一样, 线性依赖于 $p-1$ 个任意常数. 我们只需要证明, v' 的实部在此完全由预先写下的间断条件 $\alpha), \beta)$ 来确定 [17], 然后再证明, 每一个 v' 可以由它们之中的 $p-1$ 个线性表出. 于是由此导出定理 (A)[18].

进入关系式

$$\sqrt{\xi_1 \eta_1} + \sqrt{\xi_2 \eta_2} + \cdots + \sqrt{\xi_p \eta_p} = 0 \qquad \qquad \text{a)}$$

中的表达式 ξ_i, η_i 是 $x_1, x_2, \cdots, x_p$ 的线性函数. 现在我们取相互独立的 $p-2$ 个类型 a) 的关系, 把它们设想为 p 个量 $x_1, x_2, \cdots, x_p$ 之间 $p-2$ 个独立的方程. 因此如果我们由这些方程消去 $p-3$ 个量 $x_4, \cdots, x_p$, 那么就只剩下其余三个变量 x_1, x_2, x_3 之间的一个齐次方程, 它必定与原来的方程 $F(x_1^{2p-2}, x_2, x_3) = 0$ 一致. 由此方程 $F(x_1, x_2, x_3)[= 0]$ 可以用 $p-2$ 个形如 a) 的方程来代替; 这样一来, 每一个 s 和 z 的 $2p+1$ 重相关联的代数函数的代数方程 $F(s, z) = 0$ 也可以用 p 个变量的 $p-2$ 个方程的方程组来代替. 因为由此也必定可以得出 Abel 函数之间的所有代数关系, 所以由那 $p-2$ 个方程也必定可以代数地导出, 任一属于同一组的 p 个乘积有一个 a) 的关系存在.

这样一来, 在这 $p-2$ 个关系中的常数不是独立的; 可以说它们正好可以这样来确定, 即由 $p-2$ 个形如 a) 的方程可以将其余同样形式的方程推出来. 这时我们要同时用到 (A) 和 (B) 这两个定理, 而且这两个定理也必须能做到, 在利用它们与 θ 特征的关系以及关于特征之间的关联的定理的条件下, 求得 Abel 函数之间的全部关系, 并做到能够研究哪些乘积属于同一组.

[23]

与此同时在 $p-2$ 个方程中的常数必须这样来配置, 使得 Abel 函数的全部平方的系数可以用 $3p-3$ 个量, 即该类的 $3p-3$ 个模数, 有理地表出; 我们已经对 $p=3$ 用 $\alpha, \beta, \gamma, \alpha', \beta', \gamma'$ 这样做了.

于是对 $p=4$ 我们有在任意四个乘积之间的两个方程; 我们将这样来选择这两个方程, 使得在其中出现相同的八个 Abel 函数.[19]

简单 θ 函数商的代数表达式 [20]

(3 月 4 日)

为了达到目的: 通过在自变量的零点处的 θ 函数来确定所有 Abel 函数表达式中的常数, 最好是不仅仅单纯地利用 Abel 函数之间的关系于 θ 函数商 (S. 10), 因而也就是不仅仅应用于特征理论, 相反我们要代数地表述出那些 θ 函数的商, 它们的自变量不是只依赖 T' 上的两个点, 而是可以有任意值. 我们来给出对一般 p 的计算, 即使最后达到的情形只是那种我们已经知道的、在 $p = 3$ 时 Abel 函数之间的**基本方程**.

为了表达两个简单 θ 函数的商需要 (Th. A. F., 第 27 节) 构造一个代数函数 σ, 它在 T' 的割线上取与 $\sqrt{\xi\eta}$ 一样的因子, 其中 $\sqrt{\xi}$ 和 $\sqrt{\eta}$ 为两个 Abel 函数, 而且在 T' 上有 p 个点是一阶无限大.

我们用上节的记号作两个不同的函数

$$\frac{f(x_1^{2p-4}, x_2)}{\psi(x_1^{2p-6}, x_2)}, \quad \frac{f_1(x_1^{2p-4}, x_2)}{\psi(x_1^{2p-6}, x_2)},$$

二者均含有 $3(p-1)$ 个任意常数, 而且各有 $2(2p-2)$ 个一阶无限小点. 我们每次这样来确定这些常数中的 $p-1$ 个, 即, 令 $f(x_1, x_2)$ 在 $\sqrt{\xi}$ 的 $p-1$ 个零点上等于零, 令 $f_1(x_1, x_2)$ 在 $\sqrt{\eta}$ 的 $p-1$ 个零点上等于零, 于是 f 和 f_1 取以下形式: [24]

$$\begin{cases} f(x_1, x_2) = c_1\Pi_1 + c_2\Pi_2 + \cdots + c_{2p-2}\Pi_{2p-2}, \\ f_1(x_1, x_2) = c_1'X_1 + c_2'X_2 + \cdots + c_{2p-2}'X_{2p-2}, \end{cases} \tag{1}$$

其中 c 和 c' 为任意常数, 各个 Π 和 X 表示相互独立的函数, 它们在 $\sqrt{\xi}$ 和 $\sqrt{\eta}$ 的零点上为零.

于是在 T' 上的单值函数

$$\sigma = \frac{\sqrt{\eta} \cdot f(x_1, x_2)}{\sqrt{\xi} \cdot f_1(x_1, x_2)} \tag{2}$$

还有 $3(p-1)$ 个 0^1 点和 $3(p-1)$ 个 ∞^1 点, 而且在割线处的行为犹如 $\sqrt{\xi\eta}$.

我们还要这样来确定 σ 中 f_1 的 $2(p-1)$ 个常数, 使得 f_1 对任意给定的 p 个点 β 变为零, 于是 f_1 还在另外 $2p-3$ 个点 α 上为零, 其中还有 $p-3$ 个点为任意. 随后我们这样来确定 f 中还仍然是任意的 $2(p-1)$ 个常数, 使得 f 在这 $2p-3$ 个点 α 上也同样等于零, f 的最后 p 个零点也随之一并确定下来了.

接着可以将 σ 表示为两个 θ 函数的商. 设用 $\beta_\mu^{(\nu)}$ 表示积分 u_μ 在 p 个点 β_ν 处的值, 用 $\gamma_\mu^{(\nu)}$ 表示积分 u_μ 在 p 个点 γ_ν 处的值. 我们来考察商

$$r = \frac{\theta\left(u_1 - \sum_1^p \gamma_1^{(\nu)}, \cdots\right)}{\theta\left(u_1 - \sum_1^p \beta_1^{(\nu)}, \cdots\right)} \tag{3}$$

并在其自变量中出现的和中, 引入积分 u_μ 在其余那些 f 和 f_1 在其上等于零的点上的值. 设用

$$u_\mu^{(\kappa)}(\kappa = 1, 2, \cdots, 2p-3)$$

表示 u_μ 在那些 $f(x_1, x_2)$ 和 $f_1(x_1, x_2)$ 同时在其上为零的 $2p-3$ 个点 α_κ 上的值; 用

$$\xi_\mu^{(\lambda)}(\lambda = 1, 2, \cdots, p-1)$$

表示 u_μ 在那些 $f(x_1, x_2)$ 和 $\sqrt{\xi}$ 同时在其上为零的 $p-1$ 个点上的值, 用

$$\eta_\mu^{(\lambda)}(\lambda = 1, 2, \cdots, p-1)$$

表示 u_μ 在那些 $f(x_1, x_2)$ 和 $\sqrt{\eta}$ 同时在其上为零的 $p-1$ 个点上的值. 于是如果 $\sqrt{\xi}$ 和 $\sqrt{\eta}$ 分别属于特征

[25]
$$\begin{pmatrix} \xi_1, \xi_2, \cdots, \xi_p \\ \xi_1', \xi_2', \cdots, \xi_p' \end{pmatrix} = (a), \quad \begin{pmatrix} \eta_1, \eta_2, \cdots, \eta_p \\ \eta_1', \eta_2', \cdots, \eta_p' \end{pmatrix} = (b),$$

那么我们可以令 $((2), \text{S. } 8)$

$$\left(\sum_{\lambda=1}^{p-1} \xi_1^{(\lambda)}, \cdots\right) \equiv \left(\frac{\xi_1'}{2}\pi i + \sum_1^p \frac{\xi_\nu}{2} a_{\nu,1}, \cdots\right) \equiv ((a)_1, \cdots),$$

$$\left(\sum_{\lambda=1}^{p-1} \eta_1^{(\lambda)}, \cdots\right) \equiv \left(\frac{\eta_1'}{2}\pi i + \sum_1^p \frac{\eta_\nu}{2} a_{\nu,1}, \cdots\right) \equiv ((b)_1, \cdots),$$

由此根据 Abel 定理有

$$\sum_{\nu=1}^p \gamma_\mu^{(\nu)} + \sum_{\kappa=1}^{2p-3} u_\mu^{(\kappa)} + (a)_\mu \equiv 0,$$

$$\sum_{\nu=1}^p \beta_\mu^{(\nu)} + \sum_{\kappa=1}^{2p-3} u_\mu^{(\kappa)} + (b)_\mu \equiv 0;$$

因为第一个式子涉及 $4(p-1)$ 个 $\dfrac{f(x_1, x_2)}{\psi(x_1, x_2)}$ 在其上为零的点, 它与这样一个和式

同余, 这个和式展布在那些 x_1, x_2 同时为 ∞^1 的 $2(p-1)$ 个点上, 而且每个点要计两次, 这些点与一个 φ 函数相联系 (Th. A. F., 第 23 节); 而第二个表达式同样涉及 $\dfrac{f_1}{\psi}$ 的 $4(p-1)$ 个零点.

这样一来, 就有

$$r = \frac{\theta\left(u_1 + \sum_{1}^{2p-3} u_1^{(\kappa)} + (a)_1, \cdots\right)}{\theta\left(u_1 + \sum_{1}^{2p-3} u_1^{(\kappa)} + (b)_1, \cdots\right)}. \tag{4}$$

为了构造 σ 的代数表达式, 我们也将同时把 $f(x_1, x_2)$ 和 $f_1(x_1, x_2)$ 的 $2p-3$ 个零点 $\alpha_1, \alpha_2, \cdots, \alpha_{2p-3}$ 的坐标值代入 (1) 式中, 并由此确定 c 的比值和 c' 的比值. 如果我们将在 α_κ 中的 Π_i 和 X_i 的值记为

$$\Pi_i^{(k)}, X_i^{(\kappa)},$$

那么在差一个常数因子未定的情形下有

$$f = \sum \pm \Pi_1 \Pi_2^{(1)} \cdots \Pi_{2p-2}^{(2p-3)}, \quad f_1 = \sum \pm X_1 X_2^{(1)} \cdots X_{2p-2}^{(2p-3)},$$

从而 (根据 Th. A. F., 第 27 节) 有

$$\begin{aligned}
B \cdot \sqrt{\frac{\eta}{\xi}} \cdot \frac{\sum \pm \Pi_1 \Pi_2^{(1)} \cdots \Pi_{2p-2}^{(2p-3)}}{\sum \pm X_1 X_2^{(2)} \cdots X_{2p-2}^{(2p-3)}} \\
= \frac{\theta\left(u_1 + \sum_{1}^{2p-3} u_1^{(\kappa)} + (a)_1, \cdots\right)}{\theta\left(u_1 + \sum_{1}^{2p-3} u_1^{(\kappa)} + (b)_1, \cdots\right)} e^{\sum_{}^{p}(\xi_\mu - \eta_\mu)\left(u_\mu + \sum_{1}^{2p-3} u_\mu^{(\kappa)}\right)} \\
= C \cdot \frac{\theta(a)\left(u_1 + \sum_{1}^{2p-3} u_1^{(\kappa)}, \cdots\right)}{\theta(b)\left(u_1 + \sum_{1}^{2p-3} u_1^{(\kappa)}, \cdots\right)}.
\end{aligned}$$

[26]

其中出现的常数 B 和 C 与在 Π_1 和 X_1 中以及在 $u_1, u_2, \cdots, u_p$ 的极限中出现的数值组 (x_1, x_2) 无关. 同时等式左侧的行列式商以及等式右侧的 θ 函数商, 相对于 $2p-2$ 个点 $(x_1, x_2), \alpha_1, \alpha_2, \cdots, \alpha_{2p-3}$ 为对称. 因此如果我们将点 (x_1, x_2)

代之以任一点 α_0, 将相应的积分 u_μ 代之以 $u_\mu^{(0)}$, 那么我们就可以写下:

$$\frac{\theta(a)\left(\sum_{i=0}^{2p-3} u_1^{(i)}, \cdots\right)}{\theta(b)\left(\sum_{i=0}^{2p-3} u_1^{(i)}, \cdots\right)} = A \cdot \sqrt{\frac{\eta^{(0)}\eta^{(1)}\cdots\eta^{(2p-3)}}{\xi^{(0)}\xi^{(1)}\cdots\xi^{(2p-3)}}}$$

$$\cdot \frac{\sum \pm \Pi_1^{(0)}\Pi_2^{(1)}\cdots\Pi_{2p-2}^{(2p-3)}}{\sum \pm X_1^{(0)}X_2^{(1)}\cdots X_{2p-2}^{(2p-3)}}, \tag{5}$$

其中 $\sqrt{\xi^{(i)}}, \sqrt{\eta^{(i)}}$ 分别对应于 $\sqrt{\xi}, \sqrt{\eta}$ 在点 α_i 处的值, 而且其中的因子 A 现在已与所有那些点 α_i 无关, 在 θ 函数的自变量中出现的积分和就是对这些点的数值组来求的.

为了确定常数 A, 我们注意到, θ 函数的自变量, 由对 $2p-2$ 个积分限为任意的积分求和组成, 是完全一般的. 如果我们将这些自变量作这样的特殊化, 即我们将 $p-1$ 个极限 $\alpha_{p-1}, \cdots, \alpha_{2p-3}$ 置于一特征为 (c) 的 Abel 函数的零点处, 那么在公式 (5) 的左边就会有一个形如

$$\frac{\theta(a+c)\left(\sum_{\nu=0}^{p-2} u_1^{(\nu)}, \cdots\right)}{\theta(b+c)\left(\sum_{\nu=0}^{p-2} u_1^{(\nu)}, \cdots\right)} \tag{6}$$

的表达式, 其中现在只与 $p-1$ 个点有关的自变量不再是任意的了. 总而言之我们看到, 如果在自变量的积分和中, 积分的个数是 $p-1$ 的倍数, 这种商就只能包含一个简单的代数表达式; 因为按照类似于在 Th. A. F., 第 22, 23 节中确定下限的方式, 这个积分和, 在遍及通过 φ 相联系的 $2(p-1)$ 个点求和之后, 与零同余.

[27]

常数 A 的确定可以做进一步类似的简化, 正如 Jacobi 在 Fundamenta (第 36 节) 对椭圆函数所做过的那样. 适当地选取 (c) 就可以在 (5) 中做第二种置换, 结果导致上述 (6) 式之**逆**. 于是我们从这两个表达式之积就得出用类模数表示的 A^2 的表达式. [(21)]

[假设特征 (c) 就包含在组 $(a+b)$ 之内, 即 $(a+b+c)$ 和 (c) 一样是奇特征, 那么我们也设 $p-1$ 个点 $\alpha_{p-1}, \cdots, \alpha_{2p-3}$ 为属于特征 $(a+b+c)$ 的 Abel 函数的

$p-1$ 个零点. 于是原式的左侧取所要的形式

$$\frac{\theta(b+c)\left(\sum_{\nu=0}^{p-2}u_1^{(\nu)},\cdots\right)}{\theta(a+c)\left(\sum_{\nu=0}^{p-2}u_1^{(\nu)},\cdots\right)}. \tag{7}$$

我们由此, 除了 A^2 之外, 还求得了用类模数表示的在自变量的零值处的偶 θ 函数的商, 即在 (6) 中令点 $\alpha_0,\cdots,\alpha_{p-2}$ 为这样一种特征 (d) 的 Abel 函数的 $p-1$ 个零点, 使得特征 $(a+c+d)$ 和 $(b+c+d)$ 二者均为偶特征.]

如果特别地在 $p=3$ 时我们从先前的方程形式 (全集第 XXXI 篇, S. 492, 第一版, 第 XXX 篇, S. 460)

$$F \equiv \Phi^2 - xyzt = 0 \tag{8}$$

出发, 其中 Φ 为 x,y,z 的一个任意二次齐次函数, 并取 $\sqrt{x}$ 和 $\sqrt{y}$ 连同其特征 (a), (b) 作为在公式 (5) 中出现的 Abel 函数 $\sqrt{\xi}$ 和 $\sqrt{\eta}$, 那么作为在 (2) 中出现的 $f(x_1,x_2)$ 就会是 x,y,z 的一个任意二次齐次表达式, 在 $x=0$, $\Phi(x,y,z)=0$ 处为零, 因而有

$$f \equiv c_1\Phi + c_2x^2 + c_3xy + c_4xz,$$

类似地有

$$f_1 \equiv c_1'\Phi + c_2'y^2 + c_3'yx + c_4'yz;$$

由此, 如果将 $\Phi(x,y,z), x,y,z$ 在四个任意点 α_i 处的值记为 $\Phi^{(i)}, x_i, y_i, z_i$, 就有

$$\frac{\theta(a)\left(\sum_{i=0}^{3}u_1^{(i)},\cdots\right)}{\theta(b)\left(\sum_{i=0}^{3}u_1^{(i)},\cdots\right)} = A\sqrt{\frac{y_0y_1y_2y_3}{x_0x_1x_2x_3}} \cdot \frac{\begin{vmatrix} \Phi^{(0)} & x_0^2 & x_0y_0 & x_0z_0 \\ \vdots & \vdots & \vdots & \vdots \\ \Phi^{(3)} & x_3^2 & x_3y_3 & x_3z_3 \end{vmatrix}}{\begin{vmatrix} \Phi^{(0)} & y_0^2 & y_0x_0 & y_0z_0 \\ \vdots & \vdots & \vdots & \vdots \\ \Phi^{(3)} & y_3^2 & y_3x_3 & y_3z_3 \end{vmatrix}}. \tag{9}$$

[28]

在这里我们可以第一次选 $\sqrt{z}$ 的特征作为 $(c) = \begin{pmatrix} \varepsilon^{(c)} \\ \varepsilon'^{(c)} \end{pmatrix}$, 选 α_2, α_3 作为 $\sqrt{z}$ 的零点; 于是有

$$\Phi^{(2)} = 0, \quad \Phi^{(3)} = 0, \quad z_2 = 0, \quad z_3 = 0;$$

行列式商的分子为

$$x_2x_3(x_2y_3 - x_3y_2)(\Phi^{(0)} \cdot x_1z_1 - \Phi^{(1)} \cdot x_0z_0),$$

分母为

$$-y_2y_3(x_2y_3 - x_3y_2)(\Phi^{(0)} \cdot y_1z_1 - \Phi^{(1)} \cdot y_0z_0).$$

因此有

$$\frac{\theta(a)(u_1^{(0)} + u_1^{(1)} - (c)_1, \cdots)}{\theta(b)(u_1^{(0)} + u_1^{(1)} - (c)_1, \cdots)} = -A\sqrt{\frac{y_0y_1}{x_0x_1}} \cdot \sqrt{\frac{x_2x_3}{y_2y_3}} \cdot \frac{\Phi^{(0)} \cdot x_1z_1 - \Phi^{(1)} \cdot x_0z_0}{\Phi^{(0)} \cdot y_1z_1 - \Phi^{(1)} \cdot y_0z_0}. \quad (10)$$

[由于

$$\theta\begin{pmatrix} \varepsilon \\ \varepsilon' \end{pmatrix}(v_1 - (c)_1, \cdots)$$

$$= e^{-\frac{1}{4}(\sum)^2 a_{\mu,\mu'} - \frac{1}{2}\sum \varepsilon_\mu^{(c)}(\varepsilon'_\mu + \varepsilon_\mu'^{(c)})\pi i + \sum \varepsilon_\nu^{(c)} v_\nu} \cdot \theta\begin{pmatrix} \varepsilon + \varepsilon^{(c)} \\ \varepsilon' + \varepsilon'^{(c)} \end{pmatrix}(v_1, \cdots),$$

所以其左侧为

$$e^{-\frac{1}{2}\pi i \sum \varepsilon_\mu^{(c)} \varepsilon_\mu'^{(a-b)}} \cdot \frac{\theta(a+c)(u_1^{(0)} + u_1^{(1)}, \cdots)}{\theta(b+c)(u_1^{(0)} + u_1^{(1)}, \cdots)}. \quad (10')$$

如果 (c) 属于 $\sqrt{z}$, 那么第二次我们就选 $\sqrt{t}$ 的零点 $\alpha^{(2)}, \alpha^{(3)}$ 连同其特征

$$(a+b+c) = \begin{pmatrix} \varepsilon^{(a+b+c)} \\ \varepsilon'^{(a+b+c)} \end{pmatrix}$$

作为 (9) 中的 α_2, α_3, 而且如果

$$t = lx + my + nz,$$

其中 l, m, n 与类模数有关, 我们就有

$$\Phi^{(2)} = 0, \quad \Phi^{(3)} = 0, \quad t_2 = lx^{(2)} + my^{(2)} + nz^{(2)} = 0,$$
$$t_3 = lx^{(3)} + my^{(3)} + nz^{(3)} = 0.$$

这样一来, (9) 中的分子就将为

[29]
$$\frac{1}{n}x^{(2)}x^{(3)}(x^{(2)}y^{(3)} - x^{(3)}y^{(2)})(\Phi^{(0)} \cdot x_1t_1 - \Phi^{(1)} \cdot x_0t_0),$$

分母就将为

$$-\frac{1}{n}y^{(2)}y^{(3)}(x^{(2)}y^{(3)} - x^{(3)}y^{(2)})(\Phi^{(0)} \cdot y_1t_1 - \Phi^{(1)} \cdot y_0t_0);$$

从而得

$$\frac{\theta(a)(u_1^{(0)} + u_1^{(1)} - (a+b+c)_1, \cdots)}{\theta(b)(u_1^{(0)} + u_1^{(1)} - (a+b+c)_1, \cdots)} \tag{11}$$
$$= -A\sqrt{\frac{y_0 y_1}{x_0 x_1}} \sqrt{\frac{x^{(2)} x^{(3)}}{y^{(2)} y^{(3)}}} \cdot \frac{\Phi^{(0)} \cdot x_1 t_1 - \Phi^{(1)} \cdot x_0 t_0}{\Phi^{(0)} \cdot y_1 t_1 - \Phi^{(1)} \cdot y_0 t_0}.$$

由于有

$$\theta(2a+b)(v) = e^{\pi i \sum \varepsilon_\mu^{(b)} \varepsilon_\mu'^{(a)}} \cdot \theta(b)(v),$$

所以其左侧变为

$$e^{\frac{1}{2}\pi i \sum \left(\varepsilon_\mu^{(b+c-a)} \varepsilon_\mu'^{(a)} - \varepsilon_\mu^{(a+c-b)} \varepsilon_\mu'^{(b)}\right)} \cdot \frac{\theta(b+c)(u_1^{(0)} + u_1^{(1)}, \cdots)}{\theta(a+c)(u_1^{(0)} + u_1^{(1)}, \cdots)}. \tag{11'}$$

将公式 (10′), (11′) 相乘并注意到

$$\frac{\Phi}{xz} = \frac{yt}{\Phi}, \qquad \frac{\Phi}{yz} = \frac{xt}{\Phi},$$

所以有

$$A^2 = e^{-\frac{1}{2}\pi i \sum \varepsilon_\mu^{(a-b)} \varepsilon_\mu'^{(a+b)}} \cdot \sqrt{\frac{y_2 y_3 y^{(2)} y^{(3)}}{x_2 x_3 x^{(2)} x^{(3)}}}. \tag{12}$$

如果我们再利用方程

$$h_1 \sqrt{xy} + h_2 \sqrt{zt} + h_3 \sqrt{pq} = 0,$$
$$\Phi = \frac{h_3^2 pq - h_1^2 xy - h_2^2 zt}{2h_1 h_2},$$
$$p = l_1 x + m_1 y + n_1 z, \qquad q = l_2 x + m_2 y + n_2 z,$$

那么对于 $z = 0, \Phi = 0$ 就有

$$h_3^2 p_2 q_2 - h_1^2 x_2 y_2 = 0, \quad h_3^2 p_3 q_3 - h_1^2 x_3 y_3 = 0, \quad x_3 y_3 p_2 q_2 - x_2 y_2 p_3 q_3 = 0,$$
$$p_2 = l_1 x_2 + m_1 y_2, \quad q_2 = l_2 x_2 + m_2 y_2, \quad p_3 = l_1 x_3 + m_1 y_3, \quad q_3 = l_2 x_3 + m_2 y_3,$$

因此得出

$$\frac{y_2}{x_2} \cdot \frac{y_3}{x_3} = \frac{l_1}{m_1} \cdot \frac{l_2}{m_2};$$

同样对 $t = 0, \Phi = 0$ 还有

$$\frac{y^{(2)} y^{(3)}}{x^{(2)} x^{(3)}} = \frac{(l_1 n - l n_1)(l_2 n - l n_2)}{(m_1 n - m n_1)(m_2 n - m n_2)}.$$

[30]   因此在类模数的函数中有

$$A^2 = e^{-\frac{1}{2}\pi i \sum \varepsilon_\mu^{(a-b)} \cdot \varepsilon_\mu'^{(a+b)}} \cdot \sqrt{\frac{l_1 l_2}{m_1 m_2} \cdot \frac{(l_1 n - l n_1)(l_2 n - l n_2)}{(m_1 n - m n_1)(m_2 n - m n_2)}}. \tag{12'}$$

我们进一步将在 (10), (10′) 中的 α_0, α_1 代之以 Abel 函数 $\sqrt{p}$ 的两个零点, 连同特征 (d), 这里, 根据关系

$$h_1 \sqrt{xy} + h_2 \sqrt{zt} + h_3 \sqrt{pq} = 0,$$

特征 $(a + c + d)$ 和 $(b + c + d)$ 二者均为偶特征 (全集第 XXXI 篇, S. 500, 第一版, 第 XXX 篇, S. 468–469). 于是在公式 (10) 的代数表达式中由 $p = 0$ 得

$$h_1^2 xy - h_2^2 zt = 0, \quad \Phi = -\frac{h_1}{h_2} xy,$$

从而借助于 $p = 0$ 得

$$\frac{y_0}{x_0} \cdot \frac{y_1}{x_1} = \frac{l_1}{m_1} \cdot \frac{l n_1 - l_1 n}{m n_1 - m_1 n}, \quad \frac{y_0 z_1 - y_1 z_0}{x_0 z_1 - x_1 z_0} = -\frac{l_1}{m_1},$$

而且, 和上面一样有

$$\frac{y_2 y_3}{x_2 x_3} = \frac{l_1 l_2}{m_1 m_2}.$$

这样一来,

$$e^{-\frac{1}{2}\pi i \sum \varepsilon_\mu^{(c+d)} \varepsilon_\mu'^{(a-b)}} \cdot \frac{\theta(u + c + d)(0,0,0)}{\theta(b + c + d)(0,0,0)} = A \sqrt{\frac{m_2}{l_2} \cdot \frac{m n_1 - m_1 n}{l n_1 - l_1 n}}, \tag{13}$$

或

$$e^{-\frac{1}{2}\pi i \sum \varepsilon_\mu^{(c+d)} \varepsilon_\mu'^{(a-b)} + \frac{1}{4}\pi i \sum \varepsilon_\mu^{(a-b)} \varepsilon_\mu'^{(a+b)}} \cdot \frac{\theta(a + c + d)(0,0,0)}{\theta(b + c + d)(0,0,0)}$$

$$= \sqrt[4]{\frac{l_1 m_2}{l_2 m_1} \cdot \frac{(m n_1 - m_1 n)(l n_2 - l_2 n)}{(l n_1 - l_1 n)(m n_2 - m_2 n)}}; \tag{14}$$

于是四次方根就通过 θ 模数唯一地确定下来了.][22]

通过自变量为零值时的 θ 函数商来表示 $p = 3$ 时的类模数

(3 月 5 日, 6 日)

首先我们来证明一个普遍定理 (全集第 XXXI 篇, S. 487, 第一版, 第 XXX 篇, S. 456):

我们 [使用在上面所引论文中的记号, (1), (2)] 有

$$\frac{\theta(u_1 - u_1' - e_1, \cdots)\theta(u_1 - u_1' + e_1, \cdots)}{\theta(u_1 - u_1' - f_1, \cdots)\theta(u_1 - u_1' + f_1, \cdots)} = \frac{\sum_1^p c_\nu \varphi_\nu(s, z) \sum_1^p c_\nu \varphi_\nu(s_1, z_1)}{\sum_1^p b_\nu \varphi_\nu(s, z) \sum_1^p b_\nu \varphi_\nu(s_1, z_1)},$$

其中 [31]

$$\theta(e_1, \cdots) = 0, \quad \theta(f_1, \cdots) = 0,$$

$$(e_1, \cdots) \equiv \left(\sum_1^{p-1} \alpha_1^{(\nu)}, \cdots \right) \equiv \left(-\sum_p^{2p-2} \alpha_1^{(\nu)}, \cdots \right),$$

其中求和是对由下述方程

$$\sum_1^p c_\nu \varphi_\nu(s, z) = 0$$

所联系着的 $2p - 2$ 个点 $\eta_1, \eta_2, \cdots, \eta_{2p-2}$ 进行的. 函数 $\theta(u_1 - u_1' - e_1, \cdots)$ 在看成 s, z 的函数时, 除了在 (s_1, z_1) 上等于零之外, 还在 $\eta_1, \cdots, \eta_{p-1}$ 上等于零. 与分母相似.

我们把 $\varphi_1(s, z), \cdots, \varphi_p(s, z)$ 理解为那种函数 $\varphi(s, z)$, 它们在正规积分

$$u_\nu = \int \frac{\varphi_\nu(s, z)dz}{F'(s)} \quad (\nu = 1, 2, \cdots, p)$$

自身中出现, 并由此被完全确定. 为了随后确定与 (s, z) 和 (s_1, z_1) 无关的常数 c, b 的比值, 我们令 $(s, z) = (s_1, z_1)$, 这样等式左侧的两个因子就以形式 $\frac{0}{0}$ 出现. 但是通过将这两个因子对 z 求微分, 并令

$$\frac{\partial \theta(v_1, \cdots)}{\partial v_\nu} = \theta_\nu'(v_1, \cdots),$$

同时注意到 $\theta(v_1, \cdots)$ 为偶函数, $\theta_\nu'(v_1, \cdots)$ 为奇函数:

$$\frac{\left[\sum_1^p \theta_1'(e_1, \cdots)\varphi_\nu(s_1, z_1) \right]^2}{\left[\sum_1^p \theta_\nu'(f_1, \cdots)\varphi_\nu(s_1, z_1) \right]^2} = \frac{\left[\sum_1^p c_\nu \varphi_\nu(s_1, z_1) \right]^2}{\left[\sum_1^p b_\nu \varphi_\nu(s_1, z_1) \right]^2};$$

而且由于它不会成为所有 c 与 b 的一个公共因子, 由此我们可以令

$$c_\nu = \theta_\nu'(e_1, \cdots),$$
$$b_\nu = \theta_\nu'(f_1, \cdots).^{(23)}$$

为了应用这个关于 Abel 函数的定理, 我们令

$$(e_1, \cdots) \equiv \left(-\frac{\varepsilon_1'}{2}\pi i - \sum \frac{\varepsilon_\nu}{2}a_{\nu 1}, \cdots\right),$$

$$(f_1, \cdots) \equiv \left(-\frac{\eta_1'}{2}\pi i - \sum \frac{\eta_\nu}{2}a_{\nu 1}, \cdots\right),$$

[32]　并取

$$(a) = \begin{pmatrix} \varepsilon_1, \cdots, \varepsilon_p \\ \varepsilon_1', \cdots, \varepsilon_p' \end{pmatrix}, \quad (b) = \begin{pmatrix} \eta_1, \cdots, \eta_p \\ \eta_1', \cdots, \eta_p' \end{pmatrix}$$

为奇特征, 那么就有

$$\theta(e_1, \cdots) = 0, \quad \theta(f_1, \cdots) = 0,$$

$$(e_1, \cdots) \equiv (-e_1, \cdots), \quad (f_1, \cdots) \equiv (-f_1, \cdots),$$

于是我们又再次得到 S. 9, 10 上的公式 (4), (4′), 只是在 φ 中的常数确定下来了. 于是又有

$$\frac{\theta(a)(u_1 - u_1', \cdots)}{\theta(b)(u_1 - u_1', \cdots)} = \sqrt{\frac{\varphi_a(s,z)}{\varphi_b(s,z)} \cdot \frac{\varphi_a(s_1,z_1)}{\varphi_b(s_1,z_1)}},$$

其中

$$\sqrt{\varphi_a(s,z)} = \sqrt{\sum_1^p \theta_\nu'(a)(0, \cdots)\varphi_\nu(s,z)},$$

$$\sqrt{\varphi_b(s,z)} = \sqrt{\sum_1^p \theta_\nu'(b)(0, \cdots)\varphi_\nu(s,z)}$$

为其特征是 $(a), (b)$ 的 Abel 函数. 根据 S. 7, 在此式中的常数

$$\theta_\nu'(a)(0, \cdots)$$
$$= \left(\sum_{m_1, \cdots, m_p}^{+\infty}\right)^p 2\left(m_\nu - \frac{\varepsilon_\nu}{2}\right)(-1)^{\sum_1^p \left(m_\mu - \frac{\varepsilon_\mu}{2}\right)\varepsilon_\mu'} \cdot e^{\left(\sum_1^p\right)^2 a_{\mu,\mu'}\left(m_\mu - \frac{\varepsilon_\mu}{2}\right)\left(m_{\mu'} - \frac{\varepsilon_{\mu'}'}{2}\right)}.$$

按照在上节开头所提出的目标, 我们现在来对 $p = 3$ 的情形, 与在那里相反, 通过 θ 模数来确定代数模数 $\alpha, \beta, \gamma, \alpha', \beta', \gamma'$, 从而将那六个量用自变量零点处具有给定 θ 模数的商表示出来.

我们在此从前面给出的展开和记号出发 (全集第 XXXI 篇, S. 495—504, 第一版, 第 XXX 篇, S. 463—472), 特别地从那里的公式 (10):

$$\sqrt{x\xi} + \sqrt{y\eta} + \sqrt{z\zeta} = 0$$

出发. 28 个 Abel 函数有 22 个在 (21) 中, 最后 6 个在 S. 503—504 (第一版 S. 470—471) 中记为 $(k_1), (k_2), (k_1'), (k_2'), (k_1''), (k_2'')$, 模数 $\alpha, \beta, \gamma, \alpha', \beta', \gamma'$ 是在公式 (17) 中出现的那些量. 为了确定它们, 我们首先把分别属于特征

$$(n+p), (n+q), (n+r), (n+q+r), \cdots$$

的 Abel 函数

$$\varphi_{n+p}, \varphi_{n+q}, \varphi_{n+r}, \varphi_{n+q+r}, \cdots$$

[33]

的平方用那些在正规积分 u_1, u_2, u_3 中出现的 φ 表出. 分别用 x', y', z' 表示后面这几个 φ, 那么我们只用下述缩写:

$$\theta_\nu'(a)(0, \cdots) = \theta_\nu'(a)$$

来写出, 记为

$$\varphi_{n+p} = \theta_1'(n+p) \cdot x' + \theta_2'(n+p) \cdot y' + \theta_3'(n+p) \cdot z',$$
$$\varphi_{n+q} = \theta_1'(n+q) \cdot x' + \theta_2'(n+q) \cdot y' + \theta_3'(n+q) \cdot z',$$
$$\varphi_{n+r} = \theta_1'(n+r) \cdot x' + \theta_2'(n+r) \cdot y' + \theta_3'(n+r) \cdot z'$$

和

$$\varphi_{n+q+r} = \theta_1'(n+q+r) \cdot x' + \theta_2'(n+q+r) \cdot y' + \theta_3'(n+q+r) \cdot z',$$
$$\varphi_{n+r+p} = \theta_1'(n+r+p) \cdot x' + \theta_2'(n+r+p) \cdot y' + \theta_3'(n+r+p) \cdot z',$$
$$\varphi_{n+p+q} = \theta_1'(n+p+q) \cdot x' + \theta_2'(n+p+q) \cdot y' + \theta_3'(n+p+q) \cdot z'.$$

我们由这两组方程来计算特征为 (d) 的 φ_d, 并加倍, 具体就是, 借助于

$$\varphi_d = \theta_1'(d) \cdot x' + \theta_2'(d) \cdot y' + \theta_3'(d) \cdot z'$$

依次将 x', y', z' 消去. 为此我们引入下述一般记号:

$$\begin{vmatrix} \theta_1'(a) & \theta_2'(a) & \theta_3'(a) \\ \theta_1'(b) & \theta_2'(b) & \theta_3'(b) \\ \theta_1'(c) & \theta_2'(c) & \theta_3'(c) \end{vmatrix} = (a, b, c),$$

其中 a, b, c 代表任意三个奇特征, 并由此得到

$$\varphi_d = \frac{1}{(n+p, n+q, n+r)}((d, n+q, n+r)\varphi_{n+p} + (n+p, d, n+r)\varphi_{n+q}$$
$$+ (n+p, n+q, d)\varphi_{n+r})$$
$$= \frac{1}{(n+q+r, n+r+p, n+p+q)}((d, n+r+p, n+p+q)\varphi_{n+q+r}$$
$$+ (n+q+r, d, n+p+q)\varphi_{n+r+p}$$
$$+ (n+q+r, n+r+p, d)\varphi_{n+p+q}).$$

如果我们想要将属于

$$(n+p), (n+q), (n+r), (n+q+r), (n+r+p), (n+p+q), (d)$$

的 Abel 函数变成上面 (21) 式给出的形式

$$\sqrt{x}, \sqrt{y}, \sqrt{z}, \sqrt{\xi}, \sqrt{\eta}, \sqrt{\zeta}, \sqrt{x+y+z} = \sqrt{-\xi - \eta - \zeta},$$

[34]　　那么我们就令

$$x = \frac{(d, n+q, n+r)}{(n+p, n+q, n+r)} \varphi_{n+p},$$

$$y = \frac{(n+p, d, n+r)}{(n+p, n+q, n+r)} \varphi_{n+q},$$

$$z = \frac{(n+p, n+q, d)}{(n+p, n+q, n+r)} \varphi_{n+r},$$

$$-\xi = \frac{(d, n+r+p, n+p+q)}{(n+q+r, n+r+p, n+p+q)} \varphi_{n+q+r},$$

$$-\eta = \frac{(n+q+r, d, n+p+q)}{(n+q+r, n+r+p, n+p+q)} \varphi_{n+r+p},$$

$$-\zeta = \frac{(n+q+r, n+r+p, d)}{(n+q+r, n+r+p, n+p+q)} \varphi_{n+p+q}.$$

如果我们在这里处处将 (d) 换成 (e), 那么

$$x, y, z, \xi, \eta, \zeta$$

就分别变为

$$\kappa \alpha x, \kappa \beta y, \kappa \gamma z, \frac{\kappa \xi}{\alpha}, \frac{\kappa \eta}{\beta}, \frac{\kappa \zeta}{\gamma},$$

由此再除以 $\kappa \alpha$ 和 $\dfrac{\kappa}{\alpha}$, 就得到

$$\alpha = \sqrt{\frac{(e, n+q, n+r)(d, n+r+p, n+p+q)}{(d, n+q, n+r)(e, n+r+p, n+p+q)}};$$

类似地, 通过分别将 p 与 q 以及与 r 对换, 可以得到 β 和 γ. 如果进一步将 e 与 f 以及与 g 对换, 我们还可以得到

$$\kappa', \alpha', \beta', \gamma' \quad 以及 \quad \kappa'', \alpha'', \beta'', \gamma''.$$

在这个表达式中出现的行列式全都有这样的性质, 即它们任意一个之中的奇特征之和是一个偶特征,[24] 因为这个和具有以下形式:

$$n, n+p+q+r, q+r+d = n+q+r+d' = n+p+e'+f'+g',$$

因而 n 以 $0, 3$ 或 4 个下述特征

$$p, q, r, d', e', f', g'$$

相联系 (见 S. 15).

这些结构还相当复杂的 α 等的表达式还可以简化, 如果我们注意到, 那种行列式 (a, b, c), 对于它三个奇特征 $(a), (b), (c)$ 之和为一偶特征, 可以表示为 5 个对自变量的零点的偶 θ 函数的乘积, 这一点我们稍后将通过对 $e^{a\,\mu, \mu'}$ 的展开来证明 [25] —— 尤其是能够对自变量的零点给出偶 θ 函数与奇 θ 函数之间的所有关系. 由此得出

$$\alpha = j \cdot \frac{\theta(n+p+d+f) \cdot \theta(n+p+d+g)}{\theta(n+p+e+f) \cdot \theta(n+p+e+g)},$$

[35]

[其中 j 为一数值常数]; 以及相应的 $\beta, \gamma, \alpha', \cdots$.

超椭圆情形

1 Abel 函数及其特征

(3 月 6 日, 7 日)

我们假设作为超椭圆情形 $[p > 1]$ 的基础的方程为以下正规形式:

$$F(\overset{2}{s}, \overset{p+1}{z}) \equiv a_0 s^2 + 2a_1 s + a_2 = 0,$$

其中 a_0, a_1, a_2 为 $p+1$ 次的整函数. 如果 s 为 $2p+1$ 重连通的曲面, 那么第一类积分将为

$$w = \int \frac{\overset{p-1}{\varphi}(z)\, dz}{\sqrt{\prod\limits^{2p+2}(z-a)}},$$

其中

$$\prod^{2p+2}(z-a) = 4(a_1^2 - a_0 a_2)$$

为 $2(p+1)$ 个 $z-a$ 类型的因子的乘积.

那些各有 $p-1$ 个一阶无限小的 Abel 函数在此很容易确定. 如果我们用 $c_1, c_2, \cdots, c_{p-1}$ 表示这个 Abel 函数的 0^1 点, 那么它首先可以写成如下的形式:

$$\sqrt{\varphi_c} = \sqrt{\prod^{p-1}(z-c)};$$

而且由于 φ_c 只在 $c_1, c_2, \cdots, c_{p-1}$ 为零, 更确切地说每一个是二阶无限小, 但是 $z - c$ 在 c 点是一阶的还是二阶的, 要看 c 点是与一个分支点 a 不同还是重合而定, 因此在那些不与任何一个分支点 a 重合的 c 点上的因子 $z - c$ 必定会出现两次. 于是有

$$\sqrt{\varphi_c} = \sqrt{\prod^{p-1-2m} (z-a) \cdot f^m(z)} \quad (m = 0, 1, \cdots). \tag{1}$$

为了确定这些函数的特征, 在 $\sqrt{\varphi_c}$ 属于特征

$$(c) = \begin{pmatrix} \varepsilon_1^c, \cdots, \varepsilon_p^c \\ \varepsilon_1'^c, \cdots, \varepsilon_p'^c \end{pmatrix}$$

[36] 时, 设在一般情形下对奇特征 (c), 在特殊情形下对偶特征 (c), 我们首先有

$$\left(\sum_1^{p-1} \alpha_1^{(\nu)}, \cdots \right) \equiv \left(-\frac{\varepsilon_1'^c}{2}\pi i - \sum_1^p \frac{\varepsilon_\nu^c}{2} a_{\nu,1}, \cdots \right), \tag{2}$$

其中等式左侧的求和是对 $\sqrt{\varphi_c}$ 的 $p-1$ 个零点来作的; 而且因为这时有

$$\theta(c)(0, \cdots) = 0,$$

所以函数

$$\theta(c)(u_1 - u_1', \cdots), \tag{3}$$

作为 (s, z) 的函数, 如果不是恒等于零, 也会对 (s_1, z_1) 和那 $p-1$ 个零点等于零.

因为我们已经证明了 (Th. A. F., 第 4 节和第 15 节), 如果 $e_1, \cdots, e_p$ 为任意给定的量, 我们就可以这样来确定 g_ν, h_ν 这 $2p$ 个量, 使得

$$e_\nu = g_\nu \pi i + \sum_{\mu=1}^p h_\mu a_{\nu,\mu} \quad (\nu = 1, 2, \cdots, p).$$

实际上, 如果 $a_{\mu,\mu'} = p_{\mu,\mu'} + i q_{\mu,\mu'}$, 这就要求 $p_{\mu,\mu'}$ 的行列式异于零, 而情况正是如此, 因为 $\sum p_{\mu,\mu'} x_\mu x_{\mu'}$ 主要是负二次形式 (Th. A. F., 第 18 节). 我们将此应用于上述和式

$$e_\nu = 2 \sum_1^{p-1} \alpha^{(\nu)},$$

那么 g_ν, h_ν 就必定会是整数, 由此又再次得到了关系式 (2), 不过这次是对所有的情况, 包括特殊情况. 它提供了属于函数 $\sqrt{\varphi_c}$ 的特征 $\begin{pmatrix} \varepsilon_1^c, \cdots, \varepsilon_p^c \\ \varepsilon_1'^c, \cdots, \varepsilon_p'^c \end{pmatrix}$, 在其中 $\varepsilon, \varepsilon'$ 可以约化到 mod 2 的 0, 1.

我们还进一步将在 S. 10 上针对两个 Abel 函数之**商**所给组特征的定义推广到我们这里的特殊情况.

根据 Th. A. F., 第 26 节, 我们可以将在 T' 上连续延拓后处处单值、而且在越过割线时只得到一个模为 1 的因子的 s, z 的代数函数表示为 θ 乘积之商. 如果我们现在有这样一个函数, 它在 m 个点 (s_ν, z_ν) 上变为 0^1, 在 m 个点 (σ_ν, ζ_ν) 上变为 ∞^1, 并将绕前一组点的积分 u_μ 记为 $\gamma_\mu^{(\nu)}$, 将绕后一组点的积分记为 $\beta_\mu^{(\nu)}$, 那么就会有 [37]

$$\sum_\nu \gamma_\mu^{(\nu)} - \sum_\nu \beta_\mu^{(\nu)} \equiv g_\mu \pi i + \sum_{\nu=1}^p a_{\nu,\mu} h_\nu,$$

其中 g_μ, h_ν 为有理数.

特别是如果 g_μ, h_ν 仅为整数, 因而同余关系

$$\sum_{\nu=1}^m u_\mu^{(\nu)} \equiv \sum_{\nu=1}^m \beta_\mu^{(\nu)}$$

能被异于 $\beta_\mu^{(\nu)}$ 的极限 (σ_ν, ζ_ν) 的 (s_ν, z_ν) 所满足时, 那个在前 m 个点上变为 0^1、在后 m 个点上变为 ∞^1 的函数就会是 s, z 的一个有理函数. 如果它是两个 Abel 函数 (1) 的商, 那么它的组特征就会属于 $\begin{pmatrix} 0, \cdots, 0 \\ 0, \cdots, 0 \end{pmatrix}$ (S. 10). 因此, 如果我们在 (1) 中只在保持因子 $\sqrt{\prod^{p-1-2m}(z-a)}$ 的条件下改变 $f\overset{m}{(z)}$ 的系数, 那么我们就会得到两个有相同特征 (c) 的函数 $\sqrt{\varphi_c}, \sqrt{\varphi_c'}$. 而对应于确定特征 (c) 的 Abel 函数所含任意常数的个数就与出现在 $f\overset{m}{(z)}$ 中的一样多, 即 $m+1$ 个.

如果特别地这个函数是两个 Abel 函数的商

$$\sqrt{\frac{\varphi_c}{\varphi_d}},$$

那么就有

$$g_\mu = \frac{1}{2}(\varepsilon_\mu'^c + \varepsilon_\mu'^d), \quad h_\mu = \frac{1}{2}(\varepsilon_\mu^c + \varepsilon_\mu^d).$$

$\sqrt{\dfrac{\varphi_c}{\varphi_d}}$ 在割线 a_μ 和 b_μ 处所获得的因子分别为 $(-1)^{\varepsilon_\mu^c + \varepsilon_\mu^d}$ 和 $(-1)^{\varepsilon_\mu'^c + \varepsilon_\mu'^d}$; 而商的组特征为 $\begin{pmatrix} \varepsilon_1^c + \varepsilon_1^d, \cdots, \varepsilon_p^c + \varepsilon_p^d \\ \varepsilon_1'^c + \varepsilon_1'^d, \cdots, \varepsilon_p'^c + \varepsilon_p'^d \end{pmatrix}.$

于是我们就获得了与在表达式 $\sqrt{\prod^{p-1-2m}(z-a)}$ $(m = 0, 1, \cdots)$ 所存在的一样多的、具有不同特征的不同的 Abel 函数. 因为特征相同时其商必为有理函数, 而

[38]　　任意等于或小于 $p-1$ 个 $\sqrt{z-a}$ 类型的因子的商不可能是有理的, 只能是 $2p+2$ 个因子的乘积 $\sqrt{\prod^{2p+2}(z-a)}$.

　　虽然在建立 Abel 函数与特征之间的对应时必须以曲面 T 的一个确定的剖分为基础, 但是只要结果与它无关, 就不需要实行这个分割.

续 2　Abel 函数的数目

(3 月 7 日, 8 日)

　　我们来计数对应于 $m=0,1,2,\cdots,\dfrac{p-2}{2}$ 以及 $\dfrac{p-1}{2}$ 的各种情形下处于超椭圆形式 (S. 35 上的 (1) 式)

$$\sqrt{\prod^{p-1-2m}(z-a)}$$

的 Abel 函数的个数.

　　1) $m=2n, p-1-4n \geqslant 0$.

　　通过将 $2p+2$ 个因子分解为各 $p-1-4n$ 和 $p+3+4n$ 个因子我们将有

$$\frac{(2p+2)!}{(p-1-4n)!(p+3+4n)!}$$

个组合 (Anordnung); 不同特征的 Abel 函数的个数也是同样多, 各带 $2n+1$ 个常数.

　　为了作这些特征对 $n=0,1,2,\cdots, n \leqslant \dfrac{p-1}{4}$ 的和式, 我们从下述二项式定理

$$x^{-(p-1)}(1+x)^{2p+2} = \sum_{\nu=0}^{2p+2} x^{p+3-\nu} \cdot \frac{(2p+2)!}{\nu!(2p+2-\nu)!}$$

出发, 将两边对 $x=+1,-1,+i,-i$ 求和. 这时右侧那些其中 x 的指数不能被 4 除尽的项将被消去, 右侧对 $\nu = p-1-4n$ 将为

$$4\sum_\nu \frac{(2p+2)!}{\nu!(2p+2-\nu)!} = 8\sum_{n=0}^{\frac{p-1}{4}} \frac{(2p+2)!}{(p-1-4n)!(p+3+4n)!},$$

而左侧将为

$$\sum_{\substack{x=1,-1 \\ i,-i}} x^{-(p-1)}(1+x)^{2p+2} = 2^{p+2}(2^p-1).$$

[39]　　于是有

$$Z = \sum_{n=0}^{\frac{p-1}{4}} \frac{(2p+2)!}{(p-1-4n)!(p+3+4n)!} = 2^{p-1}(2^p-1),$$

因而也就等于全部奇特征的个数 β_p.

因此只要还允许有奇的 m, 而对 $p \geqslant 3$ 的情况就是如此, 必定还有同样多个**偶特征**的 Abel 函数 —— 相应于在自变量的零点处为零的偶 θ 函数, 作为对 $n = 0, 1, 2, \cdots, \dfrac{p-3}{4}$, 将 $2p + 2$ 个因子分解为各 $p - 3 - 4n$ 和 $p + 5 + 4n$ 个因子的分解 Z'.

2) $m = 2n + 1, p - 3 - 4n \geqslant 0, n = 0, 1, 2, \cdots, \dfrac{p-3}{4}$.

[总之, 通过类似于 1) 中的计算, 我们将得到

$$Z' = \sum_{n=0}^{\frac{p-3}{4}} \frac{(2p+2)!}{(p-3-4n)!(p+5+4n)!} = 2^{p-1}(2^p + 1) - \frac{1}{2} \frac{(2p+2)!}{(p+1)!(p+1)!}$$

个不同的特征, 各属于具有 $2n + 2$ 个常数的 Abel 函数.]

对于 $p = 3, Z' = 1$; 对于 $p = 4, Z' = 10$; 对于 $p = 5, Z' = 66$. 有同样多个在自变量的零点处为零的偶 θ 函数. 对于 $p = 3$, 这就意味着它等于 1, 但是对于 $p = 4$, 由于 $p = 4$ 的超椭圆函数还含有 7 个代数模数, 它不是 10, 而只是表现为 θ 函数模之间的 3 个关系式.

考虑到具有奇特征的 Abel 函数 $[\beta_p]$ 的个数与具有偶数 m 的乘积 $\sqrt{\prod^{p-1-2m}(z-a)}$ 的组合数 Z 相同, 具有偶特征的 Abel 函数 $\left[\alpha_p - \dfrac{1}{2}(2p+2)_{p+1}\right]$ 的个数与具有奇数 m 的乘积 $\sqrt{\prod^{p-1-2m}(z-a)}$ 的组合数 Z' 相同, 这就促使我们猜想, **很可能**

偶数 m 以及奇数 m 的 Abel 函数

对应于

奇特征以及偶特征.

我们先假设有这个定理, 稍后 (见续 7) 再来做完全的证明.

续 3　Abel 函数的两特征之间的关系　　　　　　　　　[40]

(3 月 8 日)

设将 $2p + 2$ 个分支点 a 记为

$$a_0, a_1, a_2, \cdots, a_{2p+1}.$$

设 Abel 函数

$$\sqrt{(z - a_0)^{p-1}}$$

的特征为

$$(n) = \begin{pmatrix} \varepsilon_1^n, \cdots, \varepsilon_p^n \\ \varepsilon_1'^n, \cdots, \varepsilon_p'^n \end{pmatrix},$$

这里有

$$\left(\frac{1}{2} \varepsilon_1'^n \pi i + \frac{1}{2} \sum_\mu \varepsilon_\mu^n a_{\mu,1}, \cdots \right) \equiv ((p-1)u_1(a_0), \cdots),$$

其中 $u_\mu(a)$ 表示 u_μ 在点 a 处的值.

于是我们将函数

$$\sqrt{\frac{z - a_\nu}{z - a_0}}$$

的组特征记为 (a_ν), 这时不是在割线上的因子组确定了, 就是有

$$\left(\frac{1}{2} \varepsilon_1'^{a_\nu} + \frac{1}{2} \sum \varepsilon_\mu^{a_\nu} a_{\mu,1}, \cdots \right) \equiv (u_1(a_\nu) - u_1(a_0), \cdots);$$

在这两种情况下我们都找到了与之对应的 T 的一个确定的分割.

由于 $2p+1$ 个因子

$$\sqrt{\frac{\prod\limits^{2p+1} (z - a_\nu)}{(z - a_0)^{2p+1}}} \quad (\nu = 1, 2, \cdots, 2p+1)$$

的积为 s, z 的有理函数, 而且又由于积的特征是它的各个因子的特征之和, 所以在特征 $(a_1), \cdots, (a_{2p+1})$ 之间存在以下恒等关系:

$$(a_1) + (a_2) + \cdots + (a_{2p+1}) \equiv 0,$$

就是说, (a_{2p+1}) 可以由前面其他 $2p$ 个特征来确定. 相反, 如果这些特征本身之间不存在这种线性恒等关系, 那么就没有由这前面 $2p$ 个因子中的任意 κ 个不同的因子组成的乘积能够是有理函数.

由特征

$$(a_1), (a_2), \cdots, (a_{2p})$$

[41]　之间的线性无关性可以推得, 任何两个由它们的和所组成的特征, 只有当它们由 $(a_1), \cdots, (a_{2p})$ 表达的表示式相同时, 才能互相相等. 如果我们用它们来构成所有下述的组合

$$\alpha_1(a_1) + \alpha_2(a_2) + \cdots + \alpha_{2p}(a_{2p}),$$

其中 α 只取 0 和 1 这两个值, 那么, 如果我们将 (0) 包括在内的话, 我们将得到 2^{2p} 个相互不同的表达式, 因而也会得到 2^{2p} 个不同的特征. 而且由于总共只有

这么多个特征, 所以所有组特征都可以由 $(a_1), (a_2), \cdots, (a_{2p})$ 组合而成; 如果令 $\alpha_1 = \alpha_2 = \cdots = \alpha_{2p} = 0$, (0) 也就包括进来了.

如果我们再进一步把特征 (n) 加到所有这种组特征上, (0) 包括在内, 那么我们会再次得到全部 2^{2p} 个特征, 因为由 $(na) = (nb)$ 会导出 $(a) = (b)$. 因此我们把所有特征表示成如下的形式:

$$(n) + \sum (a_\nu),$$

其中 $\sum$ 理解为对 $(a_\nu)(\nu = 1, 2, \cdots, 2p)$ 的求和.

如果我们现在注意到, 商

$$\frac{\overset{m}{f(z)} \sqrt{\prod^{p-1-2m} (z - a_\nu)}}{\sqrt{(z - a_0)^{p-1}}} = \frac{\overset{m}{f(z)}}{(z - a_0)^m} \sqrt{\frac{\prod^{p-1-2m} (z - a_\nu)}{(z - a_0)^{p-1-2m}}}$$

依据在分子中的 a_ν 是否出现 a_0, 分别具有特征

$$\sum^{p-1-2m} (a_\nu) \quad \text{或} \quad \sum^{p-2-2m} (a_\nu),$$

那么就可推知

$$\overset{m}{f(z)} \sqrt{\prod^{p-1-2m} (z - a_\nu)}$$

的特征, 依据在 a_ν 中是否出现 a_0, 分别为

$$(n) + \sum^{p-1-2m} (a_\nu) \quad \text{或} \quad (n) + \sum^{p-2-2m} (a_\nu).$$

如果我们现在假设在上节末尾 (S. 39) 所猜测的定理是正确的, 那么我们还进一步有:

奇特征将具有以下形式:

$$(n) + \sum^{p-1-4m} (a_\nu), \quad (n) + \sum^{p-2-4m} (a_\nu),$$

其中 ν 取值 $1, 2, \cdots, 2p$.

由于以上结论对添加 a_{2p+1} 同样成立, 所以我们用 $(a_1) + (a_2) + \cdots + (a_{2p})$ 置换 (a_{2p+1}) 后就会得到: 下述形式

$$(n) + \sum^{p+2+4m} (a_\nu), \quad (n) + \sum^{p+3+4m} (a_\nu)$$

的特征也是**奇特征**, 其中 ν 同样取值 $1, 2, \cdots, 2p$; **就是说, 只要数目 $(a_\nu) \equiv p - 1 \pmod 4$ 或 $\equiv p - 2 \pmod 4$, 所有由 (n) 和 $(a_1), (a_2), \cdots, (a_{2p})$ 组合成的特征都是奇特征.**

[42]

于是其余的组合所提供的必定是**偶特征**; 它们因而有以下形式:

$$(n) + \sum^{p \pm 4m} (a_\nu), \quad (n) + \sum^{p+1 \pm 4m} (a_\nu);$$

就是说, **只要数目** $(a_\nu) \equiv p \pmod 4$ **或** $\equiv p+1 \pmod 4$, **所有由** (n) **和** $(a_1), (a_2)$, $\cdots, (a_{2p})$ **组合成的特征都是偶特征**.

在超椭圆的情形中, 在后面那种偶特征的形式下也有一系列那种 Abel 函数, 它们的和取下述形式:

$$(n) + \sum^{p-3-4m} (a_\nu), \quad (n) + \sum^{p-4-4m} (a_\nu),$$

$$(n) + \sum^{p+4+4m} (a_\nu), \quad (n) + \sum^{p+5+4m} (a_\nu),$$

其中 $m \geqslant 0$.

因此在我们的情形中还有不与 Abel 函数对应的形式:

$$(n) + \sum^{p} (a_\nu), \quad (n) + \sum^{p+1} (a_\nu);$$

因此这些无论如何都是偶特征, 这与上面所假设的定理无关. 在我们的情形下, 它们也没有那种在自变量的零点处为零的 θ 函数与之对应; 反之, 与这种函数对应的只有上面两种形式的特征.

续 4　用商表示 Abel 函数之商

(3 月 8 日)

我们首先来考察在那种 Abel 函数情况下的 θ 函数, 这时有 $m > 0$ (s. (1), S. 35). 设这样一个 θ 函数的特征为 (q).

[43]
对 $m > 0, \theta(q)(u_1 - u_1', \cdots)$ **对所有的** (s, z) **恒等于零**.

因为设

$$\theta(q)(u_1 - u_1', \cdots) = c\theta\left(u_1 - u_1' - \sum_\nu u_1^{(\nu)}, \cdots\right) \cdot e^{-\sum_\mu \varepsilon_\mu^q (u_\mu - u_\mu')},$$

其中

$$\sum_\nu u_\mu^{(\nu)} \equiv \frac{1}{2}\varepsilon_\mu'^q \pi i + \frac{1}{2}\sum_{\mu'} \varepsilon_{\mu'}^q a_{\mu,\mu'} \equiv e_\mu \quad (\mu = 1, \cdots, p),$$

而且 $\sum_\nu$ 是对与 (q) 所对应的 Abel 函数在其上为零的那些 $p-1$ 个点来求和的.

据第一式, $\theta(q)(u_1 - u_1', \cdots)$ 必定对所有的 (s, z) 恒等于零.

对 $m > 0$, 进一步还有 p 个函数 $\theta_\mu'(e_1, \cdots, e_p)$ 也等于零.

因为

$$\sum_{\mu=1}^{p} \theta_\mu'(q)(u_1 - u_1', \cdots)\frac{du_\mu}{dz}$$

同样对 $(s, z) = (s_1, z_1)$ 也等于零, 而由于在 $\frac{du_\mu}{dz}$ $(\mu = 1, 2, \cdots, p)$ 之间不存在带常系数的齐次线性关系, 所以系数 $\theta_\mu'(q)(0, \cdots)$ 也等于零.

反之, 如果既有 $\theta(e_1, \cdots) = 0$, 又有 $\theta_\mu'(e_1, \cdots) = 0$ $(\mu = 1, 2, \cdots, p)$, 那么必定有函数 $\theta(u_1 - u_1' - e_1, \cdots)$ 对所有的 (s, z) 恒等于零.

因为根据前面所述 (S. 30, 31), 对 $\theta(e_1, \cdots) = 0, \theta(f_1, \cdots) = 0$ 有

$$\frac{\theta(u_1 - u_1' - e_1, \cdots)\theta(u_1 - u_1' + e_1, \cdots)}{\theta(u_1 - u_1' - f_1, \cdots)\theta(u_1 - u_1' + f_1, \cdots)} = \frac{\sum_\mu \theta_\mu'(e)\varphi_\mu(s, z) \cdot \sum_\mu \theta_\mu'(e)\varphi_\mu(s_1, z_1)}{\sum_\mu \theta_\mu'(f)\varphi_\mu(s, z) \cdot \sum_\mu \theta_\mu'(f)\varphi_\mu(s_1, z_1)},$$

由此由 $\theta_\mu'(e) = 0$ $(\mu = 1, 2, \cdots, p)$, 而且不用再加上 $\theta_\mu'(f) = 0$, 就可得出, $\theta(u_1 - u_1' \pm e_1, \cdots)$ 对所有的 (s, z) 恒等于零; 但是 $\theta(u_1 - u_1' - e_1, \cdots)$ 和 $\theta(u_1 - u_1' + e_1, \cdots)$ 这两个式子可能同时恒等于零, 也可能不同时恒等于零 [由于这样的一个表达式, 当看成是 (s, z) 的函数时恒等于零, 看成是 (s_1, z_1) 的函数时也恒等于零].

由此就确定了以下两个性质:

1) $\theta(u_1 - u_1' - e_1, \cdots)$ 对所有的 (s, z) 恒等于零;

2) $\theta(e_1, \cdots) = 0, \theta_\mu'(e_1, \cdots) = 0$ $(\mu = 1, 2, \cdots, p)$ 相互对立;

从而使得同余关系

$$(e_1, \cdots) \equiv \left(\sum_{\nu=1}^{p-1} u_1^{(\nu)}, \cdots\right) \qquad [44]$$

能以各种方式得到满足. 由此导出:

对 $m > 0$ 必定有所有量 $\theta_\mu'(q) = 0$. 如果 $\theta(q) = 0$, 还有所有的 $\theta_\mu'(q) = 0$, 那么我们对 e 有不同的积分组, 因而对相应 Abel 函数的因子 $f(\overset{m}{z})$ ((1), S. 35) 至少有两个常数, 即 $m > 0$.

如果我们进一步注意到, 对偶特征 (q) 所有 $\theta_\mu'(q)$ 总是等于零, 那么就有:

如果 $\theta(q) = 0$, 而且 (q) 为偶特征, 那么相应 Abel 函数必定至少具有两个任意常数, 因而有 $m > 0$.

由此进一步还有:

$m = 0$ 的情况只能对应于具有奇特征的 Abel 函数和奇 θ 函数.

前面所给出的将简单的 θ 函数的商表示成两个 Abel 函数之商的代数表达式 (S. 9, 10, (4), (4′) 以及 S. 32), 即

$$\frac{\theta(a)(u_1 - u_1', \cdots)}{\theta(b)(u_1 - u_1', \cdots)} = \sqrt{\frac{\varphi_a(s, z) \cdot \varphi_a(s_1, z_1)}{\varphi_b(s, z) \cdot \varphi_b(s_1, z_1)}},$$

只有当构成商的两个函数不恒等于零时才可以应用; 从而只有与此相应的 Abel 函数属于 $m = 0$, 因此只能用于对奇特征 (a), (b) 的情形.

如果 $m > 0$, 那么下式

$$\frac{f(\overset{m}{z})\sqrt{\prod^{p-1-2m}(z - a_\nu)}}{\sqrt{(z - a_0)^{p-1}}}$$

就可表示为 θ 级数的商. 如果我们用一个简单的 θ 商来做到这一点, 那么分子对所有的 (s, z) 恒等于零, 因此我们必须为此在 $m = 1$ 时, 对任一自变量 u 取一阶导数; 在这些导数之间存在线性关系. 而且同样在 $m > 1$ 时, 也要过渡到高阶导数 —— 而目前我们还不能对此做进一步深入讨论. 在此我们还要对上面所假设的定理 (S. 39, 41), 类似于上面对 $m = 0$ 所做的那样, 给出它的普遍有效性的证明.[26] 迄今为止对这个定理我们只在特征的形式为

[45]
$$(n) + \sum^{p}(a_\nu), \quad (n) + \sum^{p+1}(a_\nu) \quad 偶,$$

$$(n) + \sum^{p-1}(a_\nu), \quad (n) + \sum^{p-2}(a_\nu), \quad (n) + \sum^{p+2}(a_\nu), \quad (n) + \sum^{p+3}(a_\nu) \quad 奇$$

的条件下 (而这在 $p = 3$ 时是能得到满足的) 做了严格的证明. 稍后我们将以另一种方法给出这个定理的完整的证明 (见续 7). 现在从不是恒等于零的偶 $\theta(q)(0, \cdots)$ 转到 θ 商上来. [上一节 (S. 23—35) 的特殊化].[27]

续 5　特殊 θ 商

(3 月 10 日)

设 $m = 0$, 因此也就是考察一个奇特征 (q), 其 $\theta(q)(u_1 - u_1', \cdots)$ 不是对所有的 (s, z) 恒等于零的. 我们用

$$b_1, b_2, \cdots, b_{p-1}$$

来表示 $2p + 2$ 个分支点 a 中的 $p - 1$ 个不同的分支点; 用

$$c_1, c_2, \cdots, c_{p-1}$$

来表示这些分支点 a 中的另外 $p-1$ 个不同的分支点. 于是由前面关于 θ 函数的商的普遍定理 (S. 9, 10) 我们有

$$A\sqrt{\frac{\prod\limits^{p-1}(z-b_\nu)\prod\limits^{p-1}(z_1-b_\nu)}{\prod\limits^{p-1}(z-c_\nu)\prod\limits^{p-1}(z_1-c_\nu)}}$$

$$=\frac{\theta\left(u_1-u_1'-\sum\limits_\nu u_1(b_\nu),\cdots\right)}{\theta\left(u_1-u_1'-\sum\limits_\nu u_1(c_\nu),\cdots\right)}e^{-\sum\limits_\mu(\varepsilon_\mu^{(n+\sum b_\nu)}-\varepsilon_\mu^{(n+\sum c_\nu)})(u_\mu-u_\mu')},$$

其中 $u_\mu(b_\nu)$ 表示 u_μ 在 b_ν 处的值, 并且其中

$$\sum_\nu u_\mu(b_\nu)=\frac{1}{2}\varepsilon_\mu'^{(n+\sum b_\nu)}\pi i+\frac{1}{2}\sum_{\mu'}\varepsilon_{\mu'}^{(n+\sum b_\nu)}a_{\mu,\mu'},$$

$$\sum_\nu u_\mu(c_\nu)=\frac{1}{2}\varepsilon_\mu'^{(n+\sum c_\nu)}\pi i+\frac{1}{2}\sum_{\mu'}\varepsilon_{\mu'}^{(n+\sum c_\nu)}a_{\mu,\mu'}.$$

再假设分支点 a 中余下的四个记为

$$\alpha,\beta,\gamma,\delta.$$

如果我们令 z 和 z_1 分别等于这四个量中的任意两个, 具体讲, 设

$$1)\ z=\alpha,z_1=\beta;\quad 2)\ z=\gamma,z_1=\delta,$$

那么就有

  1)   [46]

$$A\sqrt{\frac{\prod(\alpha-b_\nu)\prod(\beta-b_\nu)}{\prod(\alpha-c_\nu)\prod(\beta-c_\nu)}}$$

$$=\frac{\theta\left(u_1(\alpha)-u_1(\beta)-\sum\limits_\nu u_1(b_\nu),\cdots\right)}{\theta\left(u_1(\alpha)-u_1(\beta)-\sum\limits_\nu u_1(c_\nu),\cdots\right)}e^{-\sum\limits_\mu\varepsilon_\mu^{(\sum b_\nu-\sum c_\nu)}(u_\mu(\alpha)-u_\mu(\beta))};$$

2)

$$
\begin{aligned}
& A\sqrt{\frac{\prod(\gamma-b_\nu)\prod(\delta-b_\nu)}{\prod(\gamma-c_\nu)\prod(\delta-c_\nu)}} \\[2mm]
& = \frac{\theta\left(u_1(\gamma)-u_1(\delta)-\sum_\nu u_1(b_\nu),\cdots\right)}{\theta\left(u_1(\gamma)-u_1(\delta)-\sum_\nu u_1(c_\nu),\cdots\right)} e^{-\sum_\mu \varepsilon_\mu^{(\sum b_\nu-\sum c_\nu)}(u_\mu(\gamma)-u_\mu(\delta))}.
\end{aligned}
$$

但是这里其中一个表达式的分子中的 θ 级数基本上等于另一个表达式的分母中的 θ 级数; 与前面一样, 通过乘以 A^2, 并通过相除就可得到在自变量的零点处不为零的 θ 函数商的平方的值; 由此我们就得到了这些 θ 函数的这样一种偶特征, 它们总的来说是属于那些在自变量的零点不为零的 θ 函数的.

通过相乘将在确定到一个指数因子 κ' 上得到

$$
A=\kappa'\sqrt[4]{\frac{\prod(\alpha-c_\nu)\prod(\beta-c_\nu)\prod(\gamma-c_\nu)\prod(\delta-c_\nu)}{\prod(\alpha-b_\nu)\prod(\beta-b_\nu)\prod(\gamma-b_\nu)\prod(\delta-b_\nu)}}.
$$

对于相除,

$$
u_\mu(a_\nu)-u_\mu(a_0)=\frac{1}{2}\varepsilon_\mu'^{a_\nu}\pi i+\frac{1}{2}\sum_{\mu'}\varepsilon_{\mu'}^{a_\nu}a_{\mu,\mu'},
$$

属于 $\sqrt{\dfrac{z-a_\nu}{z-a_0}}$ 的组特征 (a_ν). 因而

$$
u_\mu(\alpha)-u_\mu(\beta)=\frac{1}{2}\varepsilon_\mu'^{(\alpha)-(\beta)}\pi i+\frac{1}{2}\sum_{\mu'}\varepsilon_{\mu'}^{(\alpha)-(\beta)}a_{\mu,\mu'}
$$

以及恒等关系

$$
(\alpha_1)+(\alpha_2)+\cdots+(\alpha_{2p+1})\equiv(0)
$$

成为

$$
\sum(b_\nu)+\sum(c_\nu)+(\alpha)+(\beta)+(\gamma)+(\delta)\equiv 0\ (\mathrm{mod}\ 2),
$$

其中组特征 $(\alpha),\cdots$ 属于 $\sqrt{\dfrac{z-a}{z-a_0}},\cdots$, 而且在等式的左侧在 $2p+2$ 个组特征中也会出现对应于 $\sqrt{\dfrac{z-a_0}{z-a_0}}$ 的 $\begin{pmatrix}0,\cdots,0\\0,\cdots,0\end{pmatrix}$. 由于有

[47]

$$
(n)+(\alpha)-(\beta)-\sum(b_\nu)\equiv(n)+(\gamma)-(\delta)-\sum(c_\nu)\ (\mathrm{mod}\ 2),
$$

因此通过相除会得出公式

$$\frac{\theta\left(n+\alpha-\beta+\sum b_\nu\right)}{\theta\left(n+\alpha-\beta+\sum c_\nu\right)}=\kappa_1\sqrt[4]{\frac{\prod(\alpha-b_\nu)\prod(\beta-b_\nu)\prod(\gamma-c_\nu)\prod(\delta-c_\nu)}{\prod(\alpha-c_\nu)\prod(\beta-c_\nu)\prod(\gamma-b_\nu)\prod(\delta-b_\nu)}},$$

其中 κ_1 为一个指数因子.

用对自变量的零点的 θ 商来表示所有通过交换和作乘积所构成的如下形式的商:

$$\sqrt[4]{\frac{(a-b)(c-d)}{(a-c)(b-d)}},$$

其中 a,b,c,d 代表 $2p+2$ 个分支点中的任意四个, 这一表示已经足够了. 如果我们再设想在 z 与 z' 之间引进一个分数线性置换, 在此置换下上述商将变为

$$\sqrt[4]{\frac{(a'-b')(c'-d')}{(a'-c')(b'-d')}},$$

并将 a',b',c',d' 这四个量中的三个取为 $0,1,\infty$, 那么我们就会得到超椭圆函数模的表达式.

[计算如下: 借助于 $\theta\begin{pmatrix}\varepsilon\\\varepsilon'\end{pmatrix}(\nu)$ 的定义 (S. 8),

$$\kappa'^2=\kappa^2 j,$$

$$\kappa_1=\sqrt{j}\cdot e^{\frac{1}{2}\pi i\sum_\mu\varepsilon_\mu^{(\alpha)-(\beta)}\cdot\varepsilon_\mu'^{\sum(b_\nu)-\sum(c_\nu)}},$$

$$\kappa^2=e^{-\frac{1}{2}\left(\sum_{\mu,\mu'}\right)^2 a_{\mu,\mu'}\varepsilon_\mu^{(n+\sum b_\nu)}\cdot\varepsilon_{\mu'}'^{(n+\sum b_\nu)}+\frac{1}{2}\left(\sum_{\mu,\mu'}\right)^2\alpha_{\mu,\mu'}\varepsilon_\mu^{(n+\sum c_\nu)}\cdot\varepsilon_{\mu'}'^{(n+\sum c_\nu)}},$$

$$j=e^{\frac{1}{2}\pi i\sum_\mu\varepsilon_\mu^{(\alpha-\beta+\gamma-\delta)}e_\mu'^{(\alpha-\beta+\gamma-\delta-2\sum c_\nu-2n)}}.]$$

续 6　任意自变量的 θ 函数商

(3 月 10 日)

设 $(s_1,z_1),(s_2,z_2),\cdots,(s_p,z_p)$ 为 $F(s,z)=0$ 的任意 p 个点, $u_\mu^{(1)},u_\mu^{(2)},\cdots,$ $u_\mu^{(p)}$ 为 u_μ 对应的值, a,b 为任意两个分支点. 那么我们就可以用值 $(s_1,z_1),$ $(s_2,z_2),\cdots,(s_p,z_p)$ 来代数地表示商

$$\frac{\theta\left(\sum_{\nu=1}^p u_1^{(\nu)}-u_1(a),\cdots\right)}{\theta\left(\sum_{\nu=1}^p u_1^{(\nu)}-u_1(b),\cdots\right)}e^{-\sum_{\nu,\mu}\varepsilon_\mu^{(a)-(b)}u_\mu^{(\nu)}},$$

其中

$$u_\mu(a) - u_\mu(b) = \frac{1}{2}\varepsilon_\mu^{\prime(a)-(b)} \cdot \pi i + \frac{1}{2}\sum_{\mu'}\varepsilon_{\mu'}^{(a)-(b)}a_{\mu,\mu'}.$$

[48]　　这个表达式的分子作为 (s_1, z_1) 的函数, 在点 a 以及 $p-1$ 个点 $(s_2', z_2'), \cdots, (s_p', z_p')$ 处等于零, 对后面这些点有

$$\sum_{\nu=2}^{p} u_\mu'^{(\nu)} \equiv -\sum_{\nu=2}^{p} u_\mu^{(\nu)}.$$

$(s_2, z_2), \cdots, (s_p, z_p), (s_2', z_2'), \cdots, (s_p', z_p')$ 通过一个函数 φ 相互联系着; 因而在超椭圆的情形下有 $z_\nu' = z_\nu$, 而 s_ν' 则是 $F(s, z_\nu) = 0$ 的不同于 s_ν 的根. 同样地, 商的分母作为 (s_1, z_1) 的函数, 在点 b 以及 $p-1$ 个相同的点 $(s_2', z_2'), \cdots, (s_p', z_p')$ 处等于零. 因此这个商就成为

$$A\sqrt{\frac{z_1 - a}{z - b}},$$

而且由于对 p 个点 (s_μ, z_μ) 的对称性又成为

$$B\sqrt{\frac{\displaystyle\prod_{\nu=1}^{p}(z_\nu - a)}{\displaystyle\prod_{\nu=1}^{p}(z_\nu - b)}},$$

其中 B 与 z_ν 无关, 而且可以按照前面的方法来确定. 为了达到目的, 我们把这 $2p+2$ 个分支点分成互不相同的三组:

$$a, b; c_1, \cdots, c_p; d_1, \cdots, d_p;$$

在其中我们将 z_ν 首先代之以 c_ν, 再代之以 d_ν, 我们就会得到

$$B\sqrt{\frac{\prod(c_\nu - a)}{\prod(c_\nu - b)}} = \frac{\theta\left(\sum_\nu u_1(c_\nu) - u_1(a), \cdots\right)}{\theta\left(\sum_\nu u_1(c_\nu) - u_1(b), \cdots\right)} e^{-\sum_{\nu,\mu}\varepsilon_\mu^{(a)-(b)}u_\mu(c_\nu)},$$

$$B\sqrt{\frac{\prod(d_\nu - a)}{\prod(d_\nu - b)}} = \frac{\theta\left(\sum_\nu u_1(d_\nu) - u_1(a), \cdots\right)}{\theta\left(\sum_\nu u_1(d_\nu) - u_1(b), \cdots\right)} e^{-\sum_{\nu,\mu}\varepsilon_\mu^{(a)-(b)}u_\mu(d_\nu)},$$

而且由于

$$\sum_\nu u_\mu(c_\nu) + \sum_\nu u_\mu(d_\nu) + u_\mu(a) + u_\mu(b) \equiv 0 \ (\text{mod } \text{周期}),$$

通过相乘就可代数地得到 B 的下述形式:

$$B = h \sqrt[4]{\frac{\prod\limits_{b'}(b - b')}{\prod\limits_{a'}(a - a')}},$$

其中 a' 表示除了 a 本身之外的所有的分支点, b' 表示除了 b 本身之外的所有的分支点, h 为一指数因子 [它还包含了模数]. [49]

这里出现的

$$\frac{\sqrt{\prod\limits_{\nu=1}^{p}(z_\nu - a)}}{\sqrt[4]{\prod\limits_{a'}(a - a')}}$$

这种类型的量是 Weierstrass 先前称为 "Abel 函数" 的量 ("关于 Abel 函数理论", 公式 (2), Crelles J., Bd. 47). 在 $z_1, \cdots, z_p$ 固定的条件下, 这个表达式的行为与对应的 θ 函数

$$\theta\left(\sum_{\nu=1}^{p} u_1^{(\nu)} - u_1(a), \cdots\right)$$

一样, 只差一个指数因子; 为了证明并计算后一式, 我们必须引进 θ 函数的特征, 并为此取对所有固定分支点 a_0 的积分, 并将特征 (n) 赋予表达式 $\sqrt{(z - a_0)^{p-1}}$ (S. 40). 于是这个商, 我们就是从它出发的 (S. 47), 就取得形式

$$\frac{\theta(n + a)\left(\sum\limits_{\nu=1}^{p}[u_1^{(\nu)} - u_1(a_0)], \cdots\right)}{\theta(n + b)\left(\sum\limits_{\nu=1}^{p}[u_1^{(\nu)} - u_1(a_0)], \cdots\right)}.$$

此外 Weierstrass 也没有给出与 1 的四次方根相关联的因子更为接近的值, 而是让它们保持未定, 但是在稍后再把它们引进来. 而且就是在他单独研究的超椭圆的情形中, 他在几乎没有任何原因的情况下引进了全部 $f(z)^m \prod (z - a)^{p-1-2m}$ 的完整的表达式.

　　Weierstrass 的公式不能推广到一般的、非超椭圆的情形中去. 这时 θ 函数的商不能表示成单个变量函数之积, 而只能表示成由各个变量函数构成的行列式

之商, 因此要用很多复杂的式子. 最后这些一个变量的单个函数显得这样特别, 应该给它们一个特别的名称; 我们在前面已经把它们称为 "Abel 函数" (因此不同于 Weierstrass 的意义).

[50]
　　　　我们还要完全确定在 θ 函数的关系中的那些常数, 而且对超椭圆函数的研究在这里直接有重要的用途. 特别是我们已经在 $p = 3$ 的一般情形下对 $\theta'_\mu(0, \cdots)$ 与 $\theta(0, \cdots)$ 之间的关系做了一目了然的讨论 (S. 34–35).

续 7　对所假设定理 (S. 39) 的证明

(3 月 11 日)

　　为了填补这个定理 (S. 39) 所留下的漏洞, 我们要实际地确定在超椭圆情形中相对于**给定的**割线分解下的特征.

　　　　对于具有分支点

$$a_0, a_1, \cdots, a_{2p+1}$$

的双重覆盖的曲面 T, 我们用下述割线来作它的分割: 将上述点依次用曲线连接, 最后再用一条经过无限远的曲线把 a_{2p+1} 与 a_0 连接起来. 在曲线的两侧是曲面的没有分支的一叶; 连接随分支值而交替. 因而在 $a_1 - a_2, a_3 - a_4, \cdots, a_{2p+1} - a_0$ 之间交替时形成叶片的交叉, 而在 $a_2 - a_3, a_4 - a_5, \cdots, a_0 - a_1$ 之间则不会出现交叉. 为了将 T 分割成单连通曲面 T', 设割线

$$a'_1, \cdots, a'_p, \quad b'_1, b'_2, \cdots, b'_p$$

分别围绕

$$a_1 - a_2, \cdots, a_{2p-1} - a_{2p},$$
$$a_2 - a_3 - \cdots - a_{2p+1}, a_4 - a_5 - \cdots - a_{2p+1}, \cdots, a_{2p} - a_{2p+1}.$$

　　我们首先利用通过积分和式所定义的组特征:

$$u_\mu(a_\nu) - u_\mu(a_0) = \frac{1}{2} \varepsilon'^{a_\nu}_\mu \pi i + \frac{1}{2} \sum_{\mu'} \varepsilon^{a_\nu}_{\mu,\mu'} a_{\mu,\mu'}.$$

把这个定义应用到第一类积分

$$w = \alpha_1 u_1 + \alpha_2 u_2 + \cdots + \alpha_p u_p + 常数,$$

那么就有

$$w(a_\nu) - w(a_0) = \frac{1}{2} \sum_\mu \varepsilon'^\nu_\mu k^{(\mu)} + \frac{1}{2} \sum_\mu \varepsilon^\nu_\mu l^{(\mu)},$$

其中 $\varepsilon_\mu^\nu, \varepsilon_\mu'^\nu$ 为整数, $k^{(\mu)}, l^{(\mu)}$ 为 w 分别在割线 a_μ' 和 b_μ' 处的周期模数.

为了获得积分 w 在 T' 内的一条路径上两个点之间的数值变化, 我们也可以选仍在这两点之间、但不在 T' 内的一条路径, 只要在割线处所伴随的跃变一样就可以了. 特别是在位于 T' 内的两个分支点 a_0 和 a_ν 之间的一条路径上的积分值, 等于在同一条路径、但是在 T 的另一叶上时积分的复值. 在后一路径上积分时, 每越过 T' 内的一条割线时就会对积分做出一个相关的周期模数的贡献. 如果我们对每一单个积分 $u_1, \cdots, u_p$ 算出这个贡献, 那么对从 a_0 到 $a_{2\nu-1}$, 以及到 $a_{2\nu}$ 的路径的贡献分别为 [51]

$$\text{特征 } (a_{2\nu-1}) = \left(\begin{pmatrix} 1 \\ 0 \end{pmatrix}^{\nu-1} \begin{matrix} 0 \\ 1 \end{matrix} \begin{pmatrix} 0 \\ 0 \end{pmatrix}^{p-\nu} \right),$$

$$\text{特征 } (a_{2\nu}) = \left(\begin{pmatrix} 1 \\ 0 \end{pmatrix}^{\nu-1} \begin{matrix} 1 \\ 1 \end{matrix} \begin{pmatrix} 0 \\ 0 \end{pmatrix}^{p-\nu} \right),$$

其中 $\begin{pmatrix} 1 \\ 0 \end{pmatrix}^{\nu-1}$ 表示 $\begin{matrix} 1 \\ 0 \end{matrix}$ 的 $\nu-1$ 次重复.[28]

如果利用通过割线因子所作的组特征的定义, 那么我们也会得到完全相同的结果.

现在如果我们假设待证明的定理为真, 那么必定有这样的一个特征 (n) 存在, 使得

$$(n) + \sum_{\nu}^{p+m} (a_\nu)$$

对 $m \equiv 0$ 或 $1 \pmod 4$ 为偶特征, 对 $m \equiv 2, 3 \pmod 4$ 为奇特征.

我们假设这个定理对由 p 项组成的特征已经证明了, 现在要来对由 $p+1$ 项组成的特征证明其成立. 对 $p = 1$, 这时 $(a_1) = \begin{pmatrix} 0 \\ 1 \end{pmatrix}, (a_2) = \begin{pmatrix} 1 \\ 1 \end{pmatrix}, (n) = \begin{pmatrix} 1 \\ 1 \end{pmatrix}$, 定理显然成立. 如果我们设 p 项的特征由

$$(n), (a_1), (a_2), \cdots, (a_{2p})$$

组成, 那么 $p+1$ 项的特征就由相应的

$$(n'), (a_1'), (a_2'), \cdots, (a_{2p+2}')$$

组成. 这里 $2p+2$ 个特征 (a') 则由那 $2p$ 个特征 (a) 形成, 即

1) 在所有的 (a) 前置一项 $\begin{matrix} 1 \\ 0 \end{matrix}$,

2) 再加上两项特征 $\left(\begin{matrix} 0 \\ 1 \end{matrix} \begin{pmatrix} 0 \\ 0 \end{pmatrix}^p \right), \left(\begin{matrix} 1 \\ 1 \end{matrix} \begin{pmatrix} 0 \\ 0 \end{pmatrix}^p \right)$.

于是接下来要求的 (n'), 正如我们将要证明的, 取以下形式:

$$(n') = \begin{pmatrix} \varepsilon & \\ \varepsilon' & n \end{pmatrix}.$$

[52]   如果首先有

$$(a') = \begin{pmatrix} 1 & \\ 0 & a \end{pmatrix},$$

那么就有 $\displaystyle\sum^p (a') = \begin{pmatrix} p & \\ 0 & \sum^p (a) \end{pmatrix}$, 并且

$$(n') + \sum^p (a') = \begin{pmatrix} \varepsilon + p & \\ \varepsilon' & \left(n + \sum^p a \right) \end{pmatrix};$$

但是由于根据假设,

$$(n) + \sum^p (a) \equiv 0 \pmod 2,$$

那么只要假设 $\varepsilon + p$ 和 ε' 二者均 $\equiv 1 \pmod 2$, 就应该会有

$$(n') + \sum^p (a') \equiv 1 \pmod 2.$$

因此我们取

$$(n') = \begin{pmatrix} p+1 & \\ 1 & n \end{pmatrix}.$$

如果我们现在把这个 (n') 的公式应用于 (a') 的所有可能的组合, 那么这个定理就有效. 实际上, 对于问题: 是否有

$$\text{在 } m \equiv \begin{matrix} 0, & 1 \\ 2, & 3 \end{matrix} \pmod 4 \text{ 时 } \quad (n') + \sum^{p+1+m} (a') \text{ 为 } \begin{matrix} \text{偶特征} \\ \text{奇特征} \end{matrix},$$

要分四种情况来讨论:

1) 和中的 (a') 的全部形式为 $\begin{pmatrix} 1 \\ 0 & a \end{pmatrix}$,

2) 和中有一个 (a') 具有形式 $\left(\begin{matrix} 0 \\ 1 \end{matrix} \begin{pmatrix} 0 \\ 0 \end{pmatrix}^p \right)$,

3) 和中有一个 (a') 具有形式 $\left(\begin{matrix} 1 \\ 1 \end{matrix} \begin{pmatrix} 0 \\ 0 \end{pmatrix}^p \right)$,

4) 有两个 (a') 分别具有后面讲的那两种形式.

在情形 1) 中会有

$$(n') + \sum^{p+1+m} (a') = \begin{pmatrix} p+1+p+1+m & \left(n + \sum^{p+1+m} a \right) \\ 1 & \end{pmatrix}$$

$$\equiv \begin{pmatrix} m & \left(n + \sum^{p+1+m} a \right) \\ 1 & \end{pmatrix},$$

这时定理对所有 m 的值都成立; 在情形 2), 3), 4) 中则会有

$$(n') + \sum^{p+m} (a') + \begin{pmatrix} 0 & \begin{pmatrix} 0 \\ 0 \end{pmatrix}^p \\ 1 & \end{pmatrix} \equiv \begin{pmatrix} m+1 & \left(n + \sum^{p+m} a \right) \\ 0 & \end{pmatrix},$$

$$(n') + \sum^{p+m} (a') + \begin{pmatrix} 1 & \begin{pmatrix} 0 \\ 0 \end{pmatrix}^p \\ 1 & \end{pmatrix} \equiv \begin{pmatrix} m & \left(n + \sum^{p+m} a \right) \\ 0 & \end{pmatrix},$$

$$(n') + \sum^{p+m-1} (a') + \begin{pmatrix} 0 & \begin{pmatrix} 0 \\ 0 \end{pmatrix}^p \\ 1 & \end{pmatrix} + \begin{pmatrix} 1 & \begin{pmatrix} 0 \\ 0 \end{pmatrix}^p \\ 1 & \end{pmatrix} \equiv \begin{pmatrix} m+1 & \left(n + \sum^{p+m-1} a \right) \\ 1 & \end{pmatrix},$$

这时定理对所有 m 的值也能满足. 于是这个定理对 $p+1$ 能成立. 在由 (n) 构成 (n') 之后, 根据定理, 同时将有   [53]

$$(n) = \begin{pmatrix} p, & p-1, & \cdots, & 1 \\ 1, & 1, & \cdots, & 1 \end{pmatrix},$$

其中项 $\begin{smallmatrix} 0 \\ 1 \end{smallmatrix}$ 与项 $\begin{smallmatrix} 1 \\ 1 \end{smallmatrix}$ 交替出现, 以 $\begin{smallmatrix} 1 \\ 1 \end{smallmatrix}$ 作为末项; 例如对 $p=3$ 和 4 有

$$(n) = \begin{pmatrix} 1,0,1 \\ 1,1,1 \end{pmatrix} \quad 或 \quad \begin{pmatrix} 0,1,0,1 \\ 1,1,1,1 \end{pmatrix}.$$

顺便提一下, 为了求得 (n) 的这些确定的表达式我们根本用不着回到积分上去, 因为很容易证明, (n) 已经通过前面提到过的一个性质完全给出来了. [29] 结果是, 这组特征不仅可以用于超椭圆情形, 而且还可以用于**一般 Abel 函数**. 所以对 $p=3$ 我们提出六个这样的组特征 $(a_1), \cdots, (a_6)$, 即

$$(p), (q), (r), (d'), (e'), (f')$$
$$[并有 (g') \equiv (p) + (q) + (r) + (d') + (e') + (f')],$$

所有其他组特征均可以由它们组成; 而且可以这样来确定组特征 (n), 使得

$$(n) + \sum_{}^{1}(a_\nu), (n) + \sum_{}^{2}(a_\nu), (n) + \sum_{}^{5}(a_\nu), (n) + \sum_{}^{6}(a_\nu) \text{ 为奇特征,}$$

$$(n), (n) + \sum_{}^{3}(a_\nu), (n) + \sum_{}^{4}(a_\nu) \text{ 为偶特征.}$$

这一点先前是通过**归纳法** [由 Abel 函数对的组] 得到的; 同时对应于组特征的半周期也可以根据它们的值通过积分和来完全确定 (S. 13–15, 27–30).

续 8　用适用于超椭圆的情形对在 $p = 3$ 时的一般展开的补充

(3 月 11 日)

我们来研究 $p = 3$ 时的超椭圆情形:

$$w = \int \frac{\overset{2}{\varphi}(z)\, dz}{\sqrt{(z-a)(z-b)(z-c)(z-d)(z-e)(z-f)(z-g)(z-h)}};$$

[54] 其中所带 Abel 函数 $\sqrt{(z-a)(z-b)}$ 中的 a 和 b 要为任何两个与那八个分支点不同的点, 并且带有 $\overset{1}{f}(z)$. 与那 28 个函数相应的是 28 个奇特征, 但是最后一个是偶特征和一个在自变量的零点处为零的偶 θ 函数. 因此在我们的情形中这 36 个偶 θ 函数只有一个在自变量的零点处为零, 其余均不为零.

反之, 如果这 36 个偶 θ 函数有一个在自变量的零点处为零, 那么通过这个 θ 函数就可以解决椭圆积分的逆问题. 就是说, 设对偶特征 (n) 有

$$\theta(n)(0, 0, 0) = 0;$$

那么

$$\theta(u_1 - u'_1 - e_1, \cdots),$$

其中

$$e_\mu = \frac{1}{2} \sum \varepsilon'^n_\mu \pi i + \frac{1}{2} \sum_{\mu'} \varepsilon^n_{\mu'} a_{\mu, \mu'},$$

就必定会对 $(s, z) = (s_1, z_1)$ 变为零, 以使同余关系

$$(e_1, \cdots) \equiv \left(\sum_{\nu=1}^{2} u_1^{(\nu)}, \cdots \right)$$

能以两种, 从而也就能以无限多种方式得到满足 (见 S. 43). 因而存在这样一个函数, 它在两个点上为无限大和无限小: 这也就是超椭圆函数的情形. 因此这种情形也就是在 $p = 3$ 时一个偶 θ 函数在自变量的零点处为零的充要条件.

设有两个点各为 0^1 和 ∞^1 的函数为

$$\frac{\theta'_1(n)(u_1 - u'_1, \cdots)}{\theta'_2(n)(u_1 - u'_1, \cdots)}. \text{(30)}$$

对于 $p = 3$ 时的超椭圆的情形, 那 63 "组" Abel 函数对分解为两大类型:

a) 由两个形式为 $\sqrt{(z-a)(z-b)(z-c)(z-d)}$ 的真 Abel 函数的乘积组成, 其中 a, b, c, d 互不相同;

b) 形如 $(z - \alpha)\sqrt{(z-a)(z-b)}$, 其中 a, b 互不相同.

在这两种情形下每一组里的六个分解很容易确定. 在情形 a) 中, 一次将乘积分解为四个线性因子, 三次分解为函数对的乘积, 而且同样地将属于自身组特征的积分解为其余四个线性因子: $\sqrt{(z-e)(z-f)(z-g)(z-h)}$; 在情形 b) 中, 我们构造如下的六个对: $\sqrt{(z-a)(z-c)} \times \sqrt{(z-b)(z-c)}, \sqrt{(z-a)(z-d)} \times \sqrt{(z-b),(z-d)}, \cdots, \sqrt{(z-a)(z-h)} \times \sqrt{(z-b)(z-h)}$. 对于 b) 我们在这里还要补上 [55]

$$(z - \alpha)\sqrt{(z-a)(z-b)}$$

作为一个奇 Abel 函数与一个属于偶特征 (n)、而且还含有两个任意常数的 Abel 函数 $\beta(z - \alpha)$ 的乘积.

现在设

$$\theta(n)(0, 0, 0) = 0.$$

我们要问: 在两个奇 Abel 函数的特征之间存在何种关系才能使得它们具有一个 $\sqrt{z - a}$ 的公共因子?

设它们的特征为 (k) 和 (l). 那么根据 b), 在组 $(k) + (l)$ 中必定会出现属于 (n) 的偶 Abel 函数, 从而使得特征 $(n) + (k) + (l)$ 有另外一个因子. 因此 $(n) + (k) + (l)$ 将为奇特征. 反之, 如果 $(n) + (k) + (l)$ 为奇特征, 那么 (k) 和 (l) 就具有所期望的性质.

设有三个奇特征为 $(k), (l), (m)$. 说它们每两个有一公共因子这个条件, 也就是说

$$(k') = (n) + (l) + (m), \quad (l') = (n) + (k) + (m), \quad (m') = (n) + (k) + (l),$$

其中

$$(k') + (l') + (m') \equiv (n) \pmod 2,$$

全都是奇特征.

于是要么 $(k), (l), (m)$

1) 这三个具有相同的因子, 而函数具有以下的形式:

$$\sqrt{\varphi_k} = \sqrt{(z-d)(z-a)}, \quad \sqrt{\varphi_l} = \sqrt{(z-d)(z-b)},$$
$$\sqrt{\varphi_m} = \sqrt{(z-d)(z-c)};$$

要么就是

2) 公因子不同, 而函数具有以下形式:

$$\sqrt{\varphi_k} = \sqrt{(z-b)(z-c)}, \quad \sqrt{\varphi_l} = \sqrt{(z-a)(z-c)},$$
$$\sqrt{\varphi_m} = \sqrt{(z-a)(z-b)},$$

并且有

$$(n) + (k) + (l) \equiv (m) \equiv (m'), \text{ 以此类推};$$

也就是说, $(k'), (l'), (m')$ 是否与 $(k), (l), (m)$ 一致, 就看是在情形 2) 中, 还是在情形 1) 中.

[56]　　　在情形 1) 中行列式必定为

$$\begin{vmatrix} \theta_1'(k) & \theta_2'(k) & \theta_3'(k) \\ \theta_1'(l) & \theta_2'(l) & \theta_3'(l) \\ \theta_1'(m) & \theta_2'(m) & \theta_3'(m) \end{vmatrix} = (k, l, m) = 0$$

[这是因为在 $\varphi_k, \varphi_l, \varphi_m$ 之间存在一个线性齐次关系]. 由此得出:

如果 $\theta(k' + l' + m')(0, 0, 0) = 0$, **其中**

$$(k') + (l') \equiv (k) + (l), \quad (k') + (m') \equiv (k) + (m), \quad (l') + (m') \equiv (l) + (m),$$

而且 $(k'), (l'), (m')$ **与** $(k), (l), (m)$ **不同, 那么行列式** (k, l, m) **等于零**.

　　因此, 为了得到在其中 (k, l, m) 等于零的所有情况, 我们要对所有三组特征

$$(k) + (l), \quad (k) + (m), \quad (l) + (m)$$

作全部五个进一步的分解. 在任何一个这样的分解中, 例如

$$(k) + (l) \equiv (k') + (l')$$

会有**一个特征** (以及 Abel 函数) (k') 在组 $(k) + (m)$ 的一个分解中出现:

$$(k) + (m) \equiv (k') + (m'),$$

另一个特征 (l') 在第三组 $(l) + (m)$:

$$(l) + (m) \equiv (l') + (m')$$

的一个分解中出现, 我们就以这种方式得到了具有特征 $(k'), (l'), (m')$ 的 Abel 函数, 它们的和 $\equiv (n')$.

因此与此三组特征 $(k) + (l), (k) + (m), (l) + (m)$ 相对应的五种分解为五个 θ 函数具有在自变量的零点处为零的性质给出了一个充分条件, 即行列式 (k, l, m) 在

$$\theta(n_1), \theta(n_2), \cdots, \theta(n_5)$$

处为零, 其中

$$(n_1) \equiv (k_1) + (l_1) + (m_1), \cdots, (n_5) \equiv (k_5) + (l_5) + (m_5),$$

而且 $(k_\nu), (l_\nu), (m_\nu)$ 表示上面所求得的 $(k'), (l'), (m')$ 这五个组中之一.

在这些条件中也没有哪一个是其余的推论; 而且如果我们作

$$\frac{(k, l, m)}{\prod\limits_{\nu=1}^{5} \theta(k_\nu + l_\nu + m_\nu)(0, 0, 0)},$$

[57]

那么我们就会得到一个函数 $a_{\mu, \mu'}$, 它对所有 θ 函数模的值保持为有限, 因而必定是一个数值量, 为了证明这一点, 我们需要对 $p = 3$ 的一般情形证明这个表达式是六个类模数 $\alpha, \beta, \gamma, \alpha', \beta', \gamma'$ 的代数函数, 而且对它们的所有值保持为有限, 因此也就与它们无关, 从而也与六个 θ 函数模无关. —— 通过对 $e^{a_{\mu, \mu'}}$ 的幂的展开, 并通过比较第一项就可以很容易得到其数值为 ± 1. —— 为了证明那六个类模数 (Klassenmoduln) 的商是代数相关, 我们必须证明它们与曲面 T 的割线分割 (Querschnittzerlegung) 无关. 这一点会在我们用 θ 自变量的线性函数来代替这些量时出现, 这些线性函数是这样来取的, 以使周期模数系保持不变; 因此通过 θ 函数的周期变换, 它可以通过一系列割线交换来获得 (见 Meissel, Cr. J. 48).

在关系式

$$(k, l, m) = \pm \prod\limits_{\nu=1}^{5} \theta(n_\nu)(0, 0, 0)$$

中包含了 $\theta'(a)$ 和 $\theta(b)$ 之间的所有关系; 而且这个关系也可以借助于三元二次形式的理论通过互乘加以证明, 而且可以准确到把 ± 1 的因子确定下来.

推论 我们在 $p = 3$ 的一般情形下再次应用以下的关系式:

$$(p), (q), (r), (d'), (e'), (f'), (g'),$$

$$(p) + (q) + (r) + (d') + (e') + (f') + (g') = 0.$$

$$(n), (n) + (d') = (d), (n) + (e') = (e), (n) + (f') = (f), (n) + (g') = (g).$$

我们可以很容易地构造出任何四个 Abel 函数的二次式之间的线性齐次关系式, 这四个 Abel 函数具有下述特征:

$$(n) + (p), \quad (n) + (q), \quad (n) + (r), \quad (n) + (d'),$$

并且其中任意三个之和为偶特征. 因为由于有

$$\varphi_{n+p} = \theta_1'(n+p) \cdot x' + \theta_2'(n+p) \cdot y' + \theta_3'(n+p) \cdot z',$$

[58] 等等 (见 S. 33, 其中定义了 x', y', z'), 所以我们只需要从 $\varphi_{n+p}, \varphi_{n+q}, \varphi_{n+r}, \varphi_{n+d'}$ 的四个表达式中消去 x', y', z' (S. 33), 并将由此得到的 (k, l, m) 类型的行列式的系数用 θ 函数在零点的值之积表示出来就可以了. 如果我们做这样的处理, 即令

$$(k) = (n) + (p), \quad (l) = (n) + (q), \quad (m) = (n) + (r),$$

就会得到组

$$(p) + (q), \quad (p) + (r), \quad (q) + (r)$$

的分解, 除此之外还有前面的 $(n + p) + (n + q)$ 的分解:

$$(p) + (q) \equiv (n + p + r) + (n + q + r)$$
$$\equiv (n + p + d') + (n + q + d')$$
$$\equiv \cdots \equiv (n + p + g') + (n + q + g'),$$

由此 $(k'), (l), (m')$ 等五组特征将为:

1. $(n + q + r), (n + p + r), (n + p + q)$, 并有和 $n_1 = (n)$,
2. $(n + p + d'), (n + q + d'), (n + r + d')$, 并有和

$$(n_2) = (n + p + q + r + d') \equiv (e + f + g),$$

$\cdots\cdots\cdots\cdots$

5. $(n + p + g'), (n + q + g'), (n + r + g')$, 并有和

$$(n_5) = (n + p + q + r + g') \equiv (d + e + f).$$

于是有

$$(n + p, n + q, n + r)$$
$$= \pm \theta(n)\theta(e + f + g)\theta(d + f + g)\theta(d + e + g)\theta(d + e + f),$$

由此通过 p, q, r, d', e', f', g' 的置换, 就可将其余的直至符号都确定下来.

这样求得的 $\varphi_{n+p}, \varphi_{n+q}, \varphi_{n+r}, \varphi_{n+d'}$ 之间的关系在再次将 φ_{n+p} 等的表达式代入 x', y', z' 时应该是一样的; 但是这里只需要形如 (k, l, m) 这样的行列式的比值与在零点处的 θ 函数积的商之间的关系, 这一点按照 Jacobi 和 Rosenhain 在 $p = 1$ 以及 2 时所给出的方法是已经用**加法定理**很容易就证明了的. 我们只要通过在 θ 函数级数上的简单计算确立加法定理就够了. 因此我们得出先前 (S. 34, 35) 已经用 θ 函数积表示出的类模数的完全表达式.

从这个观点出发来论述的文献有: Rosenhain 在 Mém. Sav. Étrangers XI, 1851 上论超椭圆函数的应征悬赏论文, 也包括推广了的 (erweiterte) 椭圆函数; Göpel, Crelles Journal 35.[31]

附　　注

[59]

(1) 讲课一开始转述了以平方和表示的二次形式, 并给出了著名的二次形式的惯性定理的一个简单证明. 在证明的最后 Riemann 做出了对这个定理的历史来说并非不重要的说明 (Minnigerodesches Heft, 30 Okt. 1861): "这个证明源自 Gauss 论述最小二乘法的讲义" [Riemann 大约是在 1846/1847 的冬季学期听到的]; "Gauss 在讲课中把它放在很高的位置, 但是从未放进他的论文中, 因为他处处都遵守这样一个准则, 留住大厦, 拆掉脚手架". 此外还可以比较 Gauss, Disquisitiones arithmeticae, Nr. 271.

(2) 这是 Roch 和 Minnigerode 的笔记本告诉我们的; Hattendorff 的笔记本里也包含了这个内容. 该原理在 $n = 2$ 时已经由 Prym 先生在其 "对 Riemann θ 函数公式和 Riemann 特征理论的研究" (Leipzig, Teubner, 1882) 的论文的第 I 篇, 第 2 节中提出来了, 并且认为它是 (见其前言) Riemann 的, 后者在他的一份讲义中把它看成是 θ 函数理论的基础.

(3) 从 1861 年 11 月 13 日至 1862 年 1 月 24 日讲课的内容是取自 Prym 和 Minnigerode 的笔记本.

(4) 参阅 G. Roch 在 1864 年的注记 "Über die Doppeltangenten an Kurven vierter Ordnung (论四阶曲线的二重切线)", Crelles Journal, Bd. 66 (1866), S. 97–120. 该文的第一节主要取自 Riemann 在 1861/1862 年的讲课. 在该文第 99 页处 Roch 给出的不完整的证明要用 [Riemann 的] Th. A. F. (Abel 函数理论) 的第 26 节中的证明来代替.

(5) Roch 在这里再次给出的内容按照 Roch, Prym 和 Minnigerode 是未经校对的. 参阅 Prym 在 1863 年的 "Neue Theorie der ultraelliptischen Funktionen" (Wiener 科学院纪念册, Bd. XXIV, 1864; 第二版补充了附注和新的图表, Berlin, Mayer u. Müller, 1885, 以及学位论文, 1863), §15; 此外还有他的 "Zur Theorie

der Funktionen in einer zweiblättrigen Fläche (关于在一双叶曲面上的函数理论)" (瑞士科学协会纪念册, Bd. XXII, Zürich, 1866; 由 Mayer u. Müller 出过单行本, Berlin), 第 11, 12 节, S. 27–30.

[60]

(6) θ 函数以及量 $\varepsilon, \varepsilon'$ 的记号完全与《Riemann 全集》, 第二版, 第 XXXI 篇, S. 488 (第一版, 第 XXX 篇, S. 457) 上的一样, 也与 Roch 在 (4) 中所引论文中采用的一样, 而在 Riemann 的讲课中 $\varepsilon, \varepsilon'$ 却互相对调了; 它们与 Prym 所采用的记号 (附注 (5)) 只差一个符号.

(7) 关于这一点请参阅由 Minnigerode 的笔记本所给出的描述, 它们部分不同于《Riemann 全集》中在 "Zur Theorie der Abelschen Funktionen für den Fall $p = 3$", 第二版, 第 XXXI 篇, S. 487–489 (第一版, 第 XXX 篇, S. 456–458) 以及 Roch 在 (附注 (4) 所提到的) 论文的 §1 所述; 此外还有 Prym 的第一篇论文 (附注 (5)) 的 §16, §17.

(8) 这个先是对在 1862 年 3 月 7 日所讲的对在超椭圆情形下的 Abel 函数的处理的导论, 在这里又按照 Minnigerode 的笔记重新给出了.

(9) 第 13–23 页是根据三本笔记.

(10) 在《Riemann 全集》的两个版本都没有这个 "附注". 但是在那里所包含的意见很值得重视. 因为它还清楚地表明, 作为在本补遗的 S. 10 上已经讲到的 Abel 函数与 θ 函数之间的双重对应, Riemann 已经从那 2^6 个 θ 函数的特征中准确地把 $2^6 - 1$ 个组特征区分出来了, 他**仅仅**就是把后者分成奇特征和偶特征. 那 7 个其和为 0 的组特征: d', e', f', g', p, q, r 更精确的特征化 —— 至少就其 p, q, r 这三个来说是如此 (见第 XXXI 篇, S. 498 和 500, 第一版, 第 XXX 篇, S. 467, 468) —— Riemann 已经向那个方向有所作为: 它们每 6 个成奇特征对的分解具有这样的性质, 这样一组的每一分解与第二个分解中的每一分解有一个公共因子; 即, 用 Frobenius 的记号来表示, 这些组特征是成对地 "非循环的 (azygetisch)". 但是 Riemann 在这里不是优先选取这七个组特征中的三个, 而是同时考虑这七个, 这一点可以由正文中的普遍规则得知, 根据由 (n) 与它们的结合给出奇特征以及偶特征来看出. 关于组特征系的 "非循环的" 的性质, H. Stahl 先生在他的短文 "Beweis eines Satzes von Riemann über θ-Charakteristiken (Riemann 关于 θ 函数特征的一个定理的证明)" (Crelles J., Bd. 88) 中已经指出这个定理对于任意 p 是 Riemann 给出的. 这至少部分是这样. 其他还参见附注 (24).

根据 Konv. 19_5 d), Bogen 24 der Göttinger Manuskripte 的卷宗 Nr. 19, 所载日期有所不同, 为 1861 年 7 月.

(11) 同样是根据这三本笔记. 在此还可参阅 H. Weber 的 "Über gewisse in der Theorie der Abelschen Funktionen auftretende Ausnahmefälle (论在 Abel 函数理论中遇到的几个例外情形)", Math. Ann. XIII; L. Kraus 的 "Note über

aussergewöhnliche Spezialgruppen auf algebraischen Kurven (关于在代数曲线上的异常特殊组)", Math. Ann. XIV; M. Noether 的 "Über die invariante Darstellung algebraischer Funktionen (论代数函数的不变表示)", Math. Ann. XVII.

(12) 在 Göttingen 手稿 ("Varia" Akt. 25, Bogen 34, Pisa 1865) 的一页上 Riemann 指出, φ 的二次表达式可以借助于 $\frac{1}{2}(p-2)(p-3)$ 个二次关系式一般地归结为下述形式:

$$f(\varphi_1, \overset{2}{\varphi_2}, \varphi_3) + \varphi_1 f_1(\varphi_4, \overset{1}{\cdots}, \varphi_p) + \varphi_2 f_2(\varphi_4, \overset{1}{\cdots}, \varphi_p) + \varphi_3 f_3(\varphi_4, \overset{1}{\cdots}, \varphi_p).$$

(13) 例如可以参阅在附注 (11) 中所引著作.

(14) 根据正文中的研究, 要对 S. 47 上附注 (11) 中所引 Weber 先生的短文加以修正. 从而在 $p=4$ 的超椭圆情形, 其中的方程 (19) 和 (20) 就不相容. [61]

(15) 在《Riemann 全集》第二版第 XXXI 篇 (第一版第 XXX 篇) 中自然只对 $p=3$ 做了代数的证明. 确定将一组特征分解为每两个 θ 特征之和的个数的普遍有效的方法是通过对 p 成立可推得对 $p+1$ 也成立来得到, 也可以在留在 Göttingen 的 Riemann 手稿卷宗 Akt. Nr. 19 上找到 (见其中包含 "Abel 函数" 的这一册, Bogen 11):

"偶特征的个数为 $\alpha_p = 2^{p-1}(2^p + 1)$, 奇特征的个数则为 $\beta_p = 2^{p-1}(2^p - 1)$. 如果进一步假设, 对于 p, 将 $2^{2p} - 1$ 个组特征的任意一个 $\begin{pmatrix} \varepsilon_1, \cdots, \varepsilon_p \\ \varepsilon'_1, \cdots, \varepsilon'_p \end{pmatrix}$ 分解成对的个数:

$$\text{每两个偶特征时为 } \gamma_p = 2^{p-2}(2^{p-1} + 1) = \alpha_{p-1},$$
$$\text{每两个奇特征时为 } \zeta_p = 2^{p-2}(2^{p-1} - 1) = \beta_{p-1},$$

由于 $\begin{pmatrix} \varepsilon \\ \varepsilon' \end{pmatrix}$ 分解成对的全部对的个数为 2^{2p-1}, 于是就推得分解成由每一个偶特征和每一个奇特征组成的对的个数为

$$\delta_p = 2^{2p-1} - \gamma_p - \xi_p = 2^{2p-2} = \alpha_{p-1} + \beta_{p-1}.$$

但是现在在 $\begin{pmatrix} \varepsilon \\ \varepsilon' \end{pmatrix}$ 上每多加上一列的递推公式, 分解成对的个数即为

$$\begin{pmatrix} \varepsilon, 0 \\ \varepsilon', 0 \end{pmatrix} : \gamma_{p+1} = 3\gamma_p + \zeta_p, \quad \zeta_{p+1} = 3\zeta_p + \gamma_p, \quad \delta_{p+1} = 4\delta_p;$$

$$\begin{pmatrix} \varepsilon, 0 \\ \varepsilon', 1 \end{pmatrix} \quad \text{或} \quad \begin{pmatrix} \varepsilon, 1 \\ \varepsilon', 0 \end{pmatrix} \quad \text{或} \quad \begin{pmatrix} \varepsilon, 1 \\ \varepsilon', 1 \end{pmatrix} :$$

$$\gamma_{p+1} = 2\gamma_p + \delta_p, \quad \zeta_{p+1} = 2\zeta_p + \delta_p, \quad \delta_{p+1} = 2\gamma_p + 2\zeta_p + 2\delta_p;$$

$$\begin{pmatrix} 0, \cdots, 0, 0 \\ 0, \cdots, 0, 1 \end{pmatrix} \quad \text{或} \quad \begin{pmatrix} 0, \cdots, 0, 1 \\ 0, \cdots, 0, 0 \end{pmatrix} \quad \text{或} \quad \begin{pmatrix} 0, \cdots, 0, 1 \\ 0, \cdots, 0, 1 \end{pmatrix} :$$

$$\gamma_{p+1} = \alpha_p, \quad \zeta_{p+1} = \beta_p, \quad \delta_{p+1} = 2^{2p} = \alpha_p + \beta_p.$$

如果我们在这里把 γ_p, ζ_p 和 δ_p 的值代入, 它们在 $p = 1$ 或 2 时要直接确认, 那么我们就得到对取 $p + 1$ 时的相同的公式.”

直接的证明请参阅在附注 (2) 中所引 Prym 的著作, Abh. Ⅲ.

(16) G. Roch 在其学位论文 "De theoremate quodam circa functiones Abelianas (关于 Abel 函数的定理)" (Halle, Okt. 1863) 中研究了这个 Riemann 的定理 (A), 他在其导言中提到, Riemann 给出过一个枚举式的证明, 由于与表达式 $F(s, z) = 0$ 有关, 不是普遍有效的. 但是这个证明还可以不必费多大的力气进一步向前推进, 即我们只需注意到, 在那些 $\sqrt{\xi\eta}$ 为零的 $2p - 2$ 个点上, 如果 $\sqrt{\xi\eta}$ 不是有理函数, 就不可能有一个函数 φ 把它们联系在一起, 因而证明就返回到定理 (B) 的证明 (见同一页).

[62]　　(17) Riemann 不经意地说过: “确定到只差一个可加常数未定”; 但是 v' 是由周期模的实部确定到只差一个纯虚数的常数. 参阅在附注 (18) 中所引的著作.

(18) 对这个定理 (A) 的第二种借助于 Dirichlet 原理的证明, G. Roch 在他的于附注 (16) 里所提到过的论文中曾经做过尝试. 正如 Prym 所指出的 ("Zur Integration der gleichzeitigen Differentialgleichungen etc. (论微分方程组的积分……)", Crelles J., 70, 1869 以及 "Beweis zweier Sätze der Funktionentheorie (函数论中两个定理的证明)", Crelles J., 71, 1869), Roch 在这里忽略了函数 v' 在 T' 的边界线 c 上也必定有周期模, 而且由于这样, v' 在割线 a, b 上的周期模的实部不是任意的, 它们之间很可能有一个线性齐次关系存在. 因此作为对 Roch 在其文的 §Ⅱ, §Ⅲ 中所做研究的替代, Prym, 特别是在他的那篇在 Crelles J. 71 的文中, 力图证明, v' 的实部可以由周期模的 $2p$ 个关系 α), β) 中的 $2p - 1$ 个来完全决定. 至于在 Roch 文中 §Ⅳ 的更进一步的推论, 说每一个函数 v' 都可以用其中的 $p - 1$ 个和一个虚常数线性和齐次地表出, 则是正确的 (只是由于它的行列式等于零, 这在 §Ⅳ 的两种情况的第一种中没有提到); 但是对这个定理的理解还只是通过 Prym 的说明才得到澄清. 我们从下面论述一般 θ 函数理论的断篇中也可以看到这一点.

(19) Roch 在附注 (16) 末尾处所引的论文中指出, Riemann 本人也在其讲课中已经对具有 $p - 2$ 个关系且在其中的模数 $p > 3$ 的情形做了处理. 但是实际上,根据这里所能得到的笔记本, Riemann 只讲了在正文的 S. 15–23 所呈现的部分内容. 特别是, 他没有讨论在 $p = 4$ 时存在于每两个 Abel 函数之间的两个无关的方程.

可是在 Göttingen 手稿 Akt. Nr. 19 (这一卷宗的 Bogen 9–14, 19–28, 33, 35, 44 这五卷里的, 那些还特别标记了 "Abel 函数" 的半部分) 以及 Nr. 25 ("Varia", Bogen 2, 10, 19, 22–25, 28) 中有一系列有关 $p = 4$ 时的散乱的计算, 然而所有这些还没达到前几个定理的程度. 它的一部分是从如下形式的三个关系出发的:

$$\sqrt{x_1 x_2} + \quad \sqrt{x_3 x_4} + \quad \sqrt{x_5 x_6} + \quad \sqrt{x_7 x_8} = 0,$$
$$\alpha_1 \sqrt{x_1 x_3} + \alpha_1' \sqrt{x_2 x_4} + \beta_1 \sqrt{x_5 x_7} + \beta_1' \sqrt{x_6 x_8} = 0,$$
$$\alpha_2 \sqrt{x_1 x_4} + \alpha_2' \sqrt{x_2 x_3} + \beta_2 \sqrt{x_5 x_8} + \beta_2' \sqrt{x_6 x_7} = 0,$$

并由此通过平方并线性地消除 $\sqrt{x_1 x_2 x_3 x_4}$ 和 $\sqrt{x_5 x_6 x_7 x_8}$, 就可导出 φ 之间的有关二次方程, 并通过确定不同的常数 α, β, 例如

$$\alpha_1 = \alpha_1' = \mu + \frac{1}{\mu}, \quad \beta_1 = \beta_1' = \lambda + \frac{1}{\lambda},$$
$$\alpha_2 = \alpha_2' = \mu - \frac{1}{\mu}, \quad \beta_2 = \beta_2' = \lambda - \frac{1}{\lambda}$$

或

$$\alpha_1 = \mu\alpha, \quad \alpha_1' = \frac{\mu}{\alpha}, \quad \beta_1 = \beta, \quad \beta_1' = \frac{1}{\beta},$$
$$\alpha_2 = \nu\gamma, \quad \alpha_2' = \frac{\nu}{\gamma}, \quad \beta_2 = \delta, \quad \beta_2' = \frac{1}{\delta},$$

[63]

或者也可以是

$$\alpha_1 \alpha_1' = \beta_1 \beta_1',$$

再依靠最后的假设就可以由前两个方程直接得出这个二次关系式.

另一部分计算从 $p = 4$ 时的方程

$$F(\overset{3}{s}, \overset{3}{z}) = 0$$

出发, 取四个 φ 函数的不同范式, 并设法确定 $\varphi_1, \cdots, \varphi_4$ 这样的线性函数, 使得下述关系

$$f^2(\overset{2}{s}, \overset{2}{z}) - \varphi_1 \varphi_2 \varphi_3 \varphi_4 \equiv F(\overset{3}{s}, \overset{3}{z}) \psi(\overset{1}{s}, \overset{1}{z})$$

能够成立, 由此出发过渡到求出根式函数之间的那些关系. 作为基本方程我们还得到

$$(s - z)s^2 z^2 + sz[\alpha(s^2 - z^2) + \beta z(s - z) + cz^2] + [\gamma(s^3 - z^3) + \delta z(s^2 - z^2)$$
$$+ \varepsilon z^2(s - z) - 2cz^3] + [\zeta(s^2 - z^2) + \eta z(s - z) + cz^2] + \theta(s - z) = 0$$

具有 9 个模数.

为了从这四个变量之间的两个二次及三次的齐次方程的表示直接导出在 $p = 4$ 时的处处有限的积分, 还有些计算要做; 对 $p = 4$ 时的组特征分解为每两个特征之和也是这样.

(20) 根据 Prym 和 Minnigerode 的笔记本的第 23–45 页.

(21) F. Prym 的著作 (a. a. O.) 就已经在两个 θ 函数的自变量中引进了 $p + 1$ 个**对称量**; 接着是 H. Stahl 的论文 "Über die Behandlung des Jacobischen Umkehrproblems der Abelschen Integrale (论 Abel 积分的 Jacobi 逆问题的处理)" (Crelles J., Bd. 89, 以及学位论文, Berlin, 1882); 在 $p = 4$ 时引进 $2p - 2$ 个对称量的是 H. Weber: "Theorie der Abelschen Funktionen von Geschlecht 3 (亏格数为 3 的 Abel 函数的理论)" (Berlin, 1876), 对任意 p 做这件事的是 M. Noether: "Zum Umkehrproblem in der Theorie der Abelschen Funktionen (关于 Abel 函数理论中的逆问题)" (Math. Ann., Bd. 28), 而且还是对任意特征 $(a), (b)$ 这两种情况, 而 Riemann 在其讲课中只建立了对奇特征的公式. F. Klein 把它推广到了 $2p - 2$ 的任意倍数的情形: "Zur Theorie der Abelschen Funktionen (关于 Abel 函数理论)" (Math. Ann., Bd. 36). 在所有这些地方都用上了 Jacobi 常数确定的方法.

(22) Riemann 在其讲课和报告中只计算到公式 (10) 为止, 然后就用下面一段话中断了它的计算: "我们不能 [对 $p = 3$] 做更多的计算了, 因为我们没有时间留给处理超椭圆函数. 只要我们通过那六个代数模来计算全部 $\theta\,(0, 0, 0)$ 的商, 我们就能用这种方法得到所有 $\theta\,(0, 0, 0)$ 之间的关系. 而且它们也可以由紧接下去的逆方法得到."

[64]　　　进一步的计算按照 Riemann 的指示在 Göttingen 手稿 (即上面讲到的 Akt. Nr. 19 的 Bogen 14, 15 和 "Varia" 的 Nr. 25, Bogen 19) 中得到了补充; 它基本上与 Weber 在其书的 §24 中所叙述的一致. 在 Akt. 25, Bogen 19 中, Riemann 不是从正文的 (3) 式, 而是从全集的第 XXXI 篇 (第一版, 第 XXX 篇) 的方程 (11) 出发, 而且将 x, y, z, t, p, q 代之以 $x, \xi, y, \eta, z, \zeta$, 利用它们之间的在第 XXXI (XXX) 篇中 (17) 式的关系, 由此就将 A 和商 $\dfrac{\theta(a + c + d)(0, 0, 0)}{\theta(b + c + d)(0, 0, 0)}$ 通过行列式 (α, β, γ) 用那里的模表出.

(23) 在 Riemann 的论文 "论 θ 函数的零点" (第 XI 篇), 第 4 节中可以找到一个由 $p - 1$ 个点所确定的 φ 的表达式.

(24) 在这里 Riemann 提出了由奇特征组成的 7 特征组 (7-Systeme):

$$(n + p), (n + q), (n + r), (d), (e), (f), (g), \quad \text{并且具有和 } (n),$$

$$(n + p + q), (n + p + r), (n + q + r), (d), (e), (f), (g), \quad \text{并且具有和 } (n + p + q + r),$$

它们属于这样的类型, 每三个特征之和为偶特征, 因而是所谓的 "完备" 7 特征组 (参阅在附注 (21) 中所引的 Weber 的论文).

(25) Riemann 后来借助于超椭圆函数理论简略地描述了另一个间接证明. 见 S. 53–58. 关于由此所得出的 α 的公式, 见附注 (31).

(26) 见在附注 (23) 中所引 Riemann 在 1865 年的论文. 此外对此还可参阅在附注 (5) 中所引 Prym 在 1866 年的论文, 第 12 节, 以及在附注 (11) 中所引 Weber 发表在 Math. Ann. XIII (1877) 上的注记.

(27) Prym 的笔记在这里中断了. 结论部分是按照 Minnigerode 笔记中的记述写的.

(28) 参阅在附注 (5) 中所引 Prym 的 Züricher Abhandlung 的第 3–6 节中所做的全面描述, 在那里只是把点 a_0 取为 $z = \infty$.

(29) 参阅 Prym 的上引论文的第 13 节, 以及对该节的补充, 例如在附注 (2) 中所引著作论文 IV 中的第 3–6 节.

(30) 实际上由于这里的

$$\theta(n)(u_1 - u_1', \cdots)$$

对所有的 (s, z) 和 (s_1, z_1) 恒为零, 所以会有

$$\theta_1'(n)(u_1 - u_1', \cdots)\varphi_1(s, z) + \theta_2'(n)(u_1 - u_1', \cdots)\varphi_2(s, z)$$
$$+ \theta_3'(n)(u_1 - u_1', \cdots)\varphi_3(s, z) = 0,$$
$$\theta_1'(n)(u_1 - u_1', \cdots)\varphi_1(s_1, z_1) + \theta_2'(n)(u_1 - u_1', \cdots)\varphi_2(s_1, z_1)$$
$$+ \theta_3'(n)(u_1 - u_1', \cdots)\varphi_3(s_1, z_1) = 0,$$

由此就可以把 θ 函数商当作 φ-商来算, 它们的分子和分母将会在两个固定点 (s_1, z_1) 和 (s_1', z_1') 上变为零.

(31) 在 p 的情况下将类似于函数行列式 (k, l, m) 的行列式表示成 $p + 2$ 个偶 θ 函数在自变量为零点处的值的乘积, 看来在超椭圆情形下一般来说只有在 $p = 3$ 时才能存在. 除了 Jacobi ($p = 1$) 以及 Rosenhain ($p = 2$), 其中只有后者才点到了这个公式的推导, 有关超椭圆 θ 函数级数我们要提到 Thomae 的工作 (Crelles J. 71, S. 218, (14) 式), 在其中不是通过直接分解, 而是通过与代数表达式的关系得到的. 对于超椭圆情形, 以及对 $p = 3$ 的一般情形, Frobenius 已经借助于 θ 函数的偏微分方程直接导出了这个关系 (Crelles J. 98). (k, l, m) 的表达式前面的 $\pm$ 号依赖于行列式的排列.

由 $p = 3$ 时的加法定理导出行列式比, 以及类模数的计算, 在 Weber 的论文 (见附注 (21)) 以及 Schottky 的论文 ("三个变量的 Abel 函数理论纲要", 1880)

[65]

中有详细的论述. 这样一来, 我们对完整的 7 奇特征组 (见附注 (24))

$$(a), (b), (c), (d), (e), (f), (g)$$

就得到了下述结果:

$$(b, c, d) : -(a, c, d)$$

$$= (-1)^{\sum \varepsilon_\mu^{efg} \varepsilon_\mu^{'a}} \theta_{aef} \theta_{aeg} \theta_{afg} : (-1)^{\sum \varepsilon_\mu^{efg} \varepsilon_\mu^{'b}} \theta_{bef} \theta_{beg} \theta_{bfg},$$

其中我们采用了以下缩写:

$$abc \cdots \quad 代替 \quad (a) + (b) + (c) + \cdots,$$

$$\theta_{abc\cdots} \quad 代替 \quad \theta(a + b + c + \cdots)(0, 0, 0).$$

如果现在我们把这个结果应用到那两个 Riemann 组上 (见附注 (24)), 其中 $(a), (b), (c)$ 分别等于

$$(n + p), (n + q), (n + r) \quad 以及 \quad (n + q + r), (n + r + p), (n + p + q),$$

那么就会得到在 S. 34 上的 κ 以及在 S. 34–35 上的类模数 α 分别为

$$\kappa = \delta \frac{\theta_{dfg}}{\theta_{efg}}, \quad 其中 \quad \delta = e^{\frac{1}{2}\pi i \sum \varepsilon_\mu^{pqr} \varepsilon_\mu^{'de}},$$

$$\alpha = \frac{1}{\delta} \cdot (-1)^{\sum \varepsilon_\mu^{de} \varepsilon_\mu^{'nqr}} \cdot \frac{\theta_{npdf} \theta_{npdg}}{\theta_{npef} \theta_{npeg}}$$

(参阅 Weber 的论文, p. 107, (10), (11) 式).

至于商

$$(n + p, n + q, n + r) : \theta_n \theta_{efg} \theta_{dfg} \theta_{deg} \theta_{def}$$

与曲面 T 的割线划分无关这一点, 也可以这样来得到, 这就是, 我们把 Riemann 的完整 7 特征组换成 7 特征组的整体, 并就此应用本附注中的行列式之比的公式.

在 Riemann 遗著 Akt. 19 (Heft 19_5) 和 25 (“Varia”) 的页面上到处散乱着的大量属于这里的计算和公式是关于超椭圆 θ 函数在一般 p 时的零点的, 部分是有关 $p = 3$ 的一般情形的. 这些看来部分是由 θ 函数商的代数表达式, 部分是由一般 “Riemann θ 函数公式” (参阅附注 (2)), 它们可以在 Nr. 19, Konv. 19_5, d), Bogen 3′, 以及 Nr. 25, Bogen 17 中找到. 所以 Nr. 19_5, b), Bogen 32 (经过计算它属于这里 S. 56 直至结尾对 $p = 3$ 所叙述的内容) 就给出了偶特征 $\theta(a)(0, 0, 0)$ 之积与奇 θ 的线性微商之间的加法定理的公式 (参阅 Weber 的论文, S. 42), 通

[66]

过对其求解就可以得到后者的行列式之商; 对超椭圆以及 $p \geqslant 3$ 的情形, 请参阅 Nr. 19$_5$, b), Bogen 50; Nr. 25, S. 8, 15 (1864 年 8 月 31 日来自 Pisa), 21. 对于由微商 $\theta_i'(\alpha)$ 所组成的 p 行的行列式本身, 在 Nr. 25, Bogen 6 中就包含了由每 $p+2$ 个偶特征 $\theta(0)$ 之积, 再对 $p = 3, 4, \cdots, 7$ 求和的表示; 所以作为对于 $p = 3$ 时的简单积, 作为 $p = 4$ 时的两个积的和; 在超椭圆情形中特殊化到一个简单的积: Bogen 14, Bogen 30 上的文章 (还有 Bogen 50, 前引文章). 最后对于 $p = 3$ 的一般情形也会出现在每个偶特征 $\theta(0)$ 之间乘积的有三项的加法公式 (参阅 Weber 的论文, S. 44): Akt. Nr. 19, Konv. 19$_5$, b), Bogen 34, 源自意大利时期 1862—1863 年; 还有在 Akt. Nr. 25, Bogen 16 中的在偶特征 $\theta^4(0)$ 之间的有六项的关系式 (参阅 Weber 的论文, S. 40); 在 Bogen 17 上还有对于 $p = 4$ 的、在 $\theta^4(0)$ 之间的有十项的关系式 (参阅 Noether, Math. Ann. 16). 在这里所用到的特征理论在以前对于 $p = 3$ 是用其和为零的八个指标的 Hesse 表示; 后来由 Riemann 本人发展到超椭圆函数 (参阅讲义).

II 二阶线性微分方程在分支点处的积分

(选自 1856—1857 年冬季学期讲课)

设 a 为一个二阶线性微分方程解的一个分支点, 并设当 x 沿正向绕 a 转动时 [积分] z_1 过渡为 z_3, z_2 过渡为 z_4, 我们把这简短地表示为: $z_1 \to z_3$, $z_2 \to z_4$, 那么有

$$z_3 = tz_1 + uz_2,$$
$$z_4 = rz_1 + sz_2. \tag{1}$$

如果 ε 为一任意常数, 那么就有

$$z_1 + \varepsilon z_2 \to z_3 + \varepsilon z_4.$$

于是有

$$z_3 = \varepsilon z_4 = (t + \varepsilon r)z_1 + (u + \varepsilon s)z_2. \tag{2}$$

如果我们现在选一个这样的 ε, 使得有

$$\varepsilon(t + \varepsilon r) = u + \varepsilon s, \tag{3}$$

那么就会有

$$z_3 + \varepsilon z_4 = (t + \varepsilon r)(z_1 + \varepsilon z_2). \tag{4}$$

因此有这样一个确定的 ε, 使得 $z_1 + \varepsilon z_2$ 变为 $(z_1 + \varepsilon z_2) \cdot$ 常数.

　　$(x-a)^\alpha$ 也是一个这样的函数, 它在沿正向绕 $[a]$ 转过一圈之后将获得一个因子 $e^{2\pi i\alpha}$. 如果我们这样来规定 α, 使得有 $t+\varepsilon r=e^{2\pi i\alpha}$, 那么当 x 沿正向绕 a 转过一圈之后, $(z_1+\varepsilon z_2)(x-a)^\alpha$ 会重新取得原来的值. 因此有

$$(z_1+\varepsilon z_2)=(x-a)^\alpha\sum_{n=-\infty}^{+\infty}a_n(x-a)^n. \tag{5}$$

如果 ε' 是方程 (3) 的另一个根, 那么我们同样还有

[68]
$$z_1+\varepsilon'z_2=(x-a)^{\alpha'}\sum_{n=-\infty}^{+\infty}a_n'(x-a)^n, \tag{6}$$

其中 $e^{2\pi i\alpha'}=t+\varepsilon'r$.

　　如果 ε 和 ε' 不相等, 那么 $z_1+\varepsilon z_2=z^{(\alpha)}$ 与 $z_1+\varepsilon'z_2=z^{(\alpha')}$ 这两个根也就相异, 因而所有其他根都可以用这两个根 $z^{(\alpha)}$ 和 $z^{(\alpha')}$ 线性地表出.

　　但是如果方程 (3) 的根都相同, 那么就有

$$-u=r\varepsilon^2,\quad -2r\varepsilon=t-s=\frac{2u}{\varepsilon},$$

因而有

$$z_3=tz_1+uz_2=(t+\varepsilon r)z_1+\frac{u}{\varepsilon}(z_1+\varepsilon z_2)$$

以及, 如果令 $e^{2\pi i\alpha}=t+\varepsilon r$ 和 $k=\dfrac{u}{\varepsilon(t+\varepsilon r)}$, 那么还有

$$z_3(x-a)^{-\alpha}e^{-2\pi ia}=z_1(x-a)^{-\alpha}+(z_1+\varepsilon z_2)k(x-a)^{-\alpha}.$$

　　由于此外还有

$$\frac{k}{2\pi i}(x-a)^{-\alpha}(z_1+\varepsilon z_2)l(x-a)\to\frac{k}{2\pi i}(x-a)^{-\alpha}(z_1+\varepsilon z_2)l(x-a)+k(x-a)^{-\alpha}(z_1+\varepsilon z_2),$$

所有下述函数

$$z_1(x-a)^{-\alpha}-\frac{k}{2\pi i}(x-a)^{-\alpha}(z_1+\varepsilon z_2)l(x-a)$$

在 x 绕 a 转过一圈时必定会保持不变, 因而可以表示为 $\displaystyle\sum_{n=-\infty}^{+\infty}b_n(x-a)^n$ 的形式, 从而在令

$$z_1+\varepsilon z_2=(x-a)^\alpha\sum_{n=-\infty}^{+\infty}a_n(x-a)^n$$

时, 有

$$z_1=(x-a)^\alpha l(x-a)\sum_{n=-\infty}^{+\infty}a_n(x-a)^n+(x-a)^\alpha\sum_{n=-\infty}^{+\infty}b_n(x-a)^n.$$

　　附注　本文是逐字逐句复述自 E. Schering 所做的 Riemann 于 1856—1857
年冬季学期在微分方程方面的讲课笔记, 具体讲就是在该笔记本的第 222, 223
页. 它们和在 Ⅲ, A 中所叙述的公式一样地表明, Riemann 对待对数积分的态度,
只是由于外表的原因才把它排除在发表之外. 参阅 [德文版]《Riemann 全集》
S. 69 的上部 (第一版的 S. 64) 以及 S. 381 (359) 以下.

III 超几何级数讲义

(1858—1859 年冬季学期)

A 论用定积分定义 P 函数

我们已经得到这样的结果, 就是下述形式的积分

$$\int s^a(1-s)^b(1-xs)^c ds$$

在积分限取为 $0, 1, \infty, x^{-1}$ 时, 可以以多种形式用超几何级数表示, 并且因此也满足一个线性微分方程.

现在我们要反过来研究, 这样一个积分作为 x 的函数其行为如何, 并直接证明, 它是一个 P 函数.

如果我们考察的积分就是

$$\int_0^1 s^a(1-s)^b(1-xs)^c ds,$$

那么在积分号下的函数只有当 s 取 $0, \infty, 1$ 和 x^{-1} 之一时才是不连续的, 否则函数的改变就是连续的.

这个积分是沿实轴从 0 积到 1, 但是我们也可以取任何其他路径, 只要它与实轴上的 0 到 1 的这一段合起来的区域内没有不连续点.

因此, 如果我们让 x^{-1} 沿正向绕点 1 转一圈, 那么只要 x^{-1} 不会穿过积分路径, 积分的变化始终是连续的. 因此, 在 x^{-1} 绕点 1 转一圈, 如果我们总是让

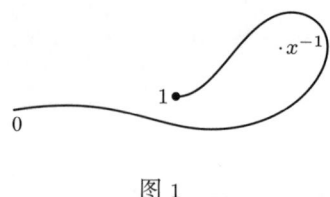

图 1

积分路径作适当的偏移, 那么这个积分在转动的终结时将变成另一个值, 它等于从零点出发, 围绕 x^{-1} 转一圈, 然后才走到点 1 处.

[70]　　　　在从 1 到 x^{-1} 积分时因子 $(1-xs)^c$ 所取的值会不同于在从 x^{-1} 到 1 积分时所取的值, 因为在 x^{-1} 转过一圈的过程中自变量要改变一个 $2\pi c$. 因此, 如果我们把这两个积分合在一起, 我们就会得到

$$\int_0^1 +(1-e^{2\pi ic})\int_1^{x^{-1}}.$$

于是我们看到, 在 x^{-1} 绕点 1 转过一圈的过程中从 0 到 1 的积分转变为在点 $0, \infty, 1$ 和 x^{-1} 之间的可能的六个积分中两个的线性组合. 对 $0, \infty, 1$ 这几个分支点每六个这样的积分也有相同的结果.

我们现在来证明, 我们可以列出以下方程:

$$P_\alpha = 常数 \cdot \int_0^1 x^\alpha(1-x)^\gamma s^{-\alpha'-\beta'-\gamma'}(1-s)^{-\alpha'-\beta-\gamma}(1-xs)^{-\alpha-\beta'-\gamma}ds,$$

$$P_{\alpha'} = 常数 \cdot \int_{x^{-1}}^\infty x^\alpha(1-x)^\gamma s^{-\alpha'-\beta'-\gamma'}(1-s)^{-\alpha'-\beta-\gamma}(1-xs)^{-\alpha-\beta'-\gamma}ds,$$

$$P_\beta = 常数 \cdot \int_0^{x^{-1}} x^\alpha(1-x)^\gamma s^{-\alpha'-\beta'-\gamma'}(1-s)^{-\alpha'-\beta-\gamma}(1-xs)^{-\alpha-\beta'-\gamma}ds,$$

$$P_{\beta'} = 常数 \cdot \int_1^\infty x^\alpha(1-x)^\gamma s^{-\alpha'-\beta'-\gamma'}(1-s)^{-\alpha'-\beta-\gamma}(1-xs)^{-\alpha-\beta'-\gamma}ds,$$

$$P_\gamma = 常数 \cdot \int_{-\infty}^0 x^\alpha(1-x)^\gamma s^{-\alpha'-\beta'-\gamma'}(1-s)^{-\alpha'-\beta-\gamma}(1-xs)^{-\alpha-\beta'-\gamma}ds,$$

$$P_{\gamma'} = 常数 \cdot \int_1^{x^{-1}} x^\alpha(1-x)^\gamma s^{-\alpha'-\beta'-\gamma'}(1-s)^{-\alpha'-\beta-\gamma}(1-xs)^{-\alpha-\beta'-\gamma}ds.$$

就是说我们应该来研究这些积分在 $x = 0, \infty, 1$ 时的行为如何.

第一个积分在 $x = 0$ 附近行为和 $x^\alpha \cdot$常数一样, 而为了研究第二个积分我们只需作置换 $s = (s'x)^{-1}$. 于是积分限就变为 0 和 1, 而积分在 $x = 0$ 附近的行为就和 $x^{\alpha'} \cdot$常数一样.

对于 $P_{\beta'}$ 积分在无限大附近的行为实际上和 $x^{-\beta'}$ 一样. 但是对于 P_β 积分在经过置换 $s' = xs$ 之后在无限大附近的行为就像常数 $\cdot \chi^{\alpha+\gamma+\alpha'+\beta'+\gamma-1} = \chi^{-\beta}$.

积分对于 P_γ 可以直接证明在 $x = 1$ 时行为和 $(1-x)^\gamma$ 一样, 而积分对于 [71]
$P_{\gamma'}$ 在经过置换 $s = 1 - \dfrac{x-1}{x}s'$ 之后表明在 $x = 1$ 时行为和 $(1-x)^{\gamma'}$ 一样.

现在还剩下来要证明的只是, 上述所有积分总可以用它们中间的两个来线性表出.

我们已经将 $P_\alpha, P_{\alpha'}, P_\beta, P_{\beta'}, P_\gamma, P_{\gamma'}$ 确定到只差一个常数因子. 我们现在这样来确定第一对及最后一对常数因子, 就是对位于 0 至 1 之间的正实数的 x, 规定它在积分限内幂的基数恒为正的实数.

然后如果我们将函数

$$(-s)^\alpha(1-s)^b(1-xs)^c ds$$

在围绕量 [s 的] 整个正虚部的区域内积分, 那么积分结果就会等于零, 由此得到

$$\int_{-\infty}^0 + \int_0^1 + \int_1^{x^{-1}} + \int_{x^{-1}}^\infty = 0.$$

如果我们现在把其中每一个积分用根据前面的条件所确定的 $P_\alpha, P_{\alpha'}, \cdots$ 表出, 那么我们就会得到

$$P_\gamma + e^{-\alpha\pi i}P_\alpha + e^{-(a+b)\pi i}P_{\gamma'} + e^{-(a+b+c)\pi i}P_{\alpha'} = 0,$$

如果我们同样在围绕 s 的负虚部的区域内积分就会得到

$$P_\gamma + e^{+\alpha\pi i}P_\alpha + e^{(a+b)\pi i}P_{\gamma'} + e^{(a+b+c)\pi i}P_{\alpha'} = 0,$$

其中我们设了

$$a = -\alpha' - \beta' - \gamma', \quad b = -\alpha' - \beta - \gamma, \quad c = -\alpha - \beta' - \gamma.$$

如果我们将其中第一个方程乘以 $e^{(\sigma-\alpha')\pi i}$, 将第二个方程乘以 $e^{-(\sigma-\alpha')\pi i}$, 然后将二者相减, 就得到

$$P_\gamma \sin(\sigma - \alpha')\pi + P_\alpha \sin(\sigma + \beta' + \gamma')\pi$$
$$-P_{\gamma'} \sin(\sigma - \alpha)\pi - P_{\alpha'} \sin(\sigma + \beta' + \gamma)\pi = 0.$$

为了从这个公式中消除一个函数, 我们只要这样来选取 σ, 使得这个函数的因子为零, 例如, 对 P_γ 来说选 $\sigma = \alpha'$, 对 $P_{\gamma'}$ 来说选 $\sigma = \alpha$.

于是由这个公式推知, 这六个积分实际上可以通过其他任两个表出. 因为从 $-\infty$ 到 0, 以及从 1 到 x^{-1} 的积分可以用从 0 到 1 以及从 x^{-1} 到 ∞ 的积分表

出, 而对于其余两个积分我们有

$$\int_0^{x^{-1}} = \int_0^1 + \int_1^{x^{-1}},$$

$$\int_1^\infty = \int_1^{x^{-1}} + \int_{x^{-1}}^\infty.$$

[72]

因此这些积分实际上已具有定义 P 函数的全部性质, 而且它们恰好提供了函数 $P_\alpha, P_{\alpha'}, P_\beta, P_{\beta'}, P_\gamma, P_{\gamma'}$.

因为它们在绕分支点转一圈之后变为同样这些积分的线性组合, 可以用其中的两个来表示, 这就表明它们在分支点具有所要求的性质.

如果为了简短起见我们引入下述记号:

$$P(a, b, c, x) = \int_0^1 s^a (1-s)^b (1-xs)^c ds,$$

那么把上述方法应用于函数

$$(-s)^a (1-s)^b (1-xs)^c ds,$$

就会得出关系:

$$\sin \pi\sigma \int_{-\infty}^0 (-s)^a (1-s)^b (1-xs)^c ds$$

$$+ \sin \pi(\sigma + a) \int_0^1 s^a (1-s)^b (1-xs)^c ds$$

$$+ \sin \pi(\sigma + a + b) \int_1^{x^{-1}} s^a (s-1)^b (1-xs)^c ds$$

$$+ \sin \pi(\sigma + a + b + c) \int_{x^{-1}}^\infty s^a (s-1)^b (xs-1)^c ds = 0,$$

或者, 如果把全部积分变换到积分限为 $0, 1$, 而这只要在第一个积分中通过置换 $s' = \dfrac{s}{s-1}$, 在第三个积分中通过置换 $s' = \dfrac{x}{1-x}(s-1)$, 而在第四个积分中通过置换 $s' = (xs)^{-1}$ 就会实现, 再令 $a + b + c + d + 2 = 0$, 就得到

$$\sin \pi\sigma P(a, d, c, 1-x) + \sin \pi(\sigma + a) P(a, b, c, x)$$

$$+ \sin \pi(\sigma + a + b) P\left(b, c, a, \frac{x-1}{x}\right) x^{-b-1} (1-x)^{b+c+1}$$

$$+ \sin \pi(\sigma + a + b + c) P(d, c, b, x) x^{c+d+1} = 0.$$

如果我们令 $\sigma = -a - b$, 那么我们就得到

$$\sin \pi(c + d) P(a, d, c, 1-x) = \sin \pi b P(a, b, c, x) - \sin \pi c P(d, c, b, x) x^{c+d+1},$$

[73]
这个关系认可积分 $P(a,d,c,1-x)$ 可以表示成按 x 展开的幂级数, 而这实际上是不可能的. 但是这里假设了, $c+d$ 绝不可能等于一个整数.

可是我们还是能够在这种情况下通过对上述方程的微分找到 $P(a,d,c,1-x)$ 的表示. 如果我们设想 b 和 c 为常数, 而 a 为变量, 那么 d 也会依赖于 a, 并且有

$$\frac{\partial d}{\partial a} = -1.$$

于是在对 a 微分之后要令 $a+b+1=-(c+d+1)=m$. 我们由此得到

$$(-1)^m\pi P(a,d,c,1-x) = \frac{\partial P(d,c,b,x)}{\partial a}\sin\pi b + \frac{\partial P(d,c,b,x)}{\partial d}x^{-m}\sin\pi c$$
$$+lx\cdot x^{-m}P(d,c,b,x)\sin\pi c$$

以及

$$\frac{\partial P(a,b,c,x)}{\partial a} = \int_0^1 ls\cdot s^a(1-s)^b(1-xs)^c ds,$$
$$\frac{\partial P(d,c,b,x)}{\partial d} = \int_0^1 ls\cdot s^d(1-s)^c(1-xs)^b ds.$$

这些积分可以按 x 的幂展开, 不过比较可靠的是从级数展开本身出发.
我们有

$$\sin\pi b P(a,b,c,x)$$
$$= -\frac{\pi}{\Pi(-1-b)\Pi(-1-c)}\sum_0^\infty \frac{\Pi(-1-c+n)\Pi(a+n)}{\Pi(n)\Pi(a+b+n+1)}x^n$$

并因而有

$$\sin\pi(c+d)P(a,d,c,1-x)$$
$$= -\frac{\pi}{\Pi(-1-b)\Pi(-1-c)}\Big(\sum_0^\infty \frac{\Pi(-1-c+n)\Pi(a+n)}{\Pi(n)\Pi(a+b+n+1)}x^n$$
$$-\sum_0^\infty \frac{\Pi(n-1-b)\Pi(n+d)}{\Pi(n)\Pi(n+c+d+1)}x^{n+c+d+1}\Big).$$

如果这里假设了 $a+b+1=-(c+d+1)=m$, 那么只要 $n<m$, 在 m 为正值时在第二行中的 Π 函数以负整数作为总量出现, 这一项必须事先加以变形, 这就是将分子和分母乘以 $\Pi(-2-n-c-d)$.

于是我们就得到这一项为
[74]

$$\frac{\sin\pi(c+d)}{\pi}\sum_0^{m-1}(-1)^n\frac{\Pi(n-1-b)\Pi(n+d)\Pi(-2-n-c-d)}{\Pi(n)}x^{n+c+d+1}.$$

如果我们将它对 a 微分, 那么就会得到

$$(-1)^{m-1}P(a,d,c,1-x)$$

$$= \frac{(-1)^m}{\Pi(-1-b)\Pi(-1-c)} \sum_0^{m-1} (-1)^n \frac{\Pi(n-1-b)\Pi(n+d)\Pi(m-n-1)}{\Pi(n)} x^{n-m}$$

$$+ \frac{1}{\Pi(-1-b)\Pi(-1-c)} \sum_0^\infty \frac{\Pi(-1-c+n)\Pi(n+a)}{\Pi(n)\Pi(n+m)}$$

$$\cdot (\Psi(n+a)-\Psi(n+m))x^n$$

$$+ \frac{1}{\Pi(-1-b)\Pi(-1-c)} \sum_m^\infty \frac{\Pi(n-1-b)\Pi(n+d)}{\Pi(n)\Pi(n-m)}$$

$$\cdot (\Psi(n+d)-\Psi(n-m)+lx)x^{n-m}$$

或者在结果简化后为

$$(-1)^{m-1}P(a,d,c,1-x)\Pi(a-m)\Pi(d+m)$$

$$= \sum_{n=-1}^{-m} (-1)^n \frac{\Pi(n+a)\Pi(n+m+d)\Pi(-n-1)}{\Pi(m+n)} x^n$$

$$+ \sum_0^\infty \frac{\Pi(n+a)\Pi(n+m+d)}{\Pi(n)\Pi(n+m)} x^n$$

$$\cdot (\Psi(n+a)\Psi(n+m+d)-\Psi(n)-\Psi(n+m)+lx).$$

附注　本文即下述取自 Bezold 所做的关于超几何级数的讲课记录, 关于它 (请见前言) 下面还会做进一步的介绍. 对在这里所处理的问题见全集 S. 81 (第一版 S. 76) 及以下.

在这份记录中对极限情形 $c+d+1 = -m$ 的处理由对一个常数因子的规范化的争议而与此前的处理有所不同, 但是这与计算中在对极限情形的展开以及在一部分正文中有缺陷也都是一样的. 因此后者要依照一份日期标明为 1857 年 2 月 12 日的备课稿 (Akt 19 的第 19_2 册) 给出, 可是符号和先前的一致. $\Psi(n)$ 是 Gauss 用的符号, Gauss 全集, 卷 Ⅲ, S. 153.

为了处理例外的情况, 我们要指出, 在论及超几何级数的问题及方法上他基本上与 Gauss 所遗留的论文 Nr. 44-47 是有共同点的. 至于有关这里所处理问题的较新的文献请参阅 Schellenberg 的学位论文, Göttingen, 1892.

至于谈到双重围绕积分 (参阅全集第二版 S. 87 上的附注 (2)), 那么也许有趣的是, 在 Riemann 遗稿的 Akt "Varia 28" 的有一页上, 没有文字, 画了各种积分路径的草图, 好像它们是对应着标准的割线, 并且还两次画了双重围绕曲线, 而且和以前的形状一样.

[75]

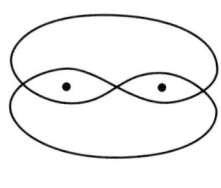

图 2

在 "Varia 26" 中还有一页是属于这里的, 它甚至是没有文本的, 它也表明 Riemann 已经把超几何积分理解为绝对不变量了.

它们就是

$$Pdz = \left(\frac{a-b}{c-d}\right)^{\frac{\gamma+\delta+1}{2}} \left(\frac{a-c}{d-b}\right)^{\frac{\delta+\beta+1}{2}} \left(\frac{a-d}{b-c}\right)^{\frac{\beta+\gamma+1}{2}}$$
$$\cdot [(a-b)(c-d)(a-d)(d-b)(a-c)(b-c)]^{1/6}$$
$$\cdot (z-a)^{\alpha}(z-b)^{\beta}(z-c)^{\gamma}(z-d)^{\delta}dz,$$
$$\alpha + \beta + \gamma + \delta + 2 = 0,$$
$$x = \frac{(a-b)(c-d)}{(c-b)(a-d)},$$

$$\int_a^b Pdz = x^{\frac{\alpha+\beta+1}{2}+\frac{1}{6}}(1-x)^{\frac{\alpha+\gamma+1}{2}+\frac{1}{6}} \int_0^1 y^{\alpha}(1-y)^{\beta}(1-xy)^{\delta}dy$$
$$= \frac{\Pi(\alpha)\Pi(\beta)}{\Pi(\alpha+\beta+1)}x^{\frac{\alpha+\beta+1}{2}+\frac{1}{6}}(1-x)^{\frac{\alpha+\gamma+1}{2}+\frac{1}{6}}F(\alpha+1,-\delta,\alpha+\beta+2,x)$$
$$= \frac{\Pi(\alpha)\Pi(\beta)}{\Pi(\alpha+\beta+1)}x^{\frac{\alpha+\beta+1}{2}+\frac{1}{6}}(1-x)^{\frac{\beta+\delta+1}{2}+\frac{1}{6}}F(\beta+1,-\gamma,\alpha+\beta+2,x),$$

$$\int_c^d Pdz = x^{\frac{\gamma+\delta+1}{2}+\frac{1}{6}}(1-x)^{\frac{\alpha+\gamma+1}{2}+\frac{1}{6}} \int_0^1 y^{\gamma}(1-y)^{\delta}(1-xy)^{\beta}dy$$
$$= \frac{\Pi(\gamma)\Pi(\delta)}{\Pi(\gamma+\delta+1)}x^{\frac{\gamma+\delta+1}{2}+\frac{1}{6}}(1-x)^{\frac{\delta+\beta+1}{2}+\frac{1}{6}}F(\delta+1,-\beta,\gamma+\delta+2,x)$$
$$= \frac{\Pi(\gamma)\Pi(\delta)}{\Pi(\gamma+\delta+1)}x^{\frac{\gamma+\delta+1}{2}+\frac{1}{6}}(1-x)^{\frac{\gamma+\alpha+1}{2}+\frac{1}{6}}F(\gamma+1,-\beta,\gamma+\delta+2,x).$$

[沿着一条过 a,b,c,d 的完整曲线的两侧进行积分, 我们就得出了类似于公式文本中的下述结果]:

$$0 = \sin s\pi P_1 + \sin(s+\beta)\pi P_2 + \sin(s+\beta+\gamma)\pi P_3 + \sin(s+\beta+\gamma+\delta)\pi P_3 = 0,$$

[而且由此对] $\alpha + \beta + 1 = m = -(\gamma+\delta+1)$:

$$\pi\cos(m-1)\pi P_2 = -\sin\alpha\pi\frac{\partial P_1}{\partial m} + \sin\delta\pi\frac{\partial P_3}{\partial m}.$$

这里在方括号中加入的文字, 以及在第一式中的 $\dfrac{1}{6}$, 正如下面所指出的, 只是由于忽略而没有写下这个 $\dfrac{1}{6}$.　　　　　　　　　　　　　　W.

[76]

B　论由微分方程所得出的函数

1

我们要来研究这样的一个函数, 它满足下述微分方程

$$a_0 y'' + a_1 y' + a_2 y = 0. \tag{1}$$

如果我们用 Y_1, Y_2 表示这个微分方程的两个特解, 那么这个微分方程的任一解均可用 Y_1, Y_2 线性齐次地表出.

如果令 x 经历一封闭路径, 在此过程中 a_0, a_1, a_2 又回到原来的值, 那么 Y_1, Y_2 就会成为这些量的带常系数的线性齐次函数.

如果我们现在把 Y_1, Y_2 之比譬如记为 z, 那么它沿这条路径一周后就会变为

$$z' = \frac{\alpha z + \beta}{\gamma z + \delta}. \tag{2}$$

如果我们反过来把 x 看成 z 的函数, 那么函数

$$x = f(z)$$

就会有这样的性质, 即有

$$f(z) = f\left(\frac{\alpha z + \beta}{\gamma z + \delta}\right).$$

如果这个函数有多个分支点, 那么就会有多个这样的一次有理变换, $f(z)$ 在这些变换下保持不变, 而且由于多次接着重复应用这种变换得到的仍然是一次有理变换, 我们可以把它称为这些变换的合成变换, 那么 $f(z)$ 就会在这个属于这些分支点并由此组合而成的变换下保持不变.

我们现在假设有一个这样的函数, 它具有在这种类型的某个置换下保持不变的性质, 并提出这样的问题, 由此来导出与这个函数相联系的微分方程.

[77] 如果 z 变为 $\dfrac{\alpha z + \beta}{\gamma z + \delta}$, 那么 $x = f(z)$ 又会取回原来的值. 如果我们对 x 求微分, 那么 $\dfrac{dz}{dx}$ 在 x 绕一封闭路径一周后即转变为 $\dfrac{\alpha z + \beta}{\gamma z + \delta}$ 对 x 的导数, 因而我们有

$$\frac{dz'}{dx} = \frac{\alpha \delta - \beta \gamma}{(\gamma z + \delta)^2} \cdot \frac{dz}{dx}.$$

我们现在假设 $\alpha\delta - \beta\gamma = 1$. 于是我们就得到

$$\left(\frac{dz'}{dx}\right)^{-1/2} = \left(\frac{dz}{dx}\right)^{-1/2} (\gamma z + \delta),$$

$$z'\left(\frac{dz'}{dx}\right)^{-1/2} = \left(\frac{dz}{dx}\right)^{-1/2} (\alpha z + \beta).$$

于是 $\left(\dfrac{dz}{dx}\right)^{\frac{1}{2}}$ 和 $z\left(\dfrac{dz}{dx}\right)^{-\frac{1}{2}}$ 就会变为这些函数的线性组合.

因此, 如果我们令

$$Y_1 = \left(\frac{dz}{dx}\right)^{-1/2},$$

$$Y_2 = z\left(\frac{dz}{dx}\right)^{-1/2},$$

那么 Y_1, Y_2 就是一个二阶微分方程的特解, 这个方程的系数是代数函数[1].

因此, 如果给出了一个具有这种性质的函数, 那么我们又可以反过来回到它的微分方程, 而且如果知道了这个函数 x 的性质, 还可以导出这个微分方程的系数. 我们由此可以导出 Y_1, Y_2 的性质, 并由此得到其微分方程. 我们的办法是, 由 Y_1, Y_2 构造出 $Y_2'Y_1 - Y_1'Y_2, Y_1''Y_2 - Y_2''Y_1, Y_2''Y_1' - Y_1''Y_2'$ 这些表达式.

如果这些函数与 a_0, a_1, a_2 成正比, 那么就有下述方程

$$a_0 y'' + a_1 y' + a_2 y = 0$$

成立. 于是我们得到

$$Y_2'Y_1 - Y_1'Y_2 = 1, \quad Y_1''Y_2 - Y_2''Y_1 = 0,$$

$$Y_2''Y_1' - Y_1''Y_2' = -\left(\frac{dz}{dx}\right)^{1/2} \frac{d^2}{dx^2}\left(\frac{dz}{dx}\right)^{-1/2}.$$

从而 Y_1, Y_2 的微分方程为

$$y'' - \left(\frac{dz}{dx}\right)^{1/2} \frac{d^2}{dx^2}\left(\frac{dz}{dx}\right)^{-1/2} y = 0,$$ [78]

而 z 所满足的微分方程则为

$$\left(\frac{dz}{dx}\right)^{1/2} \frac{d^2}{dx^2}\left(\frac{dz}{dx}\right)^{-1/2} = -a_2,$$

其中 a_2 为 x 的一个代数函数.(1)

这就是我们得以在具有经过一阶有理置换能保持不变的性质的函数给定之后, 能够成功地导出其微分方程. 但是从所给的这个问题几乎总是还能够导出其他一些条件, 它们足以确定这些代数函数.

2

我们打算把这个方法应用到能展开成超几何级数的函数, 以及某些与之相关的函数. 对于那种我们已经用 $P\begin{pmatrix} \alpha & \beta & \gamma \\ \alpha' & \beta' & \gamma' \end{pmatrix}x$ 表示的函数, 现在我们打算用 y 来表示它作为 x 的函数, 而把 x 看成是这种 y 所满足的微分方程的两个特解之商. 于是我们把 $P^{(\alpha)}$ 当作函数 Y_1, 而把另一个函数 $P^{(\alpha')}$ [看成是 Y_2 —— 中译者注].

我们必须首先研究, Y_1/Y_2 如何随 x 而改变. 对于 $P^{(\alpha)}$ 我们得到一个级数, 以 x^α 为首项, 对于 $P^{(\alpha')}$ 我们得到一个类似的级数, 以 $x^{\alpha'}$ 为首项, 并且按 x 的幂每前进一项增加 1.

如果我们开始假设 $\alpha, \beta, \gamma, \alpha', \beta', \gamma'$ 为实数, 而且 $P^{(\alpha)}, P^{(\alpha')}$ 级数的首项的系数也是实数, 那么所有接下来的各项的系数也都同样是实数, 而且对于位于 0 到 1 之间的 $x, P^{(\alpha)}$ 和 $P^{(\alpha')}$ 这二者都取正实数值. 因此在 x 从 0 向 1 移动的过程中 $Y_1/Y_2 = z$ 也都取正实数值. 如果 $\alpha > \alpha'$, 那么对 $x = 0$ 有 $z = 0$, 对 $x = 1$ 则会取一个有限值.

那么这个函数当 x 取负值时行为将如何呢? 这时会有

$$z = x^{\alpha-\alpha'}Q(x),$$

其中 Q 为两个按 x 的整数幂展开的、其系数在 x 很小时为正实数的级数.

[79]　　　　因此在 $x = 0$ 附近有

$$z = Q \cdot r^{\alpha-\alpha'}e^{(\alpha-\alpha')i\varphi},$$

其中我们假设了 $x = re^{i\varphi}$, 而且令 φ 在 $-\pi$ 与 $+\pi$ 之间取值. 如果 x 在零点附近经过正虚部从 $-r$ 变到 $+r$, 那么对于 $x = -r$ 就会有

$$z = Q(-r) \cdot r^{\alpha-\alpha'}e^{(\alpha-\alpha')i\pi},$$

由于对充分小的 $r, Q(-r)$ 为正, 因而这是一个辐角为 $(\alpha - \alpha')\pi$ 的量.

如果首先设 $\alpha - \alpha' < 1$, 那么对于负的 x 值, z 所经过的值其辐角为 $(\alpha-\alpha')\pi$. 因此这些值在 z 平面上就会位于一条直线上, 这条直线与 z 的实轴的夹角为 $(\alpha - \alpha')\pi$.

我们还要研究, 当 x 从 1 变到 ∞ 时 z 的变化趋向. 我们知道, $P^{(\alpha)}$ 和 $P^{(\alpha')}$ 可以由 $P^{(\gamma)}, P^{(\gamma')}$ 带常系数线性表达, 而且这些系数还是实数. 如果 $x > 1$, 那么就有

$$\frac{P^{(\gamma')}}{P^{(\gamma)}} = (1-x)^{\gamma'-\gamma}(1 + A_1(1-x) + \cdots).$$

如果对 $0 < x < 1$ 我们令 x 的辐角等于零, 那么我们就得到 z 值的如下表达式

$$z = \frac{p + p'e^{(\gamma-\gamma')\pi i}}{q + q'e^{(\gamma-\gamma')\pi i}}$$

而且 p, p', q, q' 始终保持为实数. 因此 z 的值位于一段圆弧上.

现在我们还要问的是, 在我们所得到的这个图形上的每一个值, 是否 z 都能取到一次, 而且只取一次.

在这个量域内 z 是 x 的一个连续函数. 如果我们反过来将 x 看成 z 的函数, 而且如果 x 还不是 z 的一个多值函数, 那么导数 $\dfrac{dz}{dx}$ 就将处处连续和有限; 反过来如果情况真如此, 那么对于这个函数的某个分支点[2], 必定有 $\dfrac{dz}{dx} = \infty$ 或 $\dfrac{dz}{dx} = 0$.

因此, 为了研究 $\dfrac{dz}{dx}$ 是不是总是这样, 我们作

$$\frac{dz}{dx} = \frac{Y_1 Y_2' - Y_2 Y_1'}{Y_2^2}.$$

由于有

$$Y_1 Y_2' - Y_2 Y_1' = C x^{\alpha + \alpha' - 1} (1 - x)^{\gamma + \gamma' - 1},$$

而且 Y_2 在内部无处为无限大, 因此除了 $0, 1, \infty$ 这几处之外, $\dfrac{dz}{dx}$ 不可能为零, [但是它也不可能为无限大,] 从而在由两条直线与一圆弧所围成的区域内, x 是 z 的单值函数.(2) [80]

在微分方程很复杂的时候, 一般来说 x 不会是 z 的单值函数.

在整个椭圆积分的理论中人们还将 $\dfrac{K'}{K}$ 作为变量引进来, 而且在这些函数中也是这样.

3

现在我们这样来把球面映射到平面上, 使得在极小的部分互相相似.(3) 我们在半径为 1 的球面上引入极坐标, 把 Θ 理解为通过一固定点 O 的大圆圆弧从 0 算起的弧度, 把 φ 理解为这个大圆与经过 O 的固定大圆之间的夹角, 所以 $\Theta = $ 常数为平行圆的方程, 而 $\varphi = $ 常数则为子午圆的方程.

我们将平面中点的坐标记为 u, v, 它们在变换的作用下是 Θ 和 φ 的函数.

球面上的线元为

$$d\Theta^2 + \sin \Theta^2 d\varphi,$$

而平面上的则为

$$du^2 + dv^2,$$

其比值

$$\frac{d\Theta^2 + \sin\Theta^2 d\varphi^2}{du^2 + dv^2} = \frac{(d\Theta + i\sin\Theta d\varphi)(d\Theta - i\sin\Theta d\varphi)}{(du + idv)(du - idv)}$$

应不依赖于比值 $d\Theta : d\varphi$. 因此分子中每一个因子都应能被分母中的因子除尽, 比如我们总是可以认为, $du + idv$ 能除尽因子 $d\Theta + i\sin\Theta d\varphi$. 因为我们可以在平面上任意放置这个坐标. 如果我们作另外的假设, 那么我们就会得到与反面类似的结果.

如果我们令 $u + iv = z$, 那么就有

$$dz = m(d\Theta + i\sin\Theta d\varphi),$$

其中 m 表示 Θ 和 φ 的一个函数, 它要这样来选择, 以使等式的右侧为一全微分. 如果我们令 $m = (\sin\Theta)^{-1}$, 那么我们就会得到

$$z = \log\tan\frac{\Theta}{2} + i\varphi.$$

[81]　　　如果我们选一个复变量的函数 $\log\tan\dfrac{\Theta}{2} + i\varphi$ 作为 z, 我们就会得到这个问题的最一般的解.

我们令 $z = \tan\dfrac{\Theta}{2}e^{i\varphi}$.

这个函数在球面上, 在 Θ 从 0 变到 π, φ 从 0 变到 2π 的过程中, 取到所有的值一次, 也仅一次. 对其中一个极点 $z = 0$, 而对另一个极点它为无限大. 我们很容易找到球面上与平面上一点对应的点, 我们设想球在 z 平面的零点与之相切, 然后由此出发算出球面上点的角度 Θ. 我们只要把另一个极点与 z 连起来, 并求出连线 Pz 与球面的交点. 球面上两个对径点对应的值为 c 和 $1/c'$, 这里 c 和 c' 为共轭量[3]. 如果有一个圆通过点 a 和 b, 那么 $\dfrac{z-a}{z-b}$ 的辐角在这个圆上就是常数.

4

我们在前面已经把两个特解之商 $P^{(\alpha)} : P^{(\alpha')}$ 记为 z, 并且研究了当 x 沿着具有正虚部的区域的边界上走时 z 如何变化. 我们所得到的 z 的变化的区域是这样的, 它的边界由两条直线和一段圆弧组成, 这两条直线在与 $x = 0$ 对应的点上以角 $(\alpha - \alpha')\pi$ 相交, 而这段圆弧则与这两条直线分别以角 $(\beta - \beta')\pi$ 和 $(\gamma - \gamma')\pi$ 相交.

　　我们假设这三个角都为正, 且都小于 π [不过这时它们的和大于 π], 那么我们在将平面上的图形映射到球面上时总是可以将它们的边界调整成大圆.

　　于是 z 的区域就会在球面上映射为一个球面三角, 其角度为 $(\alpha - \alpha')\pi, (\beta - \beta')\pi$ 和 $(\gamma - \gamma')\pi$, 我们把它们记为 $\lambda\pi, \mu\pi, \nu\pi$. 如果我们来研究 x 的值在这个球面上的分布, 那么在 $\lambda\pi$ 的顶点: $x = 0$, 在 $\mu\pi$ 的顶点: $x = \infty$, 在 $\nu\pi$ 的顶点: $x = 1$. 如果我们设想将 x 的函数开拓到越过一条边界线, 那么当 x 在其值的虚部为负的区域内变化时, z 值必定在一与之邻接且对称 – 叠合的球面三角区域内变化. 这样做下去我们就会得到一系列对称 – 叠合的球面三角区. 这样一来, 我们就得到了作为 x 的函数 z 在作任意开拓下其值的几何图像.

[82]

<h2 style="text-align:center">5</h2>

　　因此, 如果我们把 x 看成是 z 的函数, $x = f(z)$, 那么这个函数除了与 z 有关之外, 还与指数为 λ, μ, ν 的指数函数之差有关. 因为当我们将积分 y 乘以形如 $x^\delta (1 - x)^\varepsilon$ 的表达式时 z 的表达式不会改变. 如果我们用 x_1 表示 z 的另一个类似的函数, 具有指数为 λ_1, μ_1, ν_1 的指数函数, 那么我们提出这样的问题: **在何种情况下会在 x 与 x_1 之间存在一个代数关系?**

　　如果我们现在假设, 在 x 与 x_1 之间存在一个代数方程 $F(\overset{m}{x}, \overset{n}{x_1}) = 0$, 那么我们就可以为 z 画出这样一个区域, 使得函数 x 与 x_1 在这个区域内取到所有满足方程 $F = 0$ 的数值对一次, 而且仅仅一次. 可是对 x 的每一个确定的值有 x_1 的 n 个值与之对应, 因此 x 在这个区域内的每一个值会出现 n 次, 因而 x 的值域就会覆盖整个无限平面 n 次. 但是这样一来 z 的区域就会由 n 对对称 – 叠合的、角度为 $\lambda\pi, \mu\pi, \nu\pi$ 的球面三角形组合而成. 但是由同样的道理, x_1 的每一个值必定会出现 m 次, 因此这样一来 z 的区域就会由 m 对对称 – 叠合的、角度为 $\lambda_1\pi, \mu_1\pi, \nu_1\pi$ 的球面三角形组合而成.

　　这样一来, 同一个球面上的图形, 既可能是由 n 对对称 – 叠合的、角度为 $\lambda\pi, \mu\pi, \nu\pi$ 的球面三角形组合而成, 又可能是由 m 对对称 – 叠合的、角度为 $\lambda_1\pi, \mu_1\pi, \nu_1\pi$ 的球面三角形组合而成.

　　这个问题也可以像下面这样来提: 一个函数 $z(x)$ 何时能通过一代数置换变成一个类似的函数? [4]

　　我们已经遇到过几个这样的变换, 现在我们要来给出它们的几何意义.

　　$P\left(\mu, \nu, \dfrac{1}{2}, x\right), P(\nu, 2\mu, \nu, x_1), P(\mu, 2\nu, \mu, x_2)$ 这些函数中的每一个都可以用另一个表出, 其中

$$x = 4x_1(1 - x_1) = \frac{1}{4x_2(1 - x_2)}.$$

[83]　　　因此设想我们有一球面直角三角形, 其中一个角为 $\mu\pi$, 另一个角为 $\nu\pi$.

　　　如果我们沿此三角形的一条底边作一对称 – 叠合三角形, 那么我们就可以将一球面四边形 $ABCD$ 分解为两个对称 – 叠合三角形, 其角度分别为 $2\mu\pi, \nu\pi, \nu\pi$ 和 $2\nu\pi, \mu\pi, \mu\pi$.

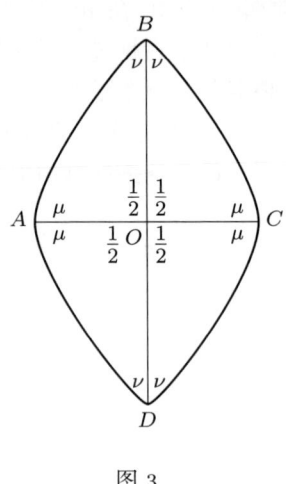

图 3

　　　我们也可以很容易求得分别属于不同三角形的函数 x, x_1, x_2 之间的代数方程, 即 x 属于 AOB, x_1 属于 ADB, x_2 属于 ACB. 我们假设 x 在 O 取值 1, 在 B 取值 0, 在 C 取值 —— 因而在 A 也取值 —— ∞. 由于这个四边形一方面是由两对属于 x 的三角形组成, 另一方面又是由一对属于 x_1 的三角形组合而成, 所以 x 是 x_1 的有理函数, 在 x_1 取其全部值一次时, 在 x 取其值两次. 如果我们假设 x_1 在 A, D, B 分别取值 $\infty, 1, 0$, 那么 x_1 在 C 也会取值 ∞. 可见 x 只有在 x_1 为无限大时才会是无限大, 因此将会是 x_1 的二次整有理函数, 它在 $x_1 = 0, 1$ 时为零. 于是有

$$x = cx_1(1 - x_1),$$

其中常数 c 由这样的条件来确定, 即在变量 z 绕 0 点转过一圈时, x_1 的对应值也会转一圈, 而 x 的值则会绕点 1 转过两圈. 因此, 如果把 x_1 对 $z = 0$ 取的值记为 ξ_1, 那么导数 $\dfrac{dx}{dx_1}$ 在 $x_1 = \xi_1$ 处就会等于零. 这样就得出 $\xi_1 = \dfrac{1}{2}, c = 4$. 这样又重新得到了先前的变换

$$x = 4x_1(1 - x_1).$$

同样地, 我们能得到方程 $x = \dfrac{1}{4x_2(1 - x_2)}$.

我们也可以用几何的方法发现, 如果有两个指数差为任意时, 就不可能有别的变换, 因为没有其他图形能以多于一种的方式由对称 – 叠合三角形对所组合而成. 对于那种只有一个指数差为任意的情况, 我们首先就有角度为 $\nu\pi$ 的等边三角形 ABC (图 4). 如果我们用等分角线把它分解, 我们就得到三对对称 – 叠合三角形, 其角度为 $\frac{\pi}{2}, \frac{\pi}{3}, \frac{\nu\pi}{2}$, 因此函数 $P(\nu, \nu, \nu, x)$ 就可通过一代数变换转换成函数

[84]

$$P\left(\frac{1}{2}, \frac{1}{3}, \frac{\nu}{2}, x_1\right),$$

或者应用前面的变换转换成

$$P\left(\frac{1}{3}, \frac{1}{3}, \nu, x_2\right) \quad \text{以及} \quad P\left(\frac{2}{3}, \frac{\nu}{2}, \frac{\nu}{2}, x_3\right),$$

或者, 也可以转变为

$$P\left(\nu, \frac{\nu}{2}, \frac{1}{2}, x_4\right), \quad P\left(\frac{\nu}{2}, 2\nu, \frac{\nu}{2}, x_5\right).$$

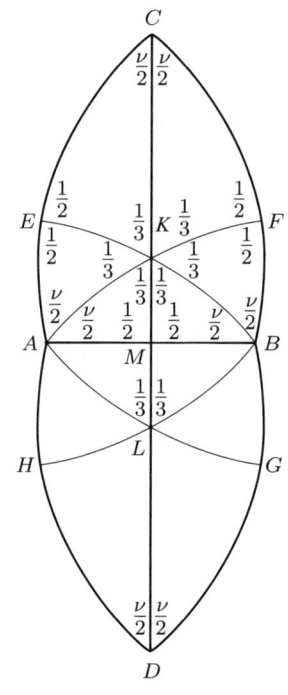

图 4

等腰直角球面三角形 ABC (图 5) 属于函数

$$P\left(\frac{1}{2}, \nu, \nu, x\right),$$

经过变换后转换为 $P(\nu, 2\nu, \nu, x_1)$ 和 $P\left(\dfrac{1}{4}, \nu, \dfrac{1}{2}, x_2\right)$, 以及 $P\left(\dfrac{1}{4}, 2\nu, \dfrac{1}{4}, x_3\right)$.

　　但是除了这个还仍然保留一个任意指数差的变换之外, 还必定有几个其所有指数差的值均已固定了的变换存在. 每一正多面体必定会导致这样的一个变换, 因为这里的由各种方法所生成的球面图形都是由球面三角形所组合成的. 但是如果这后者知道了, 那么这个变换就很容易实际作出来.

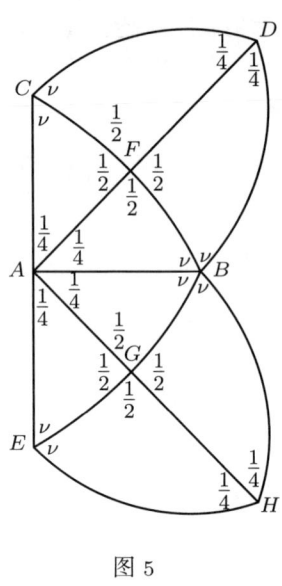

图 5

　　那种指数差为零 [或者三个角之和 $\leqslant \pi$] 的情形需要特殊的处理.[5][4] 在这种情形中我们必须用平面图形来替代球面三角.

<h2 style="text-align:center">6</h2>

[85] 　　我们是通过引进微分方程的两个特解之商, 或者更具体说通过把这个商看成是独立变量的函数而走向上述研究的.

　　我们还必须研究另外一些函数, 它们也同样是与这个线性齐次微分方程的解有关.

　　我们迄今只研究了下述形式的微分方程:

$$a_0\frac{d^n y}{dx^n} + a_1\frac{d^{n-1}y}{dx^{n-1}} + a_2\frac{d^{n-2}y}{dx^{n-2}} + \cdots + a_n y = 0,$$

其中 $a_0, a_1, a_2, \cdots, a_n$ 为 x 的有理函数, 而且其解的重要的性质是, 如果我们有了 n 个特解, 那么任何其他解都可以用它们的带常系数的线性组合表出. 由此推知, 如果这些系数和 x 又重新取原来的值, 那么这些函数就必定是先前那些函数的线性组合. 但是我们还没有研究那种情况, 这时微分方程是线性的, 但是已不再是齐次的了, 从而方程的右侧不再为零, 而是一个给定的 x 的函数. 于是我们假设有一个这样的微分方程

$$a_0 \frac{d^n \eta}{dx^n} + a_1 \frac{d^{n-1} \eta}{dx^{n-1}} + a_2 \frac{d^{n-2} \eta}{dx^{n-2}} + \cdots + a_n \eta = C(x).$$

这种方程的求解可以归结为对 n 阶线性齐次方程的求解, 而且主要的方法有两种, 它们均源自 Lagrange.

如果已经知道了在 $C(x) = 0$ 时方程的 n 个特积分 $y_1, y_2, y_3, \cdots, y_n$, 那么, 如果令 y 的表达式为 $C_1 y_1 + C_2 y_2 + C_3 y_3 + \cdots + C_n y_n$, 而且这些 C_i 为常数, 这个表达式就能满足前一个微分方程. 但是如果我们把这个表达式代入第二个微分方程, 并且把这些 C_i 看成是 x 的函数, 那么那些含 C_i 的项相互抵消为零, 只剩下一些只含 C_i 的导数的表达式. 这个关于 C_i 的导数的微分方程可以求积分, 并由此把 η 确定下来. 于是我们仅仅通过积分就可得出 C_i, 但是这就要一个接一个地进行多次积分.

现在还有一个更可靠的方法, 同样也是源自 Lagrange. 这个办法就是, 用一个不定因子 v 乘所给的微分方程, 然后将方程的两侧从 0 到 x 积分. 然后将方程左侧的单个项通过部分积分变形, 使得每一项的 η 作为因子在积分号下出现. [86] 由此通过不定积分我们得到

$$\int \eta \left(a_n v - \frac{d(a_{n-1} v)}{dx} + \frac{d^2(a_{n-2} v)}{dx^2} - \frac{d^3(a_{n-3} v)}{dx^3} + \cdots \right) dx$$
$$+ \eta \left(a_{n-1} v - \frac{d(a_{n-2} v)}{dx} + \cdots \right) + \frac{d\eta}{dx} \left(a_{n-2} v - \frac{d(a_{n-3} v)}{dx} + \cdots \right)$$
$$+ \cdots + a_0 v \frac{d^{n-1} \eta}{dx^{n-1}} = \int C(x) v dx.$$

因此将 v 作为一个解代入微分方程[6]

$$a_n v - \frac{d(a_{n-1} v)}{dx} + \frac{d^2(a_{n-2} v)}{dx^2} - \cdots + (-1)^n \frac{d^n(a_0 v)}{dx^n} = 0,$$

那么左侧的积分就抵消了. 如果我们用 $v_1, v_2, v_3, \cdots, v_n$ 来表示 n 个独立的特解, 那么我们就可以将 v 设为 $c_1 v_1 + c_2 v_2 + c_3 v_3 + \cdots + c_n v_n$, 并且这样来确定 $c_1, c_2, \cdots, c_n$ 的比值, 使得如果从 0 到 x 进行积分, 在积分的上限所有 η 及其导数的系数, 除了一个以外全都为零. 这样我们就得到了 η 及其导数的积分表示. 至于谈到这些函数的性质, 我们在前面只提到了, 这些性质可以由线性齐次的 n 阶微分方程解的性质导出. 如果 η 是非齐次方程的一个解, 那么 $\eta + c_1 y_1 + c_2 y_2 + c_3 y_3 + \cdots + c_n y_n$ 是一个这样的解, 而且任何其他这样的解都可

以这种形式得到, 因为源自 y 的部分代入方程会等于零, 而源自 η 的部分就会等于 $C(x)$. 因此推知, 在变量 x 以及所有的系数再次取得原先的值时 η 就将变为 $\eta + c_1 y_1 + c_2 y_2 + c_3 y_3 + \cdots + c_n y_n$.

7

　　如果我们现在转过来讨论一些特殊情形, 那么我们就会发现, 在任意两个值之间所取的积分

$$\int s^a (1-s)^b (1-xs)^c ds,$$

其中积分号下的函数在这两端点为零, 作为 x 的一个函数它必定会满足一个以
[87]　x 的有理函数作为系数的二阶微分方程, 而且还可以由此推知, 在点 x 绕 $0, 1, \infty$
一圈时的积分值可以用其中两个的带常系数的线性齐次式表出. 将积分代入微分方程, 我们就可以很容易地验证它能满足. 如果我们现在在方程的左边用不定积分代替定积分代入, 那么积分结果也是不定的, 于是就不会在端点上等于零, 所以右侧也不会等于零.

　　我们有

$$P \begin{pmatrix} 0 & \infty & 1 & \\ \alpha & \beta & \gamma & x \\ \alpha' & \beta' & \gamma' & \end{pmatrix}$$

$$= 常数 \cdot x^\alpha (1-x)^\gamma \int s^{-\alpha'-\beta'-\gamma'} (1-s)^{-\alpha'-\beta-\gamma} (1-xs)^{\alpha-\beta-\gamma} ds,$$

其中积分在 $0, 1, \infty, x^{-1}$ 这四个值中的两个之间进行. 我们还要令 α 和 γ 等于零, 并令

$$y = \int s^a (1-s)^b (1-xs)^c ds.$$

于是微分方程的左边就将为

$$(1-x) \frac{d^2 y}{(d \log x)^2} + (a+b+1-(a-c+1)x) \frac{dy}{d \log x} + c(1+a)xy.$$

将其中的 y 代以

$$\eta = \int_0^s s^a (1-s)^b (1-xs)^c ds,$$

那么上述表达式就将成为 s 和 x 的函数 $F(s, x)$. 如果现在让 s 绕一封闭路径走一圈, 那么 η 会跟着改变, 但是 η 的新的值能够用两个积分线性齐次地表出, 一个是从 0 到 s 的积分, 一个是以 $0, 1, \infty, x^{-1}$ 为积分限的积分. 由于后一积分会

使积分表达式等于零, 如果 s 绕一闭路径一周, 那么 $F(s,x)$ 只能改变一个常数因子; 此外在适当地限定 a,b,c 时, 它对 $s = 0, 1, \infty, x^{-1}$ 必定会为零. 由此我们就可以直接确定这个表达式. 通过将表示 η 的积分代入算出这个 $F(s,x)$, 如果选右边的一个零点作为下限, 我们就会得到

$$F(s,x) = cx \int s^a (1-s)^b (1-xs)^{c-2} ((a+1)(1-xs)(1-s)$$
$$-(b+1)s(1-xs) - (c-1)s(1-s)x)ds$$
$$= cxs^{a+1}(1-s)^{b+1}(1-xs)^{c-1}.$$

由此我们得到, 在 η 的积分为 　　　　　　　　　　　　　　　　　　[88]

$$\eta = \int_0^s s^a (1-s)^b (1-xs)^c ds$$

时的微分方程为

$$(1-x)\frac{d^2\eta}{(d\log x)^2} + (a+b+1-(a-c+1)x)\frac{d\eta}{d\log x} + c(1+a)x\eta$$
$$= cxs^{a+1}(1-s)^{b+1}(1-xs)^{c-1}.$$

8

设我们有一个如下形式的微分方程

$$f(x)\frac{d^2y}{dx^2} + g(x)\frac{dy}{dx} + h(x)y = 0,$$

我们要来研究用定积分解这个方程.

这通常通过下述置换来做到[7]:

$$y = \int (x-s)^\alpha v ds,$$

其中 v 只是 s 的函数, 而积分限与 x 无关. 把这个表达式代入微分方程中, 于是得到积分号下的部分为

$$v(\alpha(\alpha-1)f(x)(x-s)^{\alpha-2} + \alpha g(x)(x-s)^{\alpha-1} + h(x)(x-s)^\alpha).$$

现在我们可以将 $f(x), g(x), h(x)$ 按 $x-s$ 的幂展开, 而且如果函数 f, g, h 为整有理函数, 那么我们只能得到有限个形式为

$$C\varphi(s)(x-s)^{\alpha+h}v$$

的项. 于是通过分部积分就能做到将每一项中 $x - s$ 的指数提高到使得我们在积分符号内得到一个表达式

$$(x - s)^{\alpha + n} P(v),$$

其中 $P(v) = 0$ 就是关于 v 的一个齐次线性微分方程, 它里面还含有参数 α, 但是不再含有 x.

那么积分限必须这样来选择, 以使由分部积分所得出的表达式在这些积分限上等于零.

如果我们, 比如令

$$f(x) = a_0 + a_1 x + a_2 x^2, \quad g(x) = b_0 + b_1 x, \quad h(x) = c_0,$$

那么 $f(x)$ 按 $x - s$ 的幂展开只含三项, $g(x)$ 的展开只含两项, 而且 $x - s$ 的最高指数为 α.

[89]　　　于是我们就会得到 v 的微分方程为

$$\frac{d^2(vf(s))}{ds^2} + \frac{d}{ds}(v(\alpha - 1)f'(s) + g(s)) + \left(\frac{1}{2}\alpha(\alpha - 1)f''(s) + \alpha g'(s) + c_0 \right) v = 0,$$

而且积分限 s_0 和 s_1 要这样来确定, 以使积分

$$\int_{s_0}^{s_1} \alpha(x - s)^{\alpha - 1} \cdot vf(s) + (x - s)^{\alpha} \left(\frac{d(vf(s))}{ds} + v((\alpha - 1)f'(s) + g(s)) \right)$$

等于零.

但是如果我们改变, 例如, 上限, 我们就会得到一个非齐次的线性微分方程, 它能为积分

$$\eta = \int_{s_0}^{s} (x - s)^{\alpha} v ds$$

所满足.

如果我们把这个方法应用于 y 的微分方程, 这里

$$y = \int_0^1 s^a(1 - s)^b(1 - xs)^c ds,$$

然后再用 x^{-1} 替代 x, 那么我们又会再次得到先前得出过的对

$$\eta = \int_0^s s^a(1 - s)^b(1 - xs)^c ds$$

的微分方程.

现在来把这里的研究结果应用到第一类椭圆积分上.

我们把这个积分记为如下的形式:

$$\frac{1}{2}\int (1-x)^{-1/2}(1-k^2x)^{-1/2}x^{-1/2}dx.$$

如果积分限为 0 和 1, 那么就把这个积分称为整椭圆积分:

$$K = \frac{1}{2}\int_0^1 (1-x)^{-1/2}(1-k^2x)^{-1/2}x^{-1/2}dx.$$

整椭圆积分 K 的微分方程是

$$(1-k^2)\frac{d^2K}{(2d\log k)^2} - k^2\frac{dK}{(2d\log k)} - \frac{1}{4}k^2K = 0.$$

如果我们现在从这个微分方程来推导积分

$$u = \int_0^x (1-x)^{-1/2}(1-k^2x)^{-1/2}x^{-1/2}dx$$

的微分方程, 那么我们就会得到

$$(1-k^2)\frac{d^2u}{(2d\log k)^2} - k^2\left(\frac{du}{2d\log k}\right) - \frac{1}{4}k^2u = -\frac{1}{2}k^2x^{1/2}(1-x)^{1/2}(1-k^2x)^{-3/2}, \quad [90]$$

这是不定椭圆积分所能满足的微分方程.
于是一般解为

$$u + CK + C'K'.$$

整椭圆积分的许多性质最早都是通过研究这个不定积分得到的, 而实际上它是 x 的一个非常简单的函数. 同时它的行为和下述一般积分

$$\eta = \int_0^s s^a(1-s)^b(1-xs)^c ds$$

是一样的.

这既是 x 的一个非常简单的函数, 又是 s 的一个非常简单的函数, 而且在研究 η 作为 s 的函数时, 这个定积分的积分限是 0 和 1 或 1 和 x^{-1}. 于是微分方程的一般解为

$$\eta + C\int_0^1 + C'\int_1^{1/x}.$$

我们可以将这一说明应用到那些微分方程, 它们按上面研究的方法是要用定积分来求解的. 但是即使是那些不能用定积分来求解的情况我们也能做类似的应用.

设微分方程为

$$a_0 \frac{d^n y}{dx^n} + a_1 \frac{d^{n-1} y}{dx^{n-1}} + \cdots + a_n y = 0,$$

并设左侧的函数 y 为 x 的一个含参数的函数, 所以其右侧为 x 和这个参数的函数, 我们把它记为 X. 于是如果我们研究微分方程

$$a_0 \frac{d^n \eta}{dx^n} + a_1 \frac{d^{n-1} \eta}{dx^{n-1}} + a_2 \frac{d^{n-2} \eta}{dx^{n-2}} + \cdots + a_n \eta = X,$$

那么适当地选择 X 和参数, η 就很有可能既是 x、又是参数的非常简单的函数. 这个超越函数在这种微分方程的理论中能发挥重要的作用.

9

[91]

现在我们来对整椭圆积分做更详细一点的研究, 研究当 k^2 绕点 1 一周后重新取回原值时, K 和 K' 如何改变. K 将变成一个这样的积分, 它的积分路径从 0 出发沿正方向绕过 k^{-2} 再回到 1, 而且如果在这条积分路径的最后一部分再从 1 延伸到 k^{-2}, 那么我们就会得到新的 K 值为

$$\int_0^1 \frac{1}{2} x^{-1/2} (1-x)^{-1/2} (1-k^2 x)^{-1/2} dx$$
$$-2 \int_1^{k^{-2}} \frac{1}{2} x^{-1/2} (1-x)^{-1/2} (1-k^2 x)^{-1/2} dx$$
$$= K - 2iK'.$$

而这时积分 K' 却根本不会改变. 在 k^{-2} 绕零点转一圈时, K 将变为 $3K - 2iK'$, 而 iK' 则将变为 $2K - 2iK'$. 绕 ∞ 点正向一圈, 或者效果和绕 0, 1 点负向一圈一样, K 不会改变, 而 iK' 将变为 $iK' + 2K$.

那给出整椭圆积分对模 k^2 的依赖关系的公式, 是 Jacobi 在其 "椭圆函数新理论的基础" (*Fundamenta nova theoriae functionum ellipticarum*) 一文中确立的. 他取 $q = e^{-\pi \frac{K'}{K}}$ 作为变量, 但是在微分方程中他已经引进商 K'/K, 也就是引进两个特解之商, 作为变量了. 如果我们现在引进商 K'/K 作为变量, 把 k^2 看成是这个变量的函数, (8) 那么我们就要问, 如果 k^2 在具有正虚部的区域内变动, K'/K 将如何变化?

如果 k^2 从 0 变到 1, 那么 K'/K 将保持为实数, 而且在 k^2 为 0 时变为 ∞, 在 $k'^2 = 1 - k^2 = 0$, 因而也就是在 $k^2 = 1$ 时变为 0.

现在令 K 在 $k^2 = 0$ 的附近按这个量的正幂展开, 并将 K' 表示为以下形式:

$$-\frac{1}{\pi} \log k^2 - \frac{2}{\pi} (a_0 + a_1 k^2 + \cdots).$$

由此我们认识到, 如果 k^2 通过正虚部变为 $-k^2$, 然后再变到 $-\infty$, 那么 K'/K 所取的值, 其虚部将始终等于 $-i$, 因此线段 $0, -\infty$ 就会映射成一条通过点 $-i$ 并与实轴平行的直线.

此外, 如果将 k^2 与 $1-k^2$ 互换, 那么 K 与 K' 就会相互转换. 于是由所给 [92] 的级数展开就得出, 在 k^2 从 1 变到 ∞ 时, K'/K 的虚部为常数, 也就是等于 $+i$, 因而 K'/K 的值就会位于一个半径为 $1/2$、圆心在 $-\frac{1}{2}i$ 的半圆周上, 从而与两条直线, 即实轴和通过点 $-i$ 所作的与实轴平行的直线, 相切. 这个图形直观地表示了当 k^2 所取值的虚部为正时 K'/K 所取值的情况. 如果我们把这部分与 K'/K 对应于 k^2 所取值的虚部为负时的取值域, 沿 $k^2 = 0$ 到 $k^2 = 1$ 的线段连接起来, 那么我们因此所得到的图形的内部, 就是 k^2 在整个平面内变动, 但仍然不越过线段 $0, -\infty$ 或 $1, \infty$ 时 K'/K 的取值区域.

现在我们可以来研究, 当 k^2 越过这种线段时, 比如说绕点 1 正向转过一圈时, $\dfrac{K'}{K}$ 如何取值. 这时 $\dfrac{K'}{K}$ 会转变为 $\dfrac{K'}{K - 2iK'}$, 这样我们就只要查看, 当 $\dfrac{K'}{K}$ 在前一个图形内变化时, $\dfrac{K'}{K - 2iK'}$ 会经历哪些量. 我们会发现, 这个量域仍然是由一个半圆, 它立于线段 $0, i$ 之上, 以及另外三个小一些的半圆所围成, 其中一个立于线段 $\dfrac{1}{2}i, i$ 之上, 另外两个分别立于线段 $\dfrac{1}{2}i, \dfrac{1}{3}i$ 以及线段 $\dfrac{1}{3}i, 0$ 之上.

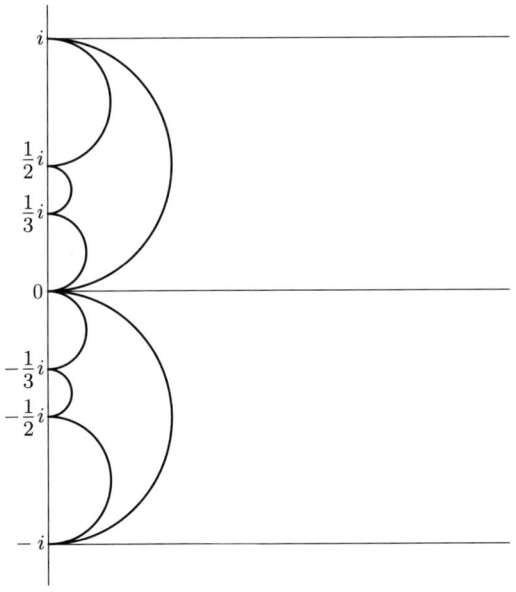

图 6

$\dfrac{K'}{K}$ 在点 $k^2 = 0$ 处所对应的值为 $\dfrac{1}{2}i$, 在 $k^2 = 1$ 处所对应的值为 $\dfrac{1}{3}i$. 一般来说, 对所有取值为 $\sqrt{-1}$ 乘以有理数的 $\dfrac{K'}{K}$, 我们能够确定与之对应的 k, 只要通过研究, 在 k^2 再次取得同样的值, 但是是通过不同的路径时, 函数 $\dfrac{K'}{K}$ 将如何改变.

如果我们以这种方式来跟踪函数 $\dfrac{K'}{K}$, 那么我们也能发现, 不论我们把这个函数开拓到多远, 即使在 k^2 绕 $0, 1, \infty$ 这些点转任意多圈时, $\dfrac{K'}{K}$ 的每一个值也只能取到一次. 因此这个函数对每一个 [具有正实部的] 复数值, 也只能取一次.

[93]　　　如果我们现在有这样一个函数 Y, 它的不连续和多值点只有 $0, 1, \infty$, 那么我们就可以令 $\varphi(z)$ 为其 x, 这里 $k^2 = \varphi\left(\dfrac{K'}{K}\right)$. 那么 Y 将为 z 的函数, 它对 z 的每一个值只取一个确定的值. 那么当 x 绕零点转过一圈时 z 就会从一个区域过渡到另一个区域. 这样一来, 我们令 $\varphi(z)$ 为 x, 这里 φ 是由 k^2 [作为 $\dfrac{K'}{K}$ 的函数] 所提供的[5](9).

[94]
附　　注

这里所叙述的 Riemann 的思想是在很久以后 (而且与他无关) 才发挥巨大的影响的. 这里涉及的超几何级数首先是在 H. A. Schwarz 的工作, Crelles J. 75 (全集 Ⅱ, S. 211 以下, 还可以参阅 S. 353–355 以及 363 以下) 中得到了研究的.

至于谈到圆弧三角形、三角函数、椭圆模函数以及一般的自守函数等学说的发展和意义, 我们在这里要提到 Klein 关于超几何函数以及关于线性微分方程方面的石印讲义, 还有他与 Fricke 合著的关于模函数和关于自守函数的著作, 更进一步的就是 Schlesinger 在线性微分方程理论手册上的内容. 文本的编辑尽可能与原始文本接近.

(1) 参阅 Schwarz 全集 Ⅱ, S. 353 以下.

(2) 这个结论的正确性主要依赖于对 $\alpha, \alpha', \beta, \beta', \gamma, \gamma'$ 所做的假设. 参阅 Schwarz 全集 Ⅱ, S. 221–233. Klein 和 Schilling 对一般的圆弧三角形做了进一步的研究: Klein, Math. Ann. 37; Schilling, Math. Ann. 39, 44, 46.

(3) 采用这一节是因为, C. Neumann 在其讲 Abel 函数的前言中讲到, 还有 Klein 在他的一篇论及 Abel 函数及其积分的 Riemann 理论的论文中也提到, 在 Riemann 的讲义中有这样一篇通报.

(4) 关于这里请参阅 E. Papperitz, Math. Ann. 27. 那里还给出了进一步的文献.

(5) 方括号中的话为编者所加.

(6) 参阅 Schlesinger, Handbuch I, 第 2 部分, 第 3, 4 章.

(7) 参阅 Schlesinger, Handbuch Ⅱ, 第 12 部分.

(8) 有关椭圆模函数方面的大量文献, 请参阅 Klein–Fricke, Modulfunktionen; Schlesinger, Handbuch Ⅱ, 第 13 部分.

(9) 关于这个定理见 F. Klein, Math. Ann. 14; E. Papperitz, Math. Ann. 34. 关于这个定理的应用和推广方面的大量文献, 见 W. Osgood, Encyklop. d. math. Wiss. Ⅱ B 2, Nr. 27–29.

俄译本在本篇的附注

Riemann 在他的 "对可以用 Gauss 级数 $F(\alpha, \beta, \gamma, x)$ 来表达的函数理论的一个新贡献" 论文的最后, 从超几何函数的一般性质出发得到了把它们表示成如下形式的定积分:

$$\int s^{\alpha}(1-s)^b(1-xs)^c ds,$$

而且积分路径是某一连接 $0, 1, \dfrac{1}{x}, \infty$ 这四个点中的两个点的曲线. 在所做 "论用定积分定义 P 函数" 的短文中, Riemann 遵循另一路径, 通过研究积分得出它们具有在上述论文中作为定义超几何函数的全部性质的结论.

接下来的一系列短论, 总的标题是 "论由微分方程所得出的函数", 都是用来研究由反转二阶线性齐次方程的两个特解之商而得到的超越函数的, 这由此导致自守函数. 当确立了那些超几何积分, 现在在变动上限 s 时看成是 x 的函数, Riemann 在椭圆积分的特殊情况 $\left(a = b = c = -\dfrac{1}{2}\right)$ 下叙述到, 为了详细地研究两个整椭圆积分之商与参数 $x = k^2$ 之间的关系, 他去研究了 (那已为 Gauss 所知的) 模函数.

[1] 这个结论, 要不是注意到, 根据 Bezold 的笔记可知, Riemann 在他的论文 "关于带代数系数的线性微分方程的两个一般定理" 中已经叙述到了它的内容, 会显得有点奇怪. 他在那里明显地表述了奇点的个数为有限的可能性, 并且表明在其中的每一个点上系统的任何一个函数 "不可能变为无限大阶的无限大".

[2] 自然, 由某个函数在某个区域内的多值性, 一般来说, 并不能推得在此区域内存在分支点. 但是在这种情况下, 这是由于在边界确立了相应的关系.

[3] 这里所描述的 Riemann 球有点不太合理: 应该设想, 等于 1 的不是半径, 而是直径; 此外, 位于一条直径两端的点所对应的值不是 c 和 $-\dfrac{1}{c}$, 而是 c 和 $\dfrac{1}{c}$.

[4] 方括号内的内容为 Wirtinger 所加.

[5] Riemann 在其讲义中预定计划要在自守函数领域内所做的研究, 在这里复现了其中一些片断, 后来由他人独立于他完成了. 在这方面首先就要提到 H. A. Schwarz 和 F. Klein 的名字. 其中第一位是 Weierstrass 的学生, 在 1875 年之后在 Göttingen 讲课, 并受到 Riemann 思想的影响; 第二位自认是 Plücker 和 Clebsch 的学生和 "Riemann 学派的编外生"(《数学在 19 世纪的发展, ОНТИ, M. – Л., 1937, стр. 309), 但是他本人就可以被认为是一个实际上的主要的学派, 而且是在上述方向许多著作的作者. 除了他们的著作外, 在许多其他文献中我们还可以提到 Schlesinger 的《线性微分方程理论手册 (Handbuch der Theorie der linearen Differentialgleichungen)》(1895, 1897—1898), 以及更新一些的 L. R. Ford 的《自守函数》一书的俄译本 (ОНТИ, M. – Л., 1936).

95

IV 数学注记

(摘自遗著)

A 关于《Riemann 全集》第二版第 XXXI 篇
(第一版第 XXX 篇) (19) 式中六个方程的推广

(Akt Nr. 19, Konv. 19₅, d), Konv. 19₅, b), Bogen 4—6;
Akt Nr. 25, Bogen 1, 24.)

在 Riemann 设想将 $p = 3$ 的 Abel 函数表示成形式

$$\sqrt{\alpha x + \alpha' x' + \alpha'' x''}, \quad \text{其中} \quad \alpha\alpha'\alpha'' = 1$$

时, 从四个 Abel 函数

$$\sqrt{\alpha x + \alpha' x' + \alpha'' x''}, \quad \sqrt{\beta x + \beta' x' + \beta'' x''},$$

$$\sqrt{\gamma x + \gamma' x' + \gamma'' x''}, \quad \sqrt{\delta x + \delta' x' + \delta'' x''}$$

的系数中取其六个比值

$$\alpha : \beta : \gamma : \delta, \quad \alpha' : \beta' : \gamma' : \delta'$$

作为类模数, 并且对包含在一 "组 (Gruppe)" 内的六对 Abel 函数提出以下的问题:

"在量 $a, b, c, d; a', b', c', d'; a'', b'', c'', d''$ 为任意给定时, 求下述六个方程

$$\alpha a + \beta b + \gamma c + \delta d = 0, \quad \frac{a}{\alpha} + \frac{b}{\beta} + \frac{c}{\gamma} + \frac{d}{\delta} = 0; \tag{1}$$

$$\alpha' a' + \beta' b' + \gamma' c' + \delta' d' = 0, \quad \frac{a'}{\alpha'} + \frac{b'}{\beta'} + \frac{c'}{\gamma'} + \frac{d'}{\delta'} = 0; \tag{2}$$

$$\alpha \alpha' a'' + \beta \beta' b'' + \gamma \gamma' c'' + \delta \delta' d'' = 0, \quad \frac{a''}{\alpha \alpha'} + \frac{b''}{\beta \beta'} + \frac{c''}{\gamma \gamma'} + \frac{d''}{\delta \delta'} = 0 \tag{3}$$

的解, 即确定满足它们的下述六个量

$$\frac{\beta}{\alpha}, \frac{\gamma}{\alpha}, \frac{\delta}{\alpha}; \quad \frac{\beta'}{\alpha'}, \frac{\gamma'}{\alpha'}, \frac{\delta'}{\alpha'}$$

的数值组.

这个问题有六组解. 为了求得它们, 我们要引进:

$$(\beta a' b'' - \alpha a'' b') \left(\frac{a' b''}{\beta} - \frac{a'' b'}{\alpha} \right) \equiv a'^2 b''^2 + a''^2 b'^2 - a' a'' b' b'' \left(\frac{\alpha}{\beta} + \frac{\beta}{\alpha} \right)$$

$$= (ab) = (ba), \quad \text{等等};$$

那么由 (2), (3) 通过消除 α', β', γ', δ' 就得到

$$(ab)(cd)[(ab) + (cd) - (ad) - (bc) - (ac) - (bd)]$$
$$+(ac)(bd)[(ac) + (bd) - (ad) - (bc) - (ab) - (cd)]$$
$$+(ad)(bc)[(ad) + (bc) - (ac) - (bd) - (ab) - (cd)]$$
$$+(ab)(ac)(ad) + (ba)(bc)(bd) + (ca)(cb)(cd) + (da)(db)(dc) = 0. \tag{4}$$

由 (1) 中的诸方程可推得

$$a^2 + d^2 + ad \left(\frac{\alpha}{\delta} + \frac{\delta}{\alpha} \right) \equiv b^2 + c^2 + bc \left(\frac{\beta}{\gamma} + \frac{\gamma}{\beta} \right) = r,$$

$$a^2 + c^2 + ac \left(\frac{\alpha}{\gamma} + \frac{\gamma}{\alpha} \right) \equiv b^2 + d^2 + bd \left(\frac{\beta}{\delta} + \frac{\delta}{\beta} \right) = s,$$

$$a^2 + b^2 + ab \left(\frac{\alpha}{\beta} + \frac{\beta}{\alpha} \right) \equiv c^2 + d^2 + cd \left(\frac{\gamma}{\delta} + \frac{\delta}{\gamma} \right) = t.$$

如果我们引进未知量 r, s, t 来代替 $\alpha : \beta : \gamma : \delta$, 那么由 (1) 就可推得

$$r + s + t = a^2 + b^2 + c^2 + d^2; \tag{5}$$

而且由

$$l = \frac{\beta}{\gamma} + \frac{\gamma}{\beta}, \quad m = \frac{\gamma}{\alpha} + \frac{\alpha}{\gamma}, \quad n = \frac{\alpha}{\beta} + \frac{\beta}{\alpha}$$

之间的恒等关系

$$l^2 + m^2 + n^2 - lmn - 4 = 0,$$

借助于 (5) 式即可推得

$$rst - s(a^2 - b^2)(c^2 - d^2) - t(a^2 - c^2)(b^2 - d^2) - a^2d^2(a^2 + d^2)$$
$$-b^2c^2(b^2 + c^2) + b^2c^2d^2 + a^2c^2d^2 + a^2b^2d^2 + a^2b^2c^2 = 0. \tag{6}$$

如果我们将其中仅含 $r \cdot s \cdot t$ 的三次项展开, 那么我们借助于 (6) 就可由 (4) 得到一个 r, s, t 的二次方程, 因此是能满足 (5), (6) 的 6 数组 r, s, t; 而且对应于每一这样的数组会有两对互为倒数的、由量 $\dfrac{\beta}{\alpha}, \dfrac{\gamma}{\alpha}, \dfrac{\delta}{\alpha}; \dfrac{\beta'}{\alpha'}, \dfrac{\gamma'}{\alpha'}, \dfrac{\delta'}{\alpha'}$ 组成的数组."

为了得到 (4) 我们令

$$\beta a'b'' - \alpha a''b' = (AB) = -(BA), \quad \frac{a'b''}{\beta} - \frac{a''b'}{\alpha} = (A_1B_1) = -(B_1A_1),$$

其中

$$(AB)(A_1B_1) = (ab),$$

那么由 (2), (3) 有

$$\beta'(AB) + \gamma'(AC) + \delta'(AD) = 0, \quad \frac{(A_1B_1)}{\beta'} + \frac{(A_1C_1)}{\gamma'} + \frac{(A_1D_1)}{\delta'} = 0,$$

从而有 [97]

$$(ad) - (ab) - (ac) = \frac{\beta'}{\gamma'}(AB)(A_1C_1) + \frac{\gamma'}{\beta'}(AC)(A_1B_1), \quad \text{等等}.$$

如果令

$$(ad) - (ab) - (ac) = l', (bd) - (ba) - (bc) = m', (cd) - (ca) - (cb) = n',$$
$$(AB)(A_1C_1) = \lambda, (AC)(A_1B_1) = \lambda'; (BC)(B_1A_1) = \mu, (BA)(B_1C_1) = \mu';$$
$$(CA)(C_1B_1) = \nu, (CB)(C_1A_1) = \nu',$$

从而有

$$\lambda'\mu'\nu' = \lambda\mu\nu = -(ab)(ac)(bc),$$

同时考虑下述三个方程

$$l' = \lambda\frac{\beta'}{\gamma'} + \lambda'\frac{\gamma'}{\beta'}, \quad m' = \mu\frac{\gamma'}{\alpha'} + \mu'\frac{\alpha'}{\gamma'}, \quad n' = \nu\frac{\alpha'}{\beta'} + \nu'\frac{\beta'}{\alpha'},$$

那么我们就会得到恒等关系

$$l'm'n' - \lambda\mu\nu\left(\frac{l'^2}{\lambda\lambda'} + \frac{m'^2}{\mu\mu'} + \frac{n'^2}{\nu\nu'} - 4\right) = 0,$$

从而有

$$[(ad) - (ab) - (ac)][(bd) - (ba) - (bc)][(cd) - (ca) - (cb)] - 4(ab)(ac)(bc)$$
$$+(bc)[(ad) - (ab) - (ac)]^2 + (ca)[(bd) - (ba) - (bc)]^2$$
$$+(ab)[(cd) - (ca) - (cb)] = 0,$$

这正好与方程 (4) 一致.　　　　　　　　　　　　　　　　　　　　　　　　N.

B　$p = 3$ 时的类模数能归结为 $p = 2$ 的情形的条件

(Akt Nr. 19, Konv. 19_5, b), Bogen 30; Akt Nr. 25, Blatt 18.)

"要使全部 6 对 Abel 函数形成其两项互相相等 (从而有 6 重周期的 θ 级数可以约化为有 4 重周期的级数) 的一组, 充要条件是, 在不同对中的 3 项之间有一个方程成立" [即, 对四阶曲线有 3 条具有奇特征但其和为偶特征的二重切线交于一点].

[根据组的不同对于模数有下述各种可能性:]

"(1) $(\alpha, \beta, \gamma) = 0 : \alpha'' = \beta'' = \gamma'' = 0$, 在全部 32 个类似的情况中.

(2) $\alpha = \beta : \alpha'\beta' = \alpha''\beta''$, 在全部 18 个类似的情况中.

(3) $\dfrac{\alpha + \dfrac{1}{\alpha} - \beta - \dfrac{1}{\beta}}{\alpha' + \dfrac{1}{\alpha'} - \beta' - \dfrac{1}{\beta'}} = \dfrac{\alpha + \dfrac{1}{\alpha} - \gamma - \dfrac{1}{\gamma}}{\alpha' + \dfrac{1}{\alpha'} - \gamma' - \dfrac{1}{\gamma'}} : \alpha'' = \beta'' = \gamma'' = 1$, 在全部 6 个类似的情况中.

[98]　　　　(4) $\alpha = \beta, \alpha' = \beta', \alpha'' = \beta''$, 在全部 6 个类似的情况中.

(5) $\alpha = \alpha' = \beta = \beta' = \gamma = \gamma' = 1$, 只有 1 种情况.

如果我们把开始的半组与后面的半组对换, 那么 (3) 会变为 (4), 而 (1), (2), (5) 为自身."

关于最后一点在 19_5, b), 30 中还有一些计算.

(参见 Roch, Crelles Journ. Bd. 66, S. 111; 进一步, Cayley, Crelles J. 94, S. 107 及以下 (Werke XII, S. 87 及以下), F. Klein, Math. Ann. Bd. 36, S. 59 及以下.)　　　　　　　　　　　　　　　　　　　　　　　　　　　　N.

C　Riemann θ 函数公式

(Akt Nr. 19, Konv. 19_5, d); Nr. 25, Bogen 17; Andeutungen in Nr. 19, Konv. 19_5, b), Bogen 33, 34; Nr. 25, Bogen 10, 16.)

下述形式的公式被 Prym ("对 Riemann θ 公式等的研究", Leipzig, Teubner 1882 以及 Crelles J., Bd. 93) 称为 θ 函数公式:

$$\sum_\varepsilon \sum_{\varepsilon'} (-1)^{\sum(\varepsilon_\nu \eta'_\nu + \varepsilon'_\nu \eta_\nu)} \theta \left(x'_\nu + \varepsilon'_\nu \frac{\pi i}{2} + \sum \varepsilon_\mu \frac{a_{\mu,\nu}}{2} \right) e^{\sum \varepsilon_\nu x'_\nu + \sum \varepsilon_\mu \varepsilon_\nu \frac{a_{\mu,\nu}}{4}}$$

$$\cdot (y'_\nu) \cdot (z'_\nu) \cdot (t'_\nu)$$

$$= 2^p \cdot \theta \left(x_\nu + \eta'_\nu \frac{\pi i}{2} + \sum \eta_\mu \frac{a_{\mu,\nu}}{2} \right) e^{\sum \eta_\nu x_\nu + \sum \eta_\mu \eta_\nu \frac{\alpha_{\mu,\nu}}{4}} \cdot (y_\nu) \cdot (z_\nu) \cdot (t_\nu),$$

其中

$$2x'_\nu = x_\nu + y_\nu + z_\nu + t_\nu, \quad 2y'_\nu = x_\nu + y_\nu - z_\nu - t_\nu,$$

$$2z'_\nu = x_\nu - y_\nu + z_\nu - t_\nu, \quad 2t'_\nu = x_\nu - y_\nu - z_\nu + t_\nu.$$

只是在两个地方

$$用 \quad \sum \varepsilon_\nu^2 \frac{a_{\nu,\nu}}{4} \quad 代替 \quad \sum \varepsilon_\mu \varepsilon_\nu \frac{a_{\mu,\nu}}{4},$$

$$用 \quad \sum \eta_\nu^2 \frac{a_{\nu,\nu}}{4} \quad 代替 \quad \sum \eta_\mu \eta_\nu \frac{a_{\mu,\nu}}{4}.$$

Riemann 由此通过

$$x_\nu = 2s'_\nu + s_\nu, \qquad y_\nu = s_\nu + m'_\nu \frac{\pi i}{2} + \sum m_\mu \frac{a_{\mu,\nu}}{2},$$

$$z_\nu = s_\nu + n'_\nu \frac{\pi i}{2} + \sum n_\mu \frac{a_{\mu,\nu}}{2}, \quad t_\nu = s_\nu - (m'_\nu + n'_\nu) \frac{\pi i}{2} - \sum (m_\mu + n_\mu) \frac{a_{\mu,\nu}}{2}$$

就进一步得到了零点的加法公式 (也可见 Prym 的 Acta Math. Ⅲ, 公式 (R″)).N.

D 相对于一个代数曲面的简单全微分的第一类积分 [99]

(Akt Nr. 19, Konv. 19₅, d); Nr. 26, Bogen 1.)

在遗稿的有些地方 (Nr. 19₅ b), Bogen 44, 45; Nr. 25, Bogen 27, 30) 出现了一些第一类积分的东西, 它们属于两个代数曲面的完整**交线**, 或者属于由 $q + 1$ 个变量的 p 个方程所确定的曲线; 还有对分支点数目的计算.

同样也已经有了 (Nr. 25, Bogen 27) 属于一个代数曲面 $F = 0$ 的**第一类二重积分的概念**, 它具有分别对非齐次方程的规范化和对齐次形式的方程 $F = 0$ 的规范化. 但是在这里所考虑的曲面只有孤立二重点, 并且这里错误地认为这些孤立二重点的微分表达式的分子函数 φ 在这些二重点上必定为零. 对有 $m + 1$ 个变量的第一类 m 重积分也类似 (Nr. 19₅ b)).

Riemann 掌握了**对一个代数曲面的第一类简单全微分**的概念, 并对之做了一些计算.

对非齐次的方程形式

$$F(\overset{m}{x}, \overset{n}{y}, \overset{r}{z}) = 0$$

有公式 (Nr. 19_5 d))

$$du = \frac{\xi dy - \eta dx}{F'(z)} = \frac{\eta dz - \zeta dy}{F'(x)} = \frac{\zeta dx - \xi dz}{F'(y)},$$

其中 $\xi = \xi(\overset{m-1}{x}, \overset{n-2}{y}, \overset{r-2}{z})$, 等等, 而且还有

$$\xi F'(x) + \eta F'(y) + \zeta F'(z) = F \cdot \varphi(\overset{m-2}{x}, \overset{n-2}{y}, \overset{r-2}{z});$$

并且由可积条件得到

$$\frac{\partial \xi}{\partial x} + \frac{\partial \eta}{\partial y} + \frac{\partial \zeta}{\partial z} = \varphi,$$

$$\xi F'(x) + \eta F'(y) + \zeta F'(z) = F \cdot \left(\frac{\partial \xi}{\partial x} + \frac{\partial \eta}{\partial y} + \frac{\partial \zeta}{\partial z} \right).$$

由齐次形式

$$F(x, \overset{n}{y}, z) = 0,$$

即

$$\xi^n F\left(\frac{x}{t}, \frac{y}{t}, \frac{z}{t} \right) \equiv f(x, \overset{n}{y}, z, t)$$

[100]   将导出

$$du = \frac{\xi' dy - \eta' dx}{f'(z)} = \cdots, \quad \text{这里 } \xi', \eta', \zeta' \text{ 为 } n - 2 \text{ 次的齐次式,}$$

而由在 $t = 0$ 时的行为可以做出结论:

$$\xi' = -\psi_4 x + \psi_1 t, \quad \eta' = -\psi_4 y + \psi_2 t, \quad \zeta' = -\psi_4 z + \psi_3 t,$$

并且因此得到方程 $F(x, \overset{n}{y}, z) = 0$ 所需要的上述形式的 ξ, η, ζ:

$$\xi = -\psi_4 x + \psi_1, \quad \eta = -\psi_4 y + \psi_2, \quad \zeta = -\psi_4 z + \psi_3,$$

其中 $\psi_1, \psi_2, \psi_3, \psi_4$ 是 x, y, z 的 $n - 3$ 次式. 此外, 还有公式

$$\psi_1 f'(x) + \psi_2 f'(y) + \psi_3 f'(z) + \psi_4 f'(t) = f \cdot \varphi,$$
$$\varphi = \frac{\partial \psi_1}{\partial x} + \frac{\partial \psi_2}{\partial y} + \frac{\partial \psi_3}{\partial z} + \frac{\partial \psi_4}{\partial t}.$$

再来研究由这些关系所得到的条件个数的常数计数问题. 然后 (同上, 以及 Nr. 26, Bogen 1) 将其应用到关于有多于两个独立变量的方程

$$F(x_1, \overset{n}{x_2}, \cdots, x_m) = 0$$

的全微分的条件式.

最后, 借助于

$$s_1^2 = f(\overset{6}{x}_1), \quad s_2^2 = f(\overset{6}{x}_2),$$

$$t = s_1 + s_2, \quad y = x_1 + x_2, \quad z = x_1 x_2,$$

应用到 (Nr. 26, Bogen 1) 一个曲面

$$F(t, y, z) = 0$$

上, 它的点是与一个 $p = 2$ 的曲线上的点对相对应的; 而且为此那逆问题的两个积分和 u_1, u_2 将作为相应的全微分的第一类积分给出.

(参阅 Picard, Journ. de Math. sér. IV, t. 1, 1885.)　　　　　　　　　N.

E　作为分支点函数的第一类椭圆积分的周期

(Akt Nr. 4)

设函数 $s = \sqrt{(z-\alpha)(z-\beta)(z-\gamma)(z-\delta)(z-x)}$ 展布在双重覆盖的 z 平面上, 使得两叶曲面沿分支割线 $\alpha\beta, \gamma\delta, x\infty$ 接在一起. 如果 w 属于曲面的第一类积分, 那么积分

$$y_1 = 2\int_\infty^\alpha dw, \quad y_2 = 2\int_\alpha^\beta dw, \quad d_3 = 2\int_\gamma^\delta dw, \quad y_4 = 2\int_\delta^x dw \qquad (1) \qquad \text{[101]}$$

就有相同的周期. 这时在第一叶内的积分将在分支割线的上侧取.

如果之后我们再假设有

$$u = \int_\beta^\gamma dw, \quad v = \int_x^\infty dw, \qquad (2)$$

那么我们就会得到关系式

$$\begin{aligned} y_1 + y_2 + u + y_3 + y_4 + v &= 0, \\ y_1 - y_2 + u - y_3 + y_4 - v &= 0 \end{aligned} \qquad (3)$$

或

$$\begin{aligned} u + y_1 + y_4 &= 0, \\ v + y_2 + y_3 &= 0, \end{aligned} \qquad (4)$$

即我们在上侧沿从 $-\infty$ 经 $\alpha\beta\gamma\delta$ 到 $+\infty$ 积分一次, 而另一次则在下侧沿同一曲线积分.

[102] 如果我们令

$$w = \int \frac{z-x}{s} dz,$$ (5)

则第二个第一类积分 $\frac{dw}{dx} = -\frac{1}{2} \int \frac{dz}{s}$ 的周期将为 y_1', y_2', y_3', y_4', 并且有

$$y_1 y_2' - y_2 y_1' + y_3 y_4' - y_4 y_3' = 0.$$ (6)

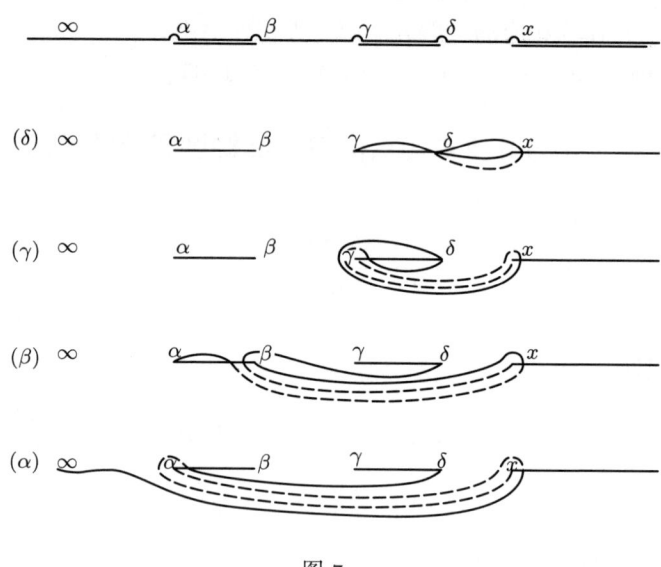

图 7

如果我们拽着 x 依次沿正向绕 $\delta, \gamma, \beta, \alpha$ 转过一圈, 使得 y 的积分路径始终会在点 x 前避开, 那么我们就得到置换, 它承受这些转动的周期, 即借助于 (4) 式将在改变后的路径上的积分用在原路径上的积分表示出来. (在图中位于第二叶上的曲线用虚线表示.)

我们于是得到

		δ	γ	β	α
y_1	变为	y_1	y_1	y_1	$-y_1 - 2y_2 - 2y_3$
y_2	变为	y_2	y_2	$2y_1 + y_2 + 2y_3$	$2y_1 + 3y_2 + 2y_3$
y_3	变为	$y_3 - 2y_4$	$3y_3 - 2y_4$	y_3	y_3
y_4	变为	y_4	$2y_3 - y_4$	$2y_1 + 2y_3 + y_4$	$2y_1 + 2y_2 + 2y_3 + y_4$

如果我们现在作 6 条连线 $(y_i y_k' - y_k y_i') = (ik)$, 那么它们也要承受齐次线性置换, 具体讲就是下述:

	δ	γ	β	α
(12)	(12)	(12)	$(12)+2(13)$	$(12)+2(23)$ $+2(13)$
(43)	(43)	(43)	$(43)+2(13)$	$(43)+2(23)$ $-2(13)$
(13)	$(13)-2(14)$	$3(13)$ $-2(14)$	(13)	$-(13)-2(23)$
(24)	(24)	$2(23)$ $-(24)$	$(24)+2(14)-2(12)$ $-2(23)+2(34)$	$-2(12)-2(23)$ $+2(14)+3(24)+2(34)$
(14)	(14)	$2(13)$ $-(14)$	$2(13)+14$	$2(12)+2(13)$ $-2(24)-(14)-2(34)$
(23)	$(23)-2(24)$	$3(23)$ $-2(24)$	$2(13)+(23)$	$2(13)+3(23)$

附注 在 Riemann 的遗稿中这一页只有几个在这里改进了失误后的公式和一些查过的铅笔草稿, 我们从中认出这个方法. 此外第二张表也是有缺失的.

关于这个课题本身, 最早重新提出做独立研究的是 Fuchs, Crelles J., Bd. 71, 文献方面, 请参阅 Schlesinger, Handbuch d. Th. d. linearen Differentialgleichungen (线性微分方程理论手册), §246—250. 至于与 Riemann 在 Abel 函数的研究的联系可见其 Th. A. F., 第 25 节 (全集, S. 138) (全集第一版, S. 131) 以及本 "补遗篇" 的第 IV 部分, F 的结论部分. W.

[105]

F 论通过第一类积分作分支曲面的映射

(Riemann 对 Fr. Prym 教授一个口头问题的书面答复)

我已经在我的讲课中指出了, 人们用 p 条曲线 a 和 b 来分割曲面 T, 总是可以这样来配置, 使得这个曲面在 w 平面上的像 (S) 由 p 叶组成, 每一叶由两对叠合的曲线围住, 并且有 $2p-2$ 个简单分支点. 但是这个方法不是在所有情况下都是最可靠和最合适的, 比如, 正如我已经说过的, 对那种我曾用 u[①] 来表示的积分就是这样, 在它的这种情况也是这样. 在这两种情况下我们可以得到单叶的曲面 (S).

您还想要知道, 在上述 p 叶情况, 当 $p=2$ 这个特别情况下时会怎样.

①第一类规范化超越积分.

这一点只需要我们在曲面 (S) 附近附加上一块与之叠合的曲面. 在图形中这两块相邻的曲面沿一小小的平行四边形的边组合在一起, 从而形成一叶 (用蓝色记). 此外曲面 (S) 还有另一与之叠合的叶, 我们把一个画成红色, 另一个画成黑色. 两块曲面的交叉曲线 (Kreuzungslinien) 两种颜色都有.①

它们现在可以很容易被认出来, 就是说, 如果我们围绕两个分支点, 一个是 (S), 另一个是相邻曲面上的, 在绕过三圈之后才回到起始点.

因此如果这两个点重合在一起, 那么我们就会得到一个点, 这个曲面会绕着它转三圈.

它的积分可以看成是积分

$$w = \int \frac{\varphi(s,z)dz}{\dfrac{\partial F}{\partial s}}$$

[104] 的一个特殊情形, 其中 φ 是一个所谓的 Abel 函数的平方, 具有这样的性质, 那些对于 $\dfrac{\varphi(s,z)}{\dfrac{\partial F}{\partial s}}$ 为一阶无限小的 $2p-2$ 个点成对地重合在一起.

在这种情况下我们可以使这 $p-1$ 个点成为曲线 a 与 b 的共同的 $p-1$ 对起点和终点.

于是那代表 w 的值的曲面会是一个平行四边形, 它的边是第 p 对 (a,b) 的像, 而且把它从其他 $p-1$ 个平行四边形中挑出来, 靠的就是, 它的四个顶点是那种 $\dfrac{\varphi}{\dfrac{\partial F}{\partial s}}$ 在其上为二阶无限小的点的像.

[105] 这种情况的研究非常有益于对那种微分方程的研究: 它们在任意 p 的情况下对应于已知的微分方程

$$k(1-k^2)\frac{\partial^2 K}{\partial k^2} + (1-3k^2)\frac{\partial K}{\partial k} = kK.$$

Pisa, 1865 年 3 月 27 日　　　　　　　　　　　　　　　　　　　B. R.

附注　这封信首先是以手稿的形式发现于 Akte 26 ("Varia"). 我们要感谢 H. Prym 先生的好意, 他为我们提供了他所拥有的这个文本的原件, 并且进一步告诉我们这样的消息: 这篇短文是 Riemann 所写的、对他口头提出的一个问题的回复. 这封信还含有一份草图, 由于技术上的原因我们做了少许的改变. 作为对照, 请参阅 Th. A. F., Art. 12. 此外, F. Klein 的 Vorlesungen über Riemannsche Flächen (Riemann 曲面讲义), I, S. 60–77 上给出了进一步的文献.　　　　　　　　W.

---

①在我们这里的图中蓝线用虚线表示, 而红线则用点划线表示.

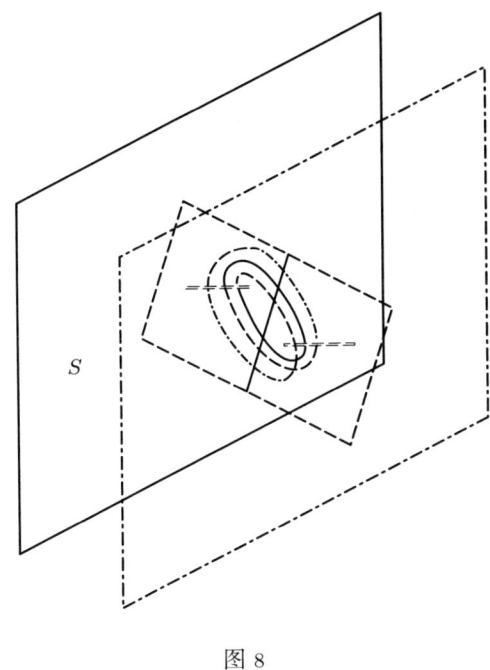

图 8

G 论属于特殊 Riemann 曲面的 θ 函数

在 Göttingen 手稿的 Akt 19 ("Abelsche Funktionen VI") 以及 Akt 25 ("Varia") 中, 有几页整幅的纸 (Bogen) 上有不少计算和示意图, 文字很少, 处理了下面所研究的问题. 这是在 Nr. 19_5, d) 的 Bogen 4′, 5′, 6′ 的上面, 其中 4′ 上标有日期 "Göttingen, 1862 年 10 月", 5′ 上标有日期 "Göttingen, 1865 年 1 月". 此外还有 Art 25 上的 Bogen 4, 10, 29, 31, 32, 33. 在这里他处理的是各种不同的特殊情况, 但是在记号上并不总是区分分明, 而且结尾的公式的意义在文本中也不是讲得很清楚, 可是 Riemann 所追求的方向还是可以认出. 此外 Riemann 还给出了一个与独立于 θ 函数的根函数的存在的证明方案.[①]

设想有一个亏格数为 p、以一组 p 个平行四边形的系统 P 的形式给出的分支曲面, 它的 $2p-2$ 个分支点结合成一个整体, 并且这个曲面开拓到 a_p 之外, 重复 λ 次. 于是边 b_p 将会变长到 λ 倍, 边 a_ν, b_ν ($\nu < p$) 也就增大到 λ 倍到 $a_\nu^{(\alpha)}, b_\nu^{(\alpha)}$ ($\alpha = 1, \cdots, \lambda$). 我们在上述文献页上有其草图.

这样形成的由具有 $\lambda(2p-2)$ 个分支点的 $\lambda(p-1)+1$ 个平行四边形组成的割线系统 P', 其亏格数为 $\lambda(p-1)+1$, 并定义了一个它自己的代数函数类. 在   [106]

---

①参见本 "补遗篇" 第 I 部分讲义的附注 (18).

P' 上的第一类函数设为 $w_\nu^{(\alpha)}$, 它们在割线 $a_\nu^{(\alpha)}$ 处的周期模等于 1, 但在其他割线处的周期模等于 0. $w_\nu^{(\alpha)}$ 在割线 $b_\nu^{(\alpha+\beta)}$ 处的模数, 或者 $w_\nu^{(\alpha+\beta)}$ 在 $b_\nu^{(\alpha)}$ 处的模数, 设为 $c_{\nu,\nu'}^{(\beta)} = c_{\nu',\nu}^{(-\beta)}$. 如果将这个系统 P 中的第一类函数记为 u_ν, 它在 a_ν 处的模数为 πi, 在其他割线 a 处的模数为 0, 而在割线 b_μ' 处的模数为 $a_{\nu,\mu}$, 那么在割线 a_p 处的模数为 πi、而在其余割线 a 处的模数为 0 的函数就是 $\frac{1}{\lambda} u_p$. 在割线 $b_\nu^{(\alpha)}$ 处它们的模数为 $\frac{1}{\lambda} a_{\nu,p}$, 从而 $w_\nu^{(\alpha)}$ 在割线 b_p 处的模数由 $\frac{1}{\lambda} a_{\nu,p}$ 给出. $\frac{1}{\lambda} u_p$ 在此割线处的模数为 $\frac{1}{\lambda} a_{p,p}$.

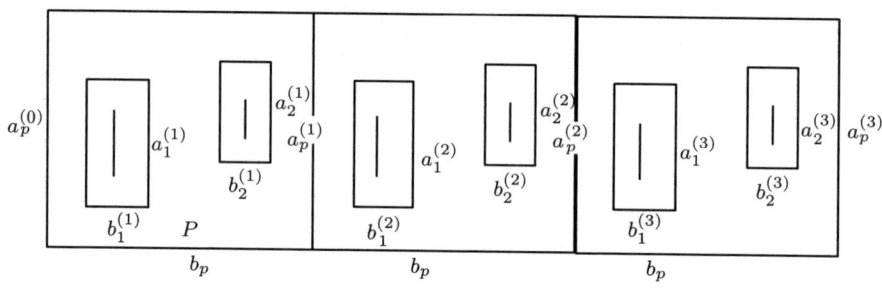

图 9

由于 P' 沿 $a_p^{(0)}$ 和 $a_p^{(\lambda)}$ 要设想为闭合, 所以在循环交换 λ 时 P' 的平行四边形会保持不变. 于是由对周期性性质的研究就立即得到:

$$\sum_{\alpha=1}^{\lambda} w_\nu^{(\alpha)} = u_\nu.$$

如果我们将 ε 理解为方程 $\varepsilon^\lambda = 1$ 的单位根, 并令

$$\sum_{\alpha=1}^{\lambda} w_\nu^{(\alpha)} \varepsilon^{\alpha\kappa} = v_\nu^{(\kappa)},$$

那么就有

$$\lambda w_\nu^{(\alpha)} = u_\nu + \sum_{\kappa=1}^{\lambda-1} v_\nu^{(\kappa)} \varepsilon^{-\alpha\kappa}.$$

[107]　　在此 $dv_\nu^{(\kappa)}$ 具有这样的性质, 就是它们在相应于第一组、第二组 P 等所在的位置比例和 $\varepsilon^\kappa : \varepsilon^{2\kappa} : \varepsilon^{3\kappa}$ 等一样.

我们将得到 $v_\nu^{(\kappa)}$ 在割线 $a_\mu^{(\alpha)}$ 处的周期, 如果 ν 与 μ 不同, 会等于零; 如果 $\nu = \mu$, 则等于 $\pi i \varepsilon^{\alpha\kappa}$. 如果我们再令

$$\sum_{\alpha=1}^{\lambda} c_{\nu',\nu}^{(\alpha)} \varepsilon^{\alpha\kappa} = b_{\nu,\nu'}^{(\alpha)},$$

那么得到 $v_\nu^{(\kappa)}$ 在割线处 $b_{\nu'}^{(\beta)}$ 的周期由 $\varepsilon^{\beta\kappa}b_{\nu,\nu'}^{(\kappa)}$ 给出.

这些估计和计算表明, Riemann 以量 $w_\nu^{(\alpha)}$ 的周期构造了 θ 级数, 他用 Ω 来表示它们, 而且同样地用 $v_\nu^{(\kappa)}$ 的周期和 u_ν 的周期来构造 θ 级数. 然后他在引进简单积分作为自变量的情况下研究了这三种 θ 函数的行为以及它们之间的相互关系. 可是就这样还没有一个确定的结果可以认得出来.

在其他一些稿纸上有一些估算, 其中首先是出现了 P 越过曲线 a_p 一次, 然后是令这样生成的系统越过 b_p, 重复 λ 次. 还有一些计算, 它们表明 Riemann 引进积分 $\int d\log\theta$ 以及与 $\int \log\theta du$ 类似的积分来研究这些 θ 函数在 P' 上的零点. 更详细的叙述涉及 $\lambda = 2$, 因此在原始的曲面上转过了一圈. 这些内容注明的日期也是 "Göttingen, 1862 年 10 月".

他在这里构造了 $\theta(v_1 - e_1, v_2 - e_2, \cdots, v_{p-1} - e_{p-1})$, 然后再作积分 $\int d\log\theta$, $\int \log\theta du_\nu$, $\int \log\theta dv_\nu$, 如果将 v_ν 的对 $\theta = 0$ 的 $2p - 2$ 个点的值记为 $\beta_\nu^{(\mu)}$ $(\mu = 1, \cdots, 2p-2; \nu = 1, \cdots, p-1)$, u_ν 相应的值记为 $\alpha_\nu^{(\mu)}$ $(\nu = 1, \cdots, p)$, 那么我们就会得到

$$
\begin{aligned}
&\sum_{\mu=1}^{2p-2} \alpha_\nu^{(\mu)} = (h_\nu' - h_\nu)\pi i + \sum_1^p a_{\nu,\mu}(g_\mu' - g_\mu) - 2a_{\nu,p}g_p, \\
&\frac{1}{2}\sum_1^{2p-2} \beta_\nu^{(\mu)} + \frac{h_\nu + h_\nu'}{2}\pi i + \sum_{\mu=1}^p \frac{g_\mu + g_\mu'}{2}b_{\nu,\mu} = r_\nu, \qquad\qquad\text{(A)} \\
&\sum_1^{2p-2} \alpha_p^{(\mu)} = h_p\pi i + \sum_{\mu=1}^{p-1} a_{p,\mu}(g_\mu' - g_\mu).
\end{aligned}
$$

在这篇短文中还有: [108]

$$
\begin{array}{l}
\text{如果 } \theta \text{ 为偶, } h_p \equiv 0 \bmod 2, \text{ 假设 } \begin{matrix}1\\1\end{matrix} \text{ 的} \\[2mm]
\text{如果 } \theta \text{ 为奇, } h_p \equiv 1 \bmod 2, \text{ 假设 } \begin{matrix}1\\0\end{matrix} \text{ 的}
\end{array}
\text{组为 } \begin{matrix}0\\1\end{matrix}\begin{pmatrix}0\\0\end{pmatrix}^{p-1}, \qquad\text{(B)}
$$

这使得显而易见存在这样的平面, 把 $\theta(g_h)(v_1, \cdots, v_{p-1})$ 的零点与在 P 上有分支的 $\sqrt{\varphi}$ 的特征联系起来. 所记其余的内容我还不能给予确切的解释.

在结尾的部分还有经常出现的公式:

1) $\dfrac{\Omega(2u_1, 2u_2, \cdots, 2u_p, 0, 0, \cdots, 0)}{\theta(u_1, \cdots, u_p)\theta\left(u_1, \cdots, u_{p-1}, u_p + \dfrac{\pi i}{2}\right)}$ 与量 u 无关,

2) $\dfrac{\Omega(0, 0, \cdots, 0, 2v_1, 2v_2, \cdots, 2v_{p-1})}{(\Theta(v_1, \cdots, v_{p-1}))^2}$ 与量 v 无关,

3) $\dfrac{\Omega(u_\nu - u'_\nu - a_{p,\nu}, v_\nu - v'_\nu - 2e_\nu)}{\Theta(v_\nu - e_\nu)\Theta(v'_\nu - e_\nu)}$ 与量 e 无关,

4) $\dfrac{\Omega(u_\nu - u'_\nu - 2e_\nu, v_\nu - v'_\nu)}{\theta(u_\nu - u'_\nu - e_\nu)\theta\left(e_1, \cdots, e_{p-1}, e_p + \dfrac{\pi i}{2}\right)}$ 与量 e 无关,

当 $\theta(e_1, \cdots, e_p) = 0$ 时,

3*) $\dfrac{\Omega(u_\nu - u'_\nu, 2s_\nu)}{\Theta\left(\dfrac{v_\nu - v'_\nu}{2} + s_\nu\right)\Theta\left(\dfrac{v'_\nu - v_\nu}{2} - s_\nu\right)}$ 与量 s 无关.

正如编者在 1895 年其所著之 "关于 θ 函数的研究" 的第二部分所讲到的, Riemann 无疑随后计划做类似的研究, 并且部分地完成了. 人们可以将公式 (A) 和 (B) 与本文中的 §40—48 对比, 在 §48 最后的结果可以完全由 (B) 所包括.

从公式 1), 2), 3), 4), 3*) 可以认出, Riemann 已经注意到了将函数 Ω 按照一个二次变换分解为仅单独依赖于 v_ν 和 u_ν 的因子 —— 其余的不确定, 也从未完整定义过.

附注　在 Riemann 手稿的 Bogen 4', Akt 19_5 , d) 上日期的墨迹 (Göttingen, 1862 年 10 月) 与文本中的不一致, 但是文本的墨迹与 Bogen 5' 上的 (Pisa, 1865 年 1 月) 一致. 因此看来似乎是 Riemann 将注记从 Göttingen 取出随后带到 Pisa, 在使用的时候又注上了日期. 这两份卷宗给人们一个完整配套的印象, 它们讲述了关于 Abel 函数理论的一个部分, 这是 Riemann 计划在意大利要做到的事. W.

V 报告

关于 "超几何级数讲义, 1859 年夏季学期" 笔记的报告
(由 W. v. Bezold 执笔)

Riemann 文稿手抄本 29. Gr. 8., 共 136 页, 由 Gabelsberger 速记, 所谓的手稿汇编. 各个单独的讲义没有特别地分隔开, 如何区分很难确定. 这一册很可能是关于在 1858—1859 年冬季学期开设的课程 (参阅本 "补遗篇" 的前言).

第 1—26 页包含了有关复变量、复变函数和积分以及可积性等的相当详尽的一般讨论, 还有 Cauchy 定理及其对级数展开的应用以及定积分的计算.

第 27—35 页. 级数、幂级数的收敛和逐项积分, 对 Briot 与 Bouquet 的 "Études des fonctions avec des variables imaginaires (对具有虚变量的函数的研究)", J. d. l'école polytechnique, Cah. 36 (1856) 的注释.

第 36—42 页. 函数变为无限大, 由 $\int d\log y$ 所定义的函数的阶次的定义, 代数函数及其分支.

第 43—60 页. 分支和线性置换的一般定理, 函数组 $Q\begin{pmatrix} a, b, c, \cdots \\ A, B, C, \cdots \end{pmatrix} x$. 主要是全集第 XXI 篇直至第 385 页 (第一版, 第 383 页) 的一些断章. 插入了一篇按 Vandermonde 和 Cramer 的指示的行列式理论的简介.

第 61 页. 首先只取两个分支点, 并证明整个函数组于是就可以由形式如 $(x-a)^{\mu}(x-b)^{-\kappa-\mu}g_{\kappa}(x)$ 的函数组成, 其中 $g_{\kappa}(x)$ 为 x 的一个 κ 次的整函数.

第 61—83 页. 论文的内容差不多是关于超几何级数的 (全集第 IV 篇). 在第 71, 72 页插入了 Euler 积分, 也就是 Π 函数的性质, 特别是将 $\Pi(\mu)$ 表示成闭路积分 (Schlingenintegral). (公式

$$\frac{2\pi i}{\Pi(\mu)} = \int_{-\infty}^{\infty} e^{-x}(-x)^{-\mu-1}dx$$

已经在一份教案 "函数论中的定积分" (1855, Akt 19_3) 中出现了. 还可以参阅, 全集, 第 146 页 (第一版, 第 137 页).)

[110]　　　　在本 "补遗篇" 的 III, A 中所述可以从第 75 页起找到.

第 84—97 页包含了 Gauss 连分数的推导, 特别是在第 89—94 页上有对全集第 XXIII 篇中片断的展开论述. (研究的开始, 包括渐近公式推导的开始, 就已经在最后一页上和在 Schering 所做 1856—1857 年冬季学期听课的笔记的封面内页上出现了, 所以展开论述最晚也要定在这个时间点上. 在这里我们还要顺便指出, 根据 Schering 所提供的这个文本, 他依靠渐近公式以便进一步发展由 Laplace 方法所得到的结果来获得渐近表达式. 在这里我们可以对比 [Laplace 的] Théorie analytique des probabilités, livre I, 2. partie (概率论的分析理论, 第一卷, 第二部). 在学位论文的 §13 [全集第 260 页 (第一版, 第 246 页)] 中所展开的论述与这些思想也有联系, 这些内容在这个时期也在其他作者, 例如 Hamilton, 那里遇到.)

该节还包含了连分式展开在概率积分和在积分上的应用, 以及对半收敛级数和对对数积分的评注.

第 97—106 页包含了通过将一般定理应用到**邻接函数** (functiones continguas) 上所得到的一些主要结果, 以及提到如何应用连分数去实际地得出它们之间的关系.

第 107 页给出了由超几何级数给出的 P 函数的 24 个表达式以及收敛关系式.

第 108—114 页以例题的形式给出了上述理论在完全椭圆积分和球函数中的应用以及通过超几何级数将 $(1 - 2r\cos\varphi + r^2)^{-1/2}$ 按 $\cos n\varphi$ 展开的展开系数.

第 114—118 页复述了 Heine 在 Crelles J. 32, 34 上的著作的主要内容.

第 118—136 页复述了前面在 III, B 中所给出过的内容.　　　　　　　　W.

关于 Riemann 遗著的 Akt Nr. 19, 25 (附 18), 26, 4 的报告

在 Göttingen 王室大学图书馆中所藏 Riemann 遗著手稿大部分都是处于散

卷散页的状态, 是因为 Weber 先生要出版 Riemann 的全集才装订成册来使用的, 由于所涉及的这些现在标记为 Nr. 19, 25, 26, 4 的卷宗已经在本 "补遗篇" 复述过, 又由于出自这些遗稿的 Riemann 的研究我们在前面已经介绍过, 所以在这里只是作简略的说明, 作为对 "讲义" 和 "注记" 的附注的补充.

Akt Nr. 19

这一卷宗共分五册, 依次记为 19_1—19_5.

第 19_1 册: 在 4^0 中, "P 函数", 源自 1856—1857 年冬季学期讲课. 散装的, 标注了准备讲课和作为全集论文第 IV 篇的日期.

第 19_2 册: 在 4^0 中, "用定积分表示的 P 函数", 1857 年 2 月 12 日. 只有几篇散页.

第 19_3 册: 在 4^0 中, "定积分. 函数理论" 部分标注了为讲授函数理论做准备的日期, 1855—1856 年冬, 全集论文第 VI 篇 "Abel 函数理论" 中直至 Abel 定理的过程. 其他还有几页是讲复变量函数理论的讲义, 1856—1857 年冬, 引向对满足二阶线性微分方程的函数的研究, 这些研究属于第 19_1 册和第 19_2 册. [111]

几点注释. 1855 年 11 月 7 日: "在数学中人们常常要回过头来研究像连续性、无限性、相似性和不相似性这样一些概念是等价还是不等价. 只有这样人们才能彻底弄清楚他们赖以进行计算 (研究) 的方法. 就是通过对无限小计算基本定理的证明, 我们才同时解决了这个问题, 虽然稍微迟缓了点."

1855 年 11 月 15 日: "认识到无限级数和多重积分分解为两类这个情况 [分别按照极限值是与顺序无关以及与在趋向无限大时区域增长的种类无关, 还是有关], 构成对在数学中的无限大的理解的一个转折点."

1856 年 2 月 28 日, 对涉及 Jacobi 关于 Abel 积分的反演的评述, "不能想象有多于二倍周期的单变量函数, 这样说可能有点不够谨慎."

第 19_4 册: 在 4^0 中, "椭圆函数和 Abel 函数. 函数理论" 对 1856 年夏讲椭圆函数的准备, 与 Legendre 有关, 而且一直到变换理论和用 θ 函数的表示; 然后在 1856 年夏, 扩展到 Abel 函数. 还有就是论文第 VI 篇的草稿和副本. 对论文第 XIV 篇第一节的补充. 1859 年夏讲授椭圆函数和 Abel 函数的开头部分.

第 19_5 册: 在 2^0 中, 放在标有 "Abel 函数 VI, 19" 的蓝色袋子中. 这一册又分成四个卷宗:

a) 论文第 XI 篇 "论 θ 函数的零点" 的手稿; 论文几乎是逐字对应的, 有 1865 年从意大利写给 Dedekind 的信的信稿. —— 有几页摘自 Weierstrass 的论第一类和第二类积分的代数理论; 很可能是摘自 Weierstrass 给 Riemann 的一封信[①].

[①]后来 Mittag-Leffler 先生把这几页送到了 Acta Mathematica 发表.

b) 51 张散页, 再次用铅笔加上标题 "Abel 函数". 这些散页所包含的主要是在这里所发表的 1861—1862 年讲义中的准备和计算, 特别是论及 $p = 3$, 还有 $p = 4$ 的情形; 开始于 1858 年, 那时就已经出现了全集论文第 XXXI 篇 (第一版, 第 XXX 篇) 中的公式 (17)—(20). 关于这方面有许多分散在其他各卷宗中的注记 (这就是在附注中引用到的散页 19_5, b), Bogen 1—51).

c) 标题: "Abel 函数. 重大论文底稿". 论文第 VI 篇的铅笔底稿.

d) 标题: "θ 函数", 内部: "意大利. θ 函数". 6 张 Bogen, 部分是出自在意大利时所写的东西 (在附注中引用时记为 19_5, d), Bogen $1'$—$6'$). 　　　　　N.

[112]　　　　　　　　**Akt Nr. 25 "Varia", 附 Akt Nr. 18**

Akt Nr. 25 包含了 47 张散页和一系列特殊的卷帙. 散页同属 Akt 19_5, b). 有几册包含早期的一些注记, 特别是物理方面的内容. 此外还有自然哲学 – 力学方面的计算: 关于势随时间向前传播的变分公式; 关于那种度量 "空间原子 (Raumatom) 反抗融入邻近空间原子" 的力; 这样做, 看来是为了把超距作用归结为居于其间的物质原子的作用来处理. 此外有几张是关于 Leibniz 的生平和著作的历史文献性的评注. 还有关于数论的小册子, 1858 年教授弹性理论和电学的讲义册, 就职试讲论文第 XII 篇的底稿以及为了任职申请而提出的三个试讲论题 (全集第二版, 第 547 页 (第一版, 第 515 页) 提及):

1) 函数可以用三角级数表示问题的历史.

2) 论两个未知量的两个方程的求解.

3) 论奠定几何学基础的假设.

Akt Nr. 18 实质上属于 Akt Nr. 25; 它也含有属于全集第 XII 篇的几页. N. 有几处有关于积分

$$\int e^{-av}\theta(v-a)^{\alpha}\theta(v-b)^{\beta}\theta(v-c)^{\gamma}\theta(v-d)^{\delta}dv$$

的计算, 其中 θ 表示椭圆 θ 函数, $\alpha + \beta + \gamma + \delta = 0$, 而且积分理解为在两个奇点之间进行. 可是还有一个确切的结果无法认清. 　　　　　W.

Akt Nr. 26 "Varia"

除了少量计算 —— 比如关于级数

$$\varphi(b) = \sum_{-\infty}^{+\infty} e^{an^4+bn^3+cn^2+dn},$$

其中 c 和 d 看成是 b 的函数, 有一早期册含有一篇短文: "论在具有圆形 [电荷] 分布的 Franklin 平板轴上势的走向", 以及类似情况, 按照 Clausius; 还有一册: "θ 函数, Nobili 环, 椭圆柱体的吸引力, 互易定律". 然后是对系里提出来的一个流体动力学方面的有奖征答问题的建议; Hannover [地表] 弧度测量工作以及大地形状测量工作的报告稿, Riemann 从理论上参与了这项工作; 以及下述博士答辩的论题设计:

1) 不存在磁性流体.

2) Faraday 的 "弯曲电磁感应线" 不可能持久.

3) 我们可以不失一般性先行分析的微分计算.

4) 可逆摆不是确定摆长的合适的工具.

5) 能量守恒学说至今在实验上尚未得到充分的确证.   N.   [113]

6) 应力的概念至今在弹性理论中尚未得到相应精确的理解.

Akt Nr. 4: "P 函数, Svolgimento XXIII, 4"

包含 101 页散页, 其中有 H. Weber 编辑的全集第 XXIII 篇的断篇的底稿和一些与出版有关的通信. 在变质了的几页上的内容与破译了的关于具有 4 到 5 个支点的 P 函数的文章中的计算不太靠近. 在一页上概述了在第 IV 篇, E 中所叙述的研究.   W.

个 人 笔 记

我们在 Riemann 的文稿中发现: 在一些计算中间有一些从古籍和德意志典籍中摘录的引语, 他把它们放在他的工作前面, 因而这可能与他的情绪和观念有特殊的对应关系. 其中有些是相当独特的, 所以我们把它们放在这里.

1. Non hoc praecipuum amicorum munus est, prosequi defunctum ignavo questu, sed quae voluerit meminisse, quae mandaverit consequi.

(Tacitus, Annales II. 71.)

2. 在要忍受事物的地方, 我总是抓住较好忍受的, 而不是从一开始就从最难忍受的开始.

(Schiller, 1796 年 2 月 5 日给 Goethe 的信)

(原件在 "最难忍受的" 之后还有 "最空洞的".)

3. 如果您讲授科学, 不是从它们最生动优美的地方

来开讲, 听讲的青年人将到那些更受欢迎的书中去逛,

他在那里读得又好又快, 因为它们让他感到欣喜若狂.

但是也没有书能把令人愉快的教师超越,

他那雄辩的口才让听讲的青年人兴致勃勃.

他要预先作准备, 就像要去上舞台,

为了一小时的课, 准备要花上两小时.

(Klopstock, 全集, 箴言 62.)

4. 当你在勇敢创新时, 你就把它当成是可能的; 否则即使完全肯定, 人们也会看偏, 做出错误的解释.

因为你这只是在新事物的可怕的错误上行走一次, 而且还没有谁的努力越过了它.

(Klopstock, 全集, 箴言 67.)

5. 科学要做的事有三项:

寻找、塑造和捆绑.

您思考, 一旦抓住了一项,

你就可以在功劳簿上躺.

(Franz Kugler.)

6. $Ταράσσει\ τοὺς\ ἀνθρώπους\ οὐ\ τὰ\ πράγματα\ ἀλλὰ\ τὰ\ περὶ\ των\ πραγμάτων\ δόγματα.$

(Epictet, Enchiridion c. 5.)

Riemann 对生理光学的兴趣可以由两件他本人所完成的双眼盲点的照片得到证实. 　　　　　　　　　　　　　　　　　　　　　　　　　　　W. N.

由 Riemann 所发出的讲座通知一览表 [1]

[114]

1854/55 年	冬季学期:	偏微分方程积分理论及其在各种物理问题上的应用.[2]
1855 年	夏季学期:	定积分. 每周 4 小时.
1855/56 年	冬季学期:	单复变量的函数, 特别是椭圆函数和 Abel 函数.[3] 每周 3 小时.
1856 年	夏季学期:	固体弹性的数学理论. 每周 4 小时, 早 7 点左右.
"	" :	物理问题选讲. 每周 2 小时, 免费.
1856/57 年	冬季学期:	单复变量的函数, 特别是超几何级数和相关超越函数. [4] 星期五, 12 点 —1 点, 星期六, 11 点 —1 点.

1857 年　　夏季学期:　椭圆和 Abel 函数理论. 每周 5 小时, 11 点左右.

1857/58 年　冬季学期:　椭圆和 Abel 函数理论. 每周 4 小时, 8 点左右.

1858 年　　夏季学期:　电学与磁学的数学理论.[6] 每周 4 小时, 9 点左右.

　〃　　　　　〃　　:　物理问题选讲. 星期三 9 点左右. 公开课.

1858/59 年　冬季学期:　单复变量的函数, 特别是超几何级数和相关超越函数.[5] 每周 4 小时, 10 点左右.

　〃　　　　　〃　　:　高等力学. 每周 4 小时, 9 点左右.

1859 年　　夏季学期:　引力、磁学和电学的数学理论.[6] 星期一, 星期二, 星期四, 星期五, 9 点左右.

　〃　　　　　〃　　:　论椭圆函数. 星期一, 星期二, 星期四, 星期五, 5 点左右.

1859/60 年　冬季学期:　固体弹性的数学理论. 每周 4 小时, 11 点左右.

1860 年　　夏季学期:　引力、磁学和电学的数学理论.[6] 星期一, 星期二, 星期三, 星期四, 9 点左右.

　〃　　　　　〃　　:　最小二乘法. 每周 2 小时, 5 点左右. 公开课.

1860/61 年　冬季学期:　偏微分方程积分理论及其在物理问题上的应用.[2] 星期一, 星期二, 星期三, 星期四, 星期五, 11 点左右.

1861 年　　夏季学期:　引力、磁学和电学的数学理论.[6] 每周 5 小时, 9 点左右.

　〃　　　　　〃　　:　单复变量的函数, 特别是椭圆函数和 Abel 函数.[7] 每周 4 小时, 10 点左右.

1861/62 年　冬季学期:　单复变量函数理论讲座续.[8] 每周 3 小时, 11 点左右.

1862 年　　夏季学期:　偏微分方程积分理论及其在物理问题上的应用.[2] 每周 5 小时, 9 点左右.

1862/63 年　冬季学期:　引力、磁学和电学的数学理论. 每周 5 小时, 11 点左右.

1863 年　　夏季学期:　[和 1862 年夏季学期所发布的一样.]

1863/64 年　冬季学期:　数学物理选讲.

1864 年　　夏季学期:　[和 1862 年夏季学期所发布的一样.]　　　　　[115]

1864/65 年　冬季学期,　1865 年夏季学期, 1865/66 年冬季学期 (和 1866/67 年冬季学期) 将在旅行返回后通知.

1866 年　　夏季学期:　一旦 Riemann 健康情况允许讲授时将立即通知.[9]

附　注

(1) 一览表录自 1854 —1866 年度的 "Göttingen 通报 (Göttinger Nachrichten)".

(2) 由 Hattendorff 编写的《偏微分方程及其在物理问题中的应用. Bernh. Riemann 讲义》(Braunschweig, Fr. Vieweg u. Sohn, 1869) 就是以此讲座为基础的, 到现在, 代替第四版, 又有了一个由 H. Weber 先生编辑的全新的版本. Hattendorff 记录的是 (见该书前言) 1860/61 年冬季学期的讲课. 那份源自 Riemann 的讲课手稿, 标注的日期是 1854 年米迦勒节, Hattendorff 利用了这份资料, 他现在放在 "Göttingen 遗著" 中 (见 F. Klein 在 Gött. Nachr. 1897, H. 2, S. 189 上的文章).

(3) Riemann 论 Abel 函数理论的论文 (全集第 VI 篇) 与这个讲座有密切的关系. 讲义的引言在提到了这篇论文 (第二版的第 102 页, 第一版的第 95 页) 之后, 还延伸到 1856 年夏季的讲座, 尽管在预告中并没有提到有这次续讲. 在 "Göttingen 遗著" 中的 Akt Nr. 37 的第一部分, 也是最大的部分, S. 1–192, 是由 E. Schering 提供的那一册, 也是以这个讲座为依据的. (见. F. Klein, 在 Gött. Nachr., Gesch. Mitteil. 1898, H. 1, S. 18 Anm. 所述.) 在这一册的第一段突出提到的是, 在引言深入地讲述了复变量的概念和意义, 还讲述了 Dirichlet 原理, 在其初步研究中与在其论文中的叙述略有不同; 在最后一段, 除了由 Stahl 所应用的椭圆函数 (1856 年夏) 部分外, 还有用第一类积分对双叶 Riemann 曲面的映射的深入讨论, 并在这些情形下完成了一些全部常数都确定了的、简单 θ 函数的代数表示. 这些后面的讨论看来是 Schering 事后补充的. H. Stahl 先生在其《椭圆函数. Riemann 讲义》(Leipzig, B. G. Teubner, 1899) 一书的序言中提到有一份由 R. Dedekind 先生所做的较简短的讲课笔记.

(4) 这次讲座与全集的第 IV 篇、第 XXI 篇以及第 XXIII 篇有关; 此外还与本 "补遗篇" 的 II 有关. 在附注 (3) 中的第二部分所提到的 Schering 所做的笔记, 从 193 页到 276 页与此有关 (参见本 "补遗篇", II 的附注).

(5) 本 "补遗篇" 的 III, A 和 III, B 属于这次讲座. 关于由 v. Bezold 所做的笔记, "Göttingen 遗著" 中的 Akt Nr. 29, 请参阅在 S. 109 页上的特别报告和 "补遗篇" 的前言.

(6) 对这一在 1858—1861 年四次通告过的讲座, 存在一本由 K. Hattendorff 修订的《引力、电和磁. 根据 Riemann 的讲座》(Hannover, C. Rümpler), 按照修订本的前言, 它是以 1861 年的最后一次讲座为依据的.

[116]　　(7) 在 "Göttingen 遗著" 中由 Hattendorff 所做的笔记就是属于这次讲座的;

现在增加的后来 Göttingen 给出的卷帙涉及的内容紧接在 1861/62 年冬季学期讲座的开始. F. Prym 先生由这些笔记制作了少量手迹复制本, 同时还有一系列仍存在的讲义册; Roch 记录的笔记册 (参见全集, S. 483, (第一版, S. 456)) 在这部分很可能是独立的笔记. 这样一来前面提到的 H. Stahl 先生的书 (见该书前言) 就是出自 Hattendorff–Prym 的笔记册再加上在 (3) 中所提到的 Schering 的记录册.

(8) 全集的第 XXX 篇和第 XXXI 篇 (全集第二版的第 XXIX 篇和第 XXX 篇) 以及本 "补遗篇" 的 I, 就源自本讲座. 关于这一点参阅本 "补遗篇" 的前言, 同样地还有关于由 F. Prym 和 B. Minnigerode 先生所做的有关笔记, 以及由 G. Roch 改变的其中的一部分. 这次讲座也就是 Riemann 所主讲的讲座中的最后一次.

(9) 在预告过的讲座中, 1855 年夏季学期 (定积分), 1856 年夏季学期和 1859/60 年冬季学期 (固体的弹性), 1857 年夏季学期和 1857/58 年冬季学期 (椭圆函数和 Abel 函数), 1858/59 年冬季学期 (高等力学), 1859 年夏季学期 (椭圆函数), 1860 年夏季学期 (最小二乘法), 这些至今还没有发现有记录本存在.   N.

第六部分

Riemann 家书选辑

Riemann 家书选辑[①]

E. Neuenschwander[②]

导　言

本著作呈现给读者的是未出版过的 Riemann 家书选辑, 在其之前我们来对他的生平和这些书信做一简单的评述.

著名数学家 Georg Friedrich Riemann 于 1826 年 9 月 17 日生于 Dannenberg 附近的 Breselenz, 一个靠近易北河的村庄. 他在六个孩子中排行老二. 他的父亲, 与 Hannover 王国枢密顾问的女儿喜结连理, 是一个牧师; 晚年他把全家安顿在离开这里 15 公里左右的 Quickborn 教堂区, 他在那里任职直至 1855 年去世时为止.

Bernhard Riemann 在家中接受他父亲的教育, 直至 13 岁, 才被送到 Hannover 的公立中学, 并且在两年之后, 由于与老师相处的困难而转学到 Lüneburg 的 Johanneum 高级中学[1]. 在那里, 他的数学老师, Schmalfuss, 是这

①本部分译自: E. Neuenschwander, Lettres de Bernhard Riemann à sa famille, Cahiers du séminaire d'Histoire des Mathématiques 2 (1981), 85–131. 感谢 Erwin Neuenschwander 教授免费授予译文出版许可. Neuenschwander 教授热情推荐另一篇文章作为延伸阅读: E. Neuenschwander, A brief report on a number of recently discovered sets of notes on Riemann's lectures and on the transmission of the Riemann Nachlass, Historia Mathematica 15 (1988), no. 2, 101–113.

②本书是在长期滞留法国做研究期间完成的. 我们感谢法国政府所给予的财政支持, 感谢 Alexandre Koyré 研究中心提供的亲切接待, 还要感谢柏林国家图书馆的 Stolzenberg 夫人和柏林 Alexander-von-Humboldt 研究所的 Biermann 教授先生对手稿的某些段落的转录困难所给予的宝贵帮助.

个中学的校长, 已经认识到他在数学方面的特殊才能, 免除了对他的后续数学授课, 并且允许他借阅他私人图书馆中的数学著作, 从而使得这个青年人在中学的年代就知道了像 Euclid, Archimedes, Descartes 和 Newton 这样一些伟大的古典数学家.

　　1846 年 4 月 25 日 Riemann 入 Göttingen 大学, 注册成为一个哲学与伦理学的大学生. 除了上述论题的课程之外, 他还特别注意听了一些有关数学的课程, 比如, 在夏季学期由 Stern 开出的关于方程的数值求解的课程, 以及另一个由 Goldschmidt 开出的地磁学课程; 后来又在 1846/47 年冬季学期参加由 Gauss 开出的最小二乘法的课程, 以及由 Stern 开出的论定积分的课程. 根据 Riemann 从 Göttingen 大学图书馆所借的图书来看[2], 可以得出结论说, 他在这个时期除了对 Gauss 的著作感兴趣之外, 首先是对法国数学家的著作非常感兴趣. 他一头扎进了 Cauchy 的《分析教程》《微分学》以及《数学习题集》, 同样地专注于 Lagrange 的《椭圆函数论》[3]. 从 1847 年的复活节到 1849 年的复活节, Riemann 经常去柏林大学, 在那里他认识了 Dirichlet, Eisenstein, 还有 Jacobi. 在这期间他聆听了 Dirichlet 的讲数论的课、讲定积分的课以及讲偏微分方程的课, 也听了 Jacobi 讲分析力学的课和讲高等代数的课, 还有 Eisenstein 讲椭圆函数理论的课.

　　在 1849 年的春季, 为了顺从他父亲关于柏林动乱警告发出的恳求, Riemann 回到了 Göttingen, 那里局势要平静得多. 他在这里的三个学期内再次参与了自然科学和哲学课程, 比如像 Weber 讲实验物理课程的助理工作. 1850 年的秋季他参与了新设立的数学和物理讨论班, 并且特别专注于实验的操作, 以致常常会影响到他的主要工作, 他的博士论文的撰写. 终于, 在 1851 年 11 月 24 日他能够向他的兄弟宣告, 他已完成了支撑论文 "单复变量函数一般理论基础" (Grundlagen für eine allgemeine Theorie der Functionen einer veränderlichen complexen Grösse) 的主体, Gauss 对这篇论文有很高的评价, 并且在 Riemann 再一次拜访他时透露了好几年来他也已经准备出版相同论题的著作, 当然, 他不仅只限于这个课题这也是事实. 在后来的岁月里 Riemann 在 Dirichlet 的鼓励下撰写了他的任职资格论文 "论函数的三角级数表示" (Ueber die Darstellbarkeit einer Function durch eine trigonometrische Reihe); 另一方面他还沉浸在对自然哲学的研究之中. 终于在 1854 年 7 月 10 日他做了那著名的就职试讲, "论奠定几何学基础的假设" (Ueber die Hypothesen welche der Geometrie zu Grunde liegen), 这次试讲给了 Gauss 强烈的印象, 在此之后他就直接被授予了无薪讲师的资格.

　　在 Gauss 于 1855 年去世之后, Dirichlet 被柏林任命接替他在 Göttingen 留下的位置, 尽管当时他做了各方面的努力, 但是仍然没能让 Riemann 获得编外教授的任命. 在 1856 年夏他成为 Göttingen 科学协会数学部的 "后补教授"

(Assessor), 他在这个时机提交了他的论文 "对可以用 Gauss 级数 $F(\alpha, \beta, \gamma, x)$ 来表达的函数的理论的一个新贡献" (Beiträge zur Theorie der durch die Gauss'sche Reihe $F(\alpha, \beta, \gamma, x)$ darstellbaren Functionen). 1857 年, 他在与 Weierstrass[4] 的竞争中完成了他的重要著作, "Abel 函数理论" (Theorie der Abel'schee Functionen), 终于成了编外教授, 从而使得由于生活所需而感到收入的微薄的状况有所改善. 在 Dirichlet 于 1859 年去世后 Riemann 升为正教授, 并被选为柏林科学院的通讯院士. 那时他在 Dedekind 的陪同下去柏林访问 Borchardt, Kronecker, Kummer 和 Weierstrass, 受到了他们的热烈欢迎, 他向柏林科学院提交了他的论文 "论小于给定数值的素数个数" (Ueber die Anzahl der Primzahlen unter einer gegebenen Grösse).

在 1860 年期间 Riemann 在巴黎做了几周的逗留, 在那里他见到了不少法国数学家, 其中有 Bertrand, Briot, Hermite, Puiseux 和 Serret 等人. 正如在这次旅法很久之后他在给妹妹的信中所说的, 他在这次极佳的旅行期间结识了 Briot, 并且对他非常欣赏. 1862 年 Riemann 与 Elise Koch, 他姐姐的一个朋友, 喜结连理; 不久之后就得了一种可怕的疾病, 他再也不能完全恢复, 尽管那时在意大利暂居养息. 1866 年 7 月 20 日, 在前往意大利南部地区的途中, 由于肺部的感染, Riemann 在位于 Majeur 湖畔的 Selasca 与世长辞.

Riemann 这些家书使得我们能够收集到一个 19 世纪的杰出数学家所处的社会环境和他青少年时代的一些细节; 而且, 它们也表明了 Riemann 对他家庭温馨的眷恋. 在这些与他的父亲、兄弟和姐妹的通信中大约有 200 封左右是在 1836 到 1865 年间互通的, 他所写的信的数量也差不多等于他所收到的. 这些书信大部分源自 E. Bessel-Hagen 的遗产, 1966 年之后存于柏林国家图书馆 (*Stattsbibliothek Preussischer Kulturbesitz Berlin*), 其余部分又实际成为这个家庭的物品[5]. 有一些信件, 当时 Dedekind 在 1876 年左右为《Riemann 全集》撰写那篇著名的 Riemann 传记时还使用过, 似乎已经丢失了.

本书没有收集写给 Riemann 的信 (全部互通的信件收集在论 Bernhard Riemann 的专著中). 在我们的选取中尽量考虑那些能够反映 Riemann 数学思想的形成, 以及所有那些能够说明其发展以及个人所处环境的一些实例. 相反, 那些纯粹的私人信件 (有关他的家庭中其他成员和一些熟人方面的事务, 以及一些日常事务) 都没有选用. 对于有些比较重要的信则做了比较详细的复述, 以便保证这些信件至少在相当的程度上保存了它的总体面目. 在抄本中那些被损坏的段落 (有些信在页边被损坏, 有些甚至在页面之内) 似乎是 Riemann 的缩写 (常常有时是人名和段落的名字), 为了便于阅读常会做部分补充; 不过这些重构出来的内容都放在括号里. 一般来说这些信的复制未做任何文字上的变动; Riemann 所用的标点符号有些是不对的, 大部分也都得到了尊重.

这些信从他离开 Quickborn 到 Hannover 开始, 首先是在公立中学的年代 (本书信集的第 2—35 封; 1840—1846). Riemann 给他的父母写信, 谈他的日常生活, 学业上的问题 (与教授和同学们相处之难, 考试, 作业, 等等), 以及报告他的经济状况; 他的父亲会给他一些建议, 做一些劝告并给他寄去所需的费用. 特别有趣的是我们注意到那些 Riemann 进入的学校为时不长的证书, 它们表明这时他的性格已经好像有一种很难将他的作文做到一个好的结尾的样子, 因为他总是认为它已经给写过而加以拒绝[6]. 根据其通信以及根据校长 Schmalfuss 的一篇短评判断[7], 他的数学天赋只有在 Lüneburg 的公立中学才实际显露出来. 就是在这个时期他才真正下决心攻读数学 (见后面所复制的家书第 31 和第 33 封).

接下去的书信 (第 36—66 封, 1846—1854) 表明这时期 Riemann 在 Göttingen 和柏林学习. 有迹象表明他对他所担任助理的课程有兴趣 (见后面所复制的书信第 38, 40, 42, 43 封), 也积极投入博士论文的撰写 (见书信第 46, 59, 60 封) 以及就职论文和试讲的准备 (见书信第 63, 65, 66 封), 同时还有那些随后不断给他折磨的极其困难的课题 (见书信第 44, 64, 65 封). 有些信件似乎已经丢失了. 不过在很多情况下其内容可以根据他父亲的回信重构出来, 当然, 这些回信也只有一部分存在.

接下去的书信 (第 67—78 封, 1855—1858) 是有关 Riemann 头几次开课的情况, 以及有关在他被授予正教授前的各次晋升的事情. 在这一时期他与 Wilhelm Weber 的侄女 Laura Weber 的关系, Wilhelm 是她的监护人, 至今还不完全清楚, 其结局不幸, 给他带来深深的痛苦 (见书信第 75—77 封, 还有第 80 封和第 81 封). 有关这一时期其他方面的一些细节可以从给他兄弟的信中找到, Riemann 在这些信中倾诉自己的烦恼, 这些信也只是部分保存下来了.

在他的兄弟去世后, 他的姐妹来到他在 Göttingen 的家安顿, 这就使得通信变得有点多余了. 至于最后几封信 (第 79—89 封, 1860—1864), 这些都是 Riemann 在旅行途中以及在意大利休养逗留期间所写. 第 79 封是谈他在 1860 年春访问巴黎的事情, 他在那里结识了好几位法国数学家. 第 80 和第 81 封是讲述他在 Karlsbad 疗养的事. 最后, 第 87 封信写的是一些他在意大利居住的情况[8].

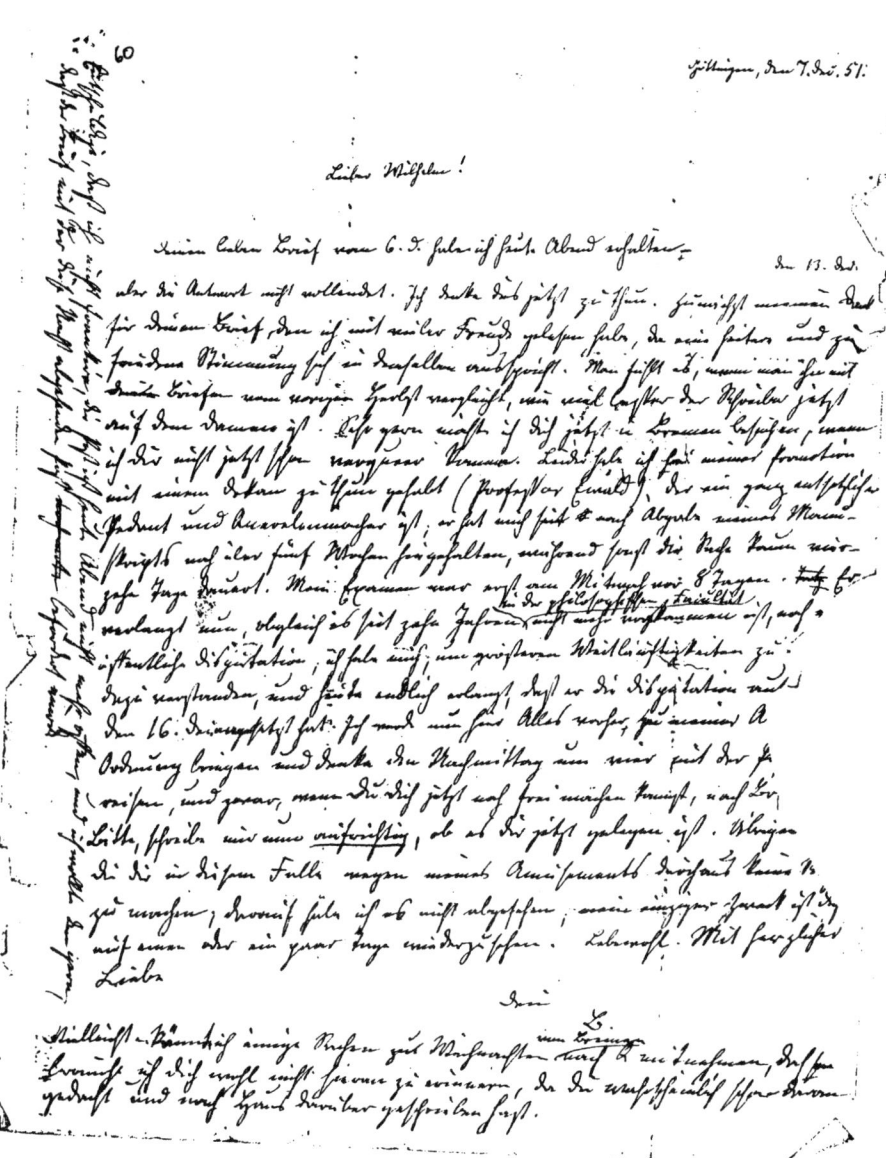

Riemann 家书第 60 封的影印件

书 信 摘 要

第 31 封: 致父亲, 1845 年 2 月 1 日, Lüneburg, 共 2 页

············

8 天前是高中毕业考试的笔试, 该时我们必须都在校内做题. 拉丁文作文必须在校做, 我写了 7 个对开张, 写得简单明了. 在笔试中 Runge 在所有学科都得到了 1; Stisser[9] 在数学和希伯来语上都得到了 "优"; 其余各科都得到了一个二加, 所以二者几乎有把握拿到一等. 既然 Stisser 在数学上得了优, 也使得我期望有好的考试成绩, 因为 Stisser 自己都承认我知道得更多. 除此之外 Schmalfuss[10] 给 Seffer[11] 讲过, Stisser 是在这个学校很久以来在数学考试中取得最好成绩的数学学生; 但是我还可以教出好得多的学生来 ……

············

第 33 封: 致父亲, 1845 年 4 月 28 日, Lüneburg, 共 3 页

············

现在我越来越对数学感兴趣和偏爱了, Schmalfuss 似乎也认为我应该学数学; 当然, 由于助学金已定, 我会在这里报考神学专业并申请作为 Göttingen 的神学专业的学生 (?); 但是我还必须很好地决定, 在那里我到底应该真正学什么; 否则我将不会有什么真正的专业; 如果您现在有让我留在神学专业的想法的话, 那我就必须完全放弃数学, 并且把更多的精力放到这方面来; 还有在数学方面还要考虑费用的问题, 因为这个专业还要多学半年, 而神学这个专业不仅可以提前毕业, 而且至少还有担任家教的机会 ……

············

第 38 封: 致父亲, 1846 年 11 月 5 日, Göttingen, 共 3 页, 未写完

············

至于谈到那些我听过的公开讲座, 我还不觉得是完美无缺, 部分是由于许多我喜欢听的会撞车, 而有些开讲的时间又不完全确定, 因此无法事先做好计划; 但是目前根据我的经济条件我可以从协会出纳员得到 6 次公开讲座的听讲机会; 它们总共要花 3 个 L'dr 和 3 个 Thlr. Cour. 这些讲座是: Hermann 讲的 "希腊与罗马文化史"[12], Ehrenfeuchter 讲的 "神学研究导论", Duncker 讲的 "最新教会

史", Lotze 讲的 "生理学通论", Stern 讲的 "定积分", 以及由 Gauss 讲的 "最小二乘法理论". 此外限制选修的还有由 Goldschmidt 开出的 "概率论", Hausmann 开出的 "矿物学", Grisebach 开出的 "自然通史". 对我来说最有用的是 "矿物学", 但是它与 Gauss 的课冲突, 因为二者都安排在 10 点, 因此我不得不只听 Gauss 的课, 因为他已迁出学院, 否则就可能听不到了, 后来果真如此. "自然通史" 非常有趣, 要不是钱不够的话, 我是一定会去听的; 如果我预先登记了听 "概率论" 的话, 我会谢天谢地; 因为 Goldschmidt 才只有一个听课的学生, 就是 Ziller[13], 因此学院肯定不会拒绝我; 而且时间对我来说也正合适, 但是除了我能由此与 Goldschmidt 经常联系, 也当然会受益匪浅, 对有用和有趣就不能有太大的期待. 正好我还听了 Duncker 的第一节课, 这的确是非常有趣. 他在讲课中处处与他在上个学期讲的联系起来, 在那里他经常提到晚近和最新的宗教改革的历史, 但是只讲到改革本身就止住了; 我寻思, 如果我没有听前面讲的而来听这部分宗教史, 真不知他会怎么讲呢.

第 40 封: 致父亲, 1847 年 7 月 23 日, Berlin, 共 3 页

…………

…… 对我来说公开课的选择相当困难, 因为我已经参加的旁听太多了, 而且只要时间不冲突, 经济上可能, 我还要继续听下去; 在一周中有好几天我要有 $\frac{1}{2}$9—4[①] 个小时, 甚至 6—8 个小时外出; 也就是离开学校去 Q[uickborn], 还要有 5 个小时与 Eisenstein[14] 私下会晤, 他在本学期担任这里的无薪讲师, 预定讲椭圆函数; 他允许我每周有三次 9—11 点的约谈, 而我要走相当远的路, 大约要走 35 分钟才能到他的家, 所以这总共要花我大约三个小时. 我和他有一段很长时间的交往, 每天在一起散步, 而且由于他是一个极有才华的人, 所以我相信, 这对我的科学素质的养成极有帮助; 但是现在我要稍稍离开他一下, 原因稍后我会口头跟他讲. 他已经得到了 Gauss 的高度评价, 并由他推荐给 Alexander von Humboldt. 在 11—12 点我要听 Dove 讲的光学, 非常有趣的公开课, 在 12—1 点我经常去旁听 Ranke 的近代史; 如果有可能的话我是会登记这门公开课的; 由于他讲的和我们大家当前发展的这种联系, 讲得真是十分精彩; 但是, 正如您所看到的, 我的课程也挤得太满了, 而他的课也满员了, 所以他的课人们也只好是去旁听了. 此外我还听 Dirichlet 的数论 2—3 次, 听 Encke 的球面天文学 3—4 次. 我在给您写信时忘了告诉您, 这个 Encke, 在我发出第一封信以前就在通告黑板上看到他就是 Franz Joh. Encke, 我告诉他, 您曾经和他在同一个学校学习过, 而当我更进一

---

① 原文如此. —— 中译者注

步说到, 您在什么时候来的 Göttingen, 就提醒他记起您来了, 他让我向您问候, 并告诉您, 我现在能够在他的主持下学习感到分外高兴. 此外他的演讲十分枯燥和冗长, 但是这样在每周一次的晚上 6—8 点能和他一起在天文台度过十分有益和很有教育意义的夜晚. 最后在他身上, 正如您大概已经听说了, 一件不幸的事情发生了, 一个名字和他相近的邮局局长 Hencke[15] 在 Driessen 发现了一颗新行星, 从而使得原来的三颗小行星现在变成五颗了, 对他来说这算是一个不幸, 因为在 Frankreich 人们都说 Hencke, 而不说 Encke. 我自己的专业学院里 Dirichlet 就有这种情况, 他所教学的领域是数学, 他的全部荣誉被认为属于 Gauss, 我尽了自己最大的努力从事这个领域, 也不希望没有结果. Crelle 那里我也去拜访过了, 他对我非常友好, 但没有表示出特别的意思; 我还没有给他的杂志一篇可以看成是发现一颗新星的著作, 因为在他看来我还没有什么实际的用处; 但是现在我希望能通过一些工作能使他有所改变. ……

…………

第 90 封: 致父亲, 1847 年 11 月 29 日, Berlin, 共 2 页, Ida Riemann 的抄件

…………

当我来到这里的时候我感到非常高兴的是, Jacobi, 在课表中原来是没有他的课的, 经过深思熟虑, 决定开出力学的课; 我打算, 只要有可能我就会去听, 我在这里还要待一个学期, 因此没有什么事情比这更令人惬意了. 在我初到这里的时候 Eisenstein 在街上遇到我, 并且邀请我尽快去他那儿, 我部分由于缺乏时间, 部分又由于和他不是太熟, 还做不到才几天就去探访. 他这个学期接着讲上个学期我听了的他所讲的课; 由于要花很多时间, 为了能够更好地利用这些时间我认为只得放弃, 但是他的讲演做了很大的改进, 他也似乎做了精心的准备, 因此我也很好地接受了他的建议, 决定去免费旁听. 当我在最后一个星期五第一次去拜访他时, 在他新近出版的数学论文集上发现了 Gauss 写的一篇前言, Gauss 在其中最后写道: "它们包含了这么多精干和精良的内容, 以致配得上说是直逼它们先行者的工作." 在一处他想尽可能洗净他与 Jacobi 的一场争执, 但是在我看来并不很成功. 在选集的最后他提出了许多问题, 其中大部分的解都解出来了. 对于主要的问题我在假期如此坚持不懈地钻研, 而且差不多彻底解决了, 当我把我的结果告诉他而没有把怎样得到结果的方法说出来时, 他表示出极大的兴趣想知道我是怎样得到的这件事, 但是他根据自己成功的经验, 在已找到的道路上是没有一个值得推荐去进一步追随的[16]. 就在当晚他重建我的研究, 并且和我在一起待了两个小时, 在离去的时候他邀请我去他那儿喝茶, 不过我后来没有去. 过了几天我去 Jacobi 那儿, 为的是去报名, 他对我非常客气和友好, 因为他正好在他

的上一次讲课中处理了一种情况, 与上面讲的有联系, 所以我谈到了我讲的东西, 并且告诉他我做的工作, 他的意思是, 如果它有一定分量的话, 他会尽快地把它推荐给 Crelle 杂志. 遗憾的是要我加工的时间太紧了; 而且我还不知道, 要得到完整的解还要花多长的时间. 至少上个学期在这里我还只认识了两位 Göttingen 人, 现在已经很多了, 我认识的人已经超过二十位了, 其中也有很多数学家, 有 Stisser[9], Fischer[13], Guthe, 等等.

....

第 42 封: 致父亲, 1848 年 3 月 12 日, Berlin, 共 3 页

Berlin, 1848 年 3 月 12 日

亲爱的父亲!

现在我要来谈一谈您在信的一开头提出的问题, 也是您给我提得最多的问题, 即, "你是怎样管理你的钱袋的?" 虽然通过 Buhle 获得了两个成色十足的普鲁士金法郎, 但是这些现在已经全都花掉了, 现在我真的有点儿窘迫. 因此请您尽快给我寄一些过来. 由于节日旅行, 以及我还要在这里待一个短时期, 所以我还需要 10 Thlr①, 但是我会带着我的全部外衣很快回来; 我还有几本小笔记本, 上面记录了我没有成果的长期追寻, 还要买几本书; 因此如果您寄给我 20—30 Thlr, 我将感到非常高兴.

大约在 8 天前课表终于公布了, 其中通知了几门我非常想去听的公开课, 有 Jacobi 的 "高等代数"; 但是我担心他会再次取消. 然而如果他不开出这个课的话, 我希望最好在下个暑期我还在这里时能够开出. 不管怎么说我在这里在科学活动上比在 Göttingen 有更多的事; 而由于这里学期很短, 公开课是按学期算的, 所以我在这里精力的消耗比在 Göttingen 要大得多. 有一个长的时期我被夏季回到 Quickborn 的思想所缠绕, 为的是将由此节省下来的钱部分能用来买书, 但是我又再次放弃了这个计划, 因为我还想在米迦勒长假节期间有充分的时间来进行我原先决定要做的研究工作, 而且还由于那里没有这里可以利用的皇家图书馆.

不久前我收到了 Wilhelm 寄来的一封长信, 他在信中讲了很多有关复活节的事, 他似乎非常幸运, 感到非常满意. 他邀请我这个假期去访问他, 而我也很乐意去, 如果不担心费用的话; 而且我还可以高兴地和他在一起聊天, 就像在 Q[uickborn] 和在 D[annenberg] 那样, 而且因此我可以很快就准备好从这里走最近路去 Q[uickborn]. Wilhelm 还寄来了小 Mari 给我的一封信, 这封信使我感到非常高兴; 这是她写给我的第一封信 (就是说不仅是模仿着写的), 我发现她已经

①德国旧银币名. —— 编者注

写得很好了, 但是有些部分还需要补充一下, 这些她很快就可以口头上对我讲了. 请告诉她, 我非常高兴接到她的信, 衷心地感谢她、吻她. 由于洪水在复活节后还没有过去, 我也许还不能见到她, 因为学期末已经很近了; 据说由于政治上的原因所以课程在本周末都要结束.

我再次阅读了您来信的日期 —— 2 月 24 日, 这一天, 在它之后可能半个欧洲要发生翻天覆地的变化. —— 当电报传递的信息传到这里时, 引起一片骚动, 您简直不能想象; 正当您的信到达时, 传来了共和国成立和 Louis Philipps 王朝垮台的消息; 因此我一刻也没有停留来给您写本来就准备写的回信. 给 Ida 的信也还拖着没写; 不过我经常会在节日后给她写, 但是由于节日现在很接近了, 我就可以把一切口头讲了, 也用不着写了.

现在每天都带来新气象, 我也用不着给您写了, 因为我不知道您的报纸要经多久才会抵达; 不过在节日期间也许我还可以讲很多.

3 月 13 日晨

我原来还想今早补充几句, 但是现在我没有时间了; 就此结束, 以便今天能发出去.

衷心祝一切顺利.

您忠实的
Bernhard

第 43 封: 致父亲, 1849 年 3 月 30 日, Berlin, 共 4 页

亲爱的父亲!

复活节马上就要到了, 我还总是没有时间写信, 您太知道我这时习惯怎么做, 因此我希望您至少不要为我操心了. 谢天谢地现在我已经上路了, 而在此我的目的也基本上完成了. 从 Dömitz 到 Ludwigslust 我又不可避免地和 Blumenthal 先生同路, 他一路上骂这个坏时代和激进主义者. 当我到达这里的时候我看到刺刀林立, Perron 被持刀的士兵所占领, 一个下级的军官从一辆马车走到另一辆马车, 以检查其合法证明; 如果有谁没有充分的合法性证据的话, 就会被送去市政府; 由于我有学生卡, 所以我可以通行. 因为在 Ludwigslust 我已得到消息, 知道我的住处还没有租出去, 因此我能幸运地再次回到我的旧居地. Dirichlet 和 Jacobi 的讲课时间对我正好合适; Jacobi 正好开出他的授课的一个新的部分, 他在这部分还会再次将整个系统 (椭圆函数理论) 在一个更高的观点上, 用更简单的方式导出; 因此我能很容易地进入他的总结, 并能在最后四周内完全跟上. 遗

憾的是有一本我还没有得到, 因为我说过要到下个学期. 我还从 Dirichlet 得到了进图书馆的许可, 要不然我担心很难得到. 平常我在早上 9 点进阅读室, 以便在那里阅读 Gauss 的两本文集, 这在别的地方是看不到的. Gauss 的另一本著作, 那是获得了 Kopenhagen (哥本哈根) 奖的[17], 我曾经在皇家图书馆的资料库里白白地寻找了很久, 现在我通过天文台的 Galle 博士得到了; 就此我还要研读它. 由于我的中学毕业证书的问题, 而且由于我还没有拿到听 Dirichlet 的听课证, 还由于我长期离校而被从学生名册上除名, 交由大学法庭处理, 可是在我到这里的头几天, 在我交付了 4 Thlr, 20 Sgr. 之后就立即得到了我的证书. 关于这方面我被告知, 我可以在此到本学期末把自己当成是这里的就读生, 因此我可以用不着去拿尊敬的 Quickborn 的地方政府的证明了. 和各个社团的理事会的关系也如此; 既然各项选择都已经定下来了, 我就要来给 Marie 写信, 希望她能使您感到特别满意. 与 Gümser Kossater 的关系如何, 还有, 教堂的负担至今还没有做任何调整吗?

我考虑, 由于我现在已有了很好的住处, 也获得了一份在 Göttingen 的奖学金, 而且如果我尽可能早地去 Göttingen 的话, 您可以认为一切都会很顺利, 所以请您在复活节之后尽快将我预定上公开课的费用寄来, 以便我能支付最紧迫的费用. 在这个星期我很可能又要预定较多的课程, 以及支付在 Göttingen 最紧迫的开销. 在这个学期我还要再多选几门, 因为 Wöhler 开的化学课费用只要 2 L'dr. 要不是 Wilhelm 给我写信说, 这对他根本不合适, 而且在中间来太特别, 我会考虑在星期天的晚上从这儿动身, 而且还会和 Öltzen[18] 一道, 他要到 Hannover 去过节.

但愿复活节不要太冷, 您的健康状况良好, 这样您工作就不会感到太辛苦; 还有这次按手礼您已经安排得怎样了, Klemm 这次又由于像个未成年的孩子被通报, 这回他该准时一点儿了吧?

最近您是否听到 Stüve 与第二议会 (2ten Kammer) 的争斗在 Dannenberg 已经拉开了, 据说选举人选举普鲁士国王为尊敬的德意志皇帝.

亲爱的父亲, 时间迫使要我结束这封信了, 祝安康!

您的忠实的

Bernhard

第 44 封: 致弟弟 Wilhelm, 1849 年 4 月 8 日, Göttingen, 共 2 页

Göttingen, 1849 年 4 月 8 日

亲爱的 Wilhelm!

您应该早就收到我的一封提到附有 7 Thlr 邮局代收款的信, 而且您一定会

觉得很奇怪, 这封信也没有给您带来任何进账; 但是看来由于您担心在星期四早, 特别是在涂油日 (Öltzen) 不久之后来写, 感到有点为难, 所以我就想, 是不是还是我马上就过来. 我的旅行正好向后推迟了; 但是遗憾的是, 自从我到这里来以后我的身体状况不太好, 太过紧张了, 每一根神经都绷得紧紧的; 我担心我在 Quickborn 被过度工作损害了. 在星期天晚上我在 Julchen 姨妈那里: 当我向她抱怨我的糟糕的情况时她建议我去找 Ruete[12] 教授, 您可能知道, 他担任的是家庭医生, 三年前在这里把我引荐给 Stern 和 Goldschmidt 的就是他. 我在下午去了他那儿 —— 看来 J 姨妈已经事先给他提了我的事了 —— 他对我的身体现状做了相当多时间的检查, 然后给我开了些散剂, 要我多散步, 不要去从事数学和哲学, 而只去听一些历史和较容易的讲座, 然后到社区里去走走. 当然现在我已经能做比较远的旅行了, 遗憾的是我还不能工作, 不过最近我也没有这方面的任务; 我的相知, 一部分已经离开这里了, 一部分也疏远了, 因此我在这里感到相当疏离. 我还总是希望, 我很快就会好起来并且能够继续我的研究, 由于我的痼疾位于下腹部, 主要是由于在旅行中的膳食非常恶劣; J 姨妈肯定已经给父亲写信谈到过我的健康; 根据我在身边时她所发表的意见, 她很可能会建议我在这个暑假回 Q[uickborn]; 如果这封信到达您那儿的话, 请您把这封信尽可能快地转过去. 即使是在最坏的情况下, 正如我预料的那样, 当我的学习也不能继续下去, 也不怎么能工作, 只要我还在这儿也还是很好的. ——9 日午

　　正好我收到您的来信; J 姨妈还没有写信; 我担心, 父亲可能因此被说服不会马上把钱寄出, 会使咱俩陷入困境. 现在我已经好多了, 也不再像前些日子那么容易产生忧郁和气馁了.

············

第 45 封: 致弟弟 Wilhelm, 1850 年春, Göttingen, 共 1 页

············

　　······ 可能在这个学期我要放弃我原来打算选的化学实验课了, 部分是由于缺钱 —— 这需要 3 个路易 (Louis), 部分是由于我不想使自己工作的时间受到太大的限制. 我现在还要再次搞清楚, 物理 – 数学讨论班, 它现在已经进行一周了, 是如何安排的; 我听说参加的人数已经超过 20 个了, 其中留下的个别位置就很少了. 我可能参加进去, 而且还要报名参加 Weber 开的物理课. 在我给父亲写信的时候, 我还没有在这上面完全确定下来, 因此根本没有提及此事.

············

第 46 封: 致父亲, 1850 年 7 月 19 日, Göttingen, 共 2 页

············

于 8 月 14 日

在经过长时间的中断之后现在我终于可以来完成已经开始给您写的信了. 我已经休整过了, 现在我必须设法让自己振作起来. 虽然我现在还没有什么固定的想法, 但是我仍然信心十足. 由于师范讲习班还灵活地附带有薪给, 在下个学期我会按照您的希望和要求转向申请到 Hermann 的班: 他对我讲, 他从一开始就考虑了, 我还可能在下学期参加, 如果我想放弃, 只要我在复活节前做出决定, 他都乐意解除. 由于我的博士论文必须在通知前付印, 我博士学位的授予必须推到下学期; 如果论文印好了我就会寄给您, 并请您一定看一下.

············

第 59 封: 致弟弟 Wilhelm, 1851 年 11 月 24 日, Göttingen, 共 2 页, 损坏不全

亲爱的 Wilhelm!

用 J[ulchen] 姨妈的话来说, 坚冰终于打破; 我终于可以告诉您, 我的博士论文要拿去付印了, 我的博士学位最近几天就要得到. 我已经在星期五在 Helen 动身以后将论文交给系里了, 这样 Gauss 就会有在家里的几天时间用来做出判断, 并且在上周末之后论文已经在系里的同事们中间传阅; 但是我的考试安排在下周一 (12 月 1 日). 星期天晚上我在 Gauss 家时, 我的论文他还没有阅读, 但是他告诉我, 多年前他就准备写一篇论文 (现在该已经写好了), 它所研究的对象和我这篇论文所处理的一样, 或者部分相同. 他也在他 52 年前的博士论文中就此对象的确暗示了这个观点. 他对我的工作的判断我现在还不知道, 因为在上个星期天去先生家时没有遇到他; 在此期间我必须准备好回应其他人发表的意见, 我不能把它们仅仅当成是一种希望, 使得他能满意我的工作. 我的前景, 我相信, 通过这些将得到显著的改善; 还有, 我能尽快完成我的就职试讲稿, 相信会要我去讲. 关于这一点, 正如您已经知道的, 我现在想到 Quickborn 去工作, 希望能够较快和较好地进入状态, 因为在最近我的健康达到了比较好的状况.

············

第 60 封: 致弟弟 Wilhelm, 1851 年 12 月 7 日, Göttingen, 共 1 页, 损坏不全

············

于 12 月 13 日

············

…… 遗憾的是我的博士学位授予还要和一个系主任 (Ewald 教授) 打交道, 他是一个十分厉害的迂夫子和麻烦制造者; 他在我交出论文后给我往后拖了 5 周多, 而这种事情很少有超过 14 天的. 我的考试才安排在 8 天前的星期三. 现在他还要求做一次公开的答辩, 尽管这种事在哲学系 10 年以来就已经不再有了; 我把这理解为要作更详尽的 [……], 今天终于得知, 他把答辩安排在 12 月 16 日 ……

第 61 封: 致父亲, 1852 年 9 月 19 日, Hannover, 共 2 页

············

…… 今天我终于在早上 9 点顺利地前往 Hannover. 我在联合旅馆订了一间房, 以便能得到一定的休养和及时的休息, 并且去访问 Schmalfuss[10], 因为 Seffer[11] 在此地的住处我不熟悉. 他的住处特别雅致, 现在他还在他的住处附近买了一栋特别宽敞和漂亮的大住宅. 这期间, 至少在我看来, 他不会在家, 现在去看他可能还为时太早. 于是我改变主意去看 Aegidienthor, 去看 Geh. Räthin Crome. 我在前院遇着他, 但是看来似乎很不是时候, 这样就没有必要把我请入室内了. 再说他对我还特别客气, 还建议我去看 Kaufmann, 所以这个上午就回不了住处; 我只有直接到咖啡馆去登记, 我可以在那里遇到整个亲属圈子里的人在一起. 从那里我去了一家刻印社, 在那里写下我的名片样, 然后去教会监察公署大楼, 我还希望在那里找到 Seffer 的住址. 在前去的路上 —— 他住在 Hundemarkte (狗市) —— 我想了结一下对 Kestner 的访问, 但是我来到了一扇闭锁着的门前. 就在那儿遇到了 Seffer, 而他正好开始一场巡视; 这时他还跟我寒暄了几句, 让我等他的夫人回来, 对她我还留有一些印象. 他们的家庭规模已经有了相当的扩大, 除了 Anna, 她现在已经 10 岁了, 房间里还有三个哭哭闹闹的小孩. 她们看上去都非常秀气和活泼可爱. 接着我就朝着 Kaufmann 的花园走去, 几经寻找, 发现她和他都不在家. 我把我的名片留下, 之后仆人请我, 如果可以的话, 在下午 3 点半以后再来; Hofräthin 太太在去过教堂后还要散散步, 然后回来, 因为她要在 3 点钟用餐. 我说, 我很愿意见到她, 但要往后推一推, 因为我还要再去 Schmalfuss 那儿一趟, 至少要把我的名片留在那儿. 我没有在家遇上她, 但是在

往回走的路上我遇到了她, 并且陪她一路回到了家; 她还不显得太老, 只是有点一本正经. —— 您看这就是我如何乱跑了一气的真实写照. 这样一来想赶中午邮政班车已经来不及了. 现在我还可以这样来利用剩下的时间, 给 Clara 以及给您写完这封信; 中止对 Kaufmann 的访问, 因为我只有到 2 点半的闲工夫, 之后还不准确地知道, 何时我会动身.

我将于今天 9 点半随邮车出发, 预计明早抵达 Göttingen. 祝一切顺利.

您的忠实的 B.

第 63 封: 致弟弟 Wilhelm, 1852 年 9 月 28 日, Göttingen, 共 4 页

············

来到这里的头几天我发现我还很空闲, 我的新老相识都外出旅游去了. 除了帮这里的人打点儿杂, 暂时我还没有什么事. 在图书馆我对我的工作做了极其深入的研究, 并且去系主任 Hofr. Ritter 那儿对我的博士学位论文做必要的安排. 但是很快我就改变了主意; 在星期二下午当我去访问 Gauss 的时候, 他就对我讲, Dirichlet 教授会从柏林到这里来. 我在柏林时就多次聆听他的讲课, 而且我认为他是紧接 Gauss 的当代还活着的最伟大的数学家; Gauss 对他也非常器重. 我立即在第二天上午就去拜访了他, 但不是在他的住处, 并且由于我不知道他在这里还能待几天, 我在餐后就立即又去了他那里. 我还是在宴席上和他见面, 因为这时他主餐已经用毕, 只单独与 Wirth Bellmann 在房间里. 我应该到他那里, 沏上一杯咖啡, 实际上这对我来说就有点像是茶话会. 实际上是另一回事, 我们到 Dirichlet 的房间里去, 我们是去谈数学的. 我们谈的对象是我们双方都强烈地感到有兴趣的东西. 过了不一会儿来自 Waltershausen 的 Listing 教授和 Sartorius 教授来邀请他去散步, 由于天气不佳我们又等了一会儿, 还是到 Kehr 后面的小山林中去走了一趟, 在那里我们在 8 点左右才往回返. Sartorius 邀请我在星期四, 也就是下一天去赴宴, 那天他请了 Dirichlet 吃饭, 我非常感谢. 除了 Dirichlet 还有 Listing 和来自柏林的物理教授 Dove, 我也听过他的课. 会晤一直持续到晚上 9 点, 这对于我来说, 您可以想象, 是分外地有趣和有教益.

9 月 30 日

星期五的一大早, 为了继续讨论我的报告, Dirichlet 专门到我的卧室来访问. 我已经就我的论文征求了他的意见, 他就此给了我如此详尽全面的指示, 使得我由此把事情弄得非常简单. 许多东西我都在图书馆里找了很长的时间. Dirichlet 可以说是特别友好地告诉我, 他对此在几年前就做过研究, 和我在一起通读了我的论文; 因此我希望他以后也不会忘记我, 以及给予我同情和关心. 他现在还在

这儿, 我还有两次机会对他做较长时间的拜访.

Weber 正好在我到的前一天去 Wiesbaden 参加自然研究者大会, 预计在上周末当天回来. 这之后我好几次去他家都没见着, 在星期一与 Listing 和 Dirichlet 聚会时遇到了他. 在经过头几次欢迎活动之后, 我被邀请参加在小树林高地上举办的宴会. 在用过美味的早餐后我们四人, W[eber], L[isting], D[irichlet] 和区区鄙人, 大约在 12 点, 去离 Göttingen 乘公共汽车要整整一小时的地方, 那里要接着举行其他活动. 参加活动的有 Weber 的两个侄女 (Sophie, Anna), 她们现在和他在一起, 还有 Ewald 教授的夫人和她的双亲, 来自 Darmstadt 的 Geh. R. Schleiermacher. 我们要在靠近山顶的绿色山毛榉林下喝咖啡; 在太阳下山才动身, 在美丽月色和漂亮的女伴歌声的陪伴下, 踏上回家的归途.

这之后我又再去看望了 Dirichlet 一次, 就是在昨天中午, 在那里 Weber 邀请我一起用餐. 除了他以外还有 Geh. R. Schleiermacher 和四位已经在那里的教授.

您看, 我现在在这里已经不是非常喜欢待在家里了; 但是因此我在早上就要更加勤奋地工作. 您大概从报纸上已经得知, 语言大会从本周起已经在这里召开, 现在已经让这里一切都活跃了起来; 不过我也因此无法把自己关在屋子里.

我的住地现在是 Weender 大街 A. Müller 寓所. 当我来看房时, 我跟我的房东讲, 我的室友是一个西印度群岛人, 他在这个学期有很多事情要做, 是一个非常安静和勤奋的、甚至不想有邻居的青年, 我非常想结识这个 "西印度群岛人", 但是令人意外高兴的是, 在仔细地查问之后发现他原来是我来自 Lüneburg 的好友 Ritter[19].

从星期天以来 Ritter 就已经在这里了, 我希望在这里和他一起度过一个愉快的冬天. 今天中午 —— 我们一起在我们的房间里吃的午饭 —— 我们草拟了一个行动计划, 以便实现一次我的公开课.

············

第 64 封: 致父亲, 1853 年 3 月 11 日, Göttingen, 共 1 页

············

为什么我与 Ritter 的交往越来越少了, 其原因我宁愿口头上告诉您, 因为——litera scripta manet. 从个人来说我对他根本没有什么不和. 他还是和过去一样来和我一起用午餐, 我们仍然生活在相互友好的关系之中.

我的住处, 在住过下学期之后, 在给您写过上封信之后, 我还没有进一步去找. 这也和许多其他情况一样对我的糟糕的健康状况是不利的. 我遭受和去年同样痼疾的折磨比去年有过之而无不及. 我的健康状况又回到了从前. 前天我又必

须服用强泻药, 这使我极度虚弱. 昨天我已经去咨询了 Hofrath Fuchs. 但是最好是, 我希望较温暖的春天气候, 今天已经来到, 会使我好起来一些.

············

第 65 封: 致父亲, 1854 年 2 月 5 日, Göttingen, 共 2 页

············

正当我来给您写这封信时, 我就收到了您的亲切的来信; 它就更促使我赶快来给您写信. 我没能及时地给您回信, 这使我感到我是如何地不对; 我的行为让您为我操心了. 我希望您能原谅我. 我在提交了我的任职资格论文之后, 又立即呈上我对自然规律的相互联系的研究论文, 我对此是如此专心致志, 我是不会就此罢手. 这样持续不断的工作对我的健康是不利的, 至少我要为在新年后我的老毛病就会立即重患, 只有靠作用很强的药物才能有所缓解, 做好思想准备. 这时我就会觉得不舒服, 感到无法工作, 想通过长距离的散步来恢复健康. 现在 8 天过去了, 我又感觉好些了, 我要到系学术大会上去做的试讲也只准备了一半, 您的来信和对您的思念是对我的一种激励, 让我毫不费力地又回到了我的工作面前.

在我完成后我会立即给您写信; 很抱歉我还要再次请您给我寄点钱来, 我的钱袋已经全空了. 接下来我要把这里一切安顿好, 以便下学期能在这里好好学习, 然后希望在 Quickborn 愉快地相见.

············

第 66 封: 致弟弟 Wilhelm, 1854 年 7 月 26 日, Quickborn, 共 1 页

[见中译本第一卷文前的 "Riemann 生平".]

第 90 封: 致姐姐 Ida, 1854 年 10 月 9 日, Göttingen, 共 1 页, Ida 保存时受损[①]

············

首先告诉我您非常愿意去听我报告的是您认识的 Schering[13], 他还要在这里待两个学期, 然后取得博士学位; 我非常高兴您能去听. 除了 Schering 在这个学期开始就报了名的还有来自 Schleswig 的 Esselbach, 他的名字您可能从报纸上已经看到, 因为他是唯一的一个在自然研究者大会上做报告的学生. 他参加过远

---

① 前文中的 1847 年 11 月 29 日致父亲的信在原文中也标记为 "第 90 封". —— 编者注

征 —— 在 Schleswig, Holstein, 他现在在这里好像正在做基础实验研究. 第三位
—— 他出版了他的小传 (Anmeldebuch) 以便把我写进里面, 是一位来自 Kiel 的
Bargum 先生, 在远征前是在 Holstein 的丹麦海军的候补军官, 随后入 Holstein
陆军, 然后在 Hannover 高等工业学校待了三年; 由此正如您所见, 这是一个我
在他面前要集中注意力的人. 他是在 Hannover 成为老师而进入学术生涯的. 于
是至今这个规模还很小的讨论班就幸运地成了我的讨论班了. 渐渐地这个还很
小的小集体在这期间就一点一点地长大, 也就是说有来自 Hannover 的炮兵少尉
v. Quintus 和 Gerdes[20], 还有来自 Verden 的一个天文学家 Pape, 他由于有一些
工作已经有点名气了. Hans Zinken 先生, 夏季被从 Braunschweig 叫过来, 最后,
在我的讲课开始之后还来了 Oppenheim 先生. 这些就是我的听讲者的全部名单.
这个小组当然还很小, 但是我的期望还要小, 只要我的讨论班成功开课了, 我就
应该很高兴, 因为真正迫切想攻读数学而要来听课的人实在是太少了. 这样来看
我的第一次登上讲台的确是很幸运的. 我在我的室内以 Gieseler 为听众试讲——
这真是巨大的好意.

第 67 封: 致弟弟 Wilhelm, 1855 年 4 月 18 日, Hannover, 共 2 页

Hannover, 1855 年 4 月 18 日

亲爱的 Wilhelm!

　　前天晚上我又从 Quickborn 动身了, 谢天谢地到离开时一直都很健康. 我
利用还在这里不多的时间赶忙来给你写几句. 今天我在这里去了 Schmalfuss 和
Seffer 处, 从他们那里得悉我每年的偿金可能为 200 Thlr. 至少这是由两位推荐
人向 Cultus v. Warnstedt 和 Küster 所提议的最低数. 可能现在在米迦勒节我
就会得到 100 Thlr, 但是我希望我能尽快把借的钱寄回给您. 我还要立即请求
Julchen 姨妈借 100 Thlr 给我, 我希望她会准备好.

　　长期以来我希望能尽快给您带去好的消息. 正好我从 Sartorius 和 Weber
那里确切地得知, Warnstedt 首先为我申请到了一个临时教授的位置. 但是要从
Göttingen 出发到城市的另一头有点麻烦, 因此这一次也只能作罢了.

　　············

第 68 封: 致弟弟 Wilhelm, 1855 年 5 月 5 日, Göttingen, 共 3 页

　　············

迄今为止我的课是每周四次, 安排在 12—1 点之间, 但是现在遗憾的是有几位听众希望安排在 11—12 点之间. 我非常喜欢在饭前的 12—1 点这个时间, 因为现在我在 12—1 点这段时间很少会开始做什么事情. 听我的课的人只有四位, 他们的名字我已经在给父亲的信中告诉过您了, 就是在上学期已经听我的课的那几个人. 此外, 还有 Klinkerfues 他在不久前被免费授予博士学位 (gratis promovirt), 有可能在短期内成为天文观测台的管理员, 直到现在一直在旁听课. 那个 Westphal, 已经取得讲师任职资格, 与天文台完全是外部的联系关系, 我早已跟您写到过他. 就讲课而言, 他比我的困难要少得多, 但是正如我的看法, 他在科学研究上没有特别的优势. 他在天文台所取得的是 200 Thlr, 这样他将取得的也是这个数. 您在您的信中猜想, Gauss 会趁天文台正好有空缺之际推荐我去. 虽然这有可能, 可是从对我正式向 Hannover 递上的博士学位论文和就职论文与试讲所提供的工作来判断, 我较早就相信这一点. 不过还有这样的可能性, 所以我非常高兴 Warnstedt 给 Weber 所写的信, 特别地我还相信, 它还多少会起到安抚我父亲为我的未来操心的作用, 这在去年我就担心父亲和我一样为此担心. 这封信现在就会立即寄去.

············

第 73 封: 致弟弟 Wilhelm, 1856 年 7 月 5 日, Göttingen, 共 3 页

············

您知道, 非常遗憾的是, 我在这个学期由于各种原因时间很紧张, 因此我不能许诺经常来写信······

············

不久前我和 Klinkerfues 一起被这里的皇家科学协会任命为候补文职人员; 我为此感到很高兴, 但是这样我就有义务, 在近期内交一份著作, 应该是除征奖论文之外的, 从来没有被提出过的.

············

第 75 封: 致弟弟 Wilhelm, 1857 年 3 月 21 日, Leipzig, 共 2 页

Leipzig, 1857 年 3 月 21 日

亲爱的 Wilhelm!

我要急着告诉您的消息是, 我在这里一切都很顺利; 别的也没有什么可以多讲的. 我在经受了晚上的旅途劳累之后, 在今天中午大约 12 点半去和 Weber 讨论, 但是只遇到他的父亲. 我受到了他的友好接待, 他和我一起去散步, 带我到图

书馆, 这样就给了我和他说话的机会. 他愿意在饭后在此把我从 de Pologne 旅馆接走, 在晚上带到 Weber 家. 这样他还会邀请一些朋友来, 我感到不太合适. 我何时动身现在我还不能确定; 无论如何明天我还会再写. 今天我必须搁笔了, 因为 Weber 随时可能来. 最衷心地祝福亲爱的姐妹们.

您忠实的 Bernhard

············

午后 7 点. 今天午后我和 Weber 一起去喝咖啡. Laura 的出现, 这我不无疑虑地期待过, 使我感到意外地高兴和不能自已, 并由此唤起了从前的感觉. 我曾经不无疑虑地期待过这一瞬间, 因为我已经多年没有见到过她了, 担心她给我的印象和过去不一样了. 我和 Weber 一家在一起还有一个半小时, 正要准备去喝茶, 为此还邀请了几个熟人. 再见.

您忠实的 B.

第 76 封: 致姐姐 Ida, 1857 年 4 月 22 日, Göttingen, 共 2 页, 未完成

Göttingen, 1857 年 4 月 22 日

亲爱的 Ida!

您的信, 这是我经 Göttingen 去 Bremen 时收到的, 不在我手头, 因此我不能详细地答复您; 正如您现在正去到 Dockenhuden, 和您在那里一样, 我也正在 Bremen, 我在这里读了您的全部来信, 有了更深入更全面的感受. 希望您在那里发出给我的信, 为此我迫切请求您这样做; 我非常希望这样, 因为您给我写信不是很经常, 为了时时永远和您在一起, 共同对付您在那里所遭遇到的一切, 这就是我全心全意所希望的. 很可能您对您在那里的情况总是非常满意, 正如您总的来说至今一直以来的这样. 也许, 那些使您感到忧虑和不高兴的事情, 并不太重, 在这方面, 我相信在我们兄弟姐妹之中我们两人是最轻的. 如果我没有弄错的话, 您在寄往 Bremen 的给 Helene 的信中写道, 您对我的消息感到如此震惊, 以至于流出了眼泪. 我不知道对此我应该给您写什么好, 我自己那时也是非常沮丧; 有很多事本来可以比实际情况更好、更幸运的方式发生. 在我前往 Leipzig 的途中我仍然感到不平静, 但是, 无论如何, 正如我从 Laura 处得知的, 我现在相信, 一切都会好起来.

Bremen, 1857 年 5 月 4 日

从前天到现在我又一直在 Bremen 这里, 现在我来发出在 Göttingen 就开始写了的这封信, 因为就眼下来说也没有什么可写的. 关于我去 Leipzig 及其以后直

至我又回到 Göttingen 的情况, W[ilhelm] 已经详细地给您写到了. 在 Göttingen 我几乎每天都和 W[eber] 一家在一起; 正如我已经和您讲过的, 所谓 Göttingen 的 W. 一家, 除了多年来一直给他管理家务的、他的侄女 Sophie 外, 还有 L. 的一个兄弟 Julius, 他在 Göttingen 学习财政学. 在这个夏天通过 Weber 的社交圈我得到了许多快乐. 遗憾的是我只有几个晚上和这个家庭单独在一起, 因为此前来自 Marburg 的 Kohlrausch 从那里来这里访问, 因此我不可能如我所愿像开始时那样畅聊; 您可以想象, 现在在我处于的位置, 我迫切需要和任何人倾诉衷肠.

第 77 封: 致弟弟 Wilhelm, 1857 年 4 月 25 日, Göttingen, 共 4 页

Göttingen, 1857 年 4 月 25 日

亲爱的 Wilhelm!

希望您很快能在我昨天的信中从前天的不安宁中恢复过来, 我也不会再给您添别的麻烦了. 当我在本周开始的两个晚上和 Weber 一家人在一起的时候, 那时 Kohlrausch 也还在此访问, 一种特别令人不舒服的情绪向我袭来, 好像是暴风雨就要来临; 好像是说在 5 月还有很多雨要来到. Weber 还说, 下午他要和 Zachariae, Waitz 和另一个 "侯爵 (Fürst)" 一起去 Kraut 副校长那里, 一起去的还有 Rösler 和 Aegidi. 有可能是 W[eber] 已正在做出一项努力, 以便推翻他所获知的科学院官方所做的对我不利的决定, 并使我获得在天文台的一个空缺的位置. 现在考虑到我多次跟随 Weber 一起做实验, 并且实际情况也为 Schering 所知; 由于他在那个协会的影响已经不深, 所以他放弃了这个努力, 现在做出了对我非常重要的、受雇于 Göttingen 这里的决定. 从此 Sch[ering] 和 K[linkerfues] 以另一种少有的体贴的语气对待我. 我特别为 Weber 的冷淡感到情绪不好, 这自然要归因于他计划的失误. 我现在还经常和他谈到 Dedekind[21], 由此对这个人有了一定的认识, 而且他和我非常投机; 他和我在一起了整整一个下午, 和我一起聊天, 比如如何安排我们的讲课以便不互相冲突. 但是这种事情终于还是兜着了, 这使我感到很不爽. Dirichlet 对我虽然仍非常客气, 但在我看来也不再像平常那样亲切, 我因此也感到难受. Dedekind 也已经受托来和我商讨不要放弃我的讲课, 并且已做了预告; 但是在我得知的确如此安排前, 我不想提前做.

昨天, 在我发出给您的第二封信之后我去了 W[eber] 那里, 受到了他的友好的接待. Kohlrausch 那天上午已经动身了, 他期待着 Kirchenrath Schwarz 晚上来访. 他想邀请 Dirichlet, Ewald 等人与他见面, 也邀请我参加.

正当我从那里回到家时正好 Olivier 先生[13] 出现在我面前, 他也是在上学期相当长的时间听我的课的人, 来自 Dresden, 与 Weber 一家人非常熟, 他告诉我很想和其他四个人一起听我的课. 他不知道他是否能够读到我的讲课大纲, 因为

他不知道我的课何时开讲. 我已经答应在星期一开讲, 但这还没有做预告, 因为我相信, 如果我有一个比较长的时间和您在一起, 会对我的健康和我的工作有更好的作用. 还有我感到难受的是有几位听众, 他们除了 Selli[n]g 和 Olivier, 还有 Mithoff, Zinken, Steinau 等几位先生, 可能由于外部的原因, 还是由于别的什么原因, 不能来听课了; 他们都是先前听我的课的人.

昨晚我和 Schering 与 K. 一起散步到很晚, 以至于我不敢再去 Weber 那里, 因为我是这个社团里最年轻的人. 他现在可能也有这样的意图, 让我的求婚有更多的人知道, 使得 Laura 可以来这里, 这就让我以后不怎么来会使我感到很抱歉. 现在我正好在那里, 但是她仍然在座, 还有 Kr. S[chwarz] 在那儿.

正如在天文观测台的情况一样, 关于这方面我只能在 K. 与 S. 表态后才能对昨天的散步做出结论. 很可能是事情已经安排了, 现在是 K. 在分配中做出了更多的让步, 而且人们还以为我会到那里去. 对几个非观测天文学者, 您说得至少有点儿过头了, 虽然作为天文学家不怎么样, 但是从其他角度来看也还是蛮有能力的.

好好生活吧, 我亲爱的 Wilhelm, 衷心谢谢您两封亲切的来信, 第一封我是今天上午收到的, 第二封也是上午收到的. 去 Schützenhofe 和 Damenthee 的旅行结果是这样好, 我感到十分满意; 毕竟我很少有过这方面的经历, 在我还没有忘记这些经历前, 我要赶紧给 Helene 和小 Marie 写信, 把这些详细地告诉她们. 请接受我衷心的祝福.

您的爱您的 Bernhard

如果 Ida 有信给您的话, 请给我寄来, 并向她致以衷心的祝福. 我现在还很难给她写一封详细的信.

第 79 封: 致姐姐 Ida, 1860 年 4 月 27 日, Heidelberg, 共 4 页

Heidelberg, 1860 年 4 月 27 日

我亲爱的 Ida!

我现在又再次回到了德国, 希望明天 (星期天傍晚) 重新踏入 Göttingen, 然后尽快开始我的授课. 现在我最大的希望是您们能尽快地回到 Göttingen, 或者您们中至少有一人能回来. 您或者是 Helene, 是否还打算在 Rotenburg 或 Chappuzeau 附近再待一阵子, 所以对这里也没有什么好多说的; 但是希望您们两人中有一个能回来. 柜门钥匙如果您带走了的话, 无论如何请您立即寄到姨妈处并来信告诉我, 如何将 Melchen[22] 召回.

我很愿意告诉您我从巴黎返回的日子, 但是在我访问结束之际我还有许多

事要做, 而且在最后一瞬间还有许多意料不到的来访者, 以致我根本没有时间来写信.

在这次旅行期间每天我都做了笔记, 这样我能详实地口头来告诉您. 总的来说我对这次旅行感到非常满意; 还有许多我对这次访问的期待, 由于时间的短暂而未能实现. 本来我还可以在巴黎再待一两周, 可惜我没有利用这个机会; 因此我决定及时地回到 Göttingen.

遗憾的是那里的气候那几天经常是恶劣和阴冷潮湿的, 在最后一周更是有几天交替下着雪与冰雹 (小冰雹). 尤其是室内没有取暖用炉从而使得根本无法住人, 而且在这种恶劣的天气下要想看到各处的名胜简直是不可能的. 就这一点来讲选择这个时间来访是很不合适的.

相反, 无论如何我不能抱怨说这里没有来自巴黎学者们的友情接待. —— 我参加的第一次友谊小聚会, 是由 Serret 先生举办的茶会①, 他几周前刚成为学会的成员. 这样的一个小茶会或小聚会几乎类似于我们的 Gesellschaften (友谊小聚会). 它常常是在 9 点左右到 10 点之间开始, 持续到 1 点. 在这段时间内您可以随时来随时走, 许多人才从剧院过来, 在巴黎剧院很少有在 12 点半以前关门的.

给大家带来的只不过是茶、冰激凌和一点果酱 (Confitüren), 即加糖水果, 以及糖果一类的东西. 不可否认, 这种没有强迫的交往方式有很多独特的价值. Serret 的这个聚会有 30 到 40 个男士和女士, 其中也有许多德国人, 或者说是会讲德语的人, 我主要是同他们聊天. 对选一位外籍科学院的院士 (associé étranger de l'institut) 以递补 Alexander von Humboldt 的结果如何, 大家都很关切; 总共只有 8 个位置, 因此成为这 8 位院士中的一位被看成是一个很大的荣誉. 当时 Wöhler 和 Liebig 是最接近的候选人, 而且 Wöhler 似乎具有最大的可能性. 但是在星期二我就在 Bertrand 的晚餐会上听说, 人们担心与两个大型的化学核心企业之一靠得太近, 这两个人都被放弃, 提出了选柏林的 Ehrenberg 的建议. 在最后一次会议上 (这是在星期一的 3—6 点之间的一次会议) 经过长时间的犹豫之后他终于被选定了. 我当然十分关心我过去的老师 Wöhler, 我衷心希望他能获得这个荣誉.

上述在 Bertrand 那里的晚餐从 6 点持续到 11 点. 他邀请的几乎都是亲属, 因此举止言谈就比在 Serret 那里更无拘无束一些. 可是这个圈子仍然相当大, B[ertrand] 有 8 个孩子, 而且还有 Bertrand 夫人的双亲生活在一起. 在过了一些时候我去访问 Bertrand 一家时, 我简直是遇到了一个孩子社会, 他们正集体演出一场喜剧; 不过来到时对看这个喜剧来说已是太晚了, 但总算还是满意地看到了随后的探戈, 它真是挺逗人.

---

①在我到达后的星期天的晚上.

有一天我曾在离巴黎几个火车站的地方, 在 Briot 的亲切接待下在 Chatenay 度过了一天. 由于他的工作我早就知道他, 并对他有很高的评价. 我是通过 Bertrand 与他结识的. 他现在正在将我的著作译成法文, 为此将会与我经常地通信联系.

我们在 Chatenay 周围做了一次相当愉快的散步, 我们参观了 Chateaubriand 的田庄和许多其他的景区. Chatenay 是 Voltaire (伏尔泰) 的出生地, 离从 Fontainebleau (枫丹白露) 到 Versailles (凡尔赛) 的公路不远.

Hermite 对我也非常友好和热情, 两次中午来邀请我, 他认为这件事再也不能耽搁了, 因为他要感谢很多德国学者, 特别是对 Dirichlet 和 Jacobi 先前的支持; 我倒是十分不想麻烦他, 因为他的夫人正处于十分麻烦的状态.

在巴黎我还认识了不少德国学者, 在巴黎的德国教授真是有不少. Kühne 每周都会带来一些同事抵达的消息. 可是大家在本月末自然又都会回去. —— 好, 就此打住. 您看, 真是纸短情长, 送给您我的衷心祝愿, 请接受我的最恳切和最良好的祝愿. 愿上帝赐给我们即将来到的快乐的再见. 好好生活到我们再相见.

您忠实的 Bernhard

第 80 封: 致姐姐 Ida 和妹妹 Helene, 1860 年 8 月 20 日, Kommotau, 共 3 页

Kommotau, 1860 年 8 月 20 日

我亲爱的姐姐和妹妹,

您们应该收到了我从 Dresden 发出的两封信, 您们能够想象, 我是非常希望得到回信的. 明天一早我将抵达 Karlsbad, 因此您们可以把给我的信发到那里. 我担心他没有把较近的住址给我.

在发出上封信之后我在 Dresden 还只能待一天. 我要利用中午这段时间去访问 Dr. Baltzer, 他是十字学校 (Kreuzschule) 的老师, 一个出色的数学家, 是先前 Dirichlet 介绍给我认识的. 我没有见着他. W[eber] 已经与 Kirchenrath Schwarz 商量好去 Tharandt 旅游. 还是原来那些参与者, 即 Schwarz 和他的女儿, 四位 W., Zenker 教授, W. 的一个远亲, 我在 Leipzig 就认识他, 还有就是区区本人, 花了 4 个来小时一起来到 Tharandt 火车站. 开始时天气很好, 使得我们能够尽情享受 Tharandt 之旅. 从那个地方的中央可以看到有三个大峡谷 (Thaleinschnitte) 向不同的方向伸展出去, 这个小镇就如画般地在其中铺开. 在一个稍稍隆起的小山头上有一座教堂和一座古老宫殿的遗迹. 可是我们还是不能在那里待久, 因为雷声隐隐预示着雷雨就要来临. Kr. Schwarz 利用这点时间去拜访这个地方的牧

师, 他的一个老相识. Sophie W. 为前者所认识的一位女牧师, 娘家是 Dresdnerin 的女人, 离他很近. 我们其余的人要赶紧躲到火车站去, 然后在可怕的暴风雨中返回 Dresden. 我们还要立即从 Bahnhofe 出发赶往 Stauffenaus, W. 和我被邀请在那里喝茶. 我们的旅游原定安排到第二天. Sophie W. 也愿意在第二天动身, 首先和 Schwarz 一起去 Herrenhut, 然后在星期天经 Dresden 回 Leipzig. 看起来她似乎有意避免和我单独在一起, 可是我还是找到了一个机会, 向她表示我的请求, 让 L[aura] 能尽快返回 G[öttingen].

第二天, 我们, 三个 W., Hansen 和我, 匆匆忙忙飞快地乘火车从萨克森瑞士到 Teplitz, 从那里我们步行穿过 Erzgebirge 大山向着 Karlsbad 走去······
············

第 81 封: 致姐姐 Ida, 1860 年 9 月 11 日, Karlsbad, 共 2 页

Karlsbad, 1860 年 9 月 11 日

亲爱的 Ida,

希望在不多几天内就能见到您. 您将从 W. 一家很好地得悉, 我是与 Hanssen 一起返回的. 我们今天上午 8 点左右开始长途跋涉, 要在 17 点左右才能抵达 Göttingen, 因为 Hanssen 已经通知要在星期五或星期六抵达 Coburg. 我们将步行到 Bayern 的火车站, 然后从那里乘火车经 Coburg, Eisenach 和 Cassel 驶向 Göttingen. 我希望疗养会对我起好的作用, 它是非常无聊的. 在这里的最后一段时间我主要是和 Hanssen, Ribbentrop 和 Seitz 来往. 后者是一位医学教授和一所设立在 München 的医院的院长, 近年来为 München 大学的校长. 关于我们在周边的郊游我已经跟您谈过了.

我至今还没有给 L[aura] 写信, 或者应该这样说, 我写过好几封信, 但是它们又都被撕掉了. 回想起那些突然降落在我们之间的令人难受和痛苦的往事, 给我带来持续不断的折磨. 我希望, 也许通过口头交谈能得到较轻松的解开, 但是我在 Leipzig 没有机会和她交谈. 为此来写信我也做不到.

好了, 亲爱的 Ida, 我该结束了, 为了催促, Hanssen 已经第三次到我的房间里来了.

衷心祝福 Helene, 致以诚挚的爱.

您的 Bernhard

第 87 封: 致他的夫人 Elise, 1864 年 9 月 7 日, Florenz, 共 6 页

Florenz, 1864 年 9 月 7 日

我亲爱的 Elise!

　　今天上午我已经两次到邮局, 希望在那里能得到您给我的来信.

————————

9 日

　　前天正当我开始给您写信的时候, Ida 正好回到家, 我又不得不打断. 这之后我就接到了您的两封来信, 这让我非常高兴. 其中第一封附有将军的附件, 我们是在前天下午的 4 点左右收到的, 第二封是在昨天上午收到的. 我希望今天能再得到一封, 带来同样的好消息 ……

　　…………

　　我在这里这几天到处转, 第一天的下午 Ida 就带我去了 Uffizien[①] 的讲坛. 第二天她自己又单独去, 我则在这个时候去 Betti 那里. 我们还一起去了 Wital, 她帮我买了一些东西, 最后我们一起在图书馆找了几本书. 这样我就已经很疲乏了, 以致我再也登不上去 Uffizien 的阶梯, 因此在我们的住处等候 Ida. 我在这里收到了这封信. 大约在 1 点左右我和 Betti 约好一起去教育工作者大会 (Congresso pedagogico), 其中集合了现今意大利最知名的教育家和语言学家. Betti 把我带到那里, 我现在必须在那里待到会议结束. 它涉及的是一个中间教育的组织机构, 其中一方面是小学, 另一方面是中学和其他职业学校. 在其中要按技术员、学者和商人进行联合培养到 14 岁, 而且保持完全免修外语. 在德国这样的公共学校根本不可能存在, 而在这里的条件完全不同.

　　晚上我们在林荫道上遇到 Hirzel 先生, 听他说来自 Göttingen 的 Geh. Hofr. Hasse 先生正好在这里, 有意在 Pisa 与我见面. 我于是就在昨天上午去他那里, 为的是告诉他, 我是多么高兴他能在这里, 特别是因为他对我的判断是多么适合我. 我曾经根据 Marcacci 的专家鉴定意见决定在明冬继续休假, 但是从 5 月以来我又感到非常好, 很想回 Göttingen 生活试一试. 显然我给他的是完全恢复了的印象; 但是在将要在 Pisa 做的检查之前, 他始终保持他原来确定的判断. 昨天整个上午他一直跟着我们到处转, 由于 Festes 博物馆已关闭, 所以和我们一起去参观了 S. Marco 博物馆, 包括 Kloster 博物馆, 在 S^{ma} Annunziata 以及在 S.

————————

①这里曾是 Florenz (佛罗伦萨) 城市市政厅, 今改为历史博物馆.—— 中译者注

Lorenzo 的 Mediceer 墓地. 我们由此获得了许多享受; 但是我的精力已经耗尽了, 当我们在 Kloster S. Marco 博物馆攀上攀下时, 无论如何 Hasse 已经注意到, 我已经是毫无力气了. Hasse 对我们特别照顾, 首先把我们分成两组, 准备今天把 Ida 带到 Pitti 宫去.

. . . .

至于谈到回 Göttingen 的事, 我认为 9 月是最适宜迁去的月份, 因为北部德国的 9 月份大致相当于这里的 11 月的下半月和 12 月的上半月. 因此也许明年春季的返回会提前到今年的 9 月份, 至少我会在 4 月或 5 月重新回到 Göttingen.

昨天晚上我与 Betti 谈起回 Göttingen 的事: 他很热心地说, 他的意思是, 如果我的的确确是完全恢复了, 那么是春天还是秋天回 Göttingen 就都一样了. 他力劝我还是在这里待到冬天. 我担心 Hasse 不会同意承担让我在下一个冬天回 Göttingen 的责任. 然而在我看来, 当然他也认为, 我至少能像 Keferstein 在 Göttingen 一样地生活, 他开始在 Göttingen 也只能移步走, 但是现在在那里已经走得很好了. 他很可能在 Göttingen 听到很多这样的议论, 认为这对我也一样. 他给我的印象是一个一丝不苟而又非常善良的男人, 一个完全值得信任的人, 对我, 如果完全坦白讲, 似乎非常喜欢. 也许他正期待着我做出回来的决定; 但是根据去年的经验, 我还不能就此做出答复. 如果没有必要, 又没有大夫确切的许可就回来, 我相信这是不合乎我的责任, 也是不合乎您和孩子的心意的.

如果不是 Hasse 去了 Pisa, 我就可能走错路, Ida 已经去大陆了. Betti 可能一起去了, Brioschi, Casorati, …… 事先已经对我们的旅行做过告示, 所以我们的旅行非常顺利, 一路上都有令人兴奋的结交, 有的是老友重逢, 有的是新相知 ……

. . . .

注　　释

1. 在这个题目下我们见到的是 Riemann 在 1842 年与他父亲的通信. 在他离开 Hannover 中学时在他的证书上还注明了, 他曾由于孩子行为 (*Kindisches Benehmen*) 招致过责备.

2. Riemann 所借图书的书目可以借助在 Göttingen 图书馆所保存的图书借阅登记簿重建起来. 它包括从 1846 年到 1866 年所借, 约有 500 种, 它将随其书信一起发表在其传记中.

3. 有关法国数学家对 Riemann 的影响的更多资料, 请参阅 [7], pp. 7–9 和 [8], 注释 10 和 15.

4. Weierstrass 已经向柏林科学院提交了第三篇论 Abel 函数理论的论文, 这时因为《Riemann 全集》已经出版, 他已获得了这篇论文. 见 [8] 注释 28 和 29.

5. 这里涉及 Riemann 与他的未来的妻子 Elise Koch 的通信的某些部分.

6. 关于这个题目还可以见在 [14] 中 Seffer 的信和 Schmalfuss 的信, 435 页和 439 页及其以后.

7. [14] 的 437 页及以后. 在 1840 年, Riemann 由于与他的数学教授难于相处, 据说他决定在家学习这些特别的课程 (见 1840 年 10 月 30 日给他父亲的信), 他在 1844 年就已经打算给他的一个同学讲授数学课了 (见 1844 年 8 月 24 日给他的父亲的信).

8. 关于在意大利逗留的情况, 见 Riemann 夫人在 [14], pp. 441–447 中所述; 对于传记其他方面的内容见 [2], [13] 和 [14].

9. G. H. Stisser 在 Lüneburg 获得了业士学位[①] 的第一名, 1845 年 4 月 25 日在 Göttingen 大学注册, 后来又去 Bonn 大学学习, 接着又去了柏林, 在 1848 年又重新回到 Göttingen (见 [5]).

10. C. Schmalfuss 起初为 Lüneburg 的 Johanneum 高级中学的领导和数学教授 (见他在 [14], pp. 437–440 中对 Riemann 所写的证言), 接着为 Hannover 的督学 (见他的儿子在 Göttingen 大学纪念册中所写的铭文 [5]).

11. G. H. Seffer 为 Riemann 在 Lüneburg 的 Johanneum 高级中学的希伯来语教授 (见他在 [14], pp. 435–436 中所写的证言), 稍后为 Hannover 的高级中学的督学 (见他的儿子为他写的铭文).

12. 有关 Göttingen 大学教授的情况请见 [4].

13. 有关 Göttingen 大学学生的更详细的情况请见 [5].

14. 有关柏林大学教授的情况请见 p. ex. [1], [6] 或 [9].

15. 关于 K. L. Hencke, 见 [9].

16. 关于这一点, 见 [8], 附注 13.

17. 这里涉及的是 Gauss 关于共形表示的工作, 从 1825 年开始发表在 Schumacher 主编的《天文学文集》(*Astronomische Abhandlungen*) 上.

18. 关于 W. A. Oeltzen 的题目见 [5] 和 [9]. 根据 Oeltzen 在 1849 年 4 月 7 日给 Riemann 的信, 这从 Riemann 在柏林时的家书中就可能找到, 这次共同的旅行没有成行.

19. G. A. D. Ritter 从 1850 年到 1853 年与 Riemann 一起在 Göttingen 学习 (见 [5]), 随后成为 Hannover 工业大学的教授, 从 1870 年起为 d'Aix-la-Chapelle 工业大学的数学教授 (见 [9]).

[①] baccalauréat, 这是通过法国中学会考所获得的一种称号. —— 中译者注

20. 在抄本中由于 Ida Riemann 的小小的疏忽, 我们发现一些错误, 如 "Eisselbach [?]" 和 "Gerden [?]". 准确的名字以相同的顺序细心地编码在 Riemann 所做的一页注释上 (Cod. Ms. Riemann 17, feuille 54r, [12]). 因此 Riemann 的名单确认了抄本的可靠性.

21. 关于 Riemann 与 Dedekind 的关系也可见 [3], 第 21 页及以后. 同样, Dedekind 于 1856 年 9 月 16 日写给 Riemann 的信, 抄录在同一书的第 210 页上, 其原件在 Riemann 在柏林时的家书中.

22. 这里可能涉及 d'Amalie Fink [?], 是 1859 年复活节后 Riemann 家中的仆人. 见 Riemann 在他离职时为他草拟的工作鉴定书的草稿 (Cod. Ms. Riemann 26, feuille 135, [12]).

参 考 文 献

[1] Biermann, K.-R.: Die Mathematik und ihre Dozenten an der Berliner Universität 1810–1920. Stationen auf dem Wege eines mathematischen Zentrums von Weltgeltung. Berlin 1973.

[2] Dedekind, R.: Bernhard Riemann's Lebenslauf. Dans: [10], pp. 539–558 (Deuxième edition).

[3] Dugac, P.: Richard Dedekind et les fondements des mathématiques. Paris 1976.

[4] Ebel, W.: Catalogus Professorum Gottingensium 1734–1962. Göttingen 1962.

[5] Ebel, W: Die Matrikel der Georg-August-Universität zu Göttingen 1837–1900. Hildesheim 1974.

[6] Gillispie, Ch. C.: Dictionary of Scientific Biography. New York 1970–1978.

[7] Neuenschwander, E.: Riemann und das "Weierstraßsche" Prinzip der analytischen Fortsetzung durch Potzenreihen, Jahresbericht der Deutschen Mathematiker-Vereinigung 82 (1980), 1–11.

[8] Neuenschwander, E.: Über die Wechselwirkungen zwischen der französischen Schule, Riemann und Weierstrass. Eine Übersicht mit zwei Quellenstudien, Archive for the History of Exact Sciences, 1981 (à paraitre).

[9] Poggendorff, J. C.: Biographisch-literarisches Handwörterbuch zur Geschichte der exacten Wissenschaften. Leipzig 1863–.

[10] Riemann, B.: Bernhard Riemann's Gesammelte Mathematische Werke und Wissenschaftlicher Nachlass. Herausgegeben unter Mitwirkung von Richard

Dedekind von Heinrich Weber. Première édition: Leipzig 1876.

Deuxième edition: Leipzig 1892. New York 1953. Traduction française: Oeuvres mathématiques. Paris 1898, 1968.

[11] Riemann, B.: Bernhard Riemann's Gesammelte Mathematische Werke. Nachträge. Herausgegeben von M. Noether und W. Wirtinger. Leipzig 1902. Réimpression: New York 1953.

[12] Riemann, B.: Nachlass Bernhard Riemann, Niedersächsische Staats- und Universitätsbibliothek Göttingen.

[13] Schering, E.: Bernhard Riemann zum Gedächtniss, Nachrichten von der K. Gesellschaft der Wissenschaften und der Georg-Augusts-Universität aus dem Jahre 1867, 305–314 = Gesammelte Mathematische Werke von Ernst Schering, tome 2, Berlin 1909, pp. 161–168.

[14] Schering, E.: Zum Gedächtniss an B. Riemann. Dans: Gesammelte Mathematische Werke von Ernst Schering, tome 2, Berlin 1909, pp. 367–383 et 434–447.

更详尽的参考文献见 [8].

附　录

附录 I 俄译本对本卷部分论文的注释

В. Л. Гончаров

XIX

Weber 在将本文编入《Riemann 全集》时做了下述说明: (略, 见本书第 XIX 篇的第一个脚注.)

关于将单变量函数的 ν 阶导数的概念在形式的基础上推广到任意的 (非整数的) ν 值, 自古以来就受到过许多杰出的数学家的研究, 其中包括 Leibniz, Johann Bernoulli, Euler, Lagrange 和 Fourier. 紧接着 Riemann 之前在这个领域内工作的是 Liouville, 他在 1832 年到 1836 年间发表了一系列论文 (见 Journal de Crelle, Bd. 11, 12, 13) 研究了更深入的问题; 他利用公式

$$(-1)^\nu \lim_{h\to 0} \frac{1}{h^\nu} \sum_{k=1}^\infty (-1)^{k-1} \frac{\Gamma(\nu+1)}{\Gamma(k)\Gamma(\nu-k+2)} f(x+(k-1)h),$$

还利用了积分

$$\frac{(-1)^\nu}{\Gamma(-\nu)} \int_0^\infty f(x+t) \frac{dt}{t^{1+\nu}} \quad (\nu \leqslant -1)$$

来定义 ν 阶导数.

不可能有把握地说, Riemann 是否知道, 这二十来年前所完成的试图解决对他所提出的问题的努力. 如果说 Riemann 的思想不是自己独立提出来的, 那么很可能是在阅读 Lagrange 或《热的理论 (Théorie de la chaleur)》时萌生的 (如果他知道 Liouville 的结果, 那么在他的文章中就会提到 Liouville). 不管怎么说,

Riemann 走的是自己的路子: 根据 Weber 关于他的 "尝试" 一文所做的评论, 如果这样说, 这是源于自学的产品, 是更为准确的. Riemann 从相当任意且没有多大的基础的假设出发, 并且同时发现其中思想的高度独立性 (例如在级数收敛的判别中, 创新绝不会起什么作用), 以及那些吸引着他的概念在发展过程中的特殊的集中性和稳定性. 此外 Riemann 这篇论文从它的论题的性质来看也毫无目的, 因为他并没有指出这些 "任意阶次的导数" 可以用到什么地方和怎么用.

非常有趣的是想知道, Riemann 是否有机会将这篇文章告诉 Gauss, 在他校订此文时, 就像读者一样, 会考虑去这样做? Riemann 在那时无疑已经意识到了自己非凡的数学才能; 他有多种原因要尽快开辟自己的道路; 而且是在数学方面, 而不是在他父亲所期望的伦理学方面. 就是在 Göttingen 这里, 不算 Stern、天文学家 Goldstein 和物理学家 Listing, 还有不可逾越的 70 岁的数学王子 (princeps mathmaticorum). 也不知道 Riemann 的这第一篇文章在它写成的那年是否落到过 Gauss 的手中, 如果是, 也不知道他有多仔细地看过; 但是不难设想, Gauss 对它的认识可能是, 又遗憾, 又兴奋 …… 必须找出 Riemann 突然动身去柏林的原因是什么, 特别是在以后几年中的在 Gauss 对 Riemann 的关系中所出现的成见, 并且可能正是这种关系使得 Riemann 最后只做了那篇论几何基础的演讲.

[1] 可以猜想, 不论是谁都会认为在表面上 Riemann 在他的构造中存在毛病.

[2] 这个结论要与 Riemann 在本文后所做的关于级数的一般论断及其应用相对照.

[3] Riemann 把平常意义下的导数称为 "Differentialquotient (微商)", 而把在他推广下的导数称为 "Ableitung (导数)". 在译文中看来无法保留这种用语上的区别.①

[4] 我们力图尽可能准确地来翻译这一段, 以免造成对 Riemann 理论意义上的误解. "Числовое сложение" ——Ziffernaddition (!); "величины, имеющие определённое числовое значение (具有确定数值的量)" ——Zahlengrössen. "Было высказано мнение и.т.д. (有人说过这样的意见, 等等)" —— 这个意见, 众所周知, 是 Gauss 说过的.

[5]
$$\Pi(t) = \Gamma(t+1) \quad (\text{Gauss 的记号}).$$

[6] 这个公式, 为了确定起见我们令 $b = 1$, 并将 $x - 1$ 代之以 x, 就可写成形式

$$\frac{(x+1)^{\mu}}{\Gamma(\mu+1)} = \sum_{\alpha=-\infty}^{+\infty} \frac{x^{\alpha}}{\Gamma(\mu-\alpha+1)\Gamma(\alpha+1)}$$

①在俄译中后者译为广义导数, 在中译中仍保留原文档用语, 这是读者需要注意的. —— 中译者注

(而且其中的 α 取形如 $n+\theta$ 的值, 其中 θ 为一真分数, n 为在从 $-\infty$ 到 $+\infty$ 之间取值的整数), 由前面的叙述可知, 它的证明是基于, 特别是在于确信有: 1) 所有其系数 "遵守一定规律的" 幂级数, 不论它是否按现代的意义收敛, "有确定的数值", 即有等于独立变量的某个函数的和; 2) 由对所给幂级数逐项微分所得到的幂级数, 其和等于所给幂级数和的导数.

[7] Cayley 在其短文 "Note on Riemann's paper Versuch einer allgemeinen Auffassung der Integration und Differentiation" (Math. Ann. 16) 中说出了他的困惑不解: "Riemann 在发展自己的分数微分的理论时在留下的问题上, 它们在类似的理论中常常会被感到极度难以理解: 包含无限多的任意常数的附加函数是什么意思? 换言之, 在这个理论中出现的附加函数的任意程度到底有多大?"

[8] 自然, Riemann 在这里用的术语 "连续性" 和我们今天所用的意思不一样. 有趣的是, 他也认为, 为了函数能展成幂级数, 也必须引进某些限制.

[9] Riemann 所引进的广义导数 $\partial_x^\mu z$ 有这样的不足, 就是它依赖于参数 k 的任意选择. Riemann 力图回答这里的异议.

[10]

$$\Psi(s) = \frac{\Pi'(s)}{\Pi(s)} = \int_0^1 \left(\frac{1}{\lg \dfrac{1}{y}} - \frac{y^s}{1-y} \right) dy \quad (\text{Gauss 的记号}).$$

[11] 最后我们来谈一下充满 Riemann 这篇文章的对级数的 "不合法" 的运算: 1) 正如他在 1854 年论三角级数的论文 (以及可能还有更早的论文) 表明, 他对级数及其在分析中的应用的观点发生了剧烈的改变并且很接近今天所采用的观点; 2) 这里采用的级数, 按变量的分数幂排列, 各项指数相差一个整数; 类似的级数我们也在他的一些较后的论述代数函数和超几何函数的文章中遇到, 所以研究这种级数是他的创造道路上的一个阶段, 得到了大家都知道的注意的阶段.

XX

[关于本文] Riemann 在这一年 (1854 年) 7 月 26 日给弟弟的信中这样写道: "Kohlrausch 在不久前对一个至今尚未被人们研究过的现象 (莱顿瓶中的剩余电荷) 做了精密的测量并且将结果发表了, 而我则通过我在电、光及磁之间的关系的一般研究对此做出了解释. 我把这件事告诉 K., 这就促使他让我把这个现象的理论写出来寄给他. 于是 Kohlrausch 非常友好地答复我, 建议我把它寄给《柏林物理与化学年鉴》的总编 Poggendorff 去发表"……

因为 Riemann 与 Kohlrausch 相遇是在假期, 而且因为 Riemann 在同一封信中提到他在夏天还要对它进行校对, 所以应该认为在写这封信的时候文稿已经按规定发出了. Riemann 的报告是在 9 月 21 日; 这之后 Riemann 还与 Kohlrausch 在 Göttingen 见过面, 还与他在一起交流过关于文稿的表述, 可是, 正如 Dedekind 所见证的, 事情的结果却是, "Riemann 决定收回论文的发表, 原因很可能是因为他不愿意按照通知他的意见来做改变". 最后, 我们指出, 在 "储电装置中剩余电量的一个新理论" 的真正原稿 (第一次发表在《Riemann 全集》(1876) 中的), 特别强调了第 3 节 ("对这个定律的可信服的说明"). 参见本文第 3 节中 Weber 的第二个注释.

XXI

[1] 在所提到的方程中读者很容易知道矩阵 (A) 的特征方程; 至于矩阵 (α), 它是由矩阵为 $\{A - \lambda_i E\}$ $(i = 1, 2, \cdots, n)$ 的齐次方程组的非零解所组成, 这里 E 为单位矩阵.

[2] 这里要指出的和在论文 "对可以用 Gauss 级数 $F(\alpha, \beta, \gamma, x)$ 来表达的函数理论的一个新贡献" 中的附注 [3] 中一样.

[3] 不难看出, Riemann 在这里假设了 $a, b, \cdots, g$ 这些点中没有一个是无限远点.

[4] 正如 Weber 告诉我们的, Riemann 在下面三段手稿的空白边注有: "这不准确."

[5] 关于这方面 Klein 说道: "Riemann 漫不经心地这样说, 好像函数 $y_1, y_2, \cdots, y_n$ 的存在不言自喻, 问题只是在确立它们的性质 …… 对这些 Riemann 在解决这个问题时所做的起始假设, 他没有做过任何微小指示."

函数 $y_1, y_2, \cdots, y_n$ 存在的证明构成了所谓的 "Riemann 问题". 按照 Klein, 它的表述是这样的: "试证, 所得满足线性微分方程的函数 $y_1, y_2, \cdots, y_n$ 类, 与基本条件相结合, 足以表征函数在奇点处的性质, 单值群, 在后者尚未确定的情况下."

XXII

科学院的解说辞是这样的 (见 Comptes Rendus Ac, Sc., Paris, 1858, t. 46, p. 303):

"数学大奖 (Grand prix de Mathématiques) 从 1855 年起延至 1857 年, 再顺延至 1861 年 (委员会成员有: Liouville, Lamé, Chasles, Poisson, 报告人 Bertrand).

作为 1857 年的数学大奖的课题科学院提出以下问题, 它已经提出过两次, 而且均未授奖:

求已知热运动方程在其表面具有恒定辐射能力的椭球体情形下的积分, 假设已经知道椭球体事先被加热的方式为任意, 后来放在给定温度的介质中冷却.

这次这个奖也没有发出, 因为在这期间没有一篇申请奖金的论文提出来. 委员会提出应该将所提出的问题撤下来换成下述问题:

试求一均匀固体应具备何种热状态方能使得某时刻在其上所给定的一组等温曲线在经过一段时间之后仍保持为这样一种等温线, 即其上一点的温度可表示为时间及其他两个独立变量的函数.

奖品是一个金质奖章, 价值三千法郎.

论文必须在 1861 年 7 月 1 日前交付科学院秘书处, 免付邮费, 作者的姓名必须封存于密封的信封内, 只能在授奖时开启."

除此之外, 巴黎科学院还在 1858 年宣告了在其他不同数学领域内的五个这样的 "大奖".

很难怀疑科学院提出的这个题目不会对 Riemann 有特别的吸引力, 因为他在这个实例中看到了他所创建的度量流形有可能得到具体的应用, 尽管他在卷首的引语中同时认为必须 "从这些原理出发, 方法就扩展到更大的范围".

可能 Riemann (正如他自己指出的) 并没有完成为彻底解决所提出的问题所必需的全部计算, 就在 1861 年 6 月在未完成的形式下送去应征了. 考虑到这篇论文叙述得极其紧凑, 而且很多地方只讲了结果, 没有给出证明, Weber[1] 认为巴黎科学院拒绝给论文授奖的原因就在于此; 他同时决定继续 Riemann 在身体健康时会继续完成的工作.

Riemann 的手稿后来在全集编者的请求下由巴黎科学院寄了回来. Weber 在此全集中对这篇我们感兴趣的论文附上了详尽的注释: 1) 重构了流形的 Riemann 理论的形式工具, 2) 部分地填补了论文最后部分的空白. 我们放弃了对这个注释的翻译是因为在本书 [指俄译本] 所附 Weyl 对 "Ueber die Hypothesen" 一文的注释已经有对流形理论的形式工具足够的说明, 至于对第二部分感兴趣的读者可以去参考全集的德文原版.

---

[1] 见《Riemann 全集》的前言.

XXIII

短文 "论将两个超几何级数之商展成无限连分数" 写于 1863 年 10 月, 正当 Riemann 第二次在意大利的时候. 原始的意大利文本断断续续, 后来就只有公式. 这些材料是由 H. A. Schwarz 进行加工整理的, 他还给 Riemann 的公式做了必要的解释 (这些解释放在方括号内).

将两个超几何级数之商在前三个自变量之差为整数时展成连分数这个问题 Gauss 在他的 1812 年的论文中也研究过. 他把超几何函数称为 (对所给函数的) functio contingua, 如果它是通过让前三个自变量改变一个单位来获得的话.

由 Riemann 所规划的计算积分

$$\int_0^1 s^{a+n}(1-s)^{b+n}(1-xs)^{c-n}ds$$

(在 $n \to \infty$ 时) 的渐近值的方法是令人感兴趣的, 这个方法的思想属于 Laplace (《概率论的解析理论 (Théorie analytique des probabilités)》), 可是必须指出, 在当下的情况要复杂一些, 因为积分 (在 x 为虚数时) 是在复域中进行的.

在俄译本第 191 页上所附图中由虚线所表示的积分路径就是 Riemann 所画的积分路径.

XXIV

不论是在《Riemann 全集》的第一版还是第二版都没有有关本文产生的时间和目的的说明, 但是有可能提出这样的设想, 环的势是 Riemann 在研究环在流体中运动时要用到的. Dirichlet 在 1852 年研究过球的类似的例子, 以后 Clebsch 又将它推广到椭球的情形. Riemann 在他的 1860—1861 年的授课中考虑了环体情形的研究 (见 Hattendorff 在 Partielle Differentialgleichungen der Physik, 1869 一书的第 315 页上的附注).

[1] 换言之 Dirichlet 级数

$$\sum A_n e^{z\sqrt{\alpha_n^2 + \beta_n^2}}$$

的收敛区域为一半平面 $z < z_0$.

[2] Riemann 所谓的 "任意函数" 是指不一定是解析的函数. 所研究的函数级数在收敛区域内满足 Laplace 方程, 所以也只能在边界上为 "任意函数".

[3] 整个这篇引言所包含的就是 "Dirichlet 问题" (以及其他相近的问题) 的提出, 以及利用 "Fourier 方法"—— 在任意空间区域的情况下 —— 对问题的解决.

[4] 为了满足所提出的要求, 只要令两个可变分数线性相关: 一个来自 Riemann 先前所确定的系数, 而其他两个的选择就是可以唯一解决的问题.

[5] 在《Riemann 全集》中没有这个单位.

[6] 见 Gauss Werke, t. III, 第 131 页 (Weber 注).

XXV

在本篇的注释中, 我们首先复述一下 Weber 在《Riemann 全集》中所做的注释: (略, 见本书第 XXV 篇的脚注.)

假设 $g = 0$ 对应于静态的情况, 此时温度 u 假设不依赖于时间 t, 这时 (8) 就是更简单的 $u = u_\lambda u_\mu u_z$. Lamé 的论文发表在 Journal de Mathématiques, t. 2 (1837) 以及 t. 4 (1839) 上, 在其中 Laplace 方程被变换到了椭球坐标上. 他的《曲线坐标讲义 (Leçons sur les coordonnées curvilignes)》一书也已于 1858 年出版. 读者可以在 Whittaker 和 Watson 的《现代分析教程 (A Course of Modern Analysis)》一书的第 10 章和第 23 章中找到进一步更深入的讨论. 还可以参考 Courant 和 Hilbert 的《数学物理方法》一书的第一卷的第 5 章, §§9, 3.

系数为解析函数的线性微分方程的 "正则奇点" 的概念是由 L. Fuchs 引入的 (Journ. f. Math., Bd. 66, 1866).

有趣的是, 热在椭球体内的传播曾由巴黎科学院分别于 1852 年、1855 年和 1857 年多次选为征奖论题.

XXVI

本文在第一版中 Weber 用的标题是 "两轴平行、截面为圆形的柱体上的电平衡", 后来在第二版上又加上了 "圆域的保角变换", 发表了从作者的一些主要只包含了公式的速写中选取的材料; 对这些材料的时间未加任何说明.

Riemann 在这里得到自守函数的基本原理之一, 即, 他在这里确立了, 自守函数 $\zeta(z)$ 的反函数 $z(\zeta)$ 可以表示为带代数系数的线性微分方程的两个特积分之比. 关于这个问题更详尽的叙述可在 Lester R. Ford 的 An Introduction to the Theory of Automorphic Functions, Edinburgh Math. Tracts, No. 6 (1915) 一书的第 4 章 §44 和第 11 章中找到.

XXVII

在此所述结果的第一部分完全是由 Riemann 得到的. 至于第二部分 Riemann 只给出了问题解的一些可能性; 彻底的求解工作是 Weber 做的. 也可参阅 H. A. Schwarz 的 "Bestimmung einer speziellen Minimalfläche (一个特殊极小曲面的确定)" (Berlin, 1871 = Werke, t. 1).

XXIX

编入《Riemann 全集》中有关位置分析 (拓扑学) 的断篇显然是逐字逐句照搬原文的, 照 Weber 的话说, 含有公式的几行, 也保留原样, 没有做任何解读.

在他的就职试讲 "Ueber die Hypothesen ..." 的前言 (由 Riemann 本人所写) 中有一条注释申明, 他在那时, 即 1854 年左右, 已经研究过 n 维流形的拓扑学: 应该认为 "断篇" 中所包含的就是这里面的部分材料. 看来 Riemann 后来离开了自己的心愿. 他的思想在他去世后已经在 E. Betti 发表的论文 Sopra gli spazi di un numero qualunque di dimensioni, Ann. di Matem., Ser. 2, t. 4, 1871 中得到了系统的论述.

尽管 Betti 在论文中只引用了 "Abel 函数理论" (Riemann 在其中只研究了二维流形, 即曲面), 可是将他的论文与 Riemann 这里的 "断篇" 相比对, 则表明这篇论文未必是独立于 Riemann 的, Dehn 与 Heegard 就发表过这样的意见 (Enz. d. Math. Wiss., III AB 3, S. 182). Betti 与 Riemann 之间的个人交往在 1858 年的秋季从 Göttingen 开始, 随着 Riemann 在意大利生活而日益增进, 正如 Dedekind 所见证的, 终于结成了牢固的友谊.

XXX

这一片断是从 Riemann 在 1861—1862 年的讲义笔记中选出的一段, 笔记是由听讲者 G. Roch 记录的, 其中包含了 θ 级数的收敛性的证明, 这个证明后来被 Riemann 收进论 Abel 函数的论文的第二部分中去了; 现在又编入了德文版的《Riemann 全集》.

必须指出的是, 我们在这里遇到了让我们感到有独立兴趣的、正项 (和任意重的) 级数的积分收敛判据, 还有 "格点问题 (Gitterpunktproblem)", Riemann 把它与他仔细研究的问题联系在一起.

附录 II　Riemann 的超几何级数讲义及其意义

(在 1904 年第三届国际数学家大会上
8 月 13 日的第三次全体大会上所做的报告)
W. Wirtinger

当我今天在您们大家面前来谈一个差不多是在 50 年前开出的课, 而且讲的是一个非常特殊的科目, 我几乎是有点担心在您们面前显得太落后了. 但是如果我事先告诉您们, 这是对这样一种方法的第一次报告, 它在今天的函数理论中的一个非常重要而且长久以来还没有建成的部分中在很后才起着充分的作用, 而且看来还没有达到它的全部广度, 相信您们也许会有更好的判断. 同时, 我更没有对尚未接触的领域做出展望, 只是对众所周知的现象的一般本性在具体的情形下作一鸟瞰, 以期有可能打开进入新问题的大门.

当 Riemann 在他的研究中进入超几何级数时, 他发现有大量的关系式和展式存在, 这些都是已经由 Gauss 从这个级数的一个形式的样式通过计算得到的.

这些都是从符合他自己认可的数学规范的那些关系和观点挑选出来的, 实际上是与结果相适应的, 并且, 正如在他去世后才发表的他的研究的第二部分所表明的, 导致这样的思想, 就是, 依靠这种级数所满足的二阶微分方程, 可以避免为此级数的收敛在第一部分的公式上所加的限制.

于是 E. E. Kummer 通过直接从这个微分方程出发来做这个级数的变换, 对此做了不相同的深入研究, 表述了有关椭圆积分和椭圆函数的一系列特殊的关

系. 他的方法是以一个后来成为发展中的基本事实为基础的, 这就是一个线性二
阶微分方程的两个特解之商, 在其他方面, 则不再满足线性的三阶微分方程了.
Jacobi 已经在模方程 (Modulargleichung) 的理论中应用了在特殊情况下的第一
类椭圆积分的周期, 并且为第一类椭圆积分周期的 Legendre 线性微分方程建立
了这个三阶微分方程. 但是历史上有趣的是, Lagrange 早就在地图投影的问题,
即共形映射的问题中遇到了这个公式的一部分, 即微分表达式.

Jacobi 的通过定积分来求解超几何级数的微分方程的漂亮论文在他去世后
的 1859 年才发表. 因此对 Riemann 和 Jacobi 来说, 共同的激励之源来自 Euler
的《积分学》(Institutiones calculi integralis) 的第二卷, 还有另外一些其成就不可
与之相比拟的人的论文. 其中我们还可以提到两个工作, 一个是 Pfaff 的, 一个
是 Gudermann 的, 它们处理了这个级数变换的特殊问题, 这就是我们所表征的
Riemann 在这个领域内所发现的主要的存底.

就是在这里他加上了自己的思想, 这就是, 不是用确定的表达式来规定函数,
而是通过它们的间断点以及多值性的方式或, 正如我们今天所说的, 通过属于定
义函数的同一区域内的不同解析延拓之间的关系. 这最终也就是看这个区域本
身是单连通还是多连通, 或者同样地可以说是, 看不同的封闭路径有哪些而定,
这在他的博士学位论文中是已经认识到了的. 他在这里也表示, 一个复变量的函
数, 不仅可以由在一个区域边界上的值来确定, 也可以通过实部与虚部之间的关
系, 或者甚至通过在边界的不同地点处的这些值来完全或部分地确定.

这大约就是 Riemann 在 1856/1857 年冬季学期在他第一次讲这个课题时所
发现的普遍思想和特殊结果, 这次讲课的题目是: 一个复变量的函数, 特别是超
几何级数以及相关超越函数, 每周 3 小时 —— 是这样预告, 也是这样落实的.

我们是通过 E. Schering 的记录稿得到这一讲课的纲要的. 后来就由此生成
了 1857 年的论文: 对可以用 Gauss 级数 $F(\alpha, \beta, \gamma, x)$ 来表达的函数理论的一个
新贡献.

仅从外观上就足以将这一著作与他的先行者的工作明显地区别开来. 在这
里看来用以取代那种漫长而又费力的计算, 能够从一个结论走向一个结论的, 常
常是那种困难也不太小的思想. 取代那在目前其有效范围受限的公式的是整个
函数类的如下的定义, 它通过要求在三个地点可以各用有确定行为的两个分支
来表示, 而且还要求它的每三个分支可以通过一齐次线性关系联系在一起. 于是
由此定义就几乎是直接顺利地得出一条完整的关系和变换的链条, 它至今还只
是通过计算才得到的, 以及一系列新的而且是对所研究的函数类的本质的深刻
观点, 这样一些事情在今天这样一个数学家的大会上来详细地讲, 可能是有点多
余. 考虑到在论文中对定积分只是点到为止, 所以在讲义中做了详细的讨论, 可
是仍然是在以它作为中介环节来应用展开的. 那 Gauss 已经给出来的连分数展

开在此也经受了一个新的表述, 而为了证明收敛性所需之认定 (Ansatz), 也将借助于渐近展开, 在 Riemann 论述三角级数的就职论文中应用过的思想的基础之上加以采用. 这些思想决定了 Schering 的记录也只是表面的, 它们是写在册子的表皮内页上, 而且是没有写完的. 这份最后的研究的主要内容后来根据在 1863 年的一份记录, 转载在全集的断篇 XXII 中. 但是根据其形成, 这些所认定的结论, 正如 Schering 的记录册所表明的, 又回到了第一次讲超几何级数的那次讲课.

但是无论是该论文, 还是这第一次讲课, 都是把定积分作为在积分变量之外出现的变量的函数, 或者更准确地说, 作为积分核的奇点位置的函数来研究的.

还有, 没有在哪个地方出现了通过积分商所算得的共形映射; 这时还没有研究两个独立变量的与两个特解的区域之间有何种关系, 因此也就想不到, 用把微分方程的变量看成是积分商的函数的方式去研究这种关联性.

所有这些重要的和新的思想都是在第二次讲课中才出现的, 这次讲课仍然用的是原来的题目, 安排在 1858/1859 冬季学期, 每周 4 小时. 由于他本人没有在这方面发表过任何东西, 要不是有个意外的情况, 有极少还活着的听课者虔敬向我们保证这一讲义就是它, 我们就不再能证实这些结论就是 Riemann 本人的了. 然而它们又在一个时候再次出现, 在那里早就从另一个侧面找到了这些结果和问题. 但是为了有趣地看到, 科学自身在其连续地发展过程中是如何将所有的方法和问题再次提出和形成, 它们是几十年前以其特有的淳朴和易懂的方式向他的听众提出并加以发展, 可是在今天这些听众几乎没有一个能评述这些结论的意义, 就更不用说进一步去形成它.

Wilhelm von Bezold, 当时是柏林普鲁士王室气象研究所的所长, 曾经参加过这次听课, 并且出于对 Riemann 在大学里的声誉和名望的尊敬, 仔细地用 Gabelsberger 速记法做了记录, 他把他所得到的知识从故乡 München 一起带了出来. 那里现在就成了它的发现地了. 由于他那时刚开始学习, 所以他还不能马上判断出 Riemann 新思想的广度 —— 而这在当时又有几个数学家能够做到? 后来他献身于物理和气象学, 于是这份速记也就给遗忘了. 只是在几十年之后, 大约是在 19 世纪的 90 年代初, 通过一次偶然的机会他又记起了它, 他首先就想到让他在柏林的同事们知道. 特别是 Fuchs 对其内容感兴趣到如此的程度, 以至于他在 1894 年为了他自己的应用手抄了一份. 后来 v. Bezold 先生把它放入全部 Riemann 的遗产中, 转到 Göttingen 大学图书馆. 接着 Nöther 先生计划把它编入 Riemann 全集的补遗篇中出版的, 也是这份讲义中的那一部分, 根据其内容来看也不过是证实它们是属于 Riemann 的思想范围.

至于谈到这次讲课本身, 它以一个导论来开始, 在这个导论中所讲到的 Riemann 对函数概念的理解从此长久以来已成为数学家的共同财富, 随后就进入到对代数函数的分支做简洁的解释, 并立即进入以遗著断篇中的一般思想来论述线性微分方程. 这就是行列式理论的纲要, 是以十分简要的形式展开线性置换的组合和约化, 然后接着定义这样一个函数组, 它们在绕一定的奇点一周后按给定的置换变换. 于是 Riemann 就在没有任何历史连续性的背景下, 也没有任何归纳知识的准备下, 立即在第一次讲课中把一个相当普遍的问题摆在了他的听众面前, 这个问题与那时对一个微分方程的理解根本看不出有任何直接的联系. 更有甚者, 至于这个问题只有在最简单的情况下才有解这一点, 也不是一开始就能看出来的, 这要花很长的时间, 直至那由于对这个问题理解不够准确而产生的困难被认清之后. 我们从他的遗著可以判断, Riemann 本人开始也只解决了一部分. 在线性微分方程领域内, 在做出了一系列与 Fuchs, Klein, Poincaré 这样一些名字联系着的研究和发现之后, 数学家们为最后的突破准备好了工具, 使得 Schlesinger 先生能够至少是解决了这个问题的一部分. 当然, 通过数学家的努力, 在 Hilbert 先生所开辟的新的道路上, 将能够成功地做到, 让 Dirichlet 原理发出旧有的启发性力量的光辉 —— 因为这种光辉是永远不会消失的 —— 而且也作为今天意义下的证明工具, 并通过如此之多的解析经验所丰富, 从而再次生成精确的分析, 这样就有可能完成一个更大的, 也许是在所研究的情形中最重要的部分.

对于其余的情形, 有可能要进一步形成那种与 Fredholm 积分方程有联系的方法, 它同样也与 Dirichlet 的老任务有密切的关系, 总有一天会全部完成. 但是, 这个时机的到来还有许多潜在的困难, 未来也还会遇到许多新的问题, 这一点则是毫无疑义的.

Riemann 就是把这些见解放在他的听众面前. 首先他把他们带到这种只有两个分支点的函数系之前, 为的是好深入到他的论超几何级数论文的内容中去. Riemann 在对这部分的导言中就用了从这个函数的定积分的表示出发来处理的方法, 把它看成是与以微分方程为基础的展开相等价, 并将这两种方法看成是一种新的对比. 上面已经提到的、经由 Heine 在 Riemann 讲课的同一年发表的 Jacobi 的论文遗著, 是否为 Riemann 所得知, 我不敢肯定. 但是应当强调的是, 在他 1855 年的讲课中在处理第一类和第二类 Euler 积分时, 其主要特点就是以封闭的光滑积分路径为基础, 正如后来 Hankel 在其博士论文中引用 Riemann 时所给出的一样.

但是至此积分的变形还只是涉及改变积分路径, 以避免遇到这样的点, 弄得被积函数在该处无法积分. 而且这个办法也不能证明全都是由他做出的, 尽管有个别的迹象和指向这个方向的暗示存在. 直到 Camille Jordan, Pochhammer, Nekrassoff 等人通过引入二重围道积分才在这个方向上跨出了这最后的一步, 至少是所研究的函数与超几何积分核有相似的行为. 可是现在在讲课中, 对于超几何积分随后是直接研究它们是如何随着参数的封闭变化而变化的, 由此, 以及还有由以极其易见的方式展开在它们之间的线性关系 —— 它们很简单地通过两个

边界积分得出 —— 我们可以证明, 它们一般来说是以一定的方式对应于满足规定要求的 P 函数. 这个思路后来最初由 Fuchs 在研究第一类超椭圆积分的周期作为分支点的函数时不期而遇, 稍后又在 Camille Jordan 先生研究置换理论的工作中出现, 并在最后所述之处提到了 Mathieu 先生, 而未加详细的说明.

　　我曾经提到过, 这里有这种可能, 就是在 Riemann 的遗著中发现了这样一页, 在其中画了一幅二重闭曲线. 可是这一页是后来加进去的也不是不可能, 因为没有发现其中有适当的日期. 与此对比, 倒是另一页可以肯定是 Riemann 写的, 在它上面超几何积分的书写方式有这样的特点, 就是那种作为绝对不变量的、看来也只是积分核的四个奇点位置的交比的函数.

　　接下来的几节的论述中是围绕着连分数的概念及其与相邻接函数的讨论, 他还没有很好地掌握, 以致在这里不仅谈了一般的问题, 而且做了具体的计算, 很可能是为了更可靠地确定思路. 最后以对收敛关系以及用适当的级数来计算函数来结束一般理论, 现在这个一般理论都是通过椭圆积分、球函数以及类似的应用来说明的.

　　有趣的是 Riemann 在他的讲义中甚至表述了 Heine 论述超几何级数的推广的工作, 却没有做任何尝试把这个级数纳入他的一般规划之中. 这是 Thomae 后来才看出来的.

　　而在今天迄今为止对由于该论文而众所周知的认定 (Ansätze) 所做追踪研究, 给出了新的手段, 并由此要求进一步发展这个理论, 现在对那个时候的理论提出了全新的问题. 首先是简单的看法, 即一个带解析系数的微分方程的解, 在独立变量绕一条一般形式的封闭路径一周之后, 将承受一个线性齐次置换, 因此反过来把独立变量看成是积分商的函数, 会在一定的线性分式置换下保持不变. 在这里这样简单地提出的问题立即就以极其普遍的意义来理解, 不作要求积分商有可能的单值反演的限制, 这个限制实际上在第一次提出这个问题时显得不必要, 如果我们一开始就持这样的观点, 那是 Riemann 在 Abel 积分理论中所采取的, 当时他在将分支曲面共形映射到一组 p 个平行四边形上去的观点下研究个别第一类积分的反演, 并由此完全克服了解释求这种逆函数的不可能的困难, 这个困难是 Jacobi 提出来的.

　　实际上在后来的文献中, 而且甚至是 H. A. Schwarz 先生和 F. Schottky 先生所处理的特殊情形中, 还有就是在 Poincaré 先生光辉而又有深远意义的论文中, 单值性反演的情形总是处于特别重要的位置. 直至 Klein 引进的基本域的概念才把这个问题重新带到一般的意义下, 这个概念是 Klein 明确地引用 Riemann 在 Abel 函数理论中所考察过的具有 $2p-2$ 个分支点的 p 个平行四边形时所建立和讨论过的. 从此以后就是上面提到过的那些研究者们, 特别努力探索在讲义中一般情况下单值函数的地位, 这是 Poincaré 从另一个侧面研究过的问题, 而且真的就是在自守函数理论中属于最困难、也是最重要的问题. 但是那种属于 p 个平行四边形及其重复的经典图形, 正如他的已出版的著作所表明的, 已经由 Riemann 本人做了十分深入的研究.

但是, 正如我们取得知识时的方式方法一样, Riemann 个人的亲切友好也绽放出绚丽的光彩.

正当他在 1865 年的春季已经病重, 在 Pisa 寻求康复之际, Prym 先生向他询问了这个图形的一个特殊情况. Riemann 那时说话已经感到非常困难了, 于是以书面作答. 但是他不满足于潦草地写几行, 因而我们在其遗著中发现了回信的一份仔细草稿, 但是写信的动机不明. 当我们在将补遗中的文稿在付印前送到 Prym 先生之时, 我们才知道, 我们还没有获得这封信的誊清文本, 它还在上面提到的那位先生的手中. 而且 Riemann 在他对一般 Theta 函数的研究中扩大了对这个图形的应用. 他在上述报告的最后做了这样一个提示, 指出这个图形的某种特选的形式在研究 Abel 积分的周期所满足的微分方程时很有用. 从此在这个方向上的研究无论是在 Riemann 的手中, 还是来自其他方面, 常常是不能细致地看出, 哪些可以说是 Riemann 在这里的思路. 但是有一点可以肯定, 就是对这一图形的研究, 以及在与线性周期变换 (Periodentransformation) 等价的意义下, 特别是对约化正规形式 (Normalform), 或者那种总是可以通过线性变换达到的簇, 的求解中, 来扩大我们对代数形体 (algebraische Gebilde) 的超越模的本质及其与代数模的关系的认识, 并且寻求对探求代数形体与一个确定的、适当选择的第一类积分间的关系的解答, 类似于将回归到 Dirichlet 和他的二次形式的理论引导到由约化平行四边形几乎直接归结为椭圆模函数的基本区域.

在谈了这些离题的话之后请允许我再次回到这次讲演的本题上来, 仍然提出, 那种以 Schwarz 的名字命名的微分参数也就是在研究一开始为了纪念 Kummer 而引进来的、众所周知的微分不变量. 除此之外 Riemann 还在他遗留下的、论由一圆周所围的区域到半平面上的映射的断篇中就提到过这个微分参数, 这也是在 1860 年发生的, 在由 Hattendorff 所整理的论极小曲面中用到过, 他还在一个问题上用到过, 这个问题与我们这里要谈到一个问题密切相关, 这就是, 将球上的一条大圆上的一段弧共形映射到半平面上的一个有界曲面块上. 也许这遗留下的一小段与论述超几何级数的讲义看来有某种内在的关系, 这个观点, 通过内在的理由, 比如类似工具的应用, 甚至就是那些相同的函数, 还有就是通过外部情况的支撑, 使得讲义中的原稿紧接着在下一年就出现了.

Riemann 在讲义的取材中采用了对两个特积分之商的反演的研究, 在 P 函数的单个分支的特征指数为实数, 以及有这样的行为, 使得积分商在奇点的位置保持为有限, 此外, 还使得在映射中生成的圆弧三角形的角全都小于 π. 他证明了, 在这些条件下, 可以将复变量的具有正虚部的区域映射到一个没有分支点的圆弧三角形的内部, 而且这种映射不会有地方自相覆盖, 从而在这个区域内反函数总是单值的. 但是他明确地对此认为, 这个结果对复杂的微分方程, 一般来说不会成立.

此外他还明确地指示去参照椭圆函数这个范例, 在这里 Jacobi 同样地把两个周期之比作为独立变量来引用.

现在我们来插入简短的一段, 谈一谈将复变量通过球极平面射影变换到球面上, 这件事 C. Neumann 先生在他的《论 Abel 积分》的第一版上把它的来源归之于 Riemann 的讲义. 这样一来求反函数的研究就与球面上的圆弧三角形的几何学联系在一起. 于是在这里就不难看出, 把圆弧三角形根据它们的边界圆是在球内、在球上或在球外来分成三类就是一件有意义的事情. 这种区分首先是由 H. A. Schwarz 先生完成的, 在讲义中并没有明显地提到, 讲义只是考察了平面圆弧三角形到在狭义上来讲的球面三角形上的, 因而也就是到由一些大圆所围的区域上的映射. 可是由当前的资料还不能有把握地说, Riemann 就是明确地把这个情形作为特例来看的. 至于说他还可能没有把这件事完全隐没, 可以从在后面要详细讲述的椭圆模函数的情形中看出, 他对此做了详细的论述, 还可以从这样一个注释看出, 即如果圆弧三角形有一个角等于零, 就必须作平面的图形. 因此我们只能这样说, Riemann 在求超几何级数的积分商的反演时, 只是隐约地试图把它们分为椭圆、双曲和抛物这样三组, 可是并没有明显地这样把它们表述出来.

就这样我也就已经意味着, 我已经接近讲到群的概念了, Riemann 在同一节已经设想, 通过用第一个圆弧三角形的对称性重复, 来做映射的解析延拓. 即使这个对称性原理也在前面提到的论述极小曲面的论文中能够找到, 而且 H. A. Schwarz 先生在早期论文中也引用过.

对称性原理在讲义中所提到的地方解释得太短, 于是我们就期望能马上回答这样一个重要的问题, 即: 在两个这样的积分商的反函数之间能有一个代数关系. 回答是通过这样的意见给出的, 就是说同一个球面图形必须可以由偶数个交替为叠合和对称的两类三角形组合而成. 为使这不单是对当下这个特殊情况, 而且在自守函数的领域内所遇到的变换问题的整个范围内, 都可认为是一个原理, 只要允许实施一些操作, 以使这种函数的变换理论的主要特点的能够像椭圆函数的一样地一目了然.

但是 Riemann 对当前这种函数所做的特殊考察, 不单是提供了那些我们已经从他的论文就已经知道了的、部分已经由 Kummer 发现了的变换, 而且还有这样的观点, 就是说, 除此之外还必定提供了这些变换到正多面体, 并由此也就会提出探讨带有到自身的线性变换的代数函数的问题, 以及还有探讨超几何微分方程的代数可积的情形, 此外还有探讨所有, 至少是在萌芽状态下的, 一个变量的线性分数变换的有限群, 还有就是给出求解它们的方法. 人们都知道, 所有这些漂亮的、会带来丰硕成果的问题都被搁置, 直至它们被 H. A. Schwarz, Fuchs, Camille Jordan, Klein 等人从解析的、几何的以及群论的等各个方面出发逐步再次发现和完成. 至于在 Riemann 讲义中的必要的启发作用, 与 Abel 函数理论相比, 直接作用是如此之小, 我们首先就可以说, 群的概念在那时还没有取得那样普遍的起支配和关联地位的作用, 正如在他后来且在这里所提到的问题的印象的共同作用下才达到了它们.

特别是对超几何函数的这种研究是由 E. Goursat 和 E. Papperitz 才再次提起来的, 在这里指导的思想正是 Riemann 的思想, 自然用不着有这种关系发生.

在建立并解释了上述变换问题之后, Riemann 在插入的一节中转向非齐次线性微分方程, 并按照 Lagrange 导出了伴随微分方程, 然后将它的一个适当的特解应用于积分非齐次微分方程.

Riemann 在这里把它与下述结果联系起来: 一个非齐次微分方程的积分在独立变量绕各个奇点一周后, 一般来说会复制出齐次方程的积分的一个线性集合 (lineare Aggregat).

现在他为具有可变上限的超几何微分表达式积分建立起其非齐次微分方程, 于是来研究通过对一个二阶齐次方程的定积分来求解的 Euler 积分法, 并由此指出, 如果我们令其积分限有一个为可变, 我们将由此得到一个非齐次微分方程. 这种情况可以在第一类椭圆积分上得到说明, 而且还可由此说明, 我们是如何能从那个第一类积分得到完全椭圆积分 (vollständige elliptische Integrale) 的微分方程的.

于是 Riemann 由此导致一个想法, 就我所知, 它至今在文献中还没有出现过. 这就是, 他把非齐次微分方程的解类比于通常的椭圆积分, 把齐次微分方程的解类比于第一类椭圆积分的周期. 这样, 正如椭圆积分的许多性质可以通过把不定积分看成是上限的函数来求得一样, 因为这些正好就是上限的非常简单的函数, 同样可以期待, 完全超几何积分的许多性质也可以通过将超几何微分的不定积分作为其上限的函数来求得, 而比起微分方程的独立变量的完全超几何积分, 这个作为积分上限的函数实际上要简单得多.

然后他就将这个想法移植到可以通过不定积分来求解的微分方程, 再之后进一步推广到一般的微分方程, 办法就是, Riemann 设想在微分表达式中插入一个依赖于独立变量和一个参数的适当的函数, 再假设, 通过将令微分表达式与置换结果相等所得到的非齐次方程作为参数的函数的办法, 来寻求一般解, 这样借助于适当地选取置换函数, 也就能够得到齐次微分方程的完全解. 他在结束这一段论述时指出, 这一超越函数在微分方程的理论中起着非常重要的作用, 因此他可以在考虑超几何积分之外还考虑了 Abel 积分的周期, 对它们的微分方程做了深入的研究, 正如除了从早就提到过的给 Prym 先生的信以及从论 Abel 函数的论文可以得出, 也能从遗留下来的一页遗稿得出, 他在这个基础之上对第一类超椭圆积分的周期在绕闭曲线一周的变化作为分支点的函数进行了深入的研究.

在讲义结尾处他考察了整椭圆函数作为模数的函数, 以及特别是, 通过第一类椭圆积分的两周期之比实际地对模数 k^2 的区域作共形映射. 他由此得到了从那时以来众所周知的、并得到了大量研究的圆弧四边形的图形, 它们用今天的表达方式来讲就是 k^2 的基本区域, 并且由此形成了用正虚部对复数区域做相应的划分. 我们还要有趣地指出, 就在这同一年 (1859 年), Hermite 通过周期比对已经由 Jacobi 发现了的 Legendre 模的表达式首次做了详细的研究.

但是 Riemann 也没有错过以下的情况, 即模数的奇异值为 0, 1 和无限只出现在周期比区域的边界上, 还有由此在解析延拓中所生成的周期比的区域直接把半平面简单地覆盖, 这样就会得出这样的结论, 即任何一个只在位置为 0, 1 和无限处间断或为多值的函数, 如果将原来的独立变量理解为一椭圆形体 (Gebilde) 的四个分支点的交比, 就会转化为周期比的单值函数. 直到 20 年后 Klein 先生在他对椭圆模函数的研究中才再次得出了这个定理, 而且在最近他特别强调提到了一般超几何函数.

这就是第一次处理单值参数表示问题的情况, 后来 Poincaré 先生以十分普遍的方式, 并且直接以 Riemann 原理为基础解决了.

我们现在到了 Riemann 讲义结束的地方了. 我们已经讲到一般思路以及与当前问题最重要的关系, 我们还要谈一谈研究和表述的方法.

从一个函数类的最一般的概要出发, 对一个特殊函数及其性质的一些个别的描述做深入的讨论, 并直接由此提出新的问题. 在第一部分这些是定积分, 它们将 P 函数的一般格式 (Schema) 进行分类; 在第二部分, 把椭圆模函数以及超几何级数的积分商 (Integralquotient) 与二阶线性微分方程的积分商反演问题接合起来, 而且正好由此一方面通过作共形映射得到加深, 另一方面得到对非齐次方程以及更为普遍的函数的唯一表示的可能性. 这是归纳与抽象之间的持续不断的共同作用, 相当于对个别情况的尖锐性质也在更广阔的领域内找到, 因为从一开始就注意到了一个确定的方向. 所以这个讲义的最后一节带有直接重新给出上述发现的特点, 用不着考虑比较少的成长的细节. 它是表明 Riemann 直奔工作主题的一个例子, 这种在 19 世纪中叶肯定是不多见的.

为了让您们信得过, 作为这个历史报告的基础, 我们准备来讨论这样一个问题, Riemann 在这个领域内的思想还在什么方向做了进一步的扩展. 我们已经知道, Kummer 已经在他的一篇论文中提到了一个级数, 它可以看成是 Gauss 级数的推广. Thomae 先生把 Riemann 的方法在不同方向上应用于类似的超越函数, Appell 先生和 Goursat 先生引进了多变量函数, 这在先前 Pochhammer 先生已经把它们作为定积分研究过, 而且它们实质上就是函数的分支点之间的定积分, 它们与通常的超几何积分上的差别, 只是靠有大量的因子来区别. 后来 Picard 先生为了阐述他的自守函数的一般理论, 特别地应用了这种级数. 他在这里提出并研究了单值可逆性的问题, 并由此得到了对 Schwarz 在 Gauss 级数所得结果的推广. 接着 Levavasseur 详细地叙述了这最后的研究. 在最近 Hilbert 先生还将椭圆模函数在这一侧面做了推广, 它对具有其全部共轭实数的数体所起的作用, 就好像椭圆模函数对整数所起的作用.

　　但是我不想越出这些进一步的推广, 也不想越出单变量的领域, 我想详细一点来讲的是另一个, 而且是在一个更小的范围内活动的、但是对我来说显得是值得注意的内容, 因为适合于建立起这里讲到的 Riemann 的思想与那源自 Abel 函数理论的代数形体 (algebraische Gebilde), 它们的代数模以及与模有关的 Θ 函数之间的联系.

　　我们首先来探讨这样来把超几何函数转移到椭圆形体上, 使得我们所考察的函数的积分在围绕积分核的奇点一圈和沿割线乘以一个常数因子. 实际上, 正如在他的遗著中的一条简短的注释告诉我们的, Riemann 已经考虑过这种推广了. 但是要是我们想把这种积分像超几何函数那样作为各个奇点位置的函数来研究, 那么我们, 且不说其他情况, 首先就会遇到, 这些奇点的位置不是互不相关的, 而是好像是用乘子以一定的关系相互联系在一起的困难. 当我们拿这种高阶亏格的形体 (höhere Geschlecht) 来代替椭圆形体时, 所出现的正好就是这个困难. 一条简单的说明指出了走出这个困难的出路, 它实际上相当于在椭圆模函数的区域内来表述超几何函数. 这样一种表述已经由 Papperitz 先生联系着微分方程给出过了. 但是如果我们考虑到由积分核的四个分支点所确定的椭圆形体, 我们就能从超几何积分得到更简单而且适宜于更多应用的表述. 通过引入相应的第一类积分作为积分变量, 该积分就转变为展布在两个半周期之间的、四个通常的 Jacobi Θ 函数之幂的乘积之上的积分. 在这种形式下 Riemann 在他的讲义结束时所提出的一个定理, 在其对超几何级数的应用中, 也可以通过一个确定的、并且很容易处理的公式来实现, 而整个超几何函数的理论也可以通过 Θ 函数的众所周知的、清晰的行为很容易地导出.

　　但是这个简单的认定 (Ansatz) 会自然地进一步导致在椭圆形体 (Gebilde) 上的更一般的积分. 这样, 正如我们这里面对 Θ, 它们的零点就是半周期, 直接在两个半周期之间积分, 我们现在就可以把这种 Θ 函数的幂的乘积的积分作为积分的基础, 这种 Θ 函数有 n^2 个零点, 它们对应于通过 n 整除后的周期, 因而也就是具有 $1/n$ 的特征的 Θ 函数, 而积分本身又展布在积分核的奇点位置之间, 因而也就是 $1/n$ 的周期之间.

　　于是这样得到的积分又可以用两种观点来看待. 在一种观点下, 它们基本上好像是一些其周期比为在椭圆形体上的单值函数, 因而在椭圆模函数的范围内. 但是在另一种观点下, 在其对代数模函数的依赖关系上它们被看成是多形态形式族 (polymorphe Formenschar), 即被看成是 n^2 阶的、带以 n 阶模函数为系数的线性微分方程的积分, 从而在模 n 的主叠合子群 (Hauptkongruenzuntergruppe) 下保持不变.

这些函数在许多方面表现出与通常的超几何级数之一类似的行为, 并以特有的形式扩展这些已知的奇特的性质. 为了只对一个个别的这种类比做进一步的叙述, 我们为此要回想起, 如果将级数中的独立变量代入那样六个不同的值, 这六个值可以取四个点的交比, 那么超几何函数在直至交换指数下基本上保持不变. 对我们的一般函数而言情况就是, 如果在直至 n 阶的代数形体上作用到自身的变换, 那么这些函数在直至交换指数下基本上保持不变. 对于最低阶, 即 $n = 3$ 和 $n = 5$, 我们得到这样的函数, 对于它们, 四面体线性置换群和二十面体线性置换群与最初提到的那种将交比值互相转换的、较为简单的线性置换群有相同的作用.

把这里引进的函数的全面的理论, 按照就像我们令超几何函数具有的那种方式, 特别是对那种情形的研究, 在那种情形中这些函数能再次自行归结为代数函数, 认为具有巨大的兴趣, 这样的看法之所以是可靠的, 是因为我们借助于在椭圆模函数的范围内的单值表示追踪所有的现象, 并且能够用在代数的和群论的已知关系把它们联系到一起.

但是我们的结论还不能超出椭圆函数的范围, 当然不再能扩展到对每一个代数形体 (algebraische Gebilde) 有一个延续到无穷的、由对应于数 n 的不同值的同一类函数组成的级数存在. 实际上, 如果我们对前面考虑的在椭圆形体上的积分建立其代数结构 (algebraische Gestalt), 那么我们就会立即认识到, 它们主要与这种椭圆函数的存在有关, 它们在椭圆形体上的 n 次方根不会有分支. 但是亏格大于 1 的这种函数只有在完全特殊的情况下作为完全独特的个体存在. 只有当假设 $n = 2$ 时, 在 Riemann 称之为 Abel 函数的函数中才总能有这样一个系统承担此责任. 根据 Riemann 的解释, 它们的平方正比于那种第一类微分, 它们的零点成对地重合, 而且与奇特征的 Θ 函数有密切的联系. 在最简单和最一目了然的情况下我们得到那样的图像, 如果我们采用齐次变量, 并直接引进第一类形式作为这种变量, 它就会推广我们得到的结论 (Ansatz), 它的好处 Klein 先生在论及来自代数领域内的问题时多次强调过. 这里讲到的图像是指定积分, 以及相应地, 在两个零点之间的双重环路积分, 这里的零点是指在积分核上的一个或两个不同的 Abel 形式的零点, 而这个积分核为单个 Abel 形式的幂之积, 其指数和等于 1. 这里作为微分要采用 Klein 用 $d\omega$ 表示的处处为有限的、维数为 –1 的微分形式.

这种积分核具有相同指数系的积分必定又可以用有限项线性无关地表出, 而且整个一系列的类似的现象表明, 正如我们把它们理解为代数形体的模的函数 (Funktionen der Moduln des algebraischen Gebildes) 那样, 这是我们在椭圆形体上已经证实了的. 特别是可以期待, 与相应的 Θ 函数的模的关系, 以及与那些不改变 Θ 函数的特征的线性周期变换的关系, 是特别有意思的.

这一期待显得是如此合理, 正如那接近它的对应于亏格 2 的情形, 表明了有在这个方向上的明显的行为. 在这里就是这些要研究的积分与在求解 Tissot Pochhammer 微分方程时所出现的积分没有什么区别. 这些就是有六个线性因子的幂函数之积的分支点之间的积分. 每一个单独的这种 [函数] 在超椭圆形体 (hyperelliptische Gebilde) 的一个分支点处为零. 进一步深入的研究表明, 这些积分还是属于超椭圆形体的三个 Θ 模的单值函数, 正如同普通的超几何函数是属于椭圆形体的三个 Θ 模的单值函数. 可是这一表述不是太直接, 也不能纳入明显的形式, 不像在通常谈的超几何函数中那样, 但是必要的专门研究就直接导致超椭圆函数的单值群的有趣性质, 对此我在这里就不能详细地深入谈了.

但是对 Riemann 在非齐次微分方程上的思想, 只要将定积分换成相应的不定积分, 就可以和这些内容联系起来. 最后, 如果对椭圆情形有兴趣的话, 也可以通过这里考察过的积分所处理的共形映射来研究.

在对这些进一步的问题做了提示之后, 请允许我来结束我的讲话. 如果说对这种函数的研究在开始也只是属于个别研究的领域, 那么我们还不要忘了 —— 而且最伟大的科学大师已经经常并且强调地指出过, 对在一开始只不过是显得有趣的个别情形的跟踪加强了我们的力量, 迫使我们发展出新的方法, 从而使得我们有能力取得普遍的、实质的进步. 因为就像在所有其他人类的科学上一样, 尽管归纳的方法给出了我们的结果, 这期间我们在演绎的道路上也可以不必放弃.

附录 Ⅲ　Riemann 对复变函数理论影响的档案证据①

E. Neuenschwander

Bernhard Riemann, 与 Euler, Gauss 和 Hilbert 相并肩, 是有史以来最杰出的数学家之一. 他在复分析领域中的卓越贡献只要查一查《数学词典》(Mathematisches Worterbuch) 就能体会到.

在 Nass-Schmid 的《数学词典》[1961, Vol. 2, 510–524] 中, 与 Riemann 在函数理论方面有关的条目 (Riemann 映射定理, Riemann 微分方程, Riemann 曲面, Riemann-Roch 定理, Riemann θ 函数, Riemann 球面, Riemann ζ 函数), 其数量几乎与有关 Euler 或有关 Gauss 的全部工作的条目相当. Riemann 对复分析的贡献主要见于, 一方面是公开发表物, 特别是他的论复分析基础的博士论文 (1851), 另一方面就是他在论超几何函数和 Abel 函数方面的理论 (1856—1857), 但是他在这个领域内的几次授课讲义也非常重要.

这些授课是在 1855 年至 1862 年期间进行的, 通常是从一个一般性的导论开始, 之后 Riemann 就或是进入到椭圆函数和 Abel 函数, 或是转向超几何级数以及相关超越函数. Riemann 讲课中的比较高等的部分多数已发表在他的全集 [Riemann, 1990, 599–692] 和由 Stahl 所编辑的书中 [Riemann, 1899], 但是不在

---

①译自: E. Neuenschwander, Documenting Riemann's impact on the theory of complex functions, Math. Intelligencer 20 (1998), no. 3, 19–26. Copyright © Springer Science+Business Media. 感谢 Springer 免费授予译文出版许可.

他的讲一般复分析的导论性的课程中. 于是后者就渐渐不太为人所知, 尽管它们具有内在价值, 而且它们通过 Durège, Hankel, Koenigsberger, Neumann, Prym, Roch 和 Thomae 等人的著作, 对后来的发展有着决定性的影响. 因此出版一本批注性的版本 [Neuenschwander, 1996], 以便使更广大范围内的读者能够读到, 看来是适合的. 对此版本我还为有关 Riemann 函数理论所产生的影响和冲击的历史, 准备了广泛的文献目录.

这份新编就的文献目录主要是想填补 —— 至少是在复分析领域内 —— 存在于由 Purkert 所给出的文献目录与由 Neuenschwander 所给出的文献目录之间的空白, 这两份目录都附加在新重印的 *Bernhard Riemann's Gesammelte Mathematische Werke* (Bernhard Riemann 数学著作全集) [Riemann, 1990] 一书中. 我们利用在 *Bibliotheca Mathematica* (1887—1914) 以及在 *Revue Semestrielle des Publications Mathématiques* (1893—1934/35) 中的人名索引, 仔细地检查了从 1892 年至 1944 年这一时期内, 没有系统地包括在其中的部分, 同时还查阅了在文摘刊物 *Jahrbuch über die Fortschritte der Mathematik* (1868/71—1942/44) 中有关 "Geschichte und Philosophie (历史与哲学)" 以及 "Funktionentheorie (函数理论)" (或 "Analysis (分析)") 的章节. 此外, 我还查询了 Göttingen 大学和 Zurich 大学数学研究所的图书馆中的老书藏库. 一般来说, 我只把那些明显引用了 Riemann 著作的 (例如指出了引语的确切地点的) 包括了进来. 但是即使按照这个标准, 在复核和系统检查的基础上, 初选出的 8000 个条目中有超过 1000 条被剔出, 于是还要查对原始文献, 以确认它们的确符合纳入的标准.

自然, 新的文献目录也绝不是包揽无遗的. 涉及 Riemann 开创性的著作的文献几乎是多得不计其数的. 例如, Purkert 查阅了大约 10 份杂志, 在自 Bernhard Riemann 去世后的头 25 年中, 涉及他的著作的文章就有 500 篇以上. 根据对数据库的研究, 对 Purkert 研究的继续和扩展到今天其总数累计将达到 30000 篇左右, 要想在一定时间内对它们进行逐篇查阅, 显然是不可能的. 可是我希望这份新的文献目录能够成为进一步的研究的一个有力的工具.

下面我将通过考察 Riemann 在函数理论方面的著作在欧洲四个最重要的国家德国、法国、意大利和英国所产生的影响来说明它的一些可能的应用. 我们将对在英国的发展给予特殊的注意, 因为它们至今未曾得到过仔细的分析. 有关更具体的信息, 读者可以去参考这个文献索引本身.

德国: 对 Riemann 方法的早期和后续的接受

就此情况的一个初步印象而言, 我们可以首先来考察一下在 August Leopold Crelle 的 *Journal für die reine und angwandte Mathematik* (纯粹和应用数学杂志)

中引用 Riemann 著作的情况. 值得注意的是, 第一个引用这些著作的要回推到 Helmholtz [*Crelle* **55** (1858), 25–55] 那里, 我们都知道, 他后来还讨论了 Riemann 关于几何基础的假设. 随 Helmholtz 之后, 按时序排列的, 有 Lipschitz, Clebsch, Christoffel, Schwarz, Brill, Fuchs, Gordan, Luroth 和 Weber, 所有这些人, 即使不是他的学生, 也像他自己的学生 Roch, Thomae 和 Prym [*Crelle* **61** (1863)—**70** (1869)] 一样, 在传播他的思想上都做了大量的工作. Clebsch 和 Brill——像 Klein 和 Noether 一样——将他们的文章主要发表在 *Mathematische Annalen* (数学年鉴) 上, 这本杂志在 1869 年就开始发行了, 因此仅仅查阅 Crelle 的杂志所得的结果肯定是不完全的. 按照我们的文献目录, Riemann 思想早年重要的倡导人在说德语的区域内还有 Cantor, Dedekind, Du Bois-Reymond, Durège, Hankel, Koenigsberger, Neumann, Schlafli, 和在其晚年的 Schottky.[①]

意大利: 对 Riemann 著作的热情赞赏

Annali di Matematica pura ed applicata (纯粹和应用数学年鉴) 是一本在传播 Riemann 思想上起过非常突出作用的杂志, 通过对在其中引用到 Riemann 的著作的情况做类似的研究, 我们就会对 Riemann 著作在意大利受到赞赏的广泛程度得到一个深刻的印象. 早在 1859 年, Enrico Betti, 那时他还没有成为 Riemann 的朋友, 就翻译了他的博士论文 [*Annali* **2** (1859), 288–304, 332–356], 不久他就在一篇相当广博的论椭圆函数理论的论文 [*Annali* **3** (1860), 65–159, 298–310, **4** (1861), 26–45, 57–70, 297–336] 中回到这篇论文. 在同一卷中还有 Betti 的一篇介绍 Riemann 论述平面空气波的传播的论文的文章 [*Annali* **3** (1860), 232–241], 以及 Angelo Genocchi 的一篇谈 Riemann 对小于一给定数的素数个数的研究的文章 [*Annali* **3** (1860), 52–59]. 在同一杂志的后面的一卷 [*Annali* (2) **3** (1869—1870), 309–326] 中, 有由法国数学家 Jules Houel 对 Riemann 关于几何学基础的假设的法文译本, 有意思的是, 他没有把他的译文发表在法国杂志上, 而是发表在 *Annali* 上. 我还应当提到 Eugenio Beltrami 和 Felice Casorati, 后者已经在 1868 年出了一本讲 Riemann 理论的书 [Casorati 1868], 在 Milan 开过专门的讲座 [Armenante & Jung 1869, Casorati & Cremona 1869]. 考虑到这一出色的介绍和打开了的风气, Riemann 的理论在意大利广为人知就一点也不奇怪了, 而且到 1890 年前仅在 *Annali* 这一本杂志中就有 30 篇以上的文章引用了 Riemann

---

①要想查阅这些作者引用了 Riemann 的具体文章, 详见 [Neuenschwander 1996, 131–232].

的著作.[1]至于 Riemann 本人在意大利滞留以及那里 Riemann 的追随者的情况, 请参阅文献目录中所引 Bottazzini, Dieudonné, Loria, Neuenschwander, Schering, Tricomi, Volterra 和 Weil 等人的文章.

法国: 犹犹豫豫地接受

在法国情况根本不一样. 浏览 Joseph Liouville 所主编的 *Journal de Mathématiques pures et appliquées* (纯粹和应用数学杂志), 在 1878 年之前几乎找不到有对 Riemann 文章的引用, 而在 1880 年以前的其他出版物中对它们的引用似乎也相当地少. 更有甚者, 还经常会听到对 Riemann 方法的有效性的批评保留意见, 例如 Briot 与 Bouquet 在他们的 *Théorie des fonctions elliptiques* [Briot & Bouquet 1875, I f] 第二版的序言中写道:

在 Cauchy 理论中虚 [复] 变量的路径是由平面上的一个点的运动来表征的. 为了表示那种对变量的同一个值而有几个值的函数, Riemann 把平面看成是由好几叶相叠焊在一起, 以便让变量在越过焊接线 [分支线] 时从一叶过渡到另一叶. 多叶曲面的概念, 尽管 Riemann 用这个方法获得了许多漂亮的结果, 还是会引起一些困难, 看来对我们要研究的对象不会提供任何便利. Cauchy 的观念非常适宜于表示多值函数, 只要把相应的函数值与对应的变量值联系起来, 而当变量经历一封闭路径后, 函数值随之改变, 并用下标来表示这一变化.

只有上面提到过的 Houel, 很早就试图倡导 Riemann 的思想, 并且与 Gaston Darboux 一起, 多次为他们的努力在法国不为人所知而叹息 [Gispert 1985, 386–390 及其他多处]. 有一篇对 Houel 在此领域内的先驱性的书 [Houel 1867—1874, 第一部和第二部 (1867/68)] 的评述以下述极有教益一段话作结 [*Nouvelles Annales de Mathematiques* (2) **8** (1869), 136–143]:

也许对此一著作的接受鼓励作者坚守他的承诺, 他在其第三部中为我们提供对 Riemann 理论的讲述, 这一理论至今在我们国家还几乎不为人所知, 而我们的邻国却以如此巨大的热情进行耕耘和收获.[2]

尽管 Houel 做了这些努力, 情况发生根本的改变似乎还要等到 1880 年之后, 这时新一代的数学家接过老一代的棒, 其中最著名的有 Henri Poincaré (1854—1912), Paul Appell (1855—1930), Emile Picard (1856—1941) 和 Édouard Goursat (1858—1936). 随着这些作者对 Riemann 的后继者 (主要是 Clebsch 和 Fuchs) 的

---

[1]在 *Annali* 中其他引用 Riemann 论文的文章的作者有: Ascoli, Beltrami, Casorati, Cesaro, Christoffel, Dini, Lipschitz, Pascal, Schlafli, Schwarz, Tonelli 和 Volterra 等人. 详见 [Neuenschwander 1996].

[2]分散在其他各处的对 Riemann 著作的引用见: Bertrand, Darboux, Elliot, Emmanuel, Hermite, Jonquieres, Jordan, Mane 和 Tannery. 进一步的信息见 [Neuenschwander 1996].

著作的接受, 就开始导致对 Riemann 本人著作更深入的阅读 —— 这从他们的著作中有许多对 Riemann 的引用就可以证明. 作为在那个时期在法国数学家中对 Riemann 的重视与日趋增的现象, 我们可以提出下面的事实, 在 1882 年, Georges Simart 写了一篇有 123 页的博士论文, 现在差不多完全被遗忘了, 他在其中想使法国的数学家认识 Riemann 的函数理论的专著. 在 Simart 的导言中我们发现了以下叙述, 它证实了我本人的评估 [Simart 1882, 1]:

我们知道, Riemann 在他的两篇论及解析函数的一般理论和 Abel 函数的论文中所取得的结果洋洋大观, 但是他所采用的方法 —— 还有他的解释可能有点过分简短 —— 在法国不为人所知. 但是在同一时期 Riemann 的方法在德国持续不断地有许多追随者, 它是许多重要的公开发表的著作的基础, 这些论著的作者是一些著名的几何学家, 例如 Koenigsberger, Carl Neumann [sic], Klein, Dedekind, Weber, Prym 和 Fuchs 等人. 阅读这些论文要求有 Riemann 曲面方面的知识 [从而也就需要阅读 Riemann 本人的著作], 其应用在德国的一些大学已经成为一个标准.

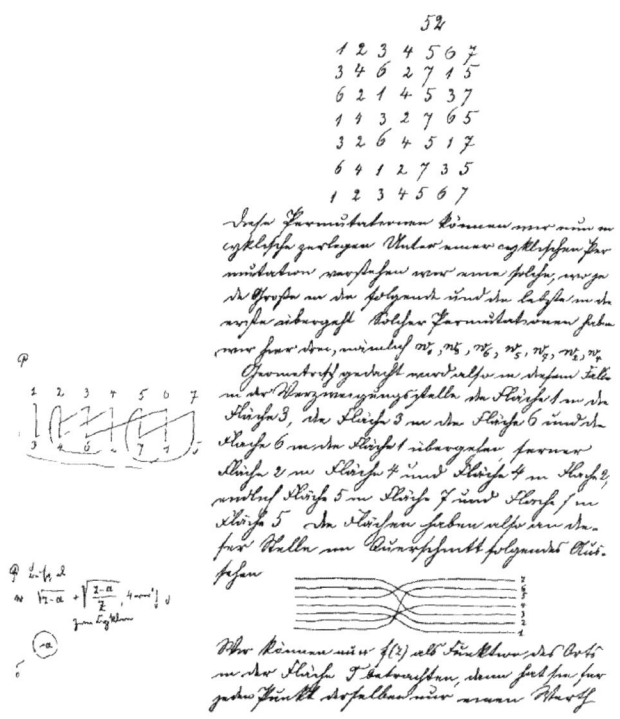

图 1　关于 Riemann 曲面上的代数方程的一个分支点的讨论和表示,
摘自 1861 年夏季学期中 Riemann 的讲座

英国: 一个被遗忘的趣事

与在上面已经研究过的三个国家中对 Riemann 理论的接受情况的所知相比, 它们在英国被接受的情况我们研究得甚微. 因此我要对此做更详细的叙述.

在英国 Riemann 定理只是在 Riemann 去世之后才得到广泛的传播而为人所知. Arthur Cayley 是最早经常引用 Riemann 的英国数学家之一, 他在 1865—1866 年, 在他的论平面曲线的变换和高阶奇点的文章中就已经提到过 Clebsch 和 Riemann 在 Abel 积分上的工作. 在随后几年 Cayley 还带着欣赏的态度详细地讨论了 Riemann 的工作. 这可以从他论 Riemann 早年学生时期的、在去世之后才发表的论广义积分和微分的短文 (1880 年) 看出来, 也可以从他就任英国科学促进协会主席时 (1883 年) 发表的演说看出来. 其他在英国早期引用 Riemann 著作的有 W. Thomson (1867 年及以后) 和 J. C. Maxwell (1869 年及以后). 它们是在讨论 Helmholtz 论涡旋运动和讨论 Listing 在拓扑学上的研究时出现的.

几年之后, W. K. Clifford, H. J. S. Smith 和 J. W. L. Glaisher 也详尽地分析了 Riemann 的论文, 而且, 在有些场合强调了它们的巨大的重要意义. 例如, 早在 1873 年 Clifford 就为 *Nature* 杂志将 Riemann 的论奠定几何学的基础的假设的著名的论文译成了英文, 而且在 1877 年发表了他的论正则形式和 Riemann 曲面的分割的极有影响的论文. 1876 年 11 月, Smith 在他任职伦敦数学协会主席的演讲中, 详细地报道了 Riemann 的成就, 其中还谈到了新近出版的《Riemann 全集》中的一些断篇. Smith 的详尽的讲演标志着在英国对 Riemann 著作的欣赏的一个新的起始制高点. 由于在本文中尚未对它进行研究, 我将在此对它做一讨论.

在他演讲的一开始, Smith 提纲挈领地介绍了数论的新近的进展, 还特别介绍了对小于一给定界限的素数的个数的研究. 他写道 [Smith 1876—1877, 16–18]:

至于谈到我们对素数本身序列的知识, 如果考虑到这个问题的难度, 我们在 Euler 时代以来所取得的进展是巨大的, 但是如果把我们已经做到的与还有待于去做的相比, 又仍然是很小的. 首先我们就可以提到, 那些由 Gauss 和 Legendre 所提出的关于小于某一给定极限 x 的素数的个数的渐近值的定理还没有被证明, 实际上只是猜测. Bernhard Riemann 的论文 "论小于给定数值的素数个数", (就我所知) 是唯一可以看成对素数的渐近频度的严格的研究的文章. M. Tchebycheff 在其著名的论文 "*Sur les Nombres Premiers* (论素数)" 中从另一个侧面研究了素数序列的渐近规律的问题, 其重要性不亚于 Riemann 的研究. M. Tchebycheff 的方法, 虽说是深刻而又无与伦比, 可实质上是很初等的, 在这方面它与 Riemann 的方法形成强烈的对比, 后者整个地有赖于积分学中的深奥的定理.

　　Smith 接着谈论了分析的几个分支, 他认为这几个分支在最近的将来会有大的进展. 在这里他集中讨论了 "积分学" 的进展. 他尤其提到了 Riemann 论超几何级数的论文和未完成的论带代数系数的线性微分方程的论文. 这样做的时候他特别强调 Riemann 推理的 "绝妙和原创性", 以及 "Cauchy 和 Riemann 观念的丰富意义". 在结束语中 Smith 描述了近 10 年来英国数学家在这个领域内的工作, 其中包括 Glaisher, Cayley 和 Clifford 等人. 他深信, 没有什么比在数学领域内缺乏高等著作更会阻碍数学科学在英国的进步, 并且 "有三方面的论著是我们迫切需要的 —— 一种是定积分, 一种是在 Cauchy 和 Riemann 学派意义下的函数理论, 还有一种是论超椭圆积分和 Abel 积分的著作 (尽管承担这个任务的必须是一个勇敢的人)".

　　Smith 呼吁他的同事们填补这个空缺, 而在某种程度上他们做到了.[①]

　　早在 1871 年左右, 英国科学促进协会就设立了一个数学用表的特别委员会, 属于这个委员会的除了 Smith 以外, 还有 A. Cayley, G. G. Stokes, W. Thomson 和 J. W. L. Glaisher. 委员会被指定的任务有: (1) 组织编写一本尽可能完整的包括现存所有的数学用表的目录, (2) 重新出版或计算为数学科学的进步所必需的用表. 委员会决定一开始先做第一项工作, 于是在 1873 年在 Glaisher 的关照下, 提出了一本巨型的有 175 页篇幅的数学用表目录, 发表在大英协会年度报告 (*Report of British Association*) 上. 1875 年这份报告又出了续集, 是由 Cayley 编纂的. 它在标题 "第一节、除数和素数" 中包含了一些新的参考文献, 是关于《Gauss 全集》中素数频度表以及由 Gauss 和 Legendre 所给出的相关近似公式的. 两份报告都没有引用 Riemann 论素数的著名文章. 它只是在后来出

　　[①]Smith 在给 I. Todhunter 的信中, 对英国、法国和德国的数学现状, 给出了一个类似但更直接而简明扼要的评估. 它再次表明, 他把 Riemann 和 Weierstrass 的著作看得有多么高. "但是我衷心地同意您在您的书 [*Conflict of Studies* (研究的冲突), 1873] 中许多的、甚至是大多数的看法, 要不是我不能完全信服您对数学现状的评估, 我是不会写这封信来打扰您的. 可以这样说, 我们所有的一切都是来自 Cambridge (剑桥), 因为 Dublin (都柏林) 近来已经不能维持它曾经给出的许诺. 此外, 我不认为, 与法国相比我们有什么好脸红的, 但是法国正位于低谷, 并且也已经意识到它是如此, 现在正做出巨大的努力去恢复它在科学中所失去的地位."

　　"同样, 在混合数学 [mixed mathematics, 可能是指应用数学 —— 中译者注] 中我们不必害怕任何人, Adams, Stokes, Maxwell, Tait, Thomson 可以与任何名单相匹敌, 即使这个名单中包括了 Helmholtz 和 Clausius."

　　"但是在纯粹数学方面, 我必须说, 我们被德国甩得老远了, 我总是感觉, 拿我们的 *Quarterly Journal* 与 *Crelle* 相比, 或者即使与 Clebsch 和 Neumann 的 *Mathematische Annalen* 相比, 简直太可怜了. Cayley 和 Sylvester 在现代代数中拥有最大的分量 (但是即使在代数中, 包括现代方程式理论、置换理论等, 整体来说还是法国和德国强). 但是英国在纯粹几何、在数论、在积分学中做了些什么? 与 Riemann 和 Weierstrass 的工作相比, 在英国发展起来的符号方法只不过是雕虫小技. [H. J. S. Smith, *Collected Mathematical Papers*, Introduction, Vol. 1, lxxxv-lxxxvi].

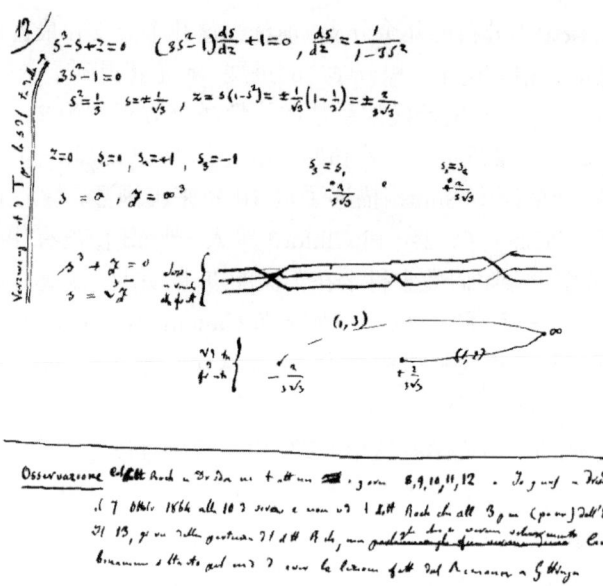

图 2　关于由方程 $s^3 - s + z = 0$ 定义的 Riemann 曲面的分支点的讨论和表示,
摘自 Casorati 在 1864 年 10 月于 Dresden 与 Gustav Roch 谈话的笔记

版的 *Association Reports* (1877 年及以后) 上的数学用表中才被提到了, 再就是 Glaisher 向剑桥哲学协会提交了一系列论述素数计数和论述因子表的文章, 其中第一篇于 1876 年 12 月 4 日宣读. 在这些论文中 Glaisher 感谢 Smith 在提供文献上的帮助, 而且在一篇短注中特别明确地提到上述 Smith 于 1876 年 11 月在伦敦数学协会上所做的报告.

　　至于 Smith 和 Glaisher 后来的科学交往以及他们对 Riemann 的共同赞赏可以从 Glaisher 为 Smith 所编纂的 *Collected Mathematical Papers* (数学论文集) 的导言以及从 Smith 本人的文章中收集到, [①] 从 1877 年以降, J. W. L. Glaisher 的父亲 James 那时正在从事构造从 3000000 到 6000000 之间的数的因子表的计划, 他由此再次用档案证明了 Riemann 的素数个数的公式与 Legendre 及 Tchebycheff 的这种公式对比要优越得多. James Glaisher 的表格随后被斯堪的纳维亚的许多数学家 (Oppermann, 1882 年及以后; Gram, 1884 年及以后; Lorenz, 1891年) 所引用, 在这些国家里 Riemann 的著作已经激起了人们的兴趣, 正如由 Bonsdorff,

---

　　①除了上述 Smith 在伦敦的讲演之外, 还可以看他的论文 *On the integration of discontinuous functions* (论不连续函数的积分) (1875), 其中有对 Riemann 的 "论函数的三角级数表示" 一文的详尽的分析, 以及他的论文 *On some discontinuous series considered by Riemann* (论由 Riemann 所考虑的若干不连续级数) (1881), 还有他的论文 *Memoir on the Theta and Omega Functions* (论 Theta 和 Omega 函数), 这本书是为了配合由 J. W. L. Glaisher 所计算的 Theta 函数表而撰写的.

Mittag-Leffler 以及其他人所发表的著作所证实的. 1884 年 W. W. Johnson 在美国的 *Annals of Mathematics* (数学年刊) 发表了 James Glaisher 的表格以及素数分布的详细计算, 它把 Riemann 的研究以及英国数学家们的研究介绍到了新大陆.

最后我们还必须注意到 Andrew Russell Forsyth, 在 1876 年, 就是 Smith 与 Glaisher 注意到 Riemann 工作的那一年, 他跑到剑桥镇住下, 除了研究数学别的什么也不干, E. T. Whittaker 在为他写的讣告中把 Forsyth 的 *Theory of Functions* (函数论) (1893) 描绘为在 Newton 的《原理》之后对英国数学的影响比任何一本别的书都大. 按照 [Whittaker 1942, 218] 的说法, 这本书最具原创性的一个特点就是把与 Cauchy, Riemann 以及 Weierstrass 的名字相联系的三种方法融合到了一起, 而它们在欧洲大陆的书中被看成数学中的不同分支. 此外, 我们还可以从皇家学会会员传记集中 W. V. D. Hodge 为 Henry Frederick Baker 写的小传中读到, Forsyth "为 Cambridge 的数学办了一件大事, 通过他的努力在这个国家的数学家与欧洲大陆的数学家之间建立了密切的合作, 并使其后继者, 包括 Baker, 能从 19 世纪后半期的伟大德国数学家的著作中获得最大的利益".

正如我们能从 Whittaker 为 Forsyth 所写的讣告以及 Forsyth 本人所写的对大学生时代的回忆 [Forsyth, 1935] 中看到的, Forsyth 后期在复变分析上的工作与他早年在 Cambridge 的学习有一定的联系, 在 Cambridge 他与 Glaisher, Cayley, 同时还与 Smith 的著作, 经常接触, Smith 这时正在 Oxford 执教. Cayley 和 Glaisher 对 Forsyth 在纯粹数学的学术生涯很有帮助, 并且协助他克服那种 "Cambridge 氛围", 即 "所有人都要培养到在应用数学上毕业."[①] 根据 Whittaker 所言, 是 Glaisher 建议 Forsyth 写他的第一本书, *Treatise on differential equations* (1885). 另一方面, 他的最早的两篇主要论文, 论 Theta 函数 (1881/1883) 以及论 Abel 定理和 Abel 函数 (1882/1884) 是由 Cayley 提交给皇家学会的. 在第一篇论文中 Forsyth 给出了在该领域内 22 篇主要的论文, 其中有 Riemann 的 *Theorie der Abelschen Functionen*, 以及 12 篇其他德国数学家 Jacobi, Richelot, Rosenhain, Gopel, Weierstrass, Koenigsberger, Kummer, Borchardt 和 Weber 等

[①] 根据 Forsyth 本人的回忆, 早在他做学生的年代他就对纯粹数学有特殊的兴趣, 在读三年级的一个学期里他去听了 Cayley 的课, 一开始那些词句使他如堕五里雾中. 从 Forsyth 的回忆录的其他段落我们看到, 他在那个时候做了第一次冒险行动, 进入到 Cambridge 教科书以外的领域, 他一头扎进了 Durege 的 *Elliptische Functionen* (椭圆函数). 进一步的细节可以从下述 Forsyth 的个人自白中收集到. "微分方程中那些仅仅超过例子的一些东西, Jacobi 椭圆函数理论的基础, 以及 Gauss 的最小二乘法的数学, 是我从 Glaisher 的讲课得知的, 同时也是我参加 Cayley 的一个课程所听到的东西. 我开始懂得, 纯粹数学不再只是为在 Cambridge 处理自然科学之用而造就的一堆乱七八糟的工具. 否则几乎我的全部纯粹数学的知识就只能是在 Tripos 考试后的那一些. 在那种 Cambridge 氛围中, 所有人都要培养到在应用数学上毕业." [Forsyth, 1935, 172]

人的论文. 在第二篇论 Abel 定理和 Abel 函数的论文中, 有很大的一节是讲 Weierstrass 的方法的, 这清楚地表明, 在 1882 年左右 Forsyth 已经充分意识到 德国数学家在这个领域内的成就.

结 束 语

这些文献目录学的研究表明 Riemann 的思想在英国受到了更加正面的接受, 甚至明显地比法国更早. 它们似乎是那种更为重要的激励, 通过 Cayley, Clifford, Smith, Glaisher 等人的努力, 后来更在 Hobson, Forsyth, Mathews, Baker, Barnes, Hardy, Littlewood, Titchmarsh 以及其他人的努力之下, 使得英国的纯粹数学和 函数理论得到了繁荣昌盛. 在英国和意大利, Riemann 的理论进入了一片开放的 国土, 它们在那里找到了一些热心于在纯粹数学领域赶上时代的数学团体. 在英 国这一兴趣起了拓宽 "Cambridge 氛围" 的作用, 这一氛围原本几乎完全是指向 自然哲学和应用数学的. 在意大利它配合了为这个新建立的国家构建现代数学 教育的愿望 (见 [Neuenschwander 1986]). 另一方面, 在法国, Riemann 的思想由 于由 Cauchy 以及 Briot 与 Bouquet 已经很好地建立起来的传统而面临着冷遇.

这里除了由于政治上的原因所带来的情绪之外, Weierstrass 的看法是对的, 在一封日期标记为 1867 年 3 月 25 日的写给 Casorati 的信 (写于 1876 年 《Riemann 全集》出版前的早期) 中, 他特别强调了意大利在传播 Riemann 思 想中的作用. 他在该信中这样写道 (见 [Neuenschwander, 1978, 72]):

对于科学在你们国家幸运地升起在我们北德所引起的生动的兴趣, 没有别 的地方能够与之相比, 而且你可以肯定, 作为国家的意大利再没有别的地方能 有这么多热诚和无私的朋友. 因此我们将带着愉快继续你们和我们之间的联 盟 —— 这种联盟在政治领域已经有了这样好的结果, 在科学领域也将如此, 从 而在这个领域内的壁垒也将越来越多地被克服, 不幸的政治就是以这种壁垒把 两个一般来说本来是同根同源的国家分隔得这么长久. 你寄给我的论文再次向 我证明, 我们的科学努力在意大利比在法国和英国得到了更多的了解和欣赏. 特 别是在后一国家, 那里的过度的形式主义把想进一步探索的意愿都给吓住了. 我 们的 Riemann, 对他的逝去我们感到无以复加的遗憾, 在德国的外部, 只有在意 大利受到了尊敬和研究; 在法国他只是受到了一定的外表的承认, 但是很少被理 解, 而在英国, [至少在 1867 年以前,] 他几乎还停留在不为人知的状态.

校对时的补充 本刊最近一期 (Vol. 19, No. 4, 1997 年秋) 发表了一篇 Jeremy Gray 的文章, 他给读者带来了一篇非常值得欢迎的、Riemann 的一般复分 析导论的英文版本. Gray 的文章基本上是以我的预印本 *Riemanns Vorlesungen*

zur Funktionentheorie, Allgemeiner Teil, Darmstadt 1987 以及 Roch 1863/1865
为基础的 (参阅 [Neuenschwander 1996, 15]), 但是没有提到在 1996 年春出版的
经过重大增订的版本, 并且已经在 MR 97d 01041 以及 Zbl 844 01020 中得到了
评述. 正式出版的版本, 除了在预印本中所含的文献之外, 还包含了大量受到过
Riemann 著作影响的论文和专著, 还有一份他讲复分析课程的讲课笔记目录单.
从这份目录单 [Neuenschwander, 1996, 81 页及以下] 可以得出结论, Riemann 夫
人所保存的 Cod 37 档案包含了三份不同的讲课笔记 (而不是像 Gray 所说的只有
一份), 而且其第一部分的日期由此可以很容易确定为 1855/1856 学年度的冬季
学期. 在 Riemann 夫人所保存的 Cod 37 的第 111 页上我们读到 "Fortsetzung im
Sommersemester 1856 [在 1856 年的夏季学期继续]", 而且在同一文件的 193 页上
还有 "Theorie der Functionen complexer Größen mit besonderer Anwendung auf
die Gauß'sche Reihe $F(\alpha, \beta, \gamma, x)$ und verwandte Transcendenten Wintersemester
1856/1857". 此外, 必须指出的是, Riemann 对复分析的讲座是从 1855 年逐渐
延伸到 1861 年的 [Neuenschwander 1996, 11 页及以下], 在 1861 年他还处理了
Weierstrass 的、具有给定零点的整函数的因子分解定理, 为此引进了对数项作为
收敛 – 产生项 (convergence-producing terms) [Neuenschwander 1996, 62–65], 这
是十分出色的, 虽然它在 [Gray 1997] 中没有被提到.

致谢　我要感谢 Robert B. Burckel (Manhattan, Kansas), Ivor Grattan-
Guinness (Enfield) 和 Samuel J. Patterson (Göttingen), 他们对内容和语言都提
出了各种好的建议. 本文的撰写受到了瑞士国家基金的资助.

作者简介　Erwin Neuenschwander 是苏黎世大学的数学史教授. 他在苏黎
世大学 B. L. van der Waerden 的指导下取得博士学位. 他在古代数学、中世纪
数学和 19 世纪的数学上已经发表了好几篇论文, 特别是对 Riemann, 他最近的
一本书就是奉献给他的. 在过去的几年里他也十分关心其他严正科学的历史以
及科学、哲学和社会之间的相互作用.

参 考 文 献

Armenante A, Jung G, [Relazione sulle Lezioni complementali date nell Istituto
　　tecnico superiore a Milano nello scorso anno (1868–1869) dagli egregi Professori
　　Brioschi Cremona e Casorati], *Giornale di Matematiche* **7** (1869), 224–234

Bottazzini U, Riemanns Einfluß auf E. Betti und F. Gasorati, *Archive for History
　　of Exact Sciences* **18** (1977/78), 27–37

Bottazzini U, *II calcolo sublime storia dell'analisi matematica da Euler a Weierstrass*, Boringhieri, Torino, 1981. Revised and enlarged English version, Springer, New York, 1986

Bottazzini U, Enrico Betti e la formazione della seuola matematica pisana, in O. Montaldo, L. Grugnetti (eds), *La storia delle matematiche in Italia*, Atti del Convegno, Cagliari, 29–30 settembre e 1 ottobre 1982, Universita di Cagliari, Cagliari, 1983, 229–276

Bottazzini U, Riemann in Italia, In *Conferenza Internazionale nel 125° Anniversario della morte di Georg Friedrich Bernhard Riemann, 20 Luglio 1991, Verbania Atti del convegno*, 31–40

Briot C, Bouquet J -C, *Theorie des fonctions elliptiques*, Deuxieme edition, Gauthier-Villars, Paris, 1875

Briot C, *Theorie des fonctions abeliennes*, Gauthier-Villars, Paris, 1879

Casorati F, *Teorica delle funzioni di variabili complesse*, Fusi, Pavia, 1868

Casorati F, Cremona L, Intorno al numero dei moduli delle equazioni o delle curve algebriche di un dato genere, *Reale Istituto Lombardo di Scienze e Lettere Rendiconti* (2) **2** (1869), 620–625=F. Casorati, *Opere*, vol. 1, 313–315, L. Cremona, *Opere matematiche*, vol. 3, 128–132

Dieudonne J, The beginnings of Italian algebraic geometry, In *Symposia Mathematica*, vol. 27, Academic Press, London/New York, 1986, 245–263

Forsyth A R, Old Tripos days at Cambridge, *The Mathematical Gazette* **19** (1935), 162–179

Gillispie C C (ed), *Dictionary of scientific biography*, 16 vols, Scribner, New York, 1970–1980

Gispert H, Sur la production mathematique française en 1870 (Etude du tome premier du Bulletin des Sciences mathematiques), *Archives Internationales d'Histoire des Sciences* **35** (1985), 380–399

Gispert H, La France mathematique: La societe mathematique de France (1870–1914), Suivi de cinq etudes par R. Bkouche, C. Gilain, C. Houzel, J. -P. Kahane, M. Zerner, *Cahiers d' Histoire et de Philosophie des Sciences* (2), No. 34, Blanchard, Paris, 1991

Houel J, *Theorie elementaire des quantites complexes*, Gauthier-Villars, Paris, 1867–1874

Klein F, Riemann und seine Bedeutung für die Entwickelung der modernen Mathematik, *Jahresbericht der Deutschen Mathematiker-Vereinigung* **4** (1894–1895)

[Berlin 1897], 71–87 = *Gesammelte mathematische Abhandlungen*, Bd. 3, 482–497. English translation: *Bulletin of the American Mathematical Society* **1** (1895), 165–180

Klein F, *Vorlesungen über die Entwicklung der Mathematik im 19 Jahrhundert*, Teile 1 und 2, Grundlehren der mathematischen Wissenschaften, Bde. 24 und 25, Springer, Berlin, 1926–1927, Reprint Berlin/Heidelberg/New York, 1979. English translation: Brookline, Mass., 1979.

Loria G (ed), Lettere al Tardy di Genocchi Betti e Schlafli, *Atti della Reale Accademia dei Lincei*, Serie quinta Rendiconti, Classe di scienze fisiche, matematiche e naturali **24 1** (1915), 516–531

Loria G, Storia delle matematiche, 3 vol. STEN, Torino, 1929–1933. Seconda edizione riveduta e aggiornata Hoepli, Milano, 1950

Naas J, Schmid H L (Hrsg), *Mathematisches Worterbuch mit Einbeziehung der theoretischen Physik*, 2 Bde., Akademie-Verlag/Teubner, Berlin/Stuttgart, 1961

Neuenschwander E, Der Nachlaß von Casorati (1835–1890) in Pavia, *Archive for History of Exact Sciences* **19** (1978), 1–89

Neuenschwander E, Über die Wechselwirkungen zwischen der franzosischen Schule, Riemann und Weierstraß Eine Ubersicht mit zwei Quellenstudien, *Archive for History of Exact Sciences* **24** (1981), 221–255. English version in *Bulletin of the American Mathematical Society*, New Ser. **5** (1981) 87–105

Neuenschwander E, Der Aufschwung der italienischen Mathematik zur Zeit der politischen Einigung Italiens und seine Auswirkungen auf Deutschland, *Symposia Mathematica* **27** (1986), 213–237

Neuenschwander E, A brief report on a number of recently discovered sets of notes on Riemann's lectures and on the transmission of the Riemann Nachlass, *Historia Mathematica* **15** (1988), 101–113, Reprinted in Riemann 1990, 855–867

Neuenschwander E, Secondary literature on B. Riemann, In Riemann 1990, 896–910

Neuenschwander E, *Riemanns Einfuhrung in die Funktionentheorie Eine quellenkritische Edition seiner Vorlesungen mit einer Bibliographie zur Wirkungsgeschichte der Riemannschen Funktionentheorie*, Abhandlungen der Akademie der Wissenschaften in Göttingen, Mathematisch-Physikalische Klasse, Dritte Folge, Nr. 44, Vandenhoeck & Ruprecht, Göttingen, 1996

Purkert W, Arbeiten bis 1891, In Riemann 1990, 869–895

Riemann B, *Elliptische Functionen*, Vorlesungen von Bernhard Riemann, Mit

Zusatzen herausgegeben von Hermann Stahl, Teubner, Leipzig 1899

Riemann B, *Gesammelte mathematische Werke wissenschaftlicher Nachlass und Nachträge*, Nach der Ausgabe von H. Weber und R. Dedekind neu herausgegeben von R. Narasimhan, Springer/Teubner, Berlin, etc./Leipzig, 1990

Schering E, Zum Gedachtnis an B. Riemann, In *Gesammelte mathematische Werke von Ernst Schering*, Bd. 2, Berlin, 1909, 367–383, 434–447. Partially reprinted in Riemann 1990, 827–844

Simart G, *Commentaire sur deux Memoires de Riemann relatifs a la theorie generale des fonctions et au principe de Dirichlet*, Theses presentees a la Faculte des Sciences de Paris, Gauthier-Villars, Paris, 1882

Smith H J S, On the present state and prospects of some branches of pure mathematics, *Proceedings of the London Mathematical Society* **8** (1876–1877), 6–29 = *Collected Mathematical Papers*, vol. 2, 166–190

Tricomi F G, Bernhard Riemann e I'ltalia, *Universita e Politecnico di Torino, Rendiconti del Seminario Matematico* **25** (1965–1966), 59–72

Volterra V, Betti, Brioschi, Casorati, trois analystes italiens et trois manieres d'envisager les questions d'analyse, In *Compte rendu du deuxieme Congres International des Mathematiciens tenu a Paris du 6 au 12 août 1900*, Gauthier-Villars, Paris, 1902, 43–57 = *Opere matematiche*, vol. 3, 1–11

Weil A, Riemann, Betti and the birth of topology, *Archive for History of Exact Sciences* **20** (1979), 91–96; **21** (1979/80), 387

Whittaker E T, Andrew Russell Forsyth, In *Obituary Notices of Fellows of the Royal Society 1942–1944*, vol. 4, no. 11, (1942), 209–227

Wirtinger W, Riemanns Vorlesungen über die hypergeometrische Reihe und ihre Bedutung, In *Verhandlungen des dritten Internationalen Mathematiker-Kongresses in Heidelberg vom 8 bis 13 August 1904*, Teubner, Leipzig, 1905, 121–139. Reprinted in Riemann 1990, 719–738

附录 IV Bernhard Riemann 生平及工作介绍①

Raghavan Narasimhan

李璐 译

《Riemann 全集》[1] 包含了他的朋友和同事 Dedekind 为他而作的一篇传记 (付印之后只有 17 页). Dedekind 与 Riemann 很熟, 并且他为人谨慎, 一丝不苟, 文中 Riemann 的生平细节记述得清晰而精确.

Georg Friedrich Bernhard Riemann 于 1826 年 9 月 17 日出生于汉诺威 (Hannover) 地区的布列斯伦茨 (Breselenz), 在六个孩子中排行第二. 他有一个姐姐 Ida, 三个妹妹 Clara, Helene, Marie 和一个弟弟 Wilhelm. 他的父亲是 Friedrich Bernhard Riemann, 母亲是 Charlotte Ebell. 他 1840 年开始在汉诺威上学, 1842 年转到吕内堡 (Lüneburg), 在那里念了四年文理中学 (Gymnasium) 之后, 在 1846 年进入哥廷根 (Göttingen) 大学. 1847—1849 年在柏林度过了两年之后他又回到了哥廷根.

他在 1851 年提交了博士论文; 1854 年, 他完成了书面论文和入职演说 (成为编外讲师 (Privatdozent) 的前提条件, 编外讲师是德国无薪讲师, 报酬来自听课学生的学费).

Gauss 于 1855 年逝世, Dirichlet 来到哥廷根接任他的职位. 出乎大家的意

①译自: Raghavan Narasimhan, Bernhard Riemann: Remarks on his life and work, Milan J. Math. 78 (2010), 3–10. Copyright © Springer Science+Business Media. 感谢 Springer 免费授予译文出版许可. 本文基于 2009 年 4 月 19—24 日在意大利因特拉 (Intra), 韦尔巴尼亚 (Verbania) 的 RISM 会议的一篇报告.

外, Riemann 没有被聘为编外教授 (Ausserordentlicher Professor, 基本上相当于助理教授), 而是被许以小额生活津贴. 1857 年他确实被聘为编外教授, 然而薪酬却比这个职位通常所得要低. 最终, 在 1859 年, Dirichlet 去世之后, 他成了 (正) 教授.

1862 年 6 月, Riemann 与他姐妹们的一个朋友 Elise Koch 结婚. 他们在 1863 年 12 月有了一个女儿, 他们用他姐姐的名字 Ida 来命名这个女孩.

1862 年 11 月和 1865 年 10 月, Riemann 由于身体原因在意大利度了两次长假. 1866 年 6 月, 他第三次前往意大利, 住在马焦雷湖畔 (Lago Maggiore) 小镇因特拉 (Intra) 附近的一个村庄. 但是他的健康状况恶化了, 1866 年 7 月 20 日, 他在马焦雷湖边去世, 未满 40 岁.

这些就是 Riemann 生平的简单事实. Dedekind 的略传在一定程度上丰满了这些干巴巴的日期记录, 他加入了个人的细节, 内容大部分来自 Riemann 与家人的通信, 还加入了关于他数学工作的信息. 当然, 通过 Riemann 自己的以及其他相识者的信件, 我们能更多地了解到他的性格. 他的许多数学想法在他生前都没有发表. Riemann 去世后不久, Dedekind 发表了其手稿中他认为已经是定稿阶段的部分. Heinrich Weber 以及 Max Noether 和 Wilhelm Wirtinger 在两版《Riemann 全集》中编辑加入了另外几篇 Riemann 的文章. 然而, 仍有其他重要的想法保留在 Riemann 所授课程的笔记中. 后面我将会提到这些课程中的一个.

Dedekind 的传记也包含了 Riemann 中学时代的信息 (来自他的许多家书). Riemann 去世后, 他的两位老师 G. H. Seffer 和 C. Schmalfuss 应 E. Schering 所约, 写下回忆文字, 复函在 1866 年 11 月底抵达. 从这些来源可以清楚地知道, Riemann 和除家人以外的人交往存在障碍; 而且对他而言, 把想法付诸文字极其困难, 为了写论文他付出了极大的努力. 不用说, 这大大妨碍了他发表自己的结果. 从 Dedekind 于 1857 年写给他姐姐 Mathilde 的信中, 我们能了解到, 当 Riemann 不得不在时间压力下写作时所承受的痛苦. 这封信写于 Riemann 完成关于 Abel 函数 (Abelian functions) 的伟大论文不久之后. Dedekind 让 Riemann 去他自己在哈茨堡 (Hartzburg) 的家庭别墅度假, 并让一个熟人 Ritter 陪同, 好让他能够放松一下. Dedekind 写道 (我的翻译): "······ 但是他孤独的生活, 加之身体上的痛苦, 令他非常忧郁①, 不信任任人, 即使当他看上去外向友好的时候."

甚至是他在哥廷根的早期, 这种不信任似乎已经显现出来. 1847 年在他从柏林写给父亲的两封家书中, 他谈到了和 Eisenstein 的关系. Riemann 曾听过 Eisenstein 关于椭圆函数的课, 根据 Dedekind, 他花了相当一段时间和 Eisenstein

---

① "hypochondrisch", 德语中这个词似乎有消沉的含义.

讨论单复变函数理论的基础. 但是给他父亲的这两封信显示, 他们的关系已经变差了, 至少在 Riemann 一边是这样. 在第一封信中 (1847 年 7 月 23 日) 他说自己曾和 Eisenstein 接触很多, 但是 "因为一些我将口头告诉你的原因" 减少和他来往了. 在第二封信中 (1847 年 11 月 29 日) 他说他解决了 Eisenstein 提出的一个问题, 但是 "因为之前的经历" 不愿将方法的细节展示给 Eisenstein.

Riemann 人生的最后四年有很大一部分是在意大利度过的 (根据医生的推荐). 意大利的同事给了他热情的接待, 他们公开表达对他的仰慕之情. 他这一时期的通信, 尤其是写给意大利数学家的, 给人的印象是, 他在人际关系方面更为放松了, 更愿意讨论尚未定型的数学想法. 不幸的是, 他的去世早早地结束了这一切.

他所有通信中, 在数学上最重要的一封是 1859 年他写给 Weierstrass 的. 被任命为正教授不久之后, 他被任命为柏林科学院通讯院士. 在 Dedekind 陪同下, 他前往柏林, 受到柏林学者的宴请, 其中包括 Weierstrass, Kummer 和 Kronecker. 当时的传统是新院士发表一项他正在从事的工作. Riemann 向科学院提交了一篇素数分布的文章. 与此同时, 他给 Weierstrass 写了一封信. 这封信的后半部分是关于 n 个复变量的半纯函数独立周期的个数, 发表在 Crelle 杂志上; 信的前半部分却没有发表过. 这一部分是关于他的素数分布的文章. 哥廷根图书馆藏有 Riemann 为这一部分所打的草稿, 用的是哥特体. 在我看来这封信极其重要, 所以将它翻译成了现代德语, 被收录在 1990 年版的《Riemann 全集》中 (文末附有 E. Neuenschwander 所做的简短介绍).

在这封信中, Riemann 描述了完全是 Kronecker 想要更多了解这项工作的愿望促使他提交了这篇文章, 他写道, 就现状而言这些证明并不完整, 而结果是基于 ζ 函数的一个新的表示, 他还没有简化到可以发表. H. Weber 将信中这些语句收进了第一版的全集. 这引起了 C. L. Siegel 的注意, 他发现, 哥廷根的图书馆员 Distel 在几年前已经发掘出了 Riemann 的手稿. Siegel 看到的是一份完全混乱的手稿. 他说这 "······ 根本不可能付印; 无关的公式在同一页中一起出现; 方程常常只有一边; 余项估计和收敛性的证明总是缺失, 即使在很关键的时候 ······".

因此他决定重做一遍 Riemann 的想法, 而不是试图直接编辑发表; 果然其中包括新的数学想法. 很难想象, 除了 Siegel 还有别人能弄懂这份手稿, 但是多亏了他的努力, 我们能了解到 Riemann 的 ζ 函数在临界带上的半收敛展开这项非凡的工作. 对其后几乎所有关于 ζ 函数及其在临界带内零点的工作来说, 这条发表于 1935 年的 Riemann-Siegel 公式都是至关重要的. 它大大超越了 Hardy-Littlewood 在 20 世纪 20 年代所做出的重大发现, 即所谓 "近似函数方程".

让我对 Riemann 发表在柏林科学院的、关于小于给定数值的素数个数的文章来谈几句.

ζ 函数定义为, 对 $s = \sigma + it, \sigma > 1$,

$$\zeta(s) = \sum_{n=1}^{\infty} \frac{1}{n^s}.$$

Euler 的等式 $\zeta(s) = \prod_p \left(1 - \dfrac{1}{p^s}\right)^{-1}$, 其中 $\sigma > 1$, 乘积对所有素数 p, 是 ζ 函数之所以控制素数分布的原因. Riemann 将 ζ 解析延拓为 s 在全平面上的半纯函数, 有唯一的奇点, 即 $s = 1$ 时的极点, 留数为 1. 他给出了泛函方程的两个证明: 如果我们设 (用现代符号)

$$\xi(s) = \frac{1}{2}s(s-1)\pi^{-\frac{s}{2}}\Gamma\left(\frac{s}{2}\right)\zeta(s),$$

那么 $\xi(1-s) = \xi(s)$. 他的第二个证明使之与 θ 函数 $\theta(z) = \sum_{-\infty}^{\infty} e^{-\pi n^2 z}$ 的模性质 $\theta\left(\dfrac{1}{z}\right) = z^{+\frac{1}{2}}\theta(z)(\Re(z) > 0)$ 之间的联系变得清晰. 这是有泛函方程的 Dirichlet 级数和模形式之间联系的范例. 描述了 ζ 在区域 $0 \leqslant \sigma = \Re(s) \leqslant 1, -T \leqslant t = \Im(s) \leqslant +T$ 上的零点数目的渐进行为之后, 他陈述了他的信念, ζ 在 "临界带" $0 \leqslant \sigma \leqslant 1$ 上的所有零点都有实部 $= \dfrac{1}{2}$. 当然, 这就是 Riemann 猜想.

　　之后他开始了他所认为的文章的主要对象: $p \leqslant x$ 的素数个数的一个精确公式. 如果我们令这个数字为 $\pi(x)$, 令 $\Pi(x)$ 为对 m, p 求和的和式 $\sum_{p^m \leqslant x} \dfrac{1}{m} = \pi(x) + \dfrac{1}{2}\pi(x^{\frac{1}{2}}) + \cdots$, 其中 m 取遍 $\geqslant 1$ 的整数, p 取所有素数, 他注记道, 因为我们今天所谓的 Möbius 反函数公式, $\Pi(x)$ 的一个精确公式推出 π 的一个精确公式. 用部分和以及单复变形式的 Fourier 逆变换 (即所谓 Mellin 逆变换公式), 他得到下面的公式:

$$\Pi(x) = \frac{1}{2\pi i} \int_{\alpha - i\infty}^{\alpha + i\infty} \frac{\log \zeta(s)}{s} x^s ds, \quad \alpha > 1.$$

应用 Cauchy 理论, 他得到结论

$$\Pi(x) = \mathrm{Li}(x) - \sum_{\rho} \mathrm{Li}(x^{\rho}) + \int_x^{\infty} \frac{du}{u^2 - 1} \frac{du}{u \log u} + 常数.$$

这里, 对数积分 $\mathrm{Li}(x)$ 对实的 $x > 1$ 定义为 $\int_0^x \dfrac{du}{\log u}$ (在 $u = 1$ 的主值); 对复的 x 定义有些复杂. 另外, 求和是对 $\zeta(s)$ 在临界带 $0 \leqslant \Re(s) \leqslant 1$ 上的所有零

点 ρ. 关于常数的值他犯了一个错误, 但是这无关紧要, 而且可以认为是一个印刷错误. 他写给 Weierstrass 的信中说, 级数 $\sum_{\rho} \mathrm{Li}(x^\rho)$ 的收敛可以由他的 ζ 函数的半收敛展开得到.

正如前面所提到的, Riemann 在他的课程中引进了没有发表过的想法. Felix Klein 出面协调了从听课人那里收集 Riemann 的课程笔记, 我们得以对这些材料形成一些想法. Riemann 在 1858—1859 学年冬季学期的超几何级数课程特别值得注意 (在我看来).

就像常常被指出的那样, Riemann 并不寻求用解析表达式来定义一个函数. 他认为更好的定义是通过函数奇点的位置和性质, 以及函数不同 "分支" (即, 在同一点通过解析延拓能够互相得到的不同的函数芽) 之间存在的关系. 他对这条原则最令人叹为观止的展示是 1857 年发表的工作, 这篇文章是关于用 Gauss 的级数 $F(\alpha, \beta, \gamma, x)$ (即超几何函数) 可以表达的函数. 在文中他几乎没有用计算就得出了 Gauss 和 Kummer 使用繁复计算所得到的所有关系 (以及其他许多). 他的证明是基于这些函数的一些简单性质和单值化的基本想法. 他在 1858—1859 年的冬季课程中细致地发展了这个想法, 我们下面就要讲到.

这门课程的题目是 "单复变函数, 特别是超几何级数和相关超越函数". 听课的有三人 (我相信没有更多了): Wilhelm von Bezold, Hans Naegelsbach 和 Eduard Selling. 哥廷根图书馆收有全部三人的笔记; Naegelsbach 和 Selling 的笔记 (哥特体) 只有课程的前面部分, 虽然 Naegelsbach 比 Selling 往后多记了一些.

v. Bezold 去听课是因为 Riemann 当时的声名. 他学过 "Gabelsberger Stenongraphie", 那是 Munich 发明的一种速记法, 他用这种速记法记下了全部课程的笔记. 看起来很确定的是, 三个听讲者谁也没有弄懂哪怕一星半点 Riemann 在课程后面部分所阐述的伟大想法. 看上去 v. Bezold 精确记下了 Riemann 的原话. 我相信他对 Gabelsberger 的知识, 以及他的不懂, 事实上使得这份笔记成为 Riemann 讲课的忠实记录. 与 Naegelsbach 和 Selling 所记部分对比更加强了我们对它的精确性的看法.

课程中两个最重要的想法分别在 19 世纪 60 年代后期和 19 世纪 70 年代早期由 L. Fuchs 和 H. A. Schwarz 重新发现. v. Bezold 成为一个物理学家和气象学家, 在 19 世纪 90 年代担任柏林气象研究所的主任. 那时他想起了 Riemann 的课程, 于是向 Felix Klein 和他的柏林同事们提起. Fuchs 和 Schwarz 当然最感兴趣, 他们想办法把 v. Bezold 的笔记翻成了正常德语, 为自己所用. 我不知道为 Fuchs 所做的译本现在怎么样了. Schwarz 的那份, 由 Franzen 所做的, 收在当时 (直到 1990 年) 属于东德的 Humboldt 图书馆. 前半部分很大程度地编辑过, 和 Riemann 的原话多有不同. 而且当时要借这个抄本很难. Klein 为哥廷根图书馆确保了 v. Bezold 的 Gabelsberger 笔记.

在仍旧有人熟悉 Gabelsberger 的时候对 v. Bezold 的原始笔记做一个忠实的译本是很重要的. 多亏了 Reinhold Remmert 教授的努力, 这件事已经完成了. 他从 Deutsche Forschungsgemeinschaft 得到了资助, 并且找到了一位历史学家, Gebhardt 先生. 在数学家 Ulrike Peternell 博士的帮助下, Gebhardt 先生对原稿做了一份精细的打印译本, 它一直被收藏在哥廷根图书馆. 数学大众由此得以接触这门课程.

让我对课程的内容说上几句.

在铺垫了基本的复数、(Riemann) 积分和无穷级数的知识之后, Riemann 进行到以 Cauchy-Riemann 方程为基础的全纯函数研究. 他非常有效地铺开了 Cauchy 理论, 包括 Taylor, Laurent 和 Puiseux 展开. 后者当然对他研究代数函数和微分方程来说非常重要. 这里面几乎没有提到 Cauchy, Laurent, Briot-Bouquet 的工作, 但是很显然, 他对他们的工作完全了解.

这些材料占据了笔记的四分之一. 接下来是对代数函数及其分歧的简短讨论. 然后 Riemann 开始了课程的主要对象.

考虑一个微分方程

$$\frac{d^n y}{dx^n} + a_1(x)\frac{d^{n-1}y}{dx^{n-1}} + \cdots + a_n(x)y = 0,$$

其中 a_j 是关于 x 的有理函数. 在任何 a_j 都没有极点的一个点的邻域内, 局部解构成了一个 n 维向量空间.

Riemann 指出这些局部解可以沿着避免 a_j 的极点的路径解析延拓. 用现代语言来说, 这部分课程的主旨在于指出, 如果我们令 S 为集合, 其元素为 a_j 的极点以及 ∞ 点的集合, 那么在 $\mathbb{P}^1 - S$ 上的局部解构成了 $\mathbb{P}^1 - S$ 上的一个局部系统. 对许多经典方程的情形, 形如 $(x-a)^\alpha(\log(x-a))^k f(x)$ 的解, 其中 $\alpha \in \mathbb{C}, k \geqslant 0$ 为整数, f 在点 a 全纯, 构成了点 $a \in S$ 的邻域内所有解的一组基. Riemann 证明了在这个 "多项式增长" 的情形下, 局部系统中的函数实际上满足一个如下形式的微分方程:

$$P_0(x)\omega(x)^n\frac{d^n y}{dx^n} + P_1(x)\omega(x)^{n-1}\frac{d^{n-1}y}{dx^{n-1}} + \cdots + P_n(x)y = 0,$$

其中 $\omega(x) = \prod_{a \in S-\{\infty\}}(x-a)$, P_j 为多项式 [这个结果其实从 1857 年 2 月起就片段地给出过].

从大约十年之后开始, Fuchs 发现了解的多项式增长和对系数极点的阶的限制之间的关系, 发展出了 "Fuchs 类的奇点" 理论. 有意思的是 Riemann 在 1857—1859 年间就已经认识到这项发展的其中一个中心想法. 如前面所提到的, Fuchs

只是在 19 世纪 90 年代才了解到 Riemann 的课程. 课程的片段内容发表在 1876 年的第一版《Riemann 全集》.

Riemann 描述这个局部系统 [由 $\pi_1(\mathbb{P}^1 - S)$ 映入 $GL(n, \mathbb{C})$ 的一个同态] 的 "单值表示", 是通过在正则点 x_0 选取局部系统的一组 (局部) 基 $y = (y_1, \cdots, y_n)$, 并且指出沿着 x_0 的回路 γ 的解析延拓将 y 变换成 yM_γ, 其中 $M_\gamma \in GL(n, \mathbb{C})$. 隐含在课程中的定理是, 有着多项式增长和同构单值表示的函数 (芽) 的局部系统可以有理地从一个变换到另一个. 这在他关于 Gauss 超几何级数 (当 S 有三个元素, $n = 2$) 的文章中明确地完成了. 而且在这个超几何情形下 (全局) 单值性由 S 的三个点附近的局部单值性的共轭类所决定. 这些事实令他有可能不用计算就得到了 Gauss 和 Kummer (及其他几人) 的结果.

Riemann-Hilbert 问题是问, $GL(n, \mathbb{C})$ 上 $\pi_1(\mathbb{P}^1 - S)$ 的一个给定的表示是否是一个在 S 上有 Fuchs 奇点、在别处无奇点的微分方程的单值化. 如果问的是一个 (标量) n 阶微分算子, 那么答案为否: 微分方程中没有足够多自由参数来做到这一点. 因此通常问的是, 是否存在 $\pi_1(\mathbb{P}^1 - S)$ 到上 $GL(n, \mathbb{C})$ 的同态, 为一个 n 未知元、在 S 上有 Fuchs 奇点 (在别处无奇点) 的一阶系统的单值化. 在这里, 有 "Fuchs" 奇点等同于要求系统在 S 之外全纯, 在 S 上有至多一阶极点.

通过 1908 年 J. Plemelj 和之后许多数学家的工作, 我们现在知道, 如果我们允许上面的一阶系统在 S 上有正则奇点 (即多项式增长的解), 这件事总是可以做到. 但是, A. Bolibruch 在 1989 年证明了, 存在 $\pi_1(\mathbb{P}^1 - S)$ 到 $GL(n, \mathbb{C})$ 的同态, 不是任何在 S 上有简单奇点 (在别处无奇点) 的 n 未知元全局一阶系统的单值表示. 因此, 对 n 个函数的一阶系统来说, "正则奇点" 和 "Fuchs 奇点" 是有分别的.

课程的后面部分又回到了超几何方程. Riemann 把这个主题带向了一个全新的方向, 十年后才由 Schwarz 重新发现、理解和发展. 我们再提一次, Schwarz 只是在 19 世纪 90 年代才知道 Riemann 的课程.

假设 a_1, a_2 在点 x_0 的邻域内全纯, y_1, y_2 是方程 $y'' + a_1(x)y' + a_2(x)y = 0$ 在这个邻域内的两个 $\mathbb{C}$-无关的解, 令 γ 为 x_0 出发的回路, 在其上 a_1, a_2 全纯, 那么向量 $\begin{pmatrix} y_1 \\ y_2 \end{pmatrix}$ 沿着 γ 的解析延拓使它回到 $A \begin{pmatrix} y_1 \\ y_2 \end{pmatrix}$, 其中 $A \in GL(2, \mathbb{C})$. 如果 $A = \begin{pmatrix} a & b \\ c & d \end{pmatrix}$, 那么函数 $x \mapsto z = \dfrac{y_1(x)}{y_2(x)}$ 沿着 γ 的解析延拓得到 $\dfrac{az+b}{cz+d}$. 如果我们考虑反函数 $z \mapsto x = f(z)$, 假设它是单值的, 则它必定在 A 的作用下保持不变: $f\left(\dfrac{az+b}{cz+d}\right) = f(z)$, 很简单, 因为 x 沿 γ 走完一圈会回到起点. 对超几何方程的情形, Riemann 给出了充分条件, 保证 $z = \dfrac{y_1}{y_2}$ 将上半平面 $\Im(x) > 0$ 双全

纯地映射到 $\mathbb{P}^1$ 上一个三边都是大圆的三角形. 然后他勾画了确定两个超几何函数什么时候代数相关的一个方法. 对上面考虑的情况, 他指出, 上述作为上半平面的像的球面三角形通过沿着边反射必定产生球面的一个 (有限) 铺砌 (tiling). 因此, 他在找寻在什么条件下, 单值表示在 $GL(2, \mathbb{C})$ 上有有限的像. 他也把这些想法应用到构造以球面三角形为边界的极小曲面的问题. 这成为 Hattendorff 在 1867 年发表的文章的一部分, 这篇文章基于 Riemann 在 1866 年 4 月给他的一份手稿.

Riemann 在课程最后考虑的这些逆反的一个例子是, 由第一类椭圆积分的两个无关周期的商给出的保角映射. 这使他得到了一个对我们而言非常熟悉的图景: 模群的基本定义域.

Schwarz 在 1870 年左右也领会到了这些想法. 特别地, 他确定了在什么情况下, 超几何方程的所有解都是代数的 (即有限单值情况).

Riemann 远远领先于他的时代. 他的文章中以及很后面才发现的他未发表的遗作和他课程中的想法, 让我们为他的交流困难以及执笔障碍感到深深的遗憾. 就像前面已经提到的, 我的印象是, 他与意大利及意大利数学家们的接触, 他在那里得到的尊敬和仰慕对他所承受的这方面的阻碍有所帮助. 如果真的是这样, 那就更加是一个悲剧, 这一切才刚刚发生, 他的生命就到了终点.

参 考 文 献

[1] Bernhard Riemann, *Gesammelte mathematische Werke und wissenschaftlicher Nachlass und Nachträge. Collected papers.* New edition 1990, edited by Raghavan Narasimhan, with contributions by several people.– 1st edition 1876, 2nd edition 1892, edited by Heinrich Weber and Richard Dedekind. Nachträge 1st edition 1902, edited by Max Noether and Wilhelm Wirtinger. Springer Verlag / BSB B.G. Teubner Verlagsgesellschaft.

附录 V   Riemann, Betti 和拓扑学的诞生[①]

André Weil (推荐人 *C. Truesdell*)
李璐 译

　　这份期刊最近发表了关于 Riemann 和同时代意大利数学家之间关系的严谨的研究 ([1]). 可惜作者遗漏了本该在他的选集中闪光的一颗宝石 —— Betti 给他的同事和朋友 Tardy 的两封信, 其中详尽记述了他和 Riemann 关于"位置分析 (analysis situs)"的对话. 这两封信几乎不为人所知, 尽管 Bourbaki 曾在他《拓扑》书中的一则历史注记中恰当地引用过 (参照 [2]); 它们最初是由 G. Loria 作为 Tardy 讣告的一个附录而发表出来的. 信的内容如下 (我只是改正了明显的印刷错误):

Firenze, 6 ottobre 1863.

Mio caro Placido,

　　Ho nuovamente parlato con Riemann della connessione degli spazii, e me ne Soho fatto una idea esatta.

　　Uno spazio si dice semplicemente connesso quando ogni superficie chiusa, contenuta in esso, ne limita da sé sola completamente una parte, e ogni linea chiusa contenuta contemporaneamente in esso limita completamente una superficie contenuta interamente hello stesso, ossia può riguardarsi da sé sola come il contorno

　　①译自: André Weil, Riemann, Betti and the birth of topology, Arch. Hist. Exact Sci. 20 (1979), no. 2, 91–96. Copyright © Springer Science+Business Media. 感谢 Springer 免费授予译文出版许可.

completo di una superficie contenuta interamente hello spazio stesso.

Lo spazio racchiuso da un ellissoide è uno spazio semplicemente connesso. Lo spazio racchiuso da due sfere concentriche non è semplicemente connesso, perché una terza sfera concentrica compresa fra le due, sebbene chiusa e contenuta nello spazio, non limita de sé sola una parte dello spazio stesso. In questo spazio però una linea chiusa qualunque può riguardarsi come l'intero contorno di una superficie, tutta contenuta hello spazio stesso. Questo spazio può ridursi semplicemente connesso per mezzo di una sezione lineare, cioè di una linea che va dalla superficie esterna a un punto della sfera interna. Dovendo i punti di questa sezione riguardarsi allora come esterni allo spazio, le sfere concentriche comprese fra le due non Soho più comprese interamente nello spazio, perché attraversano la sezione, e quindi lo spazio, coll'aggiunta di una sezione lineare, è ridotto semplicemente connesso.

Lo spazio racchiuso in un anello pieno non è semplicemente connesso, perché una linea come l'asse non può riguardarsi come il contorno completo di una superficie contenuta tutta intera nello spazio. Ogni superficie chiusa, però contenuta interamente in questo spazio, ne limita da sé sola completamente una parte. Questo spazio si riduce semplicemente connesso mediante una sezione superficiale semplicemente connessa, che taglia l'anello normalmente a l'asse interno dell'anello stesso.

Uno spazio racchiuso da un anello vuoto non è semplicemente connesso, perché una superficie chiusa, che racchiude l'asse interno ed è dentro la parte piena dell'anello, non limita da sé sola una parte di spazio, e una linea parallela all'asse interno contenuta nella parte piena dello spazio non può formare il contorno completo di una superficie contenuta tutta quanta nello spazio stesso. Si riduce semplicemente connesso mediante una sezione lineare che va da un punto della superficie esterna ad uno della interna, e mediante una sezione superficiale che unisca tra loro la superficie esterna, l'interna e la sezione lineare, e che è semplicemente connessa.

I tre spazii che ho considerati hanno differenti ordini di connessione, perché l'ordine di connessione dipende dal numero delle sezioni superficiali semplicemente connesse, e dal numero delle sezioni lineari mediante le quali si riduce semplicemente connesso. Questo numero rimane lo stesso, comunque si facciano queste sezioni. L'ordine di connessione è quindi rappresentato da due numeri; denotiamolo con (m, n) quando sono m le sezioni superficiali e n le lineari che lo rendono *semplicemente connesso. Sarà* $(0,1)$ *l'ordine di connessione dello spazio racchiuso da due sfere, una interna all'altra. Sarà* $(1,0)$ *l'ordine di connessione di un anello pieno. Sarà* $(1,1)$ *l'ordine di connessione d'un anello vuoto. La generalizzazione per più dimensioni è facile; e l'importanza, per gli integrali multipli, di tutta questa teorica, è evidente. La nozione delle sezioni è venuta in mente a Riemann per una definizione che gliene ha dato Gauss in un colloquio familiare, parlando di ahro soggetto. Nei suoi scritti si trova che egli dice che l'analisi di sito, cioè questa considerazione delle quantità indipendentemente dalla loro misura, è "wichtig", e negli ultimi anni della sua vita si è occupato molto di un problema di analisi di situazione: cioè, dato un filo che si avvolge più volte e conoscendo, nei punti dove s'interseca, la parte che rimane sopra e la parte che rimane sotto, determinare se potrà svolgersi senza annodarlo; problema che non è riuscito a risolvere altro che in casi particolari* $\cdots$

Firenze, 16 ottobre 1863.
Mio cato Placido,

　　Riemann dimostra, con molta facilità, che si può ridurre uno spazio qualunque ad essere semplicemente connesso, mediante sezioni lineari e sezioni superficiali semplicemente connesse.

　　Uno spazio connesso non muta l'ordine della sua connessione se si restringono e distendono le superficie che lo limitano, facendone muovere i loro punti verso l'interno dello spazio stesso sino a far perdere allo spazio una o più dimensioni, purché questo ristringimento e questa diffusione avvenga con continuità e senza rotture. Affinché uno spazio sia semplicemente connesso, è necessario che così si possa ridurre a un sol punto. Una superficie che così può ridursi a un punto, è semplicemente connessa senza potersi ridurre a un punto senza che si faccia in essa un punto di sezione; per esempio una superficie sferica, dove, se vuoi ridurla a un punto, devi fare un buco che estendi continuamente sinché la superficie si riduca a un punto.

　　Per maggior chiarezza riprenderò gli esempii dell'altra volta.

　　Una sfera cava, se tu restringi la superficie esterna e distendi l'interna sino a renderle infinitamente vicine, perde una dimensione e si riduce ad una superficie sferica, la quale, mediante un punto di sezione, puòridursi ad un sol punto. Questo punto di sezione, che ha una dimensione di meno di quella che aveva nello spazio, corrisponde ad una sezione lineare. Dunque una sfera cava si riduce semplicemente connessa mediante una sezione lineare; il suo ordine di connessione è $(1, 0)$.

Un anello pieno, se tu ristringi continuamente la superficie esterna fino a che le sue pareti interne siano infinitamente vicine, perde due dimensioni e si riduce a una linea circolare, la quale con un sol punto di sezione si riduce a un sol punto. Questo punto di sezione, che ha due dimensioni di meno che non hello spazio primitivo, corrisponde ad una sezione superficiale che, potendo ridursi a un punto, è semplicemente connessa. Dunque l'ordine di connessione di un anello pieno è $(0, 1)$.

Un anello vuoto, se tu restringi la superficie esterna e distendi la interna fino a ridurle infinitamente vicine perde una dimensione e si riduce ad una superficie anulare, la quale, per essere ulteriormente ridotta, richiede un punto di sezione corrispondente ad una sezione lineare. Allargando questo buco indefinitamente sinché i suoi bordi risultano dalle parti opposte infinitamente vicine, la superficie anulare perde un'altra dimensione e si riduce a due linee circolari, una delle quali ha il centro comune coll'anello, l'altra ha il centro sull'asse interno all'anello, e i piani loro puoi immaginarli perpendicolari tra loro. Per ridurre uno di questi circoli al solo punto che hanno comune, occorre un punto di sezione; poi un altro punto di sezione per ridurre ad un punto il circolo rimasto. A questi due punti di sezione, che hanno due dimensioni di meno che non hello spazio, corrispondono, in quello, due sezioni superficiali semplicemente connesse. Dunque l'ordine di connessione dell' anello vuoto è $(1, 2)$, *e non* $(1, 1)$ *come per inavvertenza ti aveva scritto l'altra volta.*

Una sfera con un vuoto anulare nell'interno, se tu restringi la superficie sferica, perde una dimensione e si riduce ad una superficie piana che unisce i bordi interni della superficie anulare. Con un punto di sezione si riduce questa superficie a una linea circolare che ha il centro nell'asse interno dell'anello, e a una superficie circolare piana che ha il centro comune coll'anello. Con un altro punto di sezione la linea circolare si riduce a un punto del bordo della superficie circolare piana, che senza altre sezioni puoi ridurre a un punto. Dunque una sfera con un vuoto anulare si riduce semplicemente connessa con una sezione lineare e con una sezione superficiale semplicemente connessa. Il suo ordine di connessione è $(1, 1)$.

Generalizzando, si vede che una varietà a n dimensioni si può, sempre con ristringimenti continuati e senza rotture, ridurre a sole $n - 1$ *dimensioni. Mediante punti di sezione si potra ridurre a* $n - 2$ *dimensioni, mediante altri punti di sezione a* $n - 3$ *dimensioni; e così di seguito, sino a ridurla a un punto. Ai primi*

*punti di sezione corrispondono sezioni lineari; ai secondi sezioni superficiali sem-
plicemente connesse; ai terzi, sezioni di tre dimensioni semplicemente connesse,
· · · ; agli ultimi, sezioni di $n-1$ dimensioni semplicemente connesse.*

*Il numero delle sezioni lineari è eguale al numero dei moduli di periodicità di
un integrale $(n-1)$-uplo; il numero delle sezioni superficiali semplicemente connesse
al numero dei moduli di periodicità di un integrale $(n-2)$-uplo · · · ; il numero delle
sezioni di $(n-1)$ dimensioni semplicemente connesse, al numero dei moduli di
periodicità di un integrale semplice, presi tutti nello spazio considerato. Quindi,
essendo determinato il numero dei moduli di periodicità, devono essere sempre gli
stessi i numeri delle differenti sezioni a ridurre lo spazio semplicemente connesso,
comunque si facciano · · ·*

　　任何的评论似乎都是多余的. 开始我计划, 为了方便读者, 附上一份逐字逐
句的直译; 但是 Betti 在信中的文风不仅缺乏精确性, 而且十分发散, 因此, 略
作删节的意译似乎更为恰当. "Contorno" 译作了 "边界", "bordo" 译作了 "边",
"sezione" 译作了 "切割". 而对于 "punto di sezione", "sezione lineare", "sezione
superficiale", "sezione di n dimensioni" 我分别译成了 "点切割", "一维切割",
"二维切割", "n 维切割"; "ordine di connessione" 译成了 "连通度"; "moduli di
periodicità" 则直接译成了 "周期". 最后, SC 代表 "semplicemente connesso" ("单
连通", 显然是 "同调意义下平凡" 的意思).

　　(第一封信) 我最近和 Riemann 谈论了空间的连通性, 对这个问题形成了确
切的认识.

　　一个空间称为 SC, 如果它所包含的每个闭曲面都构成空间一部分的全部边
界, 它所包含的每条闭曲线都构成了空间中一个曲面的全部边界.

　　椭球的内部是一个 SC 空间. 两个同心球面所界定的空间不是 SC, 因为在
两球面之间的同心的第三个球面不是空间一部分的完整边界, 而它又是一个闭
曲面, 且全部包含在空间中. 然而, 在这个空间里, 每一条闭曲线都可以认为是空
间中一个曲面的完整边界. 这个空间可以通过一维切割降为 SC 空间, 即通过一
条连接内外两个球面的线. 切割之后, 线上的点就成了空间之外的点, 内外球面
之间的同心球面就不再包含在空间中了, 因为它们和切割线相交.

　　一个实心环所占据的空间也不是 SC, 因为一条线, 比如环的轴[①], 不是空间
中一个曲面的边界. 然而, 空间中每个闭曲面确实包住了空间的一部分. 通过一
个 SC 二维切割可以把它降为 SC 空间, 即与轴垂直地切进环本身.

　　空心环所构成的空间也不是 SC 空间, 因为包含在环的固体部分中的、包含

---

①文中 "轴" (axis) 是指和实心环同心的一个圆, 说法很奇怪, 读者通读全文才会知道这个
"轴" 是什么. —— 中译者注

它的内轴的一个闭曲面, 不能包住空间的任何部分, 并且空间中平行于轴的一条曲线也不是空间中一个曲面的边界. 把它降为 SC 空间可以通过一个从外表面到内表面的一维切割, 和一个连接外表面、内表面和一维切割的 SC 二维切割.

前面考虑的三个空间有不同的连通度 (orders of connectivity), 即将其降为 SC 空间所需的 SC 二维切割和一维切割的数目 m, n 所组成的数对 (m, n). 两个球面之间的空间连通度为 $(0, 1)$; 实心环的是 $(1, 0)$; 空心环的是 $(1, 1)$. 到高维的推广很容易, 这个理论对多元积分的重要性不言而喻. Riemann 得到这些切割的想法是源于 Gauss 在一次讨论其他问题的私下谈话中给出了它们的定义. 在他的著作中, 你会发现这种位置分析, 即对这种与度量无关的量的考虑, 非常重要 (wichtig); 在他生命的最后几年他对一个位置分析问题非常关心, 即: 给定一条缠绕的线, 已知在每个自交点哪一部分在上哪一部分在下, 确定出它是否可以不打结地解开; 这个问题他没有成功解决, 除了一些特殊的情形 ……

(第二封信) Riemann 很轻松地证明了每个空间都可以通过一维切割和 SC 二维切割降为 SC 空间.

如果你延展一个连通空间的边界的表面, 或者收缩它, 让表面的点向空间内部移动直到它失去一个或更多的维度, 连通度保持不变, 我们假定过程连续且没有破坏. 一个空间若要是 SC 的, 必须能够以这种方式将它缩为一个点. 能够这样收缩为一个点的曲面是 SC 的; 但是也可能发生不做一个点切割就无法收缩为一个点的情况; 比如球面, 为了收缩为一个点, 必须在上面扎一个洞, 并且连续扩展这个洞, 直到球面缩为一点.

为了更清楚我还用上次那几个例子.

一个空心球, 如果收缩外表面, 扩张内表面, 直到它们无限接近, 失去一维, 变为一个球面, 而球面通过一个点切割可以收缩为一点. 这个点切割比 [形变之前的] 它在空间中少了一维, 因为它对应于 [那里] 的一个一维切割. 连通度为 $(1, 0)$.

一个实心环, 如果你收缩它的外表面, 直到外表面的内壁无限贴近, 失掉两维, 降为一条环状的线, 而这条线通过一个点切割可以缩为一点. 这个比之前在原空间中低了两维的点切割, 对应于一个空间中的二维切割, 并且这个二维切割是 SC 的, 因为它可以收缩为一点. 因此连通度为 $(0, 1)$.

一个空心环, 如果你收缩它的外表面, 扩张它的内表面, 直到它们无限接近, 失掉一维, 降为一个环状的曲面, 这个环状曲面若要再收缩就只能做一个点切割, 对应于 [原空间中的] 一个一维切割. 扩张这个洞, 可以让它的边界彼此无限接近; 这样一来这个环状曲面又失掉一维, 降为两条圆形的线, 其中一条和空心环本身有相同的中心, 而另一条的中心在空心环的内轴上; 可以想象它们所在的平面彼此垂直. 为了将这两个圆之一缩到它们的交点, 需要一个点切割, 另外一个也要一个点切割. 这两个点切割对应两个原空间中的 SC 二维切割, 因此这个空间的连通度为 (1, 2), 而不是我上次不小心写成的 (1, 1).

　　现在拿一个球, 在其中挖掉一个环; 收缩这个空间的外表面, 它将失掉一维变成这样一个曲面, 它连接起环形曲面的一圈内边① [加上环形曲面]. 通过一个点切割这个曲面降为一个中心在环内轴上的圆形曲线, 和一个中心在环的中心的圆盘. 再用一个点切割, 圆形曲线缩为圆盘边界上的一点, 圆盘随而缩为一个点, 无须再做切割. 因而这个空间可以通过一个一维切割和一个 SC 二维切割变为 SC 的. 它的连通度为 (1, 1).

　　推而广之, 可以看到一个 n 维的簇 (variety)② 总是可以通过连续收缩不经破坏地降为 $n-1$ 维, 然后, 通过一个点切割降为 $n-2$ 维, 再通过点切割降为 $n-3$ 维, 如此继续下去, 直到降为一个点. 第一步的点切割对应于一维切割, 第二步的对应于 SC 二维切割, ······, 最后一步的对应于 SC $n-1$ 维切割.

　　一维切割的个数等于一个 $n-1$ 重积分的周期数, SC 二维切割的个数等于一个 $n-2$ 重积分的周期数, ······, SC $n-1$ 维切割的个数等于单重积分的周期数, 所有这些都是在所考虑的空间内. 如此, 因为周期数是良定的 (well-determined), 为了将空间降为 SC 所需的各种切割的个数必须是一定的, 不论你用什么方式切割······

参 考 文 献

[1]　U. BOTTAZZINI, Riemanns Einfluss auf E. Betti und F. Casorati, Arch. Hist. Ex. Sc. **18** (1977), pp. 27–37.

[2]　N. BOURBAKI, *Topologie Générale* Chap. I, 2e éd., Note historique, p. 127 (cf. n° III de la bibliographie, p. 130)=*Elémenets d'histoire des mathématiques*, Paris 1960, p. 148 (cf. n° [187c] de la bibliographie, p. 272).

[3]　G. LORIA, Commemorazione del compianto Socio prof. Placido Tardy, Rend. Acad. Lincei, (V) 24 (1° semestre) 1915, pp. 505–521 (v. Appendice II, pp. 517–519).

高等研究院 (Institute for Advanced Study)

普林斯顿, 新泽西 (Princeton, New Jersey)

---

①这个内边是从环的旋转对称轴的方向看上去的内边. —— 中译者注
②这个词用的是簇, 但应该指的是可以缩掉一维的 n 维拓扑空间. —— 中译者注

附录 VI 我的文章 "Riemann, Betti 和拓扑学的诞生" 的一个后注[①]

André Weil
李璐　译

有关这篇文章 (*Archive*, vol. 20 (1979), pp. 91–96), U. Bottazzini 善意地向我指出 J. -C. Pont 的书, *La topologie algébrique des origines à Poincaré*, P. U. F. Paris 1974, 不幸的是我之前都没有注意到. 在这本杰出的小册子中, 根据所有可知的来源, Betti 的给 Tardy 的信被给予了应有的重视; 我之前声称 "这两封信几乎不为人所知" 是不对的.

高等研究院 (Institute for Advanced Study)

普林斯顿 (Princeton)

[①]译自: André Weil, A postscript to my article "Riemann, Betti and the birth of topology", Arch. Hist. Exact Sci. 21 (1979/80), no. 4, 387. Copyright © Springer Science+Business Media. 感谢 Springer 免费授予译文出版许可.

附录 VII　Bernhard Riemann 的朋友和支持者. 在他生命晚期写的两封信①

Karl Heinrich Wiederkehr

　　来年就将迎来 Bernhard Riemann (1826—1866) 逝世 125 周年, 这个 Göttingen 的数学家在他短短的 15 年里所做的研究工作, 以其深刻的思想, 抓住了后来几代的数学家. 考虑到这样的一个日子, 为了了解他的支持者和朋友, 作者拿来了 Riemann 的个人档案. 在这里对历史专业方面我们只会偶尔涉及, 相反, 有两封信我们将复述其原文. 其中一封是写给他的朋友 Wolfgang Sartorius von Waltershausen (1809—1876) 的, 另一封是写给既是他的朋友、又像父亲般给他忠告的 Wilhelm Weber (1804—1891) 的 [1].

　　B. Riemann 来自一个新教教派神职人员的家庭 [2]; 在六个孩子中排行老二. 在 21 岁的年纪他在 Göttingen 的第一个学期上 M. A. Stern 的数学课和 C. W. B. Goldschmidt 的地磁学的课. 那些年 Gauss 只给一些特殊的人上课, 只有一个小圈子. 为了深入这个伟大数学家的思想世界, Riemann 不辞辛劳弄来了 Gauss 的著作, 其中有些是很难弄到的. E. Neuenschwander 就是由此来证实 Gauss 对 Riemann 的影响的 [3]. 在 1847 年的复活节, Riemann 去了柏林, C. G.

　　①译自: Karl Heinrich Wiederkehr, Freunde und Förderer Bernhard Riemanns. Zwei Briefe aus seinen letzten Lebensjahren, Gauss-Ges. Göttingen Mitt. 27 (1990), 75–85. Copyright © The Gauss Society, Göttingen, Germany. 感谢 The Gauss Society 免费授予译文出版许可, 以及 Axel Wittmann 博士的热情帮助.

J. Jacobi, J. Steiner 和 P. G. Lejeune Dirichlet 正在那里讲课. 他在那里待了两年, 并且与 Dirichlet (1805—1859) 建立了个人联系. 1849 年复活节后 Riemann 再次回到他的故乡 Göttingen 大学, 而且还去上了 Wilhelm Weber 的实验物理课, 作为 Göttingen 大学的七教授 (Göttinger Sieben) 之一的 Weber, 这时又回到他原来的教席上 [4]. 一年之后 Riemann 参加了这个新建立的数学物理讨论班, 并且担任了习题课的助教. Wilhelm Weber 是前 Maxwell 时期电动力学的领军人物, 肯定马上就注意到了 Riemann 的非同一般的能力, 把这个谦虚还有点儿害羞的博士生带到自己身边, 很快就成为他的父亲般的朋友, 并成为他在大学管理委员会和 Hannover 政府里的推荐人. 1851 年 11 月 Riemann 提交了他的博士论文, 题目是 "单复变量函数一般理论基础" [5]. 就是以这篇论文以及稍后的相关论文, Riemann 与 K. Weierstrass 和 A.-L. Cauchy 一起奠定了函数理论的主要基础. 由于他的富于幻想的直觉和对直观的爱好, Riemann 以其多叶的、以适当的方式叠合的曲面, 把一种惊人的工具交到了数学家们的手中. 正如在哲学系办公室里可以查到的, 它使 Gauss 十分高兴 [6]. 他的评价最后以这样一句话做总结: "它 [整个儿是] 一篇扎实可靠、极有价值的论文, 对于通常人们对一篇申请博士学位的论文所提出的全部要求, 不仅能够满足, 而且大大地超过了."

在 1852 年的秋季假期 Dirichlet 来访, 为 Riemann 的进一步的科学研究计划加大了推力并增强了信心. 两人几乎天天见面, 也和 J. B. Listing 与 H. W. Dove 在一起, 他们是受到 W. Sartorius von Waltershausen 的邀请, 也是从柏林过来的, 后来有几天是受到 W. Weber 的邀请 [7]. 1853 年 12 月, Riemann 提交了他的任职资格论文 "论函数的三角级数表示". [8] 在 1854 年 7 月 10 日他在 Göttingen 大学的哲学系的全体教师面前做了 "论奠定几何学基础的假设" 的试讲报告 [9]. Gauss 按照当时的惯例从三个题目中挑出这个, "完全是因为他自己的兴趣, 他在早年已经研究过这个问题 ······" [10]. 讲演超出了他的预期, 据 Dedekind 讲, 他在回系办公室的路上这样对 Weber 讲, "对 Riemann 所阐述的思想之深刻给予极高的赞许, 感受到对他来说的少有的激动" [11]. 为了让他的听众能够理解, Riemann 选择了一种用语言表述的方式, 其中数学推导只是点到即止, 但是可以很容易重建出来. 也就是在这里 Riemann 与 Gauss 的思想有联系, 这是后者在其著作《曲面通论》中曾经讲到过的, 他利用 Gauss 的曲率定义, 建立了一个 n 维空间 (n 重延伸流形) [12]. 空间问题就此从一个完全新的和普遍的观点展开, 人们推广了 Euclid 的理论, 得到了非 Euclid 的空间形式的特征. 根据 Weyl 的说法, 广义相对论的概念基础就是在这里奠定的.

就是在为他的就职演讲拟定文稿之际, B. Riemann —— 这是从他给他的弟弟的信中得知的 —— 也还没有忘记有关物理的基本定律的问题 [13]. 他集中精力研究 (后来也是这样) 电、磁、光和重力之间的联系 [14]. Weber 把 Gauss 要

Siegel 守口如瓶的思想告诉了 Riemann, 这就是, Gauss 认为, 电动力 "不是一种瞬时力, 而是 (和光相似) 一种在时间中向前传播的作用" [15]. Riemann 想通过修改 Weber 关于电作用的基本规律, 并假设有一种以光速传播的势, 从而来扬弃超距作用, 达到近作用. 由 W. Weber 和 Rudolf Kohlrausch (1809—1858) 对绝对静电电量单位与绝对电磁电量单位之比的共同研究 —— 如果承认双电流假设 —— 就会得出光速, 这在那个年代里也使 Riemann 感到兴奋不已. 他在 1858 年 2 月向 Göttingen 科学协会递交了一篇有 5 页的论文, 题目是 "对电动力学的一个贡献", 其中包含了上面所简略描述的思想. 可惜的是 Riemann 把这篇论文索取回去了 [16].

在我们现在来查阅 Riemann 个人档案中的书信和文档时, 我们就知道他这样做的理由. 他在一开始用了一段涉及 Venia 传说 (Venia legendi) 的话. 但是若不知道 Riemann 在这前几年的生活就必定会有许多不清楚和不理解的地方. 在 1855 年, 也就是 Gauss 去世的那一年, 最早收到的四封信分别来自 W. Sartorius von Waltershausen (2 月 11 日), C. Schmalfuss (2 月 19 日) 和 W. Weber (3 月 10 日和 4 月 19 日). 在那几段话中, 大学管理委员会 (Universitätskuratorium) 或行政管理理事会 (Verwaltungsausschuß), 以及 [教育] 部已经注意到了这个极有前途的讲师, 并且有意将他作为 Gauss 的第二后继数学家来培养. W. Sartorius von Waltershausen 为此突出地引证了 Gauss 和 Weber 所怀有的这个巨大的期待, 并且建议授予 Riemann 编外教授的地位 [17]. W. Sartorius von Waltershausen 从何时起成为 Gauss 亲密的知己和他的第一个传记作者, 又在何时自认为成了 Riemann 的知交, 我们都不知道. C. Schmalfuss—— 他在 Riemann 在 Lüneburg 的 Johanneums 高中读六、七年级 (Sekunda) 和八、九年级 (Prima) 时是那里的校长 —— 表现出对他先前这个如此出色的学生的关心, 后者由于缺乏资金要放弃在 Göttingen 的生活, 打算返回在 Quickborn 的孤寂的村庄 [18]. 上面提到的另外两封信还可能具有特殊的分量, 因为 W. Weber 那时是王室科学协会的主席, 并且被视为 Gauss 遗产的管理者. 他也希望 Riemann 能成为编外教授, 同时还为他申请财政资助, 以便能使这个奋发向上的青年学者在科学研究上得到进一步的发展. 结果 Riemann 获得了 100 Taler①; 但是它们要挂在 Weber 的名下, 附带要求 "不要透露".

在接下来的四年的卷宗中有来自 Weber, Sartorius von Waltershausen 和 Dirichlet 的信, 信中表达了改善 Riemann 地位的愿望. 在 1856 年 1 月 4 日的信中 Weber 告知, Riemann 那时已被哲学系聘为后补文职人员, 并 "从而将被聘为剩余名额中的讲师", 在 Dirichlet 的建议下, 也将被提名为 "王室科学协会候补会员". 1857 年 11 月 9 日, 他被任命为编外教授. 在 Hannover 政府参事 von

①德国古银币名, 等于 3 马克. —— 中译者注

Warnstedt (1813—1894) 的笔记中所记录的、建议提升的日期是 1857 年 3 月 6 日, 在卷宗中所记载的也是如此. 其中有一节我们可能会非常感兴趣. 这一节是这样说的: "Weber 补充道: Riemann 近几年来一直在从事一项重大的研究工作, 先通过这项工作, 以一种至今想象不到的方式将光学与电学联系起来. 建立并实行这一联系将有重大的意义, 并且是划时代的." 由此可见, Wilhelm Weber 没有把 Riemann 看成是一个不受欢迎的竞争者, 或者甚至看成是他的电动力学的敌对者, 相反地他希望 Riemann 能在近程相互作用理论的方向做进一步的发展.

随着被任命为编外教授和获得 300 Taler 的年薪, 这个 32 岁的青年人的生存的物质基础有了一定的保障. 可是意料不到的家庭义务和负担加到了他的头上. 他在 Bremen 的弟弟 Wilhelm 突然去世, 本来由他照顾三个未婚姐妹的担子, 现在就必须由 Riemann 来承担了. 春天他的两个姐妹来到了 Göttingen, 他的最小的妹妹被死亡带走了. Riemann 自己自从研究开始之后也已是精疲力尽, 而家庭所遭受到的命运的打击更加重了对他的心情的伤害. Schmalfuss 和 Weber 的信都把所有这些困苦告诉了大学的管委会.

1859 年 3 月在 Dirichlet 行将去世之际, 他要求 Weber 提出关于继任人的建议. 后者提到了柏林的数学家 Karl Weierstrass 和 Ernst Eduard Kummer. 可是他 1859 年 3 月 12 日的内容广泛、共有 12 页的信的最后是这样写的: "我不能否认, 在高等数学专业作为 Dirichlet 的后继人, 由于 Riemann 在这个领域所具有的杰出的能力, 没有谁能比他更值得推荐". W. Sartorius von Waltershausen 在写于 1859 年 5 月 22 日的信中更是明确地针对这一点提出了看法. Riemann 在 1859 年的复活节得以迁入在天文台内的住所, 并且在 7 月 30 日被任命为正教授.

1862 年 7 月 B. Riemann 迎娶了 Elise Koch, 他姐姐的一位女友. Riemann 看来非常高兴, 但是就在同一年他遭受到了胸膜炎的侵袭, 细菌导致他得了严重的疾病 (肺结核). 在这两位朋友的帮助下, 他获得了休假和去意大利度假的经济资助, 这使人们深受感动 [19]. 向部里提出的申请, 也是由他的同事们, Friedrich Wöhler, 他那时已经是一个著名的化学家, 生物学家 August G. Griesebach, 和医生 Wilhelm B. Baum 等人签字的. Baum 写好了一份关于 Riemann 健康的专家医生鉴定书. 在档案卷宗中有 Riemann 亲手写就的感谢信; 它们是写给 Von Warnstedt, W. Sartorius von Waltershausen 和 Wilhelm Weber 的. 这后两封信我们打算逐字逐句地复现在下面.

尊敬的朋友!

对您多次表示的亲切之意, 对您的无限的好意、在我需要的时候所给予的帮助以及持续不断地所给予的大力支持, 真不知怎样来感谢您才好. 在我至今还没有给您写信、用语言表达我内心的感谢的时候, 我希望您能谅解这是由于疾病的缘故. 在整个旅程中我们持续不断地感觉到, 我们该如何特别地感谢您的推荐; 您不仅把我们介绍给乐于助人的 Jäger 一家, 还在 Sicilien (西西里) 为我们打开了 der Name Barone di Waltershausen 的家门和心扉. 您的上封信表明您的好意到了无以复加的地步, 带给我巨大的喜悦, 由此也同时使我感到意外的惊喜. 对于我是否必须和可能在这里再待上第二个冬天, 至今我还根本未加考虑; 不过我的健康的确是在非常缓慢地好转, 而且由于我的健康状态经常会与我的希望不一致, 我自己的判断与医生的判断不一样. 在我看来, Kunde 大夫已经给我做了彻底的检查, 他告诉我, 他的报告已经送到 Keferstein 那里去了. 按照他的意见, 根本没有必要在下一个冬天再去 Sicilien, 而且夏季待在意大利南部从经济的观点来看也不是十分有利. 就是从健康的观点来看, 不去炎炎夏日的南欧要更好. 许多胸病重症患者都习惯于在冬季来罗马, 比如 Klügmann 大夫, 还有考古研究所的另一个同伴, 以及 Kunde 大夫本人, 夏天去瑞士, 秋天再回到这里来. Kunde 大夫现在建议我目前暂时也去瑞士; 这样在夏季快结束时还可以再一次向一位有经验的大夫咨询, 以便决定在冬季的居住地点. 但是我不认为我能遵守这个建议. 不过, 如果我这个夏天还缺席的话, 这个夏天我就再也不能上课了, 因此, 我就不能再耽误我力所能及的任务了; 但是旅行的费用相当可观, 以致这笔开销我无法向我妹妹和我夫人开口, 而人们也不可能为这样的目的再向大学财务要求过多补助. (尽管我们迄今为止都是尽可能地缩减开支, 在 5 个月中还是用了 880 个 Rt., 因此一年就要花 1800 Rt.) 如果我身体保护得相当好, 我也不相信, 我夏天在 Göttingen 逗留会对健康有损害.

因此我认为, 如果夏天回到 Göttingen, 这样还是最好, 而且我相信, 您和我在 Göttingen 的其他资助人和朋友肯定有与此相同的观点. 我希望还能通过我的姐妹得到 Florenz 的消息.

我还必须指出, 当我由于费用说到我的疑虑时, Kunde 大夫, 对于较低廉的住所, 建议我夏季去 bayerische Hochalpen (巴伐利亚高地牧场), 冬季去 Pisa 或 Nizza 附近的 Menthone; 但是我还是不相信他会相当节省. 我也从这里发出了给 v. Warnstedt 先生的信, 向他表示了我的谢意, 补充说到, 我比原来想象的要好, 而根据此地医生的意见, 不谈此次旅行的目的问题, 在 7 月开始前回 Göttingen 根本不可能, 那就更不能再谈上课了. 您看, 我还是希望能在夏季回到 Göttingen 生活; 实际上我们两人, 我和我的太太, 都已被不安定的生活弄得心力交瘁了; 当然我还是愿意牺牲一个冬天, 如果必须这样, 只要这样我能由此获得完全康复. 我们在罗马这里的住宿很便宜, 在古罗马城堡有一个不错的住所, 有美丽空阔的外景, 但是考虑到健康的原因我很少能去罗马参观, 尽管我们到这里已经三周了. 我想过用八天的时间沿水路经 Livorno, Pisa, Florenz, 然后, 或者经 Bologna 和

Venedig, 或者经 Livorno 和 Marseille 回到德国. 那时我们就可以详细地口头告诉您, 我们在 Sicilien 所得到的、您的所有朋友和熟人的帮助是何等地诚心诚意, 并能为此再次向您表示我们的谢意. 我的夫人也早就想给您去信表示书面的感谢, 因为她认为我在给您写信上的拖拖拉拉有可能显得心情灰暗, 这事也因为我们快要回去而耽误下来. 对她来说特别的是, 她认为我们在 Gazzi 通过您的好意的介绍, 得到了如此友好的接待, 有很大的价值, 因为她在 Sicilien 得到的住宿虽然没有德国式的舒适, 但还是超出了我们的预料, 而且 Johanna Jäger 夫人更以其迷人的友谊为我们腾出房间, 还把一架漂亮的 Erard 牌的钢琴搬了进去. 为了恢复我的健康, 他们还以特别的善意使我能在 Gazzi 享受到完全的宁静; 此外, 就是从科学的观点来看在 Catania 也是极其令人愉快的, 这一点也是毫无疑义的. 我希望您能再讲到您的几个 (他们对您来说也许是新的) 朋友和熟人. 对现在的情况我应该感到非常满足, 我应该向您送去您的所有熟人的衷心问候, 还有附上 Baronin Bruca 让我们转送给您的信. 在 Catania 也是通过您的介绍我还有几次做科学报告的机会. 此外这里的人们, 正如您事先给我讲过的, 几乎完全是与外界隔绝的; 甚至法国报纸和 Augsburger Allgemeine 报又是最早在罗马的咖啡馆里发现我们的; 在 Neapel (那不勒斯) 我通过一位德国书商的好意得到了一份 Augsburger 报. 在 Neapel, 人们在数学及其应用方面好像还相当活跃; 德国的数学家很有名并受到注意, 就是说 Bessel 和 Jacobi 有热烈的崇拜者. 天文观测台, 这您知道, 在意大利这里大部分还是沿袭古时的陋习, 建在高高的尖塔上, 不花一整天, 累得精疲力尽, 我就无法访问它们. 在这里的两个天文观测台中, 一个是建在 Collegium Romanum 上的 Jesuiten 天文台, 一个是建在罗马元老院上的大学天文台. 在第一个天文台上 Padre Secchi 对恒星的光谱做了非常有趣的观测, 他把这些拿给我看. 至于大学天文台, 我们还没有去看, Scarpellini 先生来拜访我们, 告诉我, 他还观察到了 Klinkerfues 彗星.

在罗马这里还经常有 Rothosen 人聚集. 令我们感到惊讶的是, 在我们跟他们打招呼或者听我们互相讲话时, 他们几乎全都会说德语; 他们都是 Elsass 的新教徒. 正好一个充满愉快的人告诉我, 他们明天要到大山里去; 他现在也要跟 Pfarrer 先生 (他是普鲁士的罗马教皇使馆的牧师) 说再见了.

我的太太和我向您和您的太太 Gemahlin 致以最迫切的敬意. 致以最真挚的敬礼.

您的 B. Riemann

罗马, 1863 年 5 月 7 日

Riemann 在这封信中谈到了他的旅行的过程, 也谈到了他的健康状态的好转, 但是报告了他的失望, 提到 Gazzi 是一个 Messina 的郊区, Konsul Jäger 一家

的住宅有一栋独家大院可供使用. 耶稣会长老 Pietro Angelo Secchi (Gregoriana
天文台的台长), 他向 Riemann 展示过他的恒星光谱, 属于天体物理的先驱性的
人物. Riemann 用 "Rothosen" 来表示法兰西士兵, 他们在 Garibaldis 的军队来
到之前的那段时间里保护过罗马. 旅行的回程经过 Florenz 和 Splügenpass; 在
1863 年 7 月 17 日 Riemann 携他的夫人回到了 Göttingen. 他的健康状态又很快
地再度恶化, 于是在 8 月末就踏上了去南欧的旅程.

给 Wilhelm Weber 的信是在 Pisa 写就的, Riemann 从 1863 年的冬季起, 到
1865 年 4 月就是待在那里. 该信如下:

最尊敬的枢密官先生!

您已经从我的妹妹处知道了, 按照目前在我们这里悲观的看法, 现在我来转
告给您, 以便得到您的建议和帮助. 这里人们的看法, 与我长期以来的期望相反,
都认为我不可能在下学期完全康复回到 Göttingen. 的确, 正如我在去年夏天所
期望的那样, 我已经好多了; 从去年 9 月中旬到今年 2 月, 我感觉几乎完全康复
了, 而且对酷冷也能承受得了; 但是从 2 月初以来, 我又感觉不太好, 又再次和
去年夏天在 Göttingen 的时候有点相似. 从这时起每当我受到强迫时, 大约一刻
钟左右, 会有非常强烈的胸口疼, 直到上周我把一切交往都避免了之后, 又感觉
有点好转. 如果能做到, 无论如何我会回到 Göttingen, 并且争取尽量做到力所
能及, 那么我就可以在 Genfer See 住上数日, 而且有可能恢复到这样的水平, 能
够每周讲一到两个小时的课. 但是也可能我在这个夏季, 就像是在去年夏天一样,
完全丧失工作能力, 而我现在, 在我待在这里的时候, 工作不受干扰, 至少还能写
点东西. 因此我认为, 再次延长我的休假, 对我来说是最好的, 因此我向王室管理
委员会提出申请, 但是有可能发不出去, 使我事先无法确定, 在 Göttingen 是否会
遇到障碍. v. Waltershausen 教授先生写信给我说, 我的代理会在系里造成困难,
在不能以某种方式了解系里会如何决定前, 最好不要提出休假申请. 因为我现在
还不知道我的同事有谁可能有意肯代理我的工作, 也许我放弃薪俸对他们有利,
也许有用的是, 在系里考试时必须有正教授, 这样的话就没有谁能考虑来代替我,
那么我就希望您能原谅我, 如果我请您对此事做尽可能的安排, 并将我的申请连
同大夫的鉴定一并送给您, 同时, 如果没有更多的麻烦的话, 还请您让我的姐姐
Ida 送到 Hannover, 或者, 如果我必须回 Göttingen 的话, 让我的姐姐 Ida 马上告
诉我.

Marcacci 大夫, 他是此地大学的外科病理学教授, 对我做了病情鉴定后, 是这
样说的, 根据他的意见, 我还必须在这里再待一年. 即使不能这样安排, 而我只能
有半年的休假, 那么我认为, 让我夏天还留在这里, 在 9 月份回 Göttingen, 比在夏
季返回 Göttingen, 准备在冬季再回到这里来, 要更有利一些. 因为在 Göttingen

我可能几乎不会感到太好, 就像现在这样. 可能有人这样想, 如果有人疑虑的话, 是否再给我一年的休假, 有赖于医生对冬天的情况做出新的判断.

这次我不再期待有旅行资助, 而且我们在此也做了这样的安排, 只要在这里保持安静, 我们就肯定不会陷入债务危机. 我的家庭无论如何必须留在这里, 因为我们不知道, 在什么时候会搬到一个更冷的地方去, 这会使我的姐姐非常担心. 她的胳臂和腿脚活动都不灵便, 眼睛也不能调节自如了; 还要受到感觉神经之累, 以致指尖对轻微的针扎都感觉不到了. 于是大夫猜测病灶的部位是在脊髓的中部端头; 很可能这是由于颈部的病灶或胸部的病灶对骨髓所产生的作用. 当然全面的运动能力的减退和肌肉的不作为也对她的其他的健康状态有不良的影响. 在患这个疾病之前, 她又稍稍好了一些; 她每天都去散步, 常常好几个小时. 可以相信, 她的状态会慢慢好转, 因为在 Meran 和 Florenz, 她现在所患疾病有好几次发作, 很快就恢复了.

您瞧, 这里看起来很可怜, 而我在这些情况下会感到不堪重负, 我的太太照顾不了病人, 因为由于我们的小女儿, 即使不需要我们特殊的照顾, 也还是非常离不开我们的照顾的. 但是我充分认识到, 除非出现特殊的情况, 这些还不足以阻挡我返回 Göttingen.

如果您现在有可能再次豁免我在 Göttingen 的任务, 那么我希望至少能再完成几篇论文. 尽管我们在 Pisa 这里有居住的设施, 靠着它可以不受干扰地工作, 可是这时正值酷冷 —— 我们这里没有取暖设施的房间内长时间只有 4—5°C, 简直没有想到. 我不知道, 您是否期待我在这里就开始筹备 Gauss 在椭圆函数论方面的遗著的编辑事宜. 这可是一件沉重的工作. 如果我在这个夏季要回到 Göttingen, 情况就会是另一样. 我要先将 v. Waltershausen 教授先生先前已经送过来的文稿的副本的一部分通读一下, 然后再在 Göttingen, 对文稿做全面的审核修订. 仅仅靠副本我还不能做到使论文完全按照我的意见改定. 按照我的意见, 这些遗著中最有趣也是最有教益意义的部分, 就在于我们能从中认识到 Gauss 研究椭圆函数的实际过程, 而且, 如果我的理解没错的话, 这也就是您和 Dirichlet 的看法. 但是要想重现 Gauss 研究的历史过程, 就必须将其遗著按时间顺序排列, 并且对一些很小的片段也不能放过. 利用文稿, 特别是笔记本, 很容易将论文的时间顺序相当可靠地确定下来. 靠我现在手头有的副本就不可能做到这一点, 因为它只包含了一些较大的片段.

本来这一切都很好, 要不是有一件事插进来了的话. 因为必须有付印用的副本, 而且要用 Hattendorff 博士本人所采用的副本, 他的工作本来不应该是徒劳无功的. 即使第三卷的付印推迟到等我从意大利回来, 我还要在第一时间花很大的力气先完成我的一些工作, 因为我暂时还必须十分注意保重身体, 要不然我的身体还不如我的弟妹们. 因此如果您能找到其他人来承担这部分文稿的加工的话, 我将会非常高兴, 不胜感激.

我必须请求您的原谅, 我花了您这么多的时间, 给您找了这么多的麻烦; 但是去年冬天我能如此幸运地挺过来了, 这我得感谢您, 想到我能得到您的悉心的帮助, 我就没有什么好抱怨的了. 明天我还会给 v. Waltershausen 教授写信; 他又由于我的缘故费了这么多力气, 对我表示了这么多的关心, 而且我希望, 他能帮助我安排在 Göttingen 的事务.

请您向您的侄女转致我的最好祝愿; 她给我姐姐的信为她带来了极大的快乐, 我也为此向她表示谢意.

顺致感激不尽的敬意!

您的 B. Riemann

Pisa, 1864 年 5 月 3 日

对此还有几点附注: Hannover 政府批准了延长休假, 并再次提供了一笔 400 Taler 的补助. 由于这份关心, 同事们和他的代理也就不会负担太大, 而且以其典型的方式注意到了各种可能性, 使得 Riemann 可以考虑下个月在这里怎么过. 至于 Riemann 心爱的妻子在那几个月该会这样度过, 几乎没有人知道. 1863 年末他的女儿 Ida 在 Pisa 来到这个世上. 不仅是病快快的丈夫, 还有瘫痪了困在床上的小姑 Helene, 她不久在 1864 年 8 月末就去世了, 都需要照顾. 在那个时期 Riemann 在科学上所关注的是 θ 函数和耳朵的力学. 对科学史家来说, Riemann 对 Gauss 遗产的看法也许是特别有意义的. 即使在今天, 如果我们在研读 Gauss 的全集时追随 Riemann 的思想, 也会有新的发现 [21]. 在信的最后提到的 Wilhelm Weber 的侄女是他的哥哥 Ernst Heinrich Weber 的女儿 —— 不是 Sophie, 就是 Amley. 她们俩交替为叔叔管家 [22].

康复的希望浸透了悲伤, 就不多说了. 在 1866 年 7 月 20 日, Bernhard Riemann 在 Maggiore 湖畔的 Selasca 因病去世, 还不满 40 岁. 在他去世后的第一年人们就认识到了他对数学和物理的贡献有多么巨大. Wolfgang Sartorius von Waltershausen 和 Wilhelm Weber 的一个功绩就在于, 认识到了这个年轻的天才, 并给予了无私的帮助. 人们又再次看到他们是怎样地全力以赴, 那就是人们不能摆脱这样的印象, Gauss 与他们两人的如此亲近的友谊, 使得他们在保护 Riemann 上做到了心照不宣. 我们还要对大学管委会的聘任和教育部的大度给予高度的赞许. Riemann 的工作后来为 Göttingen 的数学传统带来了崭新的光辉.

我们用 Sartorius von Waltershausen 的《慰藉集 (Trostbüchlein)》中的一首小诗来结束我们对 Riemann 及其一生的思念.

朋友要花费你的时间,

时间又赐给你命运,

再让你的灵魂得到安宁,

归于平静.

如果你想在生命中建造

一所庙宇, 你就要把

尚未雕凿的石头, 一块接一块

铺成小路.

让精神到处飘扬,

你的创造就不会摇摇晃晃,

这时你的基础就会

矗立在永恒的思想之上.

(Freund benutze deine Stunden,

die das Schicksal dir beschieden,

dann hat deine Seele Frieden

und Beruhigung gefunden.

Sollst im Leben dir erbauen

einen Tempel, und sollst fügen

Stein an Steine, welche liegen

an dem Pfad, noch unbehauen.

Laß den Geist durchs Ganze wehen,

nie wird deine Schöpfung schwanken,

wenn auf ewigen Gedanken

ihre Fundamente stehen.)

参考文献提示和附注

[1] 感谢 Göttingen 大学档案馆允许我们查阅 Riemann 个人档案和系主任档案.

[2] 有关 Riemann 的传记, 请见 R. Dedekind: B. Riemann's Gesammelte Mathematische Werke, hrsg. von H. Weber, Leipzig 1876, S. 509–526. E. Schering: Bernhard Riemann zum Gedächtnis, Nachr. v. d. Kgl. Ges. d. Wiss. und der G. A. Univ. zu Göttingen 1867, S. 305–314, 也可见于: E. Schering, Gesam. Math. Werke, hrsg. v. R. Haussner und K. Schering, 2 Bde., Berlin 1902 und 1909, 2. Bd. S. 367–383, 还有 S. 161–168; Briefe von G. H. Seffer

und C. Schmalfuss, S. 434–440 und von Elise Riemann geb. Koch, S. 441–447. F. Klein: Vorlesungen über die Entwicklung der Mathem. im 19 Jh., Teil 1, Berlin 1926, S. 247–276.

[3] E. Neuenschwander, Über die Wechselwirkungen zwischen der französischen Schule, Riemann und Weierstraß. Eine Übersicht mit zwei Quellenstudien, Archive for History of Exact Sciences 24 (1981), S. 221–255, bes. 224.

[4] K. H. Wiederkehr: Wilhelm Weber, Erforscher der Wellenbewegung und der Elektrizität, Stuttgart 1967 (Große Naturforscher, Bd. 32).

[5] B. Riemann, Inauguraldissertation, Göttingen 1851, auch in: Werke, S. 3–47.

[6] 哲学系系主任档案 135 (1851—1852), S. 25–31, Promotion Riemann—E. Schering zitiert das Gaußsche Gutachten, Bd. 2, S. 375.

[7] 关于这一点请见 Dedekind: Riemanns Werke, S. 514. 在 Listing 的日记中还有一篇关于这方面的注记 (18. Sept. 1852). Handschr. Abt. Univ. Bibl. Gött., Cod. M.S. Listing 11.

[8] 后来发表在: 13 Bd. der Abh. d. Kgl. Ges. d. Wiss. zu Gött. 1868; 也发表于: Riemanns Werke, S. 214–253.

[9] 同样在 13. Bd. der Abh. d. Kgl. Ges. d. Wiss., 也见 Riemanns Werke, S. 254–269. 后来又再次由 H. Weyl 编辑并加以注释出版, Berlin 1919. K. Schröder 也在他的演讲 Der Begriff des Raumes in der Geometrie (几何学中的空间概念) 中对就职试讲做了详细的阐释: Bericht von der Riemann-Tagung des Forschungsinstituts für Mathematik, hrsg. von J. Naas und K. Schröder, Berlin (DDR) 1957, S. 14–26.

[10] E. Schering, Bernhard Riemann zum Gedächtnis, 1867, Werke, 2 Bd., S. 165.

[11] Riemanns Werke, S. 517.

[12] C. F. Gauss' Werke, 4 Bd., Gött. 1873, S. 217–258.

[13] Dedekind: Riemanns Werke, S. 515–516.

[14] 关于这方面请见: K. Hattendorff: Schwere, Elektricität und Magnetismus. Nach den Vorlesungen Riemanns bearbeitet, Hannover 1876.

[15] Brief von Gauß an W. Weber vom 19 März 1845; Gauß Werke, Bd. 5, Gött. 1867, S. 627. 这方面还可见 K. H. Wiederkehr, Wilhelm Webers Stellung in der Entwicklung der Elektrizitätslehre, Diss. Hamburg 1960, S. 66.

[16] Riemanns Werke, S. 270–275.

[17] W. Sartorius von Waltershausen 是 Göttingen 的矿物学和地质学教授和科考旅行家. 他的特别知名的著作为 "Atlas des Ätna" 和他写的传记 "Gauß

zum Gedächtnis" (1856). 还请见 H. Michling : J. G. Listing und Wolfgang Sartorius von Waltershausen, Mitteil. der Gauß-Ges. Nr. 4 (1967), S. 25.

[18] C. Schmalfuss 后来 (在 E. Schering 之后) 是省督学. 但是他在 Riemann 去世之后, 在他的著作以及在写给 E. Schering 的信中也透露了他的天才学生的一些弱点: 书面表述不够准确, 也不够好, 而且要在和缓的压力下才能交出来. 关于这方面还可见 Kurt-R. Biermann: Zu Dirichlets geplantem Nachruf auf Gauß, Mitt. Gauß-Ges. Nr. 9 (1972), S. 47.

[19] 去意大利的旅居总共有三次: 第一次是从 1862 年 11 月中至 1863 年 7 月中在 Sicilien (西西里); 第二次是从 1863 年 8 月到 1865 年 10 月初在意大利北部; 第三次是从 1866 年 6 月中起在 Maggiore 湖, 在那里于 1866 年 7 月 20 日过世. 这三次旅行和居留的详细情节可以在 Riemann 夫人给 E. Schering 的报告中找到.

[20] 我是从 Niedersächs. Staats- und Universitätsbibliothek Göttingen (下萨克森州州立暨 Göttingen 大学图书馆) 的手稿部将这两封信复制下来的 (Math. Arch. 1: 2, 3). 我得到了发表的许可, 并对明显的文字错误做了更正. 衷心感谢 Rohlfing 博士的友好的关照.

[21] 关于这一点请见 Theo Gerardy: Die Neuordnung und Neukatalogisierung des Gaußnachlasses in der Univ. Bibl. Göttingen, Mitt. der Gauß-Ges. Nr. 17 (1980), S. 7–12, bes. S. 9.

[22] Ernst Heinrich Weber (1795—1878) 是他那个时代一流的解剖学家和生理学家.

附录 VIII 作为 Lüneburg 的 Johanneum 高级中学学生的Riemann[①]

Dörte Haftendorn

在本文中几乎用不着一般泛泛地来谈论 Bernhard Riemann 的非同一般的意义. 1990 年由 Narasimhan 编辑出版的《Riemann 全集》[GA Nar] 除了收录了他的数学著作, 还收入了许多有关他的生活和个人命运的转折的内容. 关于这一方面我要来部分涉及一些. 但是我的目标首先是很难从 Johanneum 高中的校史中所获得的 Riemann 生平的信息. 它们表明, 他在做中学生时的状况在很多方面是无比寻常地优越.

Hannover 的 Wendland 在今天仍然是一个贫瘠的移民地区, 长时期保留着 Wend 式的辐射型圆形移民村落. 在 Drawehn 丘陵地带边界上的 Breselenz 内的这样一个非常小的村庄内, 在 1826 年 9 月 17 日, 一位牧师家庭迎来了六个孩子的第二位. 这位父亲在孩子的早年时期亲自教课, 在后来才外请了一位家庭教师来教他所不懂的数学 [GA Ded]. 尽管这时父亲在紧靠着小城 Dannenberg 附近的 Quickborn 牧区有牧师住房, 但是在那里也不可能有高品质的学校教育. 在 Dannenberg 直到我们这个世纪才有了一所文科中学 (Gymnasium)[②]. A. 和 D.

[①]译自: Dörte Haftendorn, Riemann als Schüler am Johanneum zu Lüneburg, Gauss-Ges. Göttingen Mitt. 36 (1999), 21–28. Copyright © The Gauss Society, Göttingen, Germany. 感谢 The Gauss Society 免费授予译文出版许可, 以及 Axel Wittmann 博士的热情帮助.
[②]Gymnasium 是当时德国设有拉丁语和希腊语的一种中学. —— 中译者注

这张照片表明他已经很像一个大学生 [GA]

Laugwitz [Lau] 写了一篇附有插图的英文的文章, 讲述了有关 Riemann 在青年时代的情况.

1840 年在他的同意下这个有天赋的青年被送到他在 Hannover 的祖母 —— 一位枢密官的未亡人的家里, 以便在那里进 Lyceum 高中的四年级. Dedekind [GA Ded] 研究了他与家庭的往来书信, 介绍了他与家庭之间的紧密联系. 他与外人的交往在年轻时就很困难, 等到年长之后也一样.

我们感兴趣的是, 正如 Schering 在他的纪念演讲中所讲的, 开始他的数学老师对他感到恼火, 这个学生居然可以给他们做专业的报告, 然后学会接受他的能力, 把他看成他们的 "一个特殊的朋友". Schering 把 Riemann 在他祖母去世后转去 Lüneburg 的 Johanneum 高中评价为命运的幸运安排.

Lüneburg 的历史铭刻着它的丰富多彩, 这个城市在中世纪和文艺复兴时代通过提炼和销售盐而建立. 所以中产阶级能够从 Klerus, Kloster 和 Herzog 的霸权下解放出来, 并且在市立 St. Johannis 教堂的庇护下建立了一所学校, 就是这个 Johanneum 高中. 我们对于这所学校的校史的基本了解要感谢它的 500 年

校庆纪念册, 它是在 19 世纪由校长 Nebe 博士撰写的 [FS Neb]. 他清楚地叙述了市政当局和督学所做的努力, 不仅力求使教学体系年轻化, 而且首先配备上非常有素养的教师. 直到这时学校还没有实质意义上的教师任职资格. 各个专业都要教授伦理学, 而这些教师常常很快就会被接受成为一个牧师.

　　为了克服这个弊端, 学校在 1823 年从 Gotha 请来了非常能干的 Karl Haage 博士. 在他的辛勤的工作下, 学校繁荣昌盛了起来.

　　他还创建了一幢新的大楼, 因为旧楼 "太狭小和阴暗", 而且没有房间提供 "给自然科学和物理实验室, 而这是不能长期没有的". 在 Haage 时代的 1829 年, 整个 Hannover 地区的教育事业的新的组织机构, 决定在该校设立一个管理机构, 并引进高中毕业会考. "Johanneum 高中在第一届高中毕业会考中取得了最好的成绩, 使 Haage 感到 '十分高兴和满意', 这一点用督学 Kohlrausch 的话来说, 'Johanneum 中学不仅在 Hannover 地区内, 而且在三十所公共学校机构中, 是我作为普鲁士督学期间在我所管辖的范围内的最好的学校.'" 对 Haage 的认可是如此广泛, 以致 "Göttingen 的 Georgia Augusta 在 1837 年, 在他的任职的 15 周年年庆时授予他荣誉博士学位".

特别是数学的教学一直要忍受着神学和语言学的管辖, 直至 1829 年 Haage 请来了在大学学习过的数学家 Constantin Schmalfuss, 长时期就这一个人, "······ 他以少有的方式把严格的数学专门训练和思维培育与趣味和美育结合起来, 并且为他的学科在整个教学计划中一举争取到一个应有的地位, 还有, 不可低估的是, 也争取到学生的高度评价".

Schmalfuss 也来自 Thüringen, 而且在 Halle 和 Berlin 学过数学. 他原本是在 Haage 之下的副校长, 在 Haage 突然于 1842 年 12 月去世后接替了他的职务. "他是一个出色的教师和杰出的管理大师, 不仅在他六年的任期内对其行政工作有最好的管理, 保持了 Johanneum 高中的名望, 而且从根本上打破了 '一个数学家是否还能适合在这样的位置' 的疑虑." 在 Hannover 王国 "这个模范是史无前例的".

考虑到写 Bernhard Riemann 的传记, 值得指出, 在以后的 150 年里, Johanneum 高中再也没有一个这样的数学家或自然科学家的领导了. 直到上面提到的督学的儿子之前, 他还至少可以算是以数学为第二职业, 在 1849 年至 1867 年之间, 再也没有一个数学家作为教师了.

Bernhard Riemann 于 1842 年的复活节进 Johanneum 高中读六年级① (相当于今天的十年级). 这时该校共有 281 个学生在读.

教学计划 (见下页) 中年级用罗马字表示, 指的是两个年级, 例如, II 表示六年级 (Untersekunda) 和七年级 (Obersekunda). 在 Sekunda② 和 Prima③, 作为 "实科班级 (Realklass)", 除了古语系列的课程之外, 它更加强调数学、工程制图、现代语言和 "自然史". Riemann 按照他父亲的设想, 将来要做牧师, 因此不上这种班级. 此外在那个时候对于科学生涯来说精通拉丁语是不可或缺的, 因为他本来就有 Schmalfuss 作他的数学老师, 而且很快就把他当成了自己的同窗, 这也不会给他带来什么不便.

关于 Schmalfuss 与 Riemann 之间的关系, 我们首先可以从 Schering 在 Riemann 于 1866 年去世后撰写回忆 Riemann 的文章时所收到 Schmalfuss 的一封信 [GA/851ff] 谈起. 他在其中写道: "······ 他对数学对象的理解给我的感觉好像是立即就知道了, 对 Riemann 来说, 只要知道了数学定理的意义, 就可以做到以带来最深远的结论并以最大的普遍性, 把它纳入可靠的形式.

······ 我所拥有的 Euclid 的全部著作, 包括评注 ······, 我所拥有的 Archimedes 的著作, 还有 Apollonios 的, 所有这些他都读过了, 而且读过的都成了他的可靠的财富.

①Untersekunda—— 当时德国九年制中学的六年级.—— 中译者注
②指当时的六、七年级.—— 中译者注
③指当时的八、九年级.—— 中译者注

Lehrplan des Johanneums Michaelis 1842.

Unterrichtsgegenstände	Wochenstunden								
	VII	VI	V	IV	III	II	I	2. R. Kl.	1. R. Kl.
Religion	4	3	3	2	2	2	2	2	2
Deutsch	2	5	4	5	3	3	2	6	4
Gemeinnütziges	2	—	—	—	—	—	—	—	—
Latein	2	6	9	8	10	10	9	2	2
Griechisch	—	—	—	4	5	6	6	—	—
Französisch	—	2	2	3	3	3	2	3	4
Englisch	—	—	—	—	—	—	2.2	—	3/3
Hebräisch	—	—	—	—	—	2	2	—	—
Geographie	—	2	2	2	2	2	—	2	2
Geschichte	—	2	2	2	2	3	4**	2	2
Mathematik, Rechnen	4	4	4	4	4	3	3	6	7
Physik	—	—	—	—	—	—	2	—	—
Naturgeschichte	—	1	2	2	1	—	—	3	3
Lesen	6	—	—	—	—	—	—	—	—
Schreiben	7	4	2	—	—	—	—	4	2
Singen	1	—	—	—	—	—	—	—	—
Zeichnen	—	—	—	—	—	—	—	2	2
Zusammen	28	29	30	32	32	34	34	32	33

Johanneum 高中 1842 年米迦勒节期间的教学计划 (左栏中的 17 门课程依次为: 宗教、德语、(原文看不清)、拉丁语、希腊语、法语、英语、希伯来语、地理、历史、数学和计算、物理、自然史、阅读、写作、唱歌、绘画)

　　对 Newton 的通用算术 (Arithmetica universalis) 和笛卡儿几何 (Cartesius Geometria), 他的兴趣也丝毫不减 ……"

　　Schmalfuss 还让他参加正规的数学课, 但是 …… "相反对此我会想到, 每当我要求检测他的能力时, 他每次都超出了我给他设定的极限, 这也是我自己的极限, 他照例会带来大量的结果, 大大超出了我的期待."

　　Laugwitz [Lau] 提出这样的疑惑, 在 Riemann 现在成了有名的中学生之后, 很可能他的中学生时代的美好的一面被过多地报道, 古语学家 Nebe [FS Neb] 详细地叙述了 Constantin Schmalfuss 的品格, 他对 Riemann 在学生时代的状况和性格已经多有体谅, 并且做了有力的相应处置 (s.u.). 用 Nebe 的话来说, "他的举止优雅、老成、坦诚和开朗, …… 在对教师职业的最理想的理解上来可靠地把握职务上的精明能干, …… 柔和, 非常悦耳的声音, …… 渊博的专业知识和迅速的理解力, ……" 所以我们可以认为 Schmalfuss 下面的话是真诚的: "我对 Riemann 的感谢要胜于他对我的感谢." "…… 他对证明的论述和公式的推导是这样巧妙和简单, 我非常惋惜, 我没有把他的这些东西留下. 除了作为一个教师的能力还不足之外, 那时他已经是个教师了."

　　Schmalfuss 最后这样写道:

　　"就我自己这方面来说, 我常常把我能有像 Riemann 这样的学生, 看成是我的极大的幸运, 就是在今天我还要感谢他所给过我的多方面的激励, 感谢他在我的一生中, 由于他的惊人的天赋和成就所带来的快乐.”

　　Riemann 还有一个老师, 就是他的宗教和希伯来语老师 Gustav Heinrich Seffer, 他曾经在一封写于 1866 年 11 月的信 [GA/849] 中对 Schering 披露过. 当 Riemann 来到 Johanneum 高中的时候, 他才 25 岁. 他和比他大十岁的 Schmalfuss 交上了朋友. 他们两人联合在一起共同来解决一个天才学生提出的大问题. Schmalfuss 接到 Riemann 的来信问他: “…… 您在流利的演讲中展开您的思想, 会有多大的困难. 这里会遇到, 那些不能包括您的全部思想的表述不能使您满意, 担心它不够普遍, 一种表述, 它不是, ……, 可以看成是准确无误, 无可指责, ……” Seffer 说: “他用德文或拉丁文写的文章总是言犹未尽, …… 以致教师会议 (Lehrer-Conferenz) 由于对他执行学校法也不知如何是好.” 用今天的话来讲, 就是 Bernhard Riemann 没有实现 Plichtauflagen. 由于这二者不愿意袖手旁观, 以免他的高中毕业考试由于 “形式的原因” 处于危险之中, Seffer 提出一个解决办法: “…… 一方面我以一个较低的伙食价为条件将他带到我的家里, 同时向教师会议承担义务, 为了迅速提交他的论文从现在开始对他进行照顾. …… 很多个晚上我都和他一起坐到深夜 ……”

　　Laugwitz 则认为, 面对 Seffer 的住屋, 对 Riemann 来说应该是一种折磨, 可以看成是我们灵魂肢体的牢笼 …… [Lau]. 对这种看法我没有找到任何根据. 相反, Seffer 先前像个大哥哥, 帮助他提高自己的自制力和能力, 使得 Riemann 终于学会了把撰写的工作做到底.

　　Seffer 在那个时候写了一本 “希伯来语初等教程, 至今还在德国和瑞士文科高中 (Gymnasium) 中经常被采用”. 该书每章都包含了与之配合的练习. 这些练习题都是从《圣经》中取出来的, “都是些很难的练习题, Riemann 对它们很感兴趣, 以致我这本初级教程中很多供翻译用的短文大部分都要归功于这个伟大的数学家”.

　　多年后 Riemann 还去拜访了 Seffer, 而这只能说是一种感恩情愫的体现, 很难说是记恨的表现, 关于这一点这个老师这样写道: “后来 …… 他跟我谈到他的许多哲学著作, 我当然必须承认, 我无论如何也跟不上了, ……, 但是我仍然会为他的目标的宏伟而感到惊讶.”

　　他在信的最后说: “Riemann 是一个安静、内敛和谦逊的孩子, …… 特别是在与妇女交往时会容易感到窘迫 …… 我总是一如既往地爱他, 记得他.”

　　可以预料到 —— 后来就果真如此 ——Riemann 的毕业论文没能在规定时间内完成. 但是尽管如此 Schmalfuss 还是想给他一个 “一级” 的证书. 作为一个独一无二的数学家这一点是毫无疑问的, 但是要从 Riemann 高超的数学能力去认证他在古希腊语和伦理学上也如此, 那就很难了. 他想出了下面这样一个合乎规定的计策: Bernhard 在前年的降灵节时, 把 Legendre 的《数论》借出去一周.

当他很快就返还回来的时候, 老师就猜想, 这本书可能是太难了. Riemann 否定了这一点, 说这本书很有趣, 他把它全都读完了. 于是 Schmalfuss 决定在没有预先告知的情况下来检验, 那么每一个数学外行都会看到, 这要涉及极为不寻常的能力①.

这次高中毕业测验确定了: "他顺利地全部通过了那些我作为监考老师费了不少力气预先准备的考题 ……"

他终于获得了 "一级" 高中毕业证书, 下面就是这个证书的全文 [Abi]:

Maturitäts-Zeugniß erster Klasse.
一级高中毕业证书.

Bernhard Georg Friedrich Riemann, geboren 17. September 1826 zu Breselenz, Sohn des Pastors Riemann zu Quickborn bei Dannenberg, lutherischer Konfession, besuchte zwei Jahre lang das Lyzeum zu Hannover, seit Ostern 1842 das Gymnasium Johanneum, und zwar die erste Klasse seit Ostern 1844.

Bernhard Georg Friedrich Riemann, 于 1826 年 9 月 17 日生于 Breselenz, 是 Dannenberg 市 Quickborn 地区牧师 Riemann 之子, 路德教派教徒, 在 Hannover 的 Lyzeum② 高中就读两年, 1842 年复活节之后就读于 Johanneum 文科高中, 并于 1844 年获得一级毕业证书.

他在校内外的操行均极佳. 他的上课的参与 (Schulbesuch) 正常, 可是在最后一年由于疾病的干扰多次缺课, 他的注意力很好, 可还不是全部上课状态都一样好, 他做家庭作业非常努力, 但有自己的倾向性, 因而不是总能符合学校的要求, 特别是自由写作会经常迟交. 勤奋总评好.

各科知识评语

1. 宗教. 他熟悉基督信仰和伦理学的基本教义, 熟悉几种最重要教派之间的重要的差异点, 熟悉教会历史的各个重要的历史时期以及《圣经》的内容.

总评　**相当好**

2. 德语. 他熟知语法和文体的规则, 通过阅读了解了相当数量的经典作品, 他做作文要费巨大的精力和时间. 考试作业没有彻底完成. 他的科学论文, 以其

---

①这本书有 900 页之多, Riemann 的学习效率由此可见一斑. —— 中译者注
②前文中拼写为 Lyceum, 原文如此. —— 编者注

合乎逻辑的安排、思想间的相互关联、判断之正确, 还以其前后呼应、简明扼要和常常是流畅灵活的叙述, 加之以内容充实, 混合着喷涌而出的活泼的想象力, 给人深刻的印象.

　　总评　**好**

　　3. 拉丁语.　在阅读上, 虽然不太快, 但即使在难的地方也能深入理解其意义和相互关联. 他的语法知识好, 他在文体方面的练习为他做出正确的逻辑判断和运用全部拉丁语汇奠定了基础, 他拥有丰富的惯用语和成语但不能很好使用. 在口语上只有少量的训练.

　　总评　**好**

　　4. 希腊语.　对希腊语作品的理解与对拉丁语作品的理解一样好. 语法方面的知识好.

　　总评　**好**

　　5. 希伯来语.　他在阅读上相当流利, 并且具有基本的语法知识, 能够翻译简易的《旧约》的经文.

　　总评　**非常好**

　　6. 法语.　他能独立翻译比较难懂的现代作家的作品, 而且写作也差不多能做到不违反语法.

　　总评　**好**

　　7. 英语.　在口语和语法上可以说还相当可靠, 在理解和翻译作家的作品上具有相当熟练的技巧.

　　总评　**好**

　　8. 历史和地理.　他在全部的历史知识上所得总评**相当好, 在地理上为好**.

　　9. 数学.　他的知识全都是彻底和可靠的, 而且在深度和广度上远远超过了在学校所能安排的数学, 对数学理论的把握, 其目光之尖锐、理解之迅速以及概念之清晰, 都达到了少有的水平. 他得到了可靠的记忆力、出色的联想力和灵巧的构造想象力的有力的支撑. 他的素质也许决定了他应该去研究数学.

　　总评　**突出 (vorzüglich)**

　　10. 物理.　对他在数学方面才能的判断也可适用于判断他的物理才能, 他发现了物理中那些可用数学来奠定基础和进行处理的部分.

　　在经过详细的检验和商讨, 并经认真仔细的评议后决定授予此**一级证书**, 并由 Lüneburg Johanneum 文科高中考试委员会于 1846 年 3 月 10 日颁发.

签名: Schmalfuss

Riemann 的父亲这时还没有放弃让他的儿子成为牧师的想法, Schmalfuss 没有放过说服他父亲的机会, 在毕业证书上写下他适宜于数学的指示:

接着 Riemann 去了 Göttingen, 如其父亲所愿, 读了一个学期的伦理学, 但是这之后 —— 这无疑是在毕业证书上所写的指示下 —— 就全部投入数学了.

他的两位老师后来也相继离开了 Johanneum 高中, Seffer 与他同时离开, 去了他的故乡 Alfeld 担任神学院的巡视员, 稍后担任了 Hannover 政府和学校的督察. 1849 年 Schmalfuss 被 Hannover 王国的教师协商总会选为主席. 基于他的能力和出色的人品, 他也是 Hannover 的学校督察.

Johanneum 高中今天仍然是一所文科高中, 自觉地承担着古语和现代语言以及特别地还有数学和自然科学的教学任务.

对于 Riemann 进一步成长的历程我们不打算做更多的深入阐述了. 但是考虑到他的研究论文都得到了富有基础性、简明性、独立性的评价, 人们完全有理由说, 他在 Lüneburg 的 Johanneum 高中遇到了特别有利的情况. 非常体贴和圆通的教师促进了他的数学天赋的展现, 帮助他增强他的虚弱的体质, 从此他获得了不寻常的坚强的担当意志.

参 考 文 献

[GA Ded]　　Riemann, Bernhard: Gesammelte mathematische Werke und wissenschaftlicher Nachlaß. Herausgegeben unter Mitwirkung von Richard Dedekind und Heinrich Weber, Zweite Auflage, Leipzig 1892.
　　　　　　　Neu gedruckt in [GA Nar].

[Ga Nar]　　Riemann, Bernhard: Gesammelte mathematische Werke und wissenschaftlicher Nachlaß. Auf der Grundlage von [GA Ded] neu herausgegeben von Raghavan Narasimhan, Springer 1990.

[GA/849]　　Brief von Seffer an Schering abgedruckt in [GA Nar].

[GA/851]　　Brief von Schmalfuß an Schering abgedruckt in [GA Nar].

[GA Scher]　Ernst Schering: Rede zum Gedächtnis an Riemann vom 1.12.1899 Abgedruckt in [GA Nar/828].

[WA]   Hans Wußing, Wolfgang Arnold: Biographien bedeutender Mathe-
            matiker Aulis/Deubner 1978.

[FS Gör]   Festschrift zum 500-jährigen Bestehen des Johanneums zu Lüneburg,
            darin Wilhelm Görges: Geschichte des Johanneums von 1406 bis
            1806.

[FS Neb]   Festschrift zum 500-jährigen Bestehen des Johanneums zu Lüneburg,
            darin Dr. August Nebe: Geschichte des Johanneums von 1806 bis
            1906.
            Sie ist in der Ratsbücherei Lüneburg im Magazin vorhanden.
            Tel. (04131) 309609–21335 Lüneburg-Am Marienplatz 3.

[Abi]   Abiturzeugnis.   Das Original ist im Archiv der Stadt Lüneburg
            einzusehen.

[Lau]   Annette und Detlef Laugwitz: Impressions from Riemann's Native
            Country, The Mathmatical Intelligencer, Vol. 17, No. 3, Springer
            1995.

附录 IX　Bernhard Riemann 是 Gauss 的学生吗?[①]

Detlef Laugwitz

1　前　　言

　　Bernhard Riemann (1826—1866)，这个来自 Wendland 的一个牧师的儿子，直至 14 岁接受的都是父亲的教育. 之后他进了 Hannover 和 Lüneburg 的学校. 从 1846 年起进入 Göttingen 大学学数学，但是有两年 (1847—1849) 他去了柏林大学. 他在 Göttingen 大学 Gauss 手下于 1851 年取得博士学位，于 1854 年取得讲师任职资格. 在过了几年无薪讲师和编外教授的清贫生活之后，在 1855 年 Göttingen 大学的 Dirichlet 去世之后，他 1859 年被聘为正教授.

　　从 1862 年起肺病对他的折磨是这样严重，以致他此后大部分时间都得在意大利度过. 1866 年他在那里的 Maggiore 湖畔的 Selasca 过世. 尽管他为科学活动的时间算起来相当短，他还是当之无愧的把科学引入新轨道的伟大的数学家.[②]

　　Riemann 与 Gauss 之间的关系的形象说法强烈地受到 Felix Klein 在第一次

---

　　①译自: Detlef Laugwitz, Bernhard Riemann—ein Schüler von Gauss?, Gauss-Ges. Göttingen Mitt. 36 (1999), 29–45. Copyright © The Gauss Society, Göttingen, Germany. 感谢 The Gauss Society 免费授予译文出版许可，以及 Axel Wittmann 博士的热情帮助.

　　②如无另行说明，提到其传记总是指: Richard Dedekind, Bernhard Riemann's Lebenslauf, 在《Riemann 全集》，1892 年第二版的第 541–558 页 (中译本第一卷). 后来又收入 R. Narasimhan 所编的《Riemann 全集》(Springer-Verlag, 1990). 这个版本包含了许多进一步的材料.

世界大战时期所做的《数学在 19 世纪的发展》的讲义的影响.① 在撰写我的谈 Riemann 的书②时, 我当然会经常一再要确定, 在这个形象不太模糊的地方, 有许多地方对不上. N. Schappacher③事后做了补充的证实. 他说道: "困难的任务在于, 从庞大的残堆中提取出 Riemann 的直接形象和他的数学, Felix Klein 为此付出了特别的激情, 展开了宣传运动." F. Klein (1849—1925) 早就有一个良好的意图, 普及 Riemann 在函数论上的新思想, 特别是强调其几何直观, 这是先前人们认为 Riemann 在数学上不够严密而加以贬低的地方.

关于与 Gauss 的关系, Klein 在其讲义中有详细的评述, 我们在此将重叙其一二, 最后再对它加以审查.

Riemann"不可能听过在那时已年届 70 的 Gauss 的很多课, 而且 Gauss 本来就很少上课. 这个年轻、害羞的学生也肯定不可能与 Gauss 有个人的关系; Gauss 连教书都不是很情愿, 对他的大多数听众也不感兴趣, 而且也特别好接近. 尽管如此, 我们还是要认为 Riemann 是 Gauss 的一个学生, 因为他是唯一的一个能深入 Gauss 内心思想的、实质上的学生, 这一点我们现在已经能够逐渐从他的遗著中看出来了" (Klein, S. 249).

我们在 Klein 的书中 (S. 249) 还进一步发现: "对我们来说, 极其令人惊讶而又像谜一样的是 Riemann 在其科学思想上与 Gauss 十分接近 …… 我们只能这样认为, 在当时的 Göttingen 充满了这种对几何感兴趣的气氛, 这对这个极有天赋而接受能力又很强的 Riemann, 有抑制不住而又强烈的推动. 可见重要得多的是, 一个人所处的精神环境, 这对他的影响要比实际和具体知识强烈得多!" 而当 Klein 深入探讨到各种自然的基本理解力的一致性时, 他说 (S. 251): "这正是普遍的氛围对敏感的精神所产生的一种神秘的、说不清楚又很难清楚地把握的影响."

Klein 对这种不讲理的、几乎是疯话的解释表示心满意足. 他还进一步指出, 这种 "Göttingen 氛围" 对别的 "极有天赋的人" 的影响完全不同. 我们将探讨这些, 寻找出合理的解释. 顺便说一下, 我们所依靠的资料来源基本上是在 Klein 时代都已经知道的, 或者是在 Göttingen 能得到的.

---

①Felix Klein, Vorlesungen über die Entwicklung der Mathematik im 19. Jahrhundert, Springer, Berlin 1926 (中译本: 数学在 19 世纪的发展. 北京: 高等教育出版社, 第一卷, 2010, 第二卷, 2011).

②Detlef Laugwitz, Bernhard Riemann 1826—1866, Wendepunkte in der Auffassung der Mathematik. Vita Mathematica, Band 10, Hsg. Emil A. Fellmann. Birkhäuser, Basel 1996. 在以后的脚注中谈到本书时将以 "L" 表示.

③Nobert Schappacher, Mathematische Semesterberichte 45 (1998), S. 254.

2　学 习 年 代

Riemann 1846 年夏入学的第一个学期听了 Moritz Abraham Stern (1807—1894) 讲的方程的数值求解的课, 并听了 Goldschmidt 讲的地磁学 (因而也就是 Gauss 所工作的领域) 的课. 在接下来的冬季学期, 他听了 Gauss 讲最小二乘法的课和 Stern 讲定积分的课. 其实他在 Göttingen 不能获得他的所需, 在接下来的四个学期去柏林是对的. 这之后他能在 1849 年的夏季学期听到 Gauss 讲的高等大地测量学的课.

Riemann 以其两份研究工作给 Gauss 留下了深刻的印象, 这一点人们不可低估. 对他 Gauss 也不大可能 "只是勉强愿意教". 天文台的台长可以将例行的数学课程随意转让给别人讲, 首先是给 Thibaut[1], 后来是 Ulrich 和 Stern. 这期间他们不做实际的研究, 只培育未来的高中教师. 摆在首位的是所谓的代数分析[2], 这是 Gauss 有理由表示不感兴趣的科目. 毕竟 Riemann 与 Stern 的授课关系非常好, 他写了一篇相当长的论文: 积分和微分的一般概念的研究. Klein 介绍说 (S. 249) Stern 很久以后发表对他的看法时说, Riemann 那时已经歌唱得像一只夜莺了.

在 1850 年 Richard Dedekind (1831—1916) 从 Braunschweig 来 Göttingen 学数学. 他很快就成了 Riemann 的朋友和同路人. 1852 年他在 Gauss 的指导下获得博士学位, 又在继 Riemann 几周之后取得教师任职资格, 他所做的工作, 在数学上的未来意义当时还不太能看出来. 对于 Riemann, 人们可以说, 由于其在分析和微分几何, 还有在连续性等上面的工作, 他的才华堪与 Gauss 比肩. Dedekind 通过 Dirichlet 的指导, 将数论, 因而也就是 Gauss 数学的分立的这方面, 大大地向前推进了, 并从此发展出 20 世纪的 "近世代数". 我们也有一定的理由说, 他也可以算得上是 Gauss 的一个重要的学生. 可是 Felix Klein 对他在代数方面的革新似乎没有多大的同感.

顺便还要指出, Klein 对老师 – 学生关系的观点, 以及对讲课对培养杰出的青年研究者的意义的看法非常主观, 在 Klein 那个时代, 人们还把创立一个学派看得很重要. Gauss 则肯定不是这样. 但是人们不能只从数学上来看他. 在他更年轻

---

[1]Karin Reich, Bernhard Friedrich Thibaut, der Mathematiker an Gauss' Seite (Gauss 身边的数学家). Mitteilungen der Gauss-Gesellschaft Göttingen 34 (1997), 45–62.

[2]关于代数分析及其在高中教学中的作用可见: Hans-Niels Jahnke, Mathematik und Bildung in der Humboldtschen Reform (Humboldt 革新中的数学与教育). Göttingen 1990. 与 Riemann 有关的部分见: L. S. 57–63.

的时候, 有许多后来杰出的天文学家在跟 Gauss 学习.①

3　1851 年的博士学位论文

Riemann 的博士论文 "单复变量函数一般理论基础" 是在 1851 年末提交给哲学系的, 并确定由 Gauss 负责审阅. 在这个时期 Riemann 在给他的弟弟的信中谈到了他与 Gauss 个人接触的情形: "当我到了 Gauss 那里的时候, 他还没有读我的论文, 但是他对我说, 他几年来一直在准备写一篇论文 (甚至就是在现在), 它的对象和我所处理的一样, 或者说部分上是一样."

这给人一种自相矛盾的印象. 虽然 Gauss 还没有读, 但是他必定还是瞅了一眼, 这才能知道它与自己的某些思想相似. 关于这一点我们实际上什么也不知道. 一方面 Riemann 可能很高兴, 因为伟大的 Gauss 知道这个课题有价值, 另一方面他又可能感到有点失望, 因为 Gauss 可能认为这里面没有什么新东西. 他也很可能不知道, Gauss 会不会认为发表这样的看法该被臭骂一顿.

不知道 Riemann 是怎样想到这个题目的. 无论如何这个题目不是 Gauss 提出来的, 而对其探讨还要回到在柏林的年代. 在 Riemann 给出的文献中, 有一篇是涉及 Gauss 的曲面理论 (1828 年) 的, 但是看不出与这篇论文有什么关系, 还有一篇是 Gauss 在 1825 年论保形映射的获奖论文. 无论如何这后一工作对 Riemann 的基本思想极其重要, 下面我们要来简短地谈一谈.

获奖论文的题目是 *Allgemeine Auflösung der Aufgabe: Die Theile einer gegebenen Fläche so abzubilden, dass die Abbildung dem Abgebildeten in den kleinsten Theilen ähnlich wird*② (下述问题的一般解: 将已给曲面的一部分做这样的映射, 使得其映像与被映射的部分在极小部分上相似). Riemann 首先在做学生的时候就找过这篇文章而没有找到. 他在 Göttingen 的图书馆也没有找到, 而为了送审直接向 Gauss 要一份样本, 这在今天是不言自明的事, 他也不想这样做. 经过长时期的寻求之后他终于在柏林找到了一份样本. 该文处理的是曲面映射, 而按照 Gauss 可以用平面来表示复数, 于是如果把一个复变函数理解为平面的两块之间的映射, Riemann 就可以由此建立起这个理论.

在 Riemann 来看这是他第一次坚持前后一贯地将函数理解为映射来应用, 稍后就一般地这样做了. 并且复变函数的可微性的意义就与其映射为保形 (保角, 在极小部分相似) 的意义是一样的. Gauss 为了构造这种映射用了复数, 但是要迈向复变函数理论的这一步还看不出来. 重要的一步是要洞悉到, 必须满足

---

①关于这方面请见: Otto Volk, Astronomie und Geodäsie bei C. F. Gauss (C. F. Gauss 与天文学和大地测量学). 在: C. F. Gauss—Leben und Werk (C. F. Gauss 的生平与工作). Hsg. Hans Reichardt, Berlin 1960. 对这里特别请参阅 S. 216.

②关于这方面以及下述, 见 L. S. 81f.

Cauchy-Riemann 微分方程. 这样称呼这个方程是对的, 因为 Cauchy 在 1851 年初就在《巴黎科学院通报》(Pariser Comptes rendus) 上发表了复变函数可微性的特征性质, 而这是 Riemann 知道的, 但是他没有提到这一点, 因为他在柏林就知道了这个结果, 因而是独立于 Cauchy 的. 当在 1865 年他的学生 Prym 在 Pisa 去拜访他, 并且问到他的博士论文的思想来源时, 对此他是这样说的, 他当时是想把函数开拓到该函数的级数展开仍然收敛的区域中去. 可能由此他得到了这样的认识, 这就是偏微分方程, 这一点得到了 Dirichlet 的强烈支持.①

在柏林 Riemann 还与 Dirichlet 的讲课有特别紧密的联系.

我们知道, 在 Riemann 最重要的研究领域复变函数理论中, Gauss 的影响不是什么秘密, 但是可以完全证实的是, Riemann 一开始就应用了在那时还不怎么普及的 Gauss 的复数平面和映射的概念, 而且甚至还有共形映射的几何性质. 对微分方程作用的洞识是他个人的一个成就, 引进 Riemann 球面来推广复数平面显示出 Riemann 的原创能力. 而由这组微分方程所给出的与势论的联系, 这个可能是 Gauss 没有抓住的, 但是 Riemann 可能在柏林时就已经注意到了, 他在那里听过 Dirichlet 讲势论, 后来还从 Dirichlet 那里知道了他所称呼的变分原理. 这些 Gauss 早就已经知道.

此外, Riemann 谈到过很少的他与 Gauss 在家里的接触, 但是对其工作结果的反映在信中什么也没有. Gauss 在他的论文中发现什么新的和有趣的东西了吗? 他鼓励过这个年轻的学者做进一步的研究, 甚至为此提出过什么建议吗? 如果 Gauss 的确有与之类似的思想, 而又没有精力来对此亲自研究, 后一种推测是很有可能的.

就是系里所给的专家评定实际上也不是十分有利的. 在文献中多半认为是有多么的高, 可是我们还是把它介绍在这里, 让大家用评判的眼光来读一下:

"由 Riemann 先生所提交的论文有力地证明了, 作者在他所研究的对象的领域内, 做了基本的和深入的研究; 作者是一个勤奋的数学研究人才, 具有值得称道的高产能力和自觉性. 报告考虑周到, 简明扼要, 局部上本身是流畅的; 大部分读者很可能还希望在有些部分有更大的可读性. 总的来说是一篇精美的、有价值的论文, 它不仅完全满足对取得博士学位的普遍要求, 而且远远超过了它."

大家都承认, 这篇论文远远超过了通常的博士学位论文的水平. 实际上那时这样的一篇论文不必包含科学上的新东西. 特别是两年之后 Gauss 在对 Dedekind 的博士论文评审时就没有表示出多大的科学上的兴趣. 还没有这样的毕业论文, 也没有谁不在教师工作中, 在取得了大学毕业文凭之后, 还愿意只差取得博士资格. 人们期待 Gauss 能够不仅是写一句 "具有值得称道的自觉性", 而且也同意在内容上有重大的革新. 关于这一点常常可以从系里的成员, 至少是从 Wilhelm

---

①见 L. S. 83–86.

Weber 那里, 得到一些数学方面的细节.

不错, Riemann 的论文是一份纲领性的文件, 其中新的结论只是部分做了证明, 有的还只是点到为止. 许多地方未作计算, 而只是用文字表述了一下新的概念的引出. 这不是 Gauss 的风格. 但是 Gauss 必定认识到了, Riemann 曲面、拓扑关系、通过相关联的 Riemann 面的封闭性 (紧致性) 表征代数函数等这样一些新概念具有深远的意义. 自然, Riemann 本人还要花六年的时间, 直至在其 1857 年的伟大论文中才提供了这个证据. 博士论文在一个特殊的领域远远超出了 "很深刻的研究"; 专家鉴定是这样讲的, 似乎 Riemann 只是讲了一些已知的东西, 而且还只有 "一部分写得流畅". Riemann 奠定了一个新的领域的基础, 他创造了新的概念, 并且成功地找到了为此所需要的新的语言.

这些在专家鉴定中都没有得到承认. 数学史家对 Gauss 有根据的高度赞赏至今还持保留态度, 清楚地表述了这种批判.

4　到取得大学任职资格为止的时期

Riemann 在被授予博士学位的过程中就没有隐瞒, 他有做高校教师的愿望. 系主任 Ewald 知道这一点, 他于 1851 年 11 月 15 日在博士学位申请书上写道, 该生为后补博士, 有意进入大学工作, 应准备优良的拉丁文: "在申请书和履历表中拉丁文均不够熟练, 几乎不能过关." 在 Riemann 于 11 月 24 日提出 "豁免为取得博士头衔所必需的答辩" 的请求之后, Gauss 简短地指出, Riemann 马上就要成为无薪讲师, 因此人们坚持 "不经过答辩就不能按照规定授予博士学位".

另外, 从档案也看不出来安排在 1851 年 12 月 16 日的答辩是否实施以及是如何实施的. 很可能是 Wilhelm Weber, 他总是支持 Riemann, 做了这样的安排: "在当前的情况下, 我发现已经有了不必做答辩这样的想法, 因为在候补者的赞助者中没有一个人反对, 系里也找不出反对的人. 这一困境很容易打破."

不管怎么说, Riemann 还是在 12 月 3 日之后的 12 月 16 日取得了哲学博士的学位. Dedekind 在他撰写的《Riemann 生平》一文中就是这样写的. Riemann 在给他父亲的信中写道, 他的前景已经有可能得到显著的改善, 他还要为他所导致的持续的费用表示歉意, 并为不打算寻求在天文观测台所空出的观测员的位置表示惋惜. 我们又在这里验证了 Wilhelm Weber 的说法, 正如 Dedekind 所写的: Gauss 本人并不希望 Riemann 去取得这个位置. 按照 Weber 的说法, Gauss "那时已经对 Riemann 在科学上的意义有这样高的看法, 以致担心, 由这个位置所消耗的大量时间和带来的杂七杂八的事务会使他大大地偏离他本人擅长的研究领域". Weber 在 Gauss 去世后, 每当向政府方面和大学当局寻求资助时总是会再次以极高的评价对 Riemann 做出推荐. 遗憾的是 Gauss 的对其博士学位的授予和任职资格试讲的评价的书面的专家鉴定我们不得而知.

现在已经 26 岁的 Bernhard Riemann 长期依靠父亲的支持, 因此实际上成了家庭方面的负担. 他在取得博士学位后立即在给父亲的信中写道, 一旦他的任职资格论文完成后, 在他的任职的路上就不会有什么障碍了. 但是这还不是马上就会来到的.

最后在 1853 年提交的任职资格论文 "论函数的三角级数表示" 看来与 Gauss 的工作相距甚远. 它与 Dirichlet 在 1829 年的著名的工作有关, 后者在 1852 年秋在 Göttingen 滞留多日时给 Riemann 写此文出过不少主意. 该文, 由于 Riemann 在其中引进了以其名字命名的积分的概念, 以及在其中对不连续函数的讨论, 对后来有重要的影响. 但是它们离明显的 Riemann 思想方式还相当远, 对于他来说这只不过是承担起一桩职务练习. 它在 1868 年 Riemann 去世后才由 Dedekind 发表. Riemann 对在其中所谈论的范围内的问题, 以后再也没有涉及过.

Gauss 对其任职资格论文是这样写的: "所提交的论文包含了如此之多的精细知识的证明、准确的判断和自觉的本事, 使得他能完成其目的. 在所有应试论文中我提议给予第三名."

正如对博士论文一样, Gauss 对任职资格论文也只讲了简短的几句话.

对于所提出的第三篇讲演的题目 "论奠定几何学基础的假设", 他立即感兴趣. 他尽其可能以为它是谈平行公理的, 这也是他一生尽力研究过的问题, 尽管没有公开. 但是结果完全不同.

Dedekind 指出: "Gauss 一反通常的从所提交的三个题目中选第一个的习惯, 而是选了其中的第三个, 因为他迫切希望听到一个年轻人对这么难的论题会怎么处理; 现在他认为讲演超出了他的全部期待, 带着巨大的惊讶, 他在从系会议室返回的途中以最高的认可和以在他来说少有的激动, 对 Wilhelm Weber 谈到 Riemann 所提出思想的深刻程度."

但是在文献中被一再重温的这一表述, 还需要加以批判的审视. 正如 Dedekind 在 1876 年写道, 他自己曾在 Zürich 和 Braunschweig 的高等工业大学学习过, 并没有取得博士学位和任职资格的权利. 对此他这样解释, 他采用 "一反通常的习惯" 这样的表述, 这是按照惯例. 就是在今天我们仍然认真取三篇讲演, 而且根据我四十年的经验, 偏离这种顺序并不少见. 在 Riemann 的情况中, Gauss 取第三个题目几乎是不可避免的. 第一个题目几乎不在话下, 因为它已经被一篇论文中的一部分所覆盖了, 这篇论文就是 "关于用三角级数表示一个函数可能性问题的历史". 第二个题目 "论两个未知量的两个二次方程的求解" 看起来又太简单了.

正如向他父亲所汇报的, Riemann 在 1853 年 12 月初就向系里提出了他的博士学位的申请, 并在复活节后的两周才开始准备第三个题目. 准备工作在降灵节临近时得以完全成. 而且, 由于 Gauss 的生病一切都有要拖到 8 月去的危险, 由于 Riemann 的执拗, 这很快得到了解决. Riemann 写道: "他 [Gauss] 在我的一再请求下, '为使事情解套', 在降灵节后的星期五突然决定, 在次日 11 点半召开全系大会, 因此我在星期天的晚上一点左右非常高兴地做好了准备."

现在我们来谈谈讲演的内容. 他要谈的涉及哲学、几何和物理.[①] 它所引入的后来称为 Riemann 几何的内容, 实际上是 19 世纪意义最深远的成就, 也是对由 Gauss 所开辟的思想的进一步的发展和完善.

5　Riemann 几何

Riemann 的出发点是 Gauss 在 1828 年提出的曲面理论. 按照 Pythagoras 定理, 两点之间的距离在直角坐标系中可以写为坐标差的平方和. 弯曲的曲面在无限小的范围内是欧氏的, 因此一般来说这一点只有在两个无限邻近的点之间才成立. 在任意的曲面坐标系中, 弧长线元是坐标微分的一个二次形式, 而 Riemann 把这一形式推广到了一般的 n 维流形.

对 Gauss 思想的描述与旧的理解相比新颖之处在于, Riemann 认为有某些几何内容仅仅由在这个曲面内部的长度度量的二次形式所决定, 由此构造了一个 "内蕴几何", 它与在三维空间中的嵌入形式无关. 属于这种度量的有: 夹角和面积、曲面上的曲线成为曲面上任两点之间最短连线的性质以及由 Gauss 引入的某种曲率量. 对于这些 Riemann 是这样来描述的, "在它乘以在该处由短程线所构成的无限小的三角形面积之后, 就等于这个三角形的三内角之和超出两个直角和部分的一半与半径之比".

Riemann 接着指出, 对曲率度量采取这样的理解可以用到他的 n 维流形中由通过已给定点的短程线所张成的二维子流形上. 这样的曲率度量是这个点和在该处的二维曲面方向的函数.

Riemann 讨论了在其中曲率度量为常数的空间. 在其中允许 "图形移动而不会被拉伸", 叠合在其中的意义和在普通几何中一样. 如果曲率度量在其中处处为零, 那么我们也会有 "方向与地点的无关性", 这时就可以讲平行性, 这时的几何就是欧几里得几何.

至于 Gauss 自己对平行性问题有热烈的兴趣并且创造了一种非欧几何这一点, Riemann 则是根本不知道. 当然 Riemann 是有可能知道非欧几何发现者之一 Lobachevskiĭ 的研究工作的. 在 Göttingen 大学图书馆中有他借阅 1840 年在柏林出版的小册子《平行线理论》以及刊于 Crelles Journal 杂志第 17 卷 (1837

①对讲演的详细讨论见 L., 第 3 章和第 4 章.

年) 上的论文 *Géométrie imaginaire* (虚几何) 的记录. E. Scholz 曾指出, Riemann 在 1854 年 2 月 15 日借出过这一卷.[①]

流形概念的得出, Riemann 得力于, 除了 Herbart 之外, 还有 Gauss, 甚至是 "发表在《Göttingen 学术通报》以及在它的周年纪念册中的关于二次余式的第二篇论文中的极简短的提示 ……". 在 1849 年出的最后一本纪念册使人想起 1799 年的博士论文, 而且 Gauss 含糊地指出: "整个论证的本质内容在根本上属于一个高级的、与空间无关的普遍的抽象量, 它的对象是连续地连通的数量组, 一个领域, 当下还很少有建树, 并且在没有从空间图形借来语言时人们也在其中动弹不得."

Gauss 在 1850/1851 冬季学期在讲最小二乘法时就提到过多维流形的思想, 并在那里提示过一般度量. Riemann 可能通过某个学生对此有所获悉.

总之可以这样说: 为构建 Riemann 几何的所有必需的建筑材料, 在 Gauss 那里都可以找到. 因此由 Weber 所讲到的, 他之所以那样地激动的原因就是由于他没能走向报告所指出的这个几何方向. 稍后我们还将深入讨论另一部分. 在此我们还要指出一个没有解决的问题. Riemann 讲到, 系大会从 11 点半持续到 1 点. 但是讲演本身通常只需 45 分钟. 那么还可能发生了什么事呢? 为什么 Dedekind 从 Weber 那里所听到的, 除了 Gauss 在回家的路上所讲的那一段, 就没有别的了呢?

讲演的文本后来在 1868 年发表, 自然也出现在 1876 年以后的全集各个版中, 放在一起的还有 Riemann 于 1861 年 7 月 1 日提交的应征巴黎科学院悬赏的论文.[②] 这篇文章处理的甚至是温度分布, 但是与在就职试讲所做的一样, 对二次形式的曲率理论只做了部分上第二位的 (*Pars secunda*) 计算. 我们可以把二次微分形式看成是一个从我们的直观所提升出来的一般的 n 维空间中弧长的平方. 还必须强调指出, 这个方法要归结到 Gauss 的曲面理论. 编者在一条脚注中指出, Riemann 考虑过对这一课题做详细的阐述, 但是由于他的健康状态不佳而被搁置. 因此这会与就职试讲不同, 会为 "Riemann 的" 几何做出更多的工作.

在 Felix Klein 的 1872 年的 "Erlangen 纲领" 中没有 Riemann 几何的位置. 不过后来定常曲率空间也在这个局限的体系中有了一席之地, 结果定常正曲率空间还长时间在一个更大的范围内被称为 Riemann 非欧空间, 以区别于 Gauss-

---

①L. 224; E. Scholz, Riemanns frühe Notizen zum Mannigfaltigkeitsbegriff und zu den Grundlagen der Geometrie. (Riemann 对流形概念和几何基础的早期笔记). Archive for History of Exact Sciences 27 (1892), 213–232.

②对试图回答最著名的巴黎科学院所提出问题的数学评述. 《Riemann 全集》德文版第 391–404 页, 中译本第二卷第 XXII 篇. 置于论文前面的格言 (Et his principiis via sternitur ad majora (从这些原理出发, 方法就扩展到更大的范围)) 与 Gauss 放在谈共形映论文前的完全一样.

Bolyai-Lobachevskiĭ 非欧空间 (定常负曲率空间).

6　物　理　学

　　Gauss 在他生命的晚期把时间主要用在了物理上, 多数是与 Wilhelm Weber 紧密合作. Riemann 从柏林回来后也与此有紧密的联系. 他还参加实验, 并且负责照管数学物理讲习班. 他从 Weber 那里了解到很多 Gauss 在这方面的观点.

　　由 Riemann 自己送去发表的新论文中, 有四篇是涉及对物理学的研究的, 而且由 Riemann 预告要开的课程有大约一半是讲数学物理的. 他在 1854/1855 冬季学期就开了数学物理中的偏微分方程的课, 后来又多次重复开过弹性理论、电学与磁学、高等力学、引力的数学理论. 从这些授课产生出好几本书籍, 都长期被采用.[①]

　　这里我们必须来谈一谈有关 Gauss 的工作. 首先要谈的是在电学与磁学方面的工作. 在 1853 年 12 月 28 日 Riemann 在给他弟弟的信中这样写道: "我另一个有关电学、流电学、光学和引力理论之间的关系方面的研究, 也在我的就职试讲稿完成后就立即再次启动, 而且已经达到了这样的程度, 可以不用考虑以这种形式送去发表. 但是我也知道, 多年来 Gauss 也在这方面做过工作, 而且有好几个朋友, 其中有 Weber, 在 Siegel 的保密下共同研究这些东西. —— 我希望, 现在得到大家承认还不太迟, 这些东西完全是我独立发现的."

　　这些东西, Riemann 当时还没有发表, 对他来说是如此重要, 以致他为此把就职演说的文稿的准备都推迟到复活节之后. 但是这些在试讲之后仍然流于含义不清的一种暗示, 对此 Riemann 是这样说的, 还必须寻求 "在其中作用着连接力的" 空间的 "度量 (Massverhältnisse) 的基础". 很可能就是这个意思对 Gauss 来说是一种全新的观点, 是促使他在听了试讲后产生激动的原因. 在 Riemann 给他弟弟的信中引力 (Gravitation) 和电磁现象被认为是同一种气息 —— 这样一种统一场的理论虽然经过许多人的研究至今仍然没有找到.

　　Riemann 从 Weber 那里学到了些什么呢? 有一封 Gauss 于 1845 年写给 Weber 的信, 其中对尚未得出的两个点电荷之间的静电力是这样说的, "如果它们在运动的话, [这个公式] 还没得出来". 接着 Gauss 明确地指出, 这种力依赖于一种 "非瞬时的、(与光的传播方式相似的) 在时间中传播的作用".

　　[①]首先有: B. Riemann, Partielle Differentialgleichungen und deren Anwendung auf physikalische Fragen (偏微分方程及其对物理问题的应用); Bernhard Riemann 的讲义, K. Hattendorff 加工和编辑, Vieweg, Braunschweig 1896. 第三版, Braunschweig 1882, 后来的版本由 Heinrich Weber 做了修改和很大的扩充. Schwere, Elektricität und Magnetismus (引力、电与磁). 由 Karl Hattendorff 根据 Bernhard Riemann 的讲课加工而成. Rümpler, Hannover, 1876.

Weber 是一个超距作用的支持者, 因而相信传播速度为无限的瞬时作用, 在 Riemann 看来其所持意见是与 Gauss 的意见对立的. Riemann 在他的 1857 年的论文 "对电动力学的一个贡献" 中这样写道: "我已经发现, 如果我们假设电荷对其他电荷的作用不是瞬时发生的, 而是以一个定常的 (在观察误差的范围内等于光速的) 速度传播到后者的, 电池电流的电动力的作用就可以得到解释. 电力传播的微分方程, 按照这个假设, 与光即热辐射的传播的方程一样." (在这里没有提到引力.)

Riemann 的观点通过讲义得到了持续的传播. 在 1904 年狭义相对论出现的前夕, 由 R. Reiff 和 A. Sommerfeld 为百科全书所撰写的条目有一节是讲 "超距作用观点、基本规律"[1] 的发展史的. 在 60 页的篇幅里有整整 7 页是讲 Riemann 的. 在讲 Gauss 和 Riemann 的小节中是这样讲的: "当 Weber 坚持不懈地捍卫超距作用的观点时, 与他有直接接触的周围这些人, 他的老师 Gauss, 他的学生 Riemann, 形成了一股逆流." 这两位作者还提出, 所述 Riemann 的工作可以说是 Maxwell 工作的先导, 而且 "新电子论" 也可归结到由 Riemann 给出的 (推迟) 基本势.

遗憾的是论文由于对理论没有什么影响的计算错误而未能及时发表. 它在 1867 年才刊行, 而 Maxwell 在 1865 年已经发表了更全面的工作: *A Dynamical Theory of the Electromagnetic Field* (电磁场的动力理论).

7 论素数分布

1849 年 Gauss 在给 Encke 的信中写道, 他在 1792 年或 1793 年就已经在从事素数分布的研究. 这种分布看起来, 就整个自然数来说很没有规则, 但是在中部它们的分布常常是很稀薄的. 至于它有无限多这一点, Euclid 就已经知道了. Gauss 在年轻时就猜想过, 素数分布的 "密度" 等于对数的倒数. 可以不怎么严格地说, 整数 n 为素数的概率 (对于很大的 n) 大约为 $1/\log n$. 这个猜测 Gauss 曾在各种不同的数列段中通过计数一再得到支持. 至于 Legendre, 他的数论的书 Riemann 在高中的时候就读过, 在 1798 年猜测过一个类似的公式, Gauss 没有注意到. 经典的数论方法所给出的证明似乎不够充分.

1859 年, 在他被柏林科学院聘任之后, Riemann 提交了一篇只有 8 个印刷页的内容广泛的论文: *Über die Anzahl der Primzahlen unter einer gegebenen Grösse* (论小于给定数值的素数个数).[2] 甚至 Euler 就在数论中引进了解析方法的萌芽, 它在后来的应用中按照 Riemann 的叫法称为 θ 函数, Dirichlet 将它的更一般的

---

[1] 详见 L. 263–266.

[2] 关于本文, 它的史前史和后续发展, 见 L. 164–181.

级数应用于数论研究, 但是 Riemann 的工作奠定了这个从此以后非常有力的复分析方法 (今天人们把它称为解析数论) 的基础. Riemann 在这里所需要做的, 不是像在 Riemann 曲面那里那样的本质上的创新, 而 "仅仅" 是 Cauchy 的函数理论, 以及在有一处需要用到 Fourier 逆变公式. 但是对这个解析技巧的运用, 在有关遗著片段中也有, 技巧是特别高超的. Riemann 获得了, 或者说引导出了素数的一个显式表达式. 所谓的素数定理, 正如人们把它归之于 Gauss 的猜测, 它的完全证明, 后来在进一步完善了的 Riemann 方法的基础上同时由 Hadamard 和 de la Vallée-Poussin 获得了.

在 Riemann 的工作中还有经常被提到的、至今仍未解决的问题: 关于 θ 函数的复零点的 Riemann 猜想.

1859 年对于 Riemann 来说是他职业上的一个顶点. 他作为 Dirichlet 的后继者坐上了以前 Gauss 的正教授的位置, 他开了许多富有成果的讲座, 他成了柏林科学院和 Göttingen 科学协会的成员, 尤其是他以其数论中独一无二的工作在他的两位尊敬的老师和职务上的前任的工作领域内开创了新的局面.

8　作为概念中的思想的数学①

Hans Freudenthal 在其 Riemann 小传中这样写道: "一个所有时代中最深刻和最有想象力的数学家, 他对哲学有强烈的倾向, 实际上他就是一个伟大的哲学家."

在这里我们打算来谈一谈 Gauss 与 Riemann 之间最引人瞩目的差别. Gauss 在青年时代受到 Euler 及其在数学上计算性的思维方式的强烈影响. 这种思维方式这时在很多问题中会碰到它的极限, 所需的计算量太大了. Riemann 这时似乎经常倾向于做哲学的思考, 在 1850 年左右他在 Herbart 的哲学中找到了适合他的激励: 按照 Herbart, 那在个别科学中的哲学能发挥出趋向方法性的作用和达到概念中的思想 (Denken in Begriffen).

Riemann 在开始写他的论几何的就职试讲时, 在 Herbart 的启示下, 完全意识到这种哲学思考. 他引进流形, 不仅只依靠给定坐标数值, 这和 Gauss 在论 "量的组合" 时是接近的, 而且先从一个等级开始. 首先是有一个概念, 这个概念产生流形. (后来人们把它说成是集合, 但是这并没有包括事情的全部.) "量的概念, 只有在此前存在一个更一般的概念, 它允许有各种不同的具体确定方式时, 才有可能来谈. 按照在这些具体的确定方式从其中一个到另一个的过度连续或否, 它们形成一连续流形或一离散流形; 在前一种情况下这些个别的确定方式就叫作点, 在后一种情况下就叫作该流形的元素." 颜色的概念就产生一个连续流形.

①这个领域内的详细情况见 L. 296ff.

一个概念不仅产生属于它名下的事物 (确定方式) 的集合; 如果这些事物不是分立的, 那么它还隐含了在此流形中的连续关联. 当然接下来就不清楚如何能像在空间中的情况那样得到实数坐标或参数.

在 Riemann 之前就已经有了以概念来思考的成果. 在人们无法证明一奇次实多项式至少具有一个零点之时, Bolzano 在 1817 年以及 Cauchy 在 1821 年, 从连续的概念出发得到了这个证明, 而连续性的概念已不再是像 Leibniz 所理解的那样含糊不清, 而是在数学上已精确化, 从而可用于做证明. Riemann 从可微性的概念以及奇点的概念出发把所有这些推广到了复分析之中.

这个方法的一个成果就是 Riemann 在 1857 年的一篇论文 "对可以用 Gauss 级数 $F(\alpha, \beta, \gamma, x)$ 来表达的函数理论的一个新贡献". 顺便提一下, 这篇论文也表明了, Riemann 是如何仔细地研究过 Gauss 的遗著. 此外他参考了 Gauss (在 1812 年) 的和 Kummer (在 1835 年) 的对这些超几何函数的研究工作. 不再是进一步研究这些函数的级数展开, Riemann 的做法是回归到在复域中相应的微分方程. Riemann 在对该论文的提示中这样自豪地说道: "将 ······ 应用一个方法, 其原理已经在作者的博士论文 (第 20 节) 中讲到过了, 并且通过它能够不用计算就把先前得到的结果得出来."

由概念来证明, 尽可能不用计算, 这就是 Riemann 的信条. 但是这才导致突破性的成果, 就在 19 世纪后期遭遇到了相当大的阻力.

9　连续统与数

对 Gauss, 同样对 Riemann, 连续统, 或者说连续流形, 是事先给定的, 或者说是通过普通概念确定的. Gauss 把通过将复数看成平面上的点来建立复数的基础看成是一种形而上学的事情: "总之, 只要其基础始终处于虚拟中, 这些虚拟量毋宁只能看成像是在等待 (wie geduldet), 并且离与实数量站在同一条线上还很远. 可是对这样一种往后处理 (Zurücksetzung) 还没有什么更多的理由, 也只有在其中注入虚拟量的形而上学的真正的光芒, 并且证明, 这样做就像把负数看成是具有与正数相反的意义一样." Riemann 在他的讲课中追随这种理解, 他是这样说的, 用在平面中的意义作为复数的 "实在性 (Realität)" 一个例子.

已经 23 岁的 Richard Dedekind 在他的于 1854 年 7 月 30 日的就职

试讲中反对这种理解.① 在场的有哲学系的四位教授, 其中有 Gauss 和 Weber. Dedekind 当着证人的面对他的导师 Gauss 说, 迄今为止还没有人为虚数建立了严格的基础! 后来 (1888 年) Dedekind 写道, Gauss 认可这篇讲演的观点. 对于无理数 (他不说实数) 的基础, Dedekind 也表示不满意.

这里就埋下了后来 Dedekind 对此做进一步研究的线索. 他在其 1872 年所撰写论文 *Stetigkeit und irrationale Zahlen* (连续性和无理数) 中这样说, 人们常常说连续变量, 可是却没有人给出过它的严格基础. 这一点他要用他的切割构造来完成. 而且 1888 年在他的论文 *Was sind und was sollen die Zahlen* (数是什么, 又应该是什么) 中, 自然数也不曾是事先给定的, 而是 "人类精神的自由创造". 在他的遗著的一张卡片上有这样一点注记: "在人类精神 …… 至今所创造的全部工具中没有一种能像数的概念这样富有成果, 这样地与其最内在的本质不可分割地联系在一起 …… 每一个思考着的人, 即使他感觉不清晰, 都是一个数字人, 一个算术家." Dedekind 的意思是范式的交换: 数学会被算术化, 此后线性连续系统就与实数有序集等同起来.

Dedekind 还试图为他的朋友 Riemann 的工作建立 "严格" 的基础. 类似于建立代数数论, 他在与 Heinrich Weber 于 1882 年合作的论文 *Theorie der alge-braischen Functionen einer Veränderlichen* (单个变量的代数函数理论) 中, 想把 Riemann 的代数函数的理论从连续变量的瑕疵中解放出来 —— 用我们今天的话来说, 就是他要把其拓扑消除, 或者至少是加以代数化.② 我们可以发现在那里提及并讨论了按 Riemann 的定义之外的许多流形, 它们是由一个函数的零点的阶的概念引出的.

这些流形表明, 在追随 Riemann 之后对线性连续流形还可以设想其他的模型来作实数. 用后来的术语来讲, 这些都是非 Archimedes 的 (nichtarchimedisch), 它们除了包含了实数量之外还包含了无限小和无限大. 这些通过 Dedekind 的切割就将被排除在外.

无限小在 Riemann 那里有时还只是一种说法, 例如, 真要说一个函数是某一阶次的无限小时 (《Riemann 全集》原版 S. 140–141), 或者在当它在零点为单重的假设下进行证明、然后再推广到一般时, 人们就会把双重或多重零点算成两个

---

①Dedekind 妥善保存这份讲演文稿. Emmy Noether 将其发表在《Dedekind 全集》的第 3 卷, 428–438. 至于数在 Dedekind 心中的地位, 见 L. 303ff.

②Johannes Thomae, Abriss einer Theorie der complexen Functionen und der Thetafunctionen einer Veränderlichen. 2. Aufl. (复变函数及单个变量的 θ 函数简介, 第二版), Halle 1873. (对于此处特别见在 S. 9 处的一个长的脚注.) 流形的 Thomae 的例子后来受到了 Georg Cantor 的严厉批评. 关于这次争论见: D. Laugwitz, Debates about infinity in mathematics around 1890: The Cantor-Veronese controversy, its origins and its outcome. Part I: The origins. Preprint Nr. 2008, November 1998, Fachbereich Mathematik, TU Darmstadt.

或多个零点. Gauss 在他的未公开发表的文稿和笔记中就经常采用这种说法, 在评论中也这样用. 这样他从 Poisson 那里得到 "一个由此出现的无限小量的完全分类" (《Gauss 全集》第 Ⅵ 卷, 648), 对法国分析学家常用的表示方式不加批判. 在它的下一节要讲到的用法文写就的论文他本人基本上应用这种无限小. 这里涉及的不仅是一种叙述方式, 而且也涉及思维方式, 在其中他把线性流形看成实数直线那样来做全面处理.

10　三 角 级 数

函数级数在 18 世纪中叶是一个争论的对象, 并且推动了对实分析基础的重新审视. 我们在第 4 节中已经谈到了 Riemann 的就职论文就是涉及这个论题的, 我们愿意在这里就它与 Gauss 之间的关系做一补充.

这个论题在 Gauss 这里只是些次要的东西, 他做了蜻蜓点水式的研究, 而且所做也都是为了他在数值计算的问题的兴趣, 例如尽可能快地收敛、有界, 可是在遗著中还是有一些有趣的痕迹. 1800 年 4 月 27 日的日记本的 Nr. 104 就属于这种. Gauss 在其中写道, 他已经证明了如果一个三角级数的系数形成一单调的零序列, 则此三角级数就会收敛. 在 19 世纪的前几十年内, 这个级数在数学物理中很重要. 由于得到了 Fourier 级数系数的 Fourier 积分公式, 人们可以将每一个可积函数与 Fourier 级数对应起来. (Riemann 的新的积分概念就是由这些系数表达式启发得来的.)

于是就出现了这样的问题: 属于一个 (比如是连续的) 函数的 Fourier 级数, 真的能表示这个函数吗? 或者说, 真的能收敛到这个函数吗? Gauss 在 1815 年左右研究了这个问题. 在他的遗著中人们发现了简单地用法文写成的几页, 猜想是他研究谷神星的扰动的副产品.[①] 这可能是 Gauss 应征巴黎悬赏征文而写, 可是他后来并没有参与. 证明的探索是有趣的, 但是在一个关键的地方不够令人信服, 就是在最后的地方把一个无限小量设为零, 而这在无限级数不是直接允许的 (无限多个无限小量之和不一定是无限小, 再说这也是 Poisson 在一个有关的证明中犯过的错误).

几乎在 40 年之后, 当 Dirichlet 在 1852 年的秋季跟他谈到这个问题时, Gauss 并没有谈到他早年的想法. Dirichlet 在 1853 年 2 月 20 日的一封信[②] 中再次回想到这次谈话, 并且指出, 我们可以认可这个定理是对的, 只要我们 "忽略某些完全特殊的情况". 反例首先由 du Bois-Reymond 发现, 而且在某种意义下还是

[①]《Gauss 全集》, 第 Ⅶ 卷, 470–472. 还可参阅 D. Laugwitz, Grundlagen der Analysis bei C. F. Gauss, I. Trigonometrische Reihen. Mathematische Semesterberichte 36 (1989), 159–174.

[②] 收在《Dirichlet 全集》, 第 2 卷 (1897), 383.

Riemann 在任职论文中提出的情况. Dirichlet 在 1829 年的证明包括了逐段光滑的有界函数类. 它是在 Dirichlet 在巴黎滞留多年之后得出的, 这期间 Dirichlet 与 Fourier 有紧密的接触, 在后者的 *Théorie analytique de la chaleur* (热的解析理论) 中可以找到证明提要. 正如 Riemann 所表示的, 对 "所有在自然中出现的函数" 这个问题已经被 Dirichlet 解决了.

在 Riemann 的任职资格论文中的主要问题是一个逆问题: "如果一个函数可以用三角级数来表示, 那么由此能够得出它的走向吗? 能够得出它的数值随其自变量的连续变化而变化吗?" Riemann 没有找到一个令人满意的答复, 这个问题今天仍摆在那里. Riemann 似乎再也没有回到这个实分析的问题上来, 显然也没有考虑发表这方面的东西. 因为他的全集的编者 Dedekind 就其论几何基础的讲演对 Riemann 的意向未作任何补充说明, 而对就职论文却写道, 作者 "看来没有考虑将它发表".

此外该文还含有一份各个结果的总汇, 它们并不全都与这个论题直接有关. 但是这些在 1868 年蓬勃的研究发表之后又被重新唤起. 我们来简短地提一下, 因为它们是 Gauss 与 Riemann 差别的基础, 这一点 Carl Ludwig Siegel 是这样总结的:[1]

"数学的变异从 Riemann, Dedekind 和 Cantor 的观念开始, 受到 Euler, Lagrange 和 Gauss 等人踏实稳健的精神的越来越大的压制."

Cantor 除了提出集合论之外也在三角级数里发现了问题, 也是为了对 Riemann 留下没有解决的问题做出澄清, 并且按照 Siegel 的思路, 我们来提一下两个范围内的问题.

第一个涉及所谓的病态函数, 这种函数与我们原先的经典函数概念有完全不同的行为. 作为在他的新的意义下可积函数的一个例子, Riemann 给出了一个有界的周期函数, 它在小之又小的小区间内有无限多个跳跃点. 在 1870 年 3 月 6 日 Hermann Hankel 发表了一篇论文, 他在其中系统地构造了一些病态函数.[2] 他明确地指出: "我要感谢 Riemann, 主要是他的论文激起了我做此研究, 特别是他论三角级数的光辉的 (!) 论文, 在它出现之后, 对这个问题的研究就没有什么好说的了 ……"

紧接其后就直接产生了专门制造病态函数的工业, 这当然会受到真正重要的

---

[1]给 André Weil 的信, 1959. 此外 Siegel 在 1932 年整理发表 Riemann 在 θ 函数方面的遗著时突出地赞扬了它在解析技巧上的惊人的价值, 在其中可以看到他相对于 Gauss 和 Cauchy 的进步. Siegel 多多少少不接受 Riemann 概念性的思想. 资料来源见 L. 11.

[2]H. Hankel, Untersuchungen über die unendlich oft oscillierenden und unstetigen Functionen (对无限多次振荡的不连续函数的研究), 可从后来的 Mathematische Annalen 20 (1882), 63–112 中获得, 还可见 Ostwalds Klassikern. 正如人们所看到的, 这一依葫芦画瓢式的著作曾作为 Riemann 的论文广为流传!

分析学家们的厌恶. 与 Riemann 有关的自始至终有意义的例子直至最近作为自成一类的研究对象被误用了, 而且这既没有历史意义, 也没有什么数学兴趣. 人们用例子来圈定所讨论概念的范围, 这没有什么好提出异议的, 是不言而喻的事, 这在 Riemann 本人那里就遇到过. 但是权威自会有人高攀, 为的是分享他们的光辉.[①]

第二个范围内的问题有非常有趣的历史, 因为 Riemann 本人在他的讲课中提到过, 这里通过了一个 "在对数学中的无限的理解的转折点". 关于针对这方面的一个基本讨论, 我要提到我的书, 它的副标题看得出是以 Riemann 的表述为榜样的. 这里只要讲一个例子就够了, 尽管单独看起来它显得很肤浅: 有一个事实 Riemann 经常把它当作定理来引用, 这就是, 一个条件收敛的级数其值会随各项的重排而改变. 对此理解的转折点就在于, 对于 Euler, Lagrange 和 Gauss 来说, 一个无穷级数就是按自身排好了的级数, 一个 "重排的" 级数是另一个级数, 从而有另一个和值就没有什么好奇怪的. Riemann 就是在这里舍弃了旧的观点, 认为分析的对象就是表达式. 这里涉及 Riemann 避开对无限小和无限大的使用, 就像 Euler, 还有像 Gauss 在世时那样, 这里就不再多谈了.

Riemann 在世时, 对他的数学人们只知道复分析. 曾经于 1860 年前后在柏林学习过的 Leo Königsberger 在 1919 年这样回忆道, 在某种意义下, 这与 Siegel 的判断一致: "我们这些年轻的数学家那时都有这样的感觉, 似乎 Riemann 的直观和方法不再属于 Euler, Lagrange, Gauss, Jacobi, Dirichlet 等人的数学 ……"[②]

11　补　　充

我们对 Riemann 与 Gauss 之间的关系的论述肯定还是不完全的. Riemann 的遗著, 尽管还不是全部, 也还没有完全整理出来. 正如 Schappacher[③] 所指出的, 解读这些遗著要花的力气也许不亚于证明 Riemann 猜想. 首先是在档案中的一些未知的信件和文档大约在 20 年前已经被 E. Neuenschwander 搜索出来了, 还有待于发表.[④] 关于这方面我们还可以考虑到一些细节, 在对那些 Gauss 曾经研究过的许多问题的进一步研究以及在对其科学遗产的翻新加工中, Riemann 是如何把 Gauss 的遗产与其他的一些放在一起来处理的.

[①]另一个惊人的例子是 Weierstrass 的处处不可微分而又连续的函数的三角级数. 世上有这样的谣传, 说 Riemann 在讲课中讲过一个类似的例子.

[②]Leo Königsberger, Mein Leben (我的生活), Heidelberg 1919, S. 54. Königsberger (1837—1921) 是 Weierstrass 的学生. 值得注意的是他的论 H. v. Helmholtz 等传记作品.

[③]Nobert Schappacher, Mathematische Semesterberichte 45 (1998), S. 254.

[④]E. Neuenschwander, Studies in the history of complex function theory, Bulletin of American Mathematical Society 5 (1981), 87–105.

　　关于这方面 K. H. Wiederkehr 在 1990 年发表了 Riemann 给 Wilhelm Weber 的一封信, 那是 1864 年 5 月 3 日在 Pisa 写就的.① 从这里我们看到, Riemann 在准备遗著中的椭圆函数部分时是打算和希望能够为出版而准备的. 由于他的病情, 他意识到这已不大可能了: "要是我还能活着, 事情会是另一个样子." 对于理解下面的意见很重要: "按照我的意见, 在 Gauss 的这些遗产中有很多特别有趣的东西, 也有很多十分有教益的东西, 可以让我们认识到 Gauss 研究椭圆函数的实际过程, 而且一旦我正确地理解了它们之后, 我也就认识到, 这也是您和 Dirichlet 的意见." Riemann 对 Gauss 研究的这一重要的对象的想法没有在论文中反映出来, 而这是与他本人的主要研究领域紧密相连的.

12　结　束　语

　　总之我们可以这样说, Riemann 在许多问题的提出上, 主要是受到了 Gauss 著作的启发, 并将其做进一步的发展. 这一点首先对流形的概念以及对内蕴几何就是如此, 由此将映射概念作为分析的基础, 还有用二次微分形式作为规定流形的度量也都是如此. 在复变函数理论中, Gauss 几乎没有在这上面发表过任何东西, Riemann 在整个思想方式上和 Gauss 的思想是一致的. 可是 Riemann 曲面的思想在 Gauss 未发表过的文献中却没有任何榜样.

　　还有在更边沿上的问题就是素数的分布, Riemann 在素数的计数上也多有赖于 Gauss. 然而在 Legendre 的书中就有对素数分布密度的猜测, 这本书 Riemann 在做中学生时就读过, 他还在 Chebyshev 那里发现了很好的估值公式.

　　在许多物理方面的工作, 特别是在电学和磁学方面, Gauss 的影响是显而易见的, 并且不论是在出版上, 还是在对中间人 Wilhelm Weber 的作用上, 也都是如此. 这里来自 Dirichlet 方面的激励也起了重要的作用, 在对三角级数以及对素数研究这些更广范围内的工作亦然.

　　Riemann 比 Gauss 几乎年轻了 50 岁, 对 Gauss 的影响, 在后者还在可感受的年纪不会无动于衷. 在这方面有 Riemann 对哲学思考的开阔胸怀. 这就解释了由 Königsberger 和 Siegel 所复述的印象: Riemann 开始了一个新时代.

　　青年 Gauss 首先是向 Euler、还有就是向 Newton 学习, 在他们那里处于分析中首要地位的就是解析表达式, 而证明方法主要就是项的变换 (Termumformung). Riemann 早就认识到, 这种形式的分析已经走到尽头了, 他要他的思想在概念上有所超越. 正如 Gauss 已经预先看到了的那样, 人们在应用流形的概念

---

　　①Karl Heinrich Wiederkehr, Freunde und Förderer Bernhard Riemanns. Zwei Briefe aus seinen letzten Lebensjahren. Mitteilungen Nr. 27 der Gauss-Gesellschaft Göttingen (1990), 75–85. [见本书附录 VII. —— 中译者注]

时 "要使用从空间借来的语言". 这个由 Riemann 新创造的术语再与项的变换的老方法结合在一起造成一种缺乏 "严谨的" 印象. 当 Klein 把 Riemann 这种概念性思考称为用直观来研究的方法时, 他就更加强了这种印象.

类似于经典几何主要是研究图形和确定作图方法, Gauss, Bolyai 和 Lobachevskiĭ 的非欧几何也完全是这个模式. 对 Riemann 来说这没有什么刺激. 对他来说, 几何学就是流形学, 和分析完全一样. 从后者中我们也能找到他对数论的思想.

这种流形的思想一直延续到下一个世纪, 直至 "抽象的" 流形, 即剥去了表观的几何外衣的流形概念出现为止. [对于这个抽象的流形概念] 首先要提到的就是 Hermann Weyl 在 1913 年的 *Die Idee der Riemannschen Fläche* (Riemann 曲面的概念) 一书. Weyl 比 Riemann 差不多小了 70 岁.

Weyl 也与 Poincaré 和 Brouwer, 以及在现代还有 R. Thom 等人一样, 想把直观的连续统打造成为数学的一个组成部分.[1]

紧接着 Riemann 之后, 在 Dedekind 和 Cantor 那里, 算术化的连续统成了祭品. 对 Gauss 和 Riemann, 正如我们已经指出的, 连续流形是直接给出的, 与数无关.

---

[1] Hermann Weyl, Das Kontinuum, Leipzig 1918; L. E. J. Brouwer, Die Struktur des Kontinuums, Wien 1928; René Thom, L'Antériorité du Continu sur le Discret, in Le Labyrinthe du Continu, J.-M. Salanskis et H. Sinaceur (Eds.), Springer Verlag, Paris 1992 (mit weiteren einschlägigen Beiträgen in diesem Band). Zu Poincaré besonders: E. Scholz, Geschichte des Mannigfaltigkeitsbegriffs von Riemann bis Poincaré, Birkhäuser, Boston 1980.

译后记——记《Riemann 全集》中译本

《Riemann 全集》第一版问世至今已有 140 多年了, 其第二版于 1892 年出版的 120 多年以来, 迭经重印却从未改版. Riemann 是对 20 世纪数学的发展影响最大的几位 19 世纪的数学家之一, 据 J. P. Pier 所编著之《数学在 1900—1950 年期间的发展》一书的统计, 他在被引用的统计索引中被提到的次数是 Gauss, Cauchy, Weierstrass 和 Dedekind 等人被提到次数的总和. 可是在《Riemann 全集》已经有了法、俄、日、英等各种文字的译本之后, 至今尚未有中译本问世. 译者早在半个多世纪以前刚走出学校大门不久之际, 就读到了《Riemann 全集》, 那时只是读到其俄译本, 仍深感震撼, 就曾发誓将其译出介绍给国人, 但是在那样的年代, 这几乎是不可能的, 我只得把这个心愿深埋在心底.

随着十年动乱的结束, 国家走上复兴之路, 百废待兴, 但是经济的发展必将带来科学、文化事业的繁荣, 中国终于走出了基本上只出一个人的书、只读一个人的著作的年代. 经典著作的价值被重新认识, 首先是在文学和社科方面的著作. 朱生豪先生翻译的《莎士比亚全集》的重新出版在人们心中引起的兴奋, 至今犹历历在目. 20 世纪 30 年代就由郑太朴先生翻译、商务印书馆出版过的 Newton 的《自然哲学的数学原理》一书, 又被重译出版. 于是在由高等教育出版社出版了 F. Klein 的《数学在 19 世纪的发展》的鼓舞下, 我向高等教育出版社学术著作分社的领导及编辑王丽萍和李鹏推荐了《Riemann 全集》, 得到了他们的大力支持. 翻译出版《Riemann 全集》的合同就这样定下来了.

　　在出版社和友人的帮助下, 除了已有的德文第一版、第二版和原有的俄译本之外, 我还收集到了法译本. 法译本附有 Klein 专门谈 Riemann 的报告和 Hermite 的精彩序言, 我觉得很值得介绍给大家. 俄译本有 Гончаров 的论述周到而又透彻的长篇序言:《论 Riemann 的科学研究工作》和许多很有参考价值的注释, 是对原书注释的很好的补充. 于是我向出版社建议把它们作为附录收入中译本, 得到了大力支持. 在此鼓舞下, 特别是由于此前还得知出版社王丽萍女士为出版此全集还征询过著名数学家丘成桐教授的意见, 并得到充分的肯定, 于是我萌生了建议请丘先生为中译本写一个序言的想法, 当我将此想法与王丽萍女士沟通时, 不料我们的想法不谋而合. 经王丽萍女士联系, 我们的想法得到了丘先生的大力支持, 于是出一本最全的《Riemann 全集》的译本的想法油然而生.

　　当我把这个想法与余建明教授分享时, 得到了他的大力支持, 他随即给我寄来了 Detlef Laugwitz 的《Bernhard Riemann 1826—1866》以及由 R. Narasimhan 编辑的《Riemann 全集》的目录和序言的复印件, 我从中得知该书不仅完整地收入了德文版第二版的全部内容 (俄译本和法译本都不是全译本), 而且还补充了由 M. Noether 和 W. Wirtinger 编辑的《Riemann 全集》的 "补遗篇". 这是目前所出《Riemann 全集》中最全的一本. 这两本书后所附文献目录使我了解到 Riemann 著作的全貌. 其中尤其使我感兴趣的是, Riemann 授课的讲义和写给兄弟姐妹的家书:《Riemann 家书选辑》. 这也就是 R. Narasimhan 所编辑的《Riemann 全集》唯一没有编入的 Riemann 本人所写 (或所讲) 的东西. 对于前者据参加过 Riemann 讲习班的数学家告诉我们, Riemann 的讲课中充满着原创的思想, 往往比他的正式发表的论文更加精彩. 在《Riemann 家书选辑》中我们看到了一个对家庭和亲人充满着依恋、挚爱和关怀的, 像普通人一样的 Riemann. 读 Riemann 的论文和讲义你会产生惊叹感, 而读 Riemann 家书你会产生亲切感. 一个和普通人一样的天才好像就在你身边.

　　要想出一套最全的《Riemann 全集》, 自然要包括这些东西. 于是我将此想法与出版社沟通, 不想得到了大力支持. 于是初步定下了两卷本的计划, 这两卷包括了德文第二版的全部内容及补遗篇、Riemann 家书的全部内容的译文, 再加上各种译本的序言和注释作为附录. 其中特别值得一提的就是由 Weyl 编辑出版的《论奠定几何学基础的假设》的单行本中由 Weyl 本人撰写的序言和长篇注释. 我就是第一次从这篇注释中读到了 Riemann 度量的思想与场论思想之间的渊源, 后来又再次从 Klein 谈 Riemann 的文章中读到这一点 (该文已收入中译本第一卷).

　　我们的计划得到了丘先生和季理真教授的大力支持. 季教授推荐了一系列有关 Riemann 的文章, 为了收集资料还专程访问了 Göttingen 大学图书馆, 并且获得了应用有关资料的许可. 中译本第一卷环衬以及前面几页所附的珍贵照片都是由季教授所提供的, 这些是原版的《Riemann 全集》中没有的. 它们能够被收入在中译本中是与季教授的付出分不开的.

当将译稿逐章交稿后就遇到了请审稿人困难的问题, 还是在丘成桐教授的大力支持下, 延请到多位学者拨冗审阅, 译者在这里表示深深的感谢. 译文中还留下的不当和错误, 自然都应该由译者负责. 我非常庆幸, 在这么多人的共同努力下, 这样一部比较完整的《Riemann 全集》的中译本终于能和大家见面了.

最后, 借此机会向辽宁科技大学及其科研处的领导、辽宁科技大学理学院领导何希勤教授及办公室的负责同志等所提供的支持表示深深的谢意.

译者于辽宁科技大学

2016 年 8 月 30 日

郑重声明

高等教育出版社依法对本书享有专有出版权。任何未经许可的复制、销售行为均违反《中华人民共和国著作权法》，其行为人将承担相应的民事责任和行政责任；构成犯罪的，将被依法追究刑事责任。为了维护市场秩序，保护读者的合法权益，避免读者误用盗版书造成不良后果，我社将配合行政执法部门和司法机关对违法犯罪的单位和个人进行严厉打击。社会各界人士如发现上述侵权行为，希望及时举报，本社将奖励举报有功人员。

反盗版举报电话　（010）58581999　58582371　58582488
反盗版举报传真　（010）82086060
反盗版举报邮箱　dd@hep.com.cn
通信地址　北京市西城区德外大街 4 号
　　　　　　高等教育出版社法律事务与版权管理部
邮政编码　100120

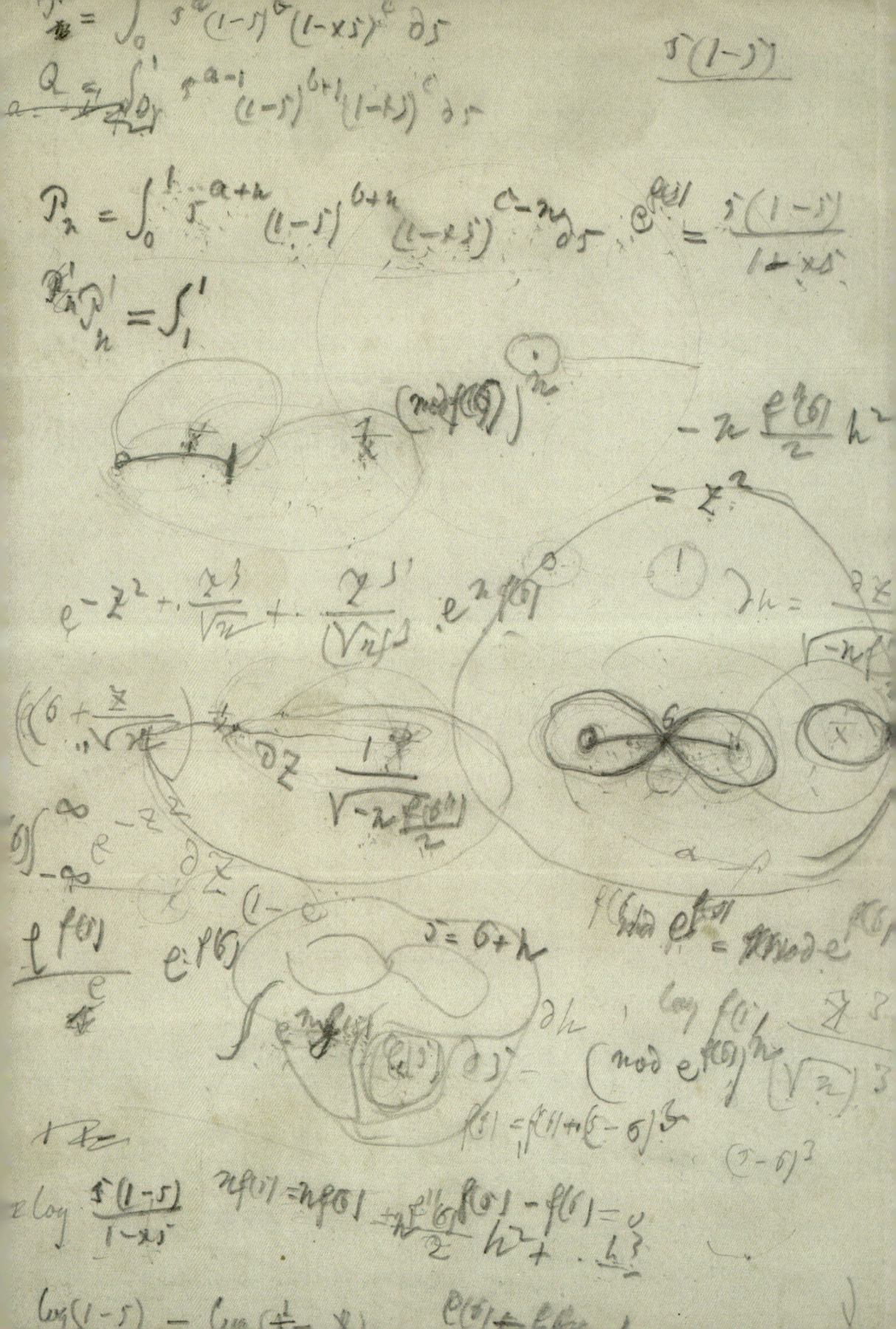